U0190307

"十四五"国家重点出版物出版规划重大工程

量子科学出版工程（第四辑）

国家出版基金项目

NATIONAL PUBLICATION FOUNDATION

Quantum Biology

Quantum Theory of Matter and Energy
Transfer in Biological Systems

廖结楼　著

量子生物学

生物系统物质和能量传递的量子理论

中国科学技术大学出版社

内 容 简 介

量子生物学运用量子理论基本原理和方法研究生物系统在微观层次上的运动规律以及与宏观生命功能的相互影响,是量子物理学与生物学交叉的新兴学科.与量子化学通过求解定态薛定谔方程描述分子的电子结构不同,量子生物学主要运用量子动力学方法研究生物系统在微观层次上的运动规律.本书详细阐述了封闭系统的量子力学基本原理和方法、开放量子系统动力学理论,以及与生物系统中电子转移反应、氢转移反应、激发能传递和酶催化量子隧穿反应相关的量子理论及其应用,重点介绍了这些领域实验发现的量子现象、理论研究方法和近年来相关学科领域的研究发展前沿.

本书可作为有关专业的高年级本科生和研究生的自学参考书,也可作为相关领域研究人员的参考书.

图书在版编目(CIP)数据

量子生物学:生物系统物质和能量传递的量子理论/廖结楼著.--合肥:中国科学技术大学出版社,2024.9

(量子科学出版工程)

国家出版基金项目

"十四五"国家重点出版物出版规划重大工程

ISBN 978-7-312-05941-4

Ⅰ.量… Ⅱ.廖… Ⅲ.量子生物学 Ⅳ.Q7

中国国家版本馆 CIP 数据核字(2024)第 070283 号

量子生物学:生物系统物质和能量传递的量子理论

LIANGZI SHENGWUXUE:SHENGWU XITONG WUZHI HE NENGLIANG CHUANDI DE LIANGZI LILUN

出版	中国科学技术大学出版社
	安徽省合肥市金寨路 96 号,230026
	http://press.ustc.edu.cn
	https://zgkxjsdxcbs.tmall.com
印刷	合肥华苑印刷包装有限公司
发行	中国科学技术大学出版社
开本	787 mm×1092 mm 1/16
印张	25.75
字数	530 千
版次	2024 年 9 月第 1 版
印次	2024 年 9 月第 1 次印刷
定价	158.00 元

前言

　　生物体是具有多层次和多尺度特征,与外界环境不断进行物质、能量和信息传递与交换的复杂开放系统.细胞是生命系统的基本结构和功能单位.在微观层次上,电子、离子、原子和分子等微观粒子是构成细胞的物质基础.这些微观粒子,尤其是电子和氢(质子、负氢离子和氢原子),参与了细胞几乎所有的生化反应以及能量传递转化过程,是生命活动不可或缺的要素.诚如诺贝尔生理学或医学奖获得者阿尔伯特·森特-哲尔吉(Albert Szent-Györgyi)所言:"生命无非是电子寻找到其安身之所."(Life is nothing but an electron looking for a place to rest.)(Trefil et al.,2009)这句话说出了电子在物质和能量传递转化的生命活动中的重要性,也深为当今物理化学家们所认同,只是还要加上"还需质子的帮助"(with the help of a proton)(Tyburski et al.,2021).

　　量子生物学是运用量子理论基本原理和方法研究生物系统在微观层次上的运动规律以及与宏观生命功能的相互影响的科学.尽管量子生物学研究已取得长足的进展,但是一般认为,生命系统处在嘈杂湿润的环境中,微观世界的量子相干性很容易遭到破坏,即生物系统与环境的相互作用很容易引发量子退相干.故而非平庸的量子效应是否以及如何在生命活动中起着重要作用至今仍然是一个充满争议的话题.

然而可以肯定的是,缺少量子理论的参与不可能对生命现象有全面深入的理解.比如,电子、氢等微观中性粒子和离子在生命系统的物质、能量和信息传递与交换,包括细胞中的酶催化、基因的遗传和突变、线粒体加工、呼吸氧化等生命过程中起着至关重要的作用.而理解这些微观粒子及其物质、能量和信息的传递都涉及量子力学基本规律,与量子隧穿、量子相干叠加和量子纠缠等量子效应密切相关.30多年来大量的实验研究发现,量子隧穿是酶催化氢转移反应中广泛存在的现象,也是正常生理条件下这类反应在生物系统中能够发生的必要条件.氢转移反应在细胞新陈代谢、DNA复制以及能量和信号传递转换等生命活动过程中普遍存在,而且起着十分关键的作用.非平庸的量子效应(像量子隧穿)已被证明是生命活动不可或缺的要素.

与量子化学通过求解定态薛定谔方程描述分子的电子结构不同,量子生物学主要运用量子动力学方法研究生物系统在微观层次上的运动规律.一般而言,有两大类方法:一是把生物系统与其环境组合成封闭的复合系统,通过求解含时薛定谔方程或冯·诺依曼方程来描述系统的量子动力学行为;二是运用开放系统量子动力学方法对环境进行统计平均,用约化密度算符演化动力学方程来研究生物系统的量子动力学行为.第一类方法的优点是复合系统为封闭系统,其动力学演化是幺正的;应用这种方法在原则上可以对系统、环境以及它们之间的相互作用机理有全面详细的了解,对一些理想模型系统,能得到精确结果.其缺点是,生物系统所处环境往往自由度巨大,环境内部机制复杂,一般很难也没有必要对环境作面面俱到的详细研究.第二类方法聚焦于所研究的生物系统,能够在一定程度上弥补第一类方法求全求细的缺点,但约化系统(开放系统)的动力学演化失去了幺正性,即量子力学的波函数公设和演化公设(薛定谔方程)不再有效.开放系统的量子动力学需要从冯·诺依曼方程出发,用约化密度算符所遵循的量子动力学方程来描述.

本书第1章概述了量子生物学发展历史背景,第2章和第3章分别介绍了封闭系统量子动力学的原理和方法,以及开放系统量子动力学的原理与方法,随后的章节详细论述了生物系统中电子和氢(质子、负氢离子和氢原子)等微观物质传递以及生物激发能传递的量子理论和酶催化量子隧穿反应,重点介绍了这些领域实验发现的量子现象、理论研究方法以及近年来科学研究发展的前沿.

本书主要内容是用量子动力学理论方法研究微观物质和能量的传递.当然,研究物质和能量的运动规律是理解生命不可或缺的重要组成部分,但并不是全部.物质、能量和信息是地球生命三大最为重要的因素.生命系统与非生命系统的一个重要的区别,可能是在对信息的操作处理上.用量子理论在微观层次上研究生命中信息的传递和交换无疑是量子生物学的一个重要内容,但已超出本书的范围.笔者希望在不久的将来能对这方面的内容进行详细的阐述.

随着量子实验技术的不断发展,生物系统中越来越多的量子效应将会被发现和确证,人们对生命中的量子奥秘将会有更深入的认识,量子生物学未来可期.在此本书抛砖引玉,限于笔者的水平,本书中可能存在疏漏不足,甚至错误之处,敬请批评指正.在本书的写作过程中,得到辛厚文教授的大力支持和鼓励,在此深表谢意.同时,对中国科学技术大学出版社将本书纳入"量子科学出版工程(第四辑)"表示感谢.

廖结楼

2023 年 12 月 24 日于中国科学技术大学

目录

第 1 章

绪　论

1.1　量子力学的建立和基因学说的诞生：量子物理学和生物学并行发展的时代

　　量子生物学发端于 20 世纪早期量子理论刚刚建立和兴起的年代.19 世纪与 20 世纪交替之际,物理学和生物学几乎同时孕育和产生了重大基础性突破.1900 年德国物理学家马克斯・普朗克(Max Planck,1858—1947)提出能量量子化假设,认为黑体吸收或发射频率为 ν 的电磁辐射,其能量不是连续的,而只能是最小能量单位 ε 的整数倍.ε 称为能量子,其大小为 $\varepsilon = h\nu$.这里,h 是普朗克常数.普朗克由此建立起全新的黑体辐射理论,成功地解释了经典物理学难以阐明的黑体辐射实验现象.1900 年 12 月 14 日,普朗克在德国物理学会例会上报告了这一研究成果,标志着量子理论的诞生,普朗克因此获得

1918 年诺贝尔物理学奖.

这一年,来自荷兰的德弗里斯(Hugo de Vries,1848—1935)、德国的科伦斯(Carl Erich Correns,1864—1933)和奥地利的切尔马克(Erich von Tschermak-Seysenegg,1871—1962)分别重新发现了孟德尔遗传定律.因此,1900 年也是遗传学史乃至生物科学史上划时代的一年.在时间上更为巧合的是,普朗克在柏林大学的导师、德国物理学家基尔霍夫(Gustav Robert Kirchhoff,1824—1887)于 19 世纪 60 年代初,在对吸收光谱和辐射光谱问题的研究中得到基尔霍夫定律,发现黑体辐射问题的普适函数,吸引许多物理学家尝试从理论上推导出这个普适函数,对推动普朗克建立量子辐射理论起了十分重要的作用.差不多就在同时期,奥地利的格雷戈尔·孟德尔(Gregor Johann Mendel,1822—1884)经过长达 8 年的豌豆实验,在 1865 年提出孟德尔遗传定律和遗传因子(hereditary factor)的概念,成为现代遗传学说的奠基人.1866 年,孟德尔将其研究的结果整理成论文《植物杂交试验》发表.这一年,现代基因学说奠基人托马斯·亨特·摩尔根(Thomas Hunt Morgan,1866—1945)在美国肯塔基州降生.然而,不幸的是,孟德尔这项划时代的贡献在当时并没有引起学术界的重视,被埋没达 34 年之久,直到 1900 年被重新发现.随着 1900 年不平凡的序幕拉开,新兴的物理学和生物学在各自领域并行地发展着.

1905 年,在瑞士伯尔尼专利局工作、年轻的阿尔伯特·爱因斯坦(Albert Einstein,1879—1955)受到普朗克能量量子化假说的启发,提出光量子假说,指出光具有波粒二象性.爱因斯坦利用光量子假说,成功解释了光电效应.1916 年,美国物理学家罗伯特·安德鲁·密立根(Robert Andrews Millikan,1868—1953)实验证实了爱因斯坦的光电效应理论.爱因斯坦因光量子理论获得 1921 年诺贝尔物理学奖.1923 年,美国物理学家阿瑟·霍利·康普顿(Arthur Holly Compton,1892—1962)在进行 X 射线通过物质发生散射的实验时,发现康普顿效应,即散射谱线中除了有波长与原波长相同的成分外,还有波长较长的成分,并用光量子假说做出合理解释,进一步证实了爱因斯坦的光子理论.

1913 年,丹麦物理学家尼尔斯·玻尔(Niels Henrik David Bohr,1885—1962)提出原子结构的量子理论,其核心是电子的定态假设和跃迁假设,亦即原子中的电子只能在分立的量子化轨道上运动,在这些轨道上运动的电子既不吸收能量,也不辐射能量,原子处于稳定状态(简称定态).当电子从某一定态跃迁到另一定态时,产生光的吸收或辐射.玻尔的原子量子理论解决了原子稳定性问题,并圆满解释了氢原子的光谱,诠释了元素周期表的形成,对周期表中从氢开始的各种元素的原子结构作了说明,同时对周期表上的第 72 号元素(铪)的性质作出了预言,并在 1922 年被实验所证实.玻尔因此获得 1922 年诺贝尔物理学奖.

1923 年 9—10 月间,法国青年理论物理学家德布罗意(Louis Victor de Broglie,

1892—1987)连续发表了 3 篇有关波和量子的论文,把光的波粒二象性推广到实物粒子,认为任何物质都具有波粒二象性.1924 年,德布罗意在他的博士论文中系统整理并完善了"物质波"(后来也称之为德布罗意波)的理论假说.对于给定能量为 ε、动量为 p 的实物粒子,德布罗意波的频率 ν 和波长 λ 分别为

$$
\begin{cases}
\nu = \varepsilon / h \\
\lambda = h / p
\end{cases}
\tag{1.1.1}
$$

1927 年,美国物理学家克林顿·戴维森(Clinton Joseph Davisson,1881—1958)和雷斯特·革末(Lester Germer,1896—1971)将低速电子射入镍晶体,得到电子的衍射图像.同年,英国物理学家乔治·佩吉特·汤姆孙(George Paget Thomson,1892—1975)也成功地获得电子束通过金箔的衍射花纹图像.这些实验证实了德布罗意假说的正确性.因此,德布罗意获得了 1929 年诺贝尔物理学奖,戴维森和汤姆孙也获得 1937 年诺贝尔物理学奖.随着量子实验技术的发展,人们对质子、原子和分子等微观粒子的波动性有了越来越多的实验观测和研究.最近实验表明,利用物质波干涉仪可以检测到超过 2000 个原子的寡核苷酸卟啉类分子的波动性(Fein et al.,2019).该类化合物以卟啉环为内核.卟啉环是一个高度共轭的 π 电子体系,卟啉与金属离子配合的形式存在于自然界中,如与镁配位的叶绿素以及与铁配位的血红素等.在该实验中,被检测分子的德布罗意波长最低可达 5.3×10^{-14} m(53 fm),大约是分子直径(5 nm)的 10^{-5} 倍.科学家在寻找区分宏观(经典)和微观(量子)世界的临界尺寸的研究中,定义了"宏观度"(macroscopicity)的概念(Nimmrichter,Hornberger,2013).例如,被观察到干涉条纹的铯原子的宏观度值为 6.8,C60 分子为 12,寡核苷酸卟啉分子为 14.1,据计算,薛定谔猫的宏观度值为 57.实验测到不同物质的宏观度值随年份增长而增长(图 1.1),随着量子技术的发展,实验可观测到的宏观度值越来越高.

1924 年,德国青年科学家沃纳·海森伯(Werner Karl Heisenberg,1901—1976)在玻尔的帮助下,获得洛克菲勒基金会资助,从德国哥廷根大学加入丹麦哥本哈根理论物理研究所,成为玻尔的研究助手.在研究所期间,海森伯对玻尔的原子量子理论提出了挑战.海森伯认为,玻尔的原子量子理论建立在一些诸如电子位置、速度和轨道等物理量基础之上.然而,这些物理量不能在实验中得到证实.因此,海森伯相信新的量子力学理论必须可以被实验测量和验证.在这种思想的驱动下,海森伯于 1925 年 7 月首次独立发表了量子矩阵力学论文,成为量子力学建立的一个重要标志.紧接着,玻恩(Max Born,1882—1970)与帕斯库尔·约当(Ernst Pascual Jordan,1902—1980)合作进一步研究了矩阵力学,并于 1925 年 9 月共同发表了《论量子力学》一文,把海森伯的思想和方法发展成为量子力学的一种系统理论.同年 11 月,海森伯再与玻恩和约当合作发表《关于运动

学和力学关系的量子论的重新解释》的论文,完善了矩阵力学,使之成为量子力学中的一种形式体系.几乎同时,奥地利物理学家埃尔温·薛定谔(Erwin Schrödinger,1887—1961)在德布罗意物质波假说的基础上,独立创立了波动力学,即薛定谔方程.薛定谔的波动力学理论于 1926 年发表,并成功应用于解决氢原子光谱问题.随即,保罗·狄拉克(Paul Adrien Maurice Dirac,1902—1984)以及薛定谔等都各自证明了波动力学和矩阵力学在数学上的等价性.海森伯的矩阵力学和薛定谔的波动力学标志着非相对论量子力学的建立.海森伯和薛定谔分别获得 1932 年和 1933 年诺贝尔物理学奖.

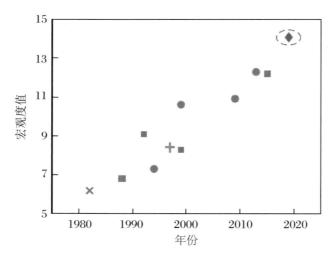

图 1.1 用物质波干涉实验测量得到的不同物质的宏观度值随年份的变化

虚线圆圈中红色钻石符号代表寡核苷酸卟啉分子实验,紫色方块代表原子实验,绿色原点代表分子实验,蓝色叉号代表中子实验,红色十字代表玻色-爱因斯坦凝聚体实验(Fein et al., 2019).

1927 年 3 月,海森伯提出了微观粒子的"不确定原理"(也称"测不准原理")[①].同年 9 月,尼尔斯·玻尔对其进行了哲学概括,提出了著名的"互补原理".量子力学建立初期,物理学家们对量子力学的物理解释,特别是对波粒二象性的理解有过激烈的争论.例如,海森伯坚持粒子立场,而薛定谔则坚持物质的波动性,两者意见针锋相对.其实,两人的量子力学理论已经被证明在数学上等价,分歧只在观念上,即量子世界中物质本质究竟是波还是粒子,在当时这似乎是一个无法调和的矛盾.粒子在某一时刻处于空间某一定域位置,而波却可以在同一时刻覆盖整个区域,表现出非局域的特性.因此,无论是光子还是电子,它们或者是弥漫无形的波,或者是粒子,二者只能各取其一.然而,德布罗意物

---

① 准确地说,应该称为"不确定性关系"或"不确定性定理",因为在量子力学"算符公设"和"测量公设"下,可以严格推导证明海森伯"不确定原理".

质波假说和实验证据表明,它们似乎不可思议地同时既是粒子又是波.于是,海森伯和薛定谔各执一词,谁也没法说服对方.作为哥本哈根学派的精神领袖,玻尔这时领悟到实际上并没有实验发现光子或者电子同时既是粒子又是波,而是有的实验看到它们像粒子,有的实验看到它们像波.例如,观察光束的衍射和干涉,或者在电子衍射实验中,就会看到光或电子的波动性;然而在光电效应实验中,用光束照射金属使电子逃出金属表面产生电流,所看到的光和电子却又都只是粒子,没有波动迹象.因此,玻尔认为,电子、光子以及其他量子世界的物质既不是粒子也不是波,它们只是在一定的观测条件下表现如同粒子,在另外的观测中又会表现得像波,表现出相辅相成、不可或缺的互补性.1927 年,在意大利纪念伏特逝世 100 周年大会上,玻尔发表著名的"科摩演讲".在演讲中,玻尔提出了他的这种互补思想:一种经典概念的应用排斥了另一种经典概念的同时应用,而后者在不同的联系上对阐明现象是同样必需的."不确定性原理"和互补原理为哥本哈根量子力学诠释奠定了基础,也为经典力学和量子力学应用确定了宏观和微观世界的边界.

1927 年,沃尔夫冈·泡利(Wolfgang E. Pauli,1900—1958)引入了 2×2 泡利矩阵作为自旋操作符号,从而得到了非相对论自旋的理论.泡利的结果激发了保罗·狄拉克发现描述相对论电子的狄拉克方程式.当然,泡利一生中最重要的发现是他 1925 年提出的泡利不相容原理,为原子物理的发展奠定了重要基础,并因此获得 1945 年诺贝尔物理学奖.

1928 年,狄拉克把相对论引入量子力学,建立了相对论形式的波动方程,也就是著名的狄拉克方程.狄拉克方程预见电子自旋,并预言"粒子必有反粒子",例如正电子就是电子的反粒子等.1932 年,瑞典裔美国物理学家卡尔·大卫·安德森(Carl David Anderson,1905—1991)在研究宇宙射线簇射高能电子径迹实验中发现了正电子,后来很快又发现了 γ 射线产生电子对,正、负电子碰撞"湮灭"成光子等现象,全面印证了狄拉克预言的正确性.狄拉克因建立相对论波动力学与薛定谔共同获得 1933 年诺贝尔物理学奖.从量子假说的诞生到量子力学的建立总共花去超过四分之一世纪的时间.其间生物学在生命奥秘的探索研究上也取得了很大进展.

在孟德尔遗传定律被重新发现后,对孟德尔的遗传因子(1909 年丹麦遗传学家约翰逊称之为基因,gene)机制的研究,已成为 20 世纪前期生物学热点前沿研究.其中,染色体与遗传因子的关联尤其引人注目.染色体是细胞核内的丝状物质.1879 年,德国生物学家弗莱明(Walther Flemming,1843—1905)把这些散漫地分布在细胞核中的物质用染料染红,当细胞分裂时,散漫的染色物体便浓缩,形成一定数目和一定形状的棒状物,可以被光学显微镜观察到.分裂结束后,这些丝状物又疏松为散漫状,而且不能用显微镜观察到.弗莱明称这些物质为染色质(chromatin).1888 年德国解剖学家瓦尔德耶(Wilhelm von Waldeyer-Hartz,1836—1921)把丝状体称作染色体(chromosome),意即可染色的小体.

　　1902年,美国堪萨斯大学生物学家麦克朗(Clarence E. McClung,1870—1946)在蝗虫和其他直翅目昆虫中发现了一种与性别相关的特殊染色体,称为辅助染色体(accessory chromosome),即X染色体,并认为X染色体决定雄性.这时,沃尔特·萨顿(Walter S. Sutton,1877—1916)作为麦克朗的硕士研究生参与了研究工作.麦克朗实验室这一发现首次揭示出染色体与生物性状有关系,引起很大关注,如果性别这个重要性状可以由染色体决定的话,那么其他性状显然也可以.寻找染色体与性状的关系也成为当时生物学研究的一个热点.

　　1903年萨顿硕士毕业后,在麦克朗的推荐下,成为哥伦比亚大学动物学系教授埃德蒙德·威尔逊(Edmund Beecher Wilson,1856—1939)的博士生.这一年,萨顿发表的研究论文(《The chromosomes in heredity》)指出,细胞在减数分裂时染色体的行为与孟德尔遗传因子(基因)具有明显的相似性,由此推测出孟德尔遗传因子是染色体或染色体片段,并提出染色体遗传理论.这篇文章是萨顿一生在生物领域发表的3篇科研论文中最重要的一篇,对现代遗传学作出了里程碑式的贡献.1904年,在系主任威尔逊教授的邀请下,托马斯·摩尔根来到了哥伦比亚大学动物学系.这一年,德国细胞学家鲍威尔(Theodor H. Boveri,1862—1915)也独立提出了染色体是遗传因子的理论.1925年,威尔逊把染色体学说称为"萨顿-鲍威尔理论"(Sutton-Boveri Theory).

　　1905年,埃德蒙德·威尔逊和内蒂·史蒂文斯(Nettie Stevens,1861—1912)分别独立地确定了染色体和性别的关系,指出XX为雌性,XY为雄性.他们的研究进一步支持性别是由染色体决定的观点,为孟德尔的遗传因子假说提供了关键性的证据.

　　1908年,托马斯·摩尔根,亦即上文提及的遗传学家摩尔根,开始通过果蝇实验研究遗传现象.摩尔根是"一切都要经过实验检验"原则的坚定支持者.起初,他是反对当时还未得到实验确证的染色体遗传学说的.例如,摩尔根对染色体在细胞不同周期间的结构变化如何维持细胞代际间的遗传稳定性提出质疑.然而,摩尔根在1910年的研究发现,白眼果蝇总是雄性的.当时,已经证明了性别是由染色体决定的.因此摩尔根认为,白眼基因一定与雄性基因同在一条染色体上(即伴性遗传).摩尔根把一个特定性状的基因(控制眼色基因)和一条特定染色体(X染色体)联系起来,从而证明了基因在染色体上.摩尔根的进一步实验表明,一条染色体上可以有多个基因.1911年,摩尔根认为,基因在染色体上呈线性排布,两个基因间距与其重组频率有关.据此,摩尔根的学生斯特蒂文特(Alfred Henry Sturtevant,1891—1970)画出了第一幅染色体上6个连锁基因的图谱.1915年,摩尔根和他的学生发表了《孟德尔遗传机理》,认为每个基因都是一个独立单位,位于染色体的一定位置上,相邻基因可以通过染色体断裂结合或分离.1928年,摩尔根的《基因论》首次出版,该书全面阐述了他的基因学说.1933年,摩尔根由于创立基因理论获得诺贝尔生理学或医学奖,也是美国第一位诺贝尔生理学或医学奖得主.

1927 年,美国得克萨斯大学教授赫尔曼·穆勒(Hermann Joseph Muller,1890—1967,摩尔根的博士生)发表题为《基因的人工诱变》(Artificial Transmutation of the Gene)的研究论文.该文报道的研究发现,用 X 射线辐照黑腹果蝇会使其突变率提高 150 倍,并指出了遗传物质的两种特性:自我复制和将偶发突变遗传给后代.穆勒因辐射遗传学研究方面的重大贡献获 1946 年诺贝尔生理学或医学奖.根据其对辐射诱变的研究,穆勒在遗传理论方面提出"微粒基因"的假说,认为基因本身也是一种粒子,人们可以用其他粒子像电子等去轰击它,并对基因大小进行计算.然而,基因到底是由什么物质组成的,在当时仍是个未解之谜.

与脱氧核糖核酸(deoxyribonucleic acid,DNA)相关的研究可以追溯到 1869 年,瑞士青年医生米弗雷德里希·米歇尔(Friedrich Miescher,1844—1895)在生物化学家霍佩·赛勒(Ernst Felix Immanuel Hoppe-Seyler,1825—1895)的实验室从事研究的时候.霍佩·赛勒是德国生物化学家,他提出的蛋白质分类系统,至今还在使用.米歇尔从手术绷带上的脓细胞的细胞核中分离出一种富含磷的酸性化合物,米歇尔称之为核素(nuclein),认为它是一种核蛋白物质.1872 年,米歇尔将莱茵河的鲑鱼精子作为研究核素的材料,分离得到高分子量的含磷酸性化合物(即后来称为 DNA 的物质).1885 年,细胞学家赫特维希(Oscar Hertwig,1849—1922)提出核素可能负责受精和传递遗传性状.1889 年,米歇尔的学生奥尔特曼(Richard Altmann,1852—1900)将核素改名为核酸(nucleic acids).1895 年埃德蒙德·威尔逊推测,染色质与核素是同一种物质,可作为遗传的物质基础.

自 1879 年至 20 世纪初,霍佩·赛勒后来的另一个学生阿尔布雷希特·科塞尔(Albrecht Kossel,1853—1927)经过 20 多年不懈努力,对细胞核内蛋白质和核酸的化学组分进行了进一步纯化分析,探明核酸由碱基(两种嘌呤和嘧啶)、磷酸和糖组成.科塞尔在研究来自胸腺和酵母的核素时,还证明了有两种不同的核酸存在,分别叫作"胸腺核酸"和"酵母核酸"(即脱氧核糖核酸(DNA)和核糖核酸(RNA)).科塞尔因为对核内蛋白质和核酸研究的贡献获得 1910 年诺贝尔生理学或医学奖.然而,科塞尔认为决定染色体遗传功能的不是核酸,而是蛋白质,因此,他在获奖后转而从事蛋白质的研究工作.

1909 年,俄裔美国化学家费伯斯·列文(Phoebus Aaron Levene,1869—1940,科塞尔的学生),从酵母核酸的水解产物中提取出一种 D-五碳糖,首次证明酵母核酸中的戊糖为 D-五碳糖,因此,酵母核酸被称为核糖核酸(ribonucleic acid,RNA).20 年后,1929 年列文又从胸腺核酸中得到 D-2-脱氧核糖,后来被证明是五碳糖,只是在糖环的 2 位上比核糖少了一个氢氧根,其他部分则与核糖完全相同.由它作为基本成分的核酸称为脱氧核糖核酸,也就是 DNA.20 世纪 30 年代初,列文对核酸的化学组成有了较全面的认识.

他经过多年的核酸分解实验提出：一分子碱基（嘌呤或嘧啶）加上一分子核糖或脱氧核糖组成一个核苷（nucleoside），核苷再加上一分子磷酸，组成一个核苷酸（nucleotide），连接顺序为碱基、核糖、磷酸.列文对核酸化学组成的正确认识为核酸的深入研究奠定了基础.然而，由于所处的时代化学分析的方法不够精确，例如，当时测得的 DNA（其实是降解产物）分子量只有 1500 道尔顿，恰好相当于一个四核苷酸，再加上当时实验数据显示胸腺核酸和酵母核酸中的四种碱基都等量存在，列文提出 DNA 分子是由四种核苷酸（所含碱基不同）相互连接而成的"四核苷酸假说"（tetranucleotide hypothesis）.直到发现 DNA 是分子量很高的大分子后，列文把"四核苷酸假说"修改成为"DNA 是由四核苷酸单元聚合而成的高分子化合物".列文虽然承认 DNA 是大分子，但认为其结构极其简单，不具有复杂多样性，不可能成为遗传信息的携带者.由于列文当时已是核酸化学领域公认的权威科学家，他的"四核苷酸假说"影响很大，统治了核酸研究领域达数十年之久，在一定程度上误导了人们对核酸生物学功能的认识. 1944 年，美国生物化学家艾弗里（Oswald Theodore Avery，1877—1955）、麦克劳德（Colin Munro Macleod，1909—1972）和麦卡蒂（Maclyn McCarty，1911—2005）在《实验医学杂志》（Journal of Experimental Medicine）上发表题为《关于引起肺炎球菌发生转化的物质的化学性质的研究》的论文，宣布了他们多年实验得到的结论：促使肺炎球菌发生遗传转化的物质是 DNA.但受列文"四核苷酸假说"影响，这篇文章一发表，就受到众多质疑，并不为大多数人接受，这时期生物学术界的主流观点认为蛋白质最有可能为遗传物质.

1.2 量子化学与分子生物学的建立和兴起：新兴物理与多学科交叉发展的时代

量子力学在建立后对原子结构的理论解释取得了巨大成功，激发起科学家们极大的兴趣去发展量子理论和方法探究其他领域，如化学和生物学等前沿问题.

1.2.1 量子化学的建立

1927 年，德国青年学者弗里茨·伦敦（Fritz Wolfgang London，1900—1954）与刚从慕尼黑大学博士毕业的青年物理学家沃尔特·海特勒（Walter Heinrich Heitler，1904—

1981)合作,应用量子力学方法证明了两个氢原子能够相互吸引,形成一个稳定的分子体系,首次解释了氢分子的化学键形成问题.具有传奇色彩的是,弗里茨·伦敦1921年从德国慕尼黑大学哲学专业毕业,获得博士学位,在从事三年哲学教学工作后,于1925年重返慕尼黑大学跟随阿诺德·索末菲(Arnold Sommerfeld,1868—1951)学习理论物理.半年后,经索末菲推荐,从1925年10月开始,伦敦担任斯图加特工业学院理论物理研究所所长厄瓦尔德(Paul P. Ewald)的研究助手,从此与量子理论研究结下了不解之缘.1927年4月,弗里茨·伦敦在苏黎世遇见青年物理学家沃尔特·海特勒,两人开始合作.1927年6月,他们仅用了两个月的时间就发表了一篇运用量子力学变分法计算氢分子键能和键长的文章.他们的研究表明,氢分子化学键是由两个氢原子的电子在同一分子轨道(成键轨道)中自旋配对使能量降低而形成的(Heitler,London,1927).这一工作标志着量子化学的诞生,成为量子化学的奠基之作.值得指出的是,中国留学生王守竞在美国哥伦比亚大学攻读博士学位期间,几乎同时在用量子力学解决氢分子问题.王守竞的工作于1927年底完成,比海特勒和伦敦的工作仅晚了几个月(Wang,1928).随后在20世纪30年代,伦敦的研究兴趣转向了低温物理领域,他也是第一位指出超导和超流是宏观量子现象的物理学家.

两位美国理论化学家莱纳斯·鲍林(Linus Carl Pauling,1901—1994)和罗伯特·慕利肯(Robert Sanderson Mulliken,1896—1986)沿不同的途径发展了海特勒和伦敦关于氢分子的工作,使之推广到更普遍的情形和更复杂的分子,建立了量子化学.鲍林是20世纪非常有影响的化学家之一,其研究领域极其广泛.一开始他是从事X光衍射晶体结构分析的实验化学家,研究对象包括简单分子和复杂的蛋白质分子.1926年和1930年,量子力学在欧洲大陆建立之后,他两度赴慕尼黑、哥本哈根、苏黎世等量子力学中心访问学习,结识了几乎所有量子力学的创立者.他在慕尼黑大学随索末菲学习波动力学,在哥本哈根与提出自旋概念的古德斯密特(Samuel Abraham Goudsmit,1902—1978)合作研究光谱结构,在苏黎世大学听薛定谔和德拜的讲座.他的量子力学素养很高,1935年他和他的博士后助手威尔逊合著的《量子力学导论》,是根据他开设的课程"波动力学及其在化学上的应用"的笔记整理出版的,叙述清晰、严密,是特别适合化学学科的研究者们阅读的量子力学教材,至今仍不断再版.1931—1933年,他在海特勒和伦敦工作的基础上,接连发表7篇论文,提出化学键的价键理论.这个理论的核心思想是,分子中原子两两之间交换价电子,两个价电子的自旋配对,形成共价键,将这两个原子核拉紧在一起.他用杂化轨道的概念说明了碳原子键的正四面体指向.从1934年开始,他把结构化学应用于生物大分子,在抗原和抗体蛋白质结构的研究上,把抗体生成的直接模板学说发展得更加完善.20世纪中叶,鲍林在生物学上作出了两项重大的贡献:一是在1951年与科里(Robert Corey)阐明了蛋白质的α螺旋结构;二是发现镰状细胞贫血是由于血红蛋白变异产生的,说明人的遗传性疾病是由于突变基因表达产生了异常蛋白质,并首先提出分子疾病的概念.后来在 1957 年英格拉姆(V. Ingram)证明,镰状细胞贫血是由于血红蛋白(HbS)中的谷氨酸为缬氨酸所取代而产生的.在 20 世纪 60 年代初期,朱克坎德(E. Zuckerkandl)和鲍林提出,通过比较不同物种的同源蛋白质来确定不同物种的亲缘关系.这种方法已被普遍使用,成为确定不同物种的亲缘关系的重要方法之一. 1954 年,鲍林因阐明了化学键的本质和分子结构的基本原理获诺贝尔化学奖.

罗伯特·慕利肯像鲍林一样也于 20 世纪 20 年代末到欧洲学习量子力学,在哥廷根大学玻恩的研究组里,他在弗里德里希·洪德(Friedrich Hund,1896—1997)的指导下研究分子光谱,回到美国后在芝加哥大学担任物理学教授(1928—1961 年).慕利肯和洪德于 1928 年提出分子轨道理论[①].该理论把分子看成是由多个原子核和多个电子组成的体系,单个电子在分子各原子核和其他电子的平均场中运动,分布在整个分子内.分子中的电子运动由分子轨道波函数描述,分子轨道波函数由原子轨道波函数线性组合而成.电子填入分子轨道要遵守泡利不相容定则、能量最低原理和洪德规则.分子轨道理论与价键理论的不同在于,后者认为化学键是原子核两两之间的关系,而前者考虑单个电子的行为(轨道和能级),单个电子也可把 3 个或更多个原子核束缚在一起.在数学上,分子轨道理论试图将难解的多电子运动方程简化为单电子运动方程处理,因此它是一种以单电子近似为基础的化学键理论.它的数学处理更加简便和统一.许多现代计算化学方法都是在分子轨道理论的框架内进行的.慕利肯因研究化学键和分子中的电子轨道理论获 1966 年诺贝尔化学奖.

1.2.2 分子生物学的建立

量子物理和生物学的交叉可以追溯到量子力学刚刚建立不久的 20 世纪 20 年代末.刚兴起的现代遗传学领域还存在许多亟待解决的基本问题,不仅吸引了生物学家的注意,也吸引了物理学家的关注.人们自然也会问及新兴的量子物理学能否为解决这些生命科学中的相关问题提供帮助.量子力学和生物学交叉的早期发展,主要表现在两个方面:一是以玻尔和薛定谔等为代表的量子理论先驱率先提出关于生物学思想方面的精辟见解,对生物学研究产生很大影响;二是以威廉·劳伦斯·布拉格(William Lawrence Bragg,1890—1971)等为代表的实验物理学家对测定生物大分子结构的贡献.

---

① 量子力学中是没有轨道概念的,只是保留了旧量子论中玻尔原子模型涉及的电子轨道术语,但意义完全不同. 在量子化学中,分子轨道是分子中的单电子波函数;同样地,原子轨道是原子中的单电子波函数.

尼尔斯·玻尔对生命科学怀有浓厚的兴趣,一部分是受他的家庭影响.他父亲克里斯丁·玻尔是哥本哈根大学的著名生理学教授,经常在家里与朋友们一起讨论生理学、物理学和生物学的关系以及生命科学的哲学问题.家庭的耳濡目染使尼尔斯·玻尔从青年时代起就对生命的奥秘充满好奇.1927年玻尔提出互补原理后,就试图把它当成一个普适方法推广到生物学等其他领域中去.1932年8月15日,在丹麦哥本哈根举行的国际光治疗大会上,玻尔应邀作了题为《光与生命》的大会演讲.这是玻尔试图把互补原理应用到生物学领域的最初尝试.玻尔指出,生命除具有无生命物质的一般特点之外,还是一个"活"的物质,即具有自我维持(新陈代谢)和个体繁殖等生命独具的特点.因此,对生命体进行研究的一个基本前提就是"生命的存在".当人们用物理和化学的方法从分子、原子、亚原子微观层次上研究生命时,已经排除了"生命存在"这一状态.因此这种还原论的方法,无论将生命物质的研究细分到什么程度,都会因丧失了"生命存在"这一前提,而不可能获得对生命本质的准确认识.但玻尔同时又认为,这种还原论式的研究,对认识生命又是必需的,它与"自我维持""个体繁殖"等生命独具的现象的研究结果相结合(互补)就会获得对生命的真正理解.而后者,用已有的物理、化学方法是不能完成的,人们需要发现一些其他新的科学原理.玻尔的这次演讲激发了包括德国青年物理学家马克斯·德尔布吕克(Max Delbrück,1906—1981)在内的青年量子物理学家们研究生命科学以及探求未知原理的极大兴趣.

1930年,马克斯·德尔布吕克在哥廷根大学马克斯·玻恩(Max Born,1882—1970,因对量子力学波函数的统计诠释获得1954年诺贝尔物理学奖)的指导下获理论物理学博士学位.1931年夏天,德尔布吕克获得了一份洛克菲勒基金会提供的学术奖学金,前往哥本哈根大学理论物理研究所,在玻尔的指导下做了6个月的博士后研究.玻尔研究所那种务实求真的科学精神、学术争论平等自由的气氛给予德尔布吕克很深的印象.1932年8月,在得知玻尔即将演讲的消息后,正在外地旅游的德尔布吕克便匆匆赶回哥本哈根,聆听了玻尔的《光与生命》报告.德尔布吕克此时已意识到,量子力学的理论研究框架已经确立,大多数基础研究都只能在这种已确立的框架范式下进行,而很难对科学最基本原理做出突破.然而,在多姿多彩的生命世界里,一些生命现象,例如遗传物质为什么既能稳定保守地世代传递又能突然产生变异而导致进化则在当时令人费解,其中可能蕴藏着某种与支配物理世界的定律不同的原理.德尔布吕克感觉到,只有投身生命科学研究才有可能从中探究出新的自然规律.玻尔的这次演讲,对德尔布吕克以后的科研生涯产生了决定性的影响,促使他做出改变学术方向的重大抉择,投身新兴生物学领域.1932年,德尔布吕克回到柏林进入威廉皇家研究所,作为奥地利-瑞典原子物理学家迈特娜(Lise Meitner,1878—1968)的研究助手,从事放射性物质的研究工作.此时,迈特娜正和奥托·哈恩(Otto Hahn,1879—1968,1944年获得诺贝尔化学奖)一起研究铀的中子辐射.迈特娜后来帮助德国化学家奥托·哈恩于1938年进行核子分裂研究,起到了关键作用.美国的科学家们很快就利用这一发现制造出第一枚原子弹.

自从1927年穆勒发现X射线照射会引起生物体内基因发生突变后,20世纪30年代辐射遗传学进入了方兴未艾的时期.德尔布吕克离开哥本哈根回到柏林后,利用业余时间与俄国遗传学家列索夫斯基(Nikolai Vladimirovich Timofeeff-Ressovsky,1900—1981)和德国生物物理学家齐默尔(Karl G. Zimmer)一起从量子理论的角度研究辐射与基因突变的关系.1935年,德尔布吕克、列索夫斯基和齐默尔三人发表了题为《关于基因突变和基因结构的本质》的文章.在这篇文章中,列索夫斯基研究不同温度和能量下,X射线诱导果蝇基因突变的频率;齐默尔以离子对的数量为指标,确定辐射剂量的大小;而德尔布吕克则对实验结果进行量子力学分析.他们的研究结果显示,可以用量子力学的模型来解释果蝇基因突变率随温度和X射线照射剂量变化的规律,并给出了"基因的量子力学模型"(又称"德尔布吕克模型").此模型认为,基因如同分子一样,具有几个不同的、稳定的能级状态,突变被解释为基因分子从一种能级稳态向另一种能级稳态的转变.文章还根据计算结果,推断了基因分子的大小(推测约有1000个原子).这就是著名的"三人论文"."三人论文"是第一篇真正用物理学方法,按量子力学理论进行设计,对基因进行研究的文章.虽然现在看来"三人论文"的结论并不正确,但被认为是一个"成功的失败".因为这项研究使人们相信,基因是可以通过物理学的新方法来研究的,从而在实际上激发了物理学家们对生物学研究的兴趣."三人论文"后来成为薛定谔闻名遐迩之作《生命是什么》(What is Life)一书讨论的基础.

1937年,德尔布吕克又一次获得洛克菲勒基金的资助,到加州理工学院作为摩尔根的助手研究果蝇遗传学.然而,此时以果蝇为材料的遗传学研究使曾经作为理论物理学家的德尔布吕克感到很沮丧.对这段经历,他事后回忆说,"我在阅读那些望而生畏的论文时,没有取得多大进展,(果蝇的)各种基因型都有长篇累牍的描述,太可怕了,我简直无法读懂它们".而此时,摩尔根实验室里的另一位研究员埃默里·埃利斯正在从事噬菌体(图1.2)的研究工作,他热情地建议德尔布吕克参加噬菌体研究.噬菌体是1915年由英国伦敦布朗研究所所长、细菌学家弗德里克·特沃特(Frederick W. Twort)发现的病毒.与此同时,加拿大医学细菌学家费利克斯·德赫雷尔(Felix d'Herelle)当时在巴黎的巴斯德研究所进行相关研究,并于1917年发表文章称发现了一种能吞噬细菌的病毒,称之为噬菌体.在20世纪二三十年代,德赫雷尔的研究重点是探索其在医学上的应用,但是毫无成果.在这个时期,马克斯·施莱辛格发现,纯化的噬菌体结构简单,由蛋白质和单一的核酸(DNA)组成.噬菌体在细菌细胞中实现自身的生长和增殖,一旦离开了宿主细胞,噬菌体既不能生长,也不能复制.作为一名出色的物理学家,德尔布吕克很快就认识到,最有效的方法莫过于研究像病毒这样最简单的生命结构.这些噬菌体是容易分离和培养的病毒,故而是一个比果蝇更适合对遗传基因进行分析的材料,德尔布吕克称之为"生物学中的氢原子".于是,他与埃利斯合作,把研究重点放在噬菌体繁殖、复制上,并设计出一步生长曲线试验.在这项试验中,一种受感染的细菌经过半个小时的潜伏期或称为隐蔽期之后释放了大量噬菌体,并最终导致细菌崩解死亡.1939年,这项研究结果以《噬菌体的生长》为题,发表在《普通生理学杂志》上.一步(级)生长试验的重要意义在于,在这以前一直认为噬菌体是一种化学分子而不是生物,他们的工作说明噬菌体具有在生物体内增殖的特性.这是一个对化学来说如此不同而对生物来说又是如此基本的特性.因此,这篇文章产生了很大的影响,成为现代噬菌体遗传学研究的开端(Ellis,Delbruck,1939).

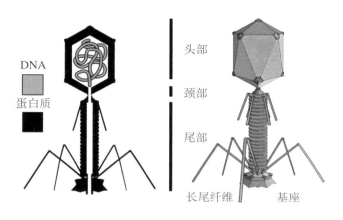

图 1.2　噬菌体示意图

1940年底,德尔布吕克在费城召开的物理学讨论会上,结识了在哥伦比亚大学做噬菌体研究的意大利裔生物学家萨尔瓦多 · 卢里亚(Salvador Edward Luria,1912—1991).卢里亚博士毕业于意大利都灵大学医学院,但对医学缺乏兴趣.他决心投身物理学研究,于1937年来到罗马,在物理学家费米(Enrico Fermi,1901—1954,因对"中子辐射产生的新放射性元素和慢中子引起的核反应"研究的贡献获1938年诺贝尔物理学奖)实验室学习物理学.当他读了德尔布吕克等的"三人论文"后,极为振奋,用卢里亚的话讲,"这篇文章对我的一生都有重要影响".在罗马,卢里亚认识当时正在进行噬菌体研究的微生物学家瑞达(Geo Rita).受其影响,卢里亚开始在罗马,之后又在法国巴斯德研究所进行 X 射线辐射诱发噬菌体基因突变的研究.1940年第二次世界大战中巴黎沦陷,卢里亚经马赛逃亡到美国.1940年9月12日他到达纽约,在当时已逃亡到美国成为哥伦比亚大学教授的费米推荐下,获得洛克菲勒基金资助,得以在哥伦比亚大学继续他在欧洲开始的噬菌体研究.1940年底,卢里亚见到了德尔布吕克.后来他回忆说,"一开始马克斯

(德尔布吕克)就以其非凡的人格力量吸引着我,……遇上马克斯·德尔布吕克是我研究生涯中的关键转折".由于有共同兴趣,他们谈话十分投机,决定合作研究,从而开启了德尔布吕克-卢里亚时代.

1941年夏天,他们又在纽约长岛上的冷泉港相会.以后一年一度的冷泉港学术年会他们都在一起,形成了"噬菌体小组"的雏形.为了使研究容易取得成效,德尔布吕克建议,对于所使用的研究材料加以严格限定,均使用以大肠杆菌B为宿主菌的噬菌体T1~T17.研究材料的统一易于使研究数据集中和验证,免除精力与物力的浪费.这在生物学史上也是一个创举,颇具借鉴价值.此后不久,新泽西州普林斯顿美国无线电公司(RCA)实验室的电子显微学家托马斯·安德森(Thomas Anderson)见到了德尔布吕克.到1942年3月,他们第一次获得了噬菌体的清晰照片.德尔布吕克和卢里亚的噬菌体研究合作很有成效.1943年,他们发表了一篇题为《细菌从对病毒敏感性到对病毒抗性的突变》的论文,发现在对噬菌体敏感的大肠杆菌中,有少数大肠杆菌对噬菌体感染具有抵抗性,并通过巧妙的实验证明了这种抵抗性是由于大肠杆菌自发突变引起的,而不是噬菌体诱导产生的.德尔布吕克综合实验结果,以数学公式的方法,表达了细菌突变的规律,并可以据此计算出细菌突变的频率.这个"卢里亚-德尔布吕克实验"标志着一门新的分支学科——细菌遗传学的诞生.同年,阿尔弗雷德·赫尔希(Alfred Hershey,1908—1997)从华盛顿大学来到田纳西范德彼尔特大学拜访德尔布吕克.赫尔希1930年毕业于密执安大学化学系,1934年获得博士学位后,在华盛顿大学医学院从事噬菌体方面的研究.他们见面后讨论了合作研究的计划.这样,以德尔布吕克、卢里亚和赫尔希为核心的"噬菌体小组"(phage group)就形成了.

为了加快研究进展,扩大研究成果,德尔布吕克意识到仅靠少数研究者是不够的.1945年起,德尔布吕克在冷泉港创办暑期噬菌体研讨班.在时任冷泉港生物研究所所长、南斯拉夫裔学者德默莱兹(Milislav Demerec,1895—1966)的支持下,噬菌体遗传学研讨会每年暑期在冷泉港举行,吸收不同国度、不同领域的研究者来参加,进行交流与培训.从此,关于噬菌体复制、增殖即遗传机制的研究,便快速地发展起来.此后噬菌体遗传学的研究不断取得突破.1945年,卢里亚和赫尔希几乎同时独立发现噬菌体本身也具有自发突变的特性;1946年,赫尔希和德尔布吕克又分别独立地发现,两种噬菌体同时感染同一个细菌后,在细菌体内可以自发地发生两种噬菌体的基因重组,产生"重组噬菌体".这之前一般认为,基因重组只发生在有性繁殖的高等生物中,现在他们证明即使是最简单的生命形式(如噬菌体),也会发生基因重组.这意味着从最简单的生命到人都遵循着相同的遗传机制,这个结论具有重要的理论意义.这些在噬菌体研究方面开创性的研究成果,为分子病毒学的研究奠定了基础.1952年赫尔希和蔡斯(M. Chase)分别用^{35}S(与蛋白质结合)和^{32}P(结合在DNA上)标记噬菌体的蛋白质外壳和内部的核酸,然后用它们感染细菌.实验结果发现,在细菌体内复制产生的后代噬菌体主要含有 ^{32}P 标记,而 ^{35}S 的含量不超过 1%.这些实验结果表明,在细菌体内与复制有关的是噬菌体的 DNA,而不是蛋白质.从 1928 年格里菲斯的肺炎双球菌转化实验,到 1944 年艾弗里的细菌转化实验,再到 1952 年赫尔希和蔡斯的噬菌体侵染实验,前后历经 24 年,才使人们确信 DNA 是遗传物质.

这个结果于 1952 年发表后,迅速被广泛接受.这与 1953 年沃森、克里克发现 DNA 双螺旋结构的研究成果互相辉映,被认为是分子生物学史上的重要事件.德尔布吕克、卢里亚和赫尔希三人共同获得 1969 年的诺贝尔生理学或医学奖.

德尔布吕克对分子遗传学发展作出的重要贡献,还表现在学术组织方面所起的杰出作用.从 20 世纪 40 年代初开始,他和卢里亚、赫尔希组成噬菌体小组,开创了美国噬菌体遗传学派.1944 年,在德尔布吕克的倡导下,还通过了所谓"噬菌体条约",规范了噬菌体研究中有关材料和方法方面诸多事项,使各国的噬菌体研究得以深入,成果便于交流.噬菌体研究人员最初仅有几个人,很少从科学机构获得支持,正是由于德尔布吕克不懈的坚持和努力,这个团体才紧密凝聚在一起.赫尔希曾经透露说,要不是德尔布吕克的鼓励,有很多次他都想脱离噬菌体的研究工作了(Symonds,Delbruck,1988).在 20 世纪 40 年代末至 50 年代初,噬菌体研究小组的成员已发展到来自 37 个美国国内外机构和大学的数百人之多,成为一个影响很大的遗传学学派.他们的主要兴趣是通过噬菌体研究遗传信息传递的方式,而对遗传物质(基因)的化学本质关注不多,因此又被称为"信息学派".德尔布吕克之于噬菌体研究小组和信息学派可比拟玻尔之于哥本哈根理论物理研究所和哥本哈根学派.经德尔布吕克等共同努力,噬菌体研究小组培养了整整一代分子生物学家,其中包括詹姆士·沃森(James Dewey Watson,1928—   ).沃森是卢里亚在印第安纳大学的研究生,也是噬菌体研究小组成员.1950 年沃森博士毕业后,到丹麦哥本哈根克卡尔(Herman Kalcker)实验室做有关核酸生化方面的博士后研究.这使他迅速熟悉了核酸方面的知识,并认识到基因的化学本质是 DNA.

物理学对生命科学的贡献还表现在新兴物理学技术应用推进生物学研究.20 世纪三四十年代,在信息学派产生的同时,还有一群物理学家利用像 X 射线技术解析研究生物大分子的结构和功能,从另外一个角度探究生命的奥秘.这些物理学家们被称为分子生物学中的"结构学派".结构学派起源于英国卡文迪什实验室的布拉格父子——威廉·亨利·布拉格(William Henry Bragg,1862—1942)和威廉·劳伦斯·布拉格(William Lawrence Bragg,1890—1971).20 世纪初,他们发现,用 X 射线照射结晶体,可以在背景上获得不同的衍射图像.通过对衍射图像的分析,就可以推出晶体的分子结构.1915 年,布拉格父子因此同时获得诺贝尔物理学奖.1938 年,劳伦斯·布拉格升任卡文迪什教授并主管卡文迪什实验室.当时,英国效仿美国,在基础科学研究方面推行国家实验室模式,分流了大量的经费和人员.面对不利局面,小布拉格决定在卡文迪什实验室开展更多其他学科与物理学的交叉科学研究,其中就包括生命科学.这样,他们开始把 X 衍射技术推广应用到对生物大分子(如蛋白质、核酸)的三维结构研究.在小布拉格的领导下,卡文迪什实验室由马克斯·佩鲁兹(Max Ferdinand Perutz,1914—2002)和约翰·肯德鲁(John Kendrew,1917—1997)在 1947 年成立了分子生物学分部,开展了蛋白质 X 射线晶体学的研究.经过不懈努力,解决了众多技术难题之后,肯德鲁于 1958 年解析得到了肌红蛋白的三维结构,佩鲁兹于次年解析得到了血红蛋白的三维结构.两人因此分享了 1962 年的诺贝尔化学奖.

同时,在伦敦国王学院(King's College London)的莫里斯·威尔金斯(Maurice Wilkins,1916—2004)和罗莎琳德·富兰克林(Rosalind Elsie Franklin,1920—1958)在用 X 衍射方法研究核酸的结构.与信息学派的分子遗传学家们不同,这些结构学派的物理学家们的主要兴趣是研究生物分子的结构.一个偶然的机会,沃森参加了在意大利举行的一个关于生物大分子结构的学术会议,会上使他印象深刻的是英国科学家威尔金斯用 X 衍射技术进行 DNA 结构的研究.1951 年,在卢里亚的推荐下,沃森来到了卡文迪什实验室做博士后研究工作.在这里,他遇到了准备博士论文的弗朗西斯·克里克(Francis Harry Compton Crick,1916—2004).克里克本科毕业于伦敦大学学院(University College London)物理系,由于"二战"的耽搁,他 1950 年进入剑桥大学卡文迪什实验室攻读博士学位,计划进行粒子物理研究.在薛定谔《生命是什么》一书的影响下,克里克从物理学研究转向生物学.当时他正在佩鲁兹研究小组进行血红蛋白结构的研究.沃森的到来,使他了解到 DNA 研究的新进展.沃森和克里克有共同的兴趣,认为只有解析出 DNA 的结构才能真正揭开基因的奥秘.

1951 年 11 月,富兰克林在实验中拍摄到 A 型 DNA 的 X 射线衍射照片.这时候,沃森正好在剑桥大学中由威廉·劳伦斯·布拉格主持的卡文迪什实验室做博士后研究工作,研究蛋白质结构.沃森与克里克得知了这些信息之后,很快提出了三股螺旋的 DNA 结构模型(1952 年莱纳斯·鲍林发表过后来证明是错误的 DNA 三链螺旋结构模型).他们邀请富兰克林和威尔金斯来讨论这个模型时,富兰克林提出了许多批评,并指出他们把 DNA 含水量少算了一半.于是,沃森与克里克提出的第一个 DNA 模型宣告失败.1952 年 5 月富兰克林和雷蒙·葛林斯(Raymond Gosling,1926—2015)实验获得 B 型 DNA 的 X 射线晶体衍射照片(即"照片 51 号",如图 1.3 所示),被 X 射线晶体学先驱之一、英国物理学家约翰·贝尔纳(John Desmond Bernal,1901—1971)称为"几乎是有史以来最美的一张 X 射线照片".然而,由于 A 型结构的数据仍不足以支持 DNA 螺旋结构模型,富兰克林并未及时发表该研究成果,而是继续将研究焦点放在 A 型 DNA 上.1952 年,克里克和沃森在剑桥认识了生物化学家埃尔文·查戈夫(Erwin Chargaff,1905—

2002),并获悉查戈夫在1950年提出了"碱基互补配对"规则,这个规则对他们随后提出DNA结构模型提供了很大帮助.在1953年1月获得"照片51号"详细结果后,沃森和克里克很快于1953年2月28日宣布DNA双股螺旋模型的发现.几乎同时,原本并不接受A型DNA为双股螺旋的富兰克林,经过一段时间的分析之后,在2月24日得出两种DNA皆为双股螺旋的结论.1953年4月25日,《Nature》杂志同期发表了3篇论文,分别是沃森和克里克的《核酸的分子结构:DNA的一种结构模型》(Watson,Crick,1953)、威尔金斯等的《脱氧核糖核酸的分子结构》(Wilkins et al.,1953)以及富兰克林和雷蒙·葛林斯的《胸腺核酸的分子构象》(Frankling,Gosling,1953).DNA双螺旋结构的发现被誉为"生物学的一个标志,开创了新的时代".1962年,沃森、克里克和威尔金斯共同获得诺贝尔生理学或医学奖.

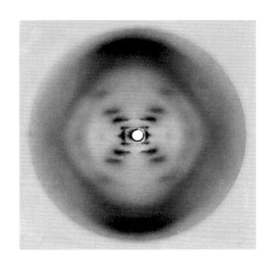

图1.3 富兰克林拍摄的B型DNA的X射线照片——第51号

20世纪50年代分子生物学的建立和兴起无疑是新兴物理学与生物学一次学科交叉的成功范例.量子力学建立以后,年轻一代物理学家像德尔布吕克、克里克等在量子理论的先驱和创立者玻尔与薛定谔的感召下进入生物学领域,催生了分子生物学.然而,经过对噬菌体十几年的研究,德尔布吕克领悟到在生物遗传现象中并不存在建立在现有物理定律基础之上的互补性原理,玻尔当初预期的新科学原理(即量子力学)并没有出现,只需要用经典的物理和化学就可以说明,而无需涉及量子理论.尤其是DNA双螺旋结构被发现之后,德尔布吕克认为,生物遗传信息的复制、遗传稳定性及其变异性的机制将会顺利完全研究清楚.于是,深受玻尔哲学影响、以探求新的自然规律为己任的德尔布吕克,告别了他自己一手开创的领域,进入完全陌生的神经生物学领域.其中的缘由,还可以从他于1969年在诺贝尔奖授奖仪式上所作的题为《一个物理学家20年后再来看生物学》的演讲中可见一斑.在演讲中,他说道:"……分子遗传学使我们有了正确的方法把生物世界特性(生殖、朝向一个目标发育以及衰退)与形成对照的、不朽不灭而漫无计划的物理世界协调起来,然而它却未能解决我们不能确定的问题,即什么是正确的方法能把这个术语同'意识''精神''认识''逻辑思维''真理'等概念联系起来——所有这些概念也都是我们这个'世界'的元素……"也就是说,包括人的思想意识、心理活动在内的高级神经活动是最复杂的生命现象,德尔布吕克转入神经生物学领域中来,就是想向这个最艰难的科学堡垒挑战.同样地,双螺旋的发现者之一克里克在提出DNA-RNA-蛋白质的"中心法则"之后,也在60年代离开分子生物学领域,到加州索尔克研究所进行以视觉为中心的脑科学研究.克里克认为:"想要正确地评估人类在浩瀚而复杂的宇宙中的地位,彻底地了解我们的脑是非常重要的."

既然在分子层次上并没有发现生命科学存在新的物理学原理,玻尔"互补原理"的哲学思想在生命科学领域并没有真正实现.因此,原先关于如何应用新兴的量子物理学去研究生物学问题的疑问,仍然没有解决.人们仍然会问,能否像应用量子力学去研究氢分子成键问题从而建立量子化学那样,通过量子理论研究具有生物学特征的对象从而建立量子生物学呢?

1.3 量子生物学概述

1.3.1 量子生物学溯源

量子生物学的起源可以追溯到20世纪20年代末,这时的生命科学充满许多未解之谜.在此期间,出现了一批持有有机论的科学家,他们既反对活力论的生命机体中存在神秘的"活性物质",也不赞成机械论的一切生命活动都可以用物理和化学的原理解释.这些有机论者认为,从根本上说,生命的奥秘能够被物理和化学原理诠释,只不过这些新的自然科学原理仍然缺失,还未被发现.作为有机论者的代表人物,奥地利学者路德维希·冯·贝塔朗菲(Ludwig von Bertalanffy,1901—1972)在1928年出版了著作《形态形成的批判理论》(Critical Theory of Form Formation).他认为,经典物理和化学的决定性的定律不足以解释生命现象,需要新的科学原理去描述生命的本质.这种思想对当时一些量子物理学家包括尼尔斯·玻尔都有很大的影响.不过,这些量子理论家们都相信,贝塔朗菲所谓缺失的理论正是量子力学.

1929年尼尔斯·玻尔在斯堪的纳维亚自然科学家会议上所作题为《描述自然规律的原子理论和基本原理》的演讲中涉及量子力学在生物学中应用的问题,显示出把量子理论与生命科学联系起来的极大兴趣.他的这次演讲激发了年轻物理学家如帕斯库尔·约当等以极大的兴趣把量子理论应用到生物学中去.约当是德国理论物理学家,1925—1926年间他与海森伯和玻恩一起,发展了矩阵力学,是量子力学主要创立者之一.在随后的几年间,约当来到哥本哈根学派理论物理研究所与玻尔一起工作.在1929年玻尔演讲以后,他们开始讨论量子力学是否能应用到生物学领域.不过,与后来的德尔布吕克不同,约当并没有改行成为生物学家,而是继续从事量子理论研究,试图用量子理论去解释生物学问题.1932年,约当在德国杂志《自然科学》(Die Naturwissenschaften)上发表了一篇题为《量子力学与生物学和心理学的根本问题》(Die Quantenmechanik und die Grundprobleme der Biologie und Psychologie)的论文.在文章中,约当提出了"放大理论".约当指出,无生命物体的性质由数以千万计的大量粒子随机运动的平均来决定,单个分子的运动对整个物体的影响微乎其微;然而,生命个体是由处于活体细胞内"控制中心"的少数分子来控制的,这些分子具有"独裁式"的影响力,在微观层次上制约它们运动的量子定律,比如海森伯不确定性原理,被放大从而影响整个宏观生物体.在1941年发表的《物理学与有机生命的秘密》中约当还继续讨论了这种"量子放大"假说(Jordan,1941).1944年在《生命是什么》一书中,薛定谔进一步阐述了这种观点.

薛定谔从青年时代就对生物学有浓厚兴趣,并始终关注着生物学领域的研究进展.20世纪30年代以来,以德尔布吕克为代表的一批物理学家从量子理论角度对生物学进行了研究.这些研究吸引了薛定谔的注意和思考,并逐渐形成了他对生命问题的理解.1943年在爱尔兰都柏林三一学院薛定谔为公众作了一系列演讲,阐述了他对生命科学的观点.1944年他将这些演讲汇编成书出版,书名为《生命是什么》.在这本书中,薛定谔通过量子理论和热力学对生命的两大特征——遗传和新陈代谢——进行了讨论.

在20世纪40年代,众所周知遗传物质是基因,染色体是基因的载体.1944年,美国细菌学家艾弗里通过转化实验证明了基因是DNA分子而不是蛋白质,但是没有被大部分生物学家接受.这些生物学家仍然认为遗传物质是蛋白质.因此,基因究竟是什么在当时生命科学领域仍是悬而未决的前沿科学问题.

生物遗传具有高度的精确性和稳定性,每代每个基因发生变异的概率小于亿分之一.薛定谔认为,遗传高度有序性和精确性表明,基因不会服从经典统计热力学规律,从大量无序运动的粒子中产生.亦即,不能"从无序中产生有序".这个结论可以由如下的估算得到,假设基因含有原子的数目为 N,那么,它产生误差的概率是 $1/\sqrt{N}$.基因呈线形排列在染色体上,通过电子显微镜观测染色体里的基因条纹的数目可以判断基因的体积大小,从而可以估算出基因包含原子的数目大约为一百万(而德尔布吕克利用高能辐射诱发基因突变,能够估算出约 1000 个原子的基因大小),因此,基因误差的概率大约为0.1%,远远小于实际精确度.因此,薛定谔相信,高度有序的基因不是由一堆散漫作随机运动的原子组成的,而应该是一种生物大分子,由数目有限但排列有序的原子组成,原子之间以"海特勒-伦敦力"相连接.这种海特勒-伦敦力实际上就是量子化学描述的化学键,由形成化学键的原子共享电子的量子力学性质决定.打破海特勒-伦敦力,即化学键,需要很高的能量.因此,基因分子结构具有高度稳定性,它是生命遗传具有高度稳定性的基础.用"量子放大"理论来说就是,生命遗传由细胞中少数分子(即细胞核中的基因)决定,基因中的微观粒子(电子和原子)形成化学键的量子力学性质,通过基因放大,从而影响整个宏观生命体的遗传稳定性.

薛定谔认为,生命的高度有序性不能用经典物理学统计规律来解释,比如像上述的基因遗传应该基于一种"新"的原理,即"来自有序的有序"(order from order),也就是说生命的宏观有序来自微观的有序.生命有机体是一个开放的宏观系统,为了延续和发展,生命体需要与外界进行物质和能量的交换(即新陈代谢).薛定谔指出,生命要保持有序状态,以消除不断产生的熵,"唯一的办法就是从环境中不断地吸取负熵"."更明白地说,新陈代谢的本质,就在于使有机体成功地消除了它活着时不得不产生的全部的熵."薛定谔关于"有序、无序、熵"的思想,激发了比利时物理化学家普里高津(Ilya Prigogine,1917—2003,因提出"耗散结构"理论而获得 1977 年诺贝尔化学奖)提出"耗散结构"理论,试图解释从无序如何达到有序(即"来自无序的有序").但普里高津的理论并不足够完美,其所阐述的机制在生命中是如何起作用的,至今人们尚未完全了解.

薛定谔进一步认为,基因由一些同分异构的小分子(或原子团)组成非周期性晶体结构,这些小分子的性质和排列方式可能包含遗传信息,决定了遗传密码,从而生命遗传展现出丰富多样性.薛定谔同时也举了用 X 射线诱导果蝇基因突变的事实,说明基因的稳定性在某些条件下也会发生改变.他认为,突变的机制归因于基因分子中的量子跃迁,即从一种相对稳定的分子构型(同分异构)转变为另一种构型.

《生命是什么》在当时对年轻一代的物理学家像克里克和莫里斯·威尔金斯等产生了很大影响,促使他们从物理学领域转移到了生物学领域,成为了有影响力的生物学家.1953 年 8 月 12 日,克里克把他和沃森发表在《Nature》上的 DNA 双螺旋结构的文章影印本寄给薛定谔,并附上一封信(图1.4):

量子生物学:生物系统物质和能量传递的量子理论

亲爱的薛定谔教授：

　　沃森和我曾经谈及我们是如何进入分子生物学领域的,我们发觉我们俩都受到您写的短篇著作《生命是什么》的影响.

　　我们想您或许对随信附上的文章重印本感兴趣,您将会看到您的(在《生命是什么》中所用的)"非周期的晶体"是非常适合的(文章中所发现的 DNA 结构的)词.

您真挚的

弗朗西斯·哈利·康普顿·克里克

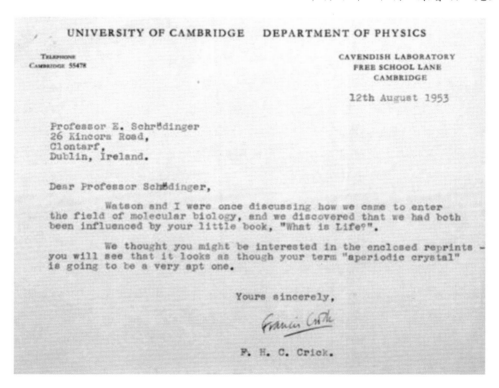

图 1.4　克里克写给薛定谔的信

　　1953 年 DNA 双螺旋结构的发现开启了分子生物学时代,使遗传学的研究深入到分子层次,极大地促进了分子生物学的迅猛发展.

　　分子生物学是从分子层次研究生物大分子的结构与功能,从而阐明生命现象本质的学科.自 20 世纪 50 年代以来,分子生物学首先研究单个基因和蛋白质,亦即在 DNA 水平上寻找特定的基因,然后通过基因突变、基因敲除等手段研究基因的功能;在基因研究的基础上,研究蛋白质的空间结构、蛋白质的修饰以及蛋白质分子之间的相互作用等,朝着基因组学和蛋白质组学(也就是,同时研究成千上万个蛋白质或基因)方向发展,奠定了生物信息学和系统生物学的基础.

1948 年,美国数学家克劳德·香农(Claude Elwood Shannon,1916—2001)发表《通信的数学理论》,提出信息熵的概念,奠定了信息论的理论基础.有意思的是,香农于 1940 年在麻省理工学院(MIT)的博士论文却是关于人类遗传学的《理论遗传学的代数学》(An Algebra for Theoretical Genetics),或许暗示他的信息论与生命科学有某种天然的关联.

同在 1948 年,诺伯特·维纳(Norbert Wiener,1894—1964)出版了《控制论》,该书的副标题是"关于在动物和机器中控制和通信的科学".从机器的自动化、生物的生长发育,到人与动物的"有意识的"动作,维纳的关注点最终都落到了人类自身上.

然而,这些学科似乎都不是量子力学适合应用的领域.尤其是,在无生命物质体系,出现量子力学效应需要严苛的约束条件.然而生命系统像活体细胞每时每刻都处在湿热嘈杂的外部环境中,很难在足够长的时间内保持量子相干性等量子力学特征.一般认为,量子效应在生命中无足轻重.因此,物理学界对量子理论能否在生命科学中有一席之地也心存疑虑.多数生物学家相信,生命是可以用经典的物理和化学规律进行诠释的.1993 年,来自全世界的知名科学家在爱尔兰都柏林三一学院聚会纪念薛定谔《生命是什么》一书出版 50 周年,并出版了《生命是什么:下一个 50 年》的论文集.然而,这本论文集绝大多数章节都没有提及量子理论.当年薛定谔著书《生命是什么》试图用量子力学解释生命科学的初衷,在 50 年后似乎被物理学家和生物学家们忽视和遗忘了.或者说,在这半个多世纪期间,量子生物学研究没有取得重大进展.

如果 20 世纪上半叶是原子(量子)物理学时代,那么 20 世纪下半叶可以说是分子生物学时代(Eigen,1995).玻尔、薛定谔和约当等量子理论先驱们"用量子力学去诠释生命现象"的预期尽管没有得到实现,但他们的思想极大地推动了生物学发展进入到分子层次.分子生物学的兴起也在某种程度上带动了量子生物学的发展.1963 年,瑞典量子化学家佩尔-奥洛夫·勒夫丁(Per-Olov Löwdin,1916—2000)根据 DNA 的分子结构,提出 DNA 自发突变的质子量子隧穿(proton tunneling)机制(Löwdin,1963).在该机制中,在 DNA 碱基配对形成氢键的质子通过量子隧穿使之形成能量稍高的互变异构体,从而发生自发突变.

1966 年,布立顿·强斯(Britton Chance,1913—2010)发现在蛋白酶电子转移反应中的量子隧穿效应.1974 年,美国物理化学家霍普菲尔德(John J. Hopfield,1933—　)进行了理论解释(Hopfield,1974)以及随后以色列物理化学家 Joshua Jortner 提出了改进的理论模型,诠释了在蛋白酶中这种电子转移量子隧穿效应(Jortner,1976).

1972 年维尔奇科夫妇(Wolfgang Wiltschko,Roswitha Wiltschko)首次发现欧洲知更鸟在长途迁徙过程中的磁感应现象(Wiltschko,Wiltschko,1972).1976 年,当时在德

国马克斯-普朗克研究所工作的科学家克劳斯·舒尔滕（Klaus Schulten）等提出自由基对的量子纠缠假说来解释这种现象，并指出存在于动物眼睛中的隐花色素（crypto-chrome）可能是产生这种磁感应现象的分子（Schulten et al.，1976；Ritz et al.，2000）.然而，舒尔滕的自由基对假说以及隐花色素猜想最近遭遇到生物实验的极大挑战（Bassetto et al.，2023），表明还需要更确切的实验证据来阐明知更鸟迁徙磁感应现象的物理原因.

2007年，美国加州大学伯克利分校 Fleming 教授研究小组报道了用二维电子光谱方法研究光合作用过程中，检测到长时间相干振荡现象（Engel et al.，2007）.最初的实验和理论研究把这种现象归因于激子间的量子相干，并认为自然界的光合作用也利用了量子相干来实现从太阳光能到化学能的转换，这些研究极大地激发起人们对量子生物学的兴趣.但是进一步的理论和实验研究表明（Cao et al.，2020），这些实验发现的长时间相干现象来自激光脉冲激发引起的电子基态上的分子振动，而不是激子之间的量子相干运动.因此，这引发了人们对关于光合作用中高效捕光机制的现行理论假说提出质疑.更进一步地，也引起人们对非平庸的量子效应在生命活动中究竟是否存在以及是否真正重要提出质疑.回答前一个问题还需要更精确和更合适的产生与检测光合作用的实验方法.过去40年来在实验中研究光合作用所用的超短脉冲激光，与来自太阳光的很弱的单光子光源有明显的区别.Fleming 和 Whaley 教授的研究组最近应用发展的单光子光源技术，可能是用来模拟来自太阳的单光子光源、研究光合作用是否存在量子效应更合适的选择（Li et al.，2023）.

细胞中像电子或质子转移反应等体系是开放系统，它们不可避免地与环境（包括蛋白质和溶液等）产生相互作用.环境的行为对开放量子系统相当于进行一种测量，通过求迹（trace）对环境自由度作平均会导致系统做出优势纯态选择，从而消除量子态相干叠加（详细讨论见本书第3章），这种环境驱动导致量子动力学被压制和破坏的过程，称作退相干.这些因素使得物理学家和生物学家们认为量子现象在生命过程中不会起重要作用.然而，生命系统依赖于像蛋白酶及其辅因子等关键生物分子的动力学行为.比如蛋白酶的独特结构可以有效调控电子或质子转移反应在埃米（10^{-10} m）空间尺度范围内进行.越来越多的实验证据表明，在这种生物大分子自身超限域的控制条件下，一些像量子隧穿、量子相干以及量子纠缠等量子效应会在退相干起作用前就可能对生物功能起着重要作用.

在生物化学领域，同样来自美国加州大学伯克利分校的生物化学家 Klinman 教授及其合作者于1989年报道了在常温常压下蛋白酶催化氢（H）转移反应中出现的量子隧穿现象（Cha et al.，1989）.随后20多年的研究不仅在许多不同的蛋白酶催化氢转移体系中重复发现了量子隧穿现象，而且发展了很好地解释了这些实验数据的有关量子速率理论（Klinman，2019）.这些实验和理论研究表明，如果没有量子隧穿效应，生物系统中大量存在的氢转移以及质子耦合的电子转移反应就难以发生.由于这些反应在包括新陈代谢、信号传递以及DNA复制等几乎所有的细胞生化过程中起着至关重要的作用,从而表明了非平庸的量子效应是生命活动不可或缺的部分.

直到20世纪80年代末,对生物系统非平庸的量子力学效应的研究大多局限在理论假说方面.随着实验技术的快速发展,人们可以研究在越来越小的空间尺度和越来越短的时间尺度上的生物系统的动力学行为,量子生物学已取得一定的进展.像蛋白酶催化、电子或质子等离子输运以及能量转移、基因的遗传和突变、线粒体加工、呼吸、磁觉、嗅觉、视觉以及大脑思维意识等研究都涉及量子力学基本规律,与量子隧穿、量子相干叠加和量子纠缠,乃至量子-混沌模式等量子生物学效应密切相关.量子生物学已逐渐成为生物、物理、化学、信息等交叉学科.

1.3.2　什么是量子生物学?

早在20世纪30年代后期,帕斯库尔·约当就已提出"量子生物学"这一术语(德语"quantenbiologie").然而,量子生物学的定义与研究内容在当时并不明确,直到现在仍存在争议.

矩阵力学和波动力学分别在1925年和1926年提出,这两种量子力学表象都首先应用到氢原子(H)体系,成功处理了氢原子的电子结构问题.随即在1927年,海特勒和伦敦应用量子力学变分原理方法处理氢分子(H_2)中的电子结构,解决了经典物理不能诠释的化学键形成问题.这样,当研究对象从一个氢原子变成两个氢原子,量子力学所涉及的领域就从量子物理学转变为量子化学.从这个角度看,量子化学是量子物理学的自然拓展和延伸,是量子力学和分子化学交叉发展的必然结果.

然而,量子生物学的研究对象从一开始就不十分明确.在20世纪20年代,有机论生物学家冯·贝塔朗菲认为,决定论的经典物理和化学定律不足以描述生命现象,在解释生命现象方面,理论存在缺失.受此观点影响,像玻尔、薛定谔和约当等早期量子物理学家相信,量子力学就是那个缺失的、能诠释生命现象的理论.但是,他们并不清楚在生物学中量子力学最适合首先研究的对象是什么.像化学键是分子的一个最基本的性质,基因遗传是生物体的最重要的一个特征.因此,薛定谔等首先想到的是基因.然而,当时人们并不清楚基因究竟是什么.另外,基因一旦脱离活体环境,就失去了其遗传的生命功能.故此,需要在合适的生物体系中研究基因.

德尔布吕克在1935年提出"基因的量子力学模型",用这个假设的模型来试图解释果蝇基因突变率随温度和X射线照射剂量变化的规律.然而,作为理论物理学家,德尔布吕克认识到把果蝇当作研究对象太过复杂了.后来,他了解到噬菌体,其结构非常简单,因而,噬菌体被德尔布吕克称为生物学中的"氢原子",并作为研究的首选对象.德尔布吕克以及噬菌体小组其他成员们经过十几年对噬菌体的研究,证明了遗传物质不是蛋白质而是 DNA 分子.DNA 作为遗传物质的证实以及结构的发现,把对生命体的研究推进到分子层次,对量子生物学的发展也起到重要推动作用.

随着分子生物学取得了大量实验结果,也提出了许多问题,需要从分子、原子及亚原子(电子、离子等)层次,应用量子力学研究来解释.比如,基因遗传稳定性首先表现为 DNA 分子的稳定性;DNA 原子之间是通过被薛定谔称为"海特勒-伦敦作用力",即化学键(这里指的是共价键)相连接的,这些化学键是基因具有很好稳定性的根本原因.尽管共价键概念是美国化学家吉尔伯特·路易斯(Gilbert Newton Lewis,1875—1946)在量子力学建立(1916 年)之前提出的.然而,经典物理和化学理论不能解释共价键的形成机制,而是需要通过量子化学计算其电子结构才能描述,是量子力学现象.因此,在 20 世纪五六十年代,生物物理学家和量子化学家,像阿尔伯特·森特-哲尔吉(Albert Szent-Györgyi,1893—1986,1937 年诺贝尔生理学或医学奖获得者)、伯纳德·普尔曼(Benard Pullman)以及勒夫丁等,主张量子生物学被定义为用量子力学和量子化学方法研究生物大分子体系的电子结构或其他亚分子结构(比如质子等)以及生物体内的物理和化学过程.与分子生物学或者生物化学相对应,这时量子生物学也被称为亚分子生物学(Szent-Györgyi,1960)或者量子生物化学.1970 年,普尔曼等发起成立国际量子生物学会(International Society of Quantum Biology,ISQB),在成立大会上,讨论并定义量子生物学是"应用量子力学去研究生物学问题"的学科.

然而,这种定义在近些年来引起一些生物物理学家们的反对.他们认为,在分子、原子和亚原子层次,生物体与所有其他的物质一样由量子定律控制.比如,原子轨道和分子轨道的电子结构、化学键等都是量子物理或量子化学的核心内容,构成了结构生物学的基础.他们指出,这些常见的量子力学现象不应归为量子生物学的研究对象,量子生物学是应用量子力学研究在生命过程起着重要作用的非平庸(non-trivial)的量子力学效应(Kim et al.,2021).这里,非平庸的量子力学效应包括量子隧穿、量子相干和量子纠缠等.同时,另一些生物物理学家们则认为,量子生物学是应用量子理论研究生物学中那些经典物理不能描述的领域.他们强调,在宏观时空尺度上的生命动力学过程中很难观察到量子力学现象,但即便是这样,生命的宏观过程仍然会受到在微观尺度上的量子力学规律影响.地球生命活动常常发生在量子-经典力学的边界.为了全面理解生命运动的规律,需要用量子生物学研究才能建立完整自洽的理论图像(Marais et al.,2018).

1.3.3　本书主要内容

　　生物体是多层次和多尺度的复杂开放系统，每时每刻都在与环境进行物质、能量和信息的传递和交换.细胞是生命体最基本的结构和功能单位.在微观层次上，电子、离子、原子和分子等微观粒子是构成细胞的物质基础.量子生物学是从微观层次（分子、原子和亚原子）研究生物系统运动规律的科学，它的建立和发展使得生物学从宏观经典描述变成微观量子力学研究.尽管目前对量子生物学的定义和研究对象仍然存在着争议，但是近四分之一世纪对酶催化氢转移反应的研究已揭示非平庸的量子现象——量子隧穿效应是生命活动不可或缺的要素.像 H 原子和 H_2 分子分别是量子（原子）物理和量子化学最先研究的对象一样，蛋白酶催化氢转移反应是量子生物学首要研究的生命活动对象.量子化学的研究对象主要是分子的电子结构，属于定态薛定谔方程描述的范畴，而量子生物学的研究内容主要是生物系统的量子动力学.

　　对开放生物量子系统的研究主要有两类方法：一是把量子系统和环境组合成封闭的复合系统，求解含时薛定谔方程（或冯·诺依曼方程）得出系统的量子动力学；二是用统计平均（求迹）方法处理环境对系统的作用，对环境求迹的量子系统是开放系统，也称为约化系统.这时，系统状态的量子力学演化不再是幺正的，波函数公设和含时薛定谔方程公设失效.开放量子系统的量子动力学需要从冯·诺依曼方程出发，用约化密度算符所遵循的量子动力学方程来描述.为此，本书的第 2 章将讨论封闭系统的量子理论基本原理和方法，第 3 章讨论开放系统动力学方法.在讨论完必要的量子动力学理论方法后，我们在第 4 章、第 5 章、第 6 章和第 7 章将分别讨论生物系统电子转移反应量子理论、氢转移反应、生物系统激发能传递的量子理论以及酶催化量子隧穿反应.

　　本书的内容主要聚焦在运用量子动力学方法研究生物系统在微观层次上的物质和能量的传递.当然，这不是量子生物学内容的全部.如前所述，物质、能量和信息是生命系统三大基本要素.生物系统除了与环境进行物质和能量交换外，也在不断地进行信息传递交换.生命系统中的信息无处不在.这些信息包括 DNA 储存和蛋白质表达的遗传信息、细胞内和细胞间传递的化学信息，以及神经感觉信息等.生物体对信息的传递、接收、储存和处理是非常重要的生命活动，与生命体的物理和化学过程密切关联.地球上生命和非生命系统的主要差别可能体现在对信息的处理操作（比如，信息处理的方式、能力和效率等）上.生物系统在微观层次上的信息运动规律，无疑是量子生物学研究的另一个重要研究对象.我们希望在将来有机会介绍这方面的研究内容.

第 2 章

量子理论基本原理和方法

2.1 引论

生物体是具有从微观到宏观多层次特征的复杂系统.量子力学主要是研究包括电子、离子、原子和分子等微观物质结构及其运动规律的科学.作为完整的科学理论体系,量子理论与经典物理学一样都建立在基本假设之上.这些基本假设往往被称为原理或公设.符合量子理论基本原理的系统被称为量子系统.对应地,遵守经典物理学规律的系统被称为经典系统.

本章主要讨论封闭系统非相对论量子理论基本原理和方法,包括量子态公设、演化动力学公设、量子算符公设和测量公设.作为对比,我们下面首先介绍几个典型的经典系统及其演化动力学方法.本节讨论的经典系统包括经典力学系统(牛顿力学系统或哈密顿系统)和离散态系统(如二态比特系统),后一种经典系统不能用连续的牛顿力学或哈密顿力学来描述.

2.1.1　经典力学系统

2.1.1.1　牛顿力学方程

经典力学系统在 t 时刻的状态可以用粒子的位置和速度描述,其演化动力学由牛顿运动方程来描述.例如沿 x 轴作直线运动的粒子,其经典力学运动方程为

$$\begin{cases} \dfrac{\mathrm{d}}{\mathrm{d}t}x = v \\[2mm] m\,\dfrac{\mathrm{d}v}{\mathrm{d}t} = F \end{cases} \tag{2.1.1}$$

其中, m , x 和 v 分别表示粒子的质量、位置和速度. F 是作用在粒子上的力.如已知势函数 $V(x)$,则 F 也可以由 $V(x)$ 的一阶导数得到: $F = -\dfrac{\mathrm{d}}{\mathrm{d}x}V(x)$.牛顿第二定律可以表达为

$$F = m\,\frac{\mathrm{d}^2 x}{\mathrm{d}t^2} = ma \tag{2.1.2}$$

其中,加速度 $a = \dfrac{\mathrm{d}^2 x}{\mathrm{d}t^2}$.在2.3.3小节,我们将讨论量子力学中的力和位置的测量平均值随时间演化的动力学方程(式(2.3.69)),该方程与牛顿第二定律(式(2.1.2))有相似的表达形式.

给定初始状态,即 $t = 0$ 时的位置 x_0 和速度 v_0 ,就可以确定任意 t 时刻系统的状态, $x(t)$, $v(t)$.例如,作匀速运动的自由粒子,其势函数 $V(x) = 0$,且

$$x(t) = v_0 t + x_0 \tag{2.1.3}$$

牛顿运动方程尽管能成功地描述宏观经典力学系统的运动规律,但是不适合用来描述微观粒子的运动规律.例如,自由运动的微观粒子的动量和能量(动能)都是常数,从德布罗意关系式(1.1.1)可知,其物质波的频率和波长也都是常数,微观粒子运动对应于单色平面波.我们在2.2节将讨论自由运动微观粒子的波动力学方程,即薛定谔方程.

2.1.1.2 哈密顿正则方程

1834 年,爱尔兰物理学家和数学家哈密顿(William Rowan Hamilton,1805—1865)提出了牛顿方程的另一种表述方式,即哈密顿方程.

对于能量守恒的单粒子经典力学系统,哈密顿量 H 是粒子的动能 T 和势能 V 之和:

$$H = T + V \tag{2.1.4}$$

对应于式(2.1.1)中的一维运动粒子,哈密顿运动方程为

$$\begin{cases} \dot{x} = \dfrac{\partial H}{\partial p_x} \\[2mm] \dot{p}_x = -\dfrac{\partial H}{\partial x} \end{cases} \tag{2.1.5}$$

其中,$\dot{x} = \dfrac{\mathrm{d}x}{\mathrm{d}t}, \dot{p}_x = \dfrac{\mathrm{d}p_x}{\mathrm{d}t}$.

例如,对于一维谐振子(harmonic oscillator),其哈密顿量为

$$H = \frac{p_x^2}{2m} + \frac{1}{2}kx^2 \tag{2.1.6}$$

这里,谐振子的势函数为 $V(x) = \dfrac{1}{2}kx^2$.其中,k 是谐振子的力常数,x 表示谐振子所处位置对平衡位置的偏离.谐振子的哈密顿运动方程为

$$\begin{cases} \dfrac{\mathrm{d}x}{\mathrm{d}t} = \dfrac{p_x}{m} \\[2mm] \dfrac{\mathrm{d}p_x}{\mathrm{d}t} = -kx \end{cases} \tag{2.1.7}$$

由式(2.1.7)可得

$$\frac{\mathrm{d}^2 x}{\mathrm{d}t^2} + \omega^2 x = 0 \tag{2.1.8}$$

与牛顿方程一致.式(2.1.8)中,$\omega = \sqrt{\dfrac{k}{m}}$ 表示振动的角频率.式(2.1.8)是简谐振动的动力学微分方程.广义地说,任何一个物理量在某一值附近作周期性变化,都可称为振动,比如人体脉搏和心脏的跳动等.简谐振动是最基本的振动方式,任何复杂的振动都可以看成是不同频率的简谐振动的叠加.

简谐振动的动力学微分方程(2.1.8)的通解为

$$x(t) = Ae^{i\omega t} + Be^{-i\omega t} \tag{2.1.9}$$

这里,$i = \sqrt{-1}$ 是纯虚数.假设初始 $t = 0$ 时,$x(0) = x_0$,$p_x(0) = p_0$,可得

$$A + B = x_0, \quad A - B = \frac{p_0}{im\omega}$$

故

$$\begin{cases} x(t) = x_0\cos(\omega t) + \dfrac{p_0}{m\omega}\sin(\omega t) \\ p_x(t) = p_0\cos(\omega t) - m\omega x_0\sin(\omega t) \end{cases} \tag{2.1.10}$$

称式(2.1.10)为简谐振动的表达式.

对于多粒子经典力学系统,我们采用广义坐标和广义动量来描述.设有 N 个粒子的经典系统,其自由度为 $3N$.所有粒子在 t 时刻的位置 $\{r_i(t), i = 1, 2, \cdots, N\}$ 通常采用笛卡儿直角坐标 $\{r_i(t) = ix_i + jy_i + kz_i, i = 1, 2, \cdots, N\}$ 来表示.一般而言,系统往往存在约束条件.对于 N 个粒子的系统,如果有 N_0 个约束条件,则该系统有

$$s = 3N - N_0$$

个自由度,存在 s 个独立的广义坐标

$$q(t) = (q_1(t), \cdots, q_i(t), \cdots, q_s(t)) \tag{2.1.11}$$

与原来位置坐标关系可表示为

$$r_i(t) = r_i(q_1, q_2, \cdots, q_s, t), \quad i = 1, 2, \cdots, N \tag{2.1.12}$$

对应地,有 s 个广义速度

$$\dot{q}(t) = (\dot{q}_1(t), \cdots, \dot{q}_i(t), \cdots, \dot{q}_s(t))$$

由拉格朗日量 $\mathscr{L}(q(t), \dot{q}(t), t) = T - V$ 及

$$p_i(t) \equiv \frac{\partial \mathscr{L}}{\partial \dot{q}_i} \tag{2.1.13}$$

可得广义动量

$$p(t) = (p_1(t), \cdots, p_i(t), \cdots, p_s(t)) \tag{2.1.14}$$

对经典保守系统,所有粒子都满足正则哈密顿方程

量子生物学:生物系统物质和能量传递的量子理论

$$\begin{cases} \dfrac{\mathrm{d}q_i}{\mathrm{d}t} = \dfrac{\partial H}{\partial p_i} \\ \dfrac{\mathrm{d}p_i}{\mathrm{d}t} = -\dfrac{\partial H}{\partial q_i} \end{cases}, \quad i = 1, 2, \cdots, s \tag{2.1.15}$$

其中,哈密顿量 H 为

$$H = T + V = \sum_{i=1}^{s} \frac{p_i^2}{2m_i} + V(q_1, \cdots, q_i, \cdots, q_s) \tag{2.1.16}$$

利用生物大分子力场来构建势函数 $V(\{r_n\}, n = 1, \cdots, N)$,运用分子动力学(molecular dynamics,MD),方程(2.1.15)可以用来模拟生物大分子运动.

由广义坐标和广义动量张成的空间称为相空间.这样,经典力学系统在 t 时刻的状态也可以用相空间的一点来描述,其运动方程由哈密顿方程给出.把所有这样的点连成一条曲线就可以得到系统在相空间中随时间演化的动力学轨迹.例如,一维谐振子(式(2.1.6))的相空间是二维的.作为保守系统,谐振子满足

$$\frac{1}{2m}(p^2 + m^2\omega^2 q^2) = E \tag{2.1.17}$$

其中,$p = p_x$,$q = x$,E 是谐振子系统总能量,式(2.1.17)表示的是一维的等能面.谐振子在相空间的运动轨线(式(2.1.10))在式(2.1.17)所示的等能面上,由哈密顿运动方程(2.1.7)确定.

这种能用相空间中的一点(位置和动量)来描述系统的状态,称为纯态.孤立的经典力学系统的状态都是纯态.还有另外一种情形,系统的状态不仅与相空间中的一点有关,而且与系统在该点出现的概率密度有关.系统的状态不能仅用位置和动量来描述,还需要用概率密度函数 $\rho(r(t), p(t))$ 或 $\rho(q(t), p(t))$ 来刻画,这时经典系统处于混合态.对开放的经典系统,由于与环境相互作用,系统往往处于混合态.在下面的章节中,我们会进一步讨论混合态.

2.1.2 经典离散态系统——二态系统

生物大分子常常以多种状态存在.其中,一个简单又具有代表性的是二态系统.例如,离子通道存在关闭或打开两种状态,许多蛋白质都具有活性态或失活态等(Luo,2016).

为了方便,下面以硬币为二态系统模型进行讨论.硬币两面分别赋值为 0 和 1,面值

为 0 的一面朝上的状态用 φ_0 表示,而面值为 1 的一面朝下的状态用 φ_1 表示. 称面值 0 和 1 分别为状态 φ_0 和 φ_1 的本征值,记为 σ. 下面分别讨论用确定的方式翻转和随机抛掷方式改变硬币状态的动力学.

2.1.2.1 离散态确定性演化动力学

假设每个时间间隔 Δt 翻动一次硬币,在 t_n 时刻,硬币处于 φ_0 或 φ_1. 在下一时刻 t_{n+1},对硬币施加翻转操作(记为 $\hat{R}_{n+1}$). 在进行操作后,硬币只能处在 φ_0 和 φ_1 两个状态中的一个,故有

$$\hat{R}_{n+1}\varphi_i = \varphi_j, \quad i,j = 0,1 \tag{2.1.18}$$

其中,当 $j=i$ 时,表示不翻转,即保持原状态;当 $j \neq i$ 时,状态发生翻转. 翻转操作 $\hat{R}_{n+1}$ 可以看成一种算符,有关量子算符的讨论可见 2.2.3 小节.

φ_0 和 φ_1 可以分别写成

$$\begin{cases} \varphi_0 = (\varphi_0, \varphi_1)\begin{bmatrix} 1 \\ 0 \end{bmatrix} \\ \varphi_1 = (\varphi_0, \varphi_1)\begin{bmatrix} 0 \\ 1 \end{bmatrix} \end{cases} \tag{2.1.19}$$

其中,$\begin{bmatrix} 1 \\ 0 \end{bmatrix}$ 和 $\begin{bmatrix} 0 \\ 1 \end{bmatrix}$ 分别是 φ_0 和 φ_1 在完备基矢集 (φ_0, φ_1) 的分量. 它们也可以看成是列矢量,分别用来表示状态 φ_0 和 φ_1.

在基矢集 (φ_0, φ_1) 表象下,翻转操作 $\hat{R}_{n+1}$ 可以表示成矩阵 R_{n+1},也称为转移矩阵. 当不翻转时

$$R_{n+1} = I = \begin{bmatrix} 1 & 0 \\ 0 & 1 \end{bmatrix} \tag{2.1.20}$$

其中,I 是单位矩阵,对应 $\hat{R}_{n+1} = \hat{I}$ 为恒等操作. 当执行翻转操作时

$$R_{n+1} = \begin{bmatrix} 0 & 1 \\ 1 & 0 \end{bmatrix} \tag{2.1.21}$$

对基矢 φ_0 和 φ_1 实施 $\hat{R}_{n+1}$ 操作,可得

$$\begin{cases} \hat{R}_{n+1}\varphi_0 = R_{n+1}\begin{bmatrix}1\\0\end{bmatrix} \\ \hat{R}_{n+1}\varphi_1 = R_{n+1}\begin{bmatrix}0\\1\end{bmatrix} \end{cases} \qquad (2.1.22)$$

这样,在任何时刻 t,硬币的状态都可以由 φ_0 或 φ_1 来描述,系统处在纯态上.与牛顿或哈密顿动力学一样,如果初始状态已知,则通过式(2.1.22)操作就可以完全确定硬币任一时刻 t 的状态,从而得到硬币状态动力学轨迹 $\sigma(t)$.实际上,$\sigma(t_n = n\Delta t)$ 是一组 n 个由 0 或 1 组成的字符串.

用一组表示分离状态的数字来描述的信号,称为数字信号.由于电路只有接通与断开两种状态,故而最常见的是用二进制 0 或 1 表示数字信号.例如,动物神经元中,信息就是轴突通过动作电位采用二进制数字信号方式来传递的,动作电位(神经冲动)具有数字信号"全"或"无"的性质.

比特(bit)是 binary digit(二进制数)的缩写.二进制数的每个 0 或 1 是一个位,也称为 1 比特(bit),例如 1011 就是 4 比特.比特常用作经典信息的最小度量单位,也是计算机信息存储的基本单位.比特也用于对二态系统的描述,表示处于 0 或者 1 的状态(上面例子中的 φ_0 或 φ_1).经典二态系统的一个态被称为经典比特,简称比特.在 2.2.1 小节我们将讨论到,量子二态系统的一个态,可以用 φ_0 和 φ_1 的线性叠加表示,称为量子比特,英文名称为 quantum bit,简写为 qubit 或 qbit.

2.1.2.2 离散态随机演化动力学

另外一种方式是每次随机抛掷硬币.假设在 $t_n = n\Delta t$ 时刻,硬币处在状态 φ_0,即 $\sigma(t_n) = \sigma_n = 0$ 的概率为 p,那么硬币处在 φ_1,即 $\sigma(t_n) = \sigma_n = 1$ 的概率为 $1-p$.σ_n 的值只有 0 和 1,它们对应的状态分别为 $\varphi_0 = \begin{bmatrix}1\\0\end{bmatrix}$ 和 $\varphi_1 = \begin{bmatrix}0\\1\end{bmatrix}$.这样,在 t_n 时刻硬币的 $\sigma(t_n) = \sigma_n$ 值可以代表其所处的状态.所有的 $\sigma_n(n = 0,1,\cdots)$ 由一串随机产生 0 或 1 的二进制数字序列构成,对应于随机过程的状态空间.由于在时刻 t_n 需要用 $(\sigma_n, p_n)(p_n = p$ 或 $1-p)$ 来描述系统状态.故而系统处于混合态.

尽管硬币抛掷过程是随机的,硬币在空中的状态不能确定,但每次测量(抛掷)σ 值的结果一定只能是 0 或者 1,亦即每次测量的结果,必然是硬币稳定在本征值 $\sigma = 0$ 或 $\sigma = 1$ 对应的本征态 φ_0 或者 φ_1 上.设随机抛掷单个硬币的总次数为 n,把每次出现的特征值加和平均,就得到 $\sigma(t_n)$ 的期望值(或平均值)

$$\langle \sigma(t_n) \rangle = \frac{1}{n}\sum_{k=1}^{n}(p \times 0 + (1-p) \times 1) = 1 - p \qquad (2.1.23)$$

如果抛掷硬币是完全随机的，正反面等概率出现，则 $p = \dfrac{1}{2}$，有

$$\langle \sigma(t_n) \rangle = 1 - p = \frac{1}{2} \tag{2.1.24}$$

我们可以用 σ 的概率分布随时间的变化来描述系统的随机演化动力学. 具体说来，对于离散型的随机变量 σ，在时刻 $t_n = n\Delta t, \sigma = \sigma_n$. 其中，$\sigma_n$ 取 0 或 1，对应的概率为 p 或 $1 - p$. 因此，离散型的随机变量 σ 的概率分布为

$$\rho(\sigma = \sigma_n) = \begin{cases} p, & \sigma_n = 0 \\ 1 - p, & \sigma_n = 1 \end{cases} \tag{2.1.25}$$

由式(2.1.25)，我们可以定义概率矢量 $P(t_n) = \begin{bmatrix} p \\ 1 - p \end{bmatrix}$ 描述系统在 $t_n = n\Delta t$ 的状态.

假设翻转操作 R_{n+1} 是完全随机的（翻转和不翻转的概率各占 0.5），则有

$$P(t_{n+1}) = 0.5R_{n+1}P(t_n) + 0.5IP(t_n) \tag{2.1.26}$$

其中，$R_{n+1} = \begin{bmatrix} 0 & 1 \\ 1 & 0 \end{bmatrix}, I = \begin{bmatrix} 1 & 0 \\ 0 & 1 \end{bmatrix}$.

2.1.3 经典力学系统物理量的测量

经典力学系统的纯态可以用坐标和动量来描述. 任意物理量 A 是组成系统所有粒子的坐标和动量的函数. 因此，相空间的点 $(q(t), p(t))$ 描述 t 时刻系统的状态，物理量 A 的动力学值可写成 $A(q(t), p(t))$. 在测量时间间隔 $\tau \to \infty$，A 的动力学平均值 $\langle A \rangle_\tau$ 是其测量值对时间的平均：

$$\langle A \rangle_\tau = \lim_{\tau \to \infty} \frac{1}{\tau} \int_0^\tau \mathrm{d}t A(q(t), p(t)) \tag{2.1.27}$$

计算 A 对时间的平均值需要进行动力学模拟，得到系统在相空间的演化轨迹，轨迹上每个点代表系统的瞬时状态. 如果知道每个粒子所受的作用力，根据牛顿定律或哈密顿方程(2.1.15)就可以计算每个粒子在相空间的运动轨迹，从而根据式(2.1.27)求得 A 的平均值. 然而，由于宏观系统的粒子数目巨大（在 10^{23} 量级），求解整个系统的哈密顿方程是不现实的做法.

为了解决这个问题，可以把每次对 A 的动力学测量当作对宏观系统进行一次复制，

称为一个样本.设想对同一宏观系统作数目极大的 N 次测量或复制,每次复制都是独立的,得到包括所有独立样本的集合,称之为系综.对系综的所有样本求平均:

$$\langle A \rangle = \frac{1}{N} \lim_{N \to \infty} \sum_{i=1}^{N} A_i \tag{2.1.28a}$$

其中,A_i 是第 i 个复制系统物理量 A 的值.物理量 A 的平均值(式(2.1.28a))称为系综平均值.这样,对一个系统在不同时刻的物理量 A 的动力学平均,变成对一个系综的 N 个复制系统所有 A 值求平均.

以上述硬币二态系统为例,动力学平均是拿一个硬币翻转多次,然后求得 σ 的平均值.而系综平均是用数目很大的 N 个完全相同的硬币按规则翻转一次,再求得平均值.前者是对一个系统作多次测量;后者相当于对数目众多的全同系统同时作一次独立测量,得到 A 的平均值.根据统计力学的遍历性原理,物理量的系综平均等于动力学平均.

把式(2.1.28a)中相同 A_i 值进行归并,可得

$$\langle A \rangle = \lim_{N \to \infty} \sum_{s=1}^{g} \frac{n_s}{N} A_s \tag{2.1.28b}$$

其中,n_s 是相同 A_s 值出现的数目.$p_s = \lim_{N \to \infty} \frac{n_s}{N}$ 是 A_s 值出现的概率,则

$$\langle A \rangle = \sum_{s=1}^{g} p_s A_s \tag{2.1.29}$$

这里,$\sum_{s=1}^{g} p_s = 1$.

对于处于混合态上的系统,如果第 s 个态出现的概率为 p_s,在该态上 A 对应的本征值为 A_s,则物理量 A 的测量平均值与纯态的式(2.1.29)在形式上一致.

2.1.4 刘维尔方程

对于由 N 个粒子组成的连续变化系统,在 t 时刻物理量 A 的平均值为

$$\langle A(t) \rangle = \iint \mathrm{d}\Gamma A(q,p)\rho(q,p,t) \tag{2.1.30}$$

其中,$q \equiv (q_1, \cdots, q_i, \cdots, q_N)$,$p \equiv (p_1, \cdots, p_i, \cdots, p_N)$,$\mathrm{d}\Gamma = \mathrm{d}q\mathrm{d}p = \prod_{i=1}^{N} \mathrm{d}q_i\mathrm{d}p_i$.如若考虑到量子相空间,对 N 个全同粒子系统,$\mathrm{d}\Gamma$ 表示单位相体积元所具有的体系微观状

态数，$\mathrm{d}\Gamma = \dfrac{\mathrm{d}q\,\mathrm{d}p}{h^{3N}N!}$. 这里，$h$ 为普朗克常数.

式(2.1.30)中，$\rho(q,p,t)$ 为相空间体系状态的概率分布函数，满足

$$\iint \mathrm{d}\Gamma\rho(q,p,t) = 1, \quad \rho(q,p,t) \geqslant 0 \tag{2.1.31}$$

式(2.1.30)和式(2.1.31)中的双重积分符号表示对所有 N 个粒子的位置和动量的积分.

当经典系统处于平衡状态时，概率密度函数 $\rho(q,p,t)$ 与时间 t 无关. 物理量 A 的平均值为

$$\langle A \rangle = \iint \mathrm{d}p\,\mathrm{d}q A(q,p)\rho(q,p) \tag{2.1.32}$$

而处于非平衡状态时，密度函数 $\rho(q,p,t)$ 是时间 t 的显函数.

经典系统的基本理论问题就是确定概率密度函数随时间变化的具体表达形式. 对于保守系统，$\rho(q,p,t)$ 满足

$$\frac{\partial}{\partial t}\rho(q,p,t) = \{H,\rho\} \tag{2.1.33}$$

其中，$\{H,\rho\} = -\sum\limits_{i=1}^{3N} \dfrac{\partial \rho}{\partial q_i}\dfrac{\partial H}{\partial p_i} - \dfrac{\partial H}{\partial q_i}\dfrac{\partial \rho}{\partial p_i}$. 式(2.1.33)称为刘维尔方程. 它描述了在相空间中概率密度 $\rho(q,p,t)$ 的时间演化规律. 刘维尔方程是由美国物理化学家吉布斯(Josiah Willard Gibbs,1839—1903)在 1902 年出版的《统计力学基本原理》中提出的. 由于 $\rho(q,p,t)$ 的全微分

$$\frac{\mathrm{d}\rho}{\mathrm{d}t} = \frac{\partial \rho}{\partial t} + \sum_i \left(\frac{\partial \rho}{\partial q_i}\dot{q}_i + \frac{\partial \rho}{\partial p_i}\dot{p}_i \right) \tag{2.1.34}$$

利用哈密顿方程(2.1.15)，得

$$\begin{aligned} \frac{\mathrm{d}\rho}{\mathrm{d}t} &= \frac{\partial \rho}{\partial t} + \sum_i \left(\frac{\partial \rho}{\partial q_i}\frac{\partial H}{\partial p_i} - \frac{\partial \rho}{\partial p_i}\frac{\partial H}{\partial q_i} \right) \\ &= \frac{\partial \rho}{\partial t} - \{H,\rho\} \end{aligned} \tag{2.1.35}$$

由刘维尔方程(2.1.33)，得

$$\frac{\mathrm{d}\rho}{\mathrm{d}t} = 0 \tag{2.1.36}$$

式(2.1.36)称为刘维尔定理，也称为相密度刘维尔-庞加莱守恒定理.

2.2　量子理论基本原理

量子理论基本原理也称为量子理论公设.下面我们将讨论量子态公设、量子演化动力学公设、量子算符公设以及量子测量公设.其中,量子演化动力学公设已经在相应的量子力学公设上进行了扩展,把量子理论从量子力学推广到包括量子信息和量子计算等领域.

2.2.1　量子状态空间

2.2.1.1　量子态公设

任何一个孤立量子系统都对应一个复内积单位向量空间,该空间被称为希尔伯特(Hilbert)空间,系统状态完全由其空间的向量描述.

孤立量子系统的状态可以用波函数完全描述.对于单粒子量子系统,波函数可以表达为粒子空间坐标 r 和时间 t 的复函数 $\Psi(r,t)$,其模的平方表示粒子在 t 时刻,出现在空间 r 点的概率密度 $\rho(r,t)$:

$$\rho(r,t) = |\Psi(r,t)|^2 = \Psi^*(r,t)\Psi(r,t) \tag{2.2.1}$$

其中,符号 Ψ^* 表示 Ψ 的复共轭.由于在整个空间或量子系统定义域内发现粒子的概率为1,因此波函数满足归一化条件

$$\int \Psi^*(r,t)\Psi(r,t)\mathrm{d}r = 1 \tag{2.2.2}$$

波函数在其定义域内单值、连续,并且平方可积.

2.2.1.2　量子态线性叠加原理

量子态满足线性叠加原理,即如果 $\Psi_1(r,t)$ 和 $\Psi_2(r,t)$ 是系统的量子态,则它们的线性叠加

$$\Psi(r,t) = c_1\Psi_1(r,t) + c_2\Psi_2(r,t) \tag{2.2.3}$$

也是系统的量子态,其中,c_1 和 c_2 是任意复常数.量子态线性叠加原理一般表达为

$$\Psi(r,t) = \sum_n c_n\Psi_n(r,t) \tag{2.2.4}$$

这里,c_n 是复常数.

由线性叠加原理可知,量子系统所有的状态集合构成了一个复线性空间,该空间被称为希尔伯特(Hilbert)空间 $\mathcal{H}$.系统的每一个量子态(波函数)对应于 $\mathcal{H}$ 中的一个矢量,称为状态矢量,简称态矢.$\mathcal{H}$ 中态矢 Ψ 和 Φ 的内积($\Phi \cdot \Psi$)表示 Ψ 在 Φ 上的投影:

$$(\Phi \cdot \Psi) = \int \Phi^\dagger \Psi \mathrm{d}\tau \tag{2.2.5}$$

其中,$\Phi^\dagger$ 表示态矢 Φ 的转置共轭(式(2.2.13)),又称之为厄米共轭(Hermitian conjugate).

引入狄拉克(Dirac)符号,量子态 Ψ 可记为 $|\Psi\rangle$,称为右矢(bra),代表希尔伯特空间的一个矢量.对应于右矢 $|\Psi\rangle$,可定义左矢 $\langle\Psi|$.它们互为厄米共轭:

$$\langle\Psi| = (|\Psi\rangle)^\dagger, \quad |\Psi\rangle = (\langle\Psi|)^\dagger \tag{2.2.6}$$

态矢 $|\Psi\rangle$ 和 $|\Phi\rangle$ 的内积表示成

$$\langle\Phi|\Psi\rangle = \int \Phi^\dagger \Psi \mathrm{d}\tau \tag{2.2.7}$$

如果 $\langle\Phi|\Psi\rangle = 0$,则表示态矢 $|\Psi\rangle$ 和 $|\Phi\rangle$ 正交.$|\Psi\rangle$ 与自身内积为

$$\langle\Psi|\Psi\rangle = 1 \tag{2.2.8}$$

表明量子态 $|\Psi\rangle$ 是归一化的,它的模为 1.因此,$\mathcal{H}$ 中态矢都是单位矢量.

下面我们对右矢或者式(2.2.5)和式(2.2.6)中的厄米共轭进行讨论.为了在态矢空间 $\mathcal{H}$ 中进行具体运算,往往需要选取一组基矢,形成一个完备的基矢集 $\{|\varphi_i\rangle, i = 1, 2, \cdots, N\}$,用这些基矢的线性组合来展开 $\mathcal{H}$ 中任一态矢量(如果空间是无穷维的,则 $N \to \infty$).为了计算方便,不失一般性,可以假设这些基矢满足正交归一条件

$$\langle\varphi_i|\varphi_j\rangle = \delta_{ij} = \begin{cases} 1, & i = j \\ 0, & i \neq j \end{cases} \tag{2.2.9}$$

这样,我们选择了一个正交归一的完备基矢集.用这组基矢对 $|\Psi\rangle$ 进行线性展开:

$$|\Psi\rangle = \sum_i c_i|\varphi_i\rangle \tag{2.2.10}$$

其中,$c_i = \langle \varphi_i | \Psi \rangle$. 称 $c_i = \langle \varphi_i | \Psi \rangle$ 为态矢 $|\Psi\rangle$ 在 $|\varphi_i\rangle$ 上的概率幅,其模平方 $|c_i|^2 = |\langle \varphi_i | \Psi \rangle|^2$ 可理解为处在量子态 $|\Psi\rangle$ 的系统出现在 $|\varphi_i\rangle$ 的概率.由式(2.2.8)可知,概率幅模的平方 $|c_i|^2 = |\langle \varphi_i | \Psi \rangle|^2$ 满足归一化条件

$$\sum_i |c_i|^2 = \sum_i |\langle \varphi_i | \Psi \rangle|^2 = 1 \tag{2.2.11}$$

式(2.2.10)也可以表示成

$$|\Psi\rangle = (|\varphi_1\rangle, |\varphi_2\rangle, \cdots, |\varphi_N\rangle) \begin{bmatrix} c_1 \\ c_2 \\ \vdots \\ c_N \end{bmatrix} = \varphi C \tag{2.2.12a}$$

其中,常数 $c_1, c_2, \cdots, c_N$ 是态矢 $|\Psi\rangle$ 投影到基矢集 $\varphi = \{|\varphi_1\rangle, |\varphi_2\rangle, \cdots, |\varphi_N\rangle\}$ 上的分量.这些分量组成 $C = (c_1, c_2, \cdots, c_N)^T$ 是一个 N 维列向量,T 表示转置.这里,我们把列向量写成行向量转置的形式.

设空间 $\mathcal{H}$ 中另一个态矢 $|\Phi\rangle$,可以表示成

$$|\Phi\rangle = (|\varphi_1\rangle, |\varphi_2\rangle, \cdots, |\varphi_N\rangle) \begin{bmatrix} d_1 \\ d_2 \\ \vdots \\ d_N \end{bmatrix} = \varphi D \tag{2.2.12b}$$

其中,$D = (d_1, d_2, \cdots, d_N)^T$.这样,在同一个基矢集 $(|\varphi_1\rangle, |\varphi_2\rangle, \cdots, |\varphi_N\rangle)$ 下,$\mathcal{H}$ 中的每个态矢都可以用一个列向量来表示.

由式(2.2.12b),有

$$\langle \Phi | = (|\Phi\rangle)^\dagger = D^\dagger \varphi^\dagger \tag{2.2.13}$$

其中,$\dagger$ 表示转置共轭.由式(2.2.12a)和式(2.2.12b)有

$$\langle \Phi | \Psi \rangle = D^\dagger \varphi^\dagger \varphi C \tag{2.2.14}$$

其中,$\varphi^\dagger \varphi = \hat{I}$ 是 $N \times N$ 单位矩阵,故有

$$\langle \Phi | \Psi \rangle = D^\dagger C \tag{2.2.15}$$

此式表明,态矢 $|\Psi\rangle$ 和 $|\Phi\rangle$ 的内积是 $|\Psi\rangle$ 的列矢量在 $|\Phi\rangle$ 的列矢量上的投影:

$$\langle \Phi \mid \Psi \rangle = (d_1^*, d_2^*, \cdots, d_N^*) \begin{bmatrix} c_1 \\ c_2 \\ \vdots \\ c_N \end{bmatrix}$$

$$= d_1^* c_1 + d_2^* c_2 + \cdots + d_N^* c_N \tag{2.2.16}$$

式(2.2.16)也是在复空间中两个列向量内积的定义.

由量子态线性叠加原理式(2.2.3),得到概率密度

$$\rho = \mid \Psi \mid^2 = \mid \Psi \rangle \langle \Psi \mid = (c_1 \Psi_1 + c_2 \Psi_2)^* (c_1 \Psi_1 + c_2 \Psi_2)$$

$$= \mid c_1^2 \mid \Psi_1^2 + \mid c_2^2 \mid \Psi_2^2 + c_1^* c_2 \Psi_1^* \Psi_2 + c_1 c_2^* \Psi_1 \Psi_2^* \tag{2.2.17}$$

上式中出现两个态交叉项,表明量子系统处于两个态的线性叠加态时,会发生干涉现象. 所以,量子态的线性叠加是相干叠加,是微观粒子波动性的表现.

对于多粒子量子系统(粒子数 $N \geqslant 2$),波函数 $\Psi(r_1, r_2, \cdots, r_N, t)$ 是粒子坐标 $\{r_i, i = 1, 2, \cdots, N\}$ 和时间 t 的复函数,量子系统可以用 $\Psi(r_1, r_2, \cdots, r_N, t)$ 来描述.

2.2.1.3　纯态和混合态

根据量子态公设,每个孤立量子系统对应于一个希尔伯特空间 $\mathcal{H}$,量子系统的状态完全由 $\mathcal{H}$ 的态矢(波函数)来描述.这些态矢称为纯态.

一个孤立量子系统的状态一定是纯态.然而,严格的孤立系统是不存在的.实际上, 真实系统一定与外界环境有相互作用,属于开放系统.系统所处的状态不能完全确定,往往需要一组 $\{\Psi_i\}$,以及这些纯态出现的概率 p_i 来描述.这时,量子系统处在混合态上. 在此情况下,仅用纯态的波函数是不能完全描述这类量子系统的,而需要用密度算符或密度矩阵来描述.例如,假设量子系统以概率 p_1 和 p_2 分别处在 $\mid \Psi_1 \rangle$ 和 $\mid \Psi_2 \rangle$ 纯态上,则系统处在空间 r 点的概率密度 $\rho(r, t)$ 为

$$\rho(r, t) = p_1 \mid \Psi_1 \rangle \langle \Psi_1 \mid + p_2 \mid \Psi_2 \rangle \langle \Psi_2 \mid$$

$$= p_1 \mid \Psi_1 \mid^2 + p_2 \mid \Psi_2 \mid^2 \tag{2.2.18}$$

可以看出,与两个纯态相干叠加(式(2.2.17))不同,混合态上并不发生相干现象.这意味着,纯态的系统与环境发生不可逆的相互作用(量子纠缠)会使之处于混合态上,从而使得系统的相干性消失,即发生退相干(decoherence)效应.我们将在下面有关章节中对混合态和退相干进行进一步讨论.

2.2.1.4　二态量子系统:量子比特

二态量子系统是一个较为简单但广泛存在的基本量子系统.量子比特就是一个二态

量子系统.

量子比特的状态组成二维线性希尔伯特空间 $\mathscr{H}_2$.定义 $\{|0\rangle,|1\rangle\}$ 是 $\mathscr{H}_2$ 的正交归一的完备基矢集.$\mathscr{H}_2$ 中任一态矢 $|\Psi\rangle$ 都可以表示成 $|0\rangle$ 和 $|1\rangle$ 的线性叠加:

$$|\Psi\rangle = c_0|0\rangle + c_1|1\rangle \tag{2.2.19}$$

这里,$|\Psi\rangle$ 是一个纯态.式(2.2.19)中,$c_0 = \langle 0|\Psi\rangle$ 和 $c_1 = \langle 1|\Psi\rangle$ 是复常数.由归一化条件 $\langle\Psi|\Psi\rangle = 1$,可得 $|c_0|^2 + |c_1|^2 = 1$.因此,量子比特的状态是二维复向量空间 $\mathscr{H}_2$ 中的单位向量.

与2.1节中讨论的经典二态系统(比特)不同,经典二态系统只能处在 $|0\rangle$ 或者 $|1\rangle$ 上,相当于 c_0 和 c_1 只能取 0 或 1 的状态.但是量子比特的状态可以由 $|0\rangle$ 和 $|1\rangle$ 线性叠加形成,原则上满足式(2.2.19)的态矢有无穷多个.然而,量子比特被观测时,只能得到非"0"即"1"的结果.亦即,我们通过检查一个量子比特,来确定它是处于 $|0\rangle$ 或 $|1\rangle$ 状态,就像计算机每次从内存里存取内容,或者可以观测每次抛掷硬币所处的状态一样.然而,我们不能通过检查量子比特来确定它的量子态,也就是不能得到明确的 c_0 和 c_1 值.在测量量子比特时,我们得到 0 的概率为 $|c_0|^2$,得到 1 的概率为 $|c_1|^2$.例如,量子比特可以处在 $\frac{1}{\sqrt{2}}|0\rangle + \frac{1}{\sqrt{2}}|1\rangle$ 叠加态上,但一经测量后,它会坍塌到 $|0\rangle$ 态或 $|1\rangle$ 态(概率各为50%)上.

在下面有关章节中,我们将进一步对量子二态系统进行讨论.

2.2.2 量子系统演化公设

2.2.2.1 量子演化公设Ⅰ:薛定谔方程

量子演化公设Ⅰ:孤立量子系统的态矢 $|\Psi(t)\rangle$ 的演化由薛定谔方程描述.

薛定谔方程是薛定谔在1926年根据德布罗意波粒二象性假说建立起来的描述微观粒子运动的偏微分方程,也称波动力学.波动力学与海森伯等人创立的矩阵力学等价,是非相对论量子力学的两大基本理论之一.作为量子力学的一个基本假设,薛定谔方程不能从更基本的理论推导出来,其正确性只能用实验来验证.为了便于初学者理解,下面我们用类比的方法来建立薛定谔方程.

我们首先讨论一维自由粒子薛定谔方程的建立.对沿 x 轴方向作一维运动的自由粒子,其动量 p_x 和能量 E 在运动过程中不发生变化.从德布罗意波关系式(1.1.1)可知,其

波长 λ 和频率 ν 也都不变,与自由粒子对应的物质波是单色平面波:

$$\psi(x,t) = \frac{1}{\sqrt{2\pi}} \mathrm{e}^{\mathrm{i}2\pi\left(\frac{x}{\lambda}-\nu t\right)} \tag{2.2.20}$$

把德布罗意关系式(1.1.1)代入,得到自由粒子的物质波函数

$$\psi(x,t) = \frac{1}{\sqrt{2\pi}} \mathrm{e}^{\frac{\mathrm{i}}{\hbar}(p_x x - Et)} \tag{2.2.21a}$$

对 $\psi(x,t)$ 作 t 的一阶偏导并乘以 $\mathrm{i}\hbar$,得

$$\mathrm{i}\hbar \frac{\partial \psi(x,t)}{\partial t} = E\psi(x,t) \tag{2.2.21b}$$

对 $\psi(x,t)$ 作 x 的二阶偏导并乘以 $-\dfrac{\hbar^2}{2m}$,得

$$-\frac{\hbar^2}{2m} \frac{\partial^2 \psi(x,t)}{\partial x^2} = \frac{p_x^2}{2m}\psi(x,t) \tag{2.2.22}$$

其中,m 是粒子的质量.对于低速运动的自由粒子,总能量 E 等于动能 T:

$$E = T = \frac{p_x^2}{2m}$$

所以有

$$\mathrm{i}\hbar \frac{\partial \psi(x,t)}{\partial t} = -\frac{\hbar^2}{2m} \frac{\partial^2 \psi(x,t)}{\partial x^2} \tag{2.2.23}$$

这就是一维运动自由粒子的薛定谔方程.

对上面的讨论,我们还可以作进一步分析.对式(2.2.20)中的 $\psi(x,t)$ 作 x 的一阶偏导,有

$$\frac{\partial \psi(x,t)}{\partial x} = \frac{\mathrm{i}}{\hbar} p_x \psi(x,t) \tag{2.2.24}$$

从式(2.2.21)、式(2.2.22)和式(2.2.24),可以得到如下对应关系:

$$E \rightarrow \mathrm{i}\hbar \frac{\partial}{\partial t} \tag{2.2.25}$$

$$p_x \rightarrow -\mathrm{i}\hbar \frac{\partial}{\partial x} \tag{2.2.26}$$

$$T = \frac{p_x^2}{2m} \rightarrow \frac{1}{2m}\left(-\mathrm{i}\hbar \frac{\partial}{\partial x}\right)\left(-\mathrm{i}\hbar \frac{\partial}{\partial x}\right) = -\frac{\hbar^2}{2m} \frac{\partial^2}{\partial x^2} \tag{2.2.27}$$

由式(2.2.25)~式(2.2.27),总能量 E、动量 p_x 和动能 T 都分别对应不同运算符号 $i\hbar\frac{\partial}{\partial t}$,$-i\hbar\frac{\partial}{\partial x}$ 和 $-\frac{\hbar^2}{2m}\frac{\partial^2}{\partial x^2}$.在量子力学中,把这些运算符号都称为算符或算子,并分别用符号 $\hat{E}$,$\hat{p}_x$ 和 $\hat{T}$ 表示.

对于在势场 $V(x)$ 中运动的粒子,粒子的总能量

$$E = T + V(x) = \frac{p_x^2}{2m} + V(x) \tag{2.2.28}$$

把式(2.2.28)中的 E,T 和 $V(x)$ 用式(2.2.25)~式(2.2.27)中的算符代入,并作用到 $\psi(x,t)$ 上,有

$$i\hbar\frac{\partial\psi(x,t)}{\partial t} = \left(-\frac{\hbar^2}{2m}\frac{\partial^2}{\partial x^2} + \hat{V}(x)\right)\psi(x,t) \tag{2.2.29}$$

其中,势函数 $V(x)$ 用算符 $\hat{V}(x)$ 代替.式(2.2.29)中的总能量也可用哈密顿量 H(式(2.1.6))表示,其对应的算符为

$$\hat{H} = -\frac{\hbar^2}{2m}\frac{\partial^2}{\partial x^2} + \hat{V}(x) \tag{2.2.30}$$

薛定谔方程(式(2.2.29))可表示成

$$i\hbar\frac{\partial\psi(x,t)}{\partial t} = \hat{H}\psi(x,t) \tag{2.2.31}$$

推广到三维空间,有

$$i\hbar\frac{\partial\psi(\hat{r},t)}{\partial t} = \hat{H}\psi(\hat{r},t) \tag{2.2.32}$$

其中,哈密顿算符

$$\hat{H} = -\frac{\hbar^2}{2m}\nabla^2 + \hat{V}(\hat{r}) \tag{2.2.33}$$

位置和动量算符分别是

$$\hat{r} = \hat{x}i + \hat{y}j + \hat{z}k \tag{2.2.34}$$

$$\hat{p} = \hat{p}_x i + \hat{p}_y j + \hat{p}_z k \tag{2.2.35}$$

其中

$$\hat{p}_x = -\,\mathrm{i}\,\hbar\frac{\partial}{\partial x}, \quad \hat{p}_y = -\,\mathrm{i}\,\hbar\frac{\partial}{\partial y}, \quad \hat{p}_z = -\,\mathrm{i}\,\hbar\frac{\partial}{\partial z} \tag{2.2.36}$$

式(2.2.33)中的拉普拉斯算符∇^2为

$$\nabla^2 = \frac{\partial^2}{\partial x^2} + \frac{\partial^2}{\partial y^2} + \frac{\partial^2}{\partial z^2} \tag{2.2.37}$$

孤立系统$\hat{H}$不显含时间,则薛定谔方程有形式解

$$|\Psi(t)\rangle = \hat{U}(t, t_0)|\Psi(t_0)\rangle \tag{2.2.38}$$

其中,t_0是起始时间,$\hat{U}(t, t_0)$与其自身转置共轭算符(也称厄米共轭算符)$\hat{U}^{\ddagger}(t, t_0)$的乘积等于恒等算符$\hat{I}$,即$\hat{U}(t, t_0)\hat{U}^{\ddagger}(t, t_0) = \hat{I}$(2.2.3小节有关厄米共轭算符和恒等算符的讨论).因此,$\hat{U}(t, t_0)$是酉算符(2.3.1小节).(注释:如果算符$\hat{U}$与其厄米共轭算符$\hat{U}^{\ddagger}$互为逆算符,$\hat{U}^{\ddagger} = \hat{U}^{-1}$,即$\hat{U}\hat{U}^{\ddagger} = \hat{U}^{\ddagger}\hat{U} = \hat{I}$,则称$\hat{U}$为酉算符,也称为幺正算符.希尔伯特空间中的任意两个态矢$|\Psi\rangle$和$|\Phi\rangle$在酉算符$\hat{U}$作用下内积不变,即$\langle\hat{U}\Psi|\hat{U}\Phi\rangle = \int(\hat{U}\Psi)^{\ddagger}\hat{U}\Phi\mathrm{d}\tau = \int\Psi^{\ddagger}\hat{U}^{\ddagger}\hat{U}\Phi\mathrm{d}\tau = \langle\Psi|\hat{U}^{\ddagger}\hat{U}|\Phi\rangle = \langle\Psi|\Phi\rangle$.)

2.2.2.2　量子演化公设 II

对于量子系统的演化还有更一般的公设.

量子演化公设 II:一个封闭的量子系统的演化可以由一个酉变换(或酉算子)来描述,即系统在时刻t_1和t_2的状态由酉算符$\hat{U}(t_2, t_1)$相联系:

$$|\Psi(t_2)\rangle = \hat{U}(t_2, t_1)|\Psi(t_1)\rangle \tag{2.2.39}$$

这样,作为量子力学中的最为重要的量子演化公设 I 成为量子演化公设 II 的一个特例.量子演化公设 II 扩展了量子理论的应用范围,使之不限于哈密顿系统,还可以推广到其他演化算符是酉算子的体系中去(Michael, 2000).在量子计算和量子信息中,酉算子也称为量子门(quantum gate),用酉矩阵表示.常见的量子门针对一个或两个量子比特进行操作,这些量子门可以用2×2或4×4的酉矩阵表示.例如,泡利矩阵

$$\begin{cases} \sigma_0 \equiv \hat{I} \equiv \begin{bmatrix} 1 & 0 \\ 0 & 1 \end{bmatrix}, & \sigma_1 \equiv \sigma_X \equiv \begin{bmatrix} 0 & 1 \\ 1 & 0 \end{bmatrix} \\ \sigma_2 \equiv \sigma_Y \equiv \begin{bmatrix} 0 & -\mathrm{i} \\ \mathrm{i} & 0 \end{bmatrix}, & \sigma_3 \equiv \sigma_Z \equiv \begin{bmatrix} 1 & 0 \\ 0 & -1 \end{bmatrix} \end{cases} \tag{2.2.40}$$

就是在量子计算和量子信息中起着十分重要作用的量子门.其中,泡利矩阵 σ_X 也称为 X 门,作用到一个量子比特上,把 $|0\rangle$ 或 $|1\rangle$ 变换成 $|1\rangle$ 或 $|0\rangle$.像经典比特系统(2.1.19),分别用

$$|0\rangle \equiv \begin{bmatrix} 1 \\ 0 \end{bmatrix}, \quad |1\rangle \equiv \begin{bmatrix} 0 \\ 1 \end{bmatrix} \tag{2.2.41}$$

表示 $|0\rangle$ 和 $|1\rangle$,有

$$\sigma_X \begin{bmatrix} 1 \\ 0 \end{bmatrix} = \begin{bmatrix} 0 & 1 \\ 1 & 0 \end{bmatrix} \begin{bmatrix} 1 \\ 0 \end{bmatrix} = \begin{bmatrix} 0 \\ 1 \end{bmatrix} \tag{2.2.42}$$

σ_X 对应于式(2.1.22)中的翻转矩阵操作,称为比特翻转(bit flip)或相位翻转(phase flip)矩阵,也称为量子非门,与传统非门相对应.而 σ_Z 保持 $|0\rangle$ 不变,把 $|1\rangle$ 变成 $-|1\rangle$:

$$\sigma_Z \begin{bmatrix} 1 \\ 0 \end{bmatrix} = \begin{bmatrix} 1 & 0 \\ 0 & -1 \end{bmatrix} \begin{bmatrix} 1 \\ 0 \end{bmatrix} = \begin{bmatrix} 1 \\ 0 \end{bmatrix} \tag{2.2.43}$$

$$\sigma_Z \begin{bmatrix} 0 \\ 1 \end{bmatrix} = \begin{bmatrix} 1 & 0 \\ 0 & -1 \end{bmatrix} \begin{bmatrix} 0 \\ 1 \end{bmatrix} = \begin{bmatrix} 0 \\ -1 \end{bmatrix} \tag{2.2.44}$$

2.2.3 量子算符与可观测物理量

2.2.3.1 算符公设

任何一个可观测的力学量 A 都对应一个线性厄米算符 $\hat{A}$.量子算符 $\hat{A}$ 所有线性无关的本征函数构成希尔伯特空间 $\mathcal{H}$ 中一组完备基矢集,$\mathcal{H}$ 中任何态矢量都可以表示成这些基矢的线性叠加.

2.2.3.2 线性算符、厄米算符及其性质

1. 线性算符

算符是某种运算或操作符号.例如,$\dfrac{\partial}{\partial x}$,$\nabla^2$,$\cos$,矩阵等都是算符.算符 $\hat{A}$ 作用到一个函数 φ 上产生一个新的函数,即 $\varphi' = \hat{A}\varphi$.如果 $\hat{A}$ 作用到任意两个函数 φ_1 和 φ_2 的线性组合 $c_1\varphi_1 + c_2\varphi_2$ 上,有

$$\hat{A}(c_1\varphi_1 + c_2\varphi_2) = c_1\hat{A}\varphi_1 + c_2\hat{A}\varphi_2 \tag{2.2.45}$$

则称 $\hat{A}$ 为线性算符. 式(2.2.45)中, c_1 和 c_2 为任意复常数.

2. 厄米算符

（1）厄米算符的定义

我们首先讨论算符 $\hat{A}$ 的厄米共轭（转置共轭）算符 $\hat{A}^{\ddagger}$. $\hat{A}^{\ddagger}$ 有如下性质：

$$\langle \hat{A}^{\ddagger}\Phi \mid \Psi \rangle = \int (\hat{A}^{\ddagger}\Phi)^{\ddagger}\Psi \mathrm{d}\tau$$

$$= \int \Phi^{\ddagger}\hat{A}\Psi \mathrm{d}\tau = \langle \Phi \mid \hat{A} \mid \Psi \rangle \tag{2.2.46}$$

其中, 用到算符（比如矩阵）转置共轭的性质: $(\hat{A}^{\ddagger})^{\ddagger} = \hat{A}$.

如果厄米共轭算符 $\hat{A}^{\ddagger}$ 等于算符 $\hat{A}$ 自身, 即 $\hat{A}^{\ddagger} = \hat{A}$, 则称 $\hat{A}$ 是厄米（Hermite）算符. 对于厄米算符 $\hat{A}$, 由式(2.2.46), 有

$$\langle \Phi \mid \hat{A} \mid \Psi \rangle = \langle \hat{A}\Phi \mid \Psi \rangle \tag{2.2.47}$$

通常也用式(2.2.47)作为厄米算符的定义（注意, 酉算符 $\hat{A}$ 的定义为 $\hat{A}^{\ddagger} = \hat{A}^{-1}$）.

定义两个量子算符 $\hat{A}$ 和 $\hat{B}$ 对易操作为

$$[\hat{A}, \hat{B}] = \hat{A}\hat{B} - \hat{B}\hat{A} \tag{2.2.48}$$

例如, 把 $[\hat{x}, \hat{p}_x]$ 作用到任意函数 $\varphi(x)$, 有

$$[\hat{x}, \hat{p}_x]\varphi(x) = (\hat{x}\hat{p}_x - \hat{p}_x\hat{x})\varphi(x) = \mathrm{i}\hbar\varphi(x)$$

由此可得

$$[\hat{x}, \hat{p}_x] = \mathrm{i}\hbar \tag{2.2.49a}$$

同样地

$$[\hat{y}, \hat{p}_y] = \mathrm{i}\hbar, \quad [\hat{z}, \hat{p}_z] = \mathrm{i}\hbar \tag{2.2.49b}$$

由厄米算符的定义, 可见算符 $\hat{V}(x)$ 和 $\hat{p}_x$ 以及哈密顿算符 $\hat{H}$ 都是厄米算符. 下面以 $\hat{p}_x$ 为例来说明. 由式(2.2.47)左边, 有

$$\langle \phi | \hat{p}_x | \varphi \rangle = \int \phi^* \hat{p}_x \varphi \, dx = \int \phi^*(x) \left(-i\hbar \frac{d}{dx} \right) \varphi(x) \, dx$$

$$= -i\hbar \int \phi^*(x) \, d\varphi(x) \tag{2.2.50a}$$

用分步积分法,可得

$$\int \phi^* \hat{p}_x \varphi \, dx = -i\hbar (\phi^*(x)\varphi(x))\Big|_{-\infty}^{+\infty} + i\hbar \int \frac{d\phi^*(x)}{dx} \varphi(x) \, dx$$

假定在边界上函数 $\varphi(x)$(或 $\phi(x)$)为零,则上式右边第一项为零. 由此可得

$$\langle \phi | \hat{p}_x | \varphi \rangle = \int \left(-i\hbar \frac{d}{dx} \phi(x) \right)^* \phi(x) \, dx = \langle \hat{p}_x \phi | \varphi \rangle \tag{2.2.50b}$$

由式(2.2.45)定义知,$\hat{p}_x$ 是厄米算符. 需要指出的是,$\hat{p}_x$ 要满足厄米算符的条件,函数 $\varphi(x)$ 或 $\phi(x)$ 必须在边界为零.

(2) 厄米算符的性质

定理 2.1 厄米算符的本征值都是实数.

证明 算符 $\hat{A}$ 作用到未知函数 $|\varphi\rangle$ 上,得到 $\hat{A}$ 的本征方程

$$\hat{A} |\varphi\rangle = a |\varphi\rangle \tag{2.2.51}$$

其中,$|\varphi\rangle$ 和 a 分别是算符 $\hat{A}$ 的本征函数和本征值.

用左矢 $\langle\varphi|$ 作用到式(2.2.51)两边,得到

$$\langle \varphi | \hat{A} | \varphi \rangle = a \langle \varphi | \varphi \rangle \tag{2.2.52}$$

$\hat{A}$ 是厄米算符,根据厄米算符定义,有

$$\langle \varphi | \hat{A} | \varphi \rangle = \langle \hat{A}\varphi | \varphi \rangle = \langle a\varphi | \varphi \rangle = a^* \langle \varphi | \varphi \rangle \tag{2.2.53}$$

比较式(2.2.52)和式(2.2.53),由于 $\langle \varphi | \varphi \rangle \neq 0$,得

$$a^* = a$$

即厄米算符的本征值为实数.

定理 2.2(厄米算符本征函数正交定理) 属于厄米算符不同本征值的本征函数相互正交.

证明 设 $|\varphi_m\rangle$ 和 $|\varphi_n\rangle$ 分别是厄米算符 $\hat{A}$ 属于不同本征值 a_m 和 a_n 的本征函数:

$$\begin{cases} \hat{A}|\varphi_m\rangle = a_m|\varphi_m\rangle \\ \hat{A}|\varphi_n\rangle = a_n|\varphi_n\rangle \end{cases} \tag{2.2.54}$$

用左矢$\langle\varphi_m|$分别乘以式(2.2.54)两边,得

$$\langle\varphi_m|\hat{A}|\varphi_n\rangle = a_n\langle\varphi_m|\varphi_n\rangle \tag{2.2.55}$$

根据厄米算符定义,式(2.2.55)左边可以写成

$$\langle\varphi_m|\hat{A}|\varphi_n\rangle = \langle\hat{A}\varphi_m|\varphi_n\rangle = a_m^*\langle\varphi_m|\varphi_n\rangle \tag{2.2.56}$$

由式(2.2.53)、式(2.2.55)和式(2.2.56)可得

$$(a_n - a_m)\langle\varphi_m|\varphi_n\rangle = 0 \tag{2.2.57}$$

因为$a_n \neq a_m$,所以

$$\langle\varphi_m|\varphi_n\rangle = 0 \tag{2.2.58}$$

即两个属于$\hat{A}$不同本征值的本征函数正交.

2.2.3.3 完备基矢集和能量表象

如果$a_n = a_m = a$,且$|\varphi_m\rangle$和$\varphi_n\rangle$线性无关,则称$|\varphi_m\rangle$和$|\varphi_n\rangle$是$\hat{A}$的简并本征态. 在此情形下,根据式(2.2.57),$\langle\varphi_m|\varphi_n\rangle$可以不等于零,亦即$|\varphi_m\rangle$和$|\varphi_n\rangle$可以不相互正交.所有这些线性无关的简并本征函数

$$\{|\varphi_n\rangle, n = 1, 2, \cdots, g\} \tag{2.2.59}$$

组成$\mathscr{H}$的一个子空间完备基矢集.其中,称g为简并度.满足$\hat{A}$的本征方程(2.2.51)的本征函数形成子空间$\mathscr{H}_g \subseteq \mathscr{H}$,$\mathscr{H}_g$中任一态矢都可以表示成这些基矢的线性组合.

由上面讨论可知,式(2.2.59)中的基矢一般不相互正交.然而,总可以通过本征函数线性组合形成新的本征函数基矢集,使得这些新的基矢正交归一(Schmidt 正交化定理).

这样,根据算符公设,通过求解$\hat{A}$的本征方程(2.2.51),可以得到$\hat{A}$的所有线性无关的本征函数,它们构成$\mathscr{H}$中一个完备的基矢集

$$\{|\varphi_i\rangle, i = 1, 2, \cdots\} \tag{2.2.60}$$

其中,基矢$|\varphi_i\rangle$和$|\varphi_j\rangle$满足正交归一条件

$$\langle\varphi_i|\varphi_j\rangle = \delta_{ij} = \begin{cases} 1, & i = j \\ 0, & i \neq j \end{cases} \tag{2.2.61}$$

任一态矢 $|\Psi\rangle$ 都可以用这组基矢进行线性展开:

$$|\Psi\rangle = \sum_{i=1} c_i |\varphi_i\rangle \tag{2.2.62}$$

其中, c_i 是复常数.把 $\langle\varphi_j|$ 作用到式(2.2.62)两边,并把下标 j 换成 i,可以得到

$$c_i = \langle\varphi_i|\Psi\rangle \tag{2.2.63}$$

是态矢 $|\Psi\rangle$ 在第 i 个基矢 $|\varphi_i\rangle$ 上的投影,表示 $|\Psi\rangle$ 在基矢 $|\varphi_i\rangle$ 上的分量数值.其模平方 $|c_i|^2 = |\langle\varphi_i|\Psi\rangle|^2$ 可理解为量子态 $|\Psi\rangle$ 在基矢 $|\varphi_i\rangle$ 上出现的概率.

把式(2.2.63)代入式(2.2.62),可得

$$|\Psi\rangle = \sum_{i=1} |\varphi_i\rangle\langle\varphi_i|\Psi\rangle = \sum_{i=1} \hat{\Pi}_i |\Psi\rangle \tag{2.2.64}$$

其中, $\hat{\Pi}_i = |\varphi_i\rangle\langle\varphi_i|$ 为 $\hat{A}$ 的本征空间中具有本征值 a_i 的投影算符.由式(2.2.62)和式(2.2.63),把 $\hat{\Pi}_i$ 作用到任意波函数 $|\Psi\rangle$,可以理解为在希尔伯特空间中把态矢量 $|\Psi\rangle$ 投影到基矢 $|\varphi_i\rangle$ 上去,得到分量 $c_i = \langle\varphi_i|\Psi\rangle$,亦即 $\hat{\Pi}_i |\Psi\rangle = |\varphi_i\rangle c_i$.

式(2.2.64)中, $|\Psi\rangle$ 是任意波函数,因此

$$\sum_{i=1} |\varphi_i\rangle\langle\varphi_i| = \sum_{i=1} \hat{\Pi}_i = \hat{I} \tag{2.2.65}$$

$\hat{I}$ 是恒等算符.对任意算符 $\hat{B}$,有 $\hat{I}\hat{B} = \hat{B}\hat{I} = \hat{B}$.

用 $\hat{I}$ 对任意量子算符 $\hat{B}$ 进行如下作用,有

$$\hat{B} = \hat{I}\hat{B}\hat{I} = \sum_{i,j} |\varphi_i\rangle\langle\varphi_i|\hat{B}|\varphi_j\rangle\langle\varphi_j| = \sum_{i,j} b_{ij} |\varphi_i\rangle\langle\varphi_j| \tag{2.2.66}$$

其中, $b_{ij} = \langle\varphi_i|\hat{B}|\varphi_j\rangle$.因此,任意量子算符 $\hat{B}$ 都可表达为 $\hat{A}$ 的本征态的线性展开.通常也称式(2.2.62)和式(2.2.66)分别为态矢 $|\Psi\rangle$ 和算符 $\hat{B}$ 在本征态表象(简称态表象)下的表达式.

由式(2.2.51), $|\varphi_i\rangle$ 是 $\hat{A}$ 的本征波函数,因此有 $\langle\varphi_i|\hat{A}|\varphi_j\rangle = \delta_{ij}$.此时, $\hat{A}$ 可表示成

$$\hat{A} = \sum_{i=1} \hat{A} |\varphi_i\rangle\langle\varphi_i| = \sum_{i=1} a_i |\varphi_i\rangle\langle\varphi_i| = \sum_{i=1} a_i \hat{\Pi}_i \tag{2.2.67}$$

称式(2.2.67)为算符 $\hat{A}$ 的谱分解.

假设 $|\varphi\rangle$ 是系统哈密顿 $\hat{H}$ 的本征波函数,则

$$\hat{H}|\varphi\rangle = E|\varphi\rangle \tag{2.2.68}$$

式(2.2.68)称为定态薛定谔方程(式(2.3.12)).其中,E 是哈密顿 $\hat{H}$ 的本征值,而 $|\varphi\rangle$ 是 $\hat{H}$ 的本征态.求解定态薛定谔方程(2.2.68)可以得到 $\hat{H}$ 所有线性无关的本征波函数, $\{|\varphi_i\rangle, i = 1, 2, \cdots\}$,形成一个完备正交归一的基矢集.任一态矢 $|\Phi\rangle$ 和算符 $\hat{B}$ 分别可以用 $\hat{H}$ 的特征态表象进行线性展开(式(2.2.62)和式(2.2.67)).$\hat{H}$可表示成

$$\hat{H} = \sum_i H_{ii} |\varphi_i\rangle\langle\varphi_i| \tag{2.2.69}$$

其中,$H_{ii} = \langle\varphi_i|\hat{H}|\varphi_i\rangle$,称 H_{ii} 为哈密顿矩阵的对角元.

由于 $|\varphi_i\rangle$ 是哈密顿算符的能量本征值对应的本征波函数,我们称式(2.2.62)和式(2.2.67)分别是在能量表象(energy representation)下态矢 $|\Phi\rangle$ 和算符 $\hat{B}$ 的表达式.

下面我们讨论坐标表象和动量表象.

2.2.3.4 位置算符、本征态和坐标表象

位置 x 对应算符 $\hat{x}$,其本征方程为

$$\hat{x}|\varphi_a(x)\rangle = a|\varphi_a(x)\rangle \tag{2.2.70}$$

其中,a 是特征值.我们将推导出 $\hat{x}$ 的本征态是

$$|\varphi_a(x)\rangle = \delta(x - a) \tag{2.2.71}$$

这里,$\delta(x - a)$满足

$$\delta(x - a) = \begin{cases} 0, & x \neq a \\ \infty, & x = a \end{cases} \tag{2.2.72}$$

对于任意函数 $f(x)$有

$$\int_{-\infty}^{\infty} \delta(x - a)f(x)\mathrm{d}x = f(a) \tag{2.2.73}$$

如果 $f(x) = 1$,则

$$\int_{-\infty}^{\infty} \delta(x - a)\mathrm{d}x = 1 \tag{2.2.74}$$

对于式(2.2.70)的左边,根据 $\hat{x}$ 的定义

$$\hat{x}|\varphi_a(x)\rangle = x|\varphi_a(x)\rangle \tag{2.2.75}$$

结合式(2.2.70)和式(2.2.75),有

$$(x - a) | \varphi_a(x) \rangle = 0 \tag{2.2.76}$$

因此

$$| \varphi_a(x) \rangle = \begin{cases} 0, & x \neq a \\ c, & x = a \end{cases} \tag{2.2.77}$$

其中 $c \neq 0$. 否则, $| \varphi_a(x) \rangle \equiv 0$. 如果 $c \to \infty$, 则

$$| \varphi_a(x) \rangle = \delta(x - a) \tag{2.2.78}$$

满足 $\hat{x}$ 本征方程(2.2.70), 亦即 $\delta(x - a)$ 是位置算符 $\hat{x}$ 本征值为 a 的本征函数.

可以进一步验证式(2.2.78)是否合理. 考察在量子态 $| \Psi(x, t) \rangle$ 上, a 到 $a + \mathrm{d}a$ 之间找到 x 的概率为

$$\begin{aligned} | \langle \varphi_a(x) | \Psi(x, t) \rangle |^2 \mathrm{d}a &= \left| \int_{-\infty}^{\infty} \delta(x - a) \Psi(x, t) \mathrm{d}x \right|^2 \mathrm{d}a \\ &= | \Psi(a, t) |^2 \mathrm{d}a \end{aligned} \tag{2.2.79}$$

其中, $| \Psi(a, t) |^2$ 为在 $x = a$ 处的概率密度, $| \Psi(a, t) |^2 \mathrm{d}a$ 可理解为 a 到 $a + \mathrm{d}a$ 之间找到 x 的概率.

由于 $\hat{x}$ 的本征值 a 可以是满足 $-\infty < a < \infty$ 任意连续的实数, 我们用连续变量 x' 来代替 a, 本征波函数记为

$$| \varphi_{x'}(x) \rangle = | x' \rangle \tag{2.2.80}$$

$\hat{x}$ 的本征方程(2.2.70)可写成

$$\hat{x} | x' \rangle = x' | x' \rangle \tag{2.2.81}$$

由于 $\hat{x}$ 的本征值 x' 是连续的, 其对应的本征态基矢集为

$$\{ | x' \rangle = \delta(x - x'), -\infty < x' < \infty \} \tag{2.2.82}$$

在式(2.2.82)中, x' 和 x 可以互换.

根据内积定义(式(2.2.7)), 有

$$\langle x'' | x' \rangle = \int_{-\infty}^{\infty} \delta(x - x'') \delta(x - x') \mathrm{d}x = \delta(x' - x'') \tag{2.2.83}$$

任意一个连续态矢 $| \Phi(x') \rangle$ 按式(2.2.81)基矢集展开, 得

$$|\Phi(x')\rangle = \int_{-\infty}^{\infty} c(x)|x'\rangle \mathrm{d}x = \int_{-\infty}^{\infty} c(x)\delta(x - x')\mathrm{d}x = c(x') \qquad (2.2.84)$$

用 $\langle x|$ 作用到 $|\Phi\rangle$ 上,得到

$$\langle x|\Phi(x')\rangle = \int_{-\infty}^{\infty} \delta(x' - x)c(x')\mathrm{d}x' = c(x) \qquad (2.2.85)$$

由式(2.2.84)和式(2.2.85),可得

$$\langle x|\Phi\rangle = \Phi(x) \qquad (2.2.86)$$

根据内积定义,也可得到

$$\langle x|\Phi\rangle = \int_{-\infty}^{\infty} \delta(x - x')\Phi(x')\mathrm{d}x' = \Phi(x) \qquad (2.2.87)$$

称式(2.2.87)为态矢 $|\Phi\rangle$ 在坐标表象下的表达式.

考虑到 $|x'\rangle = \delta(x - x') = |x\rangle$,式(2.2.84)可写成

$$|\Phi(x')\rangle = \int_{-\infty}^{\infty} \mathrm{d}x|x\rangle c(x) \qquad (2.2.88)$$

把 $c(x) = \langle x|\Phi(x')\rangle$ 代入式(2.2.88),得

$$|\Phi(x')\rangle = \int_{-\infty}^{\infty} \mathrm{d}x|x\rangle\langle x|\Phi(x')\rangle \qquad (2.2.89)$$

由于 $|\Phi\rangle$ 是任意态矢,故

$$\int_{-\infty}^{\infty} \mathrm{d}x|x\rangle\langle x| = \hat{I} \qquad (2.2.90)$$

是恒等算符,即 $\hat{I}|\Phi\rangle = \int_{-\infty}^{\infty} \mathrm{d}x'|x'\rangle\langle x'|\Phi\rangle$.同样可得

$$\int_{-\infty}^{\infty} \mathrm{d}p|p\rangle\langle p| = \hat{I} \qquad (2.2.91)$$

2.2.3.5 动量算符、本征态和动量表象

对一维动量算符 $\hat{p}_x$,在坐标空间中 $\hat{p}_x = -\mathrm{i}\hbar\dfrac{\mathrm{d}}{\mathrm{d}x}$,其本征方程为

$$\hat{p}_x|\varphi_p(x)\rangle = p'|\varphi_p(x)\rangle \qquad (2.2.92)$$

这里,$|\varphi_p(x)\rangle$ 是 $\hat{p}_x$ 对应于本征值为 p' 的本征函数.记

$$|\varphi_{p'}(x)\rangle = |p'\rangle \tag{2.2.93}$$

有

$$-i\hbar\frac{d}{dx}|p'\rangle = p'|p'\rangle \tag{2.2.94}$$

$$|p'\rangle = Ae^{\frac{i}{\hbar}p'x} \tag{2.2.95}$$

$\hat{p}$ 的完备本征态基矢集为

$$|p'\rangle = Ae^{\frac{i}{\hbar}xp'}, \quad -\infty < p' < \infty \tag{2.2.96}$$

对应于

$$\langle p''|p'\rangle = |A|^2\int_{-\infty}^{\infty}e^{\frac{i}{\hbar}x(p'-p'')}dx = \delta(p''-p') \tag{2.2.97}$$

对比 $\delta(p''-p')$ 函数的表达式,可得 $A = \dfrac{1}{\sqrt{2\pi\hbar}}$.

$\hat{x}$ 的本征态函数 $|x'\rangle = \delta(x-x')$ 在式(2.2.96)基矢集展开,有

$$|x'\rangle = \int_{-\infty}^{\infty}\widetilde{c}(p')|p'\rangle dp' = \frac{1}{\sqrt{2\pi\hbar}}\int_{-\infty}^{\infty}\widetilde{c}(p')e^{\frac{i}{\hbar}xp'}dp' \tag{2.2.98}$$

式(2.2.98)是 $|x'\rangle$ 在动量空间中的傅里叶变换的表达式.

把 $\langle p|$ 作用到 $|x'\rangle$ 上,有

$$\langle p|x'\rangle = \int_{-\infty}^{\infty}\widetilde{c}(p')\langle p|p'\rangle dp' = \widetilde{c}(p) \tag{2.2.99}$$

其中,$\widetilde{c}(p) = \langle p|x'\rangle = \dfrac{1}{\sqrt{2\pi\hbar}}\int_{-\infty}^{\infty}e^{-\frac{i}{\hbar}xp}\delta(x-x')dx = \dfrac{1}{\sqrt{2\pi\hbar}}e^{-\frac{i}{\hbar}px'}$ 是式(2.2.98)的傅里叶逆变换.

$|p'\rangle$ 也可以用 $\hat{x}$ 的本征态函数 $|x'\rangle$ 基矢集展开:

$$|p'\rangle = \int_{-\infty}^{\infty}c(x')|x'\rangle dx' \tag{2.2.100a}$$

把 $\langle x|$ 作用到 $|p'\rangle$,有

$$\langle x|p'\rangle = \int_{-\infty}^{\infty}c(x')\delta(x'-x)dx' = c(x) = \frac{1}{\sqrt{2\pi\hbar}}e^{\frac{i}{\hbar}p'x} \tag{2.2.100b}$$

把一维情形推广到三维,对应于坐标表象和动量表象,有

$$\hat{I} = \int_{-\infty}^{\infty} dr \, |r\rangle\langle r|, \quad \hat{I} = \int_{-\infty}^{\infty} dp \, |p\rangle\langle p| \qquad (2.2.101)$$

2.2.3.6 密度算符与密度矩阵

1. 纯态密度算符与密度矩阵

对于纯态 $|\Psi\rangle$,定义

$$\hat{\rho} = |\Psi\rangle\langle\Psi| \qquad (2.2.102)$$

为纯态密度算符.

把 $\sum_{i=1} |\varphi_i\rangle\langle\varphi_i| = \hat{I}, \sum_{j=1} |\varphi_j\rangle\langle\varphi_j| = \hat{I}$ 插入式(2.2.102),可得

$$\hat{\rho} = \sum_{i=1} |\varphi_i\rangle\langle\varphi_i|\Psi\rangle\langle\Psi|\varphi_j\rangle\langle\varphi_j| = \sum_{i=1} \rho_{ij} |\varphi_i\rangle\langle\varphi_j| \qquad (2.2.103)$$

$$\rho_{ij} = \langle\varphi_i|\Psi\rangle\langle\Psi|\varphi_j\rangle = \langle\varphi_i|\hat{\rho}|\varphi_j\rangle = c_i c_j^* \qquad (2.2.104)$$

其中,ρ_{ij} 是密度矩阵 ρ 的矩阵元,$c_i = \langle\varphi_i|\Psi\rangle$(式(2.2.63)).

2. 混合态密度算符与密度矩阵

混合量子态由一组态矢 $\{|\varphi_i\rangle, i = 1,\cdots,n\}$,以及对应的态矢出现的概率 $\{p_i, i = 1,\cdots,n\}$ 来描述.态的密度算符 $\hat{\rho}$ 定义为

$$\hat{\rho} = \sum_{i=1}^{n} p_i |\Psi_i\rangle\langle\Psi_i| \qquad (2.2.105)$$

2.2.4 量子测量

上节讨论了封闭量子系统按酉算符作用演化.对封闭量子系统的测量使被测系统不再封闭,也不按酉变换演化.量子测量涉及对系统的操作(用 $\hat{R}$ 表示),称之为 R 过程.与酉变换过程(称为 U 过程)的决定性、可逆性以及保持相干性的特征相比,R 过程表现出随机性、不可逆性和退相干性的特点.下面引入量子测量公设.

2.2.4.1 量子测量公设

如果量子系统处于纯态 $|\Phi\rangle$,对系统可观测物理量 A 进行单次测量,$|\Phi\rangle$ 将随机坍缩为 $\hat{A}$ 的某个本征态,测得 A 的数值为 $\hat{A}$ 的本征值.如果对 A 进行多次重复测量,则所

得期望值为

$$\langle A \rangle = \langle \Phi | \hat{A} | \Phi \rangle \tag{2.2.106}$$

对在量子态 $|\Phi\rangle$ 上的物理量 A 的测量是将测量前的系统状态 $|\Phi\rangle$ 投影到量子算符 $\hat{A}$ 所张成的子空间中,亦即 $|\Phi\rangle$ 按 $\hat{A}$ 的本征态 $|\varphi_i\rangle$ 进行相干叠加(式(2.2.62))

$$|\Phi\rangle = \sum_{i=1} c_i |\varphi_i\rangle$$

代入式(2.2.106),有

$$\langle A \rangle = \sum_{i=1} |c_i|^2 a_i = \sum_{i=1} |\langle \varphi_i | \Phi \rangle|^2 a_i = \sum_{i=1} p(a_i) a_i \tag{2.2.107}$$

根据量子测量公设,单次测量得到 A 的值是其量子算符 $\hat{A}$ 的某个本征值 a_i,测得 a_i 的概率为 $p(a_i) = |c_i|^2 = |\langle \varphi_i | \Phi \rangle|^2$.测量后,系统坍缩到 $\hat{A}$ 的相应本征态 $|\varphi_i\rangle$.如果对第一次测量过的系统,得到测量值 a_i 后,再次对 $\hat{A}$ 进行测量,得到的测量值应该是确定的结果 a_i.

对大量相同量子态组成的系综进行多次测量将制备出一个混合态,即不同坍缩结果 $|\varphi_i\rangle$ 以概率 $p(a_i)$ 出现,它们之间不存在相干关联,形成的混合态也被称为纯态系综.

2.2.4.2 投影测量

量子测量涉及如下步骤:

(1) 将量子算符 $\hat{A}$ 进行谱分解(式(2.2.67)):

$$\hat{A} = \sum_{i=1} a_i \hat{\Pi}_i \tag{2.2.108}$$

这样把 $\hat{A}$ 分解成一组投影算符 $\{\hat{\Pi}_i, i = 1, 2, \cdots\}$,其中,$i$ 是对测量结果的标记.由于 $\hat{\Pi}_i = |\varphi_i\rangle\langle\varphi_i|$ 是正交投影算符,因此也把 $\hat{\Pi}_i$ 对系统的测量操作称为正交投影测量,也称为冯·诺依曼正交投影测量,简称为投影测量.

(2) 对系统状态 $|\Phi\rangle$ 作单次测量.$\hat{\Pi}_i$ 投影测量作用到 $|\Phi\rangle$,使 $|\Phi\rangle$ 坍缩到 $\hat{A}$ 的某一本征态 $|\varphi_i\rangle$ 上,测量值为 $\hat{A}$ 对应的本征值 a_i.

由 $\hat{\Pi}_i$ 的定义,有

$$\hat{\Pi}_i |\Phi\rangle = |\varphi_i\rangle c_i \tag{2.2.109}$$

其中, $|c_i|^2 = \langle\varPhi|\hat{\varPi}_i|\varPhi\rangle = |\langle\varphi_i|\varPhi\rangle|^2$.

根据量子测量公设,单次测量后系统坍缩到本征态 $|\varPhi'\rangle = |\varphi_i\rangle$ 上.因此,测量后系统处于

$$|\varPhi'\rangle = \frac{1}{\sqrt{\langle\varPhi|\hat{\varPi}_i|\varPhi\rangle}}\hat{\varPi}_i|\varPhi\rangle = |\varphi_i\rangle \tag{2.2.110}$$

这里, $\dfrac{1}{\sqrt{\langle\varPhi|\hat{\varPi}_i|\varPhi\rangle}}$ 是归一化因子,即 $\langle\varPhi'|\varPhi'\rangle = 1$.

(3) 对相同量子态 $|\varPhi\rangle$ 进行多次测量,得到物理量 A 的期望值(平均值).

对量子态单次投影测量得到测量值为 a_i 的概率是 $p(a_i) = \langle\varPhi|\hat{\varPi}_i|\varPhi\rangle = |\langle\varphi_i|\varPhi\rangle|^2$.这样,多次测量得到 A 的平均值为

$$\langle A\rangle = \sum_i a_i p(a_i) = \sum_i \langle\varPhi|a_i\hat{\varPi}_i|\varPhi\rangle = \langle\varPhi|\hat{A}|\varPhi\rangle \tag{2.2.111}$$

即得到式(2.2.106).

由于 $\hat{\varPi}_i^\dagger = \hat{\varPi}_i$,投影算符 $\hat{\varPi}_i$ 是厄米的,而且有

$$\hat{\varPi}_i^\dagger\hat{\varPi}_j = \hat{\varPi}_i\hat{\varPi}_j = \delta_{i,j}\hat{\varPi}_i \tag{2.2.112}$$

由式(2.2.65), $\sum_{i=1}\hat{\varPi}_i = \hat{I}$,投影算符 $\hat{\varPi}_i$ 满足完备性关系

$$\sum_{i=1}\hat{\varPi}_i^\dagger\hat{\varPi}_i = \hat{I} \tag{2.2.113}$$

把 $\hat{I} = \sum_i\hat{\varPi}_i^\dagger\hat{\varPi}_i$ 插入 $1 = \langle\varPhi|\varPhi\rangle$,有

$$1 = \sum_i\langle\varPhi|\hat{\varPi}_i^\dagger\hat{\varPi}_i|\varPhi\rangle = \sum_i p(a_i) \tag{2.2.114}$$

其中, $p(a_i)$ 是式(2.2.110)中测量结果 a_i 出现的概率.在这里, $p(a_i)$ 也可写成

$$p(a_i) = \langle\varPhi|\hat{\varPi}_i^\dagger\hat{\varPi}_i|\varPhi\rangle \tag{2.2.115}$$

利用 $\sum_{i=1}|\varphi_i\rangle\langle\varphi_i| = \hat{I}$, A 的测量平均值(式(2.2.111))也可写成密度矩阵求迹形式:

$$\langle A\rangle = \langle\varPhi|\hat{A}|\varPhi\rangle = \sum_{i=1}\langle\varPhi|\hat{A}|\varphi_i\rangle\langle\varphi_i|\varPhi\rangle$$

$$= \sum_i\langle\varphi_i|\varPhi\rangle\langle\varPhi|\hat{A}|\varphi_i\rangle$$

$$= \sum_i \langle \varphi_i \mid \hat{\rho}\hat{A} \mid \varphi_i \rangle = \mathrm{tr}(\hat{\rho}\hat{A}) \tag{2.2.116}$$

这里,纯态 $\mid \Phi \rangle$ 的密度算符 $\hat{\rho} = \mid \Phi \rangle \langle \Phi \mid = \sum_{i,j} c_i c_j^* \mid \varphi_i \rangle \langle \varphi_j \mid$. 式(2.2.116)中,$\mathrm{tr}(\cdots)$ 表示对矩阵"求迹"(tr 来源于英文 trace 的头两个字母),式(2.2.116)最后一个等式由定义,表示对矩阵的所有对角项进行求和.

对系统状态 $\mid \Phi \rangle$ 进行单次测量后,系统的密度算符以概率 $p_i(a_i) = \mid c_i \mid^2 = \langle \Phi \mid \hat{\Pi}_i \mid \Phi \rangle$ 成为

$$\hat{\rho}_i = \mid \Phi' \rangle \langle \Phi' \mid = \frac{1}{\langle \Phi \mid \hat{\Pi}_i \mid \Phi \rangle} \hat{\Pi}_i \hat{\rho} \hat{\Pi}_i^\dagger \tag{2.2.117}$$

对系统状态 $\mid \Phi \rangle$ 进行多次投影测量使系统从纯态 $\hat{\rho} = \sum_{i,j} c_i c_j^* \mid \varphi_i \rangle \langle \varphi_j \mid$ 变成混合态. 这时,波函数不再适合用来刻画系统,而需要用密度算符 $\hat{\rho}'$ 来描述:

$$\hat{\rho}' = \sum_i p_i(a_i) \hat{\rho}_i = \sum_i \mid c_i \mid^2 \hat{\rho}_i = \sum_i \hat{\Pi}_i \hat{\rho} \hat{\Pi}_i^\dagger \tag{2.2.118a}$$

如上所讨论,对于孤立量子系统(纯态)的测量是向被测量力学量的正交归一本征态矢进行投影. 如果量子系统一开始处在某个混合态上,设态 $\mid \Psi_i \rangle$ 出现的概率为 p_i ,物理量 A 的平均值为

$$\langle A \rangle = \sum_i p_i \langle \Psi_i \mid \hat{A} \mid \Psi_i \rangle = \sum_i p_i \sum_{\mu=1} \langle \Psi_i \mid \hat{A} \mid \varphi_\mu \rangle \langle \varphi_\mu \mid \Psi_i \rangle$$

$$= \sum_{\mu=1} \langle \varphi_\mu \mid \sum_{i=1}^n p_i \mid \Psi_i \rangle \langle \Psi_i \mid \hat{A} \mid \varphi_\mu \rangle$$

$$= \sum_{\mu=1} \langle \varphi_\mu \mid \hat{\rho}\hat{A} \mid \varphi_\mu \rangle = \mathrm{tr}(\hat{\rho}\hat{A}) \tag{2.2.118b}$$

其中,混合态的密度算符 $\hat{\rho}$ 由式(2.2.105)给出.

由上讨论可见,无论是纯态还是混合态,量子系统物理量的测量值有相同的表达形式. 两者的不同在于密度算符具有不同表达形式.

2.2.4.3 不确定性关系

力学量 A 测量值涨落(标准差)定义为

$$\Delta A = \sqrt{\langle (A - \langle A \rangle)^2 \rangle} = \sqrt{A^2 - \langle A \rangle^2} \tag{2.2.119}$$

对量子系统的两个物理量同时进行测量,满足海森伯不确定性关系.

定理 2.3 对于量子系统任意两个物理量 A 和 B,其对应量子力学算符为 $\hat{A}$ 和 $\hat{B}$,在任意态下,A 和 B 测量值涨落满足不确定性关系

$$\Delta A \Delta B \geqslant \frac{1}{2} |\langle [\hat{A}, \hat{B}] \rangle| \tag{2.2.120}$$

例如,由 $[\hat{x}, \hat{p}_x] = \mathrm{i}\hbar$,可得

$$\Delta x \Delta p_x \geqslant \frac{\hbar}{2} \tag{2.2.121}$$

2.2.4.4　量子一般测量

量子一般测量由一组测量算符 $\{\hat{M}_m, m = 1, 2, \cdots\}$ 来描述,这些算符作用在被测系统状态空间上,m 标记可能得到的测量结果. 如果在测量前量子系统的状态为 $|\Psi\rangle$,则结果 m 发生的可能性为

$$p(m) = \langle \Psi | \hat{M}_m^\dagger \hat{M}_m | \Psi \rangle \tag{2.2.122}$$

测量后系统的状态为

$$|\Psi'\rangle = \frac{1}{\sqrt{\langle \Phi | \hat{M}_m^\dagger \hat{M}_m | \Phi \rangle}} \hat{M}_m | \Psi \rangle \tag{2.2.123}$$

式(2.2.122)和式(2.2.123)分别与式(2.2.115)和式(2.2.116)相似.

由于

$$\sum_m p(m) = \sum_m \langle \Psi | \hat{M}_m^\dagger \hat{M}_m | \Psi \rangle = 1$$

$|\Psi\rangle$ 是任意的归一态矢,因此,测量算符满足完备性关系

$$\sum_m \hat{M}_m^\dagger \hat{M}_m = \hat{I} \tag{2.2.124}$$

例 2.1　考虑单量子比特在基矢 $(|0\rangle, |1\rangle)$ 下的测量. 设两个测量算符为 $\hat{M}_0 = |0\rangle\langle 0|$,$\hat{M}_1 = |1\rangle\langle 1|$,被测量态为 $|\Psi\rangle = a|0\rangle + b|1\rangle$. 测量算符满足 $\hat{M}_0 = \hat{M}_0^\dagger = \hat{M}_0^2$,$\hat{M}_1 = \hat{M}_1^\dagger = \hat{M}_1^2$,且 $\hat{M}_0 \hat{M}_0^\dagger + \hat{M}_1 \hat{M}_1^\dagger = \hat{M}_0 + \hat{M}_1 = \hat{I}$.

根据式(2.2.122),测得态 $|0\rangle$ 和 $|1\rangle$ 的概率分别为

量子生物学:生物系统物质和能量传递的量子理论

$$\begin{cases} p(0) = \langle \Psi | \hat{M}_0^\dagger \hat{M}_0 | \Psi \rangle = |a|^2 \\ p(1) = \langle \Psi | \hat{M}_1^\dagger \hat{M}_1 | \Psi \rangle = |b|^2 \end{cases} \tag{2.2.125}$$

单次测量后的状态分别为

$$\begin{cases} |\Psi_0'\rangle = \dfrac{1}{|a|} \hat{M}_0 | \Psi \rangle = \dfrac{a}{|a|} |0\rangle \\ |\Psi_1'\rangle = \dfrac{1}{|b|} \hat{M}_1 | \Psi \rangle = \dfrac{b}{|b|} |1\rangle \end{cases} \tag{2.2.126}$$

由于归一化因子 $\dfrac{a}{|a|}$ 和 $\dfrac{b}{|b|}$ 的模都为 1,因此单次测量后实际坍缩态分别是 $|0\rangle$ 和 $|1\rangle$.

2.3 量子系统动力学

上面 2.2.2 小节已介绍量子系统演化公设.本节我们进一步讨论量子系统演化动力学.量子系统随时间演化的表达方式称为图景(picture),也常常称为绘景.量子力学通常有三种不同的图景:薛定谔图景、海森伯图景和狄拉克图景.其中,狄拉克图景也称相互作用图景.这三种图景只是量子系统动力学不同的表达方式,对同一量子系统动力学的描述,最终结果必然一样.下面我们讨论这三种图景下的量子动力学.

2.3.1 薛定谔图景中的量子动力学

2.3.1.1 含时薛定谔方程

在薛定谔图景中,量子系统的态矢随时间演化,而量子算符 $\hat{A}$ 与时间无关,即 $\hat{A}$ 不显含时间.在某时刻 t,态矢 $|\Psi(t)\rangle$ 随时间演化动力学由薛定谔方程决定:

$$\mathrm{i}\hbar \frac{\partial}{\partial t} |\Psi(t)\rangle = \hat{H} |\Psi(t)\rangle \tag{2.3.1}$$

$|\Psi(t)\rangle$ 演化满足

$$|\Psi(t)\rangle = \hat{U}(t,t_0)|\Psi(t_0)\rangle \tag{2.3.2}$$

其中，$|\Psi(t_0)\rangle$是初始时刻t_0的态矢，$\hat{U}(t,t_0)$称为演化算符，且

$$\hat{U}(t,t_0) = \mathrm{e}^{-\frac{\mathrm{i}}{\hbar}\hat{H}(t-t_0)} \tag{2.3.3}$$

当初始时刻设定为$t_0 = 0$时，$\hat{U}(t,t_0)$也记为$\hat{U}(t)$.

$\hat{U}(t,t_0)$是酉算符，也称为幺正算符，满足：

(1) 初始条件：

$$\hat{U}(t_0,t_0) = 1 \tag{2.3.4}$$

(2) 幺正性：

$$\hat{U}^{\dagger}(t,t_0)\hat{U}(t,t_0) = \hat{U}(t,t_0)\hat{U}^{\dagger}(t,t_0) = 1 \tag{2.3.5}$$

(3) 结合律：

$$\hat{U}(t,t_0) = \hat{U}(t,t_1)\hat{U}(t_1,t_0) \tag{2.3.6}$$

(4) 时间反演性：

$$\hat{U}^{-1}(t_2,t_1) = \hat{U}(t_1,t_2) \tag{2.3.7}$$

在坐标表象下，薛定谔方程(式(2.3.1))就成为式(2.2.32)形式：

$$\mathrm{i}\hbar\frac{\partial}{\partial t}|\Psi(r,t)\rangle = \hat{H}|\Psi(r,t)\rangle \tag{2.3.8}$$

下面介绍定态薛定谔方程和路径积分求解含时薛定谔方程的方法.

2.3.1.2 定态薛定谔方程方法

如果哈密顿量$\hat{H}$与时间无关，薛定谔方程(式(2.3.8))可以分离变量，即

$$|\Psi(r,t)\rangle = |\varphi(r)\rangle|\phi(t)\rangle \tag{2.3.9}$$

代入式(2.3.8)，得

$$\mathrm{i}\hbar|\varphi(r)\rangle\frac{\mathrm{d}}{\mathrm{d}t}|\phi(t)\rangle = |\phi(t)\rangle\hat{H}|\varphi(r)\rangle$$

方程两边同时除以$|\varphi(r)\rangle|\phi(t)\rangle$，得

$$\frac{\mathrm{i}\hbar}{|\phi(t)\rangle}\frac{\mathrm{d}}{\mathrm{d}t}|\phi(t)\rangle = \frac{\hat{H}|\varphi(r)\rangle}{|\varphi(r)\rangle} \tag{2.3.10}$$

由于方程(2.3.10)左边只与时间t有关，而右边只与坐标r有关，因此，式(2.3.10)的左、右两边相等意味着它们都等于常数E，由此可得

$$i\hbar\frac{d}{dt}|\phi(t)\rangle = E|\phi(t)\rangle \tag{2.3.11}$$

$$\hat{H}|\varphi(r)\rangle = E|\varphi(r)\rangle \tag{2.3.12}$$

由于与时间无关,方程(2.3.12)为定态薛定谔方程,也是哈密顿算符 $\hat{H}$ 的本征方程, $|\varphi(r)\rangle$ 和 E 分别是 $\hat{H}$ 的本征波函数和本征值.

求解一阶常微分方程(2.3.11),可得

$$|\phi(t)\rangle = \phi(t_0)e^{-\frac{i}{\hbar}E(t-t_0)} \tag{2.3.13}$$

其中,$\phi(t_0)$ 是起始时刻 t_0 的波函数,是与时间 t 无关的常数.把式(2.3.13)代入式(2.3.9)得

$$|\Psi(r,t)\rangle = |\varphi(r)\rangle e^{-\frac{i}{\hbar}E(t-t_0)} \tag{2.3.14}$$

其中,式(2.3.13)中的常数 $\phi(t_0)$ 已并入归一化波函数 $|\varphi(r)\rangle$ 中.概率密度分布

$$|\Psi(r,t)|^2 = ||\varphi(r)\rangle|^2$$

与时间无关.

一般而言,定态薛定谔方程(2.3.12)有无穷多个解 $\{|\varphi_n(r)\rangle, E_n(n=1,2,\cdots)\}$,$E_n$ 是 $\hat{H}$ 对应的本征值.含时薛定谔方程(2.3.8)的解为

$$|\Psi_n(r,t)\rangle = |\varphi_n(r)\rangle e^{-\frac{i}{\hbar}E_n(t-t_0)} \tag{2.3.15}$$

不难验证,$|\Psi_n(r,t)\rangle$ 的任一线性组合

$$|\Psi(r,t)\rangle = \sum_n c_n|\Psi_n(r,t)\rangle = \sum_n c_n e^{-\frac{i}{\hbar}E_n(t-t_0)}|\varphi_n(r)\rangle$$

$$= \sum_n c_n(t)|\varphi_n(r)\rangle \tag{2.3.16}$$

其中,$c_n = \langle\varphi_n(r)|\Psi(r,t_0)\rangle$,$c_n(t) = c_n e^{-\frac{i}{\hbar}E_n(t-t_0)}$,也是含时薛定谔方程(2.3.8)的解.式(2.3.16)中的 $|\Psi(r,t)\rangle$ 也称为波包(wave packet).

假设系统初态 $|\Psi_0\rangle \equiv |\Psi_0(t=0)\rangle$ 是 $\hat{H}$ 的一个本征态 $|\varphi_n\rangle$,则由式(2.3.16), $|\Psi(t)\rangle = e^{-\frac{i}{\hbar}\hat{H}t}|\varphi_n\rangle = e^{-\frac{i}{\hbar}E_n t}|\varphi_n\rangle$.此时,密度算符 $\hat{\rho} = |\Psi\rangle\langle\Psi| = |\Psi(r,t)|^2 = |\varphi_n(r)|^2$,与时间无关.

如果初态 $|\Psi_0\rangle$ 是多个(两个或两个以上)非简并本征态($|\varphi_n\rangle$,$n=1,2,\cdots$)的线性相干叠加,即

$$\mid \Psi_0 \rangle = \sum_n c_n \mid \varphi_n \rangle \qquad (2.3.17)$$

则 $\mid \Psi(t) \rangle$ 可表示为

$$\mid \Psi(t) \rangle = \mathrm{e}^{-\frac{\mathrm{i}}{\hbar} \hat{H} t} \mid \Psi_0 \rangle = \sum_n c_n \mathrm{e}^{-\frac{\mathrm{i}}{\hbar} E_n t} \mid \varphi_n \rangle$$

也就是式(2.3.16),密度算符 $\hat{\rho}(t)$ 可写成

$$\hat{\rho}(t) = \mid \Psi(t) \rangle \langle \Psi(t) \mid = \sum_{n,m} c_n c_m^* \mathrm{e}^{-\frac{\mathrm{i}}{\hbar}(E_n - E_m)t} \mid \varphi_n \rangle \langle \varphi_m \mid$$

$$= \sum_{n,m} \rho_{nm} \mathrm{e}^{-\frac{\mathrm{i}}{\hbar}(E_n - E_m)t} \mid \varphi_n \rangle \langle \varphi_m \mid \qquad (2.3.18)$$

其中,$\rho_{nm} = c_n c_m^* = \langle \varphi_n \mid \Psi_0 \rangle \langle \Psi_0 \mid \varphi_m \rangle = \langle \varphi_n \mid \hat{\rho}_0 \mid \varphi_m \rangle$.

　　式(2.3.16)和式(2.3.18)分别是态矢 $\mid \Psi(t) \rangle$ 和密度算符 $\hat{\rho}(t)$ 在系统哈密顿 $\hat{H}$ 的本征态表象下的表达式.由式(2.3.17),含时薛定谔方程(2.3.8)的求解问题归结为求解哈密顿算符的本征值问题.下面以谐振子为例,求解其定态薛定谔方程.在本章第 2.3.8 小节中,我们还将讨论定态薛定谔方程的求解.

1. 谐振子

　　下面以一维谐振子为例,求解其定态薛定谔方程.与式(2.1.6)对应的谐振子哈密顿量为($q = \sqrt{m}x$)

$$\hat{H} = \frac{1}{2}(\hat{p}^2 + \omega^2 q^2) \qquad (2.3.19)$$

由 $\hat{p} = -\mathrm{i}\hbar \dfrac{\mathrm{d}}{\mathrm{d}q}$,谐振子的定态薛定谔方程为

$$\left(-\frac{\hbar^2}{2} \frac{\mathrm{d}^2}{\mathrm{d}q^2} + \frac{1}{2}\omega^2 q^2 \right)\varphi = E\varphi \qquad (2.3.20)$$

具体求解过程可以参考有关教科书(张永德,2017),在此不再赘述.通过求解上面二阶常微分方程,可得谐振子的能量和波函数为

$$\begin{cases} E_N = \left(N + \dfrac{1}{2}\right)\hbar\omega, \quad N = 0,1,2,\cdots \\ \varphi_N(q) = \mid N \rangle = \left(\dfrac{\alpha^2}{\pi}\right)^{\frac{1}{4}} (2^N N!)^{-\frac{1}{2}} \exp\left(-\dfrac{1}{2}\alpha^2 q^2\right) H_N(\alpha q) \end{cases} \qquad (2.3.21)$$

其中,$\alpha = \sqrt{\dfrac{\omega}{\hbar}}$,$H_N(\alpha q)$ 是埃尔米特(Hermite)多项式.

量子生物学:生物系统物质和能量传递的量子理论

2. 湮灭算符和生成算符

定义无量纲算符

$$\begin{cases} \hat{a} = \sqrt{\dfrac{1}{2\hbar\omega}}\left(\omega\hat{q} + \mathrm{i}\hat{p}\right) \\ \hat{a}^{\dagger} = \sqrt{\dfrac{1}{2\hbar\omega}}\left(\omega\hat{q} - \mathrm{i}\hat{p}\right) \end{cases} \tag{2.3.22}$$

$\hat{a}$ 和 $\hat{a}^{\dagger}$ 互为厄米共轭，且有 $[\hat{a},\hat{a}^{\dagger}]=1$。$\hat{q}$ 和 $\hat{p}$ 也可以表示成

$$\begin{cases} \hat{q} = \sqrt{\dfrac{\hbar}{2\omega}}\left(\hat{a} + \hat{a}^{\dagger}\right) = \sqrt{\dfrac{\hbar}{2\omega}}\,\hat{Q} \\ \hat{p} = -\mathrm{i}\sqrt{\dfrac{\hbar\omega}{2}}\left(\hat{a} - \hat{a}^{\dagger}\right) = \sqrt{\dfrac{\hbar\omega}{2}}\,\hat{P}_Q \end{cases} \tag{2.3.23}$$

其中，$\hat{Q}$ 和 $\hat{P}_Q$ 分别是无量纲坐标和动量。

谐振子哈密顿量（式(2.3.19)）可以写成

$$\hat{H} = \frac{1}{4}\hbar\omega\left(\hat{P}_Q^2 + \hat{Q}^2\right) = \hbar\omega\left(\hat{a}^{\dagger}\hat{a} + \frac{1}{2}\right) \tag{2.3.24}$$

算符 $\hat{a}^{\dagger}$ 和 $\hat{a}$ 作用到 $|N\rangle$ 上，有

$$\begin{cases} \hat{a}^{\dagger}|N\rangle = \sqrt{N+1}\,|N+1\rangle \\ \hat{a}|N\rangle = \sqrt{N}\,|N-1\rangle, \quad \hat{a}|0\rangle = 0 \end{cases} \tag{2.3.25}$$

从式(2.3.25)可见，$\hat{a}^{\dagger}$ 作用一次的结果使得振动量子数增 1。如果把具有能量 $\hbar\omega$ 的谐振子看成一个准粒子，那么 $\hat{a}^{\dagger}$ 的作用相当于产生一个这样的粒子，故而称之为产生算符。而 $\hat{a}$ 作用一次的结果使得振动量子数减 1，因此称之为湮灭算符。这样，态 $|N\rangle$ 可以表示成

$$|N\rangle = \frac{(\hat{a}^{\dagger})^N}{\sqrt{N!}}|0\rangle \tag{2.3.26}$$

2.3.1.3 路径积分表示

态矢 $|\Psi(t)\rangle$ 演化由式(2.3.2)给出：

$$|\Psi(t)\rangle = \hat{U}(t,t_0)|\Psi(t_0)\rangle$$

在坐标表象中,$|\Psi(t)\rangle$的演化可以具体表达为

$$\langle r|\Psi(t)\rangle = \int dr_0 \langle r|\hat{U}(t,t_0)|r_0\rangle\langle r_0|\Psi(t_0)\rangle \qquad (2.3.27)$$

式(2.3.27)可写为

$$|\Psi(r,t)\rangle = \int dr_0 U(r,t;r_0,t_0)|\Psi(r_0,t_0)\rangle \qquad (2.3.28)$$

其中

$$U(r,t;r_0,t_0) = \langle r|\hat{U}(t,t_0)|r_0\rangle \qquad (2.3.29)$$

被称为传播子.式(2.3.28)中,$|\Psi(r_0,t_0)\rangle$为量子系统在 t_0 时刻的波矢.

把 $c_n = \langle\varphi_n|\Psi(t_0)\rangle$代回式(2.3.16),$|\Psi(t)\rangle$可写成

$$|\Psi(t)\rangle = \sum_n (\langle\varphi_n|\Psi(t_0)\rangle)|\Psi_n(t)\rangle$$

把$\int dr_0|r_0\rangle\langle r_0| = \hat{I}$插入右边$\langle\varphi_n|\Psi(t_0)\rangle$中间,在 r 坐标表象中,有

$$|\Psi(r,t)\rangle = \int dr_0 \left(\sum_n \varphi_n^*(r_0)\Psi_n(r,t)\right)|\Psi(r_0,t_0)\rangle \qquad (2.3.30)$$

比较式(2.3.28)和式(2.3.30),可以得到

$$\begin{aligned}
U(r,t;r_0,t_0) &= \sum_n \varphi_n^*(r_0)\Psi_n(r,t) \\
&= \sum_n \varphi_n^*(r_0)\varphi_n(r)e^{-\frac{i}{\hbar}E_n(t-t_0)} \qquad (2.3.31)
\end{aligned}$$

然而,由于式(2.3.31)求和涉及哈密顿算符 $\hat{H}$ 所有本征态,往往非常复杂.因此,式(2.3.31)并不方便实际应用.下面我们讨论路径积分来求得传播子 $U(r,t;r_0,t_0)$.

利用酉算符 $\hat{U}(t,t_0)$ 的结合律,有

$$\begin{aligned}
U(r,t;r_0,t_0) &= \langle r|\hat{U}(t,t_0)|r_0\rangle \\
&= \langle r|\hat{U}(t,t_N)\hat{U}(t_N,t_{N-1})\cdots\hat{U}(t_n,t_{n-1})\cdots\hat{U}(t_2,t_1)\hat{U}(t_1,t_0)|r_0\rangle
\end{aligned}$$
$$(2.3.32)$$

应用恒等算符

$$\int dr_n|r_n\rangle\langle r_n| = \hat{I}, \quad n = 1,2,\cdots,N \qquad (2.3.33)$$

有

$$\langle r \,|\, \hat{U}(t,t_0) \,|\, r_0 \rangle = \prod_{n=1}^{N} \left(\int_{-\infty}^{\infty} \mathrm{d} r_n \right) \prod_{n=1}^{N+1} \langle r_n \,|\, \hat{U}(t_n,t_{n-1}) \,|\, r_{n-1} \rangle \tag{2.3.34}$$

其中,$r_{N+1} = r$,符号 $\prod\limits_{n=1}^{N}()$ 表示对括号内的各积分项的乘积.第 n 个积分项的被积矩阵元

$$\langle r_n \,|\, \hat{U}(t_n,t_{n-1}) \,|\, r_{n-1} \rangle = \langle r_n \,|\, \mathrm{e}^{-\frac{\mathrm{i}}{\hbar}\varepsilon \hat{H}(t_n)} \,|\, r_{n-1} \rangle \tag{2.3.35}$$

这里,$\varepsilon = t_n - t_{n-1} = \dfrac{t - t_0}{N+1}$,$\hat{H} = \hat{T} + \hat{V}$.式(2.3.35)可写成

$$\langle r_n \,|\, \mathrm{e}^{-\frac{\mathrm{i}}{\hbar}\varepsilon \hat{H}(t_n)} \,|\, r_{n-1} \rangle$$

$$\approx \int_{-\infty}^{\infty} \mathrm{d} r' \langle r_n \,|\, \mathrm{e}^{-\frac{\mathrm{i}}{\hbar}\varepsilon \hat{V}} \,|\, r' \rangle \langle r' \,|\, \mathrm{e}^{-\frac{\mathrm{i}}{\hbar}\varepsilon \hat{T}} \,|\, r_{n-1} \rangle$$

$$= \int_{-\infty}^{\infty} \mathrm{d} r' \langle r_n \,|\, \mathrm{e}^{-\frac{\mathrm{i}}{\hbar}\varepsilon \hat{V}} \,|\, r' \rangle \int_{-\infty}^{\infty} \mathrm{d} p_n \langle r' \,|\, p_n \rangle \langle p_n \,|\, \mathrm{e}^{-\frac{\mathrm{i}}{\hbar}\varepsilon \hat{T}} \,|\, r_{n-1} \rangle$$

$$= \int_{-\infty}^{\infty} \mathrm{d} r' \langle r_n \,|\, \mathrm{e}^{-\frac{\mathrm{i}}{\hbar}\varepsilon \hat{V}} \,|\, r' \rangle \int_{-\infty}^{\infty} \frac{\mathrm{d} p_n}{(2\pi\hbar)^{3/2}} \mathrm{e}^{\frac{\mathrm{i}}{\hbar}\varepsilon \left(\frac{(r' - r_{n-1})}{\varepsilon} p_n - T(p_n) \right)} \tag{2.3.36}$$

利用

$$\langle r_n \,|\, \mathrm{e}^{-\frac{\mathrm{i}}{\hbar}\varepsilon \hat{V}} \,|\, r' \rangle = \delta(r_n - r') \exp\left(-\frac{\mathrm{i}}{\hbar}\varepsilon V(r_n,t_n) \right) \tag{2.3.37}$$

对 r' 积分,式(2.3.36)成为

$$\langle r_n \,|\, \mathrm{e}^{-\frac{\mathrm{i}}{\hbar}\varepsilon_n \hat{H}(t_n)} \,|\, r_{n-1} \rangle \approx \int_{-\infty}^{\infty} \frac{\mathrm{d} p_n}{(2\pi\hbar)^{3/2}} \mathrm{e}^{\frac{\mathrm{i}}{\hbar}(r_n - r_{n-1})p_n} \mathrm{e}^{-\frac{\mathrm{i}}{\hbar}\varepsilon(T(p_n,t_n) + V(r_n,t_n))}$$

$$= \int_{-\infty}^{\infty} \frac{\mathrm{d} p_n}{(2\pi\hbar)^{3/2}} \exp\left(\frac{\mathrm{i}}{\hbar}((r_n - r_{n-1})p_n \right.$$

$$\left. - \varepsilon(T(p_n,t_n) + V(r_n,t_n))) \right) \tag{2.3.38}$$

$$\langle r \,|\, \hat{U}(t,t_0) \,|\, r_0 \rangle \approx \prod_{n=1}^{N} \left(\int_{-\infty}^{\infty} \mathrm{d} r_n \right) \prod_{n=1}^{N+1} \left(\int_{-\infty}^{\infty} \frac{\mathrm{d} p_n}{(2\pi\hbar)^{3/2}} \right) \exp\left(\frac{\mathrm{i}}{\hbar}\mathscr{N} \right) \tag{2.3.39}$$

$$\mathscr{N} = \sum_{n=1}^{N+1} (r_n - r_{n-1})p_n - \varepsilon H(p_n,r_n,t_n) \tag{2.3.40}$$

$$H(p_n,r_n,t_n) = T(p_n,t_n) + V(r_n,t_n) \tag{2.3.41}$$

当 $N \to \infty$,$\varepsilon \to 0$ 时,式(2.3.39)可写成

$$\langle r | \hat{U}(t, t_0) | r_0 \rangle = \int_{r(t_0)=r_0}^{r(t)=r} \mathscr{D}r' \int \frac{\mathscr{D}p}{(2\pi\hbar)^{3/2}} \exp\left(\frac{\mathrm{i}}{\hbar} \mathscr{A}[p, r']\right) \qquad (2.3.42)$$

其中

$$\int_{r(t_0)=r_0}^{r(t)=r} \mathscr{D}r' \int \frac{\mathscr{D}p}{(2\pi\hbar)^{3/2}} \equiv \lim_{N\to\infty} \prod_{n=1}^{N} \left(\int_{-\infty}^{\infty} \mathrm{d}r_n\right) \prod_{n=1}^{N+1} \left(\int_{-\infty}^{\infty} \frac{\mathrm{d}p_n}{(2\pi\hbar)^{3/2}}\right) \qquad (2.3.43)$$

$$\mathscr{A}[p, r] = \int_{t_0}^{t} \mathrm{d}\tau (p\dot{r} - H(p(\tau), r(\tau), \tau))$$

$$= \int_{t_0}^{t} \mathrm{d}\tau \mathscr{L}(p(\tau), r(\tau), \tau) \qquad (2.3.44)$$

其中,拉格朗日函数 $\mathscr{L}(p(\tau), r(\tau), \tau) = p\dot{r} - H(p(\tau), r(\tau), \tau)$.

对于哈密顿系统

$$\hat{H} = \frac{\hat{p}^2}{2m} + \hat{V}(r, t) \qquad (2.3.45)$$

式(2.3.40)可写成

$$\mathscr{A} = \sum_{n=1}^{N+1} \left((r_n - r_{n-1})p_n - \varepsilon \frac{p_n^2}{2m} - \varepsilon V(r_n, t_n)\right)$$

$$= \sum_{n=1}^{N+1} \left(-\frac{\varepsilon}{2m}\left(p_n - \frac{r_n - r_{n-1}}{\varepsilon}m\right)^2 + \frac{m}{2}\varepsilon\left(\frac{r_n - r_{n-1}}{\varepsilon}\right)^2 - \varepsilon V(r_n, t_n)\right) \qquad (2.3.46)$$

对式(2.3.39)中动量 p_n 作积分得

$$\int_{-\infty}^{\infty} \frac{\mathrm{d}p_n}{(2\pi\hbar)^{3/2}} \mathrm{e}^{\frac{\mathrm{i}}{\hbar}(r_n - r_{n-1})p_n} \mathrm{e}^{-\frac{\mathrm{i}}{\hbar}\varepsilon(T(p_n, t_n) + V(r_n, t_n))}$$

$$= \int_{-\infty}^{\infty} \frac{\mathrm{d}p_n}{(2\pi\hbar)^{3/2}} \exp\left(\frac{\mathrm{i}}{\hbar}\left(-\frac{\varepsilon}{2m}\left(p_n - \frac{r_n - r_{n-1}}{\varepsilon}m\right)^2\right.\right.$$

$$\left.\left. + \frac{m}{2}\varepsilon\left(\frac{r_n - r_{n-1}}{\varepsilon}\right)^2 - \varepsilon V(r_n, t_n)\right)\right)$$

$$= \frac{1}{(2\pi\hbar\mathrm{i}\varepsilon/m)^{3/2}} \exp\left(\frac{\mathrm{i}}{\hbar}\varepsilon\left(\frac{m}{2}\left(\frac{r_n - r_{n-1}}{\varepsilon}\right)^2 - V(r_n, t_n)\right)\right) \qquad (2.3.47)$$

$$\langle r | \hat{U}(t, t_0) | r_0 \rangle \approx \frac{1}{\left(\frac{2\pi\hbar\mathrm{i}\varepsilon}{m}\right)^{3/2}} \prod_{n=1}^{N} \left[\int_{-\infty}^{\infty} \frac{\mathrm{d}r_n}{\left(\frac{2\pi\hbar\mathrm{i}\varepsilon}{m}\right)^{3/2}}\right] \exp\left(\frac{\mathrm{i}}{\hbar}\mathscr{A}\right) \qquad (2.3.48)$$

其中, 作用量

$$\mathscr{A}^N = \varepsilon \sum_{n=1}^{N+1} \left(\frac{m}{2} \left(\frac{r_n - r_{n-1}}{\varepsilon} \right)^2 - V(r_n, t_n) \right) \tag{2.3.49}$$

同样地, 在连续极限下 $N \to \infty$, $\varepsilon \to 0$, 式(2.3.48)可写成

$$\langle r | \hat{U}(t, t_0) | r_0 \rangle = \lim_{\substack{N \to \infty \\ \varepsilon \to 0}} \left(\frac{2\pi \hbar \mathrm{i} \varepsilon}{m} \right)^{-3/2} \prod_{n=1}^{N} \left[\int_{-\infty}^{\infty} \frac{\mathrm{d} r_n}{\left(\frac{2\pi \hbar \mathrm{i} \varepsilon}{m} \right)^{3/2}} \right] \exp\left(\frac{\mathrm{i}}{\hbar} \mathscr{A}^N \right) \tag{2.3.50}$$

把作用量 $\mathscr{A}^N$ 写成连续形式 $\mathscr{A}[r]$, 有

$$\mathscr{A}[r] = \int_{t_0}^{t} \mathrm{d}\tau \mathscr{L}(\dot{r}, r) = \int_{t_0}^{t} \mathrm{d}\tau \left(\frac{m}{2} \dot{r}^2 - V(r, \tau) \right) \tag{2.3.51}$$

这样, 把式(2.3.51)代入式(2.3.42)可以得到传播子 $\langle r | \hat{U}(t, t_0) | r_0 \rangle$.

2.3.1.4 物理量平均值演化动力学方程

在纯态 $|\Psi(t)\rangle$ 下, 可观测物理量 A 的测量平均值为

$$\langle A(t) \rangle = \langle \Psi(t) | \hat{A} | \Psi(t) \rangle \tag{2.3.52}$$

这里, $\hat{A}$ 是力学量 A 在薛定谔图景中的量子算符, 如在 2.2.3 小节中所讨论. 分别对式(2.3.52)两边作时间 t 的导数, 得

$$\mathrm{i}\hbar \frac{\mathrm{d}}{\mathrm{d}t} \langle A \rangle = \langle \Psi(t_0) | \mathrm{i}\hbar \frac{\mathrm{d}}{\mathrm{d}t} \left(\mathrm{e}^{\frac{\mathrm{i}}{\hbar}\hat{H}(t-t_0)} \hat{A} \mathrm{e}^{-\frac{\mathrm{i}}{\hbar}\hat{H}(t-t_0)} \right) | \Psi(t_0) \rangle$$

$$= \mathrm{i}\hbar \langle \Psi(t) | \frac{\partial \hat{A}}{\partial t} | \Psi(t) \rangle + \langle \Psi(t) | [\hat{A}, \hat{H}] | \Psi(t) \rangle$$

$$= \mathrm{i}\hbar \left\langle \frac{\partial \hat{A}}{\partial t} \right\rangle + \langle [\hat{A}, \hat{H}] \rangle \tag{2.3.53}$$

这样, 我们就得到了物理量平均值随时间演化方程.

薛定谔图景中的量子算符 $\hat{A}$ 通常不显含时间, 即

$$\frac{\partial \hat{A}}{\partial t} = 0 \tag{2.3.54}$$

则式(2.3.53)成为

$$\mathrm{i}\,\hbar\frac{\mathrm{d}}{\mathrm{d}t}\langle A\rangle = \langle[\hat{A},\hat{H}]\rangle \tag{2.3.55}$$

式(2.3.55)为薛定谔图景中物理量平均值随时间演化的动力学方程.

例如,保守哈密顿系统,$\hat{H}$不显含时间,即$\hat{H}$满足

$$\frac{\partial\hat{H}}{\partial t} = 0 \tag{2.3.56}$$

则

$$\mathrm{i}\,\hbar\frac{\mathrm{d}}{\mathrm{d}t}\langle H\rangle = \langle[\hat{H},\hat{H}]\rangle = 0 \tag{2.3.57}$$

2.3.1.5　埃伦费斯特定理

对于位置$\hat{r}$和动量$\hat{p}$,分别有

$$\mathrm{i}\,\hbar\frac{\mathrm{d}}{\mathrm{d}t}\langle r\rangle = \langle[\hat{r},\hat{H}]\rangle \tag{2.3.58}$$

$$\mathrm{i}\,\hbar\frac{\mathrm{d}}{\mathrm{d}t}\langle p\rangle = \langle[\hat{p},\hat{H}]\rangle \tag{2.3.59}$$

$\hat{r}$和$\hat{p}$在x,y,z方向各有三个独立分量$(\hat{x},\hat{y},\hat{z})$和$(\hat{p}_x,\hat{p}_y,\hat{p}_z)$.这样,式(2.3.58)和式(2.3.59)对应有六个方程.以x方向为例,有

$$\mathrm{i}\,\hbar\frac{\mathrm{d}}{\mathrm{d}t}\langle x\rangle = \langle[\hat{x},\hat{H}]\rangle \tag{2.3.60}$$

$$\mathrm{i}\,\hbar\frac{\mathrm{d}}{\mathrm{d}t}\langle p_x\rangle = \langle[\hat{p}_x,\hat{H}]\rangle \tag{2.3.61}$$

哈密顿量

$$\hat{H} = -\frac{1}{2m}(\hat{p}_x^2 + \hat{p}_y^2 + \hat{p}_z^2) + \hat{V}(x,y,z) \tag{2.3.62}$$

$$= -\frac{\hbar^2}{2m}\nabla^2 + \hat{V}(x,y,z) \tag{2.3.63}$$

其中,$\nabla^2 = \dfrac{\partial^2}{\partial x^2} + \dfrac{\partial^2}{\partial y^2} + \dfrac{\partial^2}{\partial z^2}$.

利用对易关系

$$[\hat{x}, \hat{p}_x] = \mathrm{i}\,\hbar, \quad [\hat{x}, \hat{V}(x, y, z)] = 0 \tag{2.3.64}$$

$$[\hat{p}_x, \hat{V}(x, y, z)] = -\mathrm{i}\,\hbar\,V'_x \tag{2.3.65}$$

其中,$V'_x = \dfrac{\partial V(x, y, z)}{\partial x}$,可得

$$\frac{\mathrm{d}}{\mathrm{d}t}\langle x \rangle = \frac{1}{m}\langle p_x \rangle = \langle v_x \rangle \tag{2.3.66}$$

$$\frac{\mathrm{d}}{\mathrm{d}t}\langle p_x \rangle = -\langle V'_x \rangle \tag{2.3.67}$$

这里,$\langle v_x \rangle$ 和 $\langle F_x \rangle = -\langle V'_x \rangle$ 分别是在 x 方向速度和作用力分量的平均值.

由式(2.3.66)和式(2.3.67),有

$$\frac{\mathrm{d}^2}{\mathrm{d}t^2}\langle x \rangle = \frac{1}{m}\frac{\mathrm{d}}{\mathrm{d}t}\langle p_x \rangle \tag{2.3.68}$$

由式(2.3.67)和式(2.3.68),有

$$\langle F_x \rangle = m\,\frac{\mathrm{d}^2}{\mathrm{d}t^2}\langle x \rangle \tag{2.3.69}$$

这样,尽管量子粒子的位置和动量遵守海森伯不确定关系,即在同一方向的位置和动量不能同时具有确定的值,与经典粒子的位置和动量性质迥然相异.然而它们的测量值的演化方程(2.3.69)与经典粒子遵守的牛顿方程(2.1.3)具有相似的形式.式(2.3.66)～式(2.3.69)被称为埃伦费斯特定理,该定理最先由奥地利物理学家埃伦费斯特(Paul Ehrenfest,1880—1933)于 1927 年提出(Ehrenfest,1927).在经典极限下,只有物质波波包(准确地说,概率密度分布函数)高度局域在经典位置上,方程(2.3.69)才可以成为描述经典力学系统的牛顿方程.

2.3.2　海森伯图景中的力学量演化动力学

力学量 A 的测量平均值(式(2.3.52))也可以写成

$$\begin{aligned}
\langle A(t) \rangle &= \langle \Psi(t) \mid \hat{A} \mid \Psi(t) \rangle \\
&= \langle \Psi(t_0) \mid \mathrm{e}^{\frac{\mathrm{i}}{\hbar}\hat{H}(t - t_0)} \hat{A}\, \mathrm{e}^{-\frac{\mathrm{i}}{\hbar}\hat{H}(t - t_0)} \mid \Psi(t_0) \rangle \\
&= \langle \Psi(t_0) \mid \hat{A}_H(t) \mid \Psi(t_0) \rangle
\end{aligned} \tag{2.3.70}$$

在式(2.3.70)中,量子算符$\hat{A}_H(t)$随时间演化,而态矢$|\Psi(t_0)\rangle$不随时间变化,这种描述量子系统动力学的方式被称为海森伯图景.在海森伯图景下,式(2.3.70)中的含时量子算符$\hat{A}_H$为

$$\hat{A}_H(t) = e^{\frac{i}{\hbar}\hat{H}(t-t_0)}\hat{A}e^{-\frac{i}{\hbar}\hat{H}(t-t_0)} = \hat{U}^\dagger(t,t_0)\hat{A}\hat{U}(t,t_0) \tag{2.3.71}$$

由式(2.3.71),量子算符$\hat{A}_H(t)$随时间演化动力学方程为

$$i\hbar\frac{\partial}{\partial t}\hat{A}_H(t) = \left[\hat{A}_H(t),\hat{H}\right] \tag{2.3.72}$$

从而得到海森伯图景的量子算符的动力学方程.

对比式(2.3.52)和式(2.3.70)可知,对物理量A的平均有两种不同的表示:一种是态矢随时间演化而量子算符不变,对应于薛定谔图景;另一种是量子算符随时间演化而态矢随时间不变,即海森伯图景,但最终两者的结果是一样的.

2.3.3 相互作用图景中的量子动力学

2.3.3.1 态矢量的量子动力学方程

假设量子系统包含两个相互作用的子系统,其哈密顿量可以写成

$$\hat{H} = \hat{H}_0 + \hat{H}_I \tag{2.3.73}$$

其中,$\hat{H}_I$表示两个子系统的相互作用哈密顿量,而$\hat{H}_0$表示包含两个没有相互作用的子系统的哈密顿量.$\hat{H}_0$对应的演化算符为

$$\hat{U}_0(t,t_0) = e^{-\frac{i}{\hbar}\hat{H}_0(t-t_0)} \tag{2.3.74}$$

为了求解哈密顿量(式(2.3.73))对应的含时薛定谔方程(2.3.1),可以采用相互作用图景.定义

$$|\Psi_I(t)\rangle = e^{\frac{i}{\hbar}\hat{H}_0(t-t_0)}|\Psi(t)\rangle = \hat{U}_0^\dagger(t,t_0)|\Psi(t)\rangle \tag{2.3.75}$$

其中,$|\Psi(t)\rangle$是薛定谔方程(2.3.1)的解,即薛定谔图景中的态矢量(波函数),而$|\Psi_I(t)\rangle$被称为相互作用图景(interaction picture)中的态矢量.由式(2.3.75),有

$$|\Psi(t)\rangle = \hat{U}_0(t,t_0)|\Psi_I(t)\rangle \tag{2.3.76}$$

假设 $\hat{H}_0$ 与时间无关(如果 $\hat{H}_0$ 与时间有关,则 $\hat{U}_0(t) = \mathrm{e}^{-\frac{\mathrm{i}}{\hbar}\int_0^t \hat{H}_0(\tau)\mathrm{d}\tau}$),由 $\Psi_I(t)$ 的定义式 (2.3.75),有

$$|\Psi_I(t_0)\rangle = |\Psi(t_0)\rangle \tag{2.3.77}$$

式(2.3.75)两边对时间作偏导并乘以 $\mathrm{i}\hbar$,得到

$$\mathrm{i}\hbar\frac{\partial|\Psi_I(t)\rangle}{\partial t} = -\hat{H}_0\Psi_I(t) + \mathrm{i}\hbar\,\mathrm{e}^{\frac{\mathrm{i}}{\hbar}\hat{H}_0(t-t_0)}\frac{\partial\Psi(t)}{\partial t} \tag{2.3.78}$$

由含时薛定谔方程(2.3.1)和式(2.3.76),有

$$\mathrm{i}\hbar\frac{\partial|\Psi_I(t)\rangle}{\partial t} = -\hat{H}_0\Psi_I(t) + \mathrm{e}^{\frac{\mathrm{i}}{\hbar}\hat{H}_0(t-t_0)}\hat{H}\mathrm{e}^{-\frac{\mathrm{i}}{\hbar}\hat{H}_0(t-t_0)}\Psi_I(t) \tag{2.3.79}$$

代入式(2.3.73),从而得到

$$\mathrm{i}\hbar\frac{\partial|\Psi_I(t)\rangle}{\partial t} = \hat{H}_I(t)|\Psi_I(t)\rangle \tag{2.3.80}$$

其中,$\hat{H}_I(t) = \mathrm{e}^{\frac{\mathrm{i}}{\hbar}\hat{H}_0(t-t_0)}\hat{H}_I\mathrm{e}^{-\frac{\mathrm{i}}{\hbar}\hat{H}_0(t-t_0)} = \hat{U}_0^\dagger(t,t_0)\hat{H}_I\hat{U}_0(t,t_0)$.求解式(2.3.80)可得到 $\Psi_I(t)$,将 $\Psi_I(t)$ 代入式(2.3.76)可得到 $|\Psi(t)\rangle$.

2.3.3.2 算符的量子动力学方程

力学量 A 的测量平均值(式(2.3.52))可以写成

$$\begin{aligned}
\langle A(t)\rangle &= \langle\Psi(t)|\hat{A}|\Psi(t)\rangle \\
&= \langle\Psi_I(t)|\mathrm{e}^{\frac{\mathrm{i}}{\hbar}\hat{H}_0 t}\hat{A}\mathrm{e}^{-\frac{\mathrm{i}}{\hbar}\hat{H}_0 t}|\Psi_I(t)\rangle \\
&= \langle\Psi_I(t)|\hat{A}_I(t)|\Psi_I(t)\rangle
\end{aligned} \tag{2.3.81}$$

式(2.3.81)设定定义 $\hat{A}$ 在相互作用图景中的算符 $\hat{A}_I$ 为

$$\hat{A}_I(t) = \mathrm{e}^{\frac{\mathrm{i}}{\hbar}\hat{H}_0 t}\hat{A}\mathrm{e}^{-\frac{\mathrm{i}}{\hbar}\hat{H}_0 t} = \hat{U}_0^\dagger(t)\hat{A}\hat{U}_0(t) \tag{2.3.82}$$

其中

$$\hat{U}_0(t) = \mathrm{e}^{-\frac{\mathrm{i}}{\hbar}\hat{H}_0 t} \tag{2.3.83}$$

这里,设 $t_0 = 0$,式(2.3.74)定义的演化算符 $\hat{U}_0(t,t_0)$ 就成为 $\hat{U}_0(t)$.

对式(2.3.82)两边关于时间 t 求导，有

$$i\hbar\frac{\partial}{\partial t}\hat{A}_I = [\hat{A}_I, \hat{H}_0] \tag{2.3.84}$$

式(2.3.84)即为相互作用图景的算符 $\hat{A}_I(t)$ 的动力学方程．

式(2.3.84)形式上与海森伯图景的式(2.3.72)形式上很相似．它们之间的主要区别是海森伯图景的算符动力学是由全部哈密顿量 $\hat{H}$ 决定的，而在相互作用图景中是由零级哈密顿量 $\hat{H}_0$ 产生的．

下面以谐振子为例说明之．

1. 谐振子的坐标和动量演化

谐振子的哈密顿量 $\hat{H}_0$ 由式(2.3.19)给出：

$$\hat{H}_0 = \frac{1}{2}(\hat{p}^2 + \omega^2 q^2) \tag{2.3.85}$$

在相互作用表象下，谐振子的坐标和动量分别为

$$\begin{cases} \hat{q}_I(t) = e^{\frac{i}{\hbar}\hat{H}_0 t}\hat{q}e^{-\frac{i}{\hbar}\hat{H}_0 t} \\ \hat{p}_I(t) = e^{\frac{i}{\hbar}\hat{H}_0 t}\hat{p}e^{-\frac{i}{\hbar}\hat{H}_0 t} \end{cases} \tag{2.3.86}$$

满足相互作用图景的算符动力学方程(2.3.84)：

$$i\hbar\frac{\partial}{\partial t}\hat{q}_I(t) = [\hat{q}_I(t), \hat{H}_0] \tag{2.3.87}$$

$$i\hbar\frac{\partial}{\partial t}\hat{p}_I(t) = [\hat{p}_I(t), \hat{H}_0] \tag{2.3.88}$$

把式(2.3.85)分别代入式(2.3.87)和式(2.3.88)的右边，并把 $\frac{\partial}{\partial t}$ 变为 $\frac{d}{dt}$，有

$$\begin{cases} \dfrac{d}{dt}\hat{q}_I = \hat{p}_I \\ \dfrac{d}{dt}\hat{p}_I = -\omega^2\hat{q}_I \end{cases} \tag{2.3.89}$$

与经典力学的谐振子方程相似．

假设 $\hat{q}_I(0) = \hat{q}_0$，$\hat{p}_I(0) = \hat{p}_0$，可得

$$\begin{cases} \hat{q}_I(t) = \hat{q}_0 \cos(\omega t) + \dfrac{\hat{p}_0}{\omega} \sin(\omega t) \\ \hat{p}_I(t) = \hat{p}_0 \cos(\omega t) - \omega \hat{q}_0 \sin(\omega t) \end{cases} \tag{2.3.90}$$

利用

$$\cos(\omega t) = \frac{1}{2}(\mathrm{e}^{\mathrm{i}\omega t} + \mathrm{e}^{-\mathrm{i}\omega t}), \quad \sin(\omega t) = \frac{1}{2\mathrm{i}}(\mathrm{e}^{\mathrm{i}\omega t} - \mathrm{e}^{-\mathrm{i}\omega t}) \tag{2.3.91}$$

式(2.3.90)可写成

$$\hat{q}_I(t) = \frac{1}{2}\Big(\hat{q}_0 + \mathrm{i}\frac{\hat{p}_0}{\omega}\Big)\mathrm{e}^{-\mathrm{i}\omega t} + \frac{1}{2}\Big(\hat{q}_0 - \mathrm{i}\frac{\hat{p}_0}{\omega}\Big)\mathrm{e}^{\mathrm{i}\omega t}$$

$$= \sqrt{\frac{\hbar}{2\omega}}(\hat{a}\mathrm{e}^{-\mathrm{i}\omega t} + \hat{a}^{\dagger}\mathrm{e}^{\mathrm{i}\omega t}) \tag{2.3.92}$$

$$\hat{p}_I(t) = -\mathrm{i}\sqrt{\frac{\hbar\omega}{2}}(\hat{a}\mathrm{e}^{-\mathrm{i}\omega t} - \hat{a}^{\dagger}\mathrm{e}^{\mathrm{i}\omega t}) \tag{2.3.93}$$

在式(2.3.92)和式(2.3.93)的推导中,我们用到了式(2.3.22).

2. 产生算符和湮灭算符的演化

由式(2.3.82),定义

$$\begin{cases} \hat{a}_I(t) = \mathrm{e}^{\frac{\mathrm{i}}{\hbar}\hat{H}_0 t}\hat{a}\mathrm{e}^{-\frac{\mathrm{i}}{\hbar}\hat{H}_0 t} \\ \hat{a}_I^{\dagger}(t) = \mathrm{e}^{\frac{\mathrm{i}}{\hbar}\hat{H}_0 t}\hat{a}^{\dagger}\mathrm{e}^{-\frac{\mathrm{i}}{\hbar}\hat{H}_0 t} \end{cases} \tag{2.3.94}$$

分别为产生算符 $\hat{a}^{\dagger}$ 和湮灭算符 $\hat{a}$ 在相互作用图景的算符.把式(2.3.22)

$$\hat{a} = \sqrt{\frac{1}{2\hbar\omega}}(\omega\hat{q} + \mathrm{i}\hat{p}), \quad \hat{a}^{\dagger} = \sqrt{\frac{1}{2\hbar\omega}}(\omega\hat{q} - \mathrm{i}\hat{p})$$

代入式(2.3.94),有

$$\begin{cases} \hat{a}_I(t) = \sqrt{\dfrac{1}{2\hbar\omega}}(\omega\hat{q}_I(t) + \mathrm{i}\hat{p}_I(t)) \\ \hat{a}_I^{\dagger}(t) = \sqrt{\dfrac{1}{2\hbar\omega}}(\omega\hat{q}_I(t) - \mathrm{i}\hat{p}_I(t)) \end{cases} \tag{2.3.95}$$

把式(2.3.92)和式(2.3.93)代入式(2.3.95),可得

$$\begin{cases} \hat{a}_I(t) = \sqrt{\dfrac{\omega}{2\hbar}}\left(\hat{q}_0 + \mathrm{i}\,\dfrac{\hat{p}_0}{\omega}\right)\mathrm{e}^{-\mathrm{i}\omega t} = \hat{a}\,\mathrm{e}^{-\mathrm{i}\omega t} \\[3mm] \hat{a}_I^{\dagger}(t) = \sqrt{\dfrac{\omega}{2\hbar}}\left(\hat{q}_0 - \mathrm{i}\,\dfrac{\hat{p}_0}{\omega}\right)\mathrm{e}^{\mathrm{i}\omega t} = \hat{a}^{\dagger}\,\mathrm{e}^{\mathrm{i}\omega t} \end{cases} \tag{2.3.96}$$

2.3.3.3　相互作用图景中的演化算符

定义相互作用图景中从初始时刻 t_0 到时刻 t,态矢量的演化算符 $\hat{U}_I(t,t_0)$ 满足

$$|\Psi_I(t)\rangle = \hat{U}_I(t,t_0)|\Psi_I(t_0)\rangle \tag{2.3.97}$$

由式(2.3.75)和式(2.3.2),有

$$\begin{aligned} |\Psi_I(t)\rangle &= \mathrm{e}^{\frac{\mathrm{i}}{\hbar}\hat{H}_0(t-t_0)}|\Psi(t)\rangle \\ &= \mathrm{e}^{\frac{\mathrm{i}}{\hbar}\hat{H}_0(t-t_0)}\mathrm{e}^{-\frac{\mathrm{i}}{\hbar}\hat{H}(t-t_0)}|\Psi(t_0)\rangle \\ &= \mathrm{e}^{\frac{\mathrm{i}}{\hbar}\hat{H}_0(t-t_0)}\mathrm{e}^{-\frac{\mathrm{i}}{\hbar}\hat{H}(t-t_0)}|\Psi_I(t_0)\rangle \\ &= \hat{U}_0^{\dagger}(t,t_0)\hat{U}(t,t_0)|\Psi_I(t_0)\rangle \end{aligned} \tag{2.3.98}$$

与式(2.3.97)比较,有

$$\hat{U}_I(t,t_0) = \mathrm{e}^{\frac{\mathrm{i}}{\hbar}\hat{H}_0(t-t_0)}\mathrm{e}^{-\frac{\mathrm{i}}{\hbar}\hat{H}(t-t_0)} = \hat{U}_0^{\dagger}(t,t_0)U(t,t_0) \tag{2.3.99}$$

其中,$\hat{U}(t,t_0) = \mathrm{e}^{-\frac{\mathrm{i}}{\hbar}\hat{H}(t-t_0)}$ 是薛定谔图景下的演化算符.

2.3.3.4　演化算符的 Dyson 展开

对式(2.3.99)两边作时间 t 的偏导,有

$$\mathrm{i}\hbar\frac{\partial \hat{U}_I(t,t_0)}{\partial t} = \hat{H}_I(t)\,\hat{U}_I(t,t_0) \tag{2.3.100}$$

方程解为

$$\hat{U}_I(t,t_0) = 1 - \frac{\mathrm{i}}{\hbar}\int_{t_0}^{t}\mathrm{d}t'\,\hat{H}_I(t')\,\hat{U}_I(t',t_0) \tag{2.3.101}$$

重复使用式(2.3.101),可得

$$\hat{U}_I(t, t_0) = 1 - \frac{\mathrm{i}}{\hbar} \int_{t_0}^{t} \mathrm{d}t' \, \hat{H}_I(t') \hat{U}_I(t', t_0)$$

$$+ \left(-\frac{\mathrm{i}}{\hbar}\right)^2 \int_{t_0}^{t} \mathrm{d}t' \int_{t_0}^{t'} \mathrm{d}t'' \, \hat{H}_I(t') \hat{H}_I(t'') + \cdots$$

$$= \sum_{n=0}^{\infty} \left(-\frac{\mathrm{i}}{\hbar}\right)^n \frac{1}{n!} \int_{t_0}^{t} \mathrm{d}t_1 \cdots \int_{t_0}^{t} \mathrm{d}t_n \hat{T}(\hat{H}_I(t_1) \cdots \hat{H}_I(t_n)) \quad (2.3.102)$$

其中,$\hat{T}$是时序算符,其作用是使它作用的算符按时间 t 从大到小的顺序从左向右排列.

2.3.4　密度算符的演化动力学

2.3.4.1　冯·诺依曼方程

纯态$|\Psi(t)\rangle$相应的密度算符由式(2.2.102)给出:

$$\hat{\rho}(t) = |\Psi(t)\rangle\langle\Psi(t)|$$

对$\hat{\rho}(t)$求导得

$$\frac{\mathrm{d}}{\mathrm{d}t}\hat{\rho}(t) = \frac{\partial}{\partial t}|\Psi(t)\rangle\langle\Psi(t)| + |\Psi(t)\rangle\frac{\partial}{\partial t}\langle\Psi(t)|$$

利用含时薛定谔方程(2.3.1)可得

$$\frac{\mathrm{d}}{\mathrm{d}t}\hat{\rho}(t) = -\frac{\mathrm{i}}{\hbar}[\hat{H}, \hat{\rho}(t)] \quad (2.3.103)$$

称式(2.3.103)为冯·诺依曼方程.定义刘维尔超算符

$$\mathscr{L} = [\hat{H},] \quad (2.3.104\mathrm{a})$$

则冯·诺依曼方程(2.3.103)又可写成

$$\frac{\mathrm{d}}{\mathrm{d}t}\hat{\rho}(t) = -\frac{\mathrm{i}}{\hbar}\mathscr{L}\hat{\rho}(t) \quad (2.3.104\mathrm{b})$$

2.3.4.2　离散系统的演化

根据量子演化公设Ⅱ,对于离散系统,由式(2.2.39)和式(2.2.102)定义可得在时刻t_{n+1}的密度算符为

$$\hat{\rho}(t_{n+1}) = |\Psi(t_{n+1})\rangle\langle\Psi(t_{n+1})| = \hat{U}(t_{n+1},t_n)\hat{\rho}(t_n)\hat{U}^\dagger(t_{n+1},t_n)$$

$$(2.3.105)$$

其中,$\hat{U}(t_{n+1},t_n)$ 是酉算符.

2.3.5 矩阵表示下的量子动力学

2.3.5.1 含时薛定谔方程的矩阵表示

利用正交归一的完备基矢集 $\varphi = \{|\varphi_1\rangle,\cdots,|\varphi_n\rangle,\cdots,|\varphi_N\rangle\}$,态矢 $|\Psi(t)\rangle$ 可以表示成

$$|\Psi(t)\rangle = \sum_{n=1}^{N} c_n(t)|\varphi_n\rangle$$

$$= (|\varphi_1\rangle,\cdots,|\varphi_N\rangle)\begin{bmatrix} c_1(t) \\ \vdots \\ c_N(t) \end{bmatrix} = \varphi C \qquad (2.3.106)$$

其中,$C(t) = (c_1(t),\cdots,c_n(t),\cdots,c_N(t))^{\mathrm{T}}$,T 表示转置,$c_n(t) = \langle\varphi_n|\Psi(t)\rangle$.含时薛定谔方程(2.3.1)可以写成

$$(|\varphi_1\rangle,\cdots,|\varphi_N\rangle)\begin{bmatrix} \dot{c}_1(t) \\ \vdots \\ \dot{c}_N(t) \end{bmatrix} = \hat{H}\left((|\varphi_1\rangle,\cdots,|\varphi_N\rangle)\begin{bmatrix} c_1(t) \\ \vdots \\ c_N(t) \end{bmatrix}\right) \qquad (2.3.107)$$

其中,$\dot{c}_n(t) = \dfrac{\mathrm{d}}{\mathrm{d}t}c_n(t)$.式(2.3.107)也可表示成

$$\varphi\dot{C}(t) = \hat{H}\varphi C(t) \qquad (2.3.108)$$

其中,$\dot{C}(t) = (\dot{c}_1(t),\cdots,\dot{c}_n(t),\cdots,\dot{c}_N(t))^{\mathrm{T}}$,这样,求解偏微分薛定谔方程问题就可以转换成求解线性方程组问题.把式(2.3.108)两边分别投影到 φ 的对偶基矢基 $\varphi^\dagger$ 上去,有

$$\varphi^\dagger\varphi\dot{C}(t) = \varphi^\dagger\hat{H}\varphi C(t) \qquad (2.3.109)$$

其中,$\varphi^\dagger$ 是 φ 的共轭转置矢量,其第 n 个分量为 $\langle\varphi_n(t)|$.因此 $\varphi^\dagger\varphi = I$ 是 $N\times N$ 的单位

矩阵.式(2.3.109)可写成

$$\dot{C}(t) = HC(t) \tag{2.3.110}$$

式(2.3.110)为薛定谔方程的矩阵表示.这样,利用基矢集的线性展开,可以把求解偏微分方程的薛定谔方程转化为求解线性方程组.

由式(2.3.109)和式(2.3.110),$H = \varphi^{\dagger} \hat{H} \varphi$ 被称为哈密顿矩阵,其矩阵元

$$H_{nm} = \langle \varphi_n | \hat{H} | \varphi_m \rangle \tag{2.3.111}$$

哈密顿算符可表示成

$$\hat{H} = \sum_{i,j} H_{ij} | \varphi_i \rangle \langle \varphi_j | = \varphi H \varphi^{\dagger} \tag{2.3.112}$$

考虑有另一个完备正交基矢集 $\phi = \{ | \phi_k \rangle, k = 1, 2, \cdots \}$,假设有如下关系:

$$| \phi_k \rangle = \sum_i d_{ik} | \varphi_i \rangle \tag{2.3.113}$$

写成矩阵形式:

$$\phi = \varphi D \tag{2.3.114}$$

其中,D 是 $N \times N$ 的变换矩阵,并有 $DD^{\dagger} = I$.代入 $\varphi = \phi D^{\dagger}$,式(2.3.112)成为

$$\hat{H} = \varphi H \varphi^{\dagger} = \phi D^{\dagger} H D \phi^{\dagger} = \phi \bar{H} \phi^{\dagger} \tag{2.3.115}$$

其中,$\bar{H} = D^{\dagger} H D$.如果 $\bar{H}$ 是对角化的,则在新的基矢集下

$$\hat{H} = \sum_k \bar{H}_{kk} | \phi_k \rangle \langle \phi_k | \tag{2.3.116}$$

从而得到 $\hat{H}$ 在其本征态表象下的表达式,$| \phi_k \rangle$ 是 $\hat{H}$ 的本征态.

2.3.5.2　冯·诺依曼方程的矩阵表示

把式(2.3.106)的态矢 $| \Psi(t) \rangle$ 代入密度算符 $\hat{\rho}(t) = | \Psi(t) \rangle \langle \Psi(t) |$,有

$$\begin{aligned} \hat{\rho}(t) &= | \Psi(t) \rangle \langle \Psi(t) | \\ &= \varphi C(t) C(t)^{\dagger} \varphi^{\dagger} = \varphi \rho(t) \varphi^{\dagger} \end{aligned} \tag{2.3.117}$$

其中,$\rho(t) = C(t) C(t)^{\dagger}$ 为 $N \times N$ 密度矩阵,其矩阵元记为 $\rho_{nm}(t)$.由此,$\hat{\rho}(t)$ 可以表示为对角和非对角矩阵元两个部分:

$$\hat{\rho}(t) = \sum_{n} \rho_{nn}(t) |\varphi_n\rangle\langle\varphi_n| + \sum_{n \neq m} \rho_{nm}(t) |\varphi_n\rangle\langle\varphi_m| \tag{2.3.118}$$

式(2.3.118)中,对角矩阵元 $\rho_{nn}(t)$ 是系统处于态 $|\varphi_n\rangle$ 上的概率,被称为布居(popula-tion),且 $\sum_{nn} \rho_{nn} = \sum_{nn} |c_n(t)|^2 = 1$. 式(2.3.118)右边第二项涉及非对角矩阵元 $\rho_{nm}(t)$ $= c_n(t)c_m^*(t) = \langle\varphi_n|\hat{\rho}(t)|\varphi_m\rangle (n \neq m)$,被称为相干项. 在第4章我们将讨论,如果量子系统与热库环境有相互作用,会导致相干项 $\rho_{nm}(t) \sim e^{-\gamma_{nm}t}$ 呈指数衰减,导致非对角相干项 $\rho_{nm}(t) = 0$,这种现象被称为退相干.

由式(2.3.112)和式(2.3.117),有

$$[\hat{H}, \hat{\rho}(t)] = \hat{H}\hat{\rho}(t) - \hat{\rho}(t)\hat{H} = \varphi H\varphi^\dagger \varphi\rho\varphi^\dagger - \varphi\rho\varphi^\dagger \varphi H\varphi^\dagger$$
$$= \varphi H\rho\varphi^\dagger - \varphi\rho H\varphi^\dagger = \varphi[H,\rho]\varphi^\dagger \tag{2.3.119}$$

记 $\dfrac{\mathrm{d}}{\mathrm{d}t}\hat{\rho}(t) = \dot{\hat{\rho}}(t)$,根据式(2.3.103)、式(2.3.117)和式(2.3.119),有

$$\dot{\hat{\rho}}(t) = \varphi\dot{\rho}\varphi^\dagger = -\frac{\mathrm{i}}{\hbar}\varphi[H,\rho]\varphi^\dagger \tag{2.3.120}$$

所以

$$\dot{\rho} = -\frac{\mathrm{i}}{\hbar}[H,\rho] \tag{2.3.121}$$

由此得到密度算符演化冯·诺依曼方程的矩阵表达式,写成矩阵元的形式为

$$\dot{\rho}_{nm} = -\frac{\mathrm{i}}{\hbar}\sum_{k}(H_{nk}\rho_{km} - \rho_{nk}H_{km}) \tag{2.3.122}$$

把式(2.3.122)右边第一项 $k = n$ 和第二项中 $k = m$ 两项分离出来,有

$$\dot{\rho}_{nm}(t) = -\mathrm{i}\frac{H_{nn} - H_{mm}}{\hbar}\rho_{nm} - \frac{\mathrm{i}}{\hbar}\left(\sum_{k \neq m}H_{nk}\rho_{km} - \sum_{k \neq n}\rho_{nk}H_{km}\right) \tag{2.3.123}$$

令 $H_{nn} - H_{mm} = E_n - E_m = \hbar\omega_{mn}$,有

$$\dot{\rho}_{nm}(t) = -\mathrm{i}\omega_{mn}\rho_{nm} - \frac{\mathrm{i}}{\hbar}\left(\sum_{k \neq m}H_{nk}\rho_{km} - \sum_{k \neq n}\rho_{nk}H_{km}\right) \tag{2.3.124}$$

2.3.6　量子相干动力学

在能量表象下,哈密顿算符 $\hat{H}$ 有两种最为常见的表示方式. 第一种用 $\hat{H}$ 的本征态进

量子生物学:生物系统物质和能量传递的量子理论

行展开,即

$$\hat{H} = \sum_n H_{nn} |\varphi_n\rangle\langle\varphi_n| \qquad (2.3.125)$$

其中,对角矩阵元

$$H_{nn} = \langle\varphi_n|\hat{H}|\varphi_n\rangle \qquad (2.3.126)$$

而非对角矩阵元

$$H_{nm} = \langle\varphi_n|\hat{H}|\varphi_m\rangle = 0 \qquad (2.3.127)$$

第二种是系统哈密顿量 $\hat{H}$ 分解为零级哈密顿量 $\hat{H}_0$ 和 $\hat{H}'$,并用 $\hat{H}_0$ 的本征态 $\{\psi_n, n = 1,2,\cdots\}$ 进行展开:

$$\hat{H} = \sum_n H_{nn} |\psi_n\rangle\langle\psi_n| + \sum_{n \neq m} H_{nm} |\psi_n\rangle\langle\psi_m| \qquad (2.3.128)$$

其中,$H_{nm} = \langle\psi_n|\hat{H}|\psi_m\rangle$.

首先讨论第一种情况.把式(2.3.126)和式(2.3.127)代入方程(2.3.124),有

$$\begin{cases} \dot{\rho}_{nn}(t) = 0 \\ \dot{\rho}_{nm}(t) = -\mathrm{i}\omega_{mn}\rho_{nm} \end{cases} \qquad (2.3.129)$$

容易解得

$$\begin{cases} \rho_{nn}(t) = \rho_{nn}(0) = |c_n|^2 \\ \rho_{nm}(t) = \rho_{nm}(0)\mathrm{e}^{-\mathrm{i}\omega_{mn}t} = c_n c_m^* \mathrm{e}^{-\mathrm{i}\omega_{mn}t} \end{cases} \qquad (2.3.130)$$

其中,$c_n = \langle\varphi_n|\Psi_0\rangle$,$|\Psi_0\rangle$ 是系统在初始 $t = 0$ 时刻所处的状态,$|\varphi_n\rangle$ 是 $\hat{H}$ 的本征值 E_n 所对应的本征态.从式(2.3.130)可见,在 $\hat{H}$ 的本征态表象下,密度矩阵的对角矩阵元 $\rho_{nn}(t)$ 为常数,不随时间变化;而非对角矩阵元 $\rho_{nm}(t)$ 以角频率 ω_{mn} 振荡.

式(2.3.130)中,任一矩阵元 $\rho_{nm}(t)$ 不为零的条件是初态 $|\Psi_0\rangle$ 的相干叠加

$$|\Psi_0\rangle = \sum_{n'=1}^N c_{n'} |\varphi_{n'}\rangle \qquad (2.3.131)$$

必须包括 $|\varphi_n\rangle$ 和 $|\varphi_m\rangle$,亦即式(2.3.131)中的 $c_n(n' = n)$ 和 $c_m(n' = m)$ 都不能为零(否则,$\rho_{nm}(t) = 0$).因此,系统量子相干动力学来源于初始态的相干演化.在能量表象下,$\hat{\rho}(t)$(式(2.3.118))可表示为

$$\hat{\rho}(t) = \sum_n \rho_{nn} |\varphi_n\rangle\langle\varphi_n| + \sum_{n \neq m} \rho_{nm} \mathrm{e}^{-\mathrm{i}\omega_{mn}t} |\varphi_n\rangle\langle\varphi_m|$$

$$= \sum_n \hat{\rho}_{nn} + \sum_{n \neq m} \hat{\rho}_{nm}(t) \tag{2.3.132}$$

即得到式(2.3.18).其中,$\hat{\rho}_{nm}(t) = \rho_{nm} \mathrm{e}^{-\mathrm{i}\omega_{mn}t} |\varphi_n\rangle\langle\varphi_m|$.

定义生存概率函数

$$P_{sr}(t) = |\langle\Psi_0|\Psi(t)\rangle|^2 \tag{2.3.133}$$

其中,$\langle\Psi_0|\Psi(t)\rangle$给出初态$|\Psi_0\rangle$出现在$|\Psi(t)\rangle$中的概率幅,其模平方,即$P_{sr}(t)$,表示在 t 时刻$|\Psi_0\rangle$的生存概率.利用密度算符$\hat{\rho}(t) = |\Psi(t)\rangle\langle\Psi(t)|$,并把式(2.3.131)和式(2.3.132)代入,$P_{sr}(t)$可以表示成

$$P_{sr}(t) = \langle\Psi_0|\hat{\rho}(t)|\Psi_0\rangle = \sum_n |\rho_{nn}|^2 + \sum_{n \neq m} \rho_{nm} \langle\varphi_n|\hat{\rho}_{nm}(t)|\varphi_m\rangle$$

$$= \sum_n |\rho_{nn}|^2 + \sum_{n \neq m} |\rho_{nm}|^2 \mathrm{e}^{-\mathrm{i}\omega_{mn}t} \tag{2.3.134}$$

把式(2.3.134)进一步展开,得

$$P_{sr}(t) = \sum_{n,m} |c_n|^2 |c_m|^2 \mathrm{e}^{-\mathrm{i}\omega_{mn}t}$$

$$= \sum_{n=1}^N |c_n|^4 + 2\sum_{n>m=1}^N |c_n|^2 |c_m|^2 \cos(\omega_{mn}t) \tag{2.3.135}$$

假设初始态$|\Psi_0\rangle$均匀分布在各个基矢$\{|\varphi_i\rangle, i=1,2,\cdots,N\}$,即 $c_n = \dfrac{1}{\sqrt{N}}$并且$\omega_{mn} = \dfrac{(n-m)\pi}{N}$.当 $N=2$ 和 $N=3$ 时,生存概率函数分别为 $P_{sr}(t) = \dfrac{1}{2} + \dfrac{1}{2}\cos(\omega t)$和 $P_{sr}(t) = \dfrac{1}{3} + \dfrac{2}{9}(\cos(\omega_1 t) + \cos(\omega_2 t) + \cos(\omega_3 t))$等.随着 N 的增大,对大量随机的非对角项相因子的纠缠叠加会使 $P_{sr}(t)$随时间衰减(图2.1).这种现象被称为失相(dephasing).由于会导致体系失去量子动力学相干性,因而也称为退相干.

在初始态所涉及本征态数目的增加使得 $P_{sr}(t)$产生失相的过程中,也会出现相位重现的复相(rephasing)现象.如图2.1中 $N=100$ 时所示,在200~300 时间区间,$P_{sr}(t)$又出现一些峰值.

对于第二种在零级哈密顿$\hat{H}_0$的本征态表象下的情况,下面用二态量子系统进行讨论.

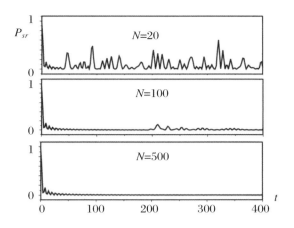

图 2.1　N 个非简并特征态系统的生存概率函数 $P_{sr}(t)$ 随时间变化示意图
　　　假定初始态均匀分布在各个基矢上.

2.3.7　二态量子系统演化动力学

一个二态量子系统对应于二维线性希尔伯特空间 $\mathscr{H}_1$. $\{|0\rangle, |1\rangle\}$ 是 $\mathscr{H}_1$ 的正交归一的完备基矢集. $\mathscr{H}_1$ 中任一态矢 $|\Psi(t)\rangle$ 都可以表示成 $|0\rangle$ 和 $|1\rangle$ 的线性叠加:

$$|\Psi(t)\rangle = c_0(t)|0\rangle + c_1(t)|1\rangle = (|0\rangle, |1\rangle)\begin{bmatrix} c_0(t) \\ c_1(t) \end{bmatrix} \qquad (2.3.136)$$

其中 $|c_0(t)|^2$ 和 $|c_1(t)|^2$ 表示在 t 时刻量子系统分别处于态 $|0\rangle$ 和 $|1\rangle$ 的概率, 也分别称为在基态 $|0\rangle$ 和激发态 $|1\rangle$ 上的布居, $\rho_{00}(t) = |c_0(t)|^2$, $\rho_{11}(t) = |c_1(t)|^2$, 且满足

$$|c_0(t)|^2 + |c_1(t)|^2 = 1 \qquad (2.3.137)$$

哈密顿量 $\hat{H}$ 可以写成矩阵形式:

$$\hat{H} = (|0\rangle, |1\rangle)H\begin{bmatrix} \langle 0| \\ \langle 1| \end{bmatrix} = \sum_{n,m=0}^{1} H_{nm}|\varphi_n\rangle\langle\varphi_m| \qquad (2.3.138)$$

H_{nm} 是哈密顿矩阵 H 的矩阵元:

$$H_{nm} = \langle n|\hat{H}|m\rangle, \quad n = 0, 1 \qquad (2.3.139)$$

具体地, 式(2.3.138)可写成

$$\hat{H} = H_{00}|0\rangle\langle 0| + H_{01}|0\rangle\langle 1| + H_{10}|1\rangle\langle 0| + H_{11}|1\rangle\langle 1| = \hat{H}_0 + \hat{H}' \quad (2.3.140)$$

其中,$\hat{H}_0$ 表示两个能级没有相互作用的零级哈密顿量:

$$\hat{H}_0 = E_0|0\rangle\langle 0| + E_1|1\rangle\langle 1| \quad (2.3.141)$$

这里,$E_0 = H_{00}$,$E_1 = H_{11}$,$\hat{H}'$ 表示两个能级相互作用哈密顿量:

$$\hat{H}' = H_{01}|0\rangle\langle 1| + H_{10}|1\rangle\langle 0| \quad (2.3.142)$$

由式(2.3.110),有

$$i\hbar \begin{bmatrix} \dfrac{d}{dt}c_0(t) \\ \dfrac{d}{dt}c_1(t) \end{bmatrix} = \begin{bmatrix} E_0 & H_{01} \\ H_{10} & E_1 \end{bmatrix} \begin{bmatrix} c_0(t) \\ c_1(t) \end{bmatrix} \quad (2.3.143)$$

如果$|0\rangle$和$|1\rangle$二态之间没有相互作用,即 $H_{01} = H_{10} = 0$,则方程组(2.3.139)成为两个独立方程,各自解为

$$\begin{cases} c_0(t) = c_0(0)e^{-\frac{i}{\hbar}E_0 t} \\ c_1(t) = c_1(0)e^{-\frac{i}{\hbar}E_1 t} \end{cases} \quad (2.3.144)$$

其中,$\rho_{00}(t) = |c_0(t)|^2 = |c_0(0)|^2$,$\rho_{11}(t) = |c_1(t)|^2 = |c_1(0)|^2$ 表示系统处于定态上,每个态上布居为常量,不随时间变化. 例如,如果系统初始处于$|0\rangle$态,$c_0(0) = 1$,$c_1(0) = 0$,则系统一直处在$|0\rangle$态上.

假设 $H_{00} = \langle 0|\hat{H}|0\rangle = E_0$,$H_{11} = \langle 1|\hat{H}|1\rangle = E_1$,$H_{01} = H_{10}^{\dagger} = V \neq 0$,即

$$H = \begin{bmatrix} E_0 & V \\ V & E_1 \end{bmatrix} \quad (2.3.145)$$

则哈密顿量 $\hat{H}$ 为

$$\hat{H} = E_0|0\rangle\langle 0| + E_1|1\rangle\langle 1| + V|0\rangle\langle 1| + V|1\rangle\langle 0| = \hat{H}_0 + \hat{H}' \quad (2.3.146)$$

对应的密度算符

$$\begin{aligned} \hat{\rho}(t) = &\rho_{00}(t)|0\rangle\langle 0| + \rho_{11}(t)|1\rangle\langle 1| \\ &+ \rho_{01}(t)|0\rangle\langle 1| + \rho_{10}(t)|1\rangle\langle 0| \end{aligned} \quad (2.3.147)$$

和密度矩阵

$$\rho(t) = \begin{bmatrix} \rho_{00}(t) & \rho_{01}(t) \\ \rho_{10}(t) & \rho_{11}(t) \end{bmatrix} \tag{2.3.148}$$

下面举例说明.

例 2.2 设 $E_0 = E_1 = 0$, 有

$$\hat{H} = V(|0\rangle\langle 1| + |1\rangle\langle 0|)$$

这样, 由式(2.3.110), 有

$$\dot{c}_0(t) = -\frac{\mathrm{i}}{\hbar}Vc_1(t)$$

$$\dot{c}_1(t) = -\frac{\mathrm{i}}{\hbar}Vc_0(t)$$

其中, $|c_0(t)|^2 + |c_1(t)|^2 = 1$. 假设初始条件 $c_0(0) = 1$, $c_1(0) = 0$, 可得

$$c_0(t) = \cos\left(\frac{\omega}{2}t\right), \quad c_1(t) = \mathrm{i}\sin\left(\frac{\omega}{2}t\right)$$

这里 $\omega = \frac{2V}{\hbar}$. 从而有

$$|\Psi(t)\rangle = \cos\left(\frac{\omega}{2}t\right)|0\rangle + \mathrm{i}\sin\left(\frac{\omega}{2}t\right)|1\rangle$$

$\rho_{00}(t) = |c_0(t)|^2 = \cos^2\left(\frac{\omega}{2}t\right)$, $\rho_{11}(t) = |c_1(t)|^2 = \sin^2\left(\frac{\omega}{2}t\right)$ 为在 t 时刻量子系统分别

处于态 $|0\rangle$ 和 $|1\rangle$ 的概率, 满足 $\rho_{00}(t) + \rho_{11}(t) = 1$. 由此, 可得复合系统的密度算符

$$\begin{aligned}
\hat{\rho}(t) &= |\Psi(t)\rangle\langle\Psi(t)| \\
&= \cos^2\left(\frac{\omega}{2}t\right)|0\rangle\langle 0| + \sin^2\left(\frac{\omega}{2}t\right)|1\rangle\langle 1| + \mathrm{i}\frac{\sin(\omega t)}{2}(|1\rangle\langle 0| - |0\rangle\langle 1|)
\end{aligned}$$

对应密度矩阵为

$$\rho = \begin{bmatrix} \rho_{00} & \rho_{01} \\ \rho_{10} & \rho_{11} \end{bmatrix} = \begin{bmatrix} \cos^2\left(\dfrac{\omega}{2}t\right) & -\mathrm{i}\dfrac{\sin(\omega t)}{2} \\ \mathrm{i}\dfrac{\sin(\omega t)}{2} & \sin^2\left(\dfrac{\omega}{2}t\right) \end{bmatrix}$$

例 2.3 设 $E_0 = 0$, $E_1 = 1$, $V = \Omega = 1$, 而且 $\rho_{00}(0) = 1$, $\rho_{11}(0) = 0$, 解得在态 $|0\rangle$ 和 $|1\rangle$ 上的布居 $\rho_{00}(t)$ 和 $\rho_{11}(t)$ 随时间的相干变化如图 2.2 所示.

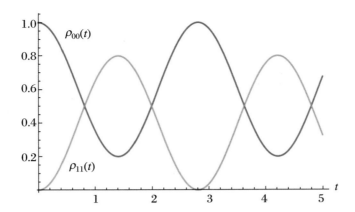

图 2.2 布居 $\rho_{00}(t)$ 和 $\rho_{11}(t)$ 量子相干动力学

一般地,对于式(2.3.145),由冯·诺依曼方程的矩阵表示(式(2.3.121))

$$\dot{\rho} = -\frac{\mathrm{i}}{\hbar}[H,\rho]$$

可得

$$
\begin{aligned}
[H,\rho] &= H\rho - \rho H = \begin{bmatrix} E_0 & V \\ V & E_1 \end{bmatrix} \begin{bmatrix} \rho_{00} & \rho_{01} \\ \rho_{10} & \rho_{11} \end{bmatrix} - \begin{bmatrix} \rho_{00} & \rho_{01} \\ \rho_{10} & \rho_{11} \end{bmatrix} \begin{bmatrix} E_0 & V \\ V & E_1 \end{bmatrix} \\
&= \begin{bmatrix} E_0\rho_{00} + V\rho_{10} & E_0\rho_{01} + V\rho_{11} \\ V\rho_{00} + E_1\rho_{10} & V\rho_{01} + E_1\rho_{11} \end{bmatrix} - \begin{bmatrix} E_0\rho_{00} + V\rho_{01} & E_1\rho_{01} + V\rho_{00} \\ V\rho_{11} + E_0\rho_{10} & V\rho_{10} + E_1\rho_{11} \end{bmatrix} \\
&= \begin{bmatrix} V(\rho_{10} - \rho_{01}) & V(\rho_{11} - \rho_{00}) + (E_0 - E_1)\rho_{01} \\ (E_1 - E_0)\rho_{10} + V(\rho_{00} - \rho_{11}) & V(\rho_{01} - \rho_{10}) \end{bmatrix}
\end{aligned}
$$

$$(2.3.149)$$

写成微分方程组形式为

$$
\begin{cases}
\dot{\rho}_{00} = -\mathrm{i}\,\dfrac{V}{\hbar}(\rho_{10} - \rho_{01}) \\[2mm]
\dot{\rho}_{01} = -\mathrm{i}\,\dfrac{E_0 - E_1}{\hbar}\rho_{01} + \mathrm{i}\,\dfrac{V}{\hbar}(\rho_{00} - \rho_{11}) \\[2mm]
\dot{\rho}_{10} = -\mathrm{i}\,\dfrac{E_1 - E_0}{\hbar}\rho_{10} - \mathrm{i}\,\dfrac{V}{\hbar}(\rho_{00} - \rho_{11}) \\[2mm]
\dot{\rho}_{11} = -\mathrm{i}\,\dfrac{V}{\hbar}(\rho_{01} - \rho_{10})
\end{cases}
$$

$$(2.3.150)$$

量子生物学:生物系统物质和能量传递的量子理论

在第4章我们将讨论,环境的相互作用如何影响孤立二态系统的量子动力学.

2.3.8 定态薛定谔方程

2.3.8.1 定态薛定谔方程的矩阵表示

考虑定态薛定谔方程

$$\hat{H}|\Psi\rangle = E|\Psi\rangle \tag{2.3.151a}$$

与2.3.5小节讨论相似,利用正交归一的完备基矢集 $\varphi = \{|\varphi_1\rangle, \cdots, |\varphi_n\rangle, \cdots, |\varphi_N\rangle\}$,本征态 $|\Psi\rangle$ 可以表示成

$$|\Psi\rangle = \sum_{n=1}^{N} c_n |\varphi_n\rangle = \varphi C \tag{2.3.151b}$$

这里, $C = (c_1, \cdots, c_n, \cdots, c_N)^{\mathrm{T}}$, $c_n = \langle\varphi_n|\Psi\rangle$. 把式(2.3.151b)代入式(2.3.151a),再右乘 $\varphi^\dagger$,定态薛定谔方程(2.3.151a)可写为

$$\varphi^\dagger \hat{H} \varphi C = E\varphi^\dagger \varphi C \tag{2.3.152a}$$

其中, $\varphi^\dagger \hat{H} \varphi = H$. 由于 $\varphi^\dagger \varphi = I$,式(2.3.152a)成为

$$HC = EC \tag{2.3.152b}$$

得到定态薛定谔方程的矩阵表示.其中,哈密顿矩阵的矩阵元为

$$H_{nm} = \langle\varphi_n|\hat{H}|\varphi_m\rangle \tag{2.3.153}$$

即式(2.3.111).

2.3.8.2 久期方程

式(2.3.152b)可进一步写成

$$(H - EI)C = 0 \tag{2.3.154}$$

这里, I 为单位矩阵.式(2.3.154)是 N 元齐次线性方程组,满足非零解的条件是

$$|H - EI| = 0 \tag{2.3.155}$$

或等价地表示成

$$\det(H_{nm} - E\delta_{nm}) = 0 \qquad (2.3.156)$$

称式(2.3.155)为久期行列式,它也是一个关于 E 的 N 阶方程,被称为久期方程.

对应地,式(2.3.154)也称为久期方程组,$H - EI$ 为久期矩阵.

通过求解久期方程,得到 N 个能量本征值 $\{E_\kappa, \kappa = a, b, \cdots\}$,分别对应 N 个本征态 $\{|\Psi_\kappa\rangle, \kappa = a, b, \cdots\}$.本书下面的有关章节讨论中,在不引起混淆前提下,为了方便,我们也用量子数来标记波函数.记

$$|\varphi_n\rangle = |n\rangle, \quad |\Psi_\kappa\rangle = |\kappa\rangle \qquad (2.3.157)$$

$|\Psi_\kappa\rangle$ 和哈密顿量 $\hat{H}$ 分别可写为

$$\begin{cases} |\Psi_\kappa\rangle = \sum_n c_{n\kappa} |n\rangle \\ \hat{H} = \sum_\kappa H_{\kappa\kappa} |\kappa\rangle\langle\kappa| = \sum_\kappa E_\kappa |\kappa\rangle\langle\kappa| \end{cases} \qquad (2.3.158)$$

这样,在 $\{|\kappa\rangle, \kappa = a, b, \cdots\}$ 表象下哈密顿矩阵 H 为对角矩阵,矩阵元为

$$H_{\kappa\kappa'} = E_\kappa \delta_{\kappa\kappa'} \qquad (2.3.159)$$

2.3.8.3 二态系统

作为一个可以精确求解的例子,我们下面讨论求解哈密顿量 $\hat{H}$ 为式(2.3.146)二能级系统的定态薛定谔方程

$$\hat{H}|\Psi\rangle = E|\Psi\rangle \qquad (2.3.160)$$

设 $|\kappa\rangle = |\Psi_\kappa\rangle (\kappa = a, b)$ 是 $\hat{H}$ 的第 κ 个本征态,即式(2.3.160)定态薛定谔方程的解.

用 $\hat{H}_0$ 的本征态 $\{|0\rangle, |1\rangle\}$,$|\kappa\rangle$ 可以表示成

$$|\kappa\rangle = c_{0\kappa}|0\rangle + c_{1\kappa}|1\rangle = \sum_{n=0,1} c_{n\kappa}|n\rangle \qquad (2.3.161)$$

定态薛定谔方程的矩阵表达式为(式(2.3.152b))

$$HC = EC \qquad (2.3.162)$$

其中,$C = \begin{bmatrix} c_{0\kappa} \\ c_{1\kappa} \end{bmatrix}$ 为列向量,H 为哈密顿矩阵(式(2.3.145)),有

$$\begin{bmatrix} E_0 & V \\ V & E_1 \end{bmatrix} \begin{bmatrix} c_{0\kappa} \\ c_{1\kappa} \end{bmatrix} = E \begin{bmatrix} c_{0\kappa} \\ c_{1\kappa} \end{bmatrix} \qquad (2.3.163)$$

方程组(2.3.163)可以写成

$$\begin{bmatrix} E_0 - E & V \\ V & E_1 - E \end{bmatrix} \begin{bmatrix} c_{0\kappa} \\ c_{1\kappa} \end{bmatrix} = 0 \tag{2.3.164}$$

从而得到久期行列式

$$\begin{vmatrix} E_0 - E & V \\ V & E_1 - E \end{vmatrix} = 0 \tag{2.3.165}$$

和久期方程

$$(E - E_0)(E - E_1) - V^2 = 0 \tag{2.3.166}$$

可得

$$E_{a,b} = \frac{1}{2}\left((E_0 + E_1) \pm \sqrt{(E_0 - E_1)^2 + 4V^2}\right) \tag{2.3.167}$$

把 E_a 和 E_b 分别代入式(2.3.164),并利用归一化条件

$$|c_{0\kappa}|^2 + |c_{1\kappa}|^2 = 1 \tag{2.3.168}$$

可以求得 E_a 和 E_b 对应的本征波函数.

对于 $E = E_a$,有

$$\begin{cases} |c_{00}|^2 = \dfrac{V^2}{(E_a - E_0)^2 + V^2} = \dfrac{E_1 - E_a}{E_b - E_a} \\ |c_{01}|^2 = \dfrac{(E_a - E_0)^2}{(E_a - E_0)^2 + V^2} = \dfrac{E_0 - E_a}{E_b - E_a} \end{cases} \tag{2.3.169}$$

上面 $|c_{00}|^2$ 和 $|c_{01}|^2$ 中的第二个等式利用了

$$V^2 = (E_a - E_0)(E_a - E_1), \quad E_a + E_b = E_0 + E_1 \tag{2.3.170}$$

由式(2.3.166)可得到式(2.3.170).

如只考虑实系数,有

$$c_{00} = \sqrt{\frac{E_1 - E_a}{E_b - E_a}}, \quad c_{10} = \sqrt{\frac{E_0 - E_a}{E_b - E_a}} \tag{2.3.171}$$

同样地,对于 $E = E_b$,有

$$c_{01} = -\sqrt{\frac{E_b - E_1}{E_b - E_a}}, \quad c_{11} = \sqrt{\frac{E_b - E_0}{E_b - E_a}} \tag{2.3.172}$$

这样,得到本征波函数(式(2.3.161)):

$$|\kappa\rangle = c_{0\kappa}|0\rangle + c_{1\kappa}|1\rangle$$

2.3.8.4　生物线性大分子和环状大分子

许多生物大分子像蛋白质、RNA 和 DNA 等都是分别用氨基酸和核苷酸包括核糖核苷酸和脱氧核苷酸等作为模块通过共价键构建起来的线性分子或者环状分子.我们可以应用量子理论和建模方法来研究这些分子中发生的激发能和电子等传递问题.本小节中我们将构建模型哈密顿量并求出定态薛定谔方程的解.

为了简化讨论,我们仅考虑 N 个等价模块以及近邻相互作用近似,对线性生物大分子

$$V_{m,n} = \begin{cases} V, & m = n+1 \text{ 或 } n-1 \\ 0, & \text{其他} \end{cases} \tag{2.3.173}$$

假设每个模块的哈密顿量为 $\hat{H}_m$,其定态薛定谔方程为

$$\hat{H}_m|\varphi_m\rangle = \varepsilon_0|\varphi_m\rangle \tag{2.3.174}$$

其中,ε_0 对每个模块都相同.

求解可得一组完备正交的基矢集 $\{|\varphi_m\rangle, m = 1, 2, \cdots, N\}$(关于 $|\varphi_m\rangle$ 更严格的讨论参见本书第 5 章).

生物线性大分子的哈密顿量可以用此基矢集进行展开(即 $\hat{H}_m$ 的能量表象):

$$\hat{H} = \sum_{m=1}^{N} \varepsilon_0|\varphi_m\rangle\langle\varphi_m| + \sum_{m=1}^{N-1} V(|\varphi_m\rangle\langle\varphi_{m+1}| + |\varphi_{m+1}\rangle\langle\varphi_m|) \tag{2.3.175}$$

定态薛定谔方程可写成

$$\hat{H}|\Psi_a\rangle = E_a|\Psi_a\rangle \tag{2.3.176}$$

将 $|\Psi_a\rangle$ 用 $|\varphi_m\rangle$ 进行线性展开得

$$|\Psi_a\rangle = \sum_m c_a(m)|\varphi_m\rangle \tag{2.3.177}$$

其中,由归一性,$\langle\Psi_a|\Psi_a\rangle = 1, \sum_m |c_a(m)|^2 = 1$.

把式(2.3.175)和式(2.3.177)代入式(2.3.176),有

$$(E_a - \varepsilon_0)c_a(m) = V(c_a(m-1) + c_a(m+1)) \tag{2.3.178}$$

这里,1<m<N.如果 $m=1$ 或 $m=N$,则分别有

$$(E_a - \varepsilon_0)c_a(1) = Vc_a(2) \tag{2.3.179}$$

$$(E_a - \varepsilon_0)c_a(N) = Vc_a(N-1) \tag{2.3.180}$$

假设

$$c_a(m) = c\sin(am) \tag{2.3.181}$$

将式(2.3.181)代入式(2.3.178),有

$$(E_a - \varepsilon_0)\sin(am) = V(\sin(a(m-1)) + \sin(a(m+1))) \tag{2.3.182}$$

利用三角函数关系 $\sin(a(m-1)) + \sin(a(m+1)) = 2\sin(am)\cos a$,式(2.3.182)可写成

$$E_a = \varepsilon_0 + 2V\cos a \tag{2.3.183}$$

同样地,由式(2.3.180),有

$$(E_a - \varepsilon_0)\sin(aN) = V\sin(a(N-1)) \tag{2.3.184}$$

把式(2.3.183)代入式(2.3.184),有

$$2\sin(aN)\cos a = \sin(a(N-1)) \tag{2.3.185}$$

把式(2.3.185)右边展开,得

$$2\sin(aN)\cos a = \sin(aN)\cos a - \cos(aN)\sin a \tag{2.3.186}$$

因此,可得

$$\sin(a(N+1)) = 0 \tag{2.3.187}$$

从而,有

$$a = \frac{k\pi}{N+1}, \quad k = 0, \pm 1, \pm 2, \cdots \tag{2.3.188}$$

这样,能量本征值

$$E_a = \varepsilon_0 + 2V\cos\frac{k\pi}{N+1} \tag{2.3.189}$$

由式(2.3.181),本征波函数为

$$|\Psi_a\rangle = c\sum_m \sin(am)|\varphi_m\rangle \tag{2.3.190}$$

由式(2.3.177)归一性 $\langle \Psi_a | \Psi_a \rangle = 1$，可得

$$c = \sqrt{\frac{2}{N+1}} \tag{2.3.191}$$

由此，有

$$| \Psi_k \rangle = \sqrt{\frac{2}{N+1}} \sum_{m=1}^{N} \sin\left(\frac{km\pi}{(N+1)}\right) | \varphi_m \rangle, \quad k = 1, 2, \cdots \tag{2.3.192}$$

由久期方程组(2.3.154)

$$(H - E_a I)C = 0 \tag{2.3.193}$$

其中，C 是由分量 $\{c_a(m), m = 1, \cdots, N\}$ 组成的列矢量，I 是单位矩阵，哈密顿 H 的矩阵元

$$H_{mn} = \begin{cases} \varepsilon_0, & m = n \\ V, & m = n+1 \text{ 或 } m = n-1 \\ 0, & \text{其他} \end{cases} \tag{2.3.194}$$

久期矩阵可写为

$$H - E_a I = V \begin{bmatrix} x & 1 & 0 & 0 & \cdots & 0 \\ 1 & x & 1 & 0 & \cdots & 0 \\ 0 & 1 & x & 1 & \cdots & 0 \\ 0 & 0 & 1 & x & \cdots & 0 \\ \vdots & \vdots & \vdots & \vdots & & \vdots \\ 0 & 0 & 0 & 0 & \cdots & x \end{bmatrix} \tag{2.3.195}$$

其中，$x = \dfrac{\varepsilon_0 - E_a}{V}$，亦即

$$E_a = \varepsilon_0 - xV \tag{2.3.196}$$

久期行列式(2.3.155)可写为

$$\begin{vmatrix} x & 1 & 0 & 0 & \cdots & 0 \\ 1 & x & 1 & 0 & \cdots & 0 \\ 0 & 1 & x & 1 & \cdots & 0 \\ 0 & 0 & 1 & x & \cdots & 0 \\ \vdots & \vdots & \vdots & \vdots & & \vdots \\ 0 & 0 & 0 & 0 & \cdots & x \end{vmatrix} = 0 \tag{2.3.197}$$

求解 N 阶方程(2.3.197),可以得到(Levine,2014)

$$x = -2\cos\left(\frac{k\pi}{N+1}\right), \quad k = 0,1,2,\cdots \tag{2.3.198}$$

由式(2.3.196)和式(2.3.198),可得到式(2.3.189).把式(2.3.198)代入久期方程组(2.3.193),并考虑到特征波函数的归一性,从而得到式(2.3.192).

如果是单环分子,第一个模块与第 N 个模块以共价键相连接,模块间相互作用为

$$V_{m,n} = \begin{cases} V\delta_{n+1,n} \\ V\delta_{n-1,n} \\ V\delta_{1,N} \\ V\delta_{N,1} \\ 0, \quad \text{其他} \end{cases} \tag{2.3.199}$$

这时,式(2.3.178)仍然成立,但式(2.3.179)和式(2.3.180)成为

$$(E_a - \varepsilon_0)c_a(1) = V(c_a(2) + c_a(N)) \tag{2.3.200}$$

$$(E_a - \varepsilon_0)c_a(N) = V(c_a(1) + c_a(N-1)) \tag{2.3.201}$$

本征波函数(式(2.3.177))$|\Psi_a\rangle = \sum_m c_a(m)|\varphi_m\rangle$.环状分子需要满足周期条件

$$c_a(m) = c_a(m+nN), \quad n \text{ 是整数} \tag{2.3.202}$$

故

$$c_a(m) = c\exp(iam) \tag{2.3.203}$$

将式(2.3.203)代入式(2.3.178)、式(2.3.200)以及式(2.3.201),可得 $a = \frac{2\pi k}{N}$($k = 1$, $2,\cdots,N$),$c = \frac{1}{\sqrt{N}}$.这样,我们得到单环大分子的本征能量和本征波函数

$$\begin{cases} E_a = \varepsilon_0 + 2V\cos\dfrac{2\pi k}{N}, \quad k = 1,2,\cdots,N \\ |\Psi_a\rangle = \dfrac{1}{\sqrt{N}}\sum_m \exp\left(\dfrac{2\pi i(m-1)k}{N}\right)|\varphi_m\rangle \end{cases} \tag{2.3.204}$$

2.3.9 量子跃迁与费米黄金法则

2.3.9.1 跃迁概率

在 2.3.8 小节中,我们讨论了具有不含时哈密顿量 $\hat{H}_0$ 体系的定态薛定谔方程的求解(式(2.3.151)).如果对体系进行一个扰动 $\hat{H}'$,其哈密顿量可写为

$$\hat{H} = \hat{H}_0 + \hat{H}'(t) \tag{2.3.205}$$

这里把体系原来的哈密顿量看成是零级哈密顿量 $\hat{H}_0$.如果 $\hat{H}'$ 是与时间无关的微扰,则可用定态微扰论方法对定态薛定谔方程进行求解.

一般而言,$\hat{H}'(t)$ 是时间相关的.这时,体系的能量不再守恒,定态薛定谔方程不再存在.然而,我们仍然可以从求解原来系统定态薛定谔方程

$$\hat{H}_0 | n \rangle = E_n | n \rangle \tag{2.3.206}$$

出发,求解哈密顿系统(2.3.205)的含时薛定谔方程.在式(2.3.206)中,$| n \rangle$ 是哈密顿量 $\hat{H}_0$ 本征值为 E_n 的本征态.所有正交归一的本征态构成一个完备的基矢集.

在没有 $\hat{H}'(t)$ 扰动的情况下,求解含时薛定谔方程 $i \hbar \frac{\partial}{\partial t} | \Psi_0(t) \rangle = \hat{H}_0 | \Psi_0(t) \rangle$ 得到波包 $| \Psi_0(t) \rangle$ 以如下方式演化(式(2.3.16)):

$$| \Psi_0(t) \rangle = \sum_n a_n(t) | n \rangle \tag{2.3.207}$$

其中,系统处于 $| n \rangle$ 态上的概率幅

$$a_n(t) = \langle n | \Psi_0(t) \rangle = a_n(0) \exp\left(-\frac{i}{\hbar} E_n(t - t_0) \right)$$

系统处于 $| n \rangle$ 态上的概率(即布居)为

$$| a_n(t) |^2 = | a_n(0) |^2 \tag{2.3.208}$$

即在 $| n \rangle$ 态上的布居不随时间变化.因此,对于没有扰动的量子系统,其波包的演化是在初始时刻所含有的状态分量所对应的相位发生变化(即相干演化),而布居不变(式(2.3.133)),而且初始时刻没有包含的状态分量不会在演化中出现.

对体系施加扰动项$\hat{H}'(t)$后,系统按含时薛定谔方程

$$i\hbar\frac{\partial}{\partial t}|\Psi(t)\rangle = \left[\hat{H}_0 + \hat{H}'(t)\right]|\Psi(t)\rangle \qquad (2.3.209)$$

进行演化.与没有扰动的体系波包演化不同,这时,即使初始t_0时刻波包$|\Psi(t_0)\rangle$不含某个特定状态$|n\rangle$分量,但在随后的演化过程中,该分量有可能会出现.

对于形如式(2.3.205)哈密顿量,用相互作用图景求解含时薛定谔方程(2.3.209)是比较方便的.这时,含时薛定谔方程成为(式(2.3.80))

$$i\hbar\frac{\partial|\Psi_I(t)\rangle}{\partial t} = \hat{\tilde{H}}'(t)|\Psi_I(t)\rangle \qquad (2.3.210)$$

其中,$\hat{\tilde{H}}'(t) = \mathrm{e}^{\frac{i}{\hbar}\hat{H}_0(t-t_0)}\hat{H}'(t)\mathrm{e}^{-\frac{i}{\hbar}\hat{H}_0(t-t_0)} = \hat{U}_0^{\dagger}(t,t_0)\hat{H}'(t)\hat{U}_0(t,t_0)$.$|\Psi_I(t)\rangle$可以用$\hat{H}_0$本征态基矢集进行展开:

$$|\Psi_I(t)\rangle = \sum_n c_n(t)|n\rangle \qquad (2.3.211)$$

这里,$c_n(t) = \langle n|\Psi_I(t)\rangle$.

$$|\Psi(t)\rangle = \hat{U}_0(t,t_0)|\Psi_I(t)\rangle = \sum_n c_n(t)\exp\left(-\frac{i}{\hbar}E_n(t-t_0)|n\rangle\right) \qquad (2.3.212)$$

把式(2.3.211)代入式(2.3.210),并在等式两边同时左乘$\hat{H}_0$的本征态$\langle m|$,得

$$i\hbar\dot{c}_m(t) = \sum_n \tilde{H}'_{mn}(t)c_n(t) \qquad (2.3.213)$$

其中

$$\tilde{H}'_{mn} = \langle m|\hat{\tilde{H}}'(t)|n\rangle = \langle m|\hat{U}_0^{\dagger}(t)\hat{H}'(t)\hat{U}_0(t)|n\rangle$$

$$= \exp(i\omega_{mn}t)\langle m|\hat{H}'(t)|n\rangle \qquad (2.3.214)$$

这里,$\omega_{mn} = (E_m - E_n)/\hbar$.因此,可得

$$i\hbar\dot{c}_m(t) = \sum_n H'_{mn}(t)\exp(i\omega_{mn}t)c_n(t) \qquad (2.3.215)$$

其中,$H'_{mn}(t) = \langle m|\hat{H}'(t)|n\rangle$.方程(2.3.215)的形式解写为

$$c_m(t) = c_m(0) - \frac{i}{\hbar}\sum_n\int_{t_0}^t \mathrm{d}\tau H'_{mn}(\tau)\exp(i\omega_{mn}\tau)c_n(\tau) \qquad (2.3.216)$$

方程(2.3.215)等价于含时薛定谔方程(2.3.209).下面进一步作近似求解.

假定在初始 t_0 时刻,系统处于 $\hat{H}_0$ 的本征态 $|i\rangle$ 上(对应本征值为 E_i),并假设系统向其他量子态 $|m\rangle$ 跃迁的概率比较小,可以近似认为 $c_n(t) \cong \delta_{n,i}$. 这样,方程(2.3.215)可近似成($m \neq i$)

$$i\hbar\dot{c}_m(t) \cong H'_{mi}(t)\exp(i\omega_{mn}t) \tag{2.3.217}$$

因而可求得 $c_m(t)$ 为

$$c_m(t) = -\frac{i}{\hbar}\int_{t_0}^{t}\mathrm{d}\tau H'_{mi}(\tau)\exp(i\omega_{mi}\tau) \tag{2.3.218}$$

这样,系统从 $|i\rangle$ 态跃迁到 $|m\rangle$ 态的概率 P_{mi} 为

$$P_{mi} = |c_m(t)|^2 = \frac{1}{\hbar^2}\left|\int_{t_0}^{t}\mathrm{d}\tau H'_{mi}(\tau)\exp(i\omega_{mi}\tau)\right|^2 \tag{2.3.219}$$

由式(2.3.211)

$$c_m(t) = \langle m|\Psi_I(t)\rangle = \langle m|\hat{U}_0^\dagger(t)|\Psi(t)\rangle = \langle m|\Psi(t)\rangle \mathrm{e}^{\frac{i}{\hbar}E_m t} \tag{2.3.220}$$

量子跃迁概率可以用密度矩阵表示成

$$P_{mi} = |c_m(t)|^2 = \langle m|\Psi(t)\rangle\langle\Psi(t)|m\rangle = \langle m|\hat{\rho}(t)|m\rangle = \rho_{mm} \tag{2.3.221}$$

其中,密度算符 $\hat{\rho}(t)$ 为

$$\hat{\rho}(t) = \hat{U}(t,t_0)\hat{\rho}(t_0)\hat{U}^\dagger(t,t_0) = \hat{U}(t,t_0)|i\rangle\langle i|\hat{U}^\dagger(t,t_0) \tag{2.3.222}$$

其中,演化算符 $\hat{U}(t,t_0) = \mathrm{e}^{-\frac{i}{\hbar}\hat{H}(t-t_0)}$,故

$$P_{mi} = |c_m(t)|^2 = \frac{1}{\hbar^2}\left|\int_{t_0}^{t}\mathrm{d}\tau H'_{mi}(\tau)\exp(i\omega_{mi}\tau)\right|^2$$

2.3.9.2 费米黄金法则

1. 定态微扰

此时,式(2.3.205)中的微扰项与时间无关. 量子跃迁概率(式(2.3.219))可写成

$$P_{mi} = |c_m(t)|^2 = \frac{1}{\hbar^2}\left|\int_{t_0}^{t}\mathrm{d}\tau H'_{mi}(\tau)\exp(i\omega_{mi}\tau)\right|^2 \tag{2.3.223}$$

假设微扰项从 $t_0 = -\dfrac{T}{2}(T \to \infty)$ 时加入,则 $t = \dfrac{T}{2}$ 时的态跃迁概率为

$$P_{mi} = |c_m(t)|^2 = \frac{1}{\hbar^2}|H'_{mi}|^2 \lim_{T \to \infty}\left|\int_{-\frac{T}{2}}^{\frac{T}{2}}\mathrm{d}\tau \exp(\mathrm{i}\omega_{mi}\tau)\right|^2 \tag{2.3.224}$$

跃迁速率定义为单位时间内体系从 $|i\rangle$ 跃迁到态 $|m\rangle$ 的概率:

$$k_{i \to m} = \lim_{T \to \infty}\frac{P_{mi}}{T} = \frac{1}{\hbar^2}|H'_{mi}|^2 2\pi\delta(\omega_{mi})$$

$$= \frac{2\pi}{\hbar}|H'_{mi}|^2\delta(E_m - E_i) \tag{2.3.225}$$

这里跃迁速率 $k_{i \to m}$ 只涉及两个态之间的跃迁,$\delta(E_m - E_i)$ 表示跃迁前后能量守恒,而 $|H'_{mi}|^2$ 表示二态之间的耦合强度.

如果系统向连续态跃迁,设在 $E_m \to E_m + \mathrm{d}E_m$ 内有态数目 $\rho(E_m)\mathrm{d}E_m$,这里,$\rho(E_m)$ 是 E_m 附近单位能量间隔内的态密度,则单位时间内向 E_m 附近的连续终态的跃迁概率为

$$k(E_m) = \frac{2\pi}{\hbar}|H'_{mi}|^2\rho(E_m) \tag{2.3.226}$$

式(2.3.225)和式(2.3.226)称为费米黄金法则.

2. 周期微扰

考虑含时微扰 $\hat{H}'(t)$ 具有周期性,由于厄米性要求,$\hat{H}'(t)$ 可写成

$$\hat{H}'(t) = \hat{W}\mathrm{e}^{-\mathrm{i}\omega t} + \hat{W}^{\dagger}\mathrm{e}^{\mathrm{i}\omega t} \tag{2.3.227}$$

把式(2.3.227)代入式(2.3.223),有

$$k_{i \to m} = P_{mi}/T = \frac{1}{T}\frac{1}{\hbar^2}\lim_{T \to \infty}\left|\int_{-\frac{T}{2}}^{\frac{T}{2}}\mathrm{d}\tau H'_{mi}(\tau)\exp(\mathrm{i}\omega_{mi}\tau)\right|^2 \tag{2.3.228}$$

这里,$H'_{mi}(t) = W_{mi}\mathrm{e}^{-\mathrm{i}\omega t} + W^{\dagger}_{mi}\mathrm{e}^{\mathrm{i}\omega t}$.式(2.3.228)中

$$\lim_{T \to \infty}\int_{-\frac{T}{2}}^{\frac{T}{2}}\mathrm{d}\tau H'_{mi}(\tau)\exp(\mathrm{i}\omega_{mi}\tau)$$

$$= 2\pi(W_{mi}\delta(\omega - \omega_{mi}) + W^{\dagger}_{mi}\delta(\omega + \omega_{mi}))$$

$$= 2\pi\hbar(W_{mi}\delta(E_m - E_i - \hbar\omega) + W^{\dagger}_{mi}\delta(E_m - E_i + \hbar\omega)) \tag{2.3.229}$$

其中,δ 函数表示在这段无穷长的时间区间 $\left[-\dfrac{T}{2}, \dfrac{T}{2}\right]$ 内能量守恒.对于式(2.3.229)右

边第一项，$E_m = E_i + \hbar\omega(\omega > 0)$，表示体系吸收了外场量子；而第二项 $E_m = E_i - \hbar\omega$ 表示辐射出量子.对于其他 $\omega \neq \pm\omega_{mi}$ 的非共振振荡项被平均为零.

另外，对于 $\omega_{mi} \neq 0$，式(2.3.229)中只有一个 δ 函数起作用，分别对应于吸收或辐射过程.因此，在计算量子跃迁速率时只需要留下其中一项.比如，留下第一项，有

$$k_{i\to m} = \frac{2\pi}{\hbar}|W_{mi}|^2\delta(E_m - E_i - \hbar\omega) \tag{2.3.230}$$

称式(2.3.230)为量子跃迁速率的费米黄金法则.

2.3.9.3　量子跃迁：密度矩阵动力学方法

下面应用密度矩阵动力学方法分别讨论在定态微扰和周期含时微扰作用下的量子跃迁问题.

1. 定态微扰

考虑两个电子态 $|\alpha\rangle$ 和 $|\beta\rangle$，每个电子态上包含数目众多的振动态，$\{|\mu_\alpha\rangle = |\mu\rangle\}$ 和 $\{|\nu_\beta\rangle = |\nu\rangle\}$.电子态之间的微扰相互作用算符为 $\hat{V}$，系统哈密顿量 $\hat{H}$ 可写成

$$\hat{H} = \sum_\mu \hat{H}_\mu|\mu\rangle\langle\mu| + \sum_\nu \hat{H}_\nu|\nu\rangle\langle\nu| + \sum_{\mu,\nu}(V_{\mu\nu}|\mu\rangle\langle\nu| + V_{\nu\mu}|\nu\rangle\langle\mu|)$$

$$= \hat{H}_0 + \hat{V} \tag{2.3.231}$$

这里，$|\mu\rangle$ 代表 $|\alpha\rangle$ 上电子-振动态，$|\mu\rangle = |\mu_\alpha\rangle$，$\hat{H}_b = \langle b|\hat{H}|b\rangle(b = \mu, \nu)$，是 $|\alpha\rangle$ 或 $|\beta\rangle$ 态上的核(振动)哈密顿量，$\hat{H}_\mu|\mu\rangle = E_\mu|\mu\rangle$，$\hat{H}_\nu|\nu\rangle = E_\nu|\nu\rangle$，$V_{\mu\nu} = \langle\mu|\hat{V}|\nu\rangle$.

式(2.3.231)中

$$\begin{cases} \hat{H}_0 = \sum_\mu E_\mu|\mu\rangle\langle\mu| + \sum_\nu E_\nu|\nu\rangle\langle\nu| \\ \hat{V} = \sum_{\mu,\nu}(V_{\mu\nu}|\mu\rangle\langle\nu| + V_{\nu\mu}|\nu\rangle\langle\mu|) \end{cases} \tag{2.3.232}$$

电子态 $|\mu\rangle$ 和 $\langle\nu|$ 振动能级及其相互作用示意图如图 2.3 所示.

密度矩阵元 $\rho_{\mu\nu} = \langle\mu|\hat{\rho}(t)|\nu\rangle$，记对角元 $P_b = \langle b|\hat{\rho}(t)|b\rangle(b = \mu, \nu)$.假设在时刻 t，$|\alpha\rangle$ 和 $|\beta\rangle$ 态的布居概率为

$$P_\alpha(t) = \sum_\mu P_\mu(t), \quad P_\beta(t) = \sum_\nu P_\nu(t) \tag{2.3.233a}$$

假设体系处于热力学平衡状态，则

$$P_\mu(t) = f_\mu P_\alpha(t), \quad P_\nu(t) = f_\nu P_\beta(t) \tag{2.3.233b}$$

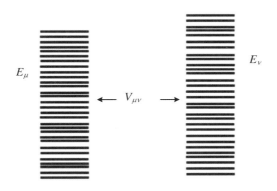

图 2.3　电子态 $|\mu\rangle$ 和 $|\nu\rangle$ 振动能级及其相互作用示意图

其中

$$f_b = \exp\left(-\frac{E_b}{k_{\mathrm{B}}T}\right)\Big/ \sum_{b'} \exp\left(-\frac{E_{b'}}{k_{\mathrm{B}}T}\right), \quad b = \mu, \nu \tag{2.3.234}$$

密度矩阵元 $\rho_{\mu\nu} = \langle\mu|\hat{\rho}(t)|\nu\rangle$ 遵守冯·诺依曼方程(式(2.3.123)和式(2.3.124)):

$$\dot{P}_\mu = -\frac{\mathrm{i}}{\hbar}\sum_\nu (V_{\mu\nu}\rho_{\nu\mu} - \rho_{\mu\nu}V_{\nu\mu}) \tag{2.3.235}$$

$$\dot{\rho}_{\nu\mu} = -\mathrm{i}\omega_{\nu\mu}\rho_{\nu\mu} - \frac{\mathrm{i}}{\hbar}\sum_\lambda (V_{\nu\lambda}\rho_{\lambda\mu} - \rho_{\nu\lambda}V_{\lambda\mu})$$

$$\cong -\mathrm{i}\omega_{\nu\mu}\rho_{\nu\mu} - \frac{\mathrm{i}}{\hbar}V_{\nu\mu}(\rho_{\mu\mu} - \rho_{\nu\nu}) \tag{2.3.236}$$

假设体系初始时刻 $\rho_{\alpha\beta}(0) = 0$,求解非对角项的微分方程(2.3.236),有

$$\rho_{\nu\mu} = -\frac{\mathrm{i}}{\hbar}\int_0^t \mathrm{d}\tau\, \mathrm{e}^{-\mathrm{i}\omega_{\nu\mu}(t-\tau)} V_{\nu\mu}(P_\mu(\tau) - P_\nu(\tau)) \tag{2.3.237}$$

把式(2.3.237)代入式(2.3.235),可得

$$\dot{P}_\mu = -\frac{2}{\hbar^2}\mathrm{Re}\sum_\nu |V_{\mu\nu}|^2 \int_0^t \mathrm{d}\tau\, \mathrm{e}^{-\mathrm{i}\omega_{\mu\mu}(t-\tau)}(P_\mu(\tau) - P_\nu(\tau)) \tag{2.3.238}$$

其中,Re 表示取实部,作变量代换,$t - \tau \to \tau$,有

$$\dot{P}_\mu = -\frac{2}{\hbar^2}\mathrm{Re}\sum_\nu |V_{\mu\nu}|^2 \int_0^t \mathrm{d}\tau\, \mathrm{e}^{-\mathrm{i}\omega_{\mu\mu}\tau}(P_\mu(t-\tau) - P_\nu(t-\tau)) \tag{2.3.239}$$

把式(2.3.239)左边按下标 μ 求和,右边代入 $P_\mu = f_\mu P_\alpha$,$P_\nu = f_\nu P_\beta$ 并对 μ 求和,式(2.3.239)成为

$$\dot{P}_\alpha = -\int_0^t \mathrm{d}\tau \left(K_{\alpha \to \beta}(\tau) P_\alpha(t - \tau) - K_{\beta \to \alpha}(\tau) P_\beta(t - \tau) \right) \tag{2.3.240}$$

其中,记忆核函数 $K_{\alpha \to \beta}(\tau)$ 和 $K_{\beta \to \alpha}(\tau)$ 分别为

$$\begin{aligned} K_{\alpha \to \beta}(\tau) &= \frac{2}{\hbar^2} \mathrm{Re} \sum_{\mu,\nu} |V_{\mu\nu}|^2 f_\mu \mathrm{e}^{-\mathrm{i}\omega_{\mu\nu}\tau} \\ &= \frac{2}{\hbar^2} \sum_{\mu,\nu} |V_{\mu\nu}|^2 f_\mu \cos(\omega_{\mu\nu}\tau) \end{aligned} \tag{2.3.241}$$

$$K_{\beta \to \alpha}(\tau) = \frac{2}{\hbar^2} \sum_{\mu,\nu} |V_{\mu\nu}|^2 f_\nu \cos(\omega_{\mu\nu}\tau) \tag{2.3.242}$$

主方程(2.3.240)具有记忆效应,因而是非马尔可夫的,我们称之为广义主方程.

如果记忆核函数衰减的特征时间 t_{mem} 远小于态跃迁的特征时间,则有

$$P_\alpha(t - \tau) \cong P_\alpha(t), \quad P_\beta(t - \tau) \cong P_\beta(t) \tag{2.3.243}$$

从而,主方程(2.3.240)成为

$$\dot{P}_\alpha = -k_{\alpha \to \beta} P_\alpha(t) + k_{\beta \to \alpha} P_\beta(t) \tag{2.3.244}$$

这里,跃迁速率 $k_{\alpha \to \beta} = \int_0^\infty \mathrm{d}\tau K_{\alpha \to \beta}(\tau)$. 由于 $K_{\alpha \to \beta}(\tau)$ 是时间的偶函数(式(2.3.241)),于是

$$\begin{aligned} k_{\alpha \to \beta} &= \int_0^\infty \mathrm{d}\tau K_{\alpha \to \beta}(\tau) \\ &= \int_{-\infty}^\infty \mathrm{d}\tau \frac{1}{\hbar^2} \sum_{\mu,\nu} |V_{\mu\nu}|^2 f_\mu \exp(\mathrm{i}\omega_{\mu\nu}\tau) \end{aligned} \tag{2.3.245}$$

$$= \frac{1}{\hbar^2} \sum_{\mu,\nu} |V_{\mu\nu}|^2 f_\mu \int_{-\infty}^\infty \mathrm{d}\tau \exp(\mathrm{i}\omega_{\mu\nu}\tau) \tag{2.3.246}$$

由

$$\int_{-\infty}^\infty \mathrm{d}\tau \exp(\mathrm{i}\omega_{\mu\nu}\tau) = 2\pi\delta(\omega_{\mu\nu})$$

$$= \hbar \int_{-\infty}^\infty \mathrm{d}\tau \exp\left(\frac{\mathrm{i}}{\hbar}(E_\mu - E_\nu)\tau\right) = 2\pi\hbar\delta(E_\mu - E_\nu) \tag{2.3.247}$$

可得

$$k_{\alpha \to \beta} = \frac{2\pi}{\hbar} \sum_{\mu,\nu} |V_{\mu\nu}|^2 f_\mu \delta(E_\mu - E_\nu) \tag{2.3.248}$$

与式(2.3.225)一样,称式(2.3.248)为费米黄金法则.

我们返回式(2.3.241),并利用 $\omega_{\mu\nu} = (E_\mu - E_\nu)/\hbar$ 把 $K_{\alpha \to \beta}$ 重新表示成

$$\begin{aligned}
K_{\alpha \to \beta}(t) &= \frac{2}{\hbar^2} \text{Re} \sum_{\mu,\nu} |V_{\mu\nu}|^2 f_\mu \exp\left(\frac{\mathrm{i}}{\hbar}(E_\mu - E_\nu)t\right) \\
&= \frac{2}{\hbar^2} \text{Re} \sum_{\mu,\nu} f_\mu \mathrm{e}^{\frac{\mathrm{i}}{\hbar}E_\mu t} V_{\mu\nu} \mathrm{e}^{-\frac{\mathrm{i}}{\hbar}E_\nu t} V_{\nu\mu} \\
&= \frac{2}{\hbar^2} \text{Re} \sum_{\mu,\nu} f_\mu \langle \mu | \mathrm{e}^{\frac{\mathrm{i}}{\hbar}\hat{H}_0 t} \hat{V} | \nu \rangle \langle \nu | \mathrm{e}^{-\frac{\mathrm{i}}{\hbar}\hat{H}_0 t} \hat{V} | \mu \rangle \\
&= \frac{2}{\hbar^2} \text{Re} \sum_{\mu} f_\mu \langle \mu | \mathrm{e}^{\frac{\mathrm{i}}{\hbar}\hat{H}_0 t} \hat{V} \mathrm{e}^{-\frac{\mathrm{i}}{\hbar}\hat{H}_0 t} \hat{V} | \mu \rangle
\end{aligned} \tag{2.3.249}$$

其中,$\hat{H}_0 = \sum_\mu E_\mu |\mu\rangle\langle\mu| + \sum_\nu E_\nu |\nu\rangle\langle\nu|$,由式(2.3.231)给出.

式(2.3.249)可以进一步写成

$$\begin{aligned}
K_{\alpha \to \beta}(t) &= \frac{2}{\hbar^2} \text{Re} \sum_{\mu} \langle \mu | \hat{\rho}_0^{(\text{eq})} \mathrm{e}^{\frac{\mathrm{i}}{\hbar}\hat{H}_0 t} \hat{V} \mathrm{e}^{-\frac{\mathrm{i}}{\hbar}\hat{H}_0 t} \hat{V} | \mu \rangle \tag{2.3.250} \\
&= \frac{2}{\hbar^2} \text{Re} \, \text{tr}_{\text{vib}} \left(\hat{W}_0^{(\text{eq})} \mathrm{e}^{\frac{\mathrm{i}}{\hbar}\hat{H}_0 t} \hat{V} \mathrm{e}^{-\frac{\mathrm{i}}{\hbar}\hat{H}_0 t} \hat{V} \right) \\
&= \frac{2}{\hbar^2} \text{Re} \, \text{tr}_{\text{vib}} \left(\hat{W}_0^{(\text{eq})} \tilde{\hat{V}}(t) \tilde{\hat{V}}(0) \right) \tag{2.3.251}
\end{aligned}$$

其中,$\hat{\rho}_0^{(\text{eq})}$ 是初始时刻 $t_0 = 0$,相互作用 $\hat{V}$ 还未触发时,体系处于电子态 $|\alpha\rangle$ 热力学平衡时的密度分布算符:

$$\begin{aligned}
\hat{W}_0^{(\text{eq})} &= \hat{\rho}_0^{(\text{eq})} |\mu\rangle\langle\mu| \\
&= \exp\left(-\frac{E_\mu}{k_{\text{B}}T}\right) \bigg/ \sum_{\mu'} \exp\left(-\frac{E_{\mu'}}{k_{\text{B}}T}\right) |\mu\rangle\langle\mu| \tag{2.3.252}
\end{aligned}$$

其矩阵元 $f_\mu = \langle \mu | \hat{W}_0^{(\text{eq})} | \mu \rangle$ 即为式(2.3.234).而式(2.3.251)中 $\tilde{V}(t)$ 是相互作用图景中的表达式,满足 $\tilde{\hat{V}}(t) = \mathrm{e}^{\frac{\mathrm{i}}{\hbar}\hat{H}_0 t} \hat{V} \mathrm{e}^{-\frac{\mathrm{i}}{\hbar}\hat{H}_0 t}$.

由于 $K_{\alpha \to \beta}(\tau)$ 是偶函数,跃迁速率 $k_{\alpha \to \beta}$ 可写为

$$k_{\alpha \to \beta} = \int_0^\infty \mathrm{d}\tau \, K_{\alpha \to \beta}(\tau) = \int_{-\infty}^\infty \mathrm{d}\tau \, K_{\alpha \to \beta}(\tau)/2 = \int_{-\infty}^\infty \mathrm{d}\tau \, C_{\alpha \to \beta}(\tau) \tag{2.3.253}$$

根据式(2.3.251),式(2.3.253)中关联函数

$$C_{a \to \beta}(\tau) = \frac{1}{\hbar^2} \text{tr}(\hat{\rho}_0^{(eq)} \tilde{\hat{V}}(t) \hat{V}(0))$$

(2.3.254)

2. 周期微扰:费米黄金法则

假设二态系统的哈密顿量为

$$\hat{H} = E_0 |0\rangle\langle 0| + E_1 |1\rangle\langle 1| + \hat{H}'(t) = \hat{H}_0 + \hat{H}'(t)$$

(2.3.255)

其中,含时微扰项$\hat{H}'(t)$是频率为ω的单色光与系统的相互作用(式(2.3.227)):

$$\hat{H}'(t) = e^{i\omega t} V_{01} |0\rangle\langle 1| + e^{-i\omega t} V_{10} |1\rangle\langle 0|$$

(2.3.256)

在初始$t_0 = 0$时,假设系统处于基态$|0\rangle$($E_0 \leqslant E_1$)上,即$P_0(t_0) = 1$,$P_1(t_0) = 0$. 在时刻t,体系在光场作用下$|0\rangle$和激发态$|1\rangle$的布居$P_0(t)$和$P_1(t)$的演化方程为

$$\begin{cases} \dot{P}_0 = -\frac{i}{\hbar}(H'_{01}\rho_{10} - \rho_{01}H'_{10}) \\[2mm] \dot{P}_1 = -\dot{P}_0 = -\frac{i}{\hbar}(H'_{10}\rho_{01} - \rho_{10}H'_{01}) \\[2mm] P_0(t) + P_1(t) = 1 \end{cases}$$

(2.3.257)

相干项演化方程可写成

$$\begin{cases} \dot{\rho}_{01} = -i\omega_{01}\rho_{01} - \frac{i}{\hbar}H'_{01}(\rho_{11} - \rho_{00}) \\[2mm] \dot{\rho}_{10} = -i\omega_{10}\rho_{10} - \frac{i}{\hbar}H'_{10}(\rho_{00} - \rho_{11}) \end{cases}$$

(2.3.258)

其中,$\omega_{01} = (E_0 - E_1)/\hbar$.

求解非对角项方程(2.3.258),有

$$\begin{cases} \rho_{01} = -\frac{i}{\hbar}\int_0^t d\tau e^{-i\omega_{01}(t-\tau)} H'_{01}(\tau)(P_1(\tau) - P_0(\tau)) \\[2mm] \rho_{10} = -\frac{i}{\hbar}\int_0^t d\tau e^{-i\omega_{10}(t-\tau)} H'_{10}(\tau)(P_0(\tau) - P_1(\tau)) \end{cases}$$

(2.3.259)

把式(2.3.259)代入式(2.3.257),可得

$$\dot{P}_0 = -\frac{1}{\hbar^2}\int_0^t d\tau \big(e^{-i\omega_{10}(t-\tau)} H'_{01}(t) H'_{10}(\tau)(P_0(\tau) - P_1(\tau))$$

$$- e^{-i\omega_{01}(t-\tau)} H'_{10}(t) H'_{01}(\tau)(P_0(\tau) - P_1(\tau)) \big)$$

(2.3.260)

作变量代换，$t - \tau \to \tau$，有

$$\dot{P}_0 = -\frac{1}{\hbar^2} \int_0^t \mathrm{d}\tau \big(\mathrm{e}^{-\mathrm{i}\omega_{10}\tau} H'_{01}(t) H'_{10}(t-\tau)(P_0(\tau) - P_1(\tau))$$
$$- \mathrm{e}^{-\mathrm{i}\omega_{01}\tau} H'_{10}(t) H'_{01}(t-\tau)(P_0(\tau) - P_1(\tau)) \big) \tag{2.3.261}$$

把 $H'_{01} = V_{01}\mathrm{e}^{\mathrm{i}\omega t}$，$H'_{10} = V_{10}\mathrm{e}^{-\mathrm{i}\omega t}$ 代入式(2.3.261)，有

$$\dot{P}_0 = -\frac{1}{\hbar^2} \mid V_{01} \mid^2 \int_0^t \mathrm{d}\tau (\mathrm{e}^{-\mathrm{i}(\omega_{10}-\omega)\tau} + \mathrm{e}^{\mathrm{i}(\omega_{10}-\omega)\tau})(P_0(t-\tau) - P_1(t-\tau))$$
$$= -\frac{2}{\hbar^2} \mid V_{01} \mid^2 \int_0^t \mathrm{d}\tau \cos((\omega_{10}-\omega)\tau)(P_0(t-\tau) - P_1(t-\tau)) \tag{2.3.262}$$

式(2.3.262)可写成

$$\dot{P}_0 = -\int_0^t \mathrm{d}\tau (K_{0\to 1}(\tau)P_0(t-\tau) - K_{1\to 0}(\tau)P_1(t-\tau)) \tag{2.3.263}$$

其中

$$K_{0\to 1}(\tau) = K_{1\to 0}(\tau) = \frac{2}{\hbar^2} \mid V_{01} \mid^2 \cos(\omega_{10}-\omega)\tau$$
$$= \frac{2}{\hbar^2} \mid V_{01} \mid^2 \mathrm{Re}\,\mathrm{e}^{\frac{\mathrm{i}}{\hbar}(E_0+\hbar\omega-E_1)\tau} \tag{2.3.264}$$

其中，$\omega_{10} = (E_1 - E_0)/\hbar$.

与主方程(2.3.240)一样，方程(2.3.264)是非马尔可夫的.

对于定态微扰 $\hat{V} = V_{01}\mid 0\rangle\langle 1\mid + V_{10}\mid 1\rangle\langle 0\mid$(式(2.3.232))，按相同步骤可以得到

$$\dot{P}_0 = -\frac{1}{\hbar^2} \mid V_{01} \mid^2 \int_0^t \mathrm{d}\tau (\mathrm{e}^{-\mathrm{i}\omega_{10}\tau} + \mathrm{e}^{\mathrm{i}\omega_{10}\tau})(P_1(t-\tau) - P_0(t-\tau))$$
$$= -\frac{2}{\hbar^2} \mid V_{01} \mid^2 \int_0^t \mathrm{d}\tau \cos(\omega_{10}\tau)(P_0(t-\tau) - P_1(t-\tau)) \tag{2.3.265}$$

由式(2.3.265)可见，与定态微扰相比，周期场 $\hat{H}'(t) = \mathrm{e}^{\mathrm{i}\omega t}V_{01}\mid 0\rangle\langle 1\mid + \mathrm{e}^{-\mathrm{i}\omega t}V_{10}\mid 1\rangle\langle 0\mid$ 对跃迁的作用只是改变了频率，比如，对应于被积函数第一项(式(2.3.262))，是把频率 ω_{10} $\to \omega_{10} + \omega$，换成能量为 $E_1 - E_0 \to E_1 - (E_0 + \hbar\omega)$，亦即把初始态能量 E_0 升高至 $E_0 + \hbar\omega$，相当于体系在初始态吸收一个量子，并通过定态微扰耦合共振跃迁到终态(因此，对应的是光吸收过程).

在马尔可夫近似下，式(2.3.263)和式(2.3.265)可以写成

$$\dot{P}_0 = -k_{0\to1}P_0(t) + k_{1\to0}P_1(t) \tag{2.3.266}$$

其中

$$k_{0\to1} = \int_0^t \mathrm{d}\tau \, K_{0\to1}(\tau) = k_{1\to0} \tag{2.3.267}$$

把式(2.3.264)代入式(2.3.267),有

$$k_{0\to1} = k_{1\to0} = \frac{2}{\hbar^2} \mid V_{01} \mid^2 \int_0^t \mathrm{d}\tau \cos(\omega_{10} - \omega)\tau \tag{2.3.268}$$

如果把 $t\to\infty$,有

$$k_{0\to1} = k_{1\to0} = \frac{2\pi}{\hbar} \mid V_{01} \mid^2 \delta(E_1 - E_0 - \hbar\omega) \tag{2.3.269}$$

从而得到在外场作用下的费米黄金法则.

如果考虑电子态上的振动结构,零级哈密顿量可表示为式(2.3.232):

$$\hat{H}_0 = \sum_\mu \hat{H}_0 \mid \mu_0 \rangle \langle \mu_0 \mid + \sum_\nu \hat{H}_1 \mid \nu_1 \rangle \langle \nu_1 \mid \tag{2.3.270}$$

其中,$\mid\mu_0\rangle$ 和 $\mid\nu_1\rangle$ 分别表示电子态 $\mid0\rangle$ 和 $\mid1\rangle$ 上的振动态. 分子-外场相互作用哈密顿量 $\hat{H}'(t)$ 为

$$\hat{H}'(t) = \sum_{\mu,\nu} (\mathrm{e}^{\mathrm{i}\omega t} V_{\mu\nu} \mid \mu_0 \rangle \langle \nu_1 \mid + \mathrm{e}^{-\mathrm{i}\omega t} V_{\nu\mu} \mid \nu_1 \rangle \langle \mu_0 \mid) \tag{2.3.271}$$

密度矩阵元动力学方程为

$$\dot{P}_{\mu_0} = -\frac{\mathrm{i}}{\hbar} \sum_\kappa (V_{\mu\kappa}\rho_{\kappa\mu} - \rho_{\mu\kappa}V_{\kappa\mu}) \tag{2.3.272}$$

$$\dot{\rho}_{\kappa\mu} \cong -\mathrm{i}\omega_{\kappa\mu}\rho_{\kappa\mu} - \frac{\mathrm{i}}{\hbar}H'_{\kappa\mu}(\rho_{\mu\mu} - \rho_{\kappa\kappa}) \tag{2.3.273}$$

其中,$\omega_{\mu\nu} = (E_\mu - E_\nu)/\hbar$. 与前面式(2.3.259)～式(2.3.265)有关的讨论相似,可以得到

$$\dot{P}_\mu = -\frac{2}{\hbar^2}\mathrm{Re}\sum_\kappa \mid V_{\mu\kappa} \mid^2 \int_0^t \mathrm{d}\tau \mathrm{e}^{-\mathrm{i}(\omega_{\kappa\mu} - \omega)\tau}(P_\mu(t-\tau) - P_\kappa(t-\tau)) \tag{2.3.274}$$

与式(2.3.240)相似,可得初始电子态布居的非马尔可夫演化方程

$$\dot{P}_0 = -\int_0^t \mathrm{d}\tau(K_{0\to1}(\tau)P_0(t-\tau) - K_{1\to0}(\tau)P_1(t-\tau)) \tag{2.3.275}$$

其中,记忆核函数 $K_{0\to1}(\tau)$ 和 $K_{1\to0}(\tau)$ 分别为

$$\begin{cases} K_{0\to1}(\tau) = \dfrac{2}{\hbar^2}\mathrm{Re}\sum_{\mu,\kappa}|V_{\mu\kappa}|^2 f_\mu \mathrm{e}^{-\mathrm{i}(\omega_{\kappa\mu}-\omega)\tau} \\[2mm] K_{1\to0}(\tau) = \dfrac{2}{\hbar^2}\mathrm{Re}\sum_{\mu,\kappa}|V_{\kappa\mu}|^2 f_\kappa \mathrm{e}^{-\mathrm{i}(\omega_{\kappa\mu}-\omega)\tau} \end{cases} \tag{2.3.276}$$

在马尔可夫近似下,式(2.3.275)可写成

$$\dot{P}_0 = -k_{0\to1}P_0(t) + k_{1\to0}P_1(t) \tag{2.3.277}$$

其中

$$k_{0\to1} = \int_0^\infty \mathrm{d}\tau\, K_{0\to1}(\tau) = \frac{2\pi}{\hbar}\sum_{\mu,\nu}|V_{\mu\nu}|^2 f_\mu \delta(E_\nu - E_\mu - \hbar\omega)$$

$$= \frac{2\pi}{\hbar}\sum_{\mu,\nu}|V_{\mu\nu}|^2 f_\mu \delta(E_\mu + \hbar\omega - E_\nu) \tag{2.3.278}$$

写成关联函数形式,有

$$k_{0\to1} = \int_{-\infty}^\infty \mathrm{d}\tau\, \mathrm{e}^{\mathrm{i}\omega t} C_{0\to1}(\tau) \tag{2.3.279}$$

这里,$C_{0\to1}(\tau)$由式(2.3.254)给出,也可以写成

$$C_{0\to1}(\tau) = \frac{1}{\hbar^2}\mathrm{tr}_{\mathrm{vib}}(\hat{W}_0^{(\mathrm{eq})} \mathrm{e}^{\frac{\mathrm{i}}{\hbar}\hat{H}_0 t}\hat{V}\mathrm{e}^{-\frac{\mathrm{i}}{\hbar}\hat{H}_0 t}\hat{V})$$

$$= \frac{1}{\hbar^2}\mathrm{tr}_{\mathrm{vib}}(\hat{W}_0^{(\mathrm{eq})} \hat{U}^\dagger \hat{V}\hat{U}\hat{V}) \tag{2.3.280}$$

其中,$\hat{U} = \mathrm{e}^{-\frac{\mathrm{i}}{\hbar}\hat{H}_0 t}$,$\hat{W}_0^{(\mathrm{eq})}$由式(2.3.252)给出.

式(2.3.270)哈密顿量可推广到多个电子激发态体系.如果只考虑电子态,那么包括外场在内的整个系统哈密顿量写成

$$\hat{H}(t) = \hat{H}_0 + \hat{H}'(t) \tag{2.3.281}$$

其中

$$\hat{H}_0 = E_0|0\rangle\langle0| + \sum_\alpha E_\alpha|\alpha\rangle\langle\alpha| \tag{2.3.282}$$

$$\hat{H}'(t) = -\sum_\alpha(\mathrm{e}^{\mathrm{i}\omega t}V_{0\alpha}|0\rangle\langle\alpha| + \mathrm{e}^{-\mathrm{i}\omega t}V_{\alpha0}^*|\alpha\rangle\langle0|) \tag{2.3.283}$$

假设系统在初始时刻处于电子基态$|0\rangle$,从$|0\rangle$跃迁到激发态$|\alpha\rangle$的速率为

$$k_{0\to\alpha} = \int_{-\infty}^\infty \mathrm{d}\tau\, \mathrm{e}^{\mathrm{i}\omega t} C_{0\to\alpha}(\tau) \tag{2.3.284}$$

关联函数

$$C_{0\to\alpha}(\tau) = \frac{1}{\hbar^2}\sum_\alpha \langle 0|\hat{U}^\dagger|0\rangle\langle 0|\hat{V}\hat{U}|\alpha\rangle\langle\alpha|\hat{V}^\dagger|0\rangle = \frac{1}{\hbar^2}\sum_\alpha |V_{0\alpha}|^2\rho_{\alpha 0}(t)$$

$$(2.3.285)$$

这里,非对角密度矩阵元 $\rho_{\alpha 0}(t)$ 为

$$\rho_{\alpha 0}(t) = \langle\alpha|\hat{U}(t)|\alpha\rangle\langle 0|\hat{U}^\dagger(t)|0\rangle \qquad (2.3.286)$$

其中, $\hat{U}(t) = \exp\left(-\frac{\mathrm{i}}{\hbar}\hat{H}_0 t\right)$.

如果考虑到振动态

$$\hat{H}_0 = \hat{H}_0^{(\mathrm{nuc})}|0\rangle\langle 0| + \sum_\alpha \hat{H}_\alpha^{(\mathrm{nuc})}|\alpha\rangle\langle\alpha|$$

这里, $\hat{H}_0^{(\mathrm{nuc})}$ 和 $\hat{H}_\alpha^{(\mathrm{nuc})}$ 分别是基态 $|0\rangle$ 和激发态 $|\alpha\rangle$ 的振动哈密顿量.

关联函数式(2.3.280)给出

$$C_{0\to\alpha}(\tau) = \frac{1}{\hbar^2}\sum_\alpha |V_{0\alpha}|^2\rho_{\alpha 0}(t) \qquad (2.3.287)$$

非对角密度矩阵元 $\rho_{\alpha 0}(t)$ 为

$$\rho_{\alpha 0}(t) = \mathrm{tr}_{\mathrm{vib}}(\hat{\rho}_0^{(\mathrm{eq})}\langle\alpha|\hat{U}(t)|\alpha\rangle\langle 0|\hat{U}^\dagger(t)|0\rangle)$$

$$= \langle\alpha|\hat{\rho}_S(t)|0\rangle \qquad (2.3.288)$$

其中, $\hat{\rho}_S(t)$ 定义为

$$\hat{\rho}_S(t) = \mathrm{tr}_{\mathrm{vib}}(\hat{\rho}_0^{(\mathrm{eq})}\hat{\rho}(t)) \qquad (2.3.289)$$

这里,整个系统(包括电子态和振动态)密度算符 $\hat{\rho}(t)$ 为

$$\hat{\rho}(t) = \sum_{a,b}\rho_{ab}(t)|a\rangle\langle b| \qquad (2.3.290)$$

跃迁矩阵元

$$\rho_{\alpha 0}(t) = \langle\alpha|\hat{U}(t)\hat{\rho}(0)\hat{U}^\dagger(t)|0\rangle \qquad (2.3.291)$$

2.4 复合系统和约化密度矩阵

2.4.1 复合系统的状态空间

考虑两个量子系统 S 与 B 分别处于希尔伯特空间 $\mathscr{H}_S$ 和 $\mathscr{H}_B$,它们组成复合系统 SB,S 和 B 分别是复合系统 SB 的子系统.

设 φ_S 和 ϕ_B 分别构成系统 S 和 B 的希尔伯特空间 $\mathscr{H}_S$ 和 $\mathscr{H}_B$ 的一个完备基矢集,则复合系统的状态空间 $\mathscr{H}_{SB}$ 是其子系统的状态空间的张量积:

$$\mathscr{H}_{SB} = \mathscr{H}_S \otimes \mathscr{H}_B \tag{2.4.1}$$

其中,符号 $\otimes$ 表示张量积运算.张量积是把多个向量空间组合在一起,构成更大空间的一种方法.

假设

$$\varphi_S = (|\varphi_1\rangle, \cdots, |\varphi_i\rangle, \cdots, |\varphi_{N_S}\rangle) \tag{2.4.2}$$

和

$$\phi_B = (|\phi_1\rangle, \cdots, |\phi_\mu\rangle, \cdots, |\phi_{N_B}\rangle) \tag{2.4.3}$$

由 N_S 和 N_B 个基矢分别组成 $\mathscr{H}_S$ 和 $\mathscr{H}_B$ 的完备基矢集,$\mathscr{H}_S$ 和 $\mathscr{H}_B$ 中的任一态矢 $|\Psi\rangle$ 和 $|\Phi\rangle$ 分别可表示成 φ_S 和 ϕ_B 各自基矢的线性叠加

$$|\Psi\rangle = \sum_i c_i |\varphi_i\rangle \tag{2.4.4}$$

$$|\Phi\rangle = \sum_\mu d_\mu |\phi_\mu\rangle \tag{2.4.5}$$

φ_S 中所有基矢分别与 ϕ_B 中所有基矢两两乘积得到的集合

$$\Omega = \varphi_S \otimes \phi_B = (|\varphi_1\phi_1\rangle, |\varphi_1\phi_2\rangle, \cdots, |\varphi_1\phi_{N_B}\rangle, \cdots, |\varphi_i\phi_\mu\rangle, \cdots, |\varphi_{N_S}\phi_{N_B}\rangle)$$
$$\tag{2.4.6}$$

形成 $N_S N_B$ 维希尔伯特空间 $\mathscr{H}_{SB}$ 的一个完备基矢集 Ω.其中

$$|\varphi_i\rangle|\phi_\mu\rangle \equiv |\varphi_i\phi_\mu\rangle \equiv |\Omega_{i\mu}\rangle \tag{2.4.7}$$

其复共轭记为

$$\langle \Omega_{i\mu}| = \langle \phi_\mu\varphi_i| \tag{2.4.8}$$

这样,式(2.4.6)可写成

$$\Omega = (|\Omega_{11}\rangle, |\Omega_{12}\rangle, \cdots, |\Omega_{1N_B}\rangle, \cdots, |\Omega_{i\mu}\rangle, \cdots, |\Omega_{N_S N_B}\rangle) \tag{2.4.9}$$

2.4.2　纠缠态

复合系统的希尔伯特空间 $\mathscr{H}_{SB}$ 任何一个态矢 $|\Theta\rangle$ 都可以表示成这组完备基的线性组合:

$$|\Theta\rangle = \sum_{i,\mu} c_{i\mu}|\Omega_{i\mu}\rangle = \sum_{i,\mu} c_{i\mu}|\varphi_i\phi_\mu\rangle \tag{2.4.10}$$

这里, $|\Theta\rangle$ 是一个纯态,其中

$$c_{i\mu} = \langle \Omega_{i\mu}|\Theta\rangle \tag{2.4.11}$$

如果 $|\Theta\rangle$ 能表示成 $\mathscr{H}_S$ 中一个态矢 $|\Psi\rangle$ 和 $\mathscr{H}_B$ 中一个态矢 $|\Phi\rangle$ 的直积,即

$$|\Theta\rangle = |\Psi\rangle \otimes |\Phi\rangle = |\Psi\rangle|\Phi\rangle \tag{2.4.12}$$

其中, $|\Psi\rangle = \sum_i c_i|\varphi_i\rangle$, $|\Phi\rangle = \sum_\mu d_\mu|\phi_\mu\rangle$, c_i 和 d_μ 为复常数,则称 $|\Theta\rangle$ 是可分离的.如果 $|\Theta\rangle$ 不能表达成式(2.4.12)的分离形式,则称 $|\Theta\rangle$ 是纠缠态.例如,贝尔(Bell)基

$$|\psi_1^{\pm}\rangle = \frac{1}{\sqrt{2}}(|00\rangle \pm |11\rangle), \quad |\psi_2^{\pm}\rangle = \frac{1}{\sqrt{2}}(|01\rangle \pm |10\rangle) \tag{2.4.13}$$

都是纠缠态(2.4.7小节证明).

2.4.3　复合空间的量子算符

$\hat{A}$ 和 $\hat{B}$ 分别是 $\mathscr{H}_S$ 和 $\mathscr{H}_B$ 的量子算符,只对各自空间中的态矢起作用.在复合系统空间 $\mathscr{H}_{SB}$ 中, $\hat{A}$ 和 $\hat{B}$ 的直积记为

量子生物学:生物系统物质和能量传递的量子理论

$$\hat{A} \otimes \hat{B} \tag{2.4.14}$$

例如，$\hat{A}$ 和 $\hat{B}$ 分别是 $N_S \times N_S$ 矩阵 A 和 $N_B \times N_B$ 矩阵 B，它们的张量积为

$$A \otimes B = \begin{bmatrix} A_{11}B & \cdots & A_{1N_S}B \\ \vdots & \ddots & \vdots \\ A_{N_S1}B & \cdots & A_{N_SN_S}B \end{bmatrix} \tag{2.4.15}$$

是 $N \times N (N = N_S \times N_B)$ 阶矩阵.

定义 $\hat{A} \otimes \hat{B}$ 作用到 $|\Psi\rangle \otimes |\Phi\rangle$ 为

$$(\hat{A} \otimes \hat{B})(|\Psi\rangle \otimes |\Phi\rangle) \equiv (\hat{A}|\Psi\rangle) \otimes (\hat{B}|\Phi\rangle)$$
$$= \hat{A}|\Psi\rangle \otimes \hat{B}|\Phi\rangle \tag{2.4.16}$$

其中，$|\Psi\rangle$ 和 $|\Phi\rangle$ 分别是 $\mathcal{H}_S$ 和 $\mathcal{H}_B$ 中的一个态矢. 由式(2.4.15)可见，算符只对各自空间矢量起作用.

在子空间 $\mathcal{H}_S$ 和 $\mathcal{H}_B$ 中的算符 $\hat{A}$ 和 $\hat{B}$，在复合空间 $\mathcal{H}_{SB}$（或 $\mathcal{H}_C$）分别表示为

$$\hat{A}_{SB} = \hat{A} \otimes \hat{I}_B \quad \text{和} \quad \hat{B}_{SB} = \hat{I}_S \otimes \hat{B} \tag{2.4.17}$$

在本书下面的讨论中，为了方便我们有时也用 $\hat{A}$ 和 $\hat{B}$ 分别表示在直积空间中的 $\hat{A}_{SB}$ 和 $\hat{B}_{SB}$.

2.4.4　复合空间算符的矩阵表示

$\mathcal{H}_S$ 的态矢 $|\Psi\rangle$（式(2.4.4)）可以写成

$$|\Psi\rangle = \sum_i c_i |\varphi_i\rangle = (|\varphi_1\rangle, \cdots, |\varphi_i\rangle, \cdots, |\varphi_{N_S}\rangle) \begin{bmatrix} c_1 \\ \vdots \\ c_i \\ \vdots \\ c_{N_S} \end{bmatrix} \tag{2.4.18}$$

或者表示为

$$|\Psi\rangle = \varphi_S C_S \tag{2.4.19}$$

其中，$\varphi_S = (|\varphi_1\rangle, \cdots, |\varphi_i\rangle, \cdots, |\varphi_{N_S}\rangle)$ 是 $1 \times N_S$ 行向量，$C_S = (c_1, \cdots, c_i, \cdots, c_{N_S})^{\mathrm{T}}$ 是 $N_S \times 1$ 列向量，可以看成是态矢 $|\Psi\rangle$ 在 φ_S 基矢下的向量表示. 这里 T 表示矩阵转置.

同样地，$\mathscr{H}_B$ 的态矢 $|\Phi\rangle$(式(2.4.5))可以写成

$$|\Phi\rangle = \sum_\mu d_\mu |\phi_\mu\rangle = \phi_B D_B \tag{2.4.20}$$

这里，$\phi_B = (|\phi_1\rangle, \cdots, |\phi_i\rangle, \cdots, |\phi_{N_B}\rangle)$，$D_B = (d_1, \cdots, d_i, \cdots, d_{N_B})^{\mathrm{T}}$ 是 $|\Phi\rangle$ 在基矢集 ϕ_B 下的向量表示.

量子算符 $\hat{A}$ 作用到态矢 $|\Psi\rangle$(式(2.4.18))，得到另一个态矢 $|\Psi'\rangle$：

$$|\Psi'\rangle \equiv \hat{A}|\Psi\rangle = \hat{A}(|\varphi_1\rangle, \cdots, |\varphi_i\rangle, \cdots, |\varphi_{N_S}\rangle) \begin{bmatrix} c_1 \\ \vdots \\ c_i \\ \vdots \\ c_{N_S} \end{bmatrix}$$

$$= (|\varphi_1\rangle, \cdots, |\varphi_i\rangle, \cdots, |\varphi_{N_S}\rangle) A \begin{bmatrix} c_1 \\ \vdots \\ c_i \\ \vdots \\ c_{N_S} \end{bmatrix} \tag{2.4.21}$$

其中，A 是被称为量子算符 $\hat{A}$ 在基矢集 φ_S 下的一个矩阵表示，由 $\hat{A}$ 作用到基矢集 $\varphi_S = (|\varphi_1\rangle, \cdots, |\varphi_i\rangle, \cdots, |\varphi_{N_S}\rangle)$ 得到

$$\hat{A}(|\varphi_1\rangle, \cdots, |\varphi_i\rangle, \cdots, |\varphi_{N_S}\rangle) = (\hat{A}|\varphi_1\rangle, \cdots, \hat{A}|\varphi_i\rangle, \cdots, \hat{A}|\varphi_{N_S}\rangle)$$

$$= (|\varphi_1\rangle, \cdots, |\varphi_i\rangle, \cdots, |\varphi_{N_S}\rangle) A \tag{2.4.22}$$

由式(2.4.22)可见

$$\hat{A}|\varphi_i\rangle = (|\varphi_1\rangle, \cdots, |\varphi_i\rangle, \cdots, |\varphi_{N_S}\rangle) \begin{bmatrix} A_{1i} \\ \vdots \\ A_{ii} \\ \vdots \\ A_{N_S i} \end{bmatrix} = \sum_j |\varphi_j\rangle A_{ji} \tag{2.4.23}$$

亦即，量子算符 $\hat{A}$ 作用到基矢 $|\varphi_i\rangle$ 上给出矩阵 A 的第 i 列.

用式(2.4.2)的记号,式(2.4.23)也可表示成

$$\hat{A}\varphi_S = \varphi_S A \qquad (2.4.24)$$

因此,式(2.4.21)也可以写成

$$|\Psi'\rangle = \hat{A}|\Psi\rangle = \varphi_S A C_S = \varphi_S C'_S \qquad (2.4.25)$$

其中

$$C'_S = A C_S \qquad (2.4.26)$$

是矩阵 A 和 C_S 的普通乘积.这样,我们可以得到 $|\Psi'\rangle$ 在基矢集 φ_S 下的向量表示 C'_S.

同样地,$\hat{B}$ 作用到基矢集 $\phi_B = (|\phi_1\rangle, \cdots, |\phi_\mu\rangle, \cdots, |\phi_{N_B}\rangle)$,有

$$\hat{B}\phi_B = \phi_B B \qquad (2.4.27)$$

从而得到在基矢集 ϕ_B 下 $\hat{B}$ 的矩阵表示 B.其中

$$\hat{B}|\phi_\mu\rangle = \sum_\nu |\phi_\nu\rangle B_{\nu\mu} \qquad (2.4.28)$$

考虑算符直积 $\hat{A}\otimes\hat{B}$ 在复合空间 $\mathcal{H}_{SB}$ 基矢集 Ω(式(2.4.6))下的矩阵表示

$$
\begin{aligned}
(\hat{A}\otimes\hat{B})\Omega &= (\hat{A}\otimes\hat{B})(\varphi_S\otimes\phi_B) \\
&= (\hat{A}\otimes\hat{B})(|\varphi_1\phi_1\rangle, \cdots, |\varphi_i\phi_\mu\rangle, \cdots, |\varphi_{N_S}\phi_{N_B}\rangle) \\
&= ((\hat{A}\otimes\hat{B})|\varphi_1\phi_1\rangle, \cdots, (\hat{A}\otimes\hat{B})|\varphi_i\phi_\mu\rangle, \cdots, \\
&\qquad (\hat{A}\otimes\hat{B})|\varphi_{N_S}\phi_{N_B}\rangle)
\end{aligned} \qquad (2.4.29)
$$

由式(2.4.15)、式(2.4.23)和式(2.4.28),式(2.4.29)中 $(\hat{A}\otimes\hat{B})|\varphi_i\phi_\mu\rangle$ 可表示成

$$
\begin{aligned}
(\hat{A}\otimes\hat{B})|\varphi_i\phi_\mu\rangle &= (\hat{A}|\varphi_i\rangle)(\hat{B}|\phi_\mu\rangle) = \left(\sum_j |\varphi_j\rangle A_{ji}\right)\left(\sum_\nu |\phi_\nu\rangle B_{\nu\mu}\right) \\
&= \sum_{j,\nu} |\varphi_j\phi_\nu\rangle A_{ji}B_{\nu\mu} = \sum_{j,\nu} |\Omega_{j\nu}\rangle A_{ji}B_{\nu\mu} \\
&= (|\varphi_1\phi_1\rangle, \cdots, |\varphi_i\phi_\mu\rangle, \cdots, |\varphi_{N_S}\phi_{N_B}\rangle)
\begin{bmatrix}
A_{1i}B_{1\mu} \\
\vdots \\
A_{ji}B_{\nu\mu} \\
\vdots \\
A_{N_S i}B_{N_B\mu}
\end{bmatrix}
\end{aligned} \qquad (2.4.30)
$$

对比式(2.4.14),$\hat{A} \otimes \hat{B}$作用到基矢$|\Omega_{i\mu}\rangle = |\varphi_i \phi_\mu\rangle$上给出矩阵表示 $A \otimes B$ 的第J列

$$(\hat{A} \otimes \hat{B})|\varphi_i \phi_\mu\rangle = \Omega (A \otimes B)_J \tag{2.4.31}$$

其中,$J = (i-1)N_B + \mu$. 因此,式(2.4.29)可写成

$$(\hat{A} \otimes \hat{B})\Omega = \hat{A}\varphi_S \otimes \hat{B}\phi_B = \Omega(A \otimes B) \tag{2.4.32}$$

这样,我们得到 $\hat{A} \otimes \hat{B}$在基矢集Ω上的表示是直积$A \otimes B$.

2.4.5　约化密度算符及其矩阵表示

把态矢$|\Theta\rangle$(式(2.4.10))表示成矩阵形式:

$$|\Theta\rangle = \Omega C \tag{2.4.33}$$

其中,复合系统希尔伯特空间$\mathcal{H}_{SB}$中的基矢集Ω 由式(2.4.6)给出,C 是列矩阵

$$C = \begin{bmatrix} c_{11} \\ c_{12} \\ \vdots \\ c_{i\mu} \\ \vdots \\ c_{N_S N_B} \end{bmatrix} \tag{2.4.34}$$

对应于希尔伯特空间$\mathcal{H}_{SB}$中的态矢(式(2.4.10)),相应的纯态密度算符

$$\hat{\rho}_{SB} = |\Theta\rangle\langle\Theta| = \sum_{ij, \mu\nu} c_{j\nu}^* c_{i\mu} |\varphi_i \phi_\mu\rangle\langle\varphi_j \phi_\nu|$$

$$= \Omega C C^\dagger \Omega^\dagger = \Omega \rho_{SB} \Omega^\dagger \tag{2.4.35}$$

其中

$$\rho_{SB} = C C^\dagger \tag{2.4.36}$$

为复合系统密度算符$\hat{\rho}$ 在基矢集$|\Omega\rangle$下的矩阵表示,其矩阵元为

$$(\rho_{SB})_{i\mu, j\nu} = c_{i\mu} c_{j\nu}^* \tag{2.4.37}$$

考虑 A 是系统S 的可观测物理量,其对应的量子算符 $\hat{A}$ 可表示成(式(2.4.17))

$$\hat{A}_{SB} = \hat{A} \otimes \hat{I}_B$$

其中,$\hat{I}_B$ 为环境子系统的单位算符,作用在 $\mathscr{H}_B$ 的态矢上,而 $\hat{A}$ 作用到系统 S 中态矢上.在 $\mathscr{H}_{SB}$ 中纯态 $|\Theta\rangle$ 下,A 的平均值表达为

$$\langle A \rangle = \langle \Theta | \hat{A}_{SB} | \Theta \rangle \tag{2.4.38}$$

将式(2.4.10)和式(2.4.17)代入式(2.4.38),可得

$$\langle A \rangle = \langle \Theta | \hat{A}_{SB} | \Theta \rangle = \sum_{ij,\mu\nu} c_{j\nu}^* c_{i\mu} \langle \varphi_j \phi_\nu | \hat{A} \otimes \hat{I}_B | \varphi_i \phi_\mu \rangle$$

$$= \sum_{ij,\mu\nu} c_{j\nu}^* c_{i\mu} \langle \varphi_j | \hat{A} | \varphi_i \rangle \langle \phi_\nu | \hat{I}_B | \phi_\mu \rangle$$

$$= \sum_{ij,\mu} c_{i\mu} c_{j\mu}^* \langle \varphi_j | \hat{A} | \varphi_i \rangle \tag{2.4.39}$$

其中,$c_{i\mu} = \langle \varphi_i \phi_\mu | \Theta \rangle$,$c_{j\mu}^* = \langle \Theta | \varphi_j \phi_\mu \rangle$.把它们代入式(2.4.39),有

$$\langle A \rangle = \sum_{ij,\mu} \langle \varphi_i \phi_\mu | \Theta \rangle \langle \Theta | \varphi_j \phi_\mu \rangle \langle \varphi_j | \hat{A} | \varphi_i \rangle$$

$$= \sum_{ij} \langle \varphi_i | \left(\sum_\mu \langle \phi_\mu | \Theta \rangle \langle \Theta | \phi_\mu \rangle \right) | \varphi_j \rangle \langle \varphi_j | \hat{A} | \varphi_i \rangle$$

$$= \sum_{ij} \langle \varphi_i | \hat{\rho}_S | \varphi_j \rangle \langle \varphi_j | \hat{A} | \varphi_i \rangle \tag{2.4.40}$$

$$= \sum_i \langle \varphi_i | \hat{\rho}_S \hat{A} | \varphi_i \rangle = \mathrm{tr}_S (\hat{\rho}_S \hat{A}) \tag{2.4.41}$$

这里

$$\hat{\rho}_S = \sum_\mu \langle \phi_\mu | \Theta \rangle \langle \Theta | \phi_\mu \rangle = \sum_\mu \langle \phi_\mu | \hat{\rho}_{SB} | \phi_\mu \rangle = \mathrm{tr}_B (\hat{\rho}_{SB}) \tag{2.4.42}$$

是约化密度算符.直接由

$$\langle A \rangle = \mathrm{tr}_{SB} (\hat{\rho}_{SB} \hat{A}_{SB}) \tag{2.4.43}$$

也可得

$$\langle A \rangle = \mathrm{tr}_S \left(\sum_{\mu\nu} \langle \phi_\mu | \hat{\rho}_{SB} \hat{A} | \phi_\nu \rangle \langle \phi_\nu | \hat{I}_B | \phi_\mu \rangle \right)$$

$$= \mathrm{tr}_S \left(\sum_\mu \langle \phi_\mu | \hat{\rho}_{SB} | \phi_\mu \rangle \hat{A} \right)$$

$$= \mathrm{tr}_S (\hat{\rho}_S \hat{A})$$

约化密度算符 $\hat{\rho}_S$ 有如下性质:

(1) $\hat{\rho}_S$ 是非负厄米算符: $\hat{\rho}_S^{\dagger} = \hat{\rho}_S \geqslant 0$.

(2) $\text{tr}_S(\hat{\rho}_S) = 1$.

由式(2.4.42)有

$$\text{tr}_S(\hat{\rho}_S) = \text{tr}_S\,\text{tr}_B(\hat{\rho}_{SB}) = 1 \tag{2.4.44}$$

(3) 复合系统为孤立系统,处在纯态.但子系统并不一定是纯态,即 $\hat{\rho}_S^2 = \hat{\rho}_S$ 不一定成立.

由式(2.4.35),式(2.4.42)可写成

$$\begin{aligned}\hat{\rho}_S &= \sum_{\mu}\langle\phi_{\mu}|\hat{\rho}_{SE}|\phi_{\mu}\rangle = \sum_{\mu}\langle\phi_{\mu}|\sum_{i\mu' j\nu}c_{j\mu'}^* c_{i\mu'}|\varphi_i\phi_{\mu'}\rangle\langle\varphi_j\phi_{\nu}|\phi_{\mu}\rangle\\ &= \sum_{i\mu j\nu}c_{i\mu}c_{j\nu}^*|\varphi_i\rangle\langle\varphi_j| = \sum_{ij}|\varphi_i\rangle\Big(\sum_{\mu\nu}c_{i\mu}c_{j\nu}^*\Big)\langle\varphi_j|\end{aligned} \tag{2.4.45}$$

也可表示为矩阵形式:

$$\hat{\rho}_S = \varphi_S \rho_S \varphi_S^{\dagger} \tag{2.4.46}$$

其中,$\varphi_S = (|\varphi_1\rangle,\cdots,|\varphi_i\rangle,\cdots,|\varphi_{N_S}\rangle)$ 是行向量,$\varphi_S^{\dagger}$ 是 φ_S 的共轭转置,为列向量,ρ_S 是约化密度矩阵,其矩阵元

$$(\rho_S)_{ij} = \sum_{\mu\nu}c_{i\mu}c_{j\nu}^* \tag{2.4.47}$$

复合系统密度矩阵 ρ_{SB} 是 $N_S N_B \times N_S N_B$ 阶矩阵,其矩阵元由式(2.4.37)给出.对式(2.4.9)进行重新标记:

$$\Omega = (|\Omega_1\rangle,|\Omega_2\rangle,\cdots,|\Omega_{N_B}\rangle,\cdots,|\Omega_{(i-1)N_B+\mu}\rangle,\cdots,|\Omega_{N_B N_S}\rangle) \tag{2.4.48}$$

其中,$|\Omega_{(i-1)N_B+\mu}\rangle$ 对应于式(2.4.9)中的基矢 $|\Omega_{i\mu}\rangle$.

对应地,式(2.4.34)可写为

$$C = \begin{bmatrix} c_{11} \\ c_{12} \\ \vdots \\ c_{i\mu} \\ \vdots \\ c_{N_S N_B} \end{bmatrix} = \begin{bmatrix} c_1 \\ c_2 \\ \vdots \\ c_{(i-1)N_B+\mu} \\ \vdots \\ c_{N_B N_S} \end{bmatrix} \tag{2.4.49}$$

其中，$c_{(i-1)N_B+\mu}$ 对应于式(2.4.34)中矩阵元 $c_{i\mu}$。由此，复合系统密度矩阵元可写为

$$(\rho_{SB})_{JK} = c_J c_K^* \tag{2.4.50}$$

其中，$c_J = c_{(j-1)N_B+\mu}$，$c_K = c_{(k-1)N_B+\mu}$。

2.4.6 Schmidt 分解和纯化定理

2.4.6.1 Schmidt 分解定理

设 $|\Theta\rangle$ 是复合系统 SB 的一个纯态，则存在 S 和 B 的标准正交基 $\varphi_S' = \{|\varphi_1'\rangle, \cdots, |\varphi_i'\rangle, \cdots, |\varphi_{N_S}'\rangle\}$ 和 $\phi_B' = \{|\phi_1'\rangle, \cdots, |\phi_\mu'\rangle, \cdots, |\phi_{N_B}'\rangle\}$，使得

$$|\Theta\rangle = \sum_j \lambda_j |\varphi_j'\rangle |\phi_j'\rangle \tag{2.4.51}$$

证明 把式(2.4.10)写成

$$|\Theta\rangle = \sum_{i,\mu} c_{i\mu} |\Omega_{i\mu}\rangle = \sum_{i,\mu} |\varphi_i\rangle c_{i\mu} |\phi_\mu\rangle = \varphi_S G \phi_B^T \tag{2.4.52}$$

其中，ϕ_B^T 是 ϕ_B 的转置，G 是一个 $N_S \times N_B$ 阶矩阵，矩阵元 $g_{i\mu} = c_{i\mu}$。由奇异值分解定理，G 可分解为

$$G = UDV^T \tag{2.4.53}$$

其中，U 和 V 分别是 $N_S \times N_S$ 和 $N_B \times N_B$ 阶酉矩阵，V^T 是 V 的转置，D 是 $N_S \times N_B$ 对角矩阵，对角矩阵元为 D_{jj}，作变换

$$\varphi_S = \varphi_S' U, \quad \phi_B = \phi_B' V \tag{2.4.54}$$

式(2.4.52)成为

$$|\Theta\rangle = \varphi_S' UG (\phi_B' V)^T = \varphi_S' UGV^T (\phi_B')^T = \varphi_S' D (\phi_B')^T \tag{2.4.55}$$

$$= \sum_{i,\mu,j} |\varphi_i'\rangle \delta_{ij} D_{j\mu} \delta_{j\mu} |\phi_\mu'^T\rangle = \sum_j |\varphi_j'\rangle D_{jj} |\phi_j'^T\rangle \tag{2.4.56}$$

式(2.4.56)中，如果 $N_S \leqslant N_B$，则 $j = i$；如果 $N_B \leqslant N_S$，则 $j = \mu$。证毕。

2.4.6.2 Schmidt 纯化定理

假设系统 S 处于混合态 $\hat{\rho}_S = \sum_i p_i |\varphi_i\rangle\langle\varphi_i|$，则可以引入辅助系统 B 使得复合系统

SB,存在纯态$|SB\rangle$使得

$$\hat{\rho}_S = \mathrm{tr}_B(|SB\rangle\langle SB|) = \sum_i p_i |\varphi_i\rangle\langle\varphi_i| \tag{2.4.57}$$

证明 设系统 S 和辅助系统 B 分别有标准正交基矢集 $\varphi_S = \{|\varphi_1\rangle,\cdots,|\varphi_i\rangle,\cdots,$ $|\varphi_{N_S}\rangle\}$ 和 $\phi_B = \{|\phi_1\rangle,\cdots,|\phi_\mu\rangle,\cdots,|\phi_{N_B}\rangle\}$,则可以定义复合系统的纯态

$$|SB\rangle = \sum_i \sqrt{p_i}\,|\varphi_i\rangle|\phi_i\rangle \tag{2.4.58}$$

约化密度算符可写成

$$\hat{\rho}_S = \mathrm{tr}_B(|SB\rangle\langle SB|) = \mathrm{tr}_B\Big(\sum_{ij}\sqrt{p_i p_j}\,|\varphi_i\phi_i\rangle\langle\phi_j\varphi_j|\Big)$$

$$= \sum_{ij}\sqrt{p_i p_j}\,|\varphi_i\rangle\langle\varphi_j|\,\mathrm{tr}_B(|\phi_i\rangle\langle\phi_j|) \tag{2.4.59}$$

其中

$$\mathrm{tr}_B(|\phi_i\rangle\langle\phi_j|) = \sum_\mu \langle\phi_\mu|\phi_i\rangle\langle\phi_j|\phi_\mu\rangle = \delta_{ij} \tag{2.4.60}$$

所以,式(2.4.59)化为

$$\hat{\rho}_S = \sum_{ij}\sqrt{p_i p_j}\,|\varphi_i\rangle\langle\varphi_j|\delta_{ij} = \sum_i p_i |\varphi_i\rangle\langle\varphi_i| \tag{2.4.61}$$

证毕.

2.4.7　二态复合系统

2.4.7.1　二态复合系统的状态描述

两个二态系统 A 和 B 分别对应二维希尔伯特空间 $\mathscr{H}_A$ 和 $\mathscr{H}_B$. A 和 B 组成复合系统 AB,复合系统的希尔伯特空间 $\mathscr{H}_{AB}$ 是 $\mathscr{H}_A$ 和 $\mathscr{H}_B$ 的直积:

$$\mathscr{H}_{AB} = \mathscr{H}_A \otimes \mathscr{H}_B \tag{2.4.62}$$

假设

$$\begin{cases} \varphi_A = (|0_A\rangle,|1_A\rangle) \\ \phi_B = (|0_B\rangle,|1_B\rangle) \end{cases} \tag{2.4.63}$$

分别是 $\mathscr{H}_A$ 和 $\mathscr{H}_B$ 中的正交归一的基矢集,则

$$\Omega = \varphi_A \otimes \phi_B = (|0_A 0_B\rangle, |0_A 1_B\rangle, |1_A 0_B\rangle, |1_A 1_B\rangle)$$

$$= (|00\rangle, |01\rangle, |10\rangle, |11\rangle) = (|\Omega_1\rangle, |\Omega_2\rangle, |\Omega_3\rangle, |\Omega_4\rangle) \tag{2.4.64}$$

是 $\mathscr{H}_{AB}$ 中的正交归一的基矢集, $\mathscr{H}_{AB}$ 中的任一态矢 $|\Theta\rangle$ 都可以写成这些基矢的线性组合:

$$|\Theta\rangle = c_1 |00\rangle + c_2 |01\rangle + c_3 |10\rangle + c_4 |11\rangle \tag{2.4.65}$$

例如, $\mathscr{H}_{AB}$ 中态矢

$$|\Theta\rangle = \frac{1}{2}(|00\rangle + |01\rangle + |10\rangle + |11\rangle)$$

$$= \frac{1}{\sqrt{2}}(|0_A\rangle + |1_A\rangle) \otimes \frac{1}{\sqrt{2}}(|0_B\rangle + |1_B\rangle) \tag{2.4.66}$$

则是可分离态. 而 Bell 态或 EPR

$$|\Theta\rangle = \frac{1}{\sqrt{2}}(|00\rangle + |11\rangle) \tag{2.4.67}$$

为纠缠态. 下面用反证法来证明之.

证明 假设 $|\Theta\rangle$ 可以表示成如下可分离形式:

$$|\Theta\rangle = (a|0_A\rangle + b|1_A\rangle) \otimes (c|0_B\rangle + d|1_B\rangle)$$

$$= ac|00\rangle + ad|01\rangle + bc|10\rangle + bd|11\rangle \tag{2.4.68}$$

与式(2.4.67)相比, 有

$$ac = \frac{1}{\sqrt{2}}, \quad bd = \frac{1}{\sqrt{2}} \tag{2.4.69}$$

$$bc = 0, \quad ad = 0 \tag{2.4.70}$$

由式(2.4.69), a, b, c, d 都不能为零, 与式(2.4.70)矛盾. 因此, $|\Theta\rangle = \frac{1}{\sqrt{2}}(|11\rangle + |00\rangle)$

不能表示成式(2.4.68)的分离形式, 故 $|\Theta\rangle$ 是纠缠态.

对应于式(2.4.64), 复合系统的纯态密度算符

$$\hat{\rho}_{AB} = |\Theta\rangle\langle\Theta| = (|00\rangle, |01\rangle, |10\rangle, |11\rangle)\rho \begin{bmatrix} \langle 00| \\ \langle 01| \\ \langle 10| \\ \langle 11| \end{bmatrix} \tag{2.4.71}$$

其中

$$\rho = \begin{bmatrix} \rho_{11} & \rho_{12} & \rho_{13} & \rho_{14} \\ \rho_{21} & \rho_{22} & \rho_{23} & \rho_{24} \\ \rho_{31} & \rho_{32} & \rho_{33} & \rho_{34} \\ \rho_{41} & \rho_{42} & \rho_{43} & \rho_{44} \end{bmatrix} \tag{2.4.72}$$

这里,$\rho_{ij} = \langle \Omega_j | \hat{\rho} | \Omega_i \rangle = c_j^* c_i$. 系统 A 的约化密度算符

$$\hat{\rho}_A = \mathrm{tr}_B(\hat{\rho}) = \sum_i \langle i_B | \hat{\rho}_{AB} | i_B \rangle \tag{2.4.73}$$

对于式(2.4.67)中的 Bell 态,其复合系统的纯态密度算符

$$\hat{\rho} = | \Theta \rangle \langle \Theta | = \frac{1}{2} (| 00 \rangle + | 11 \rangle)(\langle 00 | + \langle 11 |)$$

$$= \frac{1}{2} (| 00 \rangle \langle 00 | + | 00 \rangle \langle 11 | + | 11 \rangle \langle 00 | + | 11 \rangle \langle 11 |)$$

复合系统密度矩阵

$$\rho = \begin{bmatrix} \dfrac{1}{2} & 0 & 0 & \dfrac{1}{2} \\ 0 & 0 & 0 & 0 \\ 0 & 0 & 0 & 0 \\ \dfrac{1}{2} & 0 & 0 & \dfrac{1}{2} \end{bmatrix} \tag{2.4.74}$$

系统 A 的约化密度算符

$$\hat{\rho}_A = \mathrm{tr}_B(\hat{\rho}) = \sum_i \langle i_B | \hat{\rho} | i_B \rangle$$

$$= \langle 0_B | \hat{\rho} | 0_B \rangle + \langle 1_B | \hat{\rho} | 1_B \rangle$$

$$= \frac{1}{2} (| 0 \rangle \langle 0 | + | 1 \rangle \langle 1 |) = \frac{1}{2} \hat{I} \tag{2.4.75}$$

式(2.4.75)表明在迹出"环境"后,约化系统处于混合态($\mathrm{tr}_A(\hat{\rho}_A^2) < 1$). 下面我们将会继续进行讨论.

2.4.7.2 双量子比特系统与量子门

双量子比特系统是由两个量子比特组成的复合系统. 量子比特是一个二态系统(用 $| 0 \rangle$, $| 1 \rangle$ 表示),形成一个二维的线性希尔伯特空间 $\mathscr{H}_1$. 因此双量子比特复合系统构成一

个四维的希尔伯特空间($\mathcal{H}_1 \otimes \mathcal{H}_2$). 式(2.4.64)中的 $\Omega = (|00\rangle, |01\rangle, |10\rangle, |11\rangle)$ 给出这个空间的一个基矢集. 双量子比特系统的状态可以表示为

$$|\Theta\rangle = c_{00}|00\rangle + c_{01}|01\rangle + c_{10}|10\rangle + c_{11}|11\rangle$$

$$= (|00\rangle, |01\rangle, |10\rangle, |11\rangle) \begin{bmatrix} c_{00} \\ c_{01} \\ c_{10} \\ c_{11} \end{bmatrix} \tag{2.4.76}$$

其中,$|c_{00}|^2$, $|c_{01}|^2$, $|c_{10}|^2$ 和 $|c_{11}|^2$ 分别表示处于 $|\Theta\rangle$ 状态的双量子比特系统塌缩到 $|00\rangle$, $|01\rangle$, $|10\rangle$ 和 $|11\rangle$ 状态上的概率.

对双量子比特状态 $|\Theta\rangle$ 进行酉操作 $\hat{U}$(酉算符),得到新的状态

$$|\Theta'\rangle = \hat{U}|\Theta\rangle = (\hat{U}|00\rangle, \hat{U}|01\rangle, \hat{U}|10\rangle, \hat{U}|11\rangle) \begin{bmatrix} c_{00} \\ c_{01} \\ c_{10} \\ c_{11} \end{bmatrix} \tag{2.4.77}$$

$$= (|00\rangle, |01\rangle, |10\rangle, |11\rangle) U \begin{bmatrix} c_{00} \\ c_{01} \\ c_{10} \\ c_{11} \end{bmatrix} \tag{2.4.78}$$

其中,U 是操作 $\hat{U}$ 的一个矩阵表示,也称为双量子比特门. 从式(2.4.77)可见,操作 $\hat{U}$ 同时处理 $|00\rangle$, $|01\rangle$, $|10\rangle$ 和 $|11\rangle$ 四个态. 对于 N 个量子比特复合系统,酉操作可以同时处理 2^N 个量子态.

下面以量子门有控制非门(controlled NOT,CNOT)为例,说明如何求得 CNOT 门的矩阵表示.

定义 2.1 $\hat{U}_{\text{CNOT}}$ 为一个控制非门,是对一个双量子比特进行如下操作:① 当第一个量子比特(controlled target,控制比特)是 $|1\rangle$ 时,第二个量子比特(target qubit,标靶比特)进行翻转;② 当第一个量子比特是 $|0\rangle$ 时,第二个量子比特维持原状态不变. 亦即

$$\hat{U}_{\text{CNOT}} = |00\rangle\langle 00| + |01\rangle\langle 01| + |10\rangle\langle 11| + |11\rangle\langle 10|$$

$$= |0\rangle\langle 0| \otimes \hat{I}_2 + |1\rangle\langle 1| \otimes \hat{\sigma}_X \tag{2.4.79}$$

其中,$|ij\rangle$ 表示第一量子比特状态 $|i\rangle$ 和第二个量子比特状态 $|j\rangle$ 的乘积,其复共轭记为

$\langle ij|$. 以 $\Omega = (|00\rangle, |01\rangle, |10\rangle, |11\rangle)$ 为完备正交基矢集，对应地，这些基矢态可以用列向量表示

$$|00\rangle = \begin{bmatrix} 1 \\ 0 \\ 0 \\ 0 \end{bmatrix}, \quad |01\rangle = \begin{bmatrix} 0 \\ 1 \\ 0 \\ 0 \end{bmatrix}, \quad |10\rangle = \begin{bmatrix} 0 \\ 0 \\ 1 \\ 0 \end{bmatrix}, \quad |11\rangle = \begin{bmatrix} 0 \\ 0 \\ 0 \\ 1 \end{bmatrix} \tag{2.4.80}$$

U_{CNOT} 可用矩阵表示成

$$U_{\text{CNOT}} = \begin{bmatrix} 1 & 0 & 0 & 0 \\ 0 & 1 & 0 & 0 \\ 0 & 0 & 0 & 1 \\ 0 & 0 & 1 & 0 \end{bmatrix} \tag{2.4.81}$$

$\hat{U}_{\text{CNOT}}$ 也可以表示成

$$\hat{U}_{\text{CNOT}} = (|00\rangle, |01\rangle, |10\rangle, |11\rangle) \begin{bmatrix} 1 & 0 & 0 & 0 \\ 0 & 1 & 0 & 0 \\ 0 & 0 & 0 & 1 \\ 0 & 0 & 1 & 0 \end{bmatrix} \begin{bmatrix} \langle 00| \\ \langle 01| \\ \langle 10| \\ \langle 11| \end{bmatrix} \tag{2.4.82}$$

即

$$\hat{U}_{\text{CNOT}} = \Omega U_{\text{CNOT}} \Omega^{\dagger} \tag{2.4.83}$$

或

$$U_{\text{CNOT}} = \Omega^{\dagger} \hat{U}_{\text{CNOT}} \Omega \tag{2.4.84}$$

这样

$$\hat{U}_{\text{CNOT}} |00\rangle = |00\rangle, \quad \hat{U}_{\text{CNOT}} |01\rangle = |01\rangle, \quad \hat{U}_{\text{CNOT}} |10\rangle = |11\rangle, \quad \hat{U}_{\text{CNOT}} |11\rangle = |10\rangle \tag{2.4.85}$$

第 3 章

开放量子系统动力学

3.1 约化密度算符及其演化方程

生物系统(S)是开放系统,与环境(E)存在相互作用. 为了研究这类系统,往往把系统和环境组合成一个大的封闭复合系统(SE,见图 3.1),而生物系统与环境则为其子系统. 复合系统的哈密顿量 $\hat{H}$ 可表示为

$$\hat{H} = \hat{H}_S + \hat{H}_E + \hat{H}_I \tag{3.1.1}$$

其中,$\hat{H}_S$,$\hat{H}_E$ 和 $\hat{H}_I$ 分别是系统、环境和系统-环境相互作用哈密顿量.

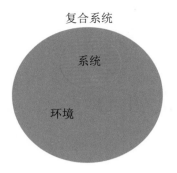

图 3.1　系统和环境组合成封闭复合系统

　　原理上,封闭量子复合系统的状态波函数演化可以由含时薛定谔方程(2.3.1)描述,而其中任一可观测物理量在时刻 t 的测量值可由式(2.3.52)给出.然而,对于生物复合系统,环境的自由度往往巨大,其细节难以详尽了解,只能用统计平均的方法处理环境对系统的影响.开放系统-环境相互作用导致系统与环境产生纠缠,系统的状态演化不再是幺正的,描述波函数演化的薛定谔方程失效.生物系统 S 受与环境的相互作用驱动,是开放系统.对环境进行求迹平均后的开放系统 S,也常称为约化系统.开放系统动力学理论常常把环境看成是无限自由度的子系统,其运动模式的频率往往是连续的.环境的这种性质会导致开放量子系统行为不可逆.由于环境的动力学行为难以精确描述,开放系统的动力学一般要用近似方法求解.下面我们从封闭复合系统哈密顿出发,推导约化系统的量子动力学方程.

　　复合系统 SE 的希尔伯特空间 $\mathscr{H}_{SE}$ 是系统及环境空间 $\mathscr{H}_S$ 和 $\mathscr{H}_E$ 的直积:$\mathscr{H}_{SE}=\mathscr{H}_S\otimes\mathscr{H}_E$.在 $\mathscr{H}_{SE}$ 空间中,根据式(2.4.17),复合系统的哈密顿量(式(3.1.1))可表示为

$$\hat{H}=\hat{H}_S\otimes\hat{I}_E+\hat{I}_S\otimes\hat{H}_E+\hat{H}_I \tag{3.1.2}$$

其中,$\hat{H}_i$ 和 $\hat{I}_i(i=S,E)$ 分别是作用在空间 $\mathscr{H}_i$ 上的哈密顿算符和单位算符.

　　不失一般性,系统-环境相互作用 $\hat{H}_I$ 分解为 $\mathscr{H}_S$ 空间中的算符 $\hat{S}_i$ 和 $\mathscr{H}_E$ 空间中的算符 $\hat{B}_i$ 的直积

$$\begin{cases}\hat{H}_I=\displaystyle\sum_i\hat{S}_i\otimes\hat{B}_i\\[2mm]\hat{H}_I=\hat{H}_I^{\dagger}=\displaystyle\sum_i\hat{S}_i^{\dagger}\otimes\hat{B}_i^{\dagger}\end{cases} \tag{3.1.3}$$

这里,$\hat{H}_I$ 是厄米的,但 $\hat{S}_i$ 和 $\hat{B}_i$ 并不一定是厄米的.

开放系统 S 中的可观测物 A 在复合空间 $\mathcal{H}_{SE}$ 中对应的量子算符形式以 $\hat{A}_{SE} = \hat{A} \otimes \hat{I}_E$ 给出.根据式(2.4.41)和式(2.4.43),A 的测量值为

$$\langle A \rangle = \mathrm{tr}(\hat{\rho}(t)\,\hat{A}_{SE}) = \mathrm{tr}_S(\hat{\rho}_S(t)\hat{A}) \tag{3.1.4}$$

其中,$\hat{\rho}_S(t)$ 是系统的约化密度算符,通过对复合系统密度算符 $\hat{\rho}(t)$ 环境求迹得到(式(2.4.42))

$$\hat{\rho}_S(t) = \mathrm{tr}_E(\hat{\rho}(t)) \tag{3.1.5}$$

在本书下面的讨论中,为了书写简便,我们用 $\hat{\rho}(t)$ 表示复合系统的密度算符来代替 $\hat{\rho}_{SE}(t)$.

由式(3.1.4),系统可观测量的信息可以由系统的约化密度算符 $\hat{\rho}_S(t)$(或密度矩阵 $\rho_S(t)$)来决定.因此,我们需要得到约化密度算符随时间演化的动力学.为此,我们往往需要建立和求解 $\hat{\rho}_S(t)$ 的动力学方程,这也是下面讨论的开放量子系统动力学的主要内容.

开放系统与环境组成的复合系统是封闭系统,处在纯态 $|\Psi(t)\rangle$ 上,其密度算符 $\hat{\rho}(t)$ 由 $\hat{\rho} = |\Psi\rangle\langle\Psi|$ 给出.由 $|\Psi(t)\rangle = \hat{U}(t,t_0)|\Psi(t_0)\rangle$,$\hat{\rho}(t)$ 可以表示成

$$\hat{\rho}(t) = \hat{U}(t,t_0)\hat{\rho}(t_0)\hat{U}^\dagger(t,t_0) \tag{3.1.6}$$

其中,$\hat{U}(t,t_0) = \mathrm{e}^{-\frac{\mathrm{i}}{\hbar}\hat{H}(t-t_0)}$.复合系统的密度算符 $\hat{\rho}(t)$ 演化遵守冯·诺依曼方程

$$\frac{\partial}{\partial t}\hat{\rho}(t) = -\frac{\mathrm{i}}{\hbar}[\hat{H},\hat{\rho}(t)] \tag{3.1.7}$$

系统 S 的约化密度算符 $\hat{\rho}_S(t)$(式(3.1.5))可写为

$$\hat{\rho}_S(t) = \mathrm{tr}_E(\hat{U}(t,t_0)\hat{\rho}(t_0)\hat{U}^\dagger(t,t_0)) \tag{3.1.8}$$

$\hat{\rho}_S(t)$ 随时间演化动力学方程为

$$\frac{\partial}{\partial t}\hat{\rho}_S(t) = -\frac{\mathrm{i}}{\hbar}\mathrm{tr}_E([\hat{H},\hat{\rho}(t)]) \tag{3.1.9}$$

3.2 相互作用图景的约化密度算符动力学

在下面的讨论中,我们从复合系统哈密顿出发,推导出密度算符演化的冯·诺依曼方程,再利用投影超算符方法得到开放系统 S 的约化密度算符动力学方程. 对于具有式(3.1.1)形式的复合系统哈密顿量,采用相互作用图景比较方便.

3.2.1 冯·诺依曼方程

对于式(3.1.1),哈密顿量 $\hat{H} = \hat{H}_S + \hat{H}_E + \hat{H}_I$,采用相互作用图景

$$|\Psi_I(t)\rangle = \hat{U}_0^\dagger(t)|\Psi(t)\rangle$$

这里,设 $t_0 = 0$,$\hat{U}_0^\dagger(t) = e^{\frac{i}{\hbar}\hat{H}_0 t} = e^{\frac{i}{\hbar}\hat{H}_S t} e^{\frac{i}{\hbar}\hat{H}_E t}$,$|\Psi(t)\rangle$ 为复合系统 S 的态矢,$|\Psi_I(t)\rangle$ 为相互作用图景中的态矢,$\hat{H}_0 = \hat{H}_S + \hat{H}_E$.

定义相互作用图景下的复合系统密度算符 $\hat{\tilde{\rho}}(t)$ 为

$$\hat{\tilde{\rho}}(t) = |\Psi_I(t)\rangle\langle\Psi_I(t)| \tag{3.2.1}$$

把 $|\Psi_I(t)\rangle = \hat{U}_0^\dagger(t)|\Psi(t)\rangle$ 代入式(3.2.1),有

$$\hat{\tilde{\rho}}(t) = \hat{U}_0^\dagger(t)\hat{\rho}(t)\hat{U}_0(t) \tag{3.2.2}$$

从而可得

$$
\begin{aligned}
i\hbar\frac{\partial}{\partial t}\hat{\tilde{\rho}}(t) &= -\hat{H}_0\hat{\tilde{\rho}}(t) + \hat{\tilde{\rho}}(t)\hat{H}_0 + \hat{U}_0^\dagger(t)\left(i\hbar\frac{\partial}{\partial t}\hat{\rho}(t)\right)\hat{U}_0(t) \\
&= -[\hat{H}_0, \hat{\tilde{\rho}}(t)] + \hat{U}_0^\dagger(t)[\hat{H}_0 + \hat{H}_I, \hat{\rho}(t)]\hat{U}_0(t) \\
&= [\hat{\tilde{H}}_I(t), \hat{\tilde{\rho}}(t)]
\end{aligned}
$$

亦即

$$\frac{\partial}{\partial t}\hat{\tilde{\rho}}(t) = -\frac{\mathrm{i}}{\hbar}\left[\hat{\tilde{H}}_I(t),\hat{\tilde{\rho}}(t)\right] \tag{3.2.3}$$

式(3.2.3)即为相互作用图景的密度算符演化的冯·诺依曼方程. 其中, $\hat{\tilde{H}}_I(t) = \hat{U}_0^{\dagger}(t)\hat{H}_I(t)\hat{U}_0(t)$ 是相互作用图景中系统-环境相互作用算符. 在这里和下面的讨论中, 为了避免混淆, 我们用"~"标在字母上方表示相互作用图景的算符, 用来取代式(2.3.82).

由式(3.1.3), $\hat{H}_I = \sum_i \hat{S}_i \otimes \hat{B}_i = \hat{H}_I^{\dagger} = \sum_i \hat{S}_i^{\dagger} \otimes \hat{B}_i^{\dagger}$, 有

$$\hat{\tilde{H}}_I(t) = \sum_i \hat{U}_0^{\dagger}(t)\,\hat{S}_i \otimes \hat{B}_i\,\hat{U}_0(t) = \sum_i \hat{\tilde{S}}_i(t) \otimes \hat{\tilde{B}}_i(t)$$

$$= \sum_i \hat{\tilde{S}}_i^{\dagger}(t) \otimes \hat{\tilde{B}}_i^{\dagger}(t) \tag{3.2.4}$$

其中

$$\begin{cases} \hat{\tilde{S}}_i(t) = \hat{U}_0^{S\dagger}(t)\,\hat{S}_i\,\hat{U}_0^{S}(t), \quad \hat{\tilde{B}}_i(t) = \hat{U}_0^{E\dagger}(t)\,\hat{B}_i\,\hat{U}_0^{E}(t) \\ \hat{\tilde{S}}_i^{\dagger}(t) = \hat{U}_0^{S\dagger}(t)\,\hat{S}_i^{\dagger}\,\hat{U}_0^{S}(t), \quad \hat{\tilde{B}}_i^{\dagger}(t) = \hat{U}_0^{E\dagger}(t)\,\hat{B}_i^{\dagger}\,\hat{U}_0^{E}(t) \end{cases} \tag{3.2.5}$$

这里, $\hat{U}_0^{S}(t) = \mathrm{e}^{-\frac{\mathrm{i}}{\hbar}\hat{H}_S t}$, $\hat{U}_0^{E}(t) = \mathrm{e}^{-\frac{\mathrm{i}}{\hbar}\hat{H}_E t}$. 而 $\hat{H}_S$ 和 $\hat{H}_E$ 分别是系统和环境在没有相互作用时的哈密顿算符(式(3.1.1)).

在相互作用图景中, 系统 S 的约化密度算符 $\hat{\tilde{\rho}}_S(t)$ 定义为

$$\hat{\tilde{\rho}}_S(t) \equiv \mathrm{tr}_E(\hat{\tilde{\rho}}(t)) = \mathrm{tr}_E(\hat{U}_0^{\dagger}(t)\hat{\rho}(t)\hat{U}_0(t))$$

$$= \hat{U}_0^{S\dagger}(t)\,\mathrm{tr}_E(\hat{\rho}(t))\,\hat{U}_0^{S}(t) \tag{3.2.6a}$$

$$= \hat{U}_0^{S\dagger}(t)\,\hat{\rho}_S(t)\,\hat{U}_0^{S}(t) \tag{3.2.6b}$$

式(3.2.6a)用到求迹循环关系, 即

$$\mathrm{tr}_E(\hat{U}_0^{E\dagger}(t)\hat{\rho}(t)\,\hat{U}_0^{E}(t)) = \mathrm{tr}_E(\hat{\rho}(t)\,\hat{U}_0^{E}(t)\,\hat{U}_0^{E\dagger}(t)) = \mathrm{tr}_E(\hat{\rho}(t)) \tag{3.2.6c}$$

式(3.2.3)两边对环境求迹, 并考虑到 $\mathrm{tr}_E\frac{\partial}{\partial t} = \frac{\partial}{\partial t}\mathrm{tr}_E$, 我们得到相互作用图景的约化密度算符演化方程

$$\frac{\partial}{\partial t}\hat{\tilde{\rho}}_S(t) = -\frac{\mathrm{i}}{\hbar}\mathrm{tr}_E([\hat{\tilde{H}}_I(t),\hat{\tilde{\rho}}(t)]) \tag{3.2.7}$$

3.2.2 相互作用图景下的量子主方程

3.2.2.1 投影超算符

设 $\hat{O}$ 是复合系统中的任一算符,定义超算符 $\mathcal{P}$:

$$\mathcal{P}\hat{O} = \hat{\rho}_E \otimes \mathrm{tr}_E(\hat{O}) \tag{3.2.8}$$

其中,$\hat{\rho}_E$ 是环境希尔伯特空间 $\mathcal{H}_E$ 中的密度算符,$\mathrm{tr}_E(\hat{O})$ 迹出环境变量后,只与系统有关.$\mathcal{P}$ 作用到复合系统中算符 $\hat{O}$ 上,使之分解成分别只与系统 S 和环境 E 相关的算符,即 $\mathrm{tr}_E(\hat{O})$ 和 $\hat{\rho}_E$.$\mathcal{P}$ 由于是对算符而不是波函数进行操作,因而是超算符,称为投影超算符.由 $\mathrm{tr}_E(\hat{\rho}_E) = 1$,投影超算符 $\mathcal{P}$ 具有如下性质:

$$\mathcal{P}^2 = \mathcal{P} \tag{3.2.9}$$

证明 根据式(3.2.8),有

$$\begin{aligned}
\mathcal{P}^2\hat{O} &= \mathcal{P}(\hat{\rho}_E \otimes \mathrm{tr}_E(\hat{O})) \\
&= \hat{\rho}_E \otimes \mathrm{tr}_E(\hat{\rho}_E \otimes \mathrm{tr}_E(\hat{O})) \\
&= \hat{\rho}_E \otimes \mathrm{tr}_E(\hat{\rho}_E) \otimes \mathrm{tr}_E(\hat{O}) \\
&= \hat{\rho}_E \otimes \mathrm{tr}_E(\hat{O}) = \mathcal{P}\hat{O}
\end{aligned}$$

故

$$\mathcal{P}^2 = \mathcal{P}$$

证毕.

一般而言,$\hat{\rho}_E$ 可能与时间有关.把 $\mathcal{P}$ 作用于密度算符 $\hat{\rho}(t)$,有

$$\mathcal{P}\hat{\rho}(t) = \hat{\rho}_E(t) \otimes \mathrm{tr}_E(\hat{\rho}(t)) = \hat{\rho}_E(t) \otimes \hat{\rho}_S(t) \tag{3.2.10}$$

如果环境是处于平衡态的热库(reservoir),$\hat{\rho}_E(t)$ 往往与时间无关.$\hat{\rho}_E(t)$ 可以取成热力学平衡密度算符 $\hat{\rho}_E^{(\mathrm{eq})}$.

量子生物学:生物系统物质和能量传递的量子理论

$$\mathscr{P}\hat{\tilde{\rho}}(t) = \hat{\rho}_E^{(\mathrm{eq})} \otimes \hat{\tilde{\rho}}_S(t) \tag{3.2.11}$$

引入 $\mathscr{P}$ 的正交互补超算符 $\mathscr{Q}$:

$$\mathscr{Q} = \mathscr{I} - \mathscr{P} \tag{3.2.12}$$

其中,$\mathscr{I}$ 是恒等超算符.$\mathscr{P}$ 和 $\mathscr{Q}$ 有如下关系:

$$\mathscr{P}\mathscr{Q} = \mathscr{Q}\mathscr{P} = 0 \tag{3.2.13}$$

式(3.2.13)用到 $\mathscr{P}$ 的性质(式(3.2.9)).

$\mathscr{Q}$ 作用到算符 $\hat{O}$,有

$$\mathscr{Q}\hat{O} = \hat{O} - \mathscr{P}\hat{O} \tag{3.2.14}$$

例如

$$\mathscr{Q}\hat{\rho}(t) = \hat{\rho}(t) - \hat{\rho}_S(t) \otimes \hat{\rho}_E^{(\mathrm{eq})} \tag{3.2.15}$$

$\mathscr{P}$ 和 $\mathscr{Q}$ 分别作用到相互作用表象中的密度算符 $\hat{\tilde{\rho}}(t)$ 上,有

$$\mathscr{P}\hat{\tilde{\rho}}(t) = \hat{\rho}_E(t) \otimes \hat{\tilde{\rho}}_S(t) \tag{3.2.16}$$

$$\mathscr{Q}\hat{\tilde{\rho}}(t) = \hat{\tilde{\rho}}(t) - \mathscr{P}\hat{\tilde{\rho}}(t) \tag{3.2.17}$$

3.2.2.2　相互作用图景下的量子主方程

把 $\mathscr{P}$ 作用到式(3.2.3)两边,有

$$\mathscr{P}\frac{\partial}{\partial t}\hat{\tilde{\rho}}(t) = -\frac{\mathrm{i}}{\hbar}\mathscr{P}[\hat{\tilde{H}}_I(t), \hat{\tilde{\rho}}(t)]$$

即

$$\frac{\partial}{\partial t}\mathscr{P}\hat{\tilde{\rho}}(t) = -\frac{\mathrm{i}}{\hbar}\mathscr{P}[\hat{\tilde{H}}_I(t), \hat{\tilde{\rho}}(t)] \tag{3.2.18}$$

将式(3.2.18)两边对环境取迹,得

$$\mathrm{tr}_E\left(\frac{\partial}{\partial t}\mathscr{P}\hat{\tilde{\rho}}(t)\right) = -\frac{\mathrm{i}}{\hbar}\mathrm{tr}_E(\mathscr{P}[\hat{\tilde{H}}_I(t), \hat{\tilde{\rho}}(t)]) \tag{3.2.19}$$

式(3.2.19)左边通过 tr_E 和 $\dfrac{\partial}{\partial t}$ 交换顺序,再应用式(3.2.16),成为

$$\mathrm{tr}_E\left(\frac{\partial}{\partial t}\mathscr{P}\hat{\tilde{\rho}}(t)\right) = \frac{\partial}{\partial t}\,\mathrm{tr}_E(\hat{\rho}_E(t)\otimes\hat{\tilde{\rho}}_S(t))$$

$$= \frac{\partial}{\partial t}(\mathrm{tr}_E(\hat{\rho}_E(t))\otimes\hat{\tilde{\rho}}_S(t)) = \frac{\partial}{\partial t}\hat{\tilde{\rho}}_S(t)$$

而利用 $\mathrm{tr}_E(\mathscr{P}\hat{O})=\mathrm{tr}_E(\hat{O})$,式(3.2.19)右边为

$$-\frac{\mathrm{i}}{\hbar}\,\mathrm{tr}_E(\mathscr{P}[\hat{\tilde{H}}_I(t),\hat{\tilde{\rho}}(t)]) = -\frac{\mathrm{i}}{\hbar}\,\mathrm{tr}_E([\hat{\tilde{H}}_I(t),\hat{\tilde{\rho}}(t)])$$

这里应用了 $\mathrm{tr}_E(\hat{\rho}_E(t))=1$. 从而得到约化密度算符在相互作用图景下的演化方程(式(3.2.7))

$$\frac{\partial}{\partial t}\hat{\tilde{\rho}}_S(t) = -\frac{\mathrm{i}}{\hbar}\,\mathrm{tr}_E([\hat{\tilde{H}}_I(t),\hat{\tilde{\rho}}(t)])$$

考虑到 $\hat{\tilde{\rho}}(t)=\mathscr{P}\hat{\tilde{\rho}}(t)+\mathscr{Q}\hat{\tilde{\rho}}(t)=\hat{\rho}_E(t)\otimes\hat{\tilde{\rho}}_S(t)+\mathscr{Q}\hat{\tilde{\rho}}(t)$,有

$$\frac{\partial}{\partial t}\hat{\tilde{\rho}}_S(t) = -\frac{\mathrm{i}}{\hbar}\,\mathrm{tr}_E([\hat{\tilde{H}}_I(t),\hat{\rho}_E(t)\otimes\hat{\tilde{\rho}}_S(t)+\mathscr{Q}\hat{\tilde{\rho}}(t)]) \tag{3.2.20}$$

同样地,把 $\mathscr{Q}$ 分别作用到式(3.2.3)两边,有

$$\frac{\partial}{\partial t}\mathscr{Q}\hat{\tilde{\rho}}(t) = -\frac{\mathrm{i}}{\hbar}\mathscr{Q}[\hat{\tilde{H}}_I(t),\hat{\rho}_E(t)\otimes\hat{\tilde{\rho}}_S(t)+\mathscr{Q}\hat{\tilde{\rho}}(t)] \tag{3.2.21}$$

由式(3.2.21),可得到 $\mathscr{Q}\hat{\tilde{\rho}}(t)$ 的形式解:

$$\mathscr{Q}\hat{\tilde{\rho}}(t) = \mathscr{Q}\hat{\tilde{\rho}}(0) - \frac{\mathrm{i}}{\hbar}\int_0^t \mathrm{d}\tau\,\mathscr{Q}[\hat{\tilde{H}}_I(\tau),\hat{\rho}_E(t)\otimes\hat{\tilde{\rho}}_S(\tau)+\mathscr{Q}\hat{\tilde{\rho}}(\tau)] \tag{3.2.22}$$

设在初始时刻 $t=0$ 时,系统 S 和环境 E 没有关联,且

$$\hat{\tilde{\rho}}(0) = \hat{\rho}(0) = \hat{\rho}_E(0)\otimes\hat{\rho}_S(0) \tag{3.2.23}$$

则有

$$\mathscr{Q}\hat{\tilde{\rho}}(0) = \hat{\tilde{\rho}}(0) - \mathscr{P}\hat{\tilde{\rho}}(0) = \hat{\tilde{\rho}}(0) - \hat{\rho}_E(0)\otimes\hat{\rho}_S(0) = 0 \tag{3.2.24}$$

由此,式(3.2.22)成为

$$\mathscr{Q}\hat{\tilde{\rho}}(t) = -\frac{\mathrm{i}}{\hbar}\int_0^t \mathrm{d}\tau\,\mathscr{Q}[\hat{\tilde{H}}_I(\tau),\hat{\rho}_E(t)\otimes\hat{\tilde{\rho}}_S(\tau)+\mathscr{Q}\hat{\tilde{\rho}}(\tau)] \tag{3.2.25}$$

把式(3.2.25)代入式(3.2.20),得

$$\frac{\partial}{\partial t}\tilde{\hat{\rho}}_S(t) = -\frac{i}{\hbar}\,\mathrm{tr}_E([\tilde{\hat{H}}_I(t),\hat{\rho}_E(t)\otimes\tilde{\hat{\rho}}_S(t)])$$

$$-\frac{1}{\hbar^2}\int_0^t\mathrm{d}\tau\,\mathrm{tr}_E([\tilde{\hat{H}}_I(t),\mathscr{Q}[\tilde{\hat{H}}_I(\tau),\hat{\rho}_E(t)\otimes\tilde{\hat{\rho}}_S(\tau)+\mathscr{Q}\tilde{\hat{\rho}}(\tau)]])$$

$$(3.2.26)$$

上述步骤可以一直进行下去,最终方程的右边是一系列关于 $\hat{H}_I$ 对不同阶展开多项式积分.式(3.2.26)被称为 Nakajima-Zwanzig 方程.上面的讨论中,我们采用了玻恩近似.这个近似假定系统和环境之间的相互作用是弱的,以致系统对环境影响很小,从而 $\hat{\rho}(t)\cong\hat{\rho}_E(t)\otimes\tilde{\hat{\rho}}_S(t)$.在玻恩近似下,式(3.2.26)只展开到二阶项,并忽略式(3.2.26)中的 $\mathscr{Q}\tilde{\hat{\rho}}(\tau)$ 项.由此可得

$$\frac{\partial}{\partial t}\tilde{\hat{\rho}}_S(t) = -\frac{i}{\hbar}\,\mathrm{tr}_E([\tilde{\hat{H}}_I(t),\hat{\rho}_E(t)\otimes\tilde{\hat{\rho}}_S(t)])$$

$$-\frac{1}{\hbar^2}\int_0^t\mathrm{d}\tau\,\mathrm{tr}_E([\tilde{\hat{H}}_I(t),(\mathscr{I}-\mathscr{P})[\tilde{\hat{H}}_I(\tau),\hat{\rho}_E(t)\otimes\tilde{\hat{\rho}}_S(t)]])$$

即

$$\frac{\partial}{\partial t}\tilde{\hat{\rho}}_S(t) = \underbrace{-\frac{i}{\hbar}\,\mathrm{tr}_E([\tilde{\hat{H}}_I(t),\hat{\rho}_E(t)\otimes\tilde{\hat{\rho}}_S(t)])}_{(\mathrm{I})}$$

$$\underbrace{-\frac{1}{\hbar^2}\int_0^t\mathrm{d}\tau\,\mathrm{tr}_E([\tilde{\hat{H}}_I(t),\mathscr{I}[\tilde{\hat{H}}_I(\tau),\hat{\rho}_E(\tau)\otimes\tilde{\hat{\rho}}_S(\tau)]])}_{(\mathrm{II})}$$

$$\underbrace{+\frac{1}{\hbar^2}\int_0^t\mathrm{d}\tau\,\mathrm{tr}_E([\tilde{\hat{H}}_I(t),\mathscr{P}[\tilde{\hat{H}}_I(\tau),\hat{\rho}_E(\tau)\otimes\tilde{\hat{\rho}}_S(\tau)]])}_{(\mathrm{III})} \quad (3.2.27)$$

式(3.2.27)右边(Ⅰ)是一阶项,由于环境作用变量是取平均值,因此也称为平均场近似.代入式(3.2.4),有

$$(\mathrm{I}) = -\frac{i}{\hbar}\mathrm{tr}_E(\hat{\rho}_E(t)[\tilde{\hat{H}}_I(t),\tilde{\hat{\rho}}_S(t)])$$

$$= -\frac{i}{\hbar}\sum_i\mathrm{tr}_E(\hat{\rho}_E(t)[\tilde{\hat{S}}_i(t)\otimes\tilde{\hat{B}}_i(t),\tilde{\hat{\rho}}_S(t)])$$

$$= -\frac{i}{\hbar} \sum_i \langle \hat{\tilde{B}}_i \rangle_E [\hat{\tilde{S}}_i(t), \hat{\tilde{\rho}}_S(t)] \tag{3.2.28}$$

这里，$\langle \hat{\tilde{B}}_i \rangle_E = \mathrm{tr}_E(\hat{\rho}_E(t)\hat{\tilde{B}}_i) = \mathrm{tr}_E(\hat{\rho}_E(t)\hat{B}_i)$.

把 $\hat{\tilde{H}}_I(t) = \sum_i \hat{\tilde{S}}_i^\dagger(t) \otimes \hat{\tilde{B}}_i^\dagger(t)$ 和 $\hat{\tilde{H}}_I(t) = \sum_i \hat{\tilde{S}}_i(t) \otimes \hat{\tilde{B}}_i(t)$ 代入，式(3.2.27)中右边被积函数第二项（Ⅱ）可写为

$$(\mathrm{II}) = -\frac{1}{\hbar^2}\int_0^t \mathrm{d}\tau\, \mathrm{tr}_E\big([\hat{\tilde{H}}_I(t), \hat{\tilde{H}}_I(\tau)\,\hat{\rho}_E(\tau) \otimes \hat{\tilde{\rho}}_S(\tau)]$$
$$- [\hat{\tilde{H}}_I(t), \hat{\rho}_E(\tau) \otimes \hat{\tilde{\rho}}_S(\tau)\,\hat{\tilde{H}}_I(\tau)]\big)$$
$$= -\frac{1}{\hbar^2}\sum_{i,j}\int_0^t \mathrm{d}\tau\,\big(\mathrm{tr}_E(\hat{\tilde{B}}_i^\dagger(t)\,\hat{\tilde{B}}_j(\tau)\,\hat{\rho}_E(\tau))[\hat{\tilde{S}}_i^\dagger(t), \hat{\tilde{S}}_j(\tau)\,\hat{\tilde{\rho}}_S(\tau)]$$
$$- \mathrm{tr}_E(\hat{\tilde{B}}_j^\dagger(\tau)\,\hat{\tilde{B}}_i(t)\,\hat{\rho}_E(\tau))[\hat{\tilde{S}}_i(t), \hat{\tilde{\rho}}_S(\tau)\,\hat{\tilde{S}}_j^\dagger(\tau)]\big) \tag{3.2.29}$$
$$= -\frac{1}{\hbar^2}\sum_{i,j}\int_0^t \mathrm{d}\tau\,\big(\langle \hat{\tilde{B}}_i^\dagger(t)\,\hat{\tilde{B}}_j(\tau)\rangle_E [\hat{\tilde{S}}_i^\dagger(t), \hat{\tilde{S}}_j(\tau)\,\hat{\tilde{\rho}}_S(\tau)]$$
$$+ \langle \hat{\tilde{B}}_j^\dagger(\tau)\,\hat{\tilde{B}}_j(t)\rangle_E [\hat{\tilde{S}}_j^\dagger(\tau)\,\hat{\tilde{\rho}}_S(\tau), \hat{\tilde{S}}_i(t)]\big) \tag{3.2.30}$$

在式(3.2.27)中

$$(\mathrm{III}) = \frac{1}{\hbar^2}\int_0^t \mathrm{d}\tau\,\mathrm{tr}_E\big([\hat{\tilde{H}}_I(t), \mathscr{P}[\hat{\tilde{H}}_I(\tau), \hat{\rho}_E(\tau) \otimes \hat{\tilde{\rho}}_S(\tau)]]\big)$$
$$= \frac{1}{\hbar^2}\int_0^t \mathrm{d}\tau\,\mathrm{tr}_E\big([\hat{\tilde{H}}_I(t), \hat{\rho}_E(\tau)\,\mathrm{tr}_E([\hat{\tilde{H}}_I(\tau), \hat{\rho}_E(\tau) \otimes \hat{\tilde{\rho}}_S(\tau)])]\big) \tag{3.2.31}$$
$$= \frac{1}{\hbar^2}\sum_{i,j}\int_0^t \mathrm{d}\tau\,\big(\langle \hat{\tilde{B}}_i^\dagger(t)\rangle_E \langle \hat{\tilde{B}}_j(\tau)\rangle_E [\hat{\tilde{S}}_i^\dagger(t), \hat{\tilde{S}}_j(\tau)\,\hat{\tilde{\rho}}_S(\tau)]$$
$$+ \langle \hat{\tilde{B}}_j^\dagger(\tau)\rangle_E \langle \hat{\tilde{B}}_i(t)\rangle_E [\hat{\tilde{\rho}}_S(\tau)\,\hat{\tilde{S}}_j^\dagger(\tau), \hat{\tilde{S}}_i(t)]\big) \tag{3.2.32}$$

假设环境是热库，$\hat{\rho}_E(\tau)$ 不随时间变化，有

$$\hat{\rho}_E(\tau) = \hat{\rho}_E(0) = \hat{\rho}_E^{(\mathrm{eq})} \tag{3.2.33}$$

利用

$$\mathrm{tr}_E(\hat{\tilde{B}}_i(t) \otimes \hat{\rho}_E^{(\mathrm{eq})}) = \mathrm{tr}_E(\hat{U}_0^{E\dagger}\,\hat{B}_i\,\hat{U}_0^E\,\hat{\rho}_E^{(\mathrm{eq})}) = \mathrm{tr}_E(\hat{B}_i\,\hat{\rho}_E^{(\mathrm{eq})})$$
$$= \langle \hat{B}_i \rangle_{\mathrm{eq}} = \langle \hat{\tilde{B}}_i \rangle_{\mathrm{eq}} \tag{3.2.34}$$

量子生物学：生物系统物质和能量传递的量子理论

把式(3.2.28)、式(3.2.30)和式(3.2.32)代入式(3.2.27),有

$$
\begin{aligned}
\frac{\partial}{\partial t} \hat{\tilde{\rho}}_S(t) = & -\frac{\mathrm{i}}{\hbar} \sum_i \langle \hat{\tilde{B}}_i \rangle_{\mathrm{eq}} [\hat{\tilde{S}}_i(t), \hat{\tilde{\rho}}_S(t)] \\
& -\frac{1}{\hbar^2} \sum_{i,j} \int_0^t \mathrm{d}\tau (\langle \Delta \hat{\tilde{B}}_i^\dagger(t) \Delta \hat{\tilde{B}}_j(\tau) \rangle_{\mathrm{eq}} [\hat{\tilde{S}}_i^\dagger(t), \hat{\tilde{S}}_j(\tau) \hat{\tilde{\rho}}_S(\tau)] \\
& + \langle \Delta \hat{\tilde{B}}_j^\dagger(\tau) \Delta \hat{\tilde{B}}_i(t) \rangle_{\mathrm{eq}} [\hat{\tilde{\rho}}_S(\tau) \hat{\tilde{S}}_j^\dagger(\tau), \hat{\tilde{S}}_i(t)])
\end{aligned} \tag{3.2.35}
$$

其中

$$
\Delta \hat{\tilde{B}}_i^\dagger(t) = \hat{\tilde{B}}_i^\dagger(t) - \langle \hat{\tilde{B}}_i^\dagger \rangle_{\mathrm{eq}}, \quad \Delta \hat{\tilde{B}}_j(t) = \hat{\tilde{B}}_i(t) - \langle \hat{\tilde{B}}_i \rangle_{\mathrm{eq}} \tag{3.2.36}
$$

定义

$$
\begin{aligned}
C_{ij}(t, t_0) &= \frac{1}{\hbar^2} (\langle \hat{\tilde{B}}_i^\dagger(t) \hat{\tilde{B}}_j(t_0) \rangle_{\mathrm{eq}} - \langle \hat{\tilde{B}}_i^\dagger \rangle_{\mathrm{eq}} \langle \hat{\tilde{B}}_j \rangle_{\mathrm{eq}}) \\
&= \frac{1}{\hbar^2} \langle \Delta \hat{\tilde{B}}_i^\dagger(t) \Delta \hat{\tilde{B}}_j(t_0) \rangle_{\mathrm{eq}}
\end{aligned} \tag{3.2.37}
$$

$C_{ij}(t, t_0)$ 被称为环境关联函数,具有如下性质:

$$
C_{ij}(t, t_0) = C_{ij}(t - t_0, 0) \tag{3.2.38}
$$

证明 利用 $[\hat{U}_0^E(t_0), \hat{\rho}_E^{(\mathrm{eq})}] = 0$,有

$$
\begin{aligned}
\langle \hat{\tilde{B}}_i^\dagger(t) \hat{\tilde{B}}_j(t_0) \rangle_{\mathrm{eq}} &= \mathrm{tr}_E(\hat{\tilde{B}}_i^\dagger(t) \hat{\tilde{B}}_j(t_0) \hat{\rho}_E^{(\mathrm{eq})}) \\
&= \mathrm{tr}_E(\hat{U}_0^{E\dagger}(t) \hat{B}_i^\dagger \hat{U}_0^E(t) \hat{U}_0^{E\dagger}(t_0) \hat{B}_j \hat{U}_0^E(t_0) \hat{\rho}_E^{(\mathrm{eq})}) \\
&= \mathrm{tr}_E(\hat{U}_0^E(t_0) \hat{U}_0^{E\dagger}(t) \hat{B}_i^\dagger \hat{U}_0^E(t) \hat{U}_0^{E\dagger}(t_0) \hat{B}_j \hat{\rho}_E^{(\mathrm{eq})})
\end{aligned} \tag{3.2.39}
$$

由于

$$
\hat{U}_0^E(t_0) \hat{U}_0^{E\dagger}(t) = \hat{U}_0^{E\dagger}(t - t_0)
$$

$$
\hat{U}_0^E(t) \hat{U}_0^{E\dagger}(t_0) = \hat{U}_0^E(t - t_0)
$$

式(3.2.39)可写成

$$
\begin{aligned}
\langle \hat{\tilde{B}}_i^\dagger(t) \hat{\tilde{B}}_j(t_0) \rangle_{\mathrm{eq}} &= \mathrm{tr}_E(\hat{U}_0^{E\dagger}(t - t_0) \hat{B}_i^\dagger \hat{U}_0^E(t - t_0) \hat{B}_j(0) \hat{\rho}_E^{(\mathrm{eq})}) \\
&= \langle \hat{\tilde{B}}_i^\dagger(t - t_0) \hat{\tilde{B}}_j(0) \rangle_{\mathrm{eq}}
\end{aligned}
$$

其中，$\hat{\tilde{B}}_j(0) = \hat{\tilde{B}}_j(0) = \hat{\tilde{B}}_j$.

$$C_{ij}(t,t_0) = \frac{1}{\hbar^2}(\langle\hat{\tilde{B}}_i(t-t_0)\,\hat{\tilde{B}}_j(0)\rangle_{eq} - \langle\hat{\tilde{B}}_i\rangle_{eq}\langle\hat{\tilde{B}}_j\rangle_{eq}) = C_{ij}(t-t_0,0)$$

证毕.

由式(3.2.38)可见，环境关联函数 $C_{ij}(t,t_0)$ 只与时间差 $t-t_0$ 有关. 因此，$C_{ij}(t,t_0)$ 可用 $C_{ij}(t-t_0,0)$ 代替. 为了方便，记

$$C_{ij}(t-t_0,0) = C_{ij}(t-t_0) \tag{3.2.40}$$

把式(3.2.28)~式(3.2.32)代入式(3.2.27)，并利用式(3.2.35)、式(3.2.37)和式(3.2.40)，可以得到

$$\begin{aligned}
\frac{\partial}{\partial t}\hat{\tilde{\rho}}_S(t) = &-\frac{i}{\hbar}\sum_i\langle\hat{\tilde{B}}_i\rangle_{eq}[\hat{\tilde{S}}_i(t),\hat{\tilde{\rho}}_S(t)]\\
&-\sum_{ij}\int_0^t d\tau(C_{ij}(t-\tau)[\hat{\tilde{S}}_i^\dagger(t),\hat{\tilde{S}}_j(\tau)\,\hat{\tilde{\rho}}_S(\tau)]\\
&-C_{ji}(\tau-t)[\hat{\tilde{S}}_i(t),\hat{\tilde{\rho}}_S(\tau)\,\hat{\tilde{S}}_j^\dagger(\tau)])
\end{aligned} \tag{3.2.41}$$

作变换 $t-\tau\to\tau$，式(3.2.41)成为

$$\begin{aligned}
\frac{\partial}{\partial t}\hat{\tilde{\rho}}_S(t) = &-\frac{i}{\hbar}\sum_i\langle\hat{\tilde{B}}_i\rangle_{eq}[\hat{\tilde{S}}_i(t),\hat{\tilde{\rho}}_S(t)]\\
&-\sum_{ij}\int_0^t d\tau(C_{ij}(\tau)[\hat{\tilde{S}}_i^\dagger(t),\hat{\tilde{S}}_j(t-\tau)\,\hat{\tilde{\rho}}_S(t-\tau)]\\
&-C_{ji}(-\tau)[\hat{\tilde{S}}_i(t),\hat{\tilde{\rho}}_S(t-\tau)\,\hat{\tilde{S}}_j^\dagger(t-\tau)])
\end{aligned} \tag{3.2.42}$$

称式(3.2.42)为在相互作用图景下的开放系统的量子主方程. 其中

$$\begin{aligned}
C_{ij}(t) &= \frac{1}{\hbar^2}(\langle\hat{\tilde{B}}_i^\dagger(t)\,\hat{\tilde{B}}_j(0)\rangle_{eq} - \langle\hat{\tilde{B}}_i^\dagger\rangle_{eq}\langle\hat{\tilde{B}}_j\rangle_{eq})\\
&= \frac{1}{\hbar^2}\langle\Delta\hat{\tilde{B}}_i^\dagger(t)\Delta\hat{\tilde{B}}_j(0)\rangle_{eq}
\end{aligned} \tag{3.2.43}$$

3.2.3　环境关联函数

对式(3.2.43)进行共轭转置，得

量子生物学：生物系统物质和能量传递的量子理论

$$C_{ij}^{\dagger}(t) = \frac{1}{\hbar^2} \langle \Delta \hat{\tilde{B}}_j^{\dagger}(0) \Delta \hat{\tilde{B}}_i(t) \rangle_{\mathrm{eq}} = \frac{1}{\hbar^2} \langle \Delta \hat{\tilde{B}}_j^{\dagger}(-t) \Delta \hat{\tilde{B}}_i(0) \rangle_{\mathrm{eq}} \qquad (3.2.44)$$

根据式(3.2.43),有

$$C_{ij}^{\dagger}(t) = C_{ji}(-t) \qquad (3.2.45)$$

考虑 $C_{ij}(t)$ 的傅里叶变换:

$$C_{ij}(\omega) = \int \mathrm{d}t \, \mathrm{e}^{\mathrm{i}\omega t} C_{ij}(t) \qquad (3.2.46)$$

$$C_{ij}^{\dagger}(\omega) = \int_{-\infty}^{\infty} \mathrm{d}t \, \mathrm{e}^{-\mathrm{i}\omega t} C_{ij}^{\dagger}(t) = \int_{-\infty}^{\infty} \mathrm{d}t \, \mathrm{e}^{-\mathrm{i}\omega t} C_{ji}(-t) = C_{ji}(\omega) \qquad (3.2.47)$$

定义对称关联函数

$$C_{ij}^{(+)}(t) = C_{ij}(t) + C_{ij}^{\dagger}(t) = C_{ij}(t) + C_{ji}(-t) \qquad (3.2.48)$$

和反对称关联函数

$$C_{ij}^{(-)}(t) = C_{ij}(t) - C_{ij}^{\dagger}(t) = C_{ij}(t) - C_{ji}(-t) \qquad (3.2.49)$$

根据上述定义可知,$C_{ij}^{(+)}(t)$ 是实函数,而 $C_{ij}^{(-)}(t)$ 是虚函数.另外

$$C_{ij}^{(+)}(-t) = C_{ji}^{(+)}(t), \quad C_{ij}^{(-)}(-t) = -C_{ji}^{(-)}(t) \qquad (3.2.50)$$

对应地,定义

$$C_{ij}^{(\pm)}(\omega) = C_{ij}(\omega) \pm C_{ij}^{\dagger}(-\omega) \qquad (3.2.51)$$

根据式(3.2.47),有

$$C_{ij}^{(\pm)}(\omega) = C_{ij}(\omega) \pm C_{ji}(-\omega) \qquad (3.2.52)$$

把式(3.2.43)代入式(3.2.46),有

$$C_{ij}(\omega) = \frac{1}{\hbar^2} \int_{-\infty}^{\infty} \mathrm{d}t \, \mathrm{e}^{\mathrm{i}\omega t} \langle \Delta \hat{\tilde{B}}_i^{\dagger}(t) \Delta \hat{\tilde{B}}_i(0) \rangle_{\mathrm{eq}} \qquad (3.2.53)$$

设 $|\mu\rangle$ 和 E_{μ} 分别是 $\hat{H}_E$ 的本征波函数和本征能量,$C_{ij}(\omega)$ 可以表示成

$$C_{ij}(\omega) = \frac{1}{\hbar^2} \int_{-\infty}^{\infty} \mathrm{d}t \, \mathrm{e}^{\mathrm{i}\omega t} \, \mathrm{tr}_E \left(\Delta \hat{\tilde{B}}_i^{\dagger}(t) \Delta \hat{\tilde{B}}_j(0) \, \hat{\rho}_E^{(\mathrm{eq})} \right)$$

$$= \frac{1}{\hbar^2} \int_{-\infty}^{\infty} \mathrm{d}t \, \mathrm{e}^{\mathrm{i}\omega t} \, \mathrm{tr}_E \left(\mathrm{e}^{\frac{\mathrm{i}}{\hbar} \hat{H}_E t} \Delta \hat{B}_i \mathrm{e}^{-\frac{\mathrm{i}}{\hbar} \hat{H}_E t} \Delta \hat{\tilde{B}}_j \hat{\rho}_E^{(\mathrm{eq})} \right)$$

$$= \frac{1}{\hbar^2} \sum_{\mu,\nu} \int_{-\infty}^{\infty} \mathrm{d}t \, \mathrm{e}^{\mathrm{i}(\omega-\omega_{\nu\mu})t} \langle \mu | \Delta \hat{B}_i | \nu \rangle \langle \nu | \Delta \hat{B}_j | \mu \rangle f_\mu \tag{3.2.54}$$

其中，$\omega_{\nu\mu} = \dfrac{E_\nu - E_\mu}{\hbar}$. 由

$$\hat{\rho}_E^{(\mathrm{eq})} | \mu \rangle = \frac{\mathrm{e}^{-\hat{H}_\mu/(k_\mathrm{B}T)}}{\sum_\nu \mathrm{e}^{-\hat{H}_\nu/(k_\mathrm{B}T)}} | \mu \rangle \tag{3.2.55a}$$

这里 k_B 是玻尔兹曼常数，T 是温度. f_μ 为

$$f_\mu = \langle \mu | \hat{\rho}_E^{(\mathrm{eq})} | \mu \rangle = \frac{\mathrm{e}^{-E_\mu/(k_\mathrm{B}T)}}{\sum_\mu \mathrm{e}^{-E_\nu/(k_\mathrm{B}T)}} \tag{3.2.55b}$$

由于

$$\int_{-\infty}^{\infty} \mathrm{d}t \, \mathrm{e}^{(\omega-\omega_{\nu\mu})t} = 2\pi\delta(\omega - \omega_{\nu\mu}) \tag{3.2.56}$$

式(3.2.54)成为

$$C_{ij}(\omega) = \frac{2\pi}{\hbar^2} \sum_{\mu,\nu} f_\mu \langle \mu | \Delta \hat{B}_i | \nu \rangle \langle \nu | \Delta \hat{B}_j | \mu \rangle \delta(\omega - \omega_{\nu\mu}) \tag{3.2.57}$$

交换指标 i 和 j，式(3.2.57)成为

$$C_{ji}(\omega) = \frac{2\pi}{\hbar^2} \sum_{\mu,\nu} f_\mu \langle \mu | \Delta \hat{B}_j | \nu \rangle \langle \nu | \Delta \hat{B}_i | \mu \rangle \delta(\omega - \omega_{\nu\mu}) \tag{3.2.58}$$

交换指标 μ 和 ν，式(3.2.57)成为

$$C_{ji}(\omega) = \frac{2\pi}{\hbar^2} \sum_{\mu,\nu} f_\nu \langle \mu | \Delta \hat{B}_i | \nu \rangle \langle \nu | \Delta \hat{B}_j | \mu \rangle \delta(\omega - \omega_{\mu\nu}) \tag{3.2.59}$$

作 $\omega \rightarrow -\omega$，有

$$C_{ji}(-\omega) = \frac{2\pi}{\hbar^2} \sum_{\mu,\nu} f_\nu \langle \mu | \Delta \hat{B}_i | \nu \rangle \langle \nu | \Delta \hat{B}_j | \mu \rangle \delta(\omega + \omega_{\mu\nu}) \tag{3.2.60}$$

而

$$f_\nu = \mathrm{e}^{-\frac{\hbar\omega_{\nu\mu}}{k_\mathrm{B}T}} f_\mu \tag{3.2.61}$$

将式(3.2.61)代入式(3.2.60)，有

$$C_{ji}(-\omega) = \frac{2\pi}{\hbar^2} \sum_{\mu,\nu} f_\mu \langle\mu|\Delta\hat{B}_i|\nu\rangle\langle\nu|\Delta\hat{B}_j|\mu\rangle e^{-\frac{\hbar\omega_{\nu\mu}}{k_B T}} \delta(\omega + \omega_{\mu\nu})$$

$$= \frac{2\pi}{\hbar^2} e^{-\frac{\hbar\omega}{k_B T}} \sum_{\mu,\nu} f_\mu \langle\mu|\Delta\hat{B}_i|\nu\rangle\langle\nu|\Delta\hat{B}_j|\mu\rangle \delta(\omega - \omega_{\nu\mu})$$

$$= e^{-\frac{\hbar\omega}{k_B T}} C_{ij}(\omega) \tag{3.2.62}$$

亦即

$$C_{ij}(\omega) = e^{\frac{\hbar\omega}{k_B T}} C_{ji}(-\omega) \tag{3.2.63}$$

式(3.2.63)对处于热力学平衡状态下的环境(热库)成立.

把式(3.2.63)代入式(3.2.52),可得

$$C_{ij}(\omega) = (1 \pm e^{-\frac{\hbar\omega}{k_B T}})^{-1} C_{ij}^{(\pm)}(\omega) = (1 + n(\omega)) C_{ij}^{(-)}(\omega) \tag{3.2.64}$$

其中,$n(\omega)$是玻色-爱因斯坦分布:

$$n(\omega) = (e^{\frac{\hbar\omega}{k_B T}} - 1)^{-1} \tag{3.2.65}$$

由上面讨论,可得

$$C_{ij}^{(+)}(\omega) = \coth\frac{\hbar\omega}{2k_B T} C_{ij}^{(-)}(\omega) \tag{3.2.66}$$

$$C_{ij}(t) = \frac{1}{2\pi} \int_{-\infty}^{\infty} d\omega e^{-i\omega t} (1 + n(\omega)) C_{ij}^{(-)}(\omega) \tag{3.2.67}$$

$$= \frac{1}{2\pi} \int_0^{\infty} d\omega (e^{-i\omega t} (1 + n(\omega)) C_{ij}^{(-)}(\omega) + e^{i\omega t} (1 + n(-\omega)) C_{ij}^{(-)}(-\omega))$$

$$= \frac{1}{2\pi} \int_0^{\infty} d\omega (e^{-i\omega t} (1 + n(\omega)) C_{ij}^{(-)}(\omega) - e^{i\omega t} n(\omega) C_{ij}^{(-)}(-\omega)) \tag{3.2.68}$$

由式(3.2.52)($C_{ij}^{(-)}(\omega) = C_{ij}(\omega) - C_{ji}(-\omega)$),有

$$C_{ij}^{(-)}(-\omega) = C_{ij}(-\omega) - C_{ji}(\omega)$$

$$= -(C_{ji}(\omega) - C_{ij}(-\omega)) = -C_{ji}^{(-)}(\omega)$$

式(3.2.68)成为

$$C_{ij}(t) = \frac{1}{2\pi} \int_0^{\infty} d\omega (e^{-i\omega t} (1 + n(\omega)) C_{ij}^{(-)}(\omega) + e^{i\omega t} n(\omega) C_{ji}^{(-)}(\omega)) \tag{3.2.69}$$

由式(3.2.64),也可以把 $C_{ij}(t)$ 表示成 $C_{ji}^{(+)}(\omega)$ 相关的傅里叶变换形式:

$$C_{ij}(t) = \frac{1}{2\pi}\int_{-\infty}^{\infty}\mathrm{d}\omega\, \mathrm{e}^{-\mathrm{i}\omega t}\,(1+\mathrm{e}^{-\frac{\hbar\omega}{k_B T}})^{-1}C_{ij}^{(+)}(\omega)$$

$$= \frac{1}{2\pi}\int_{0}^{\infty}\mathrm{d}\omega\,(\mathrm{e}^{-\mathrm{i}\omega t}\,(1+\mathrm{e}^{-\frac{\hbar\omega}{k_B T}})^{-1}C_{ij}^{(+)}(\omega)+\mathrm{e}^{\mathrm{i}\omega t}\,(1+\mathrm{e}^{\frac{\hbar\omega}{k_B T}})^{-1}C_{ij}^{(+)}(-\omega))$$

$$= \frac{1}{2\pi}\int_{0}^{\infty}\mathrm{d}\omega\,(\mathrm{e}^{-\mathrm{i}\omega t}\,(1+\mathrm{e}^{-\frac{\hbar\omega}{k_B T}})^{-1}C_{ij}^{(+)}(\omega)+\mathrm{e}^{\mathrm{i}\omega t}\,(1+\mathrm{e}^{\frac{\hbar\omega}{k_B T}})^{-1}C_{ji}^{(+)}(\omega)) \qquad (3.2.70)$$

3.2.4 谐振子热库

假设环境热库由谐振子组成,其哈密顿量为

$$\hat{H}_E = \sum_i \frac{1}{2}(\hat{p}_i^2 + \omega_i^2 \hat{q}_i^2) \qquad (3.2.71)$$

其中,q_i 是热库谐振子的简正模坐标.谐振子 i 的本征能量和本征态由式(2.3.21)给出:

$$E_{N_i} = \left(N_i + \frac{1}{2}\right)\hbar\omega_i, \quad N_i = 0,1,\cdots \qquad (3.2.72)$$

$$|N_i\rangle = \left(\frac{\alpha_i^2}{\pi}\right)^{1/4}(2^N N!)^{-1/2}\exp\left(-\frac{1}{2}\alpha_i^2 q_i^2\right)H_{N_i}(\alpha_i q_i) \qquad (3.2.73)$$

其中,$\alpha_i = \sqrt{\dfrac{\omega_i}{\hbar}}$,$H_N(\alpha_i q_i)$ 是埃尔米特(Hermite)多项式.

热库谐振子哈密顿量(式(3.2.71))的能量本征值为

$$E\{N_1,N_2,\cdots\} = \sum_i \left(N_i + \frac{1}{2}\right)\hbar\omega_i, \quad N_i = 0,1,\cdots \qquad (3.2.74)$$

对应的定态薛定谔方程的解为

$$|\Phi\{N_1,N_2,\cdots\}\rangle = \prod_i |N_i\rangle \qquad (3.2.75)$$

像式(2.3.22),引进产生算符 $\hat{a}_i^\dagger$ 和湮灭算符 $\hat{a}_i$:

$$\begin{cases} \hat{a}_i = \sqrt{\dfrac{\omega_i}{2\hbar}}\,\hat{q}_i + \mathrm{i}\sqrt{\dfrac{1}{2\hbar\omega_i}}\,\hat{p}_i \\[2mm] \hat{a}_i^\dagger = \sqrt{\dfrac{\omega_i}{2\hbar}}\,\hat{q}_i - \mathrm{i}\sqrt{\dfrac{1}{2\hbar\omega_i}}\,\hat{p}_i \end{cases} \qquad (3.2.76)$$

从而 $\hat{q}_i$ 和 $\hat{p}_i$ 也可以表示成

$$\begin{cases} \hat{q}_i = \sqrt{\dfrac{\hbar}{2\omega_i}}(\hat{a}_i + \hat{a}_i^\dagger) = \sqrt{\dfrac{\hbar}{2\omega_i}}\hat{Q}_i \\[3mm] \hat{p}_i = -\mathrm{i}\sqrt{\dfrac{\hbar\omega_i}{2}}(\hat{a}_i - \hat{a}_i^\dagger) = \sqrt{\dfrac{\hbar\omega_i}{2}}\hat{P}_i \end{cases} \tag{3.2.77}$$

这里，$\hat{Q}_i = \hat{a}_i + \hat{a}_i^\dagger$ 和 $\hat{P}_i = -\mathrm{i}(\hat{a}_i - \hat{a}_i^\dagger)$ 分别是无量纲坐标和动量.

热库谐振子哈密顿量(式(3.2.71))可写成

$$\hat{H}_E = \sum_i \hbar\omega_i\left(\hat{a}_i^\dagger\hat{a}_i + \frac{1}{2}\right) = \sum_i \frac{\hbar\omega_i}{4}(\hat{P}_i^2 + \hat{Q}_i^2) \tag{3.2.78}$$

假定相互作用哈密顿量 $\hat{H}_I$ 为

$$\hat{H}_I = \sum_i \hat{B}_i\Delta\hat{S}_i = \sum_i \hbar g_i\hat{q}_i\Delta\hat{S}_i \tag{3.2.79}$$

这里，g_i 是系统-环境耦合常数.与式(3.1.3)相比，有

$$\hat{B}_i = \hbar g_i\hat{q}_i = \hbar\omega_i\tilde{g}_i\hat{Q}_i \tag{3.2.80}$$

其中，$\tilde{g}_i = \sqrt{\dfrac{\hbar}{2\omega_i^3}}g_i$.不失一般性，假设 $\langle\hat{q}_i\rangle_{\mathrm{eq}} = 0$，即每个谐振子的平衡位置坐标为零.把式(3.2.80)代入式(3.2.43)，有

$$C_{ij}(t) = \frac{1}{\hbar^2}\langle\hat{\tilde{B}}_i^\dagger(t)\hat{\tilde{B}}_j(0)\rangle_{\mathrm{eq}} = g_ig_j\,\mathrm{tr}_E(\hat{\rho}_E^{(\mathrm{eq})}\hat{\tilde{q}}_i(t)\hat{\tilde{q}}_j(0)) \tag{3.2.81}$$

其中，$\hat{\rho}_E^{(\mathrm{eq})}$ 由式(3.2.55a)给出.

相互作用图景的简正坐标 $\hat{\tilde{q}}_i(t)$ 为(式(2.3.92))

$$\hat{\tilde{q}}_i(t) = \mathrm{e}^{\frac{\mathrm{i}}{\hbar}\hat{H}_E t}\hat{q}_i\mathrm{e}^{-\frac{\mathrm{i}}{\hbar}\hat{H}_E t} \tag{3.2.82}$$

$$= \sqrt{\frac{\hbar}{2\omega_i}}\mathrm{e}^{\frac{\mathrm{i}}{\hbar}\hat{H}_E t}(\hat{a}_i + \hat{a}_i^\dagger)\mathrm{e}^{-\frac{\mathrm{i}}{\hbar}\hat{H}_E t}$$

$$= \sqrt{\frac{\hbar}{2\omega_i}}(\hat{\tilde{a}}_i(t) + \hat{\tilde{a}}_i^\dagger(t))$$

$$= \sqrt{\frac{\hbar}{2\omega_i}}(\hat{a}_i\mathrm{e}^{-\mathrm{i}\omega t} + \hat{a}_i^\dagger\mathrm{e}^{\mathrm{i}\omega t}) \tag{3.2.83}$$

$$\hat{\tilde{q}}_j(0) = \hat{q}_j(0) = \hat{q}_j = \sqrt{\frac{\hbar}{2\omega_j}}(\hat{a}_j + \hat{a}_j^\dagger) \tag{3.2.84}$$

环境关联函数式(3.2.81)中

$$\mathrm{tr}_E(\hat{\rho}_{E_i}^{(\mathrm{eq})}\hat{\tilde{q}}_i(t)\hat{\tilde{q}}_j(0)) = \sum_{N_k,N_{k'}}\left(\prod_k\langle N_k|\right)\hat{\tilde{q}}_i(t)\hat{\tilde{q}}_j(0)\hat{\rho}_E^{(\mathrm{eq})}\left(\prod_{k'}|N_{k'}\rangle\right) \tag{3.2.85}$$

式(3.2.85)求迹只涉及谐振子 i 和 j,其他谐振子 $k\neq i,j$,有

$$\prod_{k,k'\neq i,j}\langle N_k|N_{k'}\rangle = \prod_{k,k'\neq i,j}\delta_{k,k'} = 1 \tag{3.2.86}$$

因此,式(3.2.85)可写为

$$\mathrm{tr}_E(\hat{\rho}_{E_i}^{(\mathrm{eq})}\hat{\tilde{q}}_i(t)\hat{\tilde{q}}_j(0)) = \sum_{N_i,N_j}\langle N_iN_j|\hat{\tilde{q}}_i(t)\hat{\tilde{q}}_j(0)\hat{\rho}_E^{(\mathrm{eq})}|N_jN_i\rangle \tag{3.2.87}$$

对谐振子

$$\langle N_i|\hat{\tilde{q}}_i(t)|N_i\rangle = \langle N_i|\hat{q}_i|N_i\rangle = 0 \tag{3.2.88}$$

因此,式(3.2.87)成为

$$\mathrm{tr}_E(\hat{\rho}_E^{(\mathrm{eq})}\hat{\tilde{q}}_i(t)\hat{\tilde{q}}_j(0)) = \sum_{N_i}\langle N_i|\hat{\tilde{q}}_i(t)\hat{\tilde{q}}_j(0)\hat{\rho}_E^{(\mathrm{eq})}|N_i\rangle\delta_{ij} \tag{3.2.89}$$

式(3.2.89)代入式(3.2.81),有

$$C_{ij}(t) = g_ig_j\sum_{N_i}\langle N_i|\hat{\tilde{q}}_i(t)\hat{\tilde{q}}_i(0)\hat{\rho}_E^{(\mathrm{eq})}|N_i\rangle\delta_{ij} \tag{3.2.90}$$

式(3.2.90)表明对于谐振子热库,不同简振模(或谐振子)之间没有关联.

把式(3.2.83)和式(3.2.84)代入式(3.2.90),有

$$C_{ij}(t) = \frac{\hbar}{2\omega_i}g_ig_j\delta_{ij}\sum_{N_i}\langle N_i|(\hat{a}_i\mathrm{e}^{-\mathrm{i}\omega_it} + \hat{a}_i^\dagger\mathrm{e}^{\mathrm{i}\omega_it})(\hat{a}_i + \hat{a}_i^\dagger)\hat{\rho}_E^{(\mathrm{eq})}|N_i\rangle \tag{3.2.91}$$

式(3.2.91)中只有 $\hat{a}_i\hat{a}_i^\dagger$ 和 $\hat{a}_i^\dagger\hat{a}_i$ 相关项有贡献,因而有

$$C_{ij}(t) = \frac{\hbar}{2\omega_i}g_ig_j\delta_{ij}\sum_{N_i}\langle N_i|(\hat{a}_i\hat{a}_i^\dagger\mathrm{e}^{-\mathrm{i}\omega_it} + \hat{a}_i^\dagger\hat{a}_i\mathrm{e}^{\mathrm{i}\omega_it})\hat{\rho}_E^{(\mathrm{eq})}|N_i\rangle$$

$$= \frac{\hbar}{2\omega_i}g_ig_j\delta_{ij}\sum_{N_i}f_{N_i}((N_i+1)\mathrm{e}^{-\mathrm{i}\omega_it} + N_i\mathrm{e}^{\mathrm{i}\omega_it}) \tag{3.2.92}$$

其中，$f_{N_i} = \dfrac{\mathrm{e}^{-\left(N_i + \frac{1}{2}\right)\hbar\omega_i/(k_B T)}}{\sum\limits_i \mathrm{e}^{-\left(N_i + \frac{1}{2}\right)\hbar\omega_i/(k_B T)}}$ 由式(3.2.55b)给出.定义简振模 i 的平均谐振子数目

$$n(\omega_i) = \sum_{N_i} f_{N_i} N_i \qquad (3.2.93)$$

从而式(3.2.92)可写成

$$C_{ij}(t) = \frac{1}{2}\hbar\omega_i g_i g_j \delta_{ij}\left((n(\omega_i)+1)\mathrm{e}^{-\mathrm{i}\omega_i t} + n(\omega_i)\mathrm{e}^{\mathrm{i}\omega_i t}\right) = C_i(t)\delta_{ij} \qquad (3.2.94)$$

$n(\omega_i)$ 也称为玻色-爱因斯坦分布函数.

把式(3.2.94)代入式(3.2.41)，有

$$\frac{\partial}{\partial t}\hat{\tilde{\rho}}_S(t) = -\sum_i \int_0^t \mathrm{d}\tau \Big(C_i(t-\tau)\big[\hat{\tilde{S}}_i^\dagger(t),\hat{\tilde{S}}_i(\tau)\hat{\tilde{\rho}}_S(\tau)\big]$$
$$- C_i(\tau-t)\big[\hat{\tilde{S}}_i(t),\hat{\tilde{\rho}}_S(\tau)\hat{\tilde{S}}_i^\dagger(\tau)\big]\Big) \qquad (3.2.95)$$

定义

$$C(t) = \sum_i C_i(t) = \sum_i \frac{1}{2}\hbar\omega_i g_i^2\left((n_i(\omega_i)+1)\mathrm{e}^{-\mathrm{i}\omega_i t} + n_i(\omega_i)\mathrm{e}^{\mathrm{i}\omega_i t}\right) \qquad (3.2.96)$$

作傅里叶变换

$$C(\omega) = \sum_i \int_{-\infty}^{\infty} \mathrm{d}\tau \mathrm{e}^{\mathrm{i}\omega\tau} C_i(\tau) \qquad (3.2.97)$$

有

$$C(\omega) = 2\pi\sum_i \frac{1}{2}\hbar\omega_i g_i^2\left((n(\omega_i)+1)\delta(\omega-\omega_i) + n(\omega_i)\delta(\omega+\omega_i)\right) \qquad (3.2.98)$$

定义谱密度函数

$$J(\omega) = \sum_i \frac{\hbar}{2\omega_i} g_i^2 \delta(\omega-\omega_i) = \sum_i \omega_i^2 \tilde{g}_i^2 \delta(\omega-\omega_i) \qquad (3.2.99)$$

式(3.2.98)中的 $C(\omega)$ 可写成

$$C(\omega) = 2\pi\omega^2\left((n(\omega)+1)J(\omega) + n(-\omega)J(-\omega)\right) \qquad (3.2.100)$$

利用玻色-爱因斯坦布居满足

$$n(-\omega) = -1 - n(\omega)$$

式(3.2.100)右边第二项 $n(-\omega)J(-\omega)$ 可以替换成 $-(1+n(\omega))J(-\omega)$. 这样，关联函数 $C(\omega)$ 可以表示成

$$C(\omega) = 2\pi\omega^2(n(\omega)+1)(J(\omega)-J(-\omega)) \qquad (3.2.101)$$

考虑

$$
\begin{aligned}
C(-\omega) &= 2\pi\omega^2(n(-\omega)+1)(J(-\omega)-J(\omega)) \\
&= 2\pi\omega^2 n(\omega)(J(\omega)-J(-\omega)) \\
&= \frac{n(\omega)}{n(\omega)+1}C(\omega)
\end{aligned}
$$

即得到式(3.2.63).

根据式(3.2.64)，有

$$C^{(-)}(\omega) = 2\pi\omega^2(J(\omega)-J(-\omega)) \qquad (3.2.102)$$

$J(\omega)$ 也可以采用连续函数的形式. 一旦确定了谱密度函数，就可以求得环境关联函数 $C(t)$.

3.2.5　Lindblad 方程

3.2.5.1　马尔可夫近似

量子主方程(式(3.2.42))表明，相互作用图景的约化密度算符 $\hat{\tilde{\rho}}_s(t)$ 随时间的变化，不仅决定于在 t 时刻的 $\hat{\tilde{\rho}}_s(t)$，也依赖于在 $t-\tau$ 时刻的 $\hat{\tilde{\rho}}_s(t-\tau)$. 因此，式(3.2.42)是非马尔可夫的. 非马尔可夫过程的一个特征是存在记忆效应. 对应于动力学方程(3.2.42)，其记忆效应的特征时间 τ_{mem} 主要由环境关联函数 $C_{ij}(t)$ 决定. 假如在 τ_{mem} 时间尺度上，约化密度算符 $\hat{\tilde{\rho}}_s(t)$ 随时间变化不大，则记忆效应可以忽略不计. 在这种情况下，可以采用马尔可夫近似

$$\hat{\tilde{\rho}}_s(t-\tau) \cong \hat{\tilde{\rho}}_s(t) \qquad (3.2.103)$$

并把积分上限扩展成 ∞，则得到马尔可夫近似下的 Redfield 方程：

$$\frac{\partial}{\partial t} \hat{\tilde{\rho}}_S(t) = -\frac{i}{\hbar} \sum_i \langle \hat{\tilde{B}}_i \rangle_{\text{eq}} [\hat{\tilde{S}}_i(t), \hat{\tilde{\rho}}_S(t)]$$

$$- \sum_{i,j} \int_0^\infty d\tau (C_{ij}(\tau) [\hat{\tilde{S}}_i^\dagger(t), \hat{\tilde{S}}_j(t-\tau) \hat{\tilde{\rho}}_S(t)]$$

$$- C_{ji}(-\tau) [\hat{\tilde{S}}_i(t), \hat{\tilde{\rho}}_S(t) \hat{\tilde{S}}_j^\dagger(t-\tau)]) \tag{3.2.104}$$

3.2.5.2 旋波近似

我们下面把式(3.2.104)相互作用图景中的算符通过约化系统 S 的能量表象,表示成频率的函数.假设约化系统哈密顿量 $\hat{H}_S$ 有分立的本征值 $E_a = \hbar\omega_a$ 及本征波函数 $|a\rangle$,满足 $\hat{H}_S |a\rangle = \hbar\omega_a |a\rangle$.根据式(2.2.66),$S$ 中任一量子算符 $\hat{A}$ 可以表达成

$$\hat{A} = \sum_{a,b} |a\rangle A_{ab} \langle b| \tag{3.2.105}$$

利用恒等算符 $\hat{I} = \sum_a |a\rangle\langle a|$,相互作用图景的算符 $\hat{\tilde{A}}(t) = e^{\frac{i}{\hbar}\hat{H}_S t} \hat{A} e^{-\frac{i}{\hbar}\hat{H}_S t}$ 在能量表象中可以表达成

$$\hat{\tilde{A}}(t) = \sum_{a,b} |a\rangle\langle a| \hat{\tilde{A}}(t) |b\rangle\langle b| = \sum_{a,b} e^{i\omega_{ab}t} |a\rangle A_{ab} \langle b| \tag{3.2.106}$$

$$\hat{\tilde{A}}^\dagger(t) = \sum_{a,b} e^{i\omega_{ba}t} |a\rangle A_{ab}^\dagger \langle b| \tag{3.2.107}$$

其中,$\omega_{ab} = \omega_a - \omega_b$,$A_{ab} = \langle a| \hat{A} |b\rangle$,$A_{ab}^\dagger = \langle a| \hat{A}^\dagger |b\rangle$.$\hat{\tilde{A}}(t)$ 的傅里叶变换

$$\hat{\tilde{A}}(\omega) = \frac{1}{2\pi} \int dt\, e^{i\omega t} \hat{\tilde{A}}(t) = \sum_{a,b} \frac{1}{2\pi} \int dt\, e^{i(\omega - \omega_{ba})t} |a\rangle A_{ab} \langle b|$$

$$= \sum_{a,b} \delta(\omega_{ba} - \omega) |a\rangle A_{ab} \langle b| \tag{3.2.108}$$

称 ω 为 Bloch 频率.$\hat{\tilde{A}}(\omega)$ 与时间无关,不再是相互作用图景的算符,而是与能量表象相关,是频率的函数.同样地

$$\hat{\tilde{A}}^\dagger(\omega) = \sum_{a,b} \delta(\omega_{ba} + \omega) |a\rangle A_{ab}^\dagger \langle b| \tag{3.2.109}$$

$\hat{H}_S$ 和 $\hat{\tilde{A}}(\omega)$ 有如下对易关系:

$$[\hat{H}_S, \tilde{\hat{A}}(\omega)] = \sum_{a,b} \delta(\omega_{ba} - \omega)(\hat{H}_S|a\rangle A_{ab}\langle b| - |a\rangle A_{ab}\langle b|\hat{H}_S)$$

$$= -\hbar \sum_{a,b} \delta(\omega_{ba} - \omega)\omega_{ba}|a\rangle A_{ab}\langle b|$$

$$= -\hbar\omega \sum_{a,b} \delta(\omega_{ba} - \omega)|a\rangle A_{ab}\langle b|$$

$$= -\hbar\omega\tilde{\hat{A}}(\omega) \tag{3.2.110}$$

可见，$\tilde{\hat{A}}(\omega)$ 是超算符 $\mathcal{L}_S = [\hat{H}_S,]$ 的本征函数，本征值为 $-\hbar\omega$.

同样地

$$[\hat{H}_S, \tilde{\hat{A}}^{\dagger}(\omega)] = \hbar\omega\tilde{\hat{A}}^{\dagger}(\omega) \tag{3.2.111}$$

对算符 $\tilde{\hat{A}}(\omega)$ 进行 ω 求和：

$$\sum_{\omega} \tilde{\hat{A}}(\omega) = \sum_{a,b} \sum_{\omega} \delta(\omega_{ba} - \omega)|a\rangle A_{ab}\langle b| = \sum_{a,b}|a\rangle A_{ab}\langle b| \tag{3.2.112}$$

由式(3.2.105)

$$\hat{A} = \sum_{\omega} \tilde{\hat{A}}(\omega) \tag{3.2.113}$$

由式(3.2.113)，$\hat{A}$ 在相互作用图景下的算符 $\tilde{\hat{A}}(t)$ 也可以表示成

$$\tilde{\hat{A}}(t) = \sum_{\omega} e^{\frac{i}{\hbar}\hat{H}_S t}\tilde{\hat{A}}(\omega)e^{-\frac{i}{\hbar}\hat{H}_S t} = \sum_{\omega}\tilde{\hat{A}}(\omega, t) \tag{3.2.114}$$

其中，$\tilde{\hat{A}}(\omega, t)$ 是算符 $\tilde{\hat{A}}(\omega)$ 在相互作用图景下的算符：

$$\tilde{\hat{A}}(\omega, t) = e^{\frac{i}{\hbar}\hat{H}_S t}\tilde{\hat{A}}(\omega)e^{-\frac{i}{\hbar}\hat{H}_S t} \tag{3.2.115}$$

$$= \sum_{a,b} \delta(\omega_{ba} - \omega)e^{i\omega_{ab}t}|a\rangle A_{ab}\langle b|$$

$$= e^{-i\omega t}\tilde{\hat{A}}(\omega) \tag{3.2.116}$$

将式(3.2.116)代入式(3.2.114)得

$$\tilde{\hat{A}}(t) = \sum_{\omega} e^{-i\omega t}\tilde{\hat{A}}(\omega) \tag{3.2.117}$$

$$\tilde{\hat{A}}^{\dagger}(t) = \sum_{\omega} e^{i\omega t}\tilde{\hat{A}}^{\dagger}(\omega) \tag{3.2.118}$$

量子生物学:生物系统物质和能量传递的量子理论

因为 $\hat{\tilde{A}}(t) = \hat{\tilde{S}}_k(t), \hat{\tilde{A}}^\dagger(t) = \hat{\tilde{S}}_k^\dagger(t)(k=i,j)$,因此式(3.2.104)可写成

$$\frac{\mathrm{d}}{\mathrm{d}t}\hat{\tilde{\rho}}_S(t) = -\frac{\mathrm{i}}{\hbar}\sum_{i,\omega}\langle\hat{\tilde{B}}_i\rangle_{\mathrm{eq}}\mathrm{e}^{-\mathrm{i}\omega t}[\hat{\tilde{S}}_i(\omega),\hat{\tilde{\rho}}_S(t)]$$
$$+\Big(\sum_{i,\omega';j,\omega}\mathrm{e}^{\mathrm{i}(\omega'-\omega)t}C_{ij}(\omega)[\hat{\tilde{S}}_j(\omega)\hat{\tilde{\rho}}_S(t),\hat{\tilde{S}}_i^\dagger(\omega')] + h.c.\Big)$$

$$(3.2.119)$$

其中,$C_{ij}(\omega)$ 是单边傅里叶变换:

$$C_{ij}(\omega) = \int_0^\infty \mathrm{d}\tau\mathrm{e}^{\mathrm{i}\omega\tau}C_{ij}(\tau) = \frac{1}{\hbar^2}\int_0^\infty \mathrm{d}\tau\mathrm{e}^{\mathrm{i}\omega\tau}\langle\Delta\hat{\tilde{B}}_i^\dagger(t)\Delta\hat{\tilde{B}}_j(0)\rangle_{\mathrm{eq}} \quad (3.2.120)$$

式(3.2.119)中,$\mathrm{e}^{\mathrm{i}(\omega'-\omega)t}$ 和 $\mathrm{e}^{\mathrm{i}(\omega-\omega')t}$ 贡献以频率为 $\omega'-\omega$ 的振荡.当 $|\omega'-\omega|$ 增大,振荡加剧,以至于振荡项的正负值相互抵消,对方程解的贡献可以忽略不计.在弱相互作用近似下($\langle\hat{H}_I\rangle\to 0$),只有共振项($\omega'=\omega$)对式(3.2.119)有贡献,而忽略其他非共振项.在此近似下,式(3.2.119)成为

$$\frac{\mathrm{d}}{\mathrm{d}t}\hat{\tilde{\rho}}_S(t) = -\frac{\mathrm{i}}{\hbar}\sum_{i,\omega}\langle\hat{\tilde{B}}_i\rangle_{\mathrm{eq}}\mathrm{e}^{-\mathrm{i}\omega t}[\hat{\tilde{S}}_i(\omega),\hat{\tilde{\rho}}_S(t)]$$
$$+\Big(\sum_{i,j,\omega}C_{ij}(\omega)[\hat{\tilde{S}}_j(\omega)\hat{\tilde{\rho}}_S(t),\hat{\tilde{S}}_i^\dagger(\omega)] + h.c.\Big) \quad (3.2.121)$$

上述近似($\omega'=\omega$)被称为旋波近似,也叫作久期近似.

把 $C_{ij}(\omega)$ 分解成实部和虚部两部分:

$$\begin{cases} C_{ij}(\omega) = \dfrac{\gamma_{ij}(\omega)}{2} + \dfrac{\mathrm{i}}{\hbar}\Gamma_{ij}(\omega) \\[3mm] C_{ij}^\dagger(\omega) = \Big(\dfrac{\gamma_{ij}(\omega)}{2} + \dfrac{\mathrm{i}}{\hbar}\Gamma_{ij}(\omega)\Big)^\dagger = \dfrac{\gamma_{ji}(\omega)}{2} - \dfrac{\mathrm{i}}{\hbar}\Gamma_{ji}(\omega) \end{cases} \quad (3.2.122)$$

亦即

$$\begin{cases} \gamma_{ij}(\omega) = C_{ij}(\omega) + C_{ij}^\dagger(\omega) = \gamma_{ji}(\omega) \\[3mm] \Gamma_{ij}(\omega) = \dfrac{\hbar}{2\mathrm{i}}(C_{ij}(\omega) - C_{ij}^\dagger(\omega)) = \Gamma_{ji}(\omega) \end{cases} \quad (3.2.123)$$

把式(3.2.122)和式(3.2.123)代入式(3.2.121),有

$$\frac{\partial}{\partial t}\hat{\tilde{\rho}}_S(t) = -\frac{\mathrm{i}}{\hbar}\sum_{i,\omega}\langle\hat{\tilde{B}}_i\rangle_{\mathrm{eq}}\mathrm{e}^{-\mathrm{i}\omega t}[\hat{\tilde{S}}_i(\omega),\hat{\tilde{\rho}}_S(t)]$$

$$+\sum_{\omega,i,j}\left(\frac{\gamma_{ij}(\omega)}{2}+\frac{\mathrm{i}}{\hbar}\Gamma_{ij}(\omega)\right)(\hat{\tilde{S}}_j(\omega)\hat{\tilde{\rho}}_S(t)\hat{\tilde{S}}_i^\dagger(\omega)-\hat{\tilde{S}}_i^\dagger(\omega)\hat{\tilde{S}}_j(\omega)\hat{\tilde{\rho}}_S(t))$$

$$+\left(\frac{\gamma_{ji}(\omega)}{2}-\frac{\mathrm{i}}{\hbar}\Gamma_{ji}(\omega)\right)(\hat{\tilde{S}}_i(\omega)\hat{\tilde{\rho}}_S(t)\hat{\tilde{S}}_j^\dagger(\omega)-\hat{\tilde{\rho}}_S(t)\hat{\tilde{S}}_j^\dagger(\omega)\hat{\tilde{S}}_i(\omega))$$

$$(3.2.124)$$

把式(3.2.124)右边第二项下标互换($i\leftrightarrow j$),根据式(3.2.123),有

$$\frac{\partial}{\partial t}\hat{\tilde{\rho}}_S(t) = -\frac{\mathrm{i}}{\hbar}\sum_{i,\omega}\langle\hat{\tilde{B}}_i\rangle_{\mathrm{eq}}\mathrm{e}^{-\mathrm{i}\omega t}[\hat{\tilde{S}}_i(\omega),\hat{\tilde{\rho}}_S(t)]$$

$$+\sum_{\omega,i,j}\left(\frac{\gamma_{ij}(\omega)}{2}+\frac{\mathrm{i}}{\hbar}\Gamma_{ij}(\omega)\right)(\hat{\tilde{S}}_j(\omega)\hat{\tilde{\rho}}_S(t)\hat{\tilde{S}}_i^\dagger(\omega)-\hat{\tilde{S}}_i^\dagger(\omega)\hat{\tilde{S}}_j(\omega)\hat{\tilde{\rho}}_S(t))$$

$$+\left(\frac{\gamma_{ij}(\omega)}{2}-\frac{\mathrm{i}}{\hbar}\Gamma_{ij}(\omega)\right)(\hat{\tilde{S}}_j(\omega)\hat{\tilde{\rho}}_S(t)\hat{\tilde{S}}_i^\dagger(\omega)-\hat{\tilde{\rho}}_S(t)\hat{\tilde{S}}_i^\dagger(\omega)\hat{\tilde{S}}_j(\omega))$$

$$(3.2.125)$$

对式(3.2.125)合并同类项,得到

$$\frac{\partial}{\partial t}\hat{\tilde{\rho}}_S(t) = -\frac{\mathrm{i}}{\hbar}\sum_{i,\omega}\langle\hat{\tilde{B}}_i\rangle_{\mathrm{eq}}\mathrm{e}^{-\mathrm{i}\omega t}[\hat{\tilde{S}}_i(\omega),\hat{\tilde{\rho}}_S(t)]$$

$$+\frac{\mathrm{i}}{\hbar}\sum_{\omega,i,j}\Gamma_{ij}(\omega)(\hat{\tilde{\rho}}_S(t)\hat{\tilde{S}}_i^\dagger(\omega)\hat{\tilde{S}}_j(\omega)-\hat{\tilde{S}}_i^\dagger(\omega)\hat{\tilde{S}}_j(\omega)\hat{\tilde{\rho}}_S(t))$$

$$+\sum_{\omega,i,j}\gamma_{ij}(\omega)\left(\hat{\tilde{S}}_j(\omega)\hat{\tilde{\rho}}_S(t)\hat{\tilde{S}}_i^\dagger(\omega)-\frac{1}{2}[\hat{\tilde{S}}_i^\dagger(\omega)\hat{\tilde{S}}_j(\omega),\hat{\tilde{\rho}}_S(t)]_+\right)$$

$$(3.2.126)$$

其中

$$[\hat{\tilde{S}}_i^\dagger(\omega)\hat{\tilde{S}}_j(\omega),\hat{\tilde{\rho}}_S(t)]_+ = \hat{\tilde{S}}_i^\dagger(\omega)\hat{\tilde{S}}_j(\omega)\hat{\tilde{\rho}}_S(t)+\hat{\tilde{\rho}}_S(t)\hat{\tilde{S}}_i^\dagger(\omega)\hat{\tilde{S}}_j(\omega)$$

$$(3.2.127)$$

这样,式(3.2.126)可写成

$$\frac{\partial}{\partial t}\hat{\tilde{\rho}}_S(t) = -\frac{\mathrm{i}}{\hbar}[\hat{H}_{\mathrm{LS}},\hat{\tilde{\rho}}_S(t)]-\mathscr{D}\hat{\tilde{\rho}}_S(t) \qquad (3.2.128)$$

其中

$$\hat{H}_{\mathrm{LS}} = \sum_{\omega,i,j}\Gamma_{ij}(\omega)\hat{\tilde{S}}_i^\dagger(\omega)\hat{\tilde{S}}_j(\omega) \qquad (3.2.129)$$

$$\mathscr{D}\hat{\tilde{\rho}}_S(t) = -\sum_{\omega,i,j}\gamma_{ij}(\omega)\left(\hat{\tilde{S}}_j(\omega)\hat{\tilde{\rho}}_S(t)\hat{\tilde{S}}_i^\dagger(\omega) - \frac{1}{2}\left[\hat{\tilde{S}}_i^\dagger(\omega)\hat{\tilde{S}}_j(\omega),\hat{\tilde{\rho}}_S(t)\right]_+\right)$$

(3.2.130)

通常称厄米算符 $\hat{H}_{\text{LS}}$ 为兰姆位移算符,而 $\mathscr{D}\hat{\tilde{\rho}}_S(t)$ 称为耗散项. $\gamma_{ij}(\omega)$ 是 $\gamma(\omega)$ 的矩阵元. 由于 $\gamma_{ij}(\omega) = \gamma_{ji}(\omega)$,而且是实的,因此矩阵 $\gamma(\omega)$ 可以对角化. 也就是说,总可以找到一个酉矩阵 U,使得

$$\begin{cases}\gamma' = U\gamma(\omega)U^\dagger \\ L\tilde{\rho}_S L^\dagger = U S\tilde{\rho}_S(t)\tilde{S}^\ddagger U^\dagger\end{cases}$$

(3.2.131)

其中,矩阵 γ',$L = U\tilde{S}$ 和 $\tilde{S}$ 和的阵元分别是 γ_i',$\hat{L}_i(\omega)$ 和 $\tilde{S}_i(\omega)$. 从而在对角化表达下式(3.2.126)可写成

$$\frac{\partial}{\partial t}\hat{\tilde{\rho}}_S(t) = -\frac{\mathrm{i}}{\hbar}\left[\langle\hat{\tilde{B}}_i\rangle_{\text{eq}}\hat{\tilde{S}}_i + \hat{H}_{\text{LS}},\hat{\tilde{\rho}}_S(t)\right]$$

$$+ \sum_{\omega,i}\gamma_i'\left(\hat{L}_i(\omega)\hat{\tilde{\rho}}_S(t)\hat{L}_i^\dagger(\omega) - \frac{1}{2}\left[\hat{L}_i^\dagger(\omega)\hat{L}_i(\omega),\hat{\tilde{\rho}}_S(t)\right]\right)$$ (3.2.132)

式(3.2.132)即为相互作用图景的 Lindblad 方程,算符 $\hat{L}_i$ 为量子跃迁算符.

需要指出的是,如果环境算符 $\hat{B}_i$ 不显含时间,上述方程中与 $\langle\hat{\tilde{B}}_i\rangle_{\text{eq}}\hat{\tilde{S}}_i$ 有关项可以从方程中除去. 亦即,在环境处于热力学平衡时总可假设

$$\langle\hat{\tilde{B}}_i\rangle_{\text{eq}} = \langle\hat{B}_i\rangle_{\text{eq}} = 0$$

(3.2.133)

这样,比如相互作用图景的量子主方程(3.2.42)可以表示成

$$\frac{\partial}{\partial t}\hat{\tilde{\rho}}_S(t) = -\sum_{i,j}\int_0^t\mathrm{d}\tau\Big(C_{ij}(\tau)\left[\hat{\tilde{S}}_i^\dagger(t),\hat{\tilde{S}}_j(t-\tau)\hat{\tilde{\rho}}_S(t-\tau)\right]$$

$$- C_{ij}(-\tau)\left[\hat{\tilde{S}}_i(t),\hat{\tilde{\rho}}_S(t-\tau)\hat{\tilde{S}}_j^\dagger(t-\tau)\right]\Big)$$

(3.2.134)

其中,环境关联函数

$$C_{ij}(\tau) = \frac{1}{\hbar^2}\langle\hat{\tilde{B}}_i^\dagger(\tau)\hat{\tilde{B}}_j(0)\rangle_{\text{eq}}$$

(3.2.135)

如果

$$\langle\hat{B}_i\rangle_{\text{eq}} \neq 0$$

(3.2.136)

我们总可以把复合系统哈密顿算符(3.1.1)写成

$$\hat{H} = \hat{H}'_S + \hat{H}_E + \hat{H}'_I \tag{3.2.137}$$

其中,环境哈密顿量$\hat{H}_E$不变,而系统-环境相互作用算符$\hat{H}'_I$有如下形式:

$$\hat{H}'_I = \sum_i \hat{S}_i \otimes (\hat{B}_i - \langle \hat{B}_i \rangle_{\mathrm{eq}}) = \sum_i \hat{S}_i \otimes \hat{B}'_i \tag{3.2.138}$$

从而

$$\langle \hat{B}'_i \rangle_{\mathrm{eq}} = \langle \hat{B}_i - \langle \hat{B}_i \rangle_{\mathrm{eq}} \rangle_{\mathrm{eq}} = 0 \tag{3.2.139}$$

系统哈密顿算符在原来的基础上产生了一个位移

$$\hat{H}'_S = \hat{H}_S + \langle \hat{B}_i \rangle_{\mathrm{eq}} \sum_i \hat{S}_i \tag{3.2.140}$$

而描述系统约化密度算符演化的量子主方程仍然具有与式(3.2.134)同样的形式.在下面的讨论中,我们主要用到式(3.2.134).

3.3 薛定谔图景的约化密度算符动力学

3.3.1 量子主方程

下面我们把相互作用图景的约化密度算符$\tilde{\rho}_S$的演化方程(式(3.2.134))转化成薛定谔图景的量子主方程.由式(3.2.6),有

$$\hat{\rho}_S(t) = \hat{U}_0^S(t)\, \tilde{\rho}_S(t)\, \hat{U}_0^{S\dagger}(t) \tag{3.3.1}$$

其中,$\hat{U}_0^S(t) = \mathrm{e}^{-\frac{\mathrm{i}}{\hbar}\hat{H}_S t}$.对式(3.3.1)两边进行时间$t$的偏微分,有

$$\frac{\partial}{\partial t}\hat{\rho}_S(t) = -\frac{\mathrm{i}}{\hbar}[\hat{H}_S, \hat{\rho}_S(t)] + \hat{U}_0^S(t)\frac{\partial}{\partial t}\tilde{\rho}_S(t)\, \hat{U}_0^{S\dagger}(t) \tag{3.3.2}$$

把式(3.2.134)中的$\frac{\partial}{\partial t}\hat{\tilde{\rho}}_s$代入式(3.3.2),有

$$\frac{\partial}{\partial t}\hat{\rho}_S(t) = -\frac{i}{\hbar}[\hat{H}_S,\hat{\rho}_S(t)]$$
$$-\sum_{i,j}\int_0^t d\tau\left(C_{ij}(\tau)\,\hat{U}_0^S(t)[\hat{\tilde{S}}_i^\dagger(t),\hat{\tilde{S}}_j(t-\tau)\,\hat{\tilde{\rho}}_S(t-\tau)]\hat{U}_0^{S\dagger}(t)\right.$$
$$\left.+C_{ji}(-\tau)\,\hat{U}_0^S(t)[\hat{\tilde{\rho}}_S(t-\tau)\,\hat{\tilde{S}}_j^\dagger(t-\tau),\hat{\tilde{S}}_i(t)]\hat{U}_0^{S\dagger}(t)\right)$$
$$=-\frac{i}{\hbar}[\hat{H}_S,\hat{\rho}_S(t)]$$
$$-\sum_{i,j}\int_0^t d\tau\left(C_{ij}(\tau)[\hat{S}_i^\dagger,\hat{U}_0^S(\tau)\,\hat{S}_j\,\hat{\rho}_S(t-\tau)\,\hat{U}_0^{S\dagger}(\tau)]\right.$$
$$\left.-C_{ji}(-\tau)[\hat{S}_i,\hat{U}_0^S(\tau)\,\hat{\rho}_S(t-\tau)\,\hat{S}_j^\dagger\,\hat{U}_0^{S\dagger}(\tau)]\right) \tag{3.3.3}$$

称式(3.3.3)为量子主方程,其右边第一项是一阶项,其中包含平均场近似项$\sum_i\langle\hat{B}_i\rangle_{eq}\hat{S}_i(t)$;第二项是二阶项,环境的作用体现在关联函数$C_{ij}(\tau)$中(式(3.2.135)):

$$C_{ij}(\tau) = \frac{1}{\hbar^2}\langle\hat{B}_i^\dagger(\tau)\,\hat{B}_j(0)\rangle_{eq} \tag{3.3.4}$$

与式(3.2.42)和式(3.2.134)相似,量子主方程(3.3.3)是非马尔可夫的.采用马尔可夫近似(式(3.2.103)),$\hat{\tilde{\rho}}_S(t-\tau)\cong\hat{\tilde{\rho}}_S(t)$,有

$$\hat{\rho}_S(t-\tau) = \hat{U}_0^S(t-\tau)\,\hat{\tilde{\rho}}_S(t-\tau)\,\hat{U}_0^{S\dagger}(t-\tau)$$
$$\cong \hat{U}_0^S(-\tau)\,\hat{U}_0^S(t)\,\hat{\tilde{\rho}}_S(t)\,\hat{U}_0^{S\dagger}(t)\,\hat{U}_0^{S\dagger}(-\tau)$$
$$= \hat{U}_0^{S\dagger}(-\tau)\,\hat{\rho}_S(t)\,\hat{U}_0^S(-\tau) \tag{3.3.5}$$

把式(3.3.5)代入式(3.3.3),并把积分上限扩展到无穷大,量子主方程(3.3.3)成为Redfield方程:

$$\frac{\partial}{\partial t}\hat{\rho}_S(t) = -\frac{i}{\hbar}[\hat{H}_S,\hat{\rho}_S(t)]$$
$$-\sum_{i,j}\int_0^\infty d\tau\left(C_{ij}(\tau)[\hat{S}_i^\dagger,\hat{\tilde{S}}_j(-\tau)\,\hat{\rho}_S(t)]\right.$$
$$\left.-C_{ji}(-\tau)[\hat{S}_i,\hat{\rho}_S(t)\,\hat{\tilde{S}}_j^\dagger(-\tau)]\right) \tag{3.3.6}$$

其中，$\hat{\tilde{S}}_j(-\tau) = \hat{U}_0^{S\dagger}(-\tau)\hat{S}_j\hat{U}_0^S(-\tau)$.

设

$$\begin{cases} \hat{\Lambda}_i = \sum_j \int_0^\infty d\tau C_{ij}(\tau)\hat{\tilde{S}}_j(-\tau) \\ \Lambda_i^\dagger = \sum_j \int_0^\infty d\tau C_{ji}(-\tau)\hat{\tilde{S}}_j^\dagger(-\tau) \end{cases} \tag{3.3.7}$$

把式(3.3.7)代入式(3.3.6)，有

$$\frac{\partial}{\partial t}\hat{\rho}_S(t) = -\frac{i}{\hbar}[\hat{H}_S, \hat{\rho}_S(t)] - \sum_i ([\hat{S}_i^\dagger, \hat{\Lambda}_i\hat{\rho}_S(t)] - [\hat{S}_i, \hat{\rho}_S(t)\Lambda_i^\dagger]) \tag{3.3.8}$$

如果 $\hat{S}_i$ 是厄米的，则有

$$\frac{\partial}{\partial t}\hat{\rho}_S(t) = -\frac{i}{\hbar}[\hat{H}_S, \hat{\rho}_S(t)] - \sum_i ([\hat{S}_i, \hat{\Lambda}_i\hat{\rho}_S(t) - \hat{\rho}_S(t)\Lambda_i^\dagger]) \tag{3.3.9}$$

式(3.3.9)可写成

$$\frac{\partial}{\partial t}\hat{\rho}_S(t) = -\frac{i}{\hbar}\mathcal{L}_S\hat{\rho}_S(t) - \mathcal{D}\hat{\rho}_S(t) \tag{3.3.10}$$

其中，$\mathcal{L}_S\hat{\rho}_S(t) = [\hat{H}_S, \hat{\rho}_S(t)]$ 是系统的刘维尔超算符，$\mathcal{D}$ 称为耗散或弛豫超算符，且

$$\mathcal{D}\hat{\rho}_S(t) = \sum_i ([\hat{S}_i^\dagger, \hat{\Lambda}_i\hat{\rho}_S(t)] - [\hat{S}_i, \hat{\rho}_S(t)\Lambda_i^\dagger])$$

3.3.2　约化系统的能量演化

考虑系统内部能量

$$E_S(t) = \text{tr}_S(\hat{H}_S\hat{\rho}_S(t)) \tag{3.3.11}$$

的变化

$$\frac{\partial}{\partial t}E_S(t) = \text{tr}_S\left(\hat{H}_S\frac{\partial}{\partial t}\hat{\rho}_S(t)\right) \tag{3.3.12}$$

把式(3.3.10)代入式(3.3.12)并考虑到 $\hat{H}_S$ 不显含时间，以及

$$\mathrm{tr}_S(\hat{H}_S\hat{\rho}_S(t)) = \mathrm{tr}_S(\hat{H}_S[\hat{H}_S,\hat{\rho}_S(t)])$$

$$= \mathrm{tr}_S(\hat{H}_S\hat{H}_S\hat{\rho}_S(t) - \hat{H}_S\hat{\rho}_S(t)\hat{H}_S) = 0$$

有

$$\frac{\partial}{\partial t}E_S(t) = -\mathrm{tr}_S\left(\hat{H}_S\left(\frac{\mathrm{i}}{\hbar}\mathscr{L}_S\hat{\rho}_S(t) + \mathscr{D}\hat{\rho}_S(t)\right)\right)$$

$$= -\mathrm{tr}_S(\hat{H}_S\mathscr{D}\hat{\rho}_S(t)) \tag{3.3.13}$$

由式(3.3.13)可见,约化系统的内能变化来源于系统-环境相互作用.如果环境是有无限自由度的库(reservoir)或热浴(bath),系统能量会不可逆地传递到环境,称之为能量耗散(dissipation),对应于式(3.3.10)右边的第二项,本书中也记$\left(\frac{\partial}{\partial t}\hat{\rho}_S(t)\right)_{\mathrm{diss}} = -\mathscr{D}\hat{\rho}_S(t)$.

把$\mathscr{D}\hat{\rho}_S(t) = \sum_i([\hat{S}_i,\hat{\Lambda}_i\hat{\rho}_S(t) - \hat{\rho}_S(t)\hat{\Lambda}_i^\dagger])$代入式(3.3.13),有

$$\frac{\partial}{\partial t}E_S(t) = -\mathrm{tr}_S([\hat{H}_S,\hat{S}_i](\hat{\Lambda}_i\hat{\rho}_S(t) - \hat{\rho}_S(t)\hat{\Lambda}_i^\dagger)) \tag{3.3.14}$$

在式(3.3.14)的推导中,应用到$\mathrm{tr}(\hat{A}\hat{B}\hat{C}) = \mathrm{tr}(\hat{B}\hat{C}\hat{A})$.

由式(3.3.14),如果$[\hat{H}_S,\hat{S}_i] = 0$,那么耗散过程不会引起系统内能变化.例如用$\hat{H}_S$的本征态$|i\rangle$组成$\hat{S}_i = |i\rangle\langle i|$,这时,有$[\hat{H}_S,\hat{S}_i] = 0$.这种系统-环境相互作用不改变系统状态,没有能量的耗散,但会引起失相(dephasing)导致退相干.在本书后面的相关章节中我们将进一步进行讨论.

3.3.3 能量表象的量子主方程

3.3.3.1 能量表象的约化密度算符演化

如第3.2.5小节讨论,假设约化系统哈密顿量$\hat{H}_S$有分立的本征值$E_a = \hbar\omega_a$及本征波函数(本征态)$|a\rangle$:

$$\hat{H}_S|a\rangle = E_a|a\rangle \tag{3.3.15}$$

所有的本征态可以组成完备正交归一的基矢集.复合系统哈密顿量(式(3.1.1))可写成

$$\hat{H} = \sum_{a,b} |a\rangle\langle a|\hat{H}|b\rangle\langle b|$$

$$= \sum_{a,b} H_{aa}^{(S)} |a\rangle\langle a| + \sum_{a\neq b} H_{ab}^{(I)} |a\rangle\langle b| + \hat{H}_E \tag{3.3.16}$$

其中

$$H_{aa}^{(S)} = \langle a|\hat{H}_S|a\rangle = E_a, \quad H_{ab}^{(I)} = \langle a|\hat{H}_I|b\rangle \tag{3.3.17}$$

约化密度算符 $\hat{\rho}_S$ 可以表示成

$$\hat{\rho}_S(t) = \sum_{a,b} \rho_{ab}^{(S)}(t) |a\rangle\langle b| \tag{3.3.18}$$

这里,矩阵元

$$\rho_{ab}^{(S)}(t) = \langle a|\hat{\rho}_S(t)|b\rangle \tag{3.3.19}$$

考虑到复合系统(式(3.1.1))的密度算符满足 $\mathrm{tr}_{S\otimes E}(\hat{\rho}(t)) = 1$,即

$$\mathrm{tr}_{S\otimes E}(\hat{\rho}(t)) = \mathrm{tr}_S(\mathrm{tr}_E(\hat{\rho}(t))) = \mathrm{tr}_S(\hat{\rho}_S(t)) = 1$$

有

$$\mathrm{tr}_S(\hat{\rho}_S(t)) = \sum_a \langle a|\hat{\rho}_S(t)|a\rangle = \sum_a \rho_{aa}(t) = 1 \tag{3.3.20}$$

其中,$\rho_{aa}(t)$ 是密度矩阵对角元,也称为在态 $|a\rangle$ 上的布居. 因此,约化系统在本征态上的布居之和守恒,即 $\sum_a \frac{\partial}{\partial t}\rho_{aa}^{(S)}(t) = 0$.

由式(3.3.11),有

$$E_S(t) = \mathrm{tr}_S(\hat{H}_S\hat{\rho}_S(t)) = \sum_{a,b} \mathrm{tr}_S(E_a\rho_{ab}^{(S)}(t)|a\rangle\langle b|) = \sum_a E_a\rho_{aa}^{(S)}(t) \tag{3.3.21}$$

在约化系统的能量表象下

$$\hat{U}_0^S(\tau)|a\rangle = \mathrm{e}^{-\mathrm{i}\omega_a t}|a\rangle \tag{3.3.22}$$

对易操作算符 $[\hat{H}_S, \hat{\rho}_S(t)]$ 的矩阵元可以表示为

$$\langle a|[\hat{H}_S, \hat{\rho}_S(t)]|b\rangle = \hbar\omega_{ab}\rho_{ab}^{(S)}(t) \tag{3.3.23}$$

其中,$\omega_{ab} = \omega_a - \omega_b$,$\omega_a = \dfrac{E_a}{\hbar}$.

量子主方程(3.3.3)为

量子生物学:生物系统物质和能量传递的量子理论

$$\frac{\partial}{\partial t}\hat{\rho}_S(t) = -\frac{\mathrm{i}}{\hbar}[\hat{H}_s, \hat{\rho}_S(t)]$$

$$-\sum_{i,j}\int_0^t \mathrm{d}\tau\big(C_{ij}(\tau)[\hat{S}_i^\dagger, \hat{U}_0^S(\tau)\hat{S}_j\hat{\rho}_S(t-\tau)\hat{U}_0^{S\dagger}(\tau)]$$

$$-C_{ji}(-\tau)[\hat{S}_i, \hat{U}_0^S(\tau)\hat{\rho}_S(t-\tau)\hat{S}_j^\dagger\hat{U}_0^{S\dagger}(\tau)]\big)$$

可以转化为如下能量表象形式：

$$\frac{\partial}{\partial t}\rho_{ab}^{(S)}(t) = -\mathrm{i}\omega_{ab}\rho_{ab}^{(S)}(t) - \sum_{cd;ij}\int_0^t \mathrm{d}\tau\big(C_{ij}(\tau)\mathrm{e}^{\mathrm{i}\omega_{bc}\tau}S_{ac}^{(i)\dagger}\hat{S}_{cd}^{(j)}\rho_{db}^{(S)}(t-\tau)$$

$$+ C_{ij}(-\tau)\mathrm{e}^{\mathrm{i}\omega_{da}\tau}S_{cd}^{(i)\dagger}\hat{S}_{db}^{(j)}\rho_{ac}^{(S)}(t-\tau) - (C_{ij}(\tau)\mathrm{e}^{\mathrm{i}\omega_{da}\tau}S_{db}^{(i)\dagger}\hat{S}_{ac}^{(j)}$$

$$+ C_{ij}(-\tau)\mathrm{e}^{\mathrm{i}\omega_{bc}\tau}S_{db}^{(i)\dagger}\hat{S}_{ac}^{(j)})\rho_{cd}^{(S)}(t-\tau)\big) \tag{3.3.24}$$

其中

$$S_{\alpha\beta}^{(k)} = \langle\alpha|\hat{S}_k|\beta\rangle, \quad S_{\alpha\beta}^{(k)\dagger} = \langle\alpha|\hat{S}_k^\dagger|\beta\rangle \tag{3.3.25}$$

引入矩阵元

$$\begin{cases} M_{ab,cd}(\tau) = \sum_{i,j}C_{ij}(\tau)S_{ab}^{(i)\dagger}\hat{S}_{cd}^{(j)} \\ M_{ab,cd}(-\tau) = \sum_{i,j}C_{ij}(-\tau)S_{ab}^{(i)\dagger}\hat{S}_{cd}^{(j)} = \big(\sum_{i,j}C_{ji}(\tau)S_{ba}^{(i)}\hat{S}_{dc}^{(j)\dagger}\big)^\dagger \\ \qquad\qquad = \big(\sum_{i,j}C_{ij}(\tau)\hat{S}_{dc}^{(i)\dagger}S_{ba}^{(j)}\big)^\dagger = M_{dc,ba}^\dagger(\tau) \end{cases} \tag{3.3.26}$$

由此，式(3.3.24)可以写成

$$\frac{\partial}{\partial t}\rho_{ab}^{(S)}(t) = -\mathrm{i}\omega_{ab}\rho_{ab}^{(S)}(t) - \mathscr{D}\rho_{ab}^{(S)}(t) \tag{3.3.27}$$

其中

$$\mathscr{D}\rho_{ab}^{(S)}(t) = \sum_{c,d}\int_0^t \mathrm{d}\tau\big(M_{ac,cd}(\tau)\mathrm{e}^{\mathrm{i}\omega_{bc}\tau}\rho_{db}^{(S)}(t-\tau) + M_{cd,db}(-\tau)\mathrm{e}^{\mathrm{i}\omega_{da}\tau}\rho_{ac}^{(S)}(t-\tau)$$

$$- (M_{db,ac}(\tau)\mathrm{e}^{\mathrm{i}\omega_{da}\tau} + M_{db,ac}(-\tau)\mathrm{e}^{\mathrm{i}\omega_{bc}\tau})\rho_{cd}^{(S)}(t-\tau)\big)$$

$$= \sum_{c,d}\int_0^t \mathrm{d}\tau\big(M_{ac,cd}(\tau)\mathrm{e}^{\mathrm{i}\omega_{bc}\tau}\rho_{db}^{(S)}(t-\tau) + M_{bd,dc}^\dagger(\tau)\mathrm{e}^{\mathrm{i}\omega_{da}\tau}\rho_{ac}^{(S)}(t-\tau)$$

$$- (M_{db,ac}(\tau)\mathrm{e}^{\mathrm{i}\omega_{da}\tau} + M_{ca,bd}^\dagger(\tau)\mathrm{e}^{\mathrm{i}\omega_{bc}\tau})\rho_{cd}^{(S)}(t-\tau)\big) \tag{3.3.28}$$

称式(3.3.24)或式(3.3.27)为量子主方程(3.3.3)的能量表象表达式.

3.3.3.2 多能级 Redfield 方程

应用马尔可夫近似(式(3.2.103)),$\hat{\tilde{\rho}}_S(t-\tau) \cong \hat{\tilde{\rho}}_S(t)$,有

$$
\begin{aligned}
\rho_{ab}^{(S)}(t-\tau) &= e^{-i\omega_{ab}(t-\tau)} \widetilde{\rho}_{ab}^{(S)}(t-\tau) \\
&\cong e^{-i\omega_{ab}(t-\tau)} \widetilde{\rho}_{ab}^{(S)}(t) = e^{i\omega_{ab}\tau} \rho_{ab}^{(S)}(t)
\end{aligned} \tag{3.3.29}
$$

把式(3.3.29)代入式(3.3.28)并把积分上限扩展到无穷大,有

$$
\begin{aligned}
\mathscr{D}\rho_{ab}^{(S)}(t) = \sum_{c,d} \int_0^\infty d\tau \Big(&M_{ac,cd}(\tau) e^{i\omega_{dc}\tau} \rho_{db}^{(S)}(t) + M_{cd,db}(-\tau) e^{i\omega_{dc}\tau} \rho_{ac}^{(S)}(t) \\
&- (M_{db,ac}(\tau) e^{i\omega_{ca}\tau} + M_{db,ac}(-\tau) e^{i\omega_{bd}\tau}) \rho_{cd}^{(S)}(t) \Big)
\end{aligned} \tag{3.3.30}
$$

对 $M_{ab,cd}(\tau)$ 作单边傅里叶变换,得

$$
M_{ab,cd}(\omega) = \int_0^\infty d\tau M_{ab,cd}(\tau) e^{i\omega\tau} \tag{3.3.31}
$$

$$
\begin{aligned}
M_{ab,cd}^\dagger(\omega) &= \left(\int_0^\infty d\tau M_{ab,cd}(\tau) e^{i\omega\tau} \right)^\dagger = \int_0^\infty d\tau M_{ab,cd}^\dagger(\tau) e^{-i\omega\tau} \\
&= \int_0^\infty d\tau M_{dc,ba}(-\tau) e^{-i\omega\tau} = M_{dc,ba}(-\omega)
\end{aligned}
$$

$$
\begin{aligned}
\int_0^\infty d\tau M_{ab,cd}(-\tau) e^{i\omega\tau} &= \int_0^\infty d\tau M_{dc,ba}^\dagger(\tau) e^{i\omega\tau} \\
&= \left(\int_0^\infty d\tau M_{dc,ba}(\tau) e^{-i\omega\tau} \right)^\dagger = M_{dc,ba}^\dagger(-\omega)
\end{aligned} \tag{3.3.32}
$$

式(3.3.30)可写成

$$
\begin{aligned}
\mathscr{D}\rho_{ab}^{(S)}(t) = \sum_{c,d} \Big(&M_{ac,cd}(\omega_{dc}) \rho_{db}^{(S)}(t) + M_{bd,dc}^\dagger(-\omega_{dc}) \rho_{ac}^{(S)}(t) \\
&- (M_{db,ac}(\omega_{ca}) + M_{ca,bd}^\dagger(-\omega_{bd})) \rho_{cd}^{(S)}(t) \Big)
\end{aligned} \tag{3.3.33}
$$

这样,式(3.3.27)成为

$$
\begin{aligned}
\frac{\partial}{\partial t} \rho_{ab}^{(S)}(t) = &-i\omega_{ab} \rho_{ab}^{(S)}(t) \\
&- \sum_{c,d} \Big(M_{ac,cd}(\omega_{dc}) \rho_{db}^{(S)}(t) + M_{bd,dc}^\dagger(\omega_{cd}) \rho_{ac}^{(S)}(t) \\
&- (M_{db,ac}(\omega_{ca}) + M_{ca,bd}^\dagger(\omega_{db})) \rho_{cd}^{(S)}(t) \Big)
\end{aligned} \tag{3.3.34}
$$

称式(3.3.34)为能量表象下多能级 Redfield 方程.

量子生物学:生物系统物质和能量传递的量子理论

对 $M_{ab,cd}(\omega)$ 作实部和虚部分解：

$$M_{ab,cd}(\omega) = \int_0^\infty \mathrm{d}\tau \mathrm{e}^{\mathrm{i}\omega\tau} M_{ab,cd}(\tau) = \gamma_{ab,cd}(\omega) + \mathrm{i}\Gamma_{ab,cd}(\omega) \tag{3.3.35}$$

其中，$\gamma_{ab,cd}(\omega)$ 和 $\Gamma_{ab,cd}(\omega)$ 都是实函数.

由式(3.3.35)，有

$$\begin{aligned}
M_{ab,cd}^\dagger(\omega) &= (\gamma_{ab,cd}(\omega) + \mathrm{i}\Gamma_{ab,cd}(\omega))^\dagger \\
&= \gamma_{ab,cd}(\omega) - \mathrm{i}\Gamma_{ab,cd}(\omega)
\end{aligned} \tag{3.3.36}$$

这样，式(3.3.30)可以写成实部和虚部两部分：

$$\mathscr{D}\rho_{ab}^{(S)}(t) = \mathscr{D}_{\mathrm{r}}\rho_{ab}^{(S)}(t) + \mathrm{i}\mathscr{D}_{\mathrm{i}}\rho_{ab}^{(S)}(t) \tag{3.3.37}$$

其中

$$\begin{aligned}
\mathscr{D}_{\mathrm{r}}\rho_{ab}^{(S)}(t) = \sum_{cd} &\left((\gamma_{ac,cd}(\omega_{dc})\rho_{db}^{(S)}(t) + \gamma_{bd,dc}(\omega_{cd})\rho_{ac}^{(S)}(t)) \right. \\
&\left. - (\gamma_{db,ac}(\omega_{ca}) + \gamma_{db,ac}(\omega_{db}))\rho_{cd}^{(S)}(t) \right)
\end{aligned} \tag{3.3.38}$$

$$\begin{aligned}
\mathscr{D}_{\mathrm{i}}\rho_{ab}^{(S)}(t) = \sum_{cd} &\left((\Gamma_{ac,cd}(\omega_{dc})\rho_{db}^{(S)}(t) - \Gamma_{bd,dc}(\omega_{cd})\rho_{ac}^{(S)}(t)) \right. \\
&\left. - (\Gamma_{db,ac}(\omega_{ca}) - \Gamma_{db,ac}(\omega_{db}))\rho_{cd}^{(S)}(t) \right)
\end{aligned} \tag{3.3.39}$$

式(3.3.37)中的虚部 $\mathrm{i}\mathscr{D}_{\mathrm{i}}\rho_{ab}^{(S)}(t)$ 可以合并到其右边的虚数项中去，得到多能级 Redfield 主方程的另一种形式：

$$\frac{\partial}{\partial t}\rho_{ab}^{(S)}(t) = -\mathrm{i}(\omega_{ab} + \mathscr{D}_{\mathrm{i}})\rho_{ab}^{(S)}(t) - \mathscr{D}_{\mathrm{r}}\rho_{ab}^{(S)}(t) \tag{3.3.40}$$

虚部 $\mathscr{D}_{\mathrm{i}}\rho_{ab}^{(S)}(t)$ 只引起相因子，即跃迁频率的变化，对约化密度主方程没有实质性的改变. 因此下面只针对式(3.3.40)中的 $\mathscr{D}_{\mathrm{r}}\rho_{ab}^{(S)}(t)$ 耗散部分进行讨论.

引入

$$\begin{aligned}
R_{ab,cd} &= \delta_{b,d}\sum_s \gamma_{as,sc}(\omega_{cs}) + \delta_{a,c}\sum_s \gamma_{bs,sd}(\omega_{ds}) \\
&\quad - (\gamma_{ca,bd}(\omega_{db}) + \gamma_{db,ac}(\omega_{ca}))
\end{aligned} \tag{3.3.41}$$

称 $R_{ab,cd}$ 为 Redfield 张量矩阵元. $\mathscr{D}_{\mathrm{r}}\rho_{ab}^{(S)}(t)$ 可以写成如下统一形式：

$$\mathscr{D}_{\mathrm{r}}\rho_{ab}^{(S)}(t) \equiv \left(\frac{\partial}{\partial t}\rho_{ab}^{(S)}(t)\right)_{\mathrm{diss}} = \sum_{c,d} R_{ab,cd}\rho_{cd}^{(S)}(t) \tag{3.3.42}$$

下面我们来推导式(3.3.42).

根据式(3.3.41),有

$$\sum_{c,d} R_{ab,cd} \rho_{cd}^{(S)}(t) = \sum_{c,d} \left(\delta_{b,d} \sum_s \gamma_{as,sc}(\omega_{cs}) + \delta_{a,c} \sum_s \gamma_{bs,sd}(\omega_{ds}) \right) \rho_{cd}^{(S)}(t)$$
$$- (\gamma_{ca,bd}(\omega_{db}) + \gamma_{db,ac}(\omega_{ca})) \rho_{cd}^{(S)}(t)$$
$$= \underbrace{\sum_{c,s} \gamma_{as,sc}(\omega_{cs}) \rho_{cb}^{(S)}(t)}_{(\text{I})} + \underbrace{\sum_{d,s} \gamma_{bs,sd}(\omega_{ds}) \rho_{ad}^{(S)}(t)}_{(\text{II})}$$
$$- \sum_{c,d} (\gamma_{ca,bd}(\omega_{db}) + \gamma_{db,ac}(\omega_{ca})) \rho_{cd}^{(S)}(t) \tag{3.3.43}$$

对式(3.3.43)中的项(Ⅰ)进行符号交换,先把 c 换成 d,再把 s 换成 c,有

$$(\text{I}) = \sum_{c,d} \gamma_{ac,cd}(\omega_{dc}) \rho_{db}^{(S)}(t) \tag{3.3.44}$$

可以对项(Ⅱ)进行相类似的处理,先把 d 替换成 c,再把 s 换成 d,得

$$(\text{II}) = \sum_{c,d} \gamma_{bd,dc}(\omega_{cd}) \rho_{ac}^{(S)}(t) \tag{3.3.45}$$

把式(3.3.44)和式(3.3.45)代入式(3.3.43),得到

$$\sum_{c,d} R_{ab,cd} \rho_{cd}^{(S)}(t) = \sum_{c,d} \left(\gamma_{ac,cd}(\omega_{dc}) \rho_{db}^{(S)}(t) + \gamma_{bd,dc}(\omega_{cd}) \rho_{ac}^{(S)}(t) \right.$$
$$\left. - (\gamma_{ca,bd}(\omega_{db}) + \gamma_{db,ac}(\omega_{ca})) \rho_{cd}^{(S)}(t) \right) \tag{3.3.46}$$

从而得到式(3.3.38),其中,$\gamma_{ca,bd}(\omega_{db}) = \gamma_{db,ac}(\omega_{db})$.

这样,多能级 Redfield 方程(3.3.40)可写成

$$\frac{\partial}{\partial t} \rho_{ab}^{(S)}(t) = -i(\omega_{ab} + \mathscr{D}_i) \rho_{ab}^{(S)}(t) + \left(\frac{\partial}{\partial t} \rho_{ab}^{(S)}(t) \right)_{\text{diss}} \tag{3.3.47}$$

其中

$$\left(\frac{\partial}{\partial t} \rho_{ab}^{(S)}(t) \right)_{\text{diss}} = -\sum_{c,d} R_{ab,cd} \rho_{cd}^{(S)}(t) \tag{3.3.48}$$

3.3.3.3 能量表象下的 Lindblad 方程

1. 久期近似

方程(3.3.34)也可从相互作用图景的 Redfield 方程(3.2.134)直接推导出来. 把 $S_{ab}^{(i)\dagger}(t) = \langle a | \hat{\tilde{S}}_i^{\dagger}(t) | b \rangle = e^{i\omega_{ab}t} S_{ab}^{(i)\dagger}$ 和 $S_{cd}^{(j)}(t) = \langle c | \hat{\tilde{S}}_j(t) | d \rangle = e^{i\omega_{cd}t} S_{cd}^{(j)}$ 代入式 (3.2.134),得到

$$\frac{\partial}{\partial t}\widetilde{\rho}_{ab}^{(S)}(t) = -\sum_{c,d}\left(\mathrm{e}^{\mathrm{i}(\omega_{ac}-\omega_{dc})t}M_{ac,cd}(\omega_{dc})\widetilde{\rho}_{db}^{(S)}(t) + \mathrm{e}^{\mathrm{i}(\omega_{cd}-\omega_{bd})t}M_{bd,dc}^{\dagger}(\omega_{cd})\widetilde{\rho}_{ac}^{(S)}(t)\right.$$
$$\left. - \mathrm{e}^{\mathrm{i}(\omega_{db}-\omega_{ca})t}(M_{db,ac}(\omega_{ca}) + M_{ca,bd}^{\dagger}(\omega_{db}))\widetilde{\rho}_{cd}^{(S)}(t)\right) \tag{3.3.49}$$

将

$$\widetilde{\rho}_{\alpha\beta}^{(S)}(t) = \mathrm{e}^{\mathrm{i}\omega_{\alpha\beta}t}\rho_{\alpha\beta}^{(S)}(t) \tag{3.3.50}$$

代入式(3.3.49),即可得到 Redfield 方程(3.3.34).

在 3.2.5 小节,我们讨论了相互作用图景下的旋波近似(式(3.2.121)).同样地,作旋波近似,式(3.3.49)成为

$$\frac{\partial}{\partial t}\widetilde{\rho}_{ab}^{(S)}(t) = -\sum_{c,d}\left(M_{ac,cd}(\omega_{dc})\widetilde{\rho}_{db}^{(S)}(t)\delta_{d,a} + M_{bd,dc}^{\dagger}(\omega_{cd})\widetilde{\rho}_{ac}^{(S)}(t)\delta_{b,c}\right.$$
$$\left. - \delta_{\omega_{ca},\omega_{db}}(M_{db,ac}(\omega_{ca}) + M_{ca,bd}^{\dagger}(\omega_{db}))\widetilde{\rho}_{cd}^{(S)}(t)\right) \tag{3.3.51}$$
$$= -\sum_{c}M_{ac,ca}(\omega_{ac})\widetilde{\rho}_{ab}^{(S)}(t) + M_{bc,cb}^{\dagger}(\omega_{bc})\widetilde{\rho}_{ab}^{(S)}(t)$$
$$+ \sum_{c,d}\delta_{\omega_{ab},\omega_{cd}}(M_{db,ac}(\omega_{ca}) + M_{ca,bd}^{\dagger}(\omega_{ca}))\widetilde{\rho}_{cd}^{(S)}(t) \tag{3.3.52}$$

其中,$\delta_{\omega_{ca},\omega_{db}} = \delta_{\omega_{ab},\omega_{cd}}$ 表示式(3.3.52)中相关项有 $\omega_{ca} = \omega_{db}$ 或 $\omega_{ab} = \omega_{cd}$ 的约束.上面讨论的旋波近似,也称为久期近似.

由式(3.3.50)和式(3.3.52),我们可得到久期近似下量子主方程在能量表象下的表达式

$$\frac{\partial}{\partial t}\rho_{ab}^{(S)}(t) = \mathrm{i}\omega_{ab}\rho_{ab}^{(S)}(t) - \sum_{c}(M_{ac,ca}(\omega_{ac}) + M_{bc,cb}^{\dagger}(\omega_{bc}))\rho_{ab}^{(S)}(t)$$
$$+ \sum_{c,d}(M_{db,ac}(\omega_{ca}) + M_{ca,bd}^{\dagger}(\omega_{ca}))\rho_{cd}^{(S)}(t)\delta_{\omega_{ab},\omega_{cd}} \tag{3.3.53}$$

2. Bloch 近似

下面我们分对角约化密度矩阵元 $a = b$ 和非对角矩阵元 $a \neq b$ 两种情况对能量表象下量子主方程(3.3.53)进行讨论.由于有非常多的 c,d 组合,都可使得 $\omega_{cd} = \omega_c - \omega_d$ 满足旋波近似 $\omega_{ab} = \omega_{cd}$.因而,主方程(3.3.53)解的组合仍然非常多.为此,我们进一步作如下近似.

对于对角密度矩阵元,即 $a = b$,假设 $c = d$,有

$$\delta_{\omega_{ab},\omega_{cd}} = \delta_{a,b}\delta_{c,d} \tag{3.3.54}$$

而对非对角元 $a \neq b$,取 $c = a, d = b$,即

$$\delta_{\omega_{ab},\omega_{cd}} = \delta_{a,c}\delta_{b,d}, \quad a \neq b \tag{3.3.55}$$

称式(3.3.54)和式(3.3.55)为 Bloch 近似.

考虑对角密度矩阵元情形(式(3.3.54)($a=b$,$c=d$)).这时,$R_{ab,cd}$成为

$$R_{aa,cc} = 2\delta_{a,c}\sum_s \gamma_{as,sa}(\omega_{as}) - 2\gamma_{ca,ac}(\omega_{ca}) \tag{3.3.56}$$

由式(3.3.53),对角密度矩阵元 $\rho_{aa}^{(S)}(t)$ 的动力学方程为

$$\frac{\partial}{\partial t}\rho_{aa}^{(S)}(t) = -\sum_c k_{a\to c}\rho_{aa}^{(S)}(t) - k_{c\to a}\rho_{cc}^{(S)}(t) \tag{3.3.57}$$

其中

$$k_{a\to c} = 2\gamma_{ac,ca}(\omega_{ac}) \tag{3.3.58}$$

称 $k_{a\to c}$ 为约化系统从能量为 E_a 的本征态 $|a\rangle$ 跃迁到能量为 E_c 的本征态($|c\rangle$)的布居跃迁速率,也称为能量弛豫速率.同样,式(3.3.57)中

$$k_{c\to a} = 2\gamma_{ca,ac}(\omega_{ca}) \tag{3.3.59}$$

考虑到

$$k_{a\to c} = M_{ac,ca}(\omega_{ac}) + M_{ac,ca}^\dagger(\omega_{ac})$$
$$= \int_{-\infty}^{\infty} \mathrm{d}\tau M_{ac,ca}(\tau)\mathrm{e}^{\mathrm{i}\omega_{ac}\tau} \tag{3.3.60}$$

将式(3.3.26)($M_{ac,ca}(\tau) = \sum_{i,j} C_{ij}(\tau)S_{ac}^{(i)\dagger}\hat{S}_{ca}^{(j)}$)代入式(3.3.60),有

$$k_{a\to c} = \sum_{i,j}\int_{-\infty}^{\infty}\mathrm{d}\tau\mathrm{e}^{\mathrm{i}\omega_{ac}\tau}C_{ij}(\tau)S_{ac}^{(i)\dagger}\hat{S}_{ca}^{(j)}$$
$$= \sum_{i,j} C_{ij}(\omega_{ac})S_{ac}^{(i)\dagger}\hat{S}_{ca}^{(j)} \tag{3.3.61}$$

把式(3.3.61)中的下标 i,j 相互交换,并考虑到 $\omega_{ac} = -\omega_{ca}$,有

$$k_{a\to c} = \sum_{i,j} C_{ji}(-\omega_{ca})S_{ac}^{(j)\dagger}\hat{S}_{ca}^{(i)} \tag{3.3.62}$$

根据 $C_{ji}(-\omega) = \mathrm{e}^{-\frac{\hbar\omega}{k_B T}}C_{ij}(\omega)$,$C_{ji}(-\omega_{ca}) = \mathrm{e}^{-\frac{\hbar\omega_{ca}}{k_B T}}C_{ij}(\omega_{ca})$,有

$$k_{a\to c} = \mathrm{e}^{\frac{\hbar\omega_{ac}}{k_B T}}\sum_{i,j} C_{ij}(\omega_{ca})\hat{S}_{ca}^{(i)}S_{ac}^{(j)\dagger} = \mathrm{e}^{\frac{\hbar\omega_{ac}}{k_B T}}k_{c\to a} \tag{3.3.63}$$

称式(3.3.63)为细致平衡原理.

对于非对角矩阵元(式(3.3.55))情形,$a\neq b$,$a=c$,$b=d$,有

$$R_{ab,ab} = \sum_{s \neq a} \gamma_{as,sa}(\omega_{as}) + \sum_{s \neq b} \gamma_{bs,sb}(\omega_{bs}) - (\gamma_{aa,bb}(0) + \gamma_{bb,aa}(0)) \quad (3.3.64)$$

方程(3.3.55)非对角部分成为

$$\frac{\partial}{\partial t} \rho_{ab}^{(S)}(t) = i\omega_{ab}\rho_{ab}^{(S)}(t) - i\sum_c (\Gamma_{ac,ca} - \Gamma_{bc,cb})\rho_{ab}^{(S)}(t) - \kappa_{ab}\rho_{ab}^{(S)}(t) \quad (3.3.65)$$

这里

$$\kappa_{ab} = \sum_c \frac{1}{2}(k_{a \to c} + k_{b \to c}) - \kappa_{ab}^{ph} \quad (3.3.66)$$

式(3.3.65)确定了约化密度矩阵非对角矩阵元 $\rho_{ab}^{(S)}(t)$ 的衰减过程,也称为退相干过程, κ_{ab} 为退相干速率.从式(3.3.66)右边第一和第二项可以看出,系统的能量弛豫是退相干的重要根源.而第三项

$$\kappa_{ab}^{ph} = \gamma_{aa,bb}(0) + \gamma_{bb,aa}(0) \quad (3.3.67)$$

这里

$$\gamma_{aa,bb}(0) = \sum_{i,j} S_{aa}^{(i)\dagger} S_{bb}^{(j)} C_{ij}(0) \quad (3.3.68)$$

式(3.3.67)中, γ_{ab}^{ph} 的值由在零频率时环境关联函数决定,在此条件下耗散过程不改变系统的状态,因而系统和环境没有能量交换.因此, κ_{ab}^{ph} 也被称为纯退相干速率.

把式(3.3.57)和式(3.3.65)统一起来,可写成

$$
\begin{aligned}
\frac{\partial}{\partial t} \hat{\rho}_S(t) = &- \frac{i}{\hbar}[\hat{H}_S + \hat{H}_{LS}, \hat{\rho}_S(t)] \\
&- \sum_{c,d} \Big(\frac{1}{2} k_{c \to d}[\hat{\rho}_c, \hat{\rho}_S(t)]_+ - k_{c \to d}|d\rangle\langle c|\hat{\rho}_S(t)|c\rangle\langle d| \\
&- \kappa_{cd}^{ph}|c\rangle\langle c|\hat{\rho}_S(t)|d\rangle\langle d| \Big)
\end{aligned} \quad (3.3.69)
$$

其中, $\hat{\rho}_c = |c\rangle\langle c|$, $\hat{H}_{LS} = \hbar \sum_{c,d} \Gamma_{cd,dc}[\hat{\rho}_c, \hat{\rho}_S(t)]$. 式(3.3.69)即为在能量表象下的 Lindblad 方程.

3.3.3.4 能量表象下的系统-谐振子热库耦合

我们在 3.2.4 小节已讨论过热库的谐振子近似.谐振子热库(式(3.2.71))与系统相互作用的哈密顿量由式(3.2.79)给出:

$$\hat{H}_I = \sum_i (\hbar \hat{q}_i) \otimes (g_i \hat{S}_i) = \sum_i \hat{B}_i' \otimes \hat{S}_i' \quad (3.3.70)$$

其中，$\hat{B}'_i = \hbar \hat{q}_i$，$\hat{S}'_i = g_i \hat{S}_i$. 在约化系统的能量表象下，$\hat{H}_I$ 可表达成

$$\hat{H}_I = \sum_{a,b} |a\rangle\langle a|\hat{H}_I|b\rangle\langle b| = \sum_{i;a,b} \hbar q_i \langle a|\hat{S}'_i|b\rangle |a\rangle\langle b|$$

$$= \sum_{i;a,b} \hbar q_i g^{(i)}_{ab} |a\rangle\langle b| = \sum_{i;a,b} \hbar \omega_i Q_i \gamma^{(i)}_{ab} |a\rangle\langle b| \tag{3.3.71}$$

其中，$g^{(i)}_{ab} = \langle a|\hat{S}'_i|b\rangle$，$\gamma^{(i)}_{ab} = \sqrt{\dfrac{\hbar}{2\omega_i^3}} g^{(i)}_{ab}$，以及

$$\hat{S}'_i = \sum_{a,b} \langle a|\hat{S}'_i|b\rangle |a\rangle\langle b| = \sum_{a,b} g^{(i)}_{ab} |a\rangle\langle b| \tag{3.3.72}$$

这样，$S'^{(i)\dagger}_{ab} S'^{(j)}_{cd} = g^{(i)\dagger}_{ab} g^{(j)}_{cd}$，式(3.3.26)的 $M_{ab,cd}(\tau)$ 可写成

$$M_{ab,cd}(\tau) = \sum_{i,j} C'_{ij}(\tau) S'^{(i)\dagger}_{ab} S'^{(j)}_{cd} = \sum_{i,j} C'_{ij}(\tau) g^{(i)\dagger}_{ab} g^{(j)}_{cd} \tag{3.3.73}$$

其中，$C'_{ij}(\tau) = \dfrac{1}{\hbar^2}\langle \hat{B}'^{\dagger}_i(t) \hat{B}'_j(0)\rangle_{\mathrm{eq}}$. 由式(3.2.94)，有

$$M_{ab,cd}(\tau) = \sum_{i,j} \frac{1}{2}\hbar\omega_i g^{(i)\dagger}_{ab} g^{(j)}_{cd}\delta_{ij}\left((n(\omega_i)+1)\mathrm{e}^{-\mathrm{i}\omega_i t} + n(\omega_i)\mathrm{e}^{\mathrm{i}\omega_i t}\right)$$

$$= \sum_i M^{(i)}_{ab,cd}(\tau) \tag{3.3.74}$$

与3.2.4小节的讨论相似，$M_{ab,cd}(\tau)$ 的傅里叶变换为

$$M_{ab,cd}(\omega_{dc}) = \sum_i M^{(i)}_{ab,cd}(\omega_i) = \sum_i \frac{1}{2}\hbar\omega_i g^{(i)\dagger}_{ab} g^{(i)}_{cd}\left((n(\omega_i)+1)\delta(\omega_{dc}-\omega_i)\right.$$

$$\left. + n(\omega_i)\delta(\omega_{dc}+\omega_i)\right) \tag{3.3.75}$$

定义谱密度函数

$$J_{ab,cd}(\omega) = \sum_i \frac{\hbar}{2\omega_i} g^{(i)\dagger}_{ab} g^{(i)}_{cd}\delta(\omega-\omega_i) \tag{3.3.76}$$

式(3.3.75)可表示为

$$M_{ab,cd}(\omega_{dc}) = 2\pi\omega_{dc}^2\left((n(\omega_{\omega_{dc}})+1)J_{ab,cd}(\omega_{dc})\right.$$

$$\left. + n(\omega_{\omega_{dc}})J_{ab,cd}(-\omega_{dc})\right) \tag{3.3.77}$$

弛豫速率式(3.3.60)可写成

$$k_{a\to c} = M_{ac,ca}(\omega_{ac})$$

$$= 2\pi\omega_{ac}^2\left((n(\omega_{ac})+1)J_{ac,ca}(\omega_{ac}) + n(\omega_{\omega_{ca}})J_{ac,ca}(\omega_{ca})\right) \tag{3.3.78}$$

而退相干速率由式(3.3.66)～式(3.3.68)确定.

3.3.4　二态系统:从量子相干到耗散动力学

在2.3.6小节中,我们讨论了封闭系统的量子相干动力学,并且指出随着系统量子动力学涉及的状态数增多,会导致出现退相干现象.如果把系统和环境看成一个大的封闭系统,同样地,随着状态数的增多,其量子动力学会发生从相干到失相和耗散过程的变化.

下面我们以二态系统为例讨论量子相干动力学,以及与环境相互作用引起的耗散动力学.作为上面理论方法的应用,对相对简单的二态系统的讨论,可以帮助我们对更复杂的多态系统量子动力学的理解.

3.3.4.1　相干动力学

在2.3.6小节讨论中,二态系统 S 的哈密顿量

$$\hat{H}_S = \hat{H}_S^{(0)} + \hat{H}_S^{'} \tag{3.3.79}$$

其中, $\hat{H}_S^{(0)}$ 是系统 S 的零级哈密顿量.为了保持符号的一致性,我们用下标 S 表示系统,尽管这里的 S 是孤立系统.

在 $\hat{H}_S^{(0)}$ 的本征态($\varphi = \{|0\rangle, |1\rangle\}$)表象中, $\hat{H}_S$ 可以表达为

$$\hat{H}_S = \sum_{n,m} H_{nm}^{(S)} |n\rangle\langle m|, \quad n, m = 0, 1 \tag{3.3.80}$$

其中, $|n\rangle (n = 0, 1)$ 是 $\hat{H}_S^0$ 以 E_n 为本征值的本征态,即 $\hat{H}_S^{(0)} |n\rangle = E_n |n\rangle$. $H_{nm}^{(S)}$ 是哈密顿矩阵

$$H_S = \begin{bmatrix} E_0 & V \\ V & E_1 \end{bmatrix} \tag{3.3.81}$$

的矩阵元.

假设在初始 $t = 0$ 时,系统处于基态 $|0\rangle$ 上.到 t 时刻,系统状态波函数演化成为 $|\Psi(t)\rangle$.在2.3.7小节,我们通过求解在 $\varphi = \{|0\rangle, |1\rangle\}$ 表象下含时薛定谔方程(式(2.3.108)),得到 $|\Psi(t)\rangle$ 和密度算符 $\hat{\rho}(t)$ 的演化动力学.

如第2章所讨论,我们也可以在 $\hat{H}_S$ 的本征态表象 $\varphi = \{|\kappa\rangle, \kappa = a, b\}$ 中研究量子系

统的演化. 设

$$|\kappa\rangle = \sum_{n=0}^{1} c_{n\kappa}|n\rangle, \quad \kappa = a, b \tag{3.3.82}$$

演化算符 $\hat{U}(t) = e^{-\frac{i}{\hbar}\hat{H}t}$ 可表示成

$$\hat{U}(t) = \sum_{\kappa',\kappa} |\kappa'\rangle\langle\kappa'|\hat{U}(t)|\kappa\rangle\langle\kappa| = \sum_{\kappa} e^{-\frac{i}{\hbar}\varepsilon_k t}|\kappa\rangle\langle\kappa| \tag{3.3.83}$$

在 t 时刻

$$|\Psi(t)\rangle = \hat{U}(t)|0\rangle = \sum_{\kappa} e^{-\frac{i}{\hbar}\varepsilon_\kappa t} c_{\kappa 0}^*|\kappa\rangle \tag{3.3.84}$$

定义跃迁概率函数

$$P_{0\to1}(t) = |\langle 1|\hat{U}(t)|0\rangle|^2 \tag{3.3.85}$$

为初态处于 $|0\rangle$ 的系统演化到 t 时刻出现在态 $|1\rangle$ 上的概率. $P_{0\to1}(t)$ 也可写成

$$P_{0\to1}(t) = \langle 1|\hat{\rho}(t)|1\rangle = \rho_{11}(t) \tag{3.3.86}$$

生存概率函数

$$\begin{aligned}
P_{\text{surv}}(t) &= P_{0\to0}(t) = |\langle 0|\Psi(t)\rangle|^2 \\
&= \langle 0|\hat{\rho}(t)|0\rangle = \rho_{00}(t)
\end{aligned} \tag{3.3.87}$$

式(3.3.86)和式(3.3.87)中的 $\rho_{00}(t)$ 和 $\rho_{11}(t)$ 为式(2.3.148)的密度矩阵的对角元.

把式(3.3.82)和(3.3.83)代入式(3.3.86),从而有

$$\begin{aligned}
P_{0\to1}(t) &= \rho_{11}(t) = |\langle 1|\hat{U}(t)|0\rangle|^2 \\
&= \sum_{\kappa\neq\kappa'} |e^{-\frac{i}{\hbar}\varepsilon_\kappa t} - e^{-\frac{i}{\hbar}\varepsilon_{\kappa'}' t}|^2 |c_{0\kappa}|^2 |c_{1\kappa}|^2 \\
&= \frac{V^2}{(E_b - E_a)^2} (e^{-\frac{i}{\hbar}\varepsilon_a t} - e^{-\frac{i}{\hbar}\varepsilon_b t})(e^{\frac{i}{\hbar}\varepsilon_a t} - e^{\frac{i}{\hbar}\varepsilon_b t}) \\
&= \frac{4V^2}{(\hbar\omega)^2} \sin^2\left(\frac{\omega}{2}t\right) = f^2 \sin^2\left(\frac{\omega}{2}t\right)
\end{aligned} \tag{3.3.88}$$

其中,$\hbar\omega = \varepsilon_b - \varepsilon_a = \sqrt{(E_1 - E_0)^2 + 4V^2}$,$f = \dfrac{2|V|}{\varepsilon_b - \varepsilon_a}$.

如果零级哈密顿的本征态是简并的,即 $E_1 = E_0$,则有

$$\begin{cases} \hbar\omega = \varepsilon_b - \varepsilon_a = 2|V| \\ P_{0\to1}(t) = \sin^2\left(\dfrac{|V|}{\hbar}t\right) = \sin^2(\omega t) \end{cases} \tag{3.3.89}$$

由式(3.3.88),跃迁概率 $P_{0\to1}(t)$ 的幅度大小是受因子 $\left(f = \dfrac{2|V|}{\varepsilon_b - \varepsilon_a} \leqslant 1\right)$ 调控的. 只有当 $E_1 = E_0$ 时, $f = 1$, 才有可能从态 $|0\rangle$ 周期性地完全跃迁到态 $|1\rangle$ 上.

上面讨论了在零级哈密顿 $\hat{H}_S^{(0)}$ 的本征态($\varphi = \{|n\rangle, n = 1, 2\}$)表象下, 二态系统的量子相干动力学行为. 我们也可以在系统哈密顿 $\hat{H}_S$ 的本征态($\psi = \{|\kappa\rangle, \kappa = a, b\}$)表象下, 亦即能量表象下讨论系统量子动力学. 两种表象下的系统量子动力学的表达是等价的, 它们的密度矩阵元存在如下关系:

$$\hat{\rho}_{nm}(t) = \sum_{a,b} c_{na}\hat{\rho}_{ab}(t)c_{bm}^* \tag{3.3.90}$$

3.3.4.2 耗散动力学

下面我们讨论二态系统在与环境相互作用下的耗散动力学. 假设环境为谐振子热库, 系统–热库相互作用哈密顿量 $\hat{H}_I$ 由式(3.3.70)给出:

$$\hat{H}_I = \sum_i \hbar g_i \hat{q}_i \otimes \hat{S}_i = \sum_i \hbar\omega_i \tilde{g}_i \hat{Q}_i \otimes \hat{S}_i$$

$$= \sum_i \hbar\omega_i \tilde{g}_i (a_i + a_i^\dagger) \otimes \hat{S}_i \tag{3.3.91}$$

其中, $\hat{q}_i = \sqrt{\dfrac{\hbar}{2\omega_i}}(a_i + a_i^\dagger)$(式(2.3.23))是库谐振子的简正坐标, $\hat{Q}_i = a_i + a_i^\dagger$ 是无量纲的库谐振子坐标. 无量纲参数 $\tilde{g}_i = \sqrt{\dfrac{\hbar}{2\omega_i^3}}g_i$.

在 $\hat{H}_S$ 的本征态 $\{|\kappa\rangle, \kappa = a, b, \cdots\}$ 表象下(式(3.3.15)), 式(3.3.91)可表示为

$$\hat{H}_I = \sum_{i;a,b} \hbar\omega_i \tilde{g}_{ab}^{(i)} \hat{Q}_i |a\rangle\langle b| \tag{3.3.92}$$

其中, $\tilde{g}_{ab}^{(i)} = \sqrt{\dfrac{\hbar}{2\omega_i^3}}g_{ab}^{(i)}$.

如2.3.8小节对线性生物大分子的讨论, 在实际中往往是从系统 S 的某个零级哈密顿量 $\hat{H}_S^{(0)}$ 出发, 利用 $\hat{H}_S^{(0)}$ 的本征态(比如, $\varphi = \{|n\rangle, n = 1, 2, \cdots\}$)来构造系统的哈密顿量 $\hat{H}_S$ 及其非对角化的矩阵表示 H_S. 求解定态薛定谔方程, 也就是把 H_S 对角化, 得到 $\hat{H}_S$

的能量本征值和本征态波函数 $\psi = \{|\kappa\rangle, \kappa = a, b, \cdots\}$. 这样哈密顿量 $\hat{H}_S$ 和密度算符 $\hat{\rho}_S$ 可以用其本征态来表示.

在 $\{|n\rangle, n = 1, 2, \cdots\}$ 表象下, $\hat{H}_I$ 可写成

$$\hat{H}_I = \sum_{i; n, m} \hbar \omega_i \widetilde{g}_{nm}^{(i)} \hat{Q}_i |n\rangle\langle m| \tag{3.3.93}$$

其中, $\widetilde{g}_{nm}^{(i)} = \sqrt{\dfrac{\hbar}{2\omega_i^3}} g_{nm}^{(i)}, g_{nm}^{(i)} = \langle n | g_i \hat{S}_i | m \rangle$.

由两组基之间关系(式(3.3.82))

$$|\kappa\rangle = \sum_n c_{n\kappa} |n\rangle \tag{3.3.94}$$

即基矢集由 φ 变换到 $\psi, \psi = \varphi C$, 可得

$$\widetilde{g}_{ab}^{(i)} = \sum_{n, m} c_{an}^* \widetilde{g}_{nm}^{(i)} c_{mb} \tag{3.3.95}$$

在旋波近似下, 二态系统约化密度矩阵对角元和非对角元的动力学方程相互分离. 二态约化系统独立的动力学方程只有两个, 可写为

$$\begin{cases} \dfrac{\partial}{\partial t} \rho_{bb}^{(S)}(t) = -k_{b \to a} \rho_{bb}^{(S)}(t) + k_{a \to b} \rho_{aa}^{(S)}(t) \\ \dfrac{\partial}{\partial t} \rho_{ba}^{(S)}(t) = -(\mathrm{i}\omega + Y) P_{ba}(t) \end{cases} \tag{3.3.96}$$

另外两个 $\rho_{aa}^{(S)}(t) = 1 - \rho_{bb}^{(S)}(t), \rho_{ab}^{(S)}(t) = \rho_{ba}^{(S)*}(t)$. 式(3.3.96)中, $\omega = \omega_{ba} = \dfrac{E_b - E_a}{\hbar}$, 退相干速率 $Y = \dfrac{1}{2}(k_{b \to a} + k_{a \to b}) + \kappa_{ba}^{\mathrm{ph}}$, 能量弛豫速率 $k_{b \to a}$ 为

$$\begin{cases} k_{b \to a} = 2\pi \omega^2 (n(\omega) + 1)(J_{ba}(\omega) - J_{ba}(-\omega)) \\ k_{a \to b} = 2\pi \omega^2 (n(-\omega) + 1)(J_{ab}(-\omega) - J_{ab}(\omega)) \\ \qquad = 2\pi \omega^2 n(\omega)(J_{ab}(\omega) - J_{ab}(-\omega)) \end{cases} \tag{3.3.97}$$

考虑到细致平衡原理(式(3.3.63)): $k_{a \to b} = \mathrm{e}^{-\frac{\hbar\omega}{k_B T}} k_{b \to a}$, 在 $\dfrac{\hbar\omega}{k_B T} \gg 1$ 的条件下, 基态 $|a\rangle$ 到激发态 $|b\rangle$ 的跃迁可以忽略不计, 方程(3.3.96)成为

$$\begin{cases} \dfrac{\partial}{\partial t} \rho_{bb}^{(S)}(t) = -\rho_{bb}^{(S)}(t) / \tau_T \\ \dfrac{\partial}{\partial t} \rho_{ba}^{(S)}(t) = -(\mathrm{i}\omega + Y) P_{ba}(t) \end{cases} \tag{3.3.98}$$

可得

$$\begin{cases} \rho_{bb}^{(S)}(t) = \rho_{bb}^{(S)}(0)\mathrm{e}^{-t/\tau_T} \\ \rho_{aa}^{(S)}(t) = 1 - \rho_{bb}^{(S)}(t) \\ \rho_{ab}^{(S)}(t) = \rho_{ab}^{(S)}(0)\mathrm{e}^{\mathrm{i}\omega t}\mathrm{e}^{-t/\tau_D} \\ \rho_{ba}^{(S)}(t) = \rho_{ba}^{(S)}(0)\mathrm{e}^{-\mathrm{i}\omega t}\mathrm{e}^{-t/\tau_D} \end{cases} \tag{3.3.99}$$

其中,$\tau_T = 1/k_{b\to a}$ 为跃迁特征时间,$\tau_D = 1/Y$ 为退相干特征时间. 图 3.2 为二态系统在 $\hat{H}_S$ 本征态表象下的量子耗散动力学示意图.

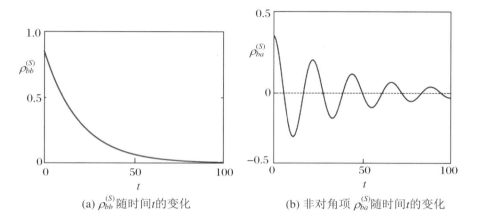

(a) $\rho_{bb}^{(S)}$ 随时间 t 的变化　　　　(b) 非对角项 $\rho_{ba}^{(S)}$ 随时间 t 的变化

图 3.2　二态系统在 $\hat{H}_S$ 本征态表象下的量子耗散动力学示意图

下面我们利用式(3.3.99)的结果来讨论二态系统的能量耗散动力学. 由 $E_S(t) = \mathrm{tr}_S(\{\hat{H}_S\hat{\rho}_S(t)\}) = \sum_a E_a\rho_{aa}^{(S)}(t)$,系统的内能 $E_S(t)$ 为

$$\begin{aligned} E_S(t) &= E_b\rho_{bb}^{(S)}(t) + E_a\rho_{aa}^{(S)}(t) \\ &= E_a + (E_b - E_a)\rho_{bb}^{(S)}(0)\mathrm{e}^{-t/\tau_T} \end{aligned} \tag{3.3.100}$$

假设 $E_b > E_a$,而且在初始 $t=0$ 时,激发态 $|b\rangle$ 的布居 $\rho_{bb}^{(S)}(0) \neq 0$ 以及 $\rho_{ab}^{(S)}(0) \neq 0$,$\rho_{bb}^{(S)}(t)$ 随时间衰减,系统以速率 $k_{b\to a} = 1/\tau_T$ 从 $|b\rangle$ 向 $|a\rangle$ 跃迁. 而相干项 $\rho_{ab}^{(S)}(t)$ 和 $\rho_{ba}^{(S)}(t)$ 以频率 ω 振荡但其振幅在指数衰减,也就是说,初态的相干动力学行为被破坏,即发生退相干现象. 而二态系统的内能在 $t=0$ 时,$E_S(0) = \rho_{aa}^{(S)}(0)E_a + \rho_{bb}^{(S)}(0)E_b$,随时间呈指数递减,亦即向环境不断地传递能量,直至 $t \to \infty$ 时,达到定态 $|a\rangle$,系统对应能量为 $E_S(\infty) = E_a$,系统能量总的减少量为 $\Delta E_S = (E_b - E_a)\rho_{bb}^{(S)}(0)$. 二态系统动力学方程 (3.3.98)及其解(式(3.3.99))描述了系统退相干和耗散动力学过程.

3.3.4.3 零级哈密顿本征态表象下的耗散动力学

孤立二态哈密顿系统(式(3.3.80))

$$\hat{H}_S = E_0|0\rangle\langle 0| + E_1|1\rangle\langle 1| + V(|0\rangle\langle 1| + |1\rangle\langle 0|)$$

的密度矩阵动力学方程已由 2.3.7 小节中的式(2.3.150)给出. 与环境耦合的约化系统动力学方程(3.3.10)

$$\frac{\partial}{\partial t}\hat{\rho}_S(t) = -\frac{\mathrm{i}}{\hbar}[\hat{H}_S, \hat{\rho}_S(t)] - \mathscr{D}\hat{\rho}_S(t) \tag{3.3.101}$$

相比较, 式(2.3.150)对应于式(3.3.101)相干项.

在旋波近似下, 耗散项 $\left(\frac{\partial}{\partial t}\hat{\rho}_S(t)\right)_{\mathrm{diss}} = -\mathscr{D}\hat{\rho}_S(t)$ 所对应的动力学方程与式(3.3.99)相似, 二态系统的对角项和非对角项动力学分离. 这样, 在零级哈密顿本征态表象下的密度矩阵动力学方程(对应式(3.3.99))为 $\left(\text{记}\ \frac{\partial}{\partial t}\rho \equiv \dot{\rho},\ \Omega = \frac{V}{\hbar},\ \omega = \frac{E_1 - E_0}{\hbar}\right)$

$$\begin{cases}
\dot{\rho}_{00}^{(S)}(t) = \mathrm{i}\Omega(\rho_{01}^{(S)}(t) - \rho_{10}^{(S)}(t)) + \rho_{11}^{(S)}(t)/\tau_T \\
\dot{\rho}_{01}^{(S)}(t) = \mathrm{i}\omega\rho_{01}^{(S)}(t) + \mathrm{i}\Omega(\rho_{00}^{(S)}(t) - \rho_{11}^{(S)}(t)) - \rho_{01}^{(S)}(t)/\tau_D \\
\dot{\rho}_{10}^{(S)}(t) = -\mathrm{i}\omega\rho_{10}^{(S)}(t) - \mathrm{i}\Omega(\rho_{00}^{(S)}(t) - \rho_{11}^{(S)}(t)) - \rho_{10}^{(S)}(t)/\tau_D \\
\dot{\rho}_{11}^{(S)}(t) = -\mathrm{i}\Omega(\rho_{01}^{(S)}(t) - \rho_{10}^{(S)}(t)) - \rho_{11}^{(S)}(t)/\tau_T
\end{cases} \tag{3.3.102}$$

图 3.3 给出二态系统在零级哈密顿量 $\hat{H}_0$ 本征态表象下的量子耗散动力学示意图.

在具体实际应用中, 耗散项的引入可能与上式稍有不同. 在荧光共振能量转移(fluorescence resonance energy transfer, FRET)的研究中, 孤立二态系统与给体(donor, D)或受体(acceptor, A)的基态($|D\rangle$或$|A\rangle$)和激发态($|D^*\rangle$或$|A^*\rangle$)有关, 并定义为

$$|0\rangle = |D^*A\rangle, \quad |1\rangle = |DA^*\rangle \tag{3.3.103}$$

对 FRET 的研究主要关注能量从激发后的给体向受体转移的动力学过程.

假设处于$|0\rangle$的给体会以速率$1/\tau_T$自发衰减去激发, 受体的去激发可以忽略, 而非对角项的退相干速率为$1/\tau_D$, 则 FRET 动力学方程可写成

量子生物学:生物系统物质和能量传递的量子理论

$$\begin{cases} \dot{\rho}_{00}^{(S)}(t) = i\Omega(\rho_{01}^{(S)}(t) - \rho_{10}^{(S)}(t)) + \rho_{11}^{(S)}(t)/\tau_T \\ \dot{\rho}_{01}^{(S)}(t) = i\omega\rho_{01}^{(S)}(t) + i\Omega(\rho_{00}^{(S)}(t) - \rho_{11}^{(S)}(t)) - \rho_{01}^{(S)}(t)/\tau_D \\ \dot{\rho}_{10}^{(S)}(t) = -i\omega\rho_{10}^{(S)}(t) - i\Omega(\rho_{00}^{(S)}(t) - \rho_{11}^{(S)}(t)) - \rho_{10}^{(S)}(t)/\tau_D \\ \dot{\rho}_{11}^{(S)}(t) = -i\Omega(\rho_{01}^{(S)}(t) - \rho_{10}^{(S)}(t)) \end{cases} \tag{3.3.104}$$

与式(3.3.102)比较,主要差别在于对角项上面. 在 FRET 中, $|0\rangle$ 自发去激发,能量耗散到环境中,而 $|0\rangle$ 和 $|1\rangle$ 态之间没有能量传递.

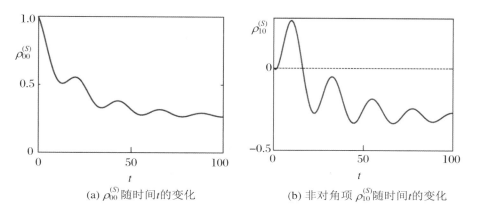

(a) $\rho_{00}^{(S)}$ 随时间 t 的变化　　　　　　(b) 非对角项 $\rho_{10}^{(S)}$ 随时间 t 的变化

图 3.3　二态系统在零级哈密顿量 $\hat{H}_0$ 本征态表象下的量子耗散动力学示意图

需要指出的是,式(3.3.102)和式(3.3.104)中耗散项直接用零级哈密顿 $\hat{H}_S^{(0)}$ 的本征态去取代 $\hat{H}_S$ 的本征态是近似表达,在 $t\to 0$ 时是个不错的近似. 然而,如要考虑长时间的动力学行为,通常需要回到式(3.3.6)或式(3.3.82),用基矢变换式(3.3.90)重新进行严格的推导.

3.4　一般量子主方程:从微扰到非微扰方法

在上面 3.2 节和 3.3 节的讨论中,系统-环境相互作用 $\hat{H}_I = \sum\limits_{a,b} H_{ab}^{(I)}|a\rangle\langle b|$ (式(3.3.16)) 被假设成弱相互作用,微扰展开至二阶项,然后在马尔可夫和旋波(久期)近似下分别得到有关的量子主方程. 然而,在实际体系中,环境和系统之间可能存在比较强的

相互作用,二阶微扰近似往往并不合适.这时需要建立更为一般的量子主方程.比如,第6章将讨论光合作用中的能量转移过程,体系-环境相互作用$\hat{H}_I$中的对角项$\hat{H}_I' = \sum_a H_{aa}^{(I)} |a\rangle\langle a|$可能比较强(甚至远比非对角项$\hat{H}_I' = \hat{V} = \sum_{a \neq b} H_{ab}^{(I)} |a\rangle\langle b|$强).这时,可以把式(3.3.16)哈密顿量$\hat{H}$中的系统-环境相互作用项$\hat{H}_I$分解成对角和非对角两项:

$$\hat{H} = \sum_a (E_a + H_{aa}^{(I)}) |a\rangle\langle a| + \hat{H}_E + \sum_{a \neq b} H_{ab}^{(I)} |a\rangle\langle b| \tag{3.4.1}$$

其中,$|a\rangle$是式(3.1.1)系统哈密顿量$\hat{H}_S$本征值为E_a的本征态,$H_{ab}^{(I)} = \langle a | \hat{H}_I | b \rangle$.

式(3.4.1)与式(3.1.1)哈密顿量$\hat{H}$可以统一写成

$$\hat{H} = \hat{H}_0 + \hat{V} \tag{3.4.2}$$

对应于3.1节中的式(3.1.1),零级哈密顿量$\hat{H}_0 = \hat{H}_S + \hat{H}_E$,相互作用项$\hat{V} = \hat{H}_I$.而在本节中,根据具体情况,除了采用式(3.1.1)形式以外,$\hat{H}_0$和$\hat{V}$也可以分别采用对角项和非对角项形式:

$$\hat{H}_0 = \sum_a (E_a + H_{aa}^{(I)} + \hat{H}_E) |a\rangle\langle a| = \sum_a \hat{H}_a |a\rangle\langle a| \tag{3.4.3}$$

$$\hat{V} = \sum_{a \neq b} H_{ab}^{(I)} |a\rangle\langle b| \tag{3.4.4}$$

式(3.4.3)中,如果$|a\rangle$是电子态,则$\hat{H}_a = E_a + H_{aa}^{(I)} + \hat{H}_E$为电子态$|a\rangle$上的振动哈密顿量.

我们下面首先讨论微扰展开方法.

3.4.1　微扰展开方法

对于形如式(3.4.2)的哈密顿复合系统,假设$\hat{V} = \hat{H}_I$是弱相互作用,可以用微扰展开方法来处理.为了与本章3.2节的投影超算符方法结果进行比较,哈密顿量采用$\hat{H} = \hat{H}_S + \hat{H}_E + \hat{H}_I = \hat{H}_0 + \hat{H}_I$形式(式(3.1.1)).

如3.2节所讨论,在相互作用图景下系统-环境复合系统密度算符$\tilde{\rho}(t) = \hat{U}_0^\dagger(t)\hat{\rho}(t)\hat{U}_0$($\hat{U}_0 = e^{-\frac{i}{\hbar}\hat{H}_0 t}$)的动力学由冯·诺依曼方程(3.2.3)给出:

$$\frac{\partial}{\partial t}\hat{\tilde{\rho}}(t) = -\frac{i}{\hbar}[\hat{\tilde{H}}_I(t), \hat{\tilde{\rho}}(t)] \tag{3.4.5}$$

这里，$\hat{\tilde{H}}_I(t) \equiv \hat{U}_0^\dagger(t)\hat{H}_I\hat{U}_0$.

假设在 $t = 0$ 时刻

$$\hat{\tilde{\rho}}(0) = \hat{\tilde{\rho}}_S(0) \otimes \hat{\tilde{\rho}}_E(0) \tag{3.4.6}$$

其中，$\hat{\tilde{\rho}}_S(0) = \hat{\rho}_S(0)$，$\hat{\tilde{\rho}}_E(0) = \hat{\rho}_E(0)$.

对方程(3.4.5)可以得到如下积分形式解：

$$\hat{\tilde{\rho}}(t) = \hat{\tilde{\rho}}(0) - \frac{i}{\hbar}\int_0^t d\tau[\hat{\tilde{H}}_I(\tau), \hat{\tilde{\rho}}(\tau)] \tag{3.4.7}$$

把式(3.4.7)代入式(3.4.5)的右边，有

$$\frac{\partial}{\partial t}\hat{\tilde{\rho}}(t) = -\frac{i}{\hbar}[\hat{\tilde{H}}_I(t), \hat{\tilde{\rho}}(0)] + \left(\frac{i}{\hbar}\right)^2 \int_0^t d\tau[\hat{\tilde{H}}_I(t), [\hat{\tilde{H}}_I(\tau), \hat{\tilde{\rho}}(\tau)]] \tag{3.4.8}$$

再把式(3.4.7)代入式(3.4.8)可以得到更高阶项. 式(3.4.8)只展开到二阶微扰项，并对环境取迹，有

$$\mathrm{tr}_E\left(\frac{\partial}{\partial t}\hat{\tilde{\rho}}(t)\right) = \frac{\partial}{\partial t}\hat{\tilde{\rho}}_S(t) = -\frac{1}{\hbar^2}\int_0^t d\tau\, \mathrm{tr}_E([\hat{\tilde{H}}_I(t), [\hat{\tilde{H}}_I(\tau), \hat{\tilde{\rho}}(\tau)]]) \tag{3.4.9}$$

式(3.4.9)中已假设 $\mathrm{tr}_E([\hat{\tilde{H}}_I(t), \hat{\tilde{\rho}}(0)]) = 0$.

式(3.4.9)中仍然包含复合系统的态密度 $\hat{\tilde{\rho}}(t)$，为了把系统和环境分开，假设

$$\hat{\tilde{\rho}}(t) = \hat{\tilde{\rho}}_S(t) \otimes \hat{\tilde{\rho}}_E(t) \tag{3.4.10}$$

考虑到环境(库或热浴)与系统相互作用很弱，可以假定环境处于热平衡状态：

$$\hat{\tilde{\rho}}(t) = \hat{\tilde{\rho}}_S(t) \otimes \hat{\tilde{\rho}}_E(0) \tag{3.4.11}$$

上述系统和环境弱相互作用近似以及密度算符分离近似，即在 3.2 节中讨论的玻恩近似. 把式(3.4.11)代入式(3.4.8)，有

$$\frac{\partial}{\partial t}\hat{\tilde{\rho}}_S(t) = -\frac{1}{\hbar^2}\int_0^t d\tau\, \mathrm{tr}_E([\hat{\tilde{H}}_I(t), [\hat{\tilde{H}}_I(\tau), \hat{\tilde{\rho}}_S(\tau) \otimes \hat{\tilde{\rho}}_E(0)]]) \tag{3.4.12}$$

作变量代换，$\tau \to t - \tau$，式(3.4.12)可写成

$$\frac{\partial}{\partial t}\hat{\tilde{\rho}}_S(t) = -\frac{1}{\hbar^2}\int_0^t \mathrm{d}\tau\, \mathrm{tr}_E([\hat{\tilde{H}}_I(t),[\hat{\tilde{H}}_I(t-\tau),\hat{\tilde{\rho}}_S(t-\tau)\otimes\hat{\tilde{\rho}}_E(0)]]) \quad (3.4.13)$$

与 3.2.5 小节讨论一样,方程(3.4.13)是非马尔可夫的. 作马尔可夫近似(式(3.2.103)):

$$\frac{\partial}{\partial t}\hat{\tilde{\rho}}_S(t) = -\frac{1}{\hbar^2}\int_0^t \mathrm{d}\tau\, \mathrm{tr}_E([\hat{\tilde{H}}_I(t),[\hat{\tilde{H}}_I(t-\tau),\hat{\tilde{\rho}}_S(t)\otimes\hat{\tilde{\rho}}_E(0)]]) \quad (3.4.14a)$$

并把积分上限扩展到无穷大,即得到 Redfield 方程

$$\frac{\partial}{\partial t}\hat{\tilde{\rho}}_S(t) = -\frac{1}{\hbar^2}\int_0^\infty \mathrm{d}\tau\, \mathrm{tr}_E([\hat{\tilde{H}}_I(t),[\hat{\tilde{H}}_I(t-\tau),\hat{\tilde{\rho}}_S(t)\otimes\hat{\tilde{\rho}}_E(0)]]) \quad (3.4.14b)$$

将式(3.2.4)相互作用哈密顿量 $\hat{\tilde{H}}_I(t)$ 代入式(3.4.14b),并引入关联函数 $C_{ij}(t)$,可得到相互作用图景的量子主方程(3.2.134).

考虑哈密顿量(式(3.4.2)),用 $\hat{\tilde{V}}(t) = \mathrm{e}^{\frac{\mathrm{i}}{\hbar}\hat{H}_0 t}\hat{V}\mathrm{e}^{-\frac{\mathrm{i}}{\hbar}\hat{H}_0 t}$ 取代式(3.4.14a)中的 $\hat{\tilde{H}}_I$ 即可得到其对应的 Redfield 量子主方程. 由 $\hat{\rho}_S(t) = \mathrm{tr}_E(\hat{\rho}(t))$,$\hat{\rho}(t) = \mathrm{e}^{-\frac{\mathrm{i}}{\hbar}\hat{H}_0 t}\hat{\tilde{\rho}}(t)\mathrm{e}^{\frac{\mathrm{i}}{\hbar}\hat{H}_0 t}$,以及式(3.4.4),有

$$\begin{aligned}\hat{\rho}_S(t) &= \mathrm{tr}_E(\mathrm{e}^{-\frac{\mathrm{i}}{\hbar}\hat{H}_0 t}\hat{\tilde{\rho}}(t)\mathrm{e}^{\frac{\mathrm{i}}{\hbar}\hat{H}_0 t}) \\ &= \mathrm{e}^{-\frac{\mathrm{i}}{\hbar}\hat{H}_S t}\,\mathrm{tr}_E(\mathrm{e}^{-\frac{\mathrm{i}}{\hbar}\hat{H}_E t}\hat{\tilde{\rho}}(t)\mathrm{e}^{\frac{\mathrm{i}}{\hbar}\hat{H}_E t})\mathrm{e}^{\frac{\mathrm{i}}{\hbar}\hat{H}_S t} \end{aligned} \quad (3.4.15a)$$

与式(3.2.6c)相似,由求迹循环关系,可得

$$\hat{\rho}_S(t) = \mathrm{e}^{-\frac{\mathrm{i}}{\hbar}\hat{H}_S t}\hat{\tilde{\rho}}_S(t)\mathrm{e}^{\frac{\mathrm{i}}{\hbar}\hat{H}_S t} \quad (3.4.15b)$$

式(3.4.15b)两边对时间 t 作偏导,有

$$\frac{\partial}{\partial t}\hat{\rho}_S(t) = -\frac{\mathrm{i}}{\hbar}[\hat{H}_S,\hat{\rho}_S(t)] + \mathrm{e}^{-\frac{\mathrm{i}}{\hbar}\hat{H}_S t}\frac{\partial}{\partial t}\hat{\tilde{\rho}}_S(t)\mathrm{e}^{\frac{\mathrm{i}}{\hbar}\hat{H}_S t} \quad (3.4.16)$$

把相互作用表象下的量子主方程(比如,式(3.4.14a)),代入式(3.4.16),就可以得到对应的薛定谔表象的量子主方程表达式

$$\begin{aligned}\frac{\partial}{\partial t}\hat{\rho}_S(t) = &-\frac{\mathrm{i}}{\hbar}[\hat{H}_S,\hat{\rho}_S(t)] \\ &-\frac{1}{\hbar^2}\int_0^t \mathrm{d}\tau\langle[\hat{V}_1(t),[\mathrm{e}^{-\frac{\mathrm{i}}{\hbar}\hat{H}_S\tau}\hat{V}_1(t-\tau)\mathrm{e}^{\frac{\mathrm{i}}{\hbar}\hat{H}_S\tau},\hat{\rho}_S(t)]]\rangle \end{aligned} \quad (3.4.17)$$

其中，$\langle\cdots\rangle=\mathrm{tr}_E(\cdots\hat{\rho}_E(0))$，$\hat{V}_1(s)=\mathrm{e}^{-\frac{\mathrm{i}}{\hbar}\hat{H}_E s}\hat{V}_1\mathrm{e}^{\frac{\mathrm{i}}{\hbar}\hat{H}_E s}$.

把方程(3.4.17)右边积分上限扩展到无穷大，即得到薛定谔图景下的 Redfield 方程，可以写成与式(3.3.10)对应的约化密度算符的量子主方程

$$\frac{\partial}{\partial t}\hat{\rho}_S(t)=-\frac{\mathrm{i}}{\hbar}\big[\hat{H}_S,\hat{\rho}_S(t)\big]-\mathcal{D}\hat{\rho}_S(t) \tag{3.4.18}$$

3.4.2 累积量展开

由方程(2.3.104b)

$$\frac{\partial}{\partial t}\hat{\rho}(t)=-\frac{\mathrm{i}}{\hbar}\mathcal{L}\hat{\rho}(t) \tag{3.4.19}$$

其中，刘维尔超算符 $\mathcal{L}=[\hat{H},]$，$\hat{H}$ 是系统-环境复合系统哈密顿量：$\hat{H}=\hat{H}_S+\hat{H}_E+\hat{V}=\hat{H}_0+\hat{V}$.方程(3.4.19)的形式解可写为

$$\hat{\rho}(t)=\mathrm{e}^{-\frac{\mathrm{i}}{\hbar}\mathcal{L}t}\hat{\rho}(0) \tag{3.4.20}$$

在相互作用图景中，$\tilde{\rho}(t)$可写成

$$\tilde{\rho}(t)=\mathrm{e}^{\frac{\mathrm{i}}{\hbar}\mathcal{L}_0 t}\hat{\rho}(t)=\mathrm{e}^{\frac{\mathrm{i}}{\hbar}\hat{H}_0 t}\hat{\rho}(t)\mathrm{e}^{-\frac{\mathrm{i}}{\hbar}\hat{H}_0 t} \tag{3.4.21}$$

其中，$\hat{H}_0=\hat{H}_S+\hat{H}_E$ 是式(3.4.2)中零级哈密顿量.

$$\mathcal{L}_0=[\hat{H}_0,]=\mathcal{L}_S+\mathcal{L}_E$$

其中

$$\mathcal{L}_S=[\hat{H}_S,],\quad \mathcal{L}_E=[\hat{H}_E,] \tag{3.4.22}$$

对 $\tilde{\rho}(t)=\mathrm{e}^{\frac{\mathrm{i}}{\hbar}\mathcal{L}_0 t}\hat{\rho}(t)$ 两边作时间 t 的偏微分，可得

$$\frac{\partial}{\partial t}\tilde{\rho}(t)=\frac{\mathrm{i}}{\hbar}\mathcal{L}_0\,\tilde{\rho}(t)+\mathrm{e}^{\frac{\mathrm{i}}{\hbar}\mathcal{L}_0 t}\frac{\partial}{\partial t}\hat{\rho}(t) \tag{3.4.23}$$

将式(3.4.19)代入式(3.4.23)，得

$$\frac{\partial}{\partial t}\hat{\tilde{\rho}}(t) = -\frac{i}{\hbar}\tilde{\mathscr{L}}'\hat{\tilde{\rho}}(t) \tag{3.4.24}$$

其中

$$\tilde{\mathscr{L}}' = e^{\frac{i}{\hbar}\mathscr{L}_0 t}\mathscr{L}'e^{-\frac{i}{\hbar}\mathscr{L}_0 t} = e^{\frac{i}{\hbar}\mathscr{L}_0 t}(\mathscr{L}-\mathscr{L}_0)e^{-\frac{i}{\hbar}\mathscr{L}_0 t}$$

$$\mathscr{L}' = \mathscr{L} - \mathscr{L}_0 = [\hat{H}-\hat{H}_0,] = [\hat{V},] \tag{3.4.25}$$

方程(3.4.24)的形式解可表示为

$$\hat{\tilde{\rho}}(t) = \exp\left(-\frac{i}{\hbar}\int_0^t d\tau\,\tilde{\mathscr{L}}'(\tau)\right)\hat{\tilde{\rho}}(0) \tag{3.4.26}$$

由约化系统密度算符定义式 $\hat{\tilde{\rho}}_S(t) = \mathrm{tr}_E(\hat{\tilde{\rho}}(t))$ 及式(3.4.26),可得

$$\hat{\tilde{\rho}}_S(t) = \mathrm{tr}_E\left(\exp\left(-\frac{i}{\hbar}\int_0^t d\tau\,\tilde{\mathscr{L}}'(\tau)\right)\hat{\tilde{\rho}}_S(0)\,\hat{\tilde{\rho}}_E(0)\right)$$

$$= \left\langle\exp\left(-\frac{i}{\hbar}\int_0^t d\tau\,\tilde{\mathscr{L}}'(\tau)\right)\right\rangle\hat{\tilde{\rho}}_S(0) = \hat{\Lambda}(t)\,\hat{\tilde{\rho}}_S(0) \tag{3.4.27}$$

其中 $\langle\cdots\rangle \equiv \mathrm{tr}_E(\cdots\hat{\tilde{\rho}}_E(0))$,是对热库平均.以谐振子热库为例,由于热库不同频率的谐振子数目趋于无穷多,热库对系统的作用具有随机性质.因此,由演化算符 $\hat{\Lambda}(t)$ 描述的是随机过程.

与2.3节所讨论的 Dyson 展开相似,$\hat{\Lambda}(t)$ 可以展开成

$$\hat{\Lambda}(t) = \left\langle\exp\left(-\frac{i}{\hbar}\int_0^t d\tau\,\tilde{\mathscr{L}}'(\tau)\right)\right\rangle = 1 + \sum_{n=1}^{\infty}\hat{M}_n(t) \tag{3.4.28}$$

其中 $\hat{M}_n(t)$ 是随机变量 $\hat{\Lambda}(t)$ 的 n 阶矩:

$$\hat{M}_n(t) = \sum_{n=0}\left(-\frac{i}{\hbar}\right)^n\frac{1}{n!}\int_{t_0}^t dt_1\cdots\int_{t_0}^t dt_n\langle\hat{O}(\tilde{\mathscr{L}}'(t_1)\cdots\tilde{\mathscr{L}}'(t_n))\rangle \tag{3.4.29}$$

$$= \sum_{n=0}\left(-\frac{i}{\hbar}\right)^n\int_{t_0}^t dt_1\cdots\int_{t_0}^{t_{n-1}} dt_n\,\hat{m}_n(t_1,t_2,\cdots,t_n) \tag{3.4.30}$$

式(3.4.29)中,$\hat{O}(\cdots)$ 是时序算符,作用到乘积 $\tilde{\mathscr{L}}'(t_1)\cdots\tilde{\mathscr{L}}'(t_n)$ 上表示时间大小按从左到右排序(即 $t_1 > \cdots > t_n$).这种时序操作是有必要的,因为如果 $t_i \neq t_j$,超算符 $\tilde{\mathscr{L}}'(t_i)$ 与 $\tilde{\mathscr{L}}'(t_j)$ 一般不对易,即 $[\tilde{\mathscr{L}}'(t_i),\tilde{\mathscr{L}}'(t_j)]\neq 0$.而在等式(3.4.30)中,由于积分区间的定义,$t_1 > \cdots > t_n$ 自动满足.

式(3.4.30)中

$$\hat{m}_n(t_1, t_2, \cdots, t_n) = \langle \tilde{\mathscr{L}}'(t_1) \cdots \tilde{\mathscr{L}}'(t_n) \rangle \tag{3.4.31}$$

引入累积量算符或函数 $\hat{K}(t)$，把演化算符 $\hat{\Lambda}(t)$ 写成指数形式：

$$\hat{\Lambda}(t) = \left\langle \exp\left(-\frac{i}{\hbar} \int_0^t d\tau \tilde{\mathscr{L}}'(\tau)\right) \right\rangle = \exp_P(\hat{K}(t)) \tag{3.4.32}$$

其中

$$\hat{K}(t) = \sum_{n=1}^{\infty} \hat{K}_n(t) \tag{3.4.33}$$

这里，$\hat{K}_n(t)$ 是 n 阶累积量，通常是不可对易算符，即 q-数(对应地，经典力学量是可对易的，称为 c-数)。因此，其指数函数需要按预设的方式进行排序。式(3.4.32)中的下标"P"表示对指数函数 $\exp(\hat{K}(t))$ 中的超算符乘积(见下面讨论)进行某种时间排序操作，$\hat{P}(\tilde{\mathscr{L}}'(t_1)\tilde{\mathscr{L}}'(t_2)\cdots\tilde{\mathscr{L}}'(t_n))$。比如，如果 $\hat{P}$ 是时序算符，则 $\hat{P}(\tilde{\mathscr{L}}'(t_1)\tilde{\mathscr{L}}'(t_2)\cdots\tilde{\mathscr{L}}'(t_n)) = \hat{O}(\tilde{\mathscr{L}}'(t_1)\tilde{\mathscr{L}}'(t_2)\cdots\tilde{\mathscr{L}}'(t_n))$。相应的指数项，比如 $\langle \exp_P\left(-\frac{i}{\hbar}\int_0^t d\tau \tilde{\mathscr{L}}'(\tau)\right)\rangle$ 也可写为 $\langle \exp_O\left(-\frac{i}{\hbar}\int_0^t d\tau \tilde{\mathscr{L}}'(\tau)\right)\rangle$。

这样，由式(3.4.32)以及式(3.4.28)，可得

$$\exp_P(\hat{K}(t)) = \exp\left(\sum_{n=1}^{\infty} \hat{K}_n(t)\right) \tag{3.4.34a}$$

$$= \left\langle \exp\left(-\frac{i}{\hbar}\int_0^t d\tau \tilde{\mathscr{L}}'(\tau)\right)\right\rangle = 1 + \sum_{n=1}^{\infty} \hat{M}_n(t) \tag{3.4.34b}$$

累积量展开方法是把演化算符 $\hat{\Lambda}(t)$ 的多项式展开(式(3.4.34b))变成式(3.4.34a)的指数形式，并且用 $\hat{M}_m(t)(m \leqslant n)$ 来表示 $\hat{K}_n(t)$，从而得到 $\hat{K}(t)$，满足式(3.4.34a)。

把 $\exp_P(\hat{K}(t)) = \exp_P\left(\sum_{n=1}^{\infty}\hat{K}_n(t)\right)$ 进行泰勒展开，可得

$$\exp_P(\hat{K}(t)) = \exp\left(\sum_{n=1}^{\infty}\hat{K}_n(t)\right) = \sum_{s=1}^{\infty}\frac{1}{s!}\left(\sum_{n=1}^{\infty}\hat{K}_n(t)\right)^s \tag{3.4.35}$$

其中，累积量 $\hat{K}_n(t)$ 有 $\hat{M}_n(t)$ 相类似形式：

$$\hat{K}_n(t) = \left(-\frac{\mathrm{i}}{\hbar}\right)^n \frac{1}{n!} \int_{t_0}^t \mathrm{d}t_1 \cdots \int_{t_0}^t \mathrm{d}t_n \langle \hat{P}(\mathscr{L}'(t_1) \cdots \mathscr{L}'(t_n)) \rangle_c$$

$$= \left(-\frac{\mathrm{i}}{\hbar}\right)^n \int_{t_0}^t \mathrm{d}t_1 \cdots \int_{t_0}^{t_{n-1}} \mathrm{d}t_n \langle (\widetilde{\mathscr{L}}'(t_1) \cdots \widetilde{\mathscr{L}}'(t_n)) \rangle_c \qquad (3.4.36)$$

其中, $\langle \cdots \rangle_c$ 表示累积量平均. 进一步地, $\exp_P(\hat{K}(t))$ 可写成

$$\exp_P(\hat{K}(t)) = \exp\left(\sum_{n=1}^\infty \left(-\frac{\mathrm{i}}{\hbar}\right)^n \frac{1}{n!} \int_{t_0}^t \mathrm{d}t_1 \cdots \int_{t_0}^t \mathrm{d}t_n \langle \hat{P}(\mathscr{L}'(t_1) \cdots \mathscr{L}'(t_n)) \rangle_c \right)$$

$$(3.4.37)$$

$$= \exp\langle \exp_P\left(-\frac{\mathrm{i}}{\hbar} \int_0^t \mathrm{d}\tau \mathscr{L}'(\tau)\right) - 1 \rangle_c \qquad (3.4.38)$$

其中

$$\langle \exp_P\left(-\frac{\mathrm{i}}{\hbar} \int_0^t \mathrm{d}\tau \widetilde{\mathscr{L}}'(\tau)\right) \rangle_c = 1 + \sum_{n=1}^\infty \left(-\frac{\mathrm{i}}{\hbar}\right)^n \frac{1}{n!} \int_{t_0}^t \mathrm{d}t_1 \cdots \int_{t_0}^t \mathrm{d}t_n \quad (3.4.39)$$

$$\langle \hat{P}(\widetilde{\mathscr{L}}'(t_1) \cdots \widetilde{\mathscr{L}}'(t_n)) \rangle_c = 1 + \sum_{n=1}^\infty \hat{K}_n(t) \qquad (3.4.40)$$

与式(3.4.28)有相类似的形式. 由式(3.4.37)可见, $\exp_P(\cdots)$ 表示先对指数函数 $\exp(\cdots)$ 进行泰勒展开, 然后对超算符乘积进行时间排序操作, $\hat{P}(\widetilde{\mathscr{L}}'(t_1) \cdots \widetilde{\mathscr{L}}'(t_n))$.

对式(3.4.37)进行泰勒展开, 可得

$$\exp_P(\hat{K}(t)) = 1 + \sum_{s=1}^\infty \frac{1}{s!} \left(\sum_{m_j=1}^\infty \left(-\frac{\mathrm{i}}{\hbar}\right)^{m_s} \frac{1}{m_s!} \right.$$

$$\left. \cdot \int_{t_0}^t \mathrm{d}t_1 \cdots \int_{t_0}^t \mathrm{d}t_{m_s} \langle \hat{P}(\mathscr{L}'(t_1) \cdots \mathscr{L}'(t_{m_s})) \rangle_c \right)^s \qquad (3.4.41)$$

注意到式(3.4.41)中含有形如 $\left(\int_{t_0}^t \mathrm{d}t_1 \cdots \int_{t_0}^t \mathrm{d}t_m \langle X(t_1) \cdots X(t_m) \rangle_c\right)^N$ 的项, 可表示为

$$\left(\int_{t_0}^t \mathrm{d}t_1 \cdots \int_{t_0}^t \mathrm{d}t_m \langle X(t_1) \cdots X(t_m) \rangle_c\right)^N$$

$$= \prod_{n=1}^N \left(\int_{t_0}^t \mathrm{d}t_{n_1} \cdots \int_{t_0}^t \mathrm{d}t_{n_m}\right) \prod_{n=1}^N (\langle X(t_{n_1}) \cdots X(t_{n_m}) \rangle_c) \qquad (3.4.42)$$

例如

$$\left(\int_{t_0}^{t} \mathrm{d}t_1 \cdots \int_{t_0}^{t} \mathrm{d}t_m \langle \hat{P}(\widetilde{\mathscr{L}}'(t_1) \cdots \widetilde{\mathscr{L}}'(t_m)) \rangle_c \right)^2$$

$$= \int_{t_0}^{t} \mathrm{d}t_{1_1} \cdots \int_{t_0}^{t} \mathrm{d}t_{1_m} \int_{t_0}^{t} \mathrm{d}t_{2_1} \cdots$$

$$\int_{t_0}^{t} \mathrm{d}t_{2_m} \langle \hat{P}(\widetilde{\mathscr{L}}'(t_{1_1}) \cdots \widetilde{\mathscr{L}}'(t_{1_m})) \rangle_c \langle \hat{P}(\widetilde{\mathscr{L}}'(t_{2_1}) \cdots \widetilde{\mathscr{L}}'(t_{2_m})) \rangle_c \quad (3.4.43)$$

把式(3.4.41) $\exp_P(\hat{K}(t))$ 的展开按 $\left(-\dfrac{\mathrm{i}}{\hbar}\right)^n$ $(n = 1, 2, \cdots)$ 合并同类项,再与式(3.4.28)中相同阶次 $\left(-\dfrac{\mathrm{i}}{\hbar}\right)^n$ 项对比,可以得到 $\hat{K}_n(t)$ 与 $\hat{M}_m(t)$ $(m \leqslant n)$ 的关系.

在上面的讨论中,$\hat{P}$ 的选择视具体情况,可以有多种方式使之满足式(3.4.35).一般地,任一无穷阶累积量展开都会得到相同的结果.常用的方法有两种:一种是部分时序法(partial ordering prescription,POP);另一种是时序法(chronological ordering prescription,COP).这里,我们主要讨论部分时序法.构造累积量 $\hat{K}_n(t)$ 来满足如下动力学方程:

$$\frac{\partial}{\partial t} \widetilde{\hat{\rho}}_S(t) = \sum_{n=1} \dot{\hat{K}}_n(t) \widetilde{\hat{\rho}}_S(t) \quad (3.4.44)$$

其中,$\dot{\hat{K}}_n(t) = \dfrac{\mathrm{d}\hat{K}_n(t)}{\mathrm{d}t}$.

由定义 $\hat{\rho}_S(t) = \mathrm{tr}_E(\hat{\rho}(t))$,以及式(3.4.21),有

$$\hat{\rho}_S(t) = \mathrm{tr}_E(\mathrm{e}^{-\frac{\mathrm{i}}{\hbar}\mathscr{L}_0 t} \widetilde{\hat{\rho}}(t)) = \mathrm{e}^{-\frac{\mathrm{i}}{\hbar}\mathscr{L}_S t} \mathrm{tr}_E(\mathrm{e}^{-\frac{\mathrm{i}}{\hbar}\mathscr{L}_E t} \widetilde{\hat{\rho}}(t))$$

$$= \mathrm{e}^{-\frac{\mathrm{i}}{\hbar}\mathscr{L}_S t} \mathrm{tr}_E(\mathrm{e}^{-\frac{\mathrm{i}}{\hbar}\hat{H}_E t} \widetilde{\hat{\rho}}(t) \mathrm{e}^{\frac{\mathrm{i}}{\hbar}\hat{H}_E t}) = \mathrm{e}^{-\frac{\mathrm{i}}{\hbar}\mathscr{L}_S t} \widetilde{\hat{\rho}}_S(t) \quad (3.4.45)$$

其中,$\mathrm{e}^{-\frac{\mathrm{i}}{\hbar}\mathscr{L}_0 t} = \mathrm{e}^{-\frac{\mathrm{i}}{\hbar}\mathscr{L}_S t} \mathrm{e}^{-\frac{\mathrm{i}}{\hbar}\mathscr{L}_E t}$.与式(3.2.6c)相似,式(3.4.45)用到求迹循环关系.

由式(3.4.45),可以把方程(3.4.44)用薛定谔表象表达:

$$\frac{\partial}{\partial t} \hat{\rho}_S(t) = -\frac{\mathrm{i}}{\hbar} \mathscr{L}_S \hat{\rho}_S(t) + \sum_{n=1} (\mathrm{e}^{-\frac{\mathrm{i}}{\hbar}\mathscr{L}_S t} \dot{\hat{K}}_n(t) \mathrm{e}^{\frac{\mathrm{i}}{\hbar}\mathscr{L}_S t} \hat{\rho}_S(t)) \quad (3.4.46)$$

其中,$\hat{K}_n(t)$ 通过上面对 $\exp_P(\hat{K}(t))$ 逐级展开求得.下面给出几个低阶展开结果:

$$\begin{cases} \langle[\widetilde{\mathscr{L}'}(t_1)]\rangle_c = \hat{m}_1(t_1) \\ \langle[\widetilde{\mathscr{L}'}(t_1)\widetilde{\mathscr{L}'}(t_2)]\rangle_c = \hat{m}_2(t_1,t_2) - \hat{P}\hat{m}_1(t_1)\hat{m}_1(t_2) \\ \langle[\widetilde{\mathscr{L}'}(t_1)\widetilde{\mathscr{L}'}(t_2)\widetilde{\mathscr{L}'}(t_3)]\rangle_c = \hat{m}_3(t_1,t_2,t_3) - \hat{P}(\hat{m}_1(t_1)\langle\hat{m}_2(t_2,t_3)\rangle \\ \qquad\qquad\qquad + \hat{m}_1(t_2)\langle\hat{m}_2(t_1,t_3)\rangle + \hat{m}_1(t_3)\langle\hat{m}_2(t_1,t_2)\rangle) \\ \qquad\qquad\qquad - \hat{P}\hat{m}_1(t_1)\hat{m}_1(t_2)\hat{m}_1(t_3) \end{cases}$$

$$(3.4.47)$$

对于热库环境,由式(3.2.133)或式(3.2.139),有

$$\langle\widetilde{\mathscr{L}'}(t_1)\rangle = \hat{m}_1(t_1) = 0 \tag{3.4.48}$$

这样,由式(3.4.47),对应可得

$$\hat{K}_1(t) = 0, \quad \hat{K}_2(t) = \hat{M}_2(t), \quad \hat{K}_3(t) = \hat{M}_3(t) \tag{3.4.49}$$

在 $\langle\widetilde{\mathscr{L}'}(t_1)\rangle = \hat{m}_1(t_1) = 0$ 的情形下,展开到四阶项,有

$$\hat{K}_4(t) = \hat{M}_4(t) - \int_{t_0}^{t}\mathrm{d}t_1\int_{t_0}^{t_1}\mathrm{d}t_2\int_{t_0}^{t_2}\mathrm{d}t_3\int_{t_0}^{t_3}\mathrm{d}t_4(\hat{m}_2(t_1,t_2)\hat{m}_2(t_3,t_4)$$

$$+ \hat{m}_2(t_1,t_3)\hat{m}_2(t_2,t_4) + \hat{m}_2(t_1,t_4)\hat{m}_2(t_2,t_3)) \tag{3.4.50}$$

如果只展开到二阶项,有

$$\hat{K}_2(t) = \hat{M}_2(t) = \left(-\frac{\mathrm{i}}{\hbar}\right)^2\int_{t_0}^{t}\mathrm{d}t_1\int_{t_0}^{t_1}\mathrm{d}t_2\langle\widetilde{\mathscr{L}'}(t_1)\widetilde{\mathscr{L}'}(t_2)\rangle \tag{3.4.51}$$

将式(3.4.51)代入方程(3.4.46),有

$$\frac{\partial}{\partial t}\hat{\rho}_S(t) = -\frac{\mathrm{i}}{\hbar}\mathscr{L}_S\hat{\rho}_S(t) - \frac{1}{\hbar^2}\int_0^t\mathrm{d}\tau\langle\mathscr{L}_1(t)\mathrm{e}^{-\frac{\mathrm{i}}{\hbar}\mathscr{L}_S\tau}\mathscr{L}_1(t-\tau)\mathrm{e}^{\frac{\mathrm{i}}{\hbar}\mathscr{L}_S\tau}\rangle\hat{\rho}_S(t) \tag{3.4.52}$$

其中,$\mathscr{L}_1(s) = \mathrm{e}^{\frac{\mathrm{i}}{\hbar}\mathscr{L}_S s}\mathscr{L}'\mathrm{e}^{-\frac{\mathrm{i}}{\hbar}\mathscr{L}_S s} = [\mathrm{e}^{\frac{\mathrm{i}}{\hbar}\mathscr{L}_S s}\hat{V},] = [\mathrm{e}^{\frac{\mathrm{i}}{\hbar}\hat{H}_E s}\hat{V}\mathrm{e}^{-\frac{\mathrm{i}}{\hbar}\hat{H}_E s},].$

由式(3.4.52)可见,在二阶近似下,累积量展开所得到的量子主方程与二阶微扰方法得到的主方程(3.4.17)相同.

在时序法(COP)中,相互作用图景下的约化密度算符演化方程为(Mukamel et al., 1978)

$$\frac{\partial}{\partial t}\hat{\tilde{\rho}}_S(t) = \sum_{n=1}\int_0^t\mathrm{d}\tau_1\int_0^{\tau_1}\mathrm{d}\tau_2\cdots\int_0^{\tau_{n-1}}\mathrm{d}\tau_n\Theta_{n+1}(t,\tau_1,\cdots,\tau_n)\hat{\tilde{\rho}}_S(\tau_n) \tag{3.4.53}$$

其中

$$\Theta_1 = 0, \quad \Theta_2 = \hat{m}_2, \quad \cdots, \quad \Theta_3 = \hat{m}_3, \quad \Theta_4 = \hat{m}_4 - \hat{m}_2(\tau_1, \tau_2)\hat{m}_2(\tau_3, \tau_4) \tag{3.4.54}$$

在薛定谔图景中,约化密度算符演化方程是

$$\frac{\partial}{\partial t}\hat{\rho}_S(t) = -\frac{i}{\hbar}\mathcal{L}_S\hat{\rho}_S(t)$$
$$+ \sum_{n=1}^{\infty}\int_0^t d\tau_1 \int_0^{\tau_1} d\tau_2 \cdots \int_0^{\tau_{n-1}} d\tau_n e^{-\frac{i}{\hbar}\mathcal{L}_S t}\Theta_{n+1}(t, \tau_1, \cdots, \tau_n)e^{\frac{i}{\hbar}\mathcal{L}_S \tau_n}\hat{\rho}_S(\tau_n) \tag{3.4.55}$$

取二阶项,有

$$\frac{\partial}{\partial t}\hat{\rho}_S(t) = -\frac{i}{\hbar}\mathcal{L}_S\hat{\rho}_S(t) - \int_0^t d\tau K(t, \tau)\hat{\rho}_S(\tau) \tag{3.4.56}$$

其中

$$K(t, \tau) = \langle \mathcal{L}_1(t)e^{-\frac{i}{\hbar}\mathcal{L}_S(t-\tau)}\mathcal{L}_1(\tau)e^{\frac{i}{\hbar}\mathcal{L}_S\tau}\rangle \tag{3.4.57}$$

这里 $K(t, \tau)$ 是记忆核函数.时序法导出的约化动力学方程(3.4.56)是非马尔可夫的.

3.4.3　投影算符方法:广义速率方程

3.4.3.1　投影算符方法

下面我们应用投影算符方法对哈密顿量 $\hat{H} = \hat{H}_0 + \hat{V}$ 中相互作用项 $\hat{V}$ 进行非微扰处理.这里,哈密顿量 $\hat{H}$ 采用式(3.4.1)形式,亦即 $\hat{H}_0$ 和 $\hat{V}$ 分别采用式(3.4.3)和式(3.4.4)形式.

引入投影超算符 $\mathcal{P}$ 作用到任一算符 $\hat{O}$,定义

$$\mathcal{P}\hat{O} \equiv \sum_a \hat{\rho}_a^{(eq)} \mathrm{tr}_E(\langle a|\hat{O}|a\rangle)|a\rangle\langle a| \tag{3.4.58}$$

其中,$|a\rangle$ 是系统哈密顿量 $\hat{H}_0$ 的本征态,$\hat{\rho}_a^{(eq)}$ 是处于平衡态的统计分布:

$$\hat{\rho}_a^{(eq)} = \frac{\exp(-\beta \hat{H}_a)}{\mathrm{tr}_E(\exp(-\beta \hat{H}_a))} \tag{3.4.59}$$

这里,电子态$|a\rangle$上的振动哈密顿量$\hat{H}_a = E_a + H_{aa}^{(I)} + \hat{H}_E$(式(3.4.1)).由于在处理形如式(3.4.1)哈密顿量$\hat{H} = \hat{H}_0 + \hat{V}$时,是把所有振动自由度处理成环境,因此,式(3.4.58)中的$\mathrm{tr}_E(\cdots)$是对所有振动自由度求迹.

式(3.4.58)也可以表示成

$$\mathscr{P}\hat{O} = \sum_a O_a^{(eq)} |a\rangle\langle a| \tag{3.4.60}$$

其中,$O_a^{(eq)} = \hat{\rho}_a^{(eq)} \mathrm{tr}_E(\langle a|\hat{O}|a\rangle)$.

与3.2节引入的投影算符对系统整个空间投影 $\mathscr{P}\hat{O} = \hat{\rho}_E \otimes \mathrm{tr}_E(\hat{O}) = \hat{\rho}_E^{(eq)} \otimes \sum_{a,b} \mathrm{tr}_E(\langle a|\hat{O}|b\rangle)|a\rangle\langle b|$ (式(3.2.8)) 不同,这里我们主要关注约化密度矩阵的对角矩阵元,用以建立态布居概率 $P_a(t) = \langle a|\hat{\rho}_S(t)|a\rangle$ 的演化主方程.

由式(3.4.59),作用到复合系统密度算符 $\hat{\rho}(t)$ 上,有

$$\mathscr{P}\hat{\rho}(t) = \sum_a \hat{\rho}_a^{(eq)} \mathrm{tr}_E(\langle a|\hat{\rho}(t)|a\rangle)|a\rangle\langle a|$$

$$= \sum_a (\langle a|\hat{\rho}_S(t)|a\rangle \hat{\rho}_a^{(eq)})|a\rangle\langle a| = \sum_a P_a(t) \hat{R}_a^{(eq)} \tag{3.4.61}$$

其中

$$\begin{cases} \hat{R}_a^{(eq)} = \hat{\rho}_a^{(eq)} |a\rangle\langle a| \\ P_a(t) = \mathrm{tr}_E(\langle a|\mathscr{P}\hat{\rho}(t)|a\rangle) \end{cases} \tag{3.4.62}$$

3.4.3.2 广义量子主方程

冯·诺依曼方程(3.1.7)可写成

$$\frac{\partial}{\partial t}\hat{\rho}(t) = -\frac{\mathrm{i}}{\hbar}\mathscr{L}\hat{\rho}(t) \tag{3.4.63}$$

其中,超算符 $\mathscr{L} = [\hat{H},]$.

把式(3.4.58)定义的投影超算符 $\mathscr{P}$ 作用到式(3.4.63)的两边,有

$$\frac{\partial}{\partial t}\mathscr{P}\hat{\rho}(t) = -\frac{\mathrm{i}}{\hbar}\mathscr{P}\mathscr{L}\hat{\rho}(t) \tag{3.4.64}$$

同时也把正交投影超算符 $\mathscr{Q}(\mathscr{P}+\mathscr{Q}=\mathscr{I}$，见式(3.2.12))作用到式(3.4.63)的两边，有

$$\frac{\partial}{\partial t}\mathscr{Q}\hat{\rho}(t) = -\frac{\mathrm{i}}{\hbar}\mathscr{Q}\mathscr{L}\hat{\rho}(t) \tag{3.4.65}$$

把 $\mathscr{P}\hat{\rho}(t) + \mathscr{Q}\hat{\rho}(t) = \hat{\rho}(t)$ 代入式(3.4.63)和式(3.4.65)，有

$$\frac{\partial}{\partial t}\mathscr{P}\hat{\rho}(t) = -\frac{\mathrm{i}}{\hbar}\mathscr{P}\mathscr{L}(\mathscr{P}\hat{\rho}(t) + \mathscr{Q}\hat{\rho}(t)) \tag{3.4.66}$$

$$\frac{\partial}{\partial t}\mathscr{Q}\hat{\rho}(t) = -\frac{\mathrm{i}}{\hbar}\mathscr{Q}\mathscr{L}(\mathscr{P}\hat{\rho}(t) + \mathscr{Q}\hat{\rho}(t)) \tag{3.4.67}$$

利用微分方程 $\dot{y}(t) = ay(t) + f(t)$ 的形式解 $y(t) = \int_0^t \mathrm{d}\tau \mathrm{e}^{a(t-\tau)} f(\tau)(y(0) = 0)$，并假设初始时 $\mathscr{Q}\hat{\rho}(t=0) = 0$，我们可以得到方程(3.4.67)的解

$$\mathscr{Q}\hat{\rho}(t) = -\frac{\mathrm{i}}{\hbar}\int_0^t \mathrm{d}\tau \mathscr{U}(t-\tau)\mathscr{Q}\mathscr{L}\mathscr{P}\hat{\rho}(\tau) \tag{3.4.68}$$

其中，演化超算符

$$\mathscr{U}(t) = \exp\left(-\frac{\mathrm{i}}{\hbar}\mathscr{Q}\mathscr{L}t\right) \tag{3.4.69}$$

把式(3.4.68)代入式(3.4.66)，有

$$\frac{\partial}{\partial t}\mathscr{P}\hat{\rho}(t) = -\frac{\mathrm{i}}{\hbar}\mathscr{P}\mathscr{L}\mathscr{P}\hat{\rho}(t) - \int_0^t \mathrm{d}\tau \mathscr{P}\mathscr{L}\mathscr{U}(t-\tau)\mathscr{Q}\mathscr{L}\mathscr{P}\hat{\rho}(\tau) \tag{3.4.70}$$

由式(3.4.62) $P_a(t) = \mathrm{tr}_E(\langle a|\mathscr{P}\hat{\rho}(t)|a\rangle)$，对式(3.4.70)左边作如下操作，有

$$\mathrm{tr}_E\left(\langle a|\frac{\partial}{\partial t}\mathscr{P}\hat{\rho}(t)|a\rangle\right) = \frac{\partial}{\partial t}\mathrm{tr}_E(\langle a|\mathscr{P}\hat{\rho}(t)|a\rangle) = \frac{\partial}{\partial t}P_a(t) \tag{3.4.71}$$

这样，对式(3.4.70)右边进行同样操作，有

$$\frac{\partial}{\partial t}P_a(t) = -\frac{\mathrm{i}}{\hbar}\mathrm{tr}_E(\langle a|\mathscr{L}\hat{\rho}(t)|a\rangle)$$
$$-\int_0^t \mathrm{d}\tau \mathrm{tr}_E(\langle a|\mathscr{L}\mathscr{U}(t-\tau)\mathscr{Q}\mathscr{L}\mathscr{P}\hat{\rho}(\tau)|a\rangle) \tag{3.4.72}$$

在推导式(3.4.72)右边两项的过程中，我们首先用到关系

$$\mathrm{tr}_E(\langle a|\mathscr{P}\mathscr{L}\hat{O}(t)|a\rangle) = \mathrm{tr}_E(\langle a|\mathscr{L}\hat{O}(t)|a\rangle) \tag{3.4.73}$$

下面我们来证明式(3.4.73).

证明 由式(3.4.58)定义,对任一算符 $\hat{O}_1(t) = \mathcal{L}\hat{O}(t)$,投影超算符 $\mathcal{P}$ 作用到 $\mathcal{L}\hat{O}(t)$ 上,有

$$\mathcal{P}\mathcal{L}\hat{O}(t) = \sum_a \hat{\rho}_a^{(eq)} \, \text{tr}_E(\langle a|\mathcal{L}\hat{O}(t)|a\rangle)|a\rangle\langle a| \tag{3.4.74}$$

因此,对式(3.4.74)两边先用波函数 $|b\rangle$ 进行平均,然后对环境求迹,有

$$\text{tr}_E(\langle b|\mathcal{P}\mathcal{L}\hat{O}(t)|b\rangle) = \text{tr}_E(\hat{\rho}_b^{(eq)})\text{tr}_E(\langle b|\mathcal{L}\hat{O}(t)|b\rangle) \tag{3.4.75}$$

由式(3.4.62)和$\text{tr}_E(\hat{\rho}_b^{(eq)}) = 1$,并把 b 换成 a,式(3.4.75)成为

$$\text{tr}_E(\langle a|\mathcal{P}\mathcal{L}\hat{O}(t)|a\rangle) = \text{tr}_E(\langle a|\mathcal{L}\hat{O}(t)|a\rangle)$$

即得到式(3.4.73).

证毕.

根据式(3.4.73),$\hat{O}(t)$ 可以是任一量子算符,设 $\hat{O}(t) = \mathcal{P}\hat{\rho}(t)$,则有

$$-\frac{i}{\hbar}\text{tr}_E(\langle a|\mathcal{P}\mathcal{L}\mathcal{P}\hat{\rho}(t)|a\rangle) = -\frac{i}{\hbar}\text{tr}_E(\langle a|\mathcal{L}\mathcal{P}\hat{\rho}(t)|a\rangle) \tag{3.4.76}$$

即得到式(3.4.72)右边的第一个等式.

由 $\mathcal{L} = [\hat{H}, \,]$,式(3.4.76)右边为

$$-\frac{i}{\hbar}\text{tr}_E(\langle a|\mathcal{L}\mathcal{P}\hat{\rho}(t)|a\rangle) = -\frac{i}{\hbar}\text{tr}_E(\langle a|[\hat{H}, \mathcal{P}\hat{\rho}(t)]|a\rangle) \tag{3.4.77}$$

其中

$$\langle a|[\hat{H}, \mathcal{P}\hat{\rho}(t)]|a\rangle = \langle a|\hat{H}\mathcal{P}\hat{\rho}(t) - \mathcal{P}\hat{\rho}(t)\hat{H}|a\rangle \tag{3.4.78}$$

由式(3.4.61),$\mathcal{P}\hat{\rho}(t) \equiv \sum_b \hat{\rho}_b^{(eq)} \, \text{tr}_E(\langle b|\hat{\rho}(t)|b\rangle)|b\rangle\langle b|$,可得

$$\mathcal{P}\hat{\rho}(t)|a\rangle = P|a\rangle \tag{3.4.79}$$

亦即,$|a\rangle$ 是 $\mathcal{P}\hat{\rho}(t)$ 的本征态,其对应本征值为 $P = \rho_a^{(eq)}P_a$. 这里,$\rho_a^{(eq)} = \dfrac{\exp(-\beta\hat{H}_a)}{\text{tr}_E(\exp(-\beta\hat{H}_a))}$,$P_a = \text{tr}_E(\langle a|\hat{\rho}(t)|a\rangle)$. 这样,式(3.4.78)中

$$\langle a|\hat{H}\mathcal{P}\hat{\rho}(t) - \mathcal{P}\hat{\rho}(t)\hat{H}|a\rangle = H_{aa}P - P^{\dagger}H_{aa} \tag{3.4.80}$$

由于 $\mathscr{P}\hat{\rho}(t)$ 是厄米算符,因而 $P = P^{\dagger}$ 以及 $H_{aa}P - P^{\dagger}H_{aa} = 0$. 这样

$$- \frac{\mathrm{i}}{\hbar} \operatorname{tr}_E (\langle a | \mathscr{L}\mathscr{P}\hat{\rho}(t) | a \rangle) = - \frac{\mathrm{i}}{\hbar} \operatorname{tr}_E (\langle a | [\hat{H}, \mathscr{P}\hat{\rho}(t)] | a \rangle) = 0 \quad (3.4.81)$$

由此,式(3.4.72)成为

$$\frac{\partial}{\partial t} P_a(t) = - \int_0^t \mathrm{d}\tau \, \operatorname{tr}_E (\langle a | \mathscr{L}\mathscr{U}(t - \tau) \mathscr{Q} \mathscr{L}\mathscr{P}\hat{\rho}(\tau) | a \rangle) \quad (3.4.82)$$

把式(3.4.61)$\mathscr{P}\hat{\rho}(t) = \sum_b P_b(t) \hat{R}_b^{(\mathrm{eq})} | b \rangle \langle b |$ 代入式(3.4.82),有

$$\frac{\partial}{\partial t} P_a(t) = - \sum_b \int_0^t \mathrm{d}\tau \, \operatorname{tr}_E (\langle a | \mathscr{L}\mathscr{U}(t - \tau) \mathscr{Q} \mathscr{L} \hat{R}_b^{(\mathrm{eq})} | a \rangle) P_b(\tau) \quad (3.4.83)$$

令

$$K_{ab}(t - \tau) = - \theta(t - \tau) \operatorname{tr}_E (\langle a | \mathscr{L}\mathscr{U}(t - \tau) \mathscr{Q} \mathscr{L} \hat{R}_b^{(\mathrm{eq})} | a \rangle) \quad (3.4.84)$$

其中,阶梯函数 $\theta(t) = \begin{cases} 1, t \geqslant 0 \\ 0, t < 0 \end{cases}$,$\hat{R}_a^{(\mathrm{eq})} = \hat{\rho}_a^{(\mathrm{eq})} | a \rangle \langle a |$.

式(3.4.83)可以写成

$$\frac{\partial}{\partial t} P_a(t) = \sum_b \int_0^t \mathrm{d}\tau \, K_{ab}(t - \tau) P_b(\tau) \quad (3.4.85)$$

把 $t - \tau \rightarrow \tau$,式(3.4.85)成为

$$\frac{\partial}{\partial t} P_a(t) = \sum_b \int_0^t \mathrm{d}\tau \, K_{ab}(\tau) P_b(t - \tau) \quad (3.4.86)$$

这样,我们得到含有记忆内核的量子主方程,称为广义主方程(generalized master equation,GME).

引入格林超算符

$$\mathscr{G}(\tau) = - \mathrm{i}\theta(t) \mathscr{U}(\tau) \quad (3.4.87)$$

记忆核函数 $K_{ab}(\tau)$ 可写成

$$K_{ab}(\tau) = - \mathrm{i}\operatorname{tr}_E (\langle a | \mathscr{L}\mathscr{G}(\tau) \mathscr{Q} \mathscr{L} \hat{R}_b^{(\mathrm{eq})} | a \rangle)$$

$$= - \mathrm{i}\operatorname{tr}(\hat{\Pi}_a \mathscr{L}\mathscr{G}(\tau) \mathscr{Q} \mathscr{L} \hat{R}_b^{(\mathrm{eq})}) \quad (3.4.88)$$

这里,$\operatorname{tr}(\cdots) = \operatorname{tr}_E \operatorname{tr}_S (\cdots)$,$\hat{\Pi}_a = | a \rangle \langle a |$.

复合系统的哈密顿量 $\hat{H}$ 经常可以写成零级哈密顿量 $\hat{H}_0$ 和相互作用项 $\hat{V}$ 之和的形式: $\hat{H} = \hat{H}_0 + \hat{V}$. 由此,刘维尔超算符也可以写成

$$\mathscr{L} = \mathscr{L}_0 + \mathscr{L}_V \tag{3.4.89}$$

其中, $\mathscr{L} = [\hat{H},]$, $\mathscr{L}_0 = [\hat{H}_0,]$ 以及 $\mathscr{L}_V = [\hat{V},]$.

可以证明

$$\mathscr{P}\mathscr{L}_0 = \mathscr{L}_0\mathscr{P} = 0 \tag{3.4.90}$$

证明 把 $\mathscr{P}\mathscr{L}_0$ 作用到任一量子算符 $\hat{O}$ 上去,由式(3.4.58)定义

$$\mathscr{P}\mathscr{L}_0 \hat{O} = \sum_a \hat{\rho}_a^{(eq)} \, \text{tr}_E(\langle a | \mathscr{L}_0 \hat{O} | a \rangle) | a \rangle\langle a | \tag{3.4.91}$$

其中

$$\langle a | \mathscr{L}_0 \hat{O} | a \rangle = \langle a | [\hat{H}_0, \hat{O}] | a \rangle = \langle a | \hat{H}_0 \hat{O} - \hat{O}\hat{H}_0 | a \rangle \tag{3.4.92}$$

由于 $\hat{H}_0 | a \rangle = E_{00} | a \rangle$, 式(3.4.92)为

$$\langle a | \hat{H}_0 \hat{O} - \hat{O}\hat{H}_0 | a \rangle = \langle a | (E_{00}^* - E_{00}) \hat{O} | a \rangle \tag{3.4.93}$$

因为 $E_{00}^* = E_{00}$, 故而 $\langle a | \hat{H}_0 \hat{O} - \hat{O}\hat{H}_0 | a \rangle = 0$. 由此

$$\mathscr{P}\mathscr{L}_0 \hat{O} = 0 \tag{3.4.94}$$

同样地,把 $\mathscr{L}_0\mathscr{P}$ 作用到 $\hat{O}$ 上去,有

$$\mathscr{L}_0\mathscr{P}\hat{O} = [\hat{H}_0, \mathscr{P}\hat{O}]$$

由式(3.4.60), $\mathscr{P}\hat{O} = \sum_a O_a^{(eq)} | a \rangle\langle a |$, 而 $\hat{H}_0 = \sum_a E_{00} | a \rangle\langle a |$, 因此

$$[\hat{H}_0, \mathscr{P}\hat{O}] = 0 \tag{3.4.95}$$

从而式(3.4.90)得证.

由 $K_{ab}(\tau) = -\text{itr}(\hat{\Pi}_a \mathscr{L}\mathscr{G}(\tau)\mathscr{Q}\mathscr{L}\hat{R}_b^{(eq)}) = -\text{itr}(\hat{\Pi}_a \mathscr{P}\mathscr{L}\mathscr{G}(\tau)\mathscr{Q}\mathscr{L}\hat{R}_b^{(eq)})$ 和 $\mathscr{P}\mathscr{L}_0 = 0$, 有

$$K_{ab}(\tau) = -\text{itr}(\hat{\Pi}_a \mathscr{P}\mathscr{L}_V \mathscr{G}(\tau)\mathscr{Q}\mathscr{L}\hat{R}_b^{(eq)})$$
$$= -\text{itr}(\hat{\Pi}_a \mathscr{L}_V \mathscr{G}(\tau)\mathscr{Q}\mathscr{L}\hat{R}_b^{(eq)}) \tag{3.4.96}$$

注意到 $\mathcal{P}\mathcal{L}_V\mathcal{P}=0$,有 $\mathcal{Q}\mathcal{L}\hat{R}_b^{(\text{eq})}=\mathcal{Q}\mathcal{L}\mathcal{P}\hat{R}_b^{(\text{eq})}=\mathcal{L}_V\hat{R}_b^{(\text{eq})}$. 因此,式(3.4.96)可写为

$$K_{ab}(\tau) = -\,\text{itr}(\hat{\Pi}_a\mathcal{L}_V\mathcal{G}(\tau)\mathcal{L}_V\hat{R}_b^{(\text{eq})})\qquad(3.4.97)$$

令 $T(\tau)=-\,\mathrm{i}\mathcal{L}_V\mathcal{G}(\tau)\mathcal{L}_V$,则 $K_{ab}(\tau)$ 可记为

$$K_{ab}(\tau) = \text{tr}(\hat{\Pi}_aT(\tau)\hat{R}_b^{(\text{eq})})\qquad(3.4.98)$$

可以证明,$\sum_a K_{ab}(\tau)=0$,对应于式(3.4.86)中

$$\frac{\partial}{\partial t}\sum_a P_a(t) = 0\qquad(3.4.99)$$

亦即总的布居数守恒.

如果忽略记忆效应,即在马尔可夫近似下,$P_b(t-\tau)\cong P_b(t)$,式(3.4.86)成为

$$\frac{\partial}{\partial t}P_a(t) = \sum_b\int_0^t\mathrm{d}\tau\, K_{ab}(\tau)P_b(t)\qquad(3.4.100)$$

令

$$k_{ab} = \int_0^t\mathrm{d}\tau\, K_{ab}(\tau)\qquad(3.4.101)$$

则式(3.4.100)可写成

$$\frac{\partial}{\partial t}P_a(t) = \sum_b k_{ab}P_b(t)\qquad(3.4.102)$$

由式(3.4.99) $\frac{\partial}{\partial t}\sum_a P_a(t)=0\big(\sum_a K_{ab}(\tau)=0\big)$,可知

$$\sum_a k_{ab} = 0\qquad(3.4.103)$$

由式(3.4.103),有

$$k_{bb} = -\sum_{a\neq b}k_{ab}\qquad(3.4.104)$$

记 $k_{ab}=k_{b\to a}$,式(3.4.103)可写成

$$\frac{\partial}{\partial t}P_a(t) = \sum_b k_{b\to a}P_b(t) - k_{a\to b}P_a(t)\qquad(3.4.105)$$

3.4.3.3　记忆核函数

为了计算记忆核函数 $K_{ab}(\tau)=-\,\text{itr}(\hat{\Pi}_a\mathcal{L}_V\mathcal{G}(\tau)\mathcal{L}_V\hat{R}_b^{(\text{eq})})$,我们需要把格林超算符

$\mathscr{G}(\tau)$中的投影超算符 $\mathscr{Q}$ 代换掉. 考虑 $\mathscr{G}(\tau)$ 的傅里叶变换

$$\mathscr{G}(\omega) = \int \mathrm{d}t\, \mathrm{e}^{\mathrm{i}\omega t}\mathscr{G}(\tau) = -\mathrm{i}\int \mathrm{d}\tau\, \mathrm{e}^{\mathrm{i}\omega t}\theta(t)\exp\left(-\frac{\mathrm{i}}{\hbar}\mathscr{Q}\mathscr{L}t\right)$$

$$= \left(\omega - \frac{\mathscr{Q}\mathscr{L}}{\hbar} + \mathrm{i}\varepsilon\right)^{-1} = \left(\omega - \frac{\mathscr{L}}{\hbar} + \frac{\mathscr{P}\mathscr{L}_V}{\hbar} + \mathrm{i}\varepsilon\right)^{-1} \qquad (3.4.106)$$

由式(3.4.106),有

$$\mathscr{G}^{-1}(\omega) = \mathscr{G}_I^{-1}(\omega) + \mathscr{P}\mathscr{L}_V/\hbar \qquad (3.4.107)$$

其中,$\mathscr{G}_I(\omega)$ 是 $\mathscr{Q} = \mathscr{I}$ 时的格林超算符的傅里叶变换:

$$\mathscr{G}_I(\omega) = (\omega - \mathscr{L}/\hbar + \mathrm{i}\varepsilon)^{-1} \qquad (3.4.108)$$

应用等式关系

$$\mathscr{G}^{-1}(\omega)\mathscr{G}(\omega) = (\mathscr{G}_I^{-1}(\omega) + \mathscr{P}\mathscr{L}_V/\hbar)\mathscr{G}(\omega) = 1 \qquad (3.4.109)$$

对式(3.4.109)中的第二个等式两边左乘 $\mathscr{G}_I(\omega)$,有

$$\mathscr{G}(\omega) = \mathscr{G}_I(\omega) - \frac{1}{\hbar}\mathscr{G}_I(\omega)\mathscr{P}\mathscr{L}_V\mathscr{G}(\omega) \qquad (3.4.110)$$

由式(3.4.110),式(3.4.98)成为

$$K_{ab}(\tau) = -\mathrm{i}\mathrm{tr}(\hat{\Pi}_a\mathscr{L}_V\mathscr{G}(\tau)\mathscr{L}_V\hat{R}_b^{(\mathrm{eq})})$$

$$= -\mathrm{i}\mathrm{tr}(\hat{\Pi}_a\mathscr{L}_V\mathscr{G}_I(\omega)\mathscr{L}_V\hat{R}_b^{(\mathrm{eq})}) + \frac{\mathrm{i}}{\hbar}\mathrm{tr}(\hat{\Pi}_a\mathscr{L}_V\mathscr{G}_I(\omega)\mathscr{P}\mathscr{L}_V\mathscr{G}(\omega)\mathscr{L}_V\hat{R}_b^{(\mathrm{eq})})$$

$$(3.4.111)$$

把式(3.4.60)

$$\mathscr{P}\hat{O} = \sum_c O_c^{(\mathrm{eq})}|c\rangle\langle c| \qquad (3.4.112)$$

其中 $\hat{O} = \mathscr{P}\mathscr{L}_V\mathscr{G}(\omega)\mathscr{L}_V\hat{R}_b^{(\mathrm{eq})}$,$O_c^{(\mathrm{eq})} = \hat{\rho}_c^{(\mathrm{eq})}\,\mathrm{tr}_E(\langle c|\hat{O}|c\rangle)$,插入式(3.4.111)右边第二项,有

$$\mathrm{tr}(\hat{\Pi}_a\mathscr{L}_V\mathscr{G}_I(\omega)\mathscr{P}\mathscr{L}_V\mathscr{G}(\omega)\mathscr{L}_V\hat{R}_b^{(\mathrm{eq})}) = \mathrm{i}\sum_c \mathrm{tr}(\hat{\Pi}_a\mathscr{L}_V\mathscr{G}_I(\omega)\,\hat{R}_c^{(\mathrm{eq})})K_{cb}(\omega)$$

$$(3.4.113)$$

其中

$$\mathrm{i}K_{cb}(\omega) = \mathrm{tr}(\hat{\Pi}_c\mathscr{L}_V\mathscr{G}(\omega)\mathscr{L}_V\hat{R}_b^{(\mathrm{eq})}) \qquad (3.4.114)$$

引入零级格林超算符 $\mathscr{G}_I^{(0)}(\omega)$：

$$\mathscr{G}_I^{(0)}(\omega) = -\mathrm{i}\int \mathrm{d}\tau \mathrm{e}^{\mathrm{i}\omega t}\theta(t)\exp\left(-\frac{\mathrm{i}}{\hbar}\mathscr{L}_0 t\right)$$

$$= (\omega - \mathscr{L}_0/\hbar + \mathrm{i}\varepsilon)^{-1} \tag{3.4.115}$$

与式(3.4.110)相比较,有

$$\frac{1}{\mathscr{G}_I(\omega)} = \frac{1}{\mathscr{G}_I^{(0)}(\omega)} - \frac{\mathscr{L}_V}{\hbar} \tag{3.4.116}$$

把式(3.4.116)两边都左乘 $\mathscr{G}_I(\omega)$ 再右乘 $\mathscr{G}_I^{(0)}(\omega)$,有

$$\mathscr{G}_I(\omega) = \mathscr{G}_I^{(0)}(\omega) + \frac{1}{\hbar}\mathscr{G}_I(\omega)\mathscr{L}_V\mathscr{G}_I^{(0)} \tag{3.4.117}$$

或者对式(3.4.116)先左乘 $\mathscr{G}_I^{(0)}(\omega)$,再右乘 $\mathscr{G}_I(\omega)$,有

$$\mathscr{G}_I(\omega) = \mathscr{G}_I^{(0)}(\omega) + \frac{1}{\hbar}\mathscr{G}_I^{(0)}\mathscr{L}_V\mathscr{G}_I(\omega) \tag{3.4.118}$$

把式(3.4.117)代入式(3.4.113)中右边第一项,有

$$\mathrm{tr}(\hat{\Pi}_a\mathscr{L}_V\mathscr{G}_I(\omega)\hat{R}_c^{(\mathrm{eq})}) = \mathrm{tr}(\hat{\Pi}_a\mathscr{L}_V\mathscr{G}_I^{(0)}(\omega)\hat{R}_c^{(\mathrm{eq})}) + \frac{1}{\hbar}\mathrm{tr}(\hat{\Pi}_a\mathscr{L}_V\mathscr{G}_I(\omega)\mathscr{L}_V\mathscr{G}_I^{(0)}\hat{R}_c^{(\mathrm{eq})})$$

$$\tag{3.4.119}$$

由于式(3.4.119)右边第一项中,$\hat{\Pi}_a$,$\mathscr{G}_I^{(0)}(\omega)$ 和 $\hat{R}_c^{(\mathrm{eq})}$ 都是对角项,而 $\mathscr{L}_V$ 是非对角项,因此 $\mathrm{tr}(\hat{\Pi}_a\mathscr{L}_V\mathscr{G}_I^{(0)}(\omega)\hat{R}_c^{(\mathrm{eq})}) = 0$. 而

$$\mathscr{G}_I^{(0)}\hat{R}_c^{(\mathrm{eq})} = -\mathrm{i}\int \mathrm{d}\tau \mathrm{e}^{\mathrm{i}\omega t}\theta(t)\exp\left(-\frac{\mathrm{i}}{\hbar}\mathscr{L}_0 t\right)|c\rangle\langle c|\hat{\rho}_c^{(\mathrm{eq})} \tag{3.4.120}$$

把 $\exp\left(-\dfrac{\mathrm{i}}{\hbar}\mathscr{L}_0 t\right) = 1 + \sum_{n=1}\dfrac{(-\mathrm{i})^n}{n!\hbar^n}(\mathscr{L}_0 t)^n$ 作用到 $\hat{\Pi}_c = |c\rangle\langle c|$ 上,有

$$\exp\left(-\frac{\mathrm{i}}{\hbar}\mathscr{L}_0 t\right)\hat{\Pi}_c = \hat{\Pi}_c \tag{3.4.121}$$

故而

$$\mathscr{G}_I^{(0)}\hat{R}_c^{(\mathrm{eq})} = -\mathrm{i}\int \mathrm{d}\tau \mathrm{e}^{\mathrm{i}\omega t}\theta(t)\hat{R}_c^{(\mathrm{eq})} = \frac{1}{\omega + \mathrm{i}\varepsilon}\hat{R}_c^{(\mathrm{eq})} \tag{3.4.122}$$

因此,式(3.4.119)为

$$\mathrm{tr}(\hat{\Pi}_a \mathscr{L}_V \mathscr{G}_I(\omega)\hat{R}_c^{(\mathrm{eq})}) = \frac{1}{\omega + \mathrm{i}\varepsilon}\mathrm{tr}(\hat{\Pi}_a \mathscr{L}_V \mathscr{G}_I(\omega)\mathscr{L}_V \hat{R}_c^{(\mathrm{eq})}) \tag{3.4.123}$$

令

$$L_{ab}(\omega) = -\mathrm{i}\mathrm{tr}(\hat{\Pi}_a \mathscr{L}_V \mathscr{G}_I(\omega)\mathscr{L}_V \hat{R}_b^{(\mathrm{eq})}) \tag{3.4.124}$$

则由式(3.4.112),有

$$K_{ab}(\omega) = L_{ab}(\omega) - \frac{\mathrm{i}}{\omega + \mathrm{i}\varepsilon}\sum_c \mathscr{L}_{ac}(\omega) K_{cb}(\omega) \tag{3.4.125}$$

由式(3.4.125),一旦确定 $L_{ab}(\omega)$,就可以求得记忆核函数 $K_{ab}(\omega)$.

对 $L_{ab}(\omega)$ 按 $\hat{V}$ 进行展开($\hat{V} = \sum\limits_{a \neq b}\langle a|\hat{H}_I|b\rangle|a\rangle\langle b|$),得到如下迭代等式:

$$\sum_{m=1}^{\infty} K_{ab}^{(2m)}(\omega) = \sum_{m=1}^{\infty} L_{ab}^{(2m)}(\omega) - \frac{\mathrm{i}}{\omega + \mathrm{i}\varepsilon}\sum_c \sum_{n, n'=1}^{\infty} L_{ac}^{(2n)}(\omega) K_{cb}^{(2n')}(\omega) \tag{3.4.126}$$

其中

$$K_{ab}^{(2)}(\omega) \equiv L_{ab}^{(2)}(\omega) = -\mathrm{i}\mathrm{tr}(\hat{\Pi}_a \mathscr{L}_V \mathscr{G}_I^{(0)} \mathscr{L}_V \hat{R}_b^{(\mathrm{eq})}) \tag{3.4.127}$$

为二阶速率.

3.4.3.4　二阶速率表达式

由 $\mathscr{G}_I^{(0)}$ 的定义(式(3.4.115))

$$\mathscr{G}_I^{(0)}(\omega) = -\mathrm{i}\int\mathrm{d}\tau \mathrm{e}^{\mathrm{i}\omega t}\theta(t)\exp\left(-\frac{\mathrm{i}}{\hbar}\mathscr{L}_0 t\right) = -\mathrm{i}\int_0^{\infty}\mathrm{d}\tau \mathrm{e}^{\mathrm{i}\omega t}\mathscr{U}_0(t) \tag{3.4.128}$$

式(3.4.127)可表示为

$$\begin{aligned} K_{ba}^{(2)}(\omega) &= -\int_0^{\infty}\mathrm{d}\tau \mathrm{e}^{\mathrm{i}\omega t}\,\mathrm{tr}(\hat{\Pi}_b \mathscr{L}_V \mathscr{U}_0(t)\mathscr{L}_V \hat{R}_a^{(\mathrm{eq})}) \\ &= -\int_0^{\infty}\mathrm{d}\tau \mathrm{e}^{\mathrm{i}\omega t}\,\mathrm{tr}_E(\langle b|\mathscr{L}_V \mathscr{U}_0(t)\mathscr{L}_V \hat{R}_a^{(\mathrm{eq})}|b\rangle) \end{aligned} \tag{3.4.129}$$

格林超算符 $\mathscr{U}_0(t)$ 作用到量子算符 $\hat{O}$,有

$$\mathscr{U}_0(t)\hat{O} = \hat{U}_0(t)\hat{O}\hat{U}_0^{\dagger}(t) \tag{3.4.130}$$

其中, $\hat{U}_0(t) = \mathrm{e}^{-\frac{\mathrm{i}}{\hbar}\hat{H}_0 t}$.

把 $\mathscr{L}_V = [\hat{V}, \cdots]$ 以及式(3.4.130)代入式(3.4.129),有

$$K_{ba}^{(2)}(\omega) = \int_0^\infty \mathrm{d}\tau \mathrm{e}^{\mathrm{i}\omega t} (C_{ba}(t) + c.c) \tag{3.4.131}$$

这里,$c.c$ 表示复共轭,关联函数 $C_{ba}(t)$ 为

$$
\begin{aligned}
C_{ba}(t) &= \frac{1}{\hbar^2} \operatorname{tr}_E (\langle b | \hat{U}_0(t) \hat{V} \hat{R}_a^{(\mathrm{eq})} \hat{U}_0^\dagger(t) \hat{V} | b \rangle) \\
&= \frac{1}{\hbar^2} \operatorname{tr}_E (\hat{U}_b(t) \hat{V}_{ba} \hat{\rho}_a^{(\mathrm{eq})} \hat{U}_a^\dagger(t) \hat{V}_{ab}) \\
&= \frac{1}{\hbar^2} \operatorname{tr}_E (\hat{\rho}_a^{(\mathrm{eq})} \hat{U}_a^\dagger(t) \hat{V}_{ab} \hat{U}_b(t) \hat{V}_{ba})
\end{aligned} \tag{3.4.132}
$$

其中,$\hat{V}_{ab} = \langle a | \hat{V} | b \rangle, \hat{U}_a = \mathrm{e}^{-\frac{\mathrm{i}}{\hbar} \hat{H}_a t}$. 这里,$\hat{H}_a$ 是式(3.4.4)$|a\rangle$ 上振动哈密顿量,$\operatorname{tr}_E(\cdots)$ 是对所有振动自由度求迹.

考虑到式(3.4.132)中的共轭项

$$C_{ba}^\dagger(t) = \frac{1}{\hbar^2} \operatorname{tr}_E (\hat{\rho}_a^{(\mathrm{eq})} \hat{U}_a^\dagger(-t) V_{ab} \hat{U}_b(-t) V_{ba}) = C_{ba}(-t) \tag{3.4.133}$$

这样

$$
\begin{aligned}
K_{ba}^{(2)}(\omega) &= \int_0^\infty \mathrm{d}\tau \mathrm{e}^{\mathrm{i}\omega t} (C_{ba}(t) + C_{ba}^\dagger(t)) \\
&= \int_0^\infty \mathrm{d}\tau \mathrm{e}^{\mathrm{i}\omega t} (C_{ba}(t) + C_{ba}(-t))
\end{aligned} \tag{3.4.134}
$$

引入关联函数 $C_{ba}(t)$ 的傅里叶变换

$$C_{ba}(\omega) = \int_{-\infty}^\infty \mathrm{d}t \mathrm{e}^{\mathrm{i}\omega t} C_{ba}(t) \tag{3.4.135}$$

因此,跃迁速率

$$k_{a \to b} = C_{ba}(\omega = 0) = K_{ba}^{(2)}(\omega = 0) = \int_{-\infty}^\infty \mathrm{d}t C_{ba}(t) \tag{3.4.136}$$

利用电子态 $|a\rangle$ 上的振动哈密顿量 $\hat{H}_a$ 的本征态

$$\hat{H}_a | \chi_{a\mu} \rangle = \hbar \omega_{a\mu} | \chi_{a\mu} \rangle \tag{3.4.137}$$

式(3.4.132)关联函数 $C_{ba}(t)$ 可写成

$$C_{ba}(t) = \frac{1}{\hbar^2} \sum_{\mu, \nu} f_{a\mu} | \langle \chi_{a\mu} | \hat{V}_{ab} | \chi_{b\nu} \rangle |^2 \mathrm{e}^{\mathrm{i}(\omega_{a\mu} - \omega_{b\nu})t} \tag{3.4.138}$$

其中,$f_{a\mu} = \exp(-\hbar\omega_{a\mu}/(k_B T))$.

式(3.4.138)对应的傅里叶变换 $C_{ba}(\omega)$ 为

$$C_{ba}(\omega) = \frac{2\pi}{\hbar^2}\sum_{\mu,\nu}f_{a\mu}\,|\langle\chi_{a\mu}|\hat{V}_{ab}|\chi_{b\nu}\rangle|^2\delta(\omega + \omega_{a\mu} - \omega_{b\nu}) \qquad (3.4.139)$$

考虑跃迁速率 $k_{b\to a} = C_{ab}(\omega=0) = K_{ab}^{(2)}(\omega=0)$,有

$$C_{ab}(\omega) = \frac{2\pi}{\hbar^2}\sum_{\mu,\nu}f_{b\nu}\,|\langle\chi_{b\nu}|\hat{V}_{ba}|\chi_{a\mu}\rangle|^2\delta(\omega + \omega_{b\nu} - \omega_{a\mu}) \qquad (3.4.140)$$

根据

$$f_{a\mu}\delta(\omega + \omega_{a\mu} - \omega_{b\nu}) = f_{b\nu}\delta(\omega + \omega_{b\nu} - \omega_{a\mu}) \qquad (3.4.141)$$

有

$$C_{ab}(\omega) = z_{ab}\mathrm{e}^{\frac{\hbar\omega}{k_B T}}C_{ba}(-\omega) \qquad (3.4.142)$$

其中,$z_{ab} = \mathrm{tr}_E(\exp(-\hat{H}_a/(k_B T)))/\mathrm{tr}_E(\exp(-\hat{H}_b/(k_B T)))$.

如果 $\hat{V}_{ab}$ 不依赖核坐标,则有

$$C_{ba}(t) = \frac{1}{\hbar^2}\,|\hat{V}_{ab}|^2\mathrm{e}^{\mathrm{i}\omega_{ab}t}\,\mathrm{tr}_E(\hat{\rho}_a^{(\mathrm{eq})}\mathrm{e}^{\mathrm{i}\hat{h}_a t}\mathrm{e}^{-\mathrm{i}\hat{h}_b t}) \qquad (3.4.143)$$

这里,$\omega_{ab} = (E_a - E_b)/\hbar$,$E_a$ 和 E_b 分别是系统哈密顿量 $\hat{H}_S$ 中的 $\hat{H}_a = E_a|a\rangle\langle a|$ 和 $\hat{H}_b = E_b|b\rangle\langle b|$ 的本征能量(式(3.4.1)).

这样,由式(3.4.136)和式(3.4.143),有

$$k_{a\to b} = \int_{-\infty}^{\infty}\mathrm{d}t C_{ba}(t) = \int_{-\infty}^{\infty}\mathrm{d}t\mathrm{e}^{\mathrm{i}\omega_{ab}t}C_{a\to b}(t) \qquad (3.4.144)$$

其中,关联函数

$$C_{a\to b}(t) = \frac{1}{\hbar^2}\,|\hat{V}_{ab}|^2\,\mathrm{tr}_E(\hat{\rho}_a^{(\mathrm{eq})}\mathrm{e}^{\mathrm{i}\hat{h}_a t}\mathrm{e}^{-\mathrm{i}\hat{h}_b t}) \qquad (3.4.145)$$

这里,$\hat{h}_a = H_{aa}^{(I)} = \langle a|\hat{H}_I|a\rangle$,$\hat{h}_b = H_{bb}^{(I)} = \langle b|\hat{H}_I|b\rangle$.

对于哈密顿量采用 $\hat{H} = \hat{H}_0 + \hat{V}$ 的复合系统,对其约化系统的量子动力学除了用上述方法外,还有路径积分方法和级联运动方程方法(hierarchical equation of motion,HEOM).我们在此不再赘述.有兴趣的读者可参考文献(Feynman,Vernon Jr.,1963;Tanimura,1990;Xu et al.,2005;Yan et al.,2004).

3.5　动力学映射方法与约化密度算符演化

3.5.1　动力学映射与 Kraus 表象

在上面的章节中,我们主要讨论了如何建立量子主方程,用以得到量子系统约化密度算符的演化.我们也可以直接构造动力学映射 $\hat{V}(t)$:

$$\hat{\rho}_S(t_0) \xrightarrow{\hat{V}(t,t_0)} \hat{\rho}_S(t) = \hat{V}(t,t_0)\hat{\rho}_S(t_0) \equiv \mathrm{tr}_E(\hat{U}(t,t_0)\hat{\rho}(t_0)\hat{U}^\dagger(t,t_0)) \tag{3.5.1}$$

得到 $\hat{\rho}_S(t)$.假设在初始时刻($t_0 = 0$),复合系统的密度算符 $\hat{\rho}(0) = \hat{\rho}$ 可以表示成系统和环境的约化密度算符的直积:

$$\hat{\rho}(0) = \hat{\rho}_S(0) \otimes \hat{\rho}_E(0) = \hat{\rho}_S \otimes \hat{\rho}_E \tag{3.5.2}$$

这样,式(3.5.1)成为

$$\hat{\rho}_S(t) = \mathrm{tr}_E(\hat{U}(t)\hat{\rho}_S \otimes \hat{\rho}_E \hat{U}^\dagger(t)) \tag{3.5.3}$$

利用环境密度算符的谱分解

$$\hat{\rho}_E = \sum_\mu \lambda_\mu |\varphi_\mu\rangle\langle\varphi_\mu| \tag{3.5.4}$$

式(3.5.3)成为

$$\hat{\rho}_S(t) = \sum_{\mu,\nu} \lambda_\nu \langle\varphi_\mu|\hat{U}(t)|\varphi_\nu\rangle \hat{\rho}_S \langle\varphi_\nu|\hat{U}^\dagger(t)|\varphi_\mu\rangle \tag{3.5.5}$$

令

$$\hat{K}_{\mu\nu}(t) = \sqrt{\lambda_\nu}\langle\varphi_\mu|\hat{U}(t)|\varphi_\nu\rangle \tag{3.5.6}$$

则有

$$\hat{\rho}_S(t) = \sum_{\mu,\nu} \hat{K}_{\mu\nu}(t)\, \hat{\rho}_S\, \hat{K}_{\mu\nu}^\dagger(t) = \hat{V}(t,0)\hat{\rho}_S = \hat{V}(t)\hat{\rho}_S \qquad (3.5.7)$$

称 $\hat{K}_{\mu\nu}(t)$ 为 Kraus 算符. 满足

$$\sum_{\mu} \hat{K}_{\mu\nu}(t)\, \hat{K}_{\mu\nu}^\dagger(t) = \sum_{\mu,\nu} \lambda_\nu \langle \varphi_\nu | \hat{U}^\dagger(t) | \varphi_\mu \rangle \langle \varphi_\mu | \hat{U}(t) | \varphi_\nu \rangle$$

$$= \sum_\nu \lambda_\nu \langle \varphi_\nu | \hat{U}^\dagger(t)\hat{U}(t) | \varphi_\nu \rangle$$

$$= \sum_\nu \langle \varphi_\nu | \hat{\rho}_E | \varphi_\nu \rangle = 1 \qquad (3.5.8)$$

式(3.5.7)的时间演化定义了动力学映射 $\hat{V}(t)$ 是一个超算符,把系统 S 在初始时刻的约化密度算符映射成 t 时刻的 $\hat{\rho}_S(t)$.式(3.5.7)称为动力学映射 $\hat{V}(t)$ 的加和表象(operator-sum representation,OSR)或 Kraus 表象下的表达式.

可以证明,$\hat{\rho}_S(t)$ 满足密度算符的以下性质:

(1) 厄米的;

(2) 单位迹;

(3) 正定的.

证明 (1) 由式(3.5.5)以及 $\hat{\rho}_S = \hat{\rho}_S^\dagger$,有

$$\hat{\rho}_S^\dagger(t) = \sum_{\mu,\nu} \hat{K}_{\mu\mu}(t)\, \hat{\rho}_S\, \hat{K}_{\nu\mu}^\dagger(t) = \hat{\rho}_S(t) \qquad (3.5.9)$$

即 $\hat{\rho}_S(t)$ 是厄米的.

(2) 对 $\hat{\rho}_S(t)$ 求迹,有

$$\mathrm{tr}_S(\hat{\rho}_S(t)) = \mathrm{tr}_S(\hat{V}(t)\hat{\rho}_S) = \mathrm{tr}_S\Big(\sum_{\mu,\nu} \hat{K}_{\mu\nu}(t)\, \hat{\rho}_S\, \hat{K}_{\mu\nu}^\dagger(t)\Big) \qquad (3.5.10)$$

由式(3.5.8),可得

$$\mathrm{tr}_S(\hat{V}(t)\hat{\rho}_S) = \mathrm{tr}_S\Big(\hat{\rho}_S \sum_\mu \hat{K}_{\mu\nu}(t)\, \hat{K}_{\mu\nu}^\dagger(t)\Big) = \mathrm{tr}_S(\hat{\rho}_S) = 1 \qquad (3.5.11)$$

因此,$\hat{\rho}_S(t) = \hat{V}(t)\hat{\rho}_S$ 是单位迹的,亦即动力学映射 $\hat{V}(t)$ 是保迹的.

(3) 由于密度算符 $\hat{\rho}_S$ 是正定的,即对系统 S 的任意态 $|\varphi\rangle$,有

$$\langle \varphi | \hat{\rho}_S | \varphi \rangle \geqslant 0 \qquad (3.5.12)$$

因此有

$$\langle \varphi | \hat{\rho}_S(t) | \varphi \rangle = \langle \varphi | \hat{V}(t) \hat{\rho}_S | \varphi \rangle = \sum_{\mu,\nu} \langle \varphi | \hat{K}_{\mu\nu}(t) \hat{\rho}_S \hat{K}_{\mu\nu}^{\dagger}(t) | \varphi \rangle \quad (3.5.13)$$

Kraus 算符 $\hat{K}_{\mu\nu}^{\dagger}(t)$ 是系统 S 的算符,作用到 $|\varphi\rangle$ 上,$|\varphi'\rangle = \hat{K}_{\mu\nu}^{\dagger}(t) |\varphi\rangle$ 也是 S 的一个态,由式(3.5.12),有

$$\langle \varphi | \hat{\rho}_S(t) | \varphi \rangle = \langle \varphi' | \hat{\rho}_S | \varphi' \rangle \geqslant 0 \quad (3.5.14)$$

由式(3.5.14)也可知,密度矩阵的所有本征值都不小于零,$\hat{V}(t)$ 作用到 $\hat{\rho}_S$ 上保持 $\hat{\rho}_S(t) = \hat{V}(t) \hat{\rho}_S$ 是正定的,因此,称 $\hat{V}(t)$ 是正定的.

需要指出的是,$\hat{V}(t)$ 是正定的还不够.动力学映射 $\hat{V}(t)$ 还必须是完全正定的.这里,我们对"完全正定的"作进一步说明.S 是复合系统($\mathcal{H}_S \otimes \mathcal{H}_E$,密度算符为 $\hat{\rho}$)的子系统,$\hat{V}(t)$ 是 S 的希尔伯特空间 $\mathcal{H}_S$ 上的算符.与环境空间的恒等算符 $\hat{I}_E$ 的直积 $\hat{V}(t) \otimes \hat{I}_E$ 就成为复合系统的希尔伯特空间 $\mathcal{H}_S \otimes \mathcal{H}_E$ 上的算符.作用到其密度算符 $\hat{\rho} = \hat{\rho}_S \otimes \hat{\rho}_E$ 上,$\hat{V}(t) \otimes \hat{I}_E \hat{\rho}$ 使 $\hat{\rho}_S$ 演化,而保持 $\hat{\rho}_E$ 不变.因此,要求 $\hat{V}(t) \otimes \hat{I}_E \hat{\rho} = \hat{\rho}(t)$ 也是正定的,亦即,$\hat{V}(t) \otimes \hat{I}_E$ 在复合系统的希尔伯特空间是正定的.这样的动力学映射 $\hat{V}(t)$ 是完全正定的.然而,在 S 上作用是正定的映射未必是完全正定的.我们举一个例子来说明.

例 3.1 设两个量子比特 A 和 B 组成的复合系统,考虑一个 Bell 态 $|\Psi\rangle = \frac{1}{\sqrt{2}}(|01\rangle + |10\rangle)$,其中,$|01\rangle$ 第一个"0"表示 A 的态 $|0\rangle$,而第二个"1"表示 B 的态 $|1\rangle$. 其密度算符 $\hat{\rho}$ 为

$$\hat{\rho} = \frac{1}{2}(|01\rangle + |10\rangle)(\langle 01| + \langle 10|)$$

$$= \frac{1}{2}(|01\rangle\langle 01| + |01\rangle\langle 10| + |10\rangle\langle 01| + |10\rangle\langle 10|) \quad (3.5.15)$$

考虑对 B 的态进行转置而 A 的态维持不变的操作 $\hat{I}_A \otimes \hat{T}_B$,作用到 $\hat{\rho}$ 上

$$\hat{I}_A \otimes \hat{T}_B \hat{\rho} = \hat{I}_A \otimes \hat{T}_B \left(\frac{1}{2} \sum_{ij} |i_A i_B'\rangle\langle j_A j_B'| \right) = \frac{1}{2} \sum_{ij} |i_A j_B'\rangle\langle j_A i_B'| \quad (3.5.16)$$

对于约化系统 B,其约化密度算符 $\hat{\rho}_B$ 为

$$\hat{\rho}_B = \mathrm{tr}_A(\hat{\rho}) = \frac{1}{2}(|0\rangle\langle 0| + |1\rangle\langle 1|)$$

$\hat{T}_B$ 作用到约化密度算符 $\hat{\rho}_B$ 上去,有

$$\hat{T}_B \hat{\rho}_B = \hat{\rho}_B \qquad (3.5.17)$$

因此,$\hat{T}_B$ 是正定的.然而,我们会发现 $\hat{I}_A \otimes \hat{T}_B$ 作用到复合系统密度算符 $\hat{\rho}$ 上,是非正定的.

由式(3.5.16)定义,有

$$\hat{I}_A \otimes \hat{T}_B \hat{\rho} = \hat{\rho}' = \frac{1}{2}(|01\rangle\langle 01| + |00\rangle\langle 11| + |11\rangle\langle 00| + |10\rangle\langle 10|) \qquad (3.5.18)$$

用矩阵表示,有

$$\rho = \begin{bmatrix} 0 & 0 & 0 & 0 \\ 0 & 1 & 1 & 0 \\ 0 & 1 & 1 & 0 \\ 0 & 0 & 0 & 0 \end{bmatrix} \qquad (3.5.19)$$

式(3.5.19)中密度矩阵 ρ 是正定的,有 1 和 0 两个特征值.

式(3.5.18)中 $\hat{\rho}'$ 对应的矩阵表示为

$$\rho' = \begin{bmatrix} 0 & 0 & 0 & 1 \\ 0 & 1 & 0 & 0 \\ 0 & 0 & 1 & 0 \\ 1 & 0 & 0 & 0 \end{bmatrix} \qquad (3.5.20)$$

矩阵 ρ' 有特征值 -1.因此,$\hat{I}_A \otimes \hat{T}_B$ 不是正定的.故此,$\hat{T}_B$ 不是完全正定的操作.

上面的例子说明正定的映射未必是完全正定的.然而,Kraus 定理指出,具有 Kraus 算符加和形式的 $\hat{V}(t)$ 是完全正定和保迹的(completely positive and trace preserving maps).关于 Kraus 定理的证明参见文献(Manzano,2020).

在上述讨论中,假设环境初始处于纯态.如果环境处于混合态,上面的讨论同样成立.这时

$$\hat{\rho}_E = \sum_\nu p_\nu |\varphi_\nu\rangle\langle\varphi_\nu| \qquad (3.5.21)$$

有

$$\hat{\rho}_S(t) = \text{tr}_E\left(\hat{U}(t)\sum_\nu p_\nu|\varphi_\nu\rangle\langle\varphi_\nu|\otimes\hat{\rho}_S\hat{U}^\dagger(t)\right)$$

$$= \sum_{\mu,\nu}p_\nu\langle\varphi_\mu|\hat{U}(t)|\varphi_\nu\rangle\hat{\rho}_S\langle\varphi_\nu|\hat{U}^\dagger(t)|\varphi_\mu\rangle$$

$$= \sum_\mu\hat{K}_\mu(t)\hat{\rho}_S\hat{K}_\mu^\dagger(t) \qquad (3.5.22)$$

其中

$$\hat{K}_\mu(t) = \sum_\nu\langle\varphi_\mu|\sqrt{p_\nu}\hat{U}(t)|\varphi_\nu\rangle \qquad (3.5.23)$$

上面我们用初始时的环境密度算符的本征态表象，$\hat{\rho}_E = \sum_\mu\lambda_\mu|\varphi_\mu\rangle\langle\varphi_\mu|$ 来讨论动力学映射的 Kraus 表示. 有时也用环境哈密顿量 $\hat{H}_E$ 的能量表象来表示，像下面将要推导的 Lindblad 主方程时所应用. 这两种表象可以相互转换，所得到的动力学映射性质完全相同.

在本章前面讨论的主方程方法，往往要求密度算符是时间的连续函数. 而本节讨论的动力学映射方法不仅可以用于推导密度算符演化的主方程，还可以应用到离散量子系统动力学中去(亦即，演化算子 $\hat{U}(t)$ 可以是离散的幺正算符). 因此，动力学映射方法经常用于量子信息的研究中. 下面以 CNOT 门(式(2.4.79))作用到二量子比特系统为例进行说明.

例 3.2　假设二量子比特控制系统的初始密度算符

$$\hat{\rho}_S = \rho_{00}|0\rangle\langle0| + \rho_{01}|0\rangle\langle1| + \rho_{10}|1\rangle\langle0| + \rho_{11}|1\rangle\langle1| \qquad (3.5.24)$$

而环境标靶系统处于 $|0\rangle$ 态，则

$$\hat{K}_0(t) = \langle0|\hat{U}_{\text{CNOT}}(t)|0\rangle = |0\rangle\langle0| = \hat{P}_0 \qquad (3.5.25)$$

$$\hat{K}_1(t) = \langle1|\hat{U}_{\text{CNOT}}(t)|0\rangle = |1\rangle\langle1| = \hat{P}_1 \qquad (3.5.26)$$

因此

$$\hat{\rho}_S(t) = \sum_\mu\hat{K}_\mu(t)\hat{\rho}_S\hat{K}_\mu^\dagger(t)$$

$$= \hat{K}_0(t)\hat{\rho}_S\hat{K}_0^\dagger(t) + \hat{K}_1(t)\hat{\rho}_S\hat{K}_1^\dagger(t)$$

$$= \hat{P}_0\hat{\rho}_S\hat{P}_0^\dagger + \hat{P}_1\hat{\rho}_S\hat{P}_1^\dagger$$

$$= \rho_{00}|0\rangle\langle0| + \rho_{11}|1\rangle\langle1| \qquad (3.5.27)$$

对应的含时约化密度矩阵为

$$\rho_S(t) = \begin{bmatrix} \rho_{00} & 0 \\ 0 & \rho_{11} \end{bmatrix} \tag{3.5.28}$$

3.5.2　动力学映射方法推导 Lindblad 主方程

在 3.2～3.4 节,基于冯·诺依曼方程,我们推导了约化密度算符的随时间演化方程.在量子信息学研究领域,人们关心的是量子系统的演化,即把密度矩阵映射成另一个密度矩阵的一般方法.我们上面已讨论,复合系统随时间幺正演化,而约化系统则在 $\hat{V}(t)$ 作用下演化.

随着时间 t 的变化,可以得到动力学映射的一个集合 $\{\hat{V}(t)\,|\,t\geqslant 0\}$,其中,$\hat{V}(0)$ 是单位映射,即 $\hat{V}(0)\hat{\rho}_S = \hat{\rho}_S$.这个集合可以给出开放系统所有的时间演化.

如果环境关联函数衰减的特征时间远小于系统演化的时间,环境作用的记忆效应对系统的影响可以忽略,即马尔可夫近似条件成立.一个完全正定保迹(CPT)映射 $\mathscr{V}(t)$,如果满足半群性质

$$\mathscr{V}(t_1)\mathscr{V}(t_2) = \mathscr{V}(t_1 + t_2) \tag{3.5.29}$$

那么,这个映射就是马尔可夫的.这样,由 $\mathscr{V}(t)$ 可以构建量子动力学半群.在此情形下,动力学映射 $\mathscr{V}(t)$ 可以表示成如下形式:

$$\mathscr{V}(t) = \mathrm{e}^{\mathscr{L}t} \tag{3.5.30}$$

其中,$\mathscr{L}$ 是不依赖时间的动力学半群生成元.开放系统的约化密度算符演化方程可写为

$$\frac{\mathrm{d}}{\mathrm{d}t}\hat{\rho}_S(t) = \mathscr{L}\hat{\rho}_S(t) \tag{3.5.31}$$

式(3.5.31)称为马尔可夫量子主方程.生成元 $\mathscr{L}$ 为超算符,相当于式(2.3.104a)刘维尔超算符的一般化.下面我们应用 Kraus 求和表象推导 $\hat{\rho}_S$ 的演化方程.

由式(3.5.7),$\hat{\rho}_S(t) = \mathscr{V}(t)\hat{\rho}_S = \sum_\alpha \hat{K}_\alpha(t)\hat{\rho}_S\hat{K}_\alpha^\dagger(t)$,考虑时间 $0 \to \mathrm{d}t$ 的演化,有

$$\hat{\rho}_S(\mathrm{d}t) = \mathscr{V}(\mathrm{d}t)\hat{\rho}_S = \sum_\alpha \hat{K}_\alpha(\mathrm{d}t)\hat{\rho}_S\hat{K}_\alpha^\dagger(\mathrm{d}t) \tag{3.5.32}$$

其中

$$\hat{K}_\alpha(\mathrm{d}t) = \langle\alpha\,|\,\hat{U}(\mathrm{d}t)\,|\,0\rangle \tag{3.5.33}$$

这里，$\hat{U}(t) = \mathrm{e}^{-\frac{\mathrm{i}}{\hbar}\hat{H}t}$，$\hat{H}$ 是复合系统哈密顿量，$\hat{H} = \hat{H}_S + \hat{H}_E + \hat{H}_I$，$\{|\alpha\rangle, \alpha = 0, \cdots\}$ 是环境哈密顿量 $\hat{H}_E$ 的本征态组成的正交归一的基矢集，并假设在 $t = 0$ 时，环境处于基态 $|0\rangle$ 上.

对 $\hat{U}(t)$ 作微扰展开，并取一阶项，有

$$\hat{U}(\mathrm{d}t) = \hat{I} - \frac{\mathrm{i}}{\hbar}\hat{H}\mathrm{d}t \tag{3.5.34}$$

其中，$\hat{I} = \hat{I}_S \otimes \hat{I}_E$ 是式(3.1.2)中复合系统的希尔伯特空间的单位算符.这样，有

$$\hat{K}_0(\mathrm{d}t) = \langle 0|\hat{U}(\mathrm{d}t)|0\rangle = \hat{I}_S - \left(\frac{\mathrm{i}}{\hbar}\hat{H}_S + \hat{A}_S\right)\mathrm{d}t \tag{3.5.35}$$

$$\hat{K}_\alpha = \langle\alpha|\hat{U}(\mathrm{d}t)|0\rangle = -\mathrm{i}\langle\alpha|\hat{H}_I|0\rangle\mathrm{d}t = -\mathrm{i}\hat{L}_\alpha\sqrt{\gamma_\alpha\mathrm{d}t} \tag{3.5.36}$$

式(3.5.35)和式(3.5.36)分别表示环境从基态 $|0\rangle \to |0\rangle$ 和 $|0\rangle \to |\alpha\rangle$（$\alpha \neq 0$）跃迁矩阵元.其中，$\hat{A}_S = \frac{\mathrm{i}}{\hbar}\langle 0|\hat{H}_E + \hat{H}_I|0\rangle$.该项表示当环境停留在基态时对系统演化的影响.在环境状态未发生变化时，系统 S 由于与环境纠缠耦合，仍有可能以一定的概率发生能级跃迁，亦即发生耗散现象.式(3.5.36)表示环境发生状态跃迁对系统演化的影响，因此，也称 $\hat{L}_\alpha$ 为量子跳跃算符.具体说来，由式(3.5.32)得

$$\hat{\rho}_S(\mathrm{d}t) = \hat{K}_0(\mathrm{d}t)\hat{\rho}_S\hat{K}_0^\dagger(\mathrm{d}t) + \sum_{\alpha\neq 0}\hat{K}_\alpha(\mathrm{d}t)\hat{\rho}_S\hat{K}_\alpha^\dagger(\mathrm{d}t) \tag{3.5.37}$$

把式(3.5.35)和式(3.5.36)代入式(3.5.37)，并只取 $\mathrm{d}t$ 的一阶项，有

$$\hat{\rho}_S(\mathrm{d}t) \cong \left(\hat{I}_S + \left(-\frac{\mathrm{i}}{\hbar}\hat{H}_S + \hat{A}_S\right)\mathrm{d}t\right)\hat{\rho}_S\left(\hat{I}_S + \left(\frac{\mathrm{i}}{\hbar}\hat{H}_S + \hat{A}_S\right)\mathrm{d}t\right) + \sum_{\alpha\neq 0}\gamma_\alpha\hat{L}_\alpha\hat{\rho}_S\hat{L}_\alpha^\dagger\mathrm{d}t$$

$$\cong \hat{\rho}_S - \frac{\mathrm{i}}{\hbar}[\hat{H}_S, \hat{\rho}_S]\mathrm{d}t + (\hat{A}_S\hat{\rho}_S + \hat{\rho}_S\hat{A}_S)\mathrm{d}t + \sum_{\alpha\neq 0}\gamma_\alpha\hat{L}_\alpha\hat{\rho}_S\hat{L}_\alpha^\dagger\mathrm{d}t \tag{3.5.38}$$

式(3.5.38)推导中用到 $\hat{A}_S^\dagger = \hat{A}_S$.根据式(3.5.7) $\sum_\alpha\hat{K}_\alpha(t)\hat{K}_\alpha^\dagger(t) = \hat{I}_S$，有

$$\hat{I}_S = \sum_\alpha\hat{K}_\alpha^\dagger(\mathrm{d}t)\hat{K}_\alpha(\mathrm{d}t)$$

$$\cong \left(\hat{I}_S + \left(\frac{\mathrm{i}}{\hbar}\hat{H}_S + \hat{A}_S\right)\mathrm{d}t\right)\left(\hat{I}_S + \left(-\frac{\mathrm{i}}{\hbar}\hat{H}_S + \hat{A}_S\right)\mathrm{d}t\right) + \sum_{\alpha\neq 0}\gamma_\alpha\hat{L}_\alpha^\dagger\hat{L}_\alpha\mathrm{d}t$$

$$\cong \hat{I}_S + 2\hat{A}_S\mathrm{d}t + \sum_{\alpha\neq 0}\gamma_\alpha\hat{L}_\alpha^\dagger\hat{L}_\alpha\mathrm{d}t \tag{3.5.39}$$

因此,有

$$\hat{A}_S = -\frac{1}{2}\sum_{\alpha \neq 0} \gamma_\alpha \hat{L}_\alpha^\dagger \hat{L}_\alpha \qquad (3.5.40)$$

把式(3.5.40)代入式(3.5.38),可得

$$\hat{\rho}_S(\mathrm{d}t) \cong \hat{\rho}_S + \sum_{\alpha \neq 0} \gamma_\alpha \left(\hat{L}_\alpha \hat{\rho}_S \hat{L}_\alpha^\dagger - \frac{1}{2}(\hat{L}_\alpha^\dagger \hat{L}_\alpha \hat{\rho}_S + \hat{\rho}_S \hat{L}_\alpha^\dagger \hat{L}_\alpha) \right)\mathrm{d}t \qquad (3.5.41)$$

由 $\lim\limits_{\mathrm{d}t \to 0}\dfrac{\hat{\rho}_S(\mathrm{d}t) - \hat{\rho}_S}{\mathrm{d}t} = \dfrac{\mathrm{d}}{\mathrm{d}t}\hat{\rho}_S(t)\big|_{t=0}$,根据式(3.5.41),并把时间起点从 0 改为 t,有

$$\frac{\mathrm{d}}{\mathrm{d}t}\hat{\rho}_S(t) = \hat{L}\hat{\rho}_S(t)$$

$$= -\frac{\mathrm{i}}{\hbar}[\hat{H}_S, \hat{\rho}_S(t)] + \sum_{\alpha \neq 0} \gamma_\alpha \left(\hat{L}_\alpha \hat{\rho}_S(t) \hat{L}_\alpha^\dagger - \frac{1}{2}\{\hat{L}_\alpha^\dagger \hat{L}_\alpha, \hat{\rho}_S(t)\} \right) \qquad (3.5.42)$$

其中

$$\{\hat{L}_\alpha^\dagger \hat{L}_\alpha, \hat{\rho}_S(t)\} = \hat{L}_\alpha^\dagger \hat{L}_\alpha \hat{\rho}_S + \hat{\rho}_S \hat{L}_\alpha^\dagger \hat{L}_\alpha \qquad (3.5.43)$$

式(3.5.42)称为 Lindblad 方程,是量子动力学半群生成元的最一般形式.生成元的第一项是由约化系统 S 的哈密顿量 $\hat{H}_S$ 产生的幺正演化,而第二项描述与环境相互作用引起的耗散和退相干.其中,γ_α 和 $\hat{L}_\alpha$ 都与时间无关,并且要求 $\gamma_\alpha \geqslant 0$ 来保证每一刻动力学映射是完全正定的.

如式(3.2.130),引入耗散算符

$$\mathscr{D}\hat{\rho}_S(t) = \sum_{\alpha \neq 0} \gamma_\alpha \left(\hat{L}_\alpha \hat{\rho}_S(t) \hat{L}_\alpha^\dagger - \frac{1}{2}\{\hat{L}_\alpha^\dagger \hat{L}_\alpha, \hat{\rho}_S(t)\} \right) \qquad (3.5.44)$$

则方程(3.5.42)可写为

$$\frac{\mathrm{d}}{\mathrm{d}t}\hat{\rho}_S(t) = -\frac{\mathrm{i}}{\hbar}[\hat{H}_S, \hat{\rho}_S(t)] + \mathscr{D}\hat{\rho}_S(t) \qquad (3.5.45)$$

而相应的动力学映射为 $\mathscr{V}(t) = \mathrm{e}^{\mathscr{L}t}$,满足马尔可夫过程 $\mathscr{V}(t_1)\mathscr{V}(t_2) = \mathscr{V}(t_1 + t_2)$.

我们上面用动力学映射方法推导 Lindblad 方程(3.5.42)过程中,应用了演化算符 $\hat{U}(t) = \mathrm{e}^{-\frac{\mathrm{i}}{\hbar}\hat{H}t}$.考虑一般幺正演化算符 $\hat{U}(t)$(比如没有哈密顿量)也可以得到与方程(3.5.42)同样形式的 Lindblad 方程.详细推导参考文献(Manzano,2020).

如果动力学映射的生成元是含时的 $\mathscr{L}(t)$,则式(3.5.31)变为

$$\frac{\mathrm{d}}{\mathrm{d}t}\hat{\rho}_S(t) = \mathscr{L}(t)\hat{\rho}_S(t) \tag{3.5.46}$$

其形式解可表达为

$$\hat{\rho}_S(t) = \hat{T}\exp\left(\int_{t_0}^{t}\mathrm{d}\tau\mathscr{L}(\tau)\right)\hat{\rho}_S \tag{3.5.47}$$

这时动力学映射为双参数映射:

$$\mathscr{V}(t,t_0) = \hat{T}\exp\left(\int_{t_0}^{t}\mathrm{d}\tau\mathscr{L}(\tau)\right) \tag{3.5.48}$$

其中,$\hat{T}$是时序算符. 这样

$$\frac{\partial}{\partial t}\mathscr{V}(t,t_0) = \mathscr{L}(t)\mathscr{V}(t,t_0) \tag{3.5.49}$$

由式(3.5.48),有

$$\mathscr{V}(t_2,t_1)\mathscr{V}(t_1,t_0) = \mathscr{V}(t_2,t_0) \tag{3.5.50}$$

式(3.5.46)有与式(3.5.42)相似的 Lindblad 形式:

$$\frac{\mathrm{d}}{\mathrm{d}t}\hat{\rho}_S(t) = -\frac{\mathrm{i}}{\hbar}\left[\hat{H}_S(t),\hat{\rho}_S(t)\right] + \sum_{a\neq 0}\gamma_a(t)\left(\hat{L}_a(t)\hat{\rho}_S(t)\hat{L}_a^{\dagger}(t)\right.$$
$$\left. -\frac{1}{2}\{\hat{L}_a^{\dagger}(t)\hat{L}_a(t),\hat{\rho}_S(t)\}\right) \tag{3.5.51}$$

其中,弛豫速率 $\gamma_a(t)$ 和量子跃迁算符 $\hat{L}_a(t)$ 都是与时间有关的函数. 如果弛豫速率 $\gamma_a(t)\geqslant 0$,那么对于任意给定时间 $t\geqslant 0$,动力学映射生成元与式(3.5.42)一样,是完全正定保迹的,其对应的 $\mathscr{V}(t,t_0)$ 也称为含时马尔可夫动力学映射,尽管式(3.5.50)不满足量子动力学半群关系. 然而,在有些情形下,$\gamma_a(t)$ 在某些时刻可能出现负值,而不违反映射的完全正定保迹性. $\gamma_a(t)$ 值的正负可以看作判断动力学是马尔可夫或非马尔可夫的一个指标. 由式(3.2.132)和式(3.3.69)可知,$\gamma_a(t)$ 决定了环境关联函数的弛豫速率,在纯退相干情形下,就是退相干速率. $\gamma_a(t)\geqslant 0$ 对应于马尔可夫过程,系统-环境相互作用弱,环境关联函数是单调指数衰减的. 而 $\gamma_a(t)<0$ 表明环境关联函数是随时间增大的,环境对系统演化信息具有记忆效应,因而对应于非马尔可夫过程. 因此,方程(3.5.51)是 Lindblad 方程对非马尔可夫过程的一个推广.

3.6 开放系统的量子退相干

3.6.1 开放系统退相干函数

开放量子系统与环境构成复合系统,系统-环境相互作用使得系统和环境之间产生关联,并驱动约化系统的演化.对于某些相互作用,环境可以看成是量子探针,对系统进行量子测量.在对环境自由度进行求迹平均之后,约化系统的希尔伯特空间某一状态的集合(比如对应被测量物理量的本征态集合)会表现出很强的稳定性,而这些状态的相干叠加被破坏.如前所述,这种环境驱动的系统相干动力学被破坏的现象称为退相干.

根据式(3.3.18),能量表象下的约化密度算符 $\hat{\rho}_S(t)$ 可以表示成

$$\hat{\rho}_S(t) = \sum_a \rho_{aa}^{(S)}(t) \, | a \rangle \langle a | + \sum_{a \neq b} \rho_{ab}^{(S)}(t) \, | a \rangle \langle b | \tag{3.6.1}$$

其中,$| a \rangle$ 是 $\hat{H}_S$ 的本征态,对应的本征值为 E_a,$\rho_{ab}^{(S)}(t) = \langle a | \hat{\rho}_S(t) | b \rangle$.对角矩阵元 $\rho_{aa}^{(S)}(t) = P_a(t)$ 被称为约化系统在量子态 $| a \rangle$ 上的布居(population),且有 $\sum_a P_a(t) = 1$(式(3.3.20)).而非对角矩阵元 $\rho_{ab}^{(S)}(t)$ 表征 $| a \rangle$ 和 $| b \rangle$ 的相干性(coherence),称之为相干项(式(3.3.99)).

3.3节中讨论指出,环境对量子开放系统的影响主要表现在两个方面:① 引起能级布居(即 $\rho_{aa}^S(t)$)的变化,即系统发生量子状态之间的跃迁,引发系统能量耗散;② 导致约化密度矩阵非对角元 $\rho_{ab}^{(S)}(t)$($a \neq b$)产生指数衰减,引起开放量子系统退相干过程.退相干可以通过能量耗散或者所谓的"纯退相干"产生.后者相当于环境与系统发生弹性碰撞,不改变系统的内能,而使系统相干性发生指数衰减.下面我们以纯退相干过程为例,对开放量子系统退相干现象作进一步的讨论.

假设复合系统哈密顿量为

$$\hat{H} = \hat{H}_S + \hat{H}_E + \hat{H}_I = \hat{H}_0 + \hat{H}_I \tag{3.6.2}$$

其中,系统-环境相互作用算符 $\hat{H}_I$ 表示成

$$\hat{H}_I = \sum_i \hat{S}_i \otimes \hat{B}_i = \sum_i |i\rangle\langle i| \otimes \hat{B}_i \tag{3.6.3}$$

其中，$\hat{S}_i = |i\rangle\langle i|$ 是投影测量算符. 这种相互作用哈密顿量选出约化系统一个特殊的正交基矢集. 假设

$$[\hat{H}_S, \hat{S}_i] = [\hat{H}, \hat{S}_i] = [\hat{H}_0, \hat{S}_i] = 0 \tag{3.6.4}$$

因此，$\hat{S}_i$ 是守恒量，约化系统的平均能量不随时间变化(式(3.3.14)). 在相互作用图景下

$$\tilde{H}_I(t) = \hat{U}_0^\dagger \hat{H}_I \hat{U}_0 = \sum_i |i\rangle\langle i| \otimes \tilde{B}_i(t) \tag{3.6.5}$$

这里，$\hat{U}_0 = e^{-\frac{i}{\hbar}\hat{H}_0 t} = e^{-\frac{i}{\hbar}\hat{H}_S t}e^{-\frac{i}{\hbar}\hat{H}_E t} = \hat{U}_0^S \hat{U}_0^E$，$\tilde{B}_i(t) = e^{\frac{i}{\hbar}\hat{H}_E t}\hat{B}_i e^{-\frac{i}{\hbar}\hat{H}_E t} = \hat{U}_0^{E\dagger}\hat{B}_i\hat{U}_0^E$.

设复合系统初态为

$$|\Psi(0)\rangle = \sum_i c_i |i\rangle \otimes |\varphi\rangle \tag{3.6.6}$$

其中，$\sum_i c_i|i\rangle$ 和 $|\varphi\rangle$ 分别是约化系统和环境的初态.

相互作用图景下复合系统的演化算符为

$$\tilde{U}(t) = \hat{T}e^{-\frac{i}{\hbar}\int_0^t d\tau \sum_i |i\rangle\langle i| \otimes \tilde{B}_i(\tau)} \tag{3.6.7}$$

其中，$\hat{T}$ 表示时序算符(式(3.4.29)). 由于式(3.6.5)中环境算符 $\tilde{B}_i(t)$ 显含时间，因而式(3.6.7)中指数项用积分形式表达. 在 t 时刻，相互作用图景下复合系统的波函数 $\tilde{\Psi}(t)$ 为

$$|\tilde{\Psi}(t)\rangle = \hat{T}e^{-\frac{i}{\hbar}\int_0^t d\tau \sum_i |i\rangle\langle i| \otimes \tilde{B}_i(\tau)} |\Psi(0)\rangle$$
$$= \hat{T}e^{-\frac{i}{\hbar}\int_0^t d\tau \sum_i |i\rangle\langle i| \otimes \tilde{B}_i(\tau)} \sum_i c_i |i\rangle \otimes |\varphi\rangle \tag{3.6.8}$$

式(3.6.8)可写成

$$|\tilde{\Psi}(t)\rangle = \hat{T}e^{-\frac{i}{\hbar}\int_0^t d\tau \sum_i |i\rangle\langle i| \otimes \tilde{B}_i(\tau)} \sum_i c_i |i\rangle \otimes |\varphi\rangle$$
$$= \sum_i c_i |i\rangle \otimes |\tilde{\varphi}_i(t)\rangle \tag{3.6.9}$$

其中，$|\tilde{\varphi}_i(t)\rangle = \hat{T}e^{-\frac{i}{\hbar}\int_0^t d\tau \tilde{B}_i(\tau)}|\varphi\rangle \equiv \hat{V}_i(t)|\tilde{\varphi}\rangle$，环境态演化波函数 $|\tilde{\varphi}_i(t)\rangle$ 带着系统

状态信息.式(3.6.9)中$|\tilde{\Psi}(t)\rangle$是系统-环境纠缠态,转换成薛定谔表象波函数

$$|\Psi(t)\rangle = \sum_i c_i \mathrm{e}^{-\frac{\mathrm{i}}{\hbar}E_i t}|i\rangle|\varphi_i(t)\rangle \tag{3.6.10}$$

这里,$|\varphi_i(t)\rangle = \hat{V}_i(t)|\varphi\rangle$,$\hat{V}_i(t) = \mathrm{e}^{-\frac{\mathrm{i}}{\hbar}(\hat{H}_E + \hat{B}_i)t}$.式(3.6.10)中,假设$|i\rangle$是系统哈密顿量$\hat{H}_S$具有本征能量$E_i$的本征态.约化系统的密度算符

$$\begin{aligned}\hat{\rho}_S(t) &= \mathrm{tr}_E(\hat{\rho}(t)) = \mathrm{tr}_E(\mathrm{e}^{-\frac{\mathrm{i}}{\hbar}\hat{H}_0 t}|\tilde{\Psi}(t)\rangle\langle\tilde{\Psi}(t)|\mathrm{e}^{\frac{\mathrm{i}}{\hbar}\hat{H}_0 t}) \\ &= \sum_{i,j} c_i c_j^* \mathrm{e}^{-\frac{\mathrm{i}}{\hbar}(E_i - E_j)t}|i\rangle\langle j|\langle\varphi_j(t)|\varphi_i(t)\rangle\end{aligned} \tag{3.6.11}$$

其中,$|\varphi_i(t)\rangle = \hat{V}_i(t)|\varphi\rangle$,$\hat{V}_i(t) = \mathrm{e}^{-\frac{\mathrm{i}}{\hbar}(\hat{H}_E + \hat{B}_i)t}$.

把$\hat{\rho}_S(t)$写成对角和非对角矩阵元形式:

$$\hat{\rho}_S(t) = \sum_i \rho_{ii}^{(S)}|i\rangle\langle i|\langle\varphi_i(t)|\varphi_i(t)\rangle + \sum_{i\neq j}\rho_{ij}^{(S)}|i\rangle\langle j|\langle\varphi_j(t)|\varphi_i(t)\rangle \tag{3.6.12}$$

其中,$\rho_{ii}^{(S)} = |c_i|^2$,$\rho_{ij}^{(S)} = c_i c_j^*$.

由于$\langle\varphi_i(t)|\varphi_i(t)\rangle = \langle\varphi|\hat{V}_i^\dagger(t)\hat{V}_i(t)|\varphi\rangle = 1$,式(3.6.12)可写成

$$\hat{\rho}_S(t) = \sum_i \rho_{ii}^{(S)}|i\rangle\langle i| + \sum_{i\neq j}\rho_{ij}^{(S)}|i\rangle\langle j|\langle\varphi_j(t)|\varphi_i(t)\rangle \tag{3.6.13}$$

因此,$\hat{\rho}_S(t)$的对角矩阵元为常数,表明系统布居不随时间演化,亦即系统没有发生能量耗散.而非对角矩阵元一般会随时间变化,设

$$|\langle\varphi_j(t)|\varphi_i(t)\rangle| = \mathrm{e}^{-Y_{ij}(t)}, \quad i \neq j \tag{3.6.14}$$

式(3.6.14)中$Y_{ij}(t) = -\ln|\hat{V}_i(t)\hat{\rho}_j^E \hat{V}_j^\dagger(t)|(\hat{\rho}_j^E = |\varphi\rangle\langle\varphi|)$称为退相干函数,它用来描述系统约化密度矩阵非对角项(相干项)的退相干动力学行为.与式(3.3.65)对比,在旋波近似下,$Y_{ij} = \kappa_{ab}t$(式(3.3.66)).

当演化时间t远大于退相干时间尺度τ_c时,$|\langle\varphi_j(t)|\varphi_i(t)\rangle|$可快速减少至零,即

$$|\langle\varphi_j(t)|\varphi_i(t)\rangle| = 0 \tag{3.6.15}$$

则有

$$\hat{\rho}_S(t) = \sum_i \rho_{ii}^S |i\rangle\langle i|, \quad t \gg \tau_c \tag{3.6.16}$$

式(3.6.16)表明,当$t\gg\tau_c$时,系统约化密度矩阵$\hat{\rho}_S(t)$相干性遭到彻底破坏.这时,约化密度矩阵在基矢$|i\rangle$集上是对角化的,这个基矢集称为优势态或指针态.这里指针态是

指,把环境看成仪器对系统进行间接测量,能让仪器指针稳定观测显示的态.环境与系统发生纠缠,引起退相干,并使系统最终处于优势态或指针态上.这一过程也称为环境诱导的超选择(superselection 或 einselection),最早由波兰物理学家沃杰克·祖瑞克提出(Zurek,1982).

3.6.2 退相干的度量

由于环境(比如热库)往往有无穷多个自由度,系统与环境的相互作用会引起退相干,表现在约化密度矩阵的非对角项(相干项)发生指数衰减,引起处在纯态的系统向混合态转变.因而,可以用纯度或者混合度来作为退相干程度的度量.

纯度 $P(\hat{\rho})$ 和混合度 $M(\hat{\rho})$ 分别定义为

$$\begin{cases} P(\hat{\rho}_S) = \mathrm{tr}(\hat{\rho}_S^2) \\ M(\hat{\rho}_S) = 1 - P(\hat{\rho}_S) = \mathrm{tr}(\hat{\rho}_S - \hat{\rho}_S^2) \end{cases} \tag{3.6.17}$$

其中,混合度 $M(\hat{\rho})$ 的定义与线性熵 S_L 一致.因此,混合度也给出系统所处量子态被认知的不确定性程度或能提供信息量的一种度量.下面以二能级系统与环境组合成的复合系统为例说明之.

假设二能级系统与环境组成的复合量子系统,其初始态是可分离的纯态:

$$|\Psi\rangle = \left(\cos\frac{\theta}{2}|0\rangle + \mathrm{e}^{\mathrm{i}\varphi}\sin\frac{\theta}{2}|1\rangle\right)\otimes|\varphi\rangle \tag{3.6.18}$$

即,式(3.6.10)中 $c_0 = \cos\dfrac{\theta}{2}$,$c_1 = \mathrm{e}^{\mathrm{i}\varphi}\sin\dfrac{\theta}{2}$.在演化算符 $\hat{U}(t) = \mathrm{e}^{-\frac{\mathrm{i}}{\hbar}\hat{H}t}$(其中,哈密顿算符 $\hat{H}$ 为式(3.6.2))的作用下,复合系统状态成为纠缠态,其波函数 $|\Psi(t)\rangle$($t>0$)为

$$|\Psi(t)\rangle = c_0(t)|0\rangle\otimes|\varphi_1(t)\rangle + c_1(t)|1\rangle\otimes|\varphi_2(t)\rangle \tag{3.6.19}$$

其中,$c_0(t) = \cos\dfrac{\theta}{2}\mathrm{e}^{-\frac{\mathrm{i}}{\hbar}E_1 t}$,$c_1(t) = \mathrm{e}^{\mathrm{i}\varphi}\sin\dfrac{\theta}{2}\mathrm{e}^{-\frac{\mathrm{i}}{\hbar}E_2 t}$.这样,约化密度算符 $\hat{\rho}_S(t)$ 可写成

$$\hat{\rho}_S(t) = \cos^2\frac{\theta}{2}|0\rangle\langle 0| + \frac{1}{2}\sin\theta\mathrm{e}^{-\mathrm{i}\varphi}\mathrm{e}^{-\mathrm{i}\omega_{12}t}D(t)|0\rangle\langle 1|$$

$$+ \frac{1}{2}\sin\theta\mathrm{e}^{-\mathrm{i}\varphi}\mathrm{e}^{\mathrm{i}\omega_{12}t}D(t)|0\rangle\langle 1| + \sin^2\frac{\theta}{2}|1\rangle\langle 1| \tag{3.6.20}$$

其中,频率 $\omega_{12} = \dfrac{E_1 - E_2}{\hbar}$,退相干因子 $D(t)$ 为

$$D(t) = \langle \varphi | \hat{V}_1^{\dagger} \hat{V}_0(t) | \varphi \rangle = \langle \varphi_2(t) | \varphi_1(t) \rangle = \mathrm{e}^{-Y_{12}(t)} \tag{3.6.21}$$

把式(3.6.20)写成密度矩阵形式,为

$$\rho_S(t) = \begin{bmatrix} \cos^2 \dfrac{\theta}{2} & \dfrac{1}{2}\sin\theta \mathrm{e}^{-\mathrm{i}(\varphi - \omega_{12}t)} D(t) \\ \dfrac{1}{2}\sin\theta \mathrm{e}^{\mathrm{i}(\varphi - \omega_{12}t)} D^*(t) & \sin^2 \dfrac{\theta}{2} \end{bmatrix} \tag{3.6.22}$$

在初始 $t = 0$ 时,系统和环境是分离无关联的,即 $\hat{\rho} = \hat{\rho}_S \otimes \hat{\rho}_E$,系统约化密度矩阵 ρ_S 为

$$\rho_S = \begin{bmatrix} \cos^2 \dfrac{\theta}{2} & \dfrac{1}{2}\sin\theta \mathrm{e}^{-\mathrm{i}\varphi} \\ \dfrac{1}{2}\sin\theta \mathrm{e}^{\mathrm{i}\varphi} & \sin^2 \dfrac{\theta}{2} \end{bmatrix} \tag{3.6.23}$$

由式(3.6.23),有 $\rho_S^2 = \rho_S$,其纯度 $P(\hat{\rho}) = \mathrm{tr}(\hat{\rho}^2) = 1$,约化系统的初始态是纯态. 而在时刻 t,约化系统所处状态 $\hat{\rho}_S(t)$ 的纯度为

$$\begin{aligned} P(\rho_S) &= \mathrm{tr}(\hat{\rho}^2(t)) = \mathrm{tr}(\lambda_1^2(t) + \lambda_2^2(t)) \\ &= \frac{1}{2}(1 + \cos^2\theta + \sin^2\theta \,|D(t)|^2) \\ &= 1 - \frac{1}{2}\sin^2\theta(1 - |D(t)|^2) \end{aligned} \tag{3.6.24}$$

其中

$$\lambda_{1,2}(t) = \frac{1}{2}\left(1 \pm \sqrt{1 - \sin^2\theta(1 - |D(t)|^2)}\right) \tag{3.6.25}$$

而混合度 $M(\hat{\rho})$ 为

$$M(\rho_S) = 1 - P(\rho_S) = \frac{1}{2}\sin^2\theta(1 - |D(t)|^2) \tag{3.6.26}$$

把式(3.6.21)代入式(3.6.26),得

$$M(\rho_S) = \frac{1}{2}\sin^2\theta(1 - \mathrm{e}^{-2Y_{12}(t)}) \tag{3.6.27}$$

其中，$Y_{12}(t) \geqslant 0$. 当 $t = 0$ 时，$|D(t)| = 1$，因此，约化系统的混合度 $M(\hat{\rho}_S) = 0$，亦即，约化系统初始状态为纯态. 而当 t 远大于退相干时间尺度 τ_D，即 $t \gg \tau_c$ 时，$|D(t)| = 0$，故而 $M(\rho_S) = \dfrac{1}{2}\sin^2\theta$. 如果退相干速率 γ 是常数，即 $Y_{12}(t) = \gamma t (\gamma \geqslant 0)$，则混合度是单调指数递增函数，$t \to \infty$ 时，$M(\hat{\rho}) = \dfrac{1}{2}\sin^2\theta$ 达到最大值.

从约化密度矩阵(式(3.6.23))可见，退相干导致系统从纯态到混合态转化；而退相干因子 $D(t)$ 是由系统与环境纠缠(式(3.6.21))引起的. 因此，系统与环境的纠缠作用是引起系统退相干和从纯态到混合态转变的一个根本原因. 由于系统-环境的纠缠，系统的状态性质必须依赖于环境因而变得不确定，从而产生与约化系统状态有关的信息熵. 由此，这类信息熵也可以作为复合系统纠缠程度的一种度量. 另外一方面，约化态的混合程度增加也表明某类信息，像关于系统初始态信息的转移流失，亦即系统与环境之间发生了信息传递和交换. 本书对生物系统信息方面的内容不进行展开讨论.

第 4 章

生物系统电子转移反应的量子理论

4.1 概述

4.1.1 生物系统的电子转移

生物电子转移(electron transfer,ET)是细胞生命活动中一个重要的基本步骤,在细胞生物合成,能量产生、传递、储存和转化等过程中起着十分重要的作用.大自然在生命进化过程中已在细胞内形成一种高效利用电子来传递能量和进行能量转化的方法.比如在细菌中,这些电子转移过程每秒大约产生百万个电子在其细胞中流动.又如呼吸作用和光合作用中的电子传递链是实现生命活动所需能量转化的两个重要例子.生命系统无论是从光合作用还是对摄取的食物通过呼吸氧化作用获得的能量最终都要转变为三磷腺苷(adenosine triphosphate,ATP)分子中的高能磷酸键能在细胞中储存.ATP与二磷酸腺苷(ADP)分子通过酶催化在细胞中进行分子转化,从而实现储能和放能,保证细胞各项生命活动的能量需求.利用来自太阳光能转化或者食物碳基的高能电子传递,细胞合成ATP分子主要有两条途径:一条是像植物体内含有叶绿体的细胞,在光合作用的光反应阶段生成ATP(如图4.1所示);另一条是所有的活体细胞,通过细胞呼吸作用生成ATP(也称氧化磷酸化).电子传递链主要出现在线粒体内膜或叶绿体类囊体膜上,由数个电子载体按对电子亲和力逐渐升高的次序组成.其中线粒体中的电子传递链伴随着呼吸过程中营养物质被氧化放能,故而又称作呼吸链.

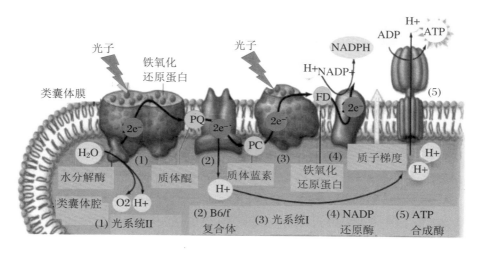

图4.1　叶绿体电子传递链示意图

早在20世纪40年代,匈牙利生物化学家阿尔伯特·森特-哲尔吉(Albert Szent-Györgyi,1893—1986,1937年获诺贝尔生理学或医学奖)就注意到生物电子在呼吸链蛋白酶之间快速传递的现象,并引起他的困惑:这些蛋白酶并不能移动,即使某两个相邻的蛋白质设法能相互靠近从而使得它们各自的辅助因子距离拉近,但对整个呼吸链的所有蛋白质不可能都做到这一点(Szent-Györgyi,1941).为此,他于1941年3月21日在布达佩斯作题为"走向新的生物化学"的演讲中提出假说,电子在蛋白质(比如光合蛋白质)中传递可能会像在半导体能带中一样移动(Szent-Györgyi,1941).这个观点在当时很具有启发性,但很快被证明是错误的,因为实验表明蛋白质不可能像金属那样导电.

20世纪50年代,加拿大裔美国化学家鲁道夫·马库斯(Rudolph A. Marcus,

1923— ,1992年诺贝尔化学奖获得者)提出后来以他自己姓氏命名并因此获得诺贝尔化学奖的"Marcus电子转移理论",成功地解释了大量化学和一些生物系统中出现的电子转移反应的实验数据(Marcus,1956).然而,在这一时期人们对细胞通过电子传递链进行氧化磷酸化,实现能量转化过程的作用机理并不清楚.

氧化磷酸化是指生物氧化释放能量过程中偶联生成ATP,从而实现能量转化和储存的生化反应过程.具体说来,氧化磷酸化发生在真核细胞的线粒体内膜或者原核生物的细胞质中,是摄入生物体内的有机物包括糖类、脂、氨基酸等在细胞内氧化时释放的能量,利用电子通过呼吸链(由酶、辅酶等构成)传递,供给ADP与无机磷酸合成ATP的偶联反应.英国生物化学家彼得·米切尔(P. Mitchell,1920—1992)于1961年提出关于氧化磷酸化的化学渗透假说(chemiosmotic theory)认为,线粒体内膜有:① 氧化还原电位的电子传递体;② 偶联电子传递的质子传递体;③ ATP合成酶.该学说指出,借助于呼吸链酶复合物的催化,在电子传递过程中,伴随着质子从线粒体内膜的里层向外层转移,形成跨膜的氢离子梯度,这种势能驱动了ATP合成酶生成ATP分子(Mitchell,1961).这一学说得到大量后续实验验证,米切尔因此获得1978年诺贝尔化学奖.

在同一时期,随着人们对呼吸链的组成以及氧化磷酸化的反应机理了解得更多,对相关的电子传递过程反而更加疑惑.1956年,Chance和Williams试图解释电子沿呼吸链的传递过程(Chance,Williams,1956).他们认为,呼吸链蛋白质中的氧化还原中心具有比较刚性的结构,或许需要蛋白质的多肽链像导体或半导体一样传递电子;但是这明显与蛋白质分子许多已知的性质相违背.因此,他们猜测,热力学促进蛋白质构象变化或许会使得氧化还原中心相互靠近,从而有利于电子传递;电子转移发生的概率依赖于相邻生物分子的构象状态,电子转移反应动力学由蛋白质-辅助因子复合体的构象变化调节(Chance,Williams,1956).

十年后对生物电子传递问题的研究出现了转机.1966年,美国科学家Don deVault和Britton Chance首次发表了光激发电子量子隧穿效应与温度依赖关系的实验结果(deVault,Chance,1966)(如图4.2所示).在单色激光的照射下,电子从细胞色素分子转移到细菌叶绿素分子.一般地,电子在细胞色素分子和叶绿素分子之间传递,需要跨越一个能垒.实验结果指出,当实验温度高于临界值($T \cong 100$ K)时电子传递速率是温度依赖的,符合阿伦尼乌斯公式,比如,反应速率在室温时是~3×10^5 s^{-1},而到$T = 100$ K时,为~3×10^5 s^{-1};而低于这个临界值,其速率与温度无关.尽管半经典的Marcus理论能够很好地给出高温下电子转移速率与温度变化的关系,但不能解释低温下的电子转移反应的速率实验数据.deVault和Chance指出,低温下的电子转移反应速率具有电子量子隧穿效应特征.

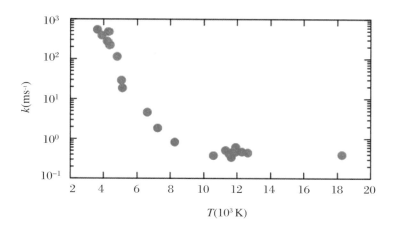

图 4.2　电子传递速率与温度的关系(deVault,Chance,1966)

量子隧穿(tunneling)是指微观粒子在自身能量低于势垒高度的情况下隧穿势垒的量子行为.奥本海默最早在 1928 年初涉及电场诱导原子引起电子隧穿现象(Oppenheimer,1928).同年 6 月,Ralph H. Fowler(狄拉克的博士生导师)和 L. Nordheim 发表了电场导致冷金属电子发射的量子隧穿效应的文章(Fowler,Nordheim,1928);3 个月后,Gurney 和 Condon 用量子隧穿效应解释 α-粒子的辐射衰变(Gurney,Condon,1928).同年 8 月,俄裔物理学家乔治·伽莫夫(1904—1968)在德文刊物《Zeitschrift für Physikalische Chemie》上发表同样用量子隧穿效应解释原子核的 α-衰变的文章(Gamow,1928),以一维长方形势函数

$$U(x) = \begin{cases} U_0, & 0 \leqslant x \leqslant a \\ 0, & x < 0 \text{ 或 } x > a \end{cases} \tag{4.1.1}$$

为例,解析求得一维定态薛定谔方程的本征波函数,并得到传递系数

$$\kappa \propto \exp\left(-\frac{2r}{\hbar}\sqrt{2m(U_0 - E)}\right) \tag{4.1.2}$$

其中 $E < U_0$ 是粒子的能量,m 是粒子的质量,κ 定义为在 $x = a$ 处的入射波的强度(本征波函数模的平方)和在 $x = 0$ 处的入射波的强度的比值.由式(4.1.2)可知,粒子质量越小,κ 值越大,因此,只有质量比较小的粒子像电子和质子等才有明显的量子隧穿效应.式(4.1.2)中,κ 与势垒的宽度 r(或隧穿距离)呈指数衰减关系,而与 $U_0 - E$(粒子所处的能垒高度)的平方根呈更复杂的指数衰减关系.由式(4.1.2)计算得出,对于 1 电子伏特(约23 kcal/mol)的势垒电子可以隧穿 19 Å 的距离,与电子的德布罗意波长在量级上相当.

电子隧穿效应在半导体电子器件领域得到广泛的应用.1934 年,Clarence Zener 发表了场诱导固体电介质能带之间电子隧穿的理论文章(Zener,1934).1947 年 12 月 16 日,美国物理学家和发明家威廉·肖克利(William Shockley,1910—1989)与约翰·巴丁(John Bardeen,1908—1991)和沃尔特·布拉顿(1902—1987)在 Bell 实验室成功地制造出第一个晶体管,三人因此共同获得 1956 年诺贝尔物理学奖.江崎-玲于奈(Reona Esaki,1925—)1957 年在高掺杂、窄的 PN 结发现了电子量子隧道效应(论文在 1958 年 1 月发表)(Esaki,1958),并随后发明了隧穿二极管(又称江崎二极管).江崎-玲于奈因此获得 1973 年诺贝尔物理学奖.

在生物物理和化学领域,对于 deVault 和 Chance 的上述实验数据,美国理论物理学家 Hopfield 在 1974 年提出了热力学活化量子隧穿模型(Hopfield,1974),据此模型 Hopfield 通过计算得到蛋白质间的电子转移反应速率常数随着辅助因子之间距离增加而指数衰减,其衰减常数 $\beta \sim 1.44\,\text{Å}^{-1}$.在当时没有蛋白质结构的情形下,他预测电子隧穿距离约为 8.0 Å,亦即辅助因子之间的距离.

随后,1976 年,以色列理论化学家 Jortner 考虑到低温下反应物和产物态的核振动(vibronic,电子-振动)的重叠(即核量子隧道效应),亦即低温下除了电子耦合(电子隧穿)外,电子转移反应的量子效应还来自原子核振动.也就是说,图 4.2 中低温下电子转移反应速率曲线出现平台反映了原子核振动的量子隧穿效应(Jortner,1976).

1982 年,美国加州理工学院生物化学家 Harry B. Gray 教授研究组首次报道了在用 $Ru^{III}(NH_3)_5$ 改造的细胞色素 c 中发现长程(18 Å)电子隧穿效应(Winkler et al.,1982).随后的研究积累了大量的实验数据,充分证实了在生物氧化还原链中的电子的量子隧穿效应及其在这些电子转移反应中所起的重要作用(Gray,Winkler,2003;Winkler,Gray,2014a;Winkler,Gray,2014b).

本书将要讨论的电子转移反应主要是针对束缚态电子(电子并没有活化超过电离能阈值)在生物系统中具有能垒阻隔的空间位点之间转移的动力学过程.因此,电子的隧穿效应一直伴随着整个电子传递过程.特别是,当温度 T 降低至 $k_B T \ll E_{act}$(这里,k_B 是玻尔兹曼常数,E_{act} 是活化能),热力学活化不足以使电子本身穿过能垒.在这种情况下,原子核的量子隧穿效应将会起到关键作用.

4.1.2 电子转移反应

电子转移(electron transfer,ET)反应是电子从反应物态(电子在给体上,donor,D)转移到产物态(电子在受体上,acceptor,A)的过程.电子转移反应可以表示成

$$D^- A \rightarrow DA^- \tag{4.1.3}$$

其中,符号"$-$"代表要被转移的电子,有时也称之为额外(excess)电子.D^- 和 A^- 分别表示电子在给体(D)和受体(A)上.与通常的化学反应不同,电子转移反应一般没有化学键的断裂和生成.

转移电子可以从外面,比如通过生物大分子氧化-还原复合物或者外加金属电极注入分子系统.电子也可以来自给体本身,例如,给体(D)被激发(比如吸收光能)到激发态(D^*),然而电子转移到受体的激发态,最后产生给体和受体的电荷分离,使得给体失去一个电子而受体得到一个电子.用反应式可以表示成

$$D^* A \rightarrow D^+ A^- \tag{4.1.4}$$

式(4.1.4)表示了一种光激发电子转移反应.

对于电子转移反应的分类,可以有不同方式.比如,如果给体和受体属于同一分子,则称之为单分子电子转移反应或者分子内电子转移反应.反之,如果给体和受体属于不同分子,则称之为双分子电子转移反应或者分子间电子转移反应:

$$D^- + A \rightarrow D + A^- \tag{4.1.5}$$

对于生物体系,DA 代表生物分子系统,可以包含由许多分子砌块(molecular building blocks)连接给体和受体基团(也可以是分子),这些分子砌块被称为桥体.如果电子直接从给体到受体之间进行转移,则称之为通过空间(through space)电子转移反应.电子也可以通过桥体进行转移,则称之为桥体协助(bridge-assisted)的电子转移反应;如果这些桥体是通过共价键连接的,则也称之为通过键联(through bond)的电子转移反应,可以表示成

$$D^- BA \rightarrow DB^- A \rightarrow D BA^- \tag{4.1.6}$$

其中,B 表示桥体(bridge).

一般而言,通过空间的电子转移给体和受体间的距离不超过 20 Å,这个距离主要由转移电子所在的给体态和受体态波函数重叠尺度来决定.而通过键联的电子转移可以经过更长的距离,这些长程电子转移反应经常发生在像蛋白质等生物大分子系统.

电子转移反应,也可理解为给体态和受体态之间存在耦合.如果两者之间耦合相互作用 V 很小,则称之为非绝热电子转移反应(nonadiabatic ET);反之,则称之为绝热电子转移反应(adiabatic ET).对于非绝热电子转移反应,可以理解为电荷密度在初始反应物态($D^- A$)和最终产物态(DA^-)之间的重排.而对于绝热电子转移反应,可以看成是从双势阱自由能面的反应物态利用热力学活化或者量子隧穿通过势垒.我们将在下面的有关章节中进一步讨论这两种反应类型.

4.2 给体-受体系统电子转移的量子理论

4.2.1 给体-受体电子转移系统哈密顿量

4.2.1.1 电子哈密顿量:非绝热电子态表象

假设电子转移系统只包含给体(D)和受体(A),并称之为 DA 电子转移系统或 DA 系统(复合物).一般而言,电子转移过程会涉及多个电子.然而,对于具有多个电子相互作用的体系,我们总可以用单电子近似进行处理.这样,不失一般性,我们可以假设只有单个电子注入 DA 复合体进行电子转移反应.假设转移电子进入 DA 系统后,DA 复合体对其产生一个有效作用势 $\hat{V}(r)$,可表示成

$$\hat{V}(r) = \hat{V}_D(r) + \hat{V}_A(r) = \sum_{m=D,A} \hat{V}_m(r) \tag{4.2.1}$$

其中,$\hat{V}_m(r)$ $(m=D,A)$ 来自给体或受体的贡献(如图4.3所示)

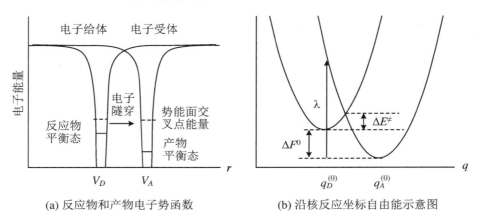

(a) 反应物和产物电子势函数　　　　　(b) 沿核反应坐标自由能示意图

图4.3　反应物和产物电子势函数以及沿核反应坐标自由能示意图

这样,描述 DA 电子转移系统的电子哈密顿量为

$$\hat{H}_{\mathrm{el}}^{(DA)} = \hat{T}_{\mathrm{el}} + \hat{V}(r) \tag{4.2.2}$$

其定态薛定谔方程为

$$\hat{H}_{\mathrm{el}}^{(DA)} | \psi \rangle = \varepsilon | \psi \rangle \tag{4.2.3}$$

考虑单体 $m(m = D, A)$ 作用势 $\hat{V}_m(r)$ 下的转移电子薛定谔方程

$$\hat{H}_{\mathrm{el}}^{(m)} | \varphi_m \rangle = E_m | \varphi_m \rangle \tag{4.2.4}$$

其中,$\hat{H}_{\mathrm{el}}^{(m)} = \hat{T}_{\mathrm{el}} + \hat{V}_m(r)$. E_m 只与位点 m 有关,故也称为位点能.

求解定态薛定谔方程(4.2.4)可以得到一组完备的正交归一基函数集 $\{ | \varphi_{ma} \rangle, a = 1, 2, \cdots \}(m = D$ 或 $A)$,$| \varphi_{ma} \rangle$ 被称为非绝热(nonadiabatic)态(也称为局域态).把式(4.2.3)中本征波函数 $| \psi \rangle$ 用这两组基矢集中的波函数进行线性展开,可以求解薛定谔方程(4.2.3).

对于电子传递反应,我们往往只需要考虑最低能级(记为 E_m)及其对应的非绝热态,即电子基态(记为 $| \varphi_m \rangle$).每个单体 k 贡献一个基函数 $| \varphi_k \rangle$,$| \psi \rangle$ 可近似表示成

$$| \psi \rangle = \sum_{m = D, A} c_m | \varphi_m \rangle, \quad m = D, A \tag{4.2.5}$$

把式(4.2.5)代入式(4.2.3)两边,并左乘 $\langle \varphi_n |$,有

$$\sum_m c_m (\langle \varphi_n | \hat{T}_{\mathrm{el}} + \hat{V}_m | \varphi_m \rangle + \sum_{k \neq m} \langle \varphi_n | \hat{V}_k | \varphi_m \rangle) = \varepsilon \sum_m c_m \langle \varphi_n | \varphi_m \rangle \tag{4.2.6}$$

注意到 $| \varphi_m \rangle(m = D, A)$ 即 $| \varphi_D \rangle$ 和 $| \varphi_A \rangle$ 是不同定态薛定谔方程的解,它们之间并不正交. 然而, 假设 D 和 A 距离足够远以至重叠积分 $\langle \varphi_n | \varphi_m \rangle \cong \delta_{nm}$. 这样,$\{ | \varphi_m \rangle, (m = D, A) \}$ 可以看作正交归一化的基矢集,也称为电子非绝热态(或局域态)表象. 另外,$\langle \varphi_m | \hat{V}_k | \varphi_m \rangle$ 使得 E_m 有一个位移,不妨设 $\langle \varphi_m | \hat{V}_k | \varphi_m \rangle = V_{mm} = 0$. 这样,把式(4.2.6)整理后,可得到久期方程组

$$\sum_m ((E_m - \varepsilon) \delta_{mn} + V_{mn}(1 - \delta_{nm})) c_m = 0, \quad m = D, A \tag{4.2.7}$$

这里,$V_{mn} = \langle \varphi_m | \hat{V}_n | \varphi_n \rangle$. 写成矩阵形式为

$$\begin{bmatrix} E_D - \varepsilon & V_{DA} \\ V_{AD} & E_A - \varepsilon \end{bmatrix} \begin{bmatrix} c_D \\ c_A \end{bmatrix} = 0 \tag{4.2.8}$$

其中，$V_{DA} = \langle \varphi_D | \hat{V}_D | \varphi_A \rangle = V_{AD}$. 从而可求得定态薛定谔方程(4.2.3)的本征值和本征函数.

我们可以在非绝热表象下展开 DA 系统的电子哈密顿量 $\hat{H}_{el}^{(DA)}$：

$$\hat{H}_{el}^{(DA)} = \sum_{m,n} \langle \varphi_m | \hat{H}_{el}^{(DA)} | \varphi_n \rangle | \varphi_m \rangle \langle \varphi_n | \tag{4.2.9}$$

其中，矩阵元

$$\begin{aligned}
\langle \varphi_m | \hat{H}_{el}^{(DA)} | \varphi_n \rangle &= \langle \varphi_m | \hat{T}_{el} + \hat{V}_m + \sum_{k \neq m} \hat{V}_k | \varphi_n \rangle \\
&= \left(E_m + \langle \varphi_m | \sum_{k \neq m} \hat{V}_k | \varphi_m \rangle \right) \delta_{mn} \\
&\quad + \langle \varphi_m | \hat{T}_{el} + \hat{V}_m + \hat{V}_n | \varphi_n \rangle (1 - \delta_{mn}) \\
&= E_m \delta_{mn} + V_{mn}(1 - \delta_{mn})
\end{aligned} \tag{4.2.10}$$

这样，式(4.2.9)中 DA 系统哈密顿量 $\hat{H}_{el}^{(DA)}$ 可表示成

$$\hat{H}_{el}^{(DA)} = \sum_m E_m | \varphi_m \rangle \langle \varphi_m | + \sum_{m,n} V_{mn} | \varphi_m \rangle \langle \varphi_n | \tag{4.2.11a}$$

其中，V_{mn} 是位点 m 和 n 耦合作用，一般与核坐标 R 有关，对位点 m 和 n 之间的距离 d_{mn} 呈指数衰减依赖关系：

$$V_{mn}(R) = V_{mn}^{(0)} \exp(-\beta_{mn}(d_{mn} - d_{mn}^{(0)})) \tag{4.2.11b}$$

其中，$d_{mn}^{(0)}$ 是单体(位点) m 和 n 到达平衡时的距离. 当 d_{mn} 靠近 $d_{mn}^{(0)}$，耦合矩阵元 $V_{mn} = V_{mn}^{(0)}$ 为常数(Franck-Condon 近似).

记 $| \varphi_D \rangle = | D \rangle$，$| \varphi_A \rangle = | A \rangle$，式(4.2.11a)可写成

$$\hat{H}_{el}^{(DA)} = E_D | D \rangle \langle D | + E_A | A \rangle \langle A | + V_{DA} | D \rangle \langle A | + V_{AD} | A \rangle \langle D | \tag{4.2.12}$$

式(4.2.12)为 DA 系统的电子哈密顿在绝热(局域)电子态表象的表示. 由于式(4.2.12)哈密顿量与二态系统的哈密顿量相似，故也把 DB 电子转移系统称作二态系统.

4.2.1.2　电子-振动态表象哈密顿量

上面讨论了 DA 转移系统的电子哈密顿量. DA 系统也包括原子核的运动和相互作用，亦即 DA 系统总哈密顿量 $\hat{H}_{DA}$ 既包含电子哈密顿量 $\hat{H}_{el}^{(DA)}(R)$，也包含原子核哈密顿量 $\hat{H}_{nuc}^{(DA)}(R)$. 这里 R 是原子核坐标. 因此，DA 系统总的哈密顿量为

$$\hat{H}_{DA} = \hat{H}_{el}^{(DA)}(R) + \hat{H}_{nuc}^{(DA)}(R) \tag{4.2.13}$$

式(4.2.13)中

$$\hat{H}_{nuc}^{(DA)}(R) = \hat{T}_{nuc} + V_{NN}(R) \tag{4.2.14}$$

把式(4.2.12)代入式(4.2.14),有

$$\hat{H}_{DA} = \sum_m \hat{H}_m^{(nuc)} |m\rangle\langle m| + \sum_{m \neq n} \hat{V}_{mn}(R) |m\rangle\langle n| \tag{4.2.15}$$

其中,$|m\rangle \equiv |\varphi_m\rangle$,单体 $m\,(m = D, A)$ 的核哈密顿量

$$\hat{H}_m^{(nuc)} = \hat{T}_{nuc} + U_m(R) \tag{4.2.16}$$

$U_m(R)$ 是单体 $m\,(m = D, A)$ 的势函数:

$$U_m(R) = E_m(R) + V_{NN}(R) \tag{4.2.17}$$

$E_m(R)$ 是电子薛定谔方程(4.2.4)的本征值,但这里 $E_m(R)$ 是核坐标的函数.

原子核振动定态薛定谔方程可写为

$$\hat{H}_m^{(nuc)} |\chi_{mM}\rangle = E_{mM} |\chi_{mM}\rangle \tag{4.2.18}$$

其中,$|\chi_{mM}\rangle$(m, M 分别代表电子和振动态量子数)属于电子态 $|m\rangle = |\varphi_m\rangle$ 上的振动本征波函数.这样,电子-振动态矢

$$|\chi_{mM}\rangle |\varphi_m\rangle = |mM\rangle \equiv |a\rangle \tag{4.2.19}$$

是式(4.2.15)中的"零级"哈密顿量 $\hat{H}_0^{(DA)} = \sum_m \hat{H}_m^{(nuc)} |m\rangle\langle m|$ 的一个本征波函数.所有这些本征波函数可以组成一个完备正交归一的基矢集.

DA 系统总的哈密顿量 $\hat{H}_{DA}$(式(4.2.15))可以用基矢集 $\{|a\rangle = |\chi_{mM}\rangle|\varphi_m\rangle\}$ 进行展开:

$$\hat{H}_{DA} = \sum_a E_a |a\rangle\langle a| + \sum_{a \neq b} V_{ab} |a\rangle\langle b| \tag{4.2.20}$$

这里,$V_{ab} = \langle\chi_{mM}|V_{mn}(R)|\chi_{nN}\rangle$.如果 V_{mn} 与核坐标无关,则

$$V_{ab} = V_{mn}\langle\chi_{mM}|\chi_{nN}\rangle \tag{4.2.21}$$

其中,$\langle\chi_{mM}|\chi_{nN}\rangle$ 是属于不同位点电子态上的振动波函数的重叠积分,也称为 Franck-Condon 因子.

4.2.1.3 谐振子近似

下面对式(4.2.17)中的势函数 $U_m(R)$ 作谐振子近似. $U_m(R)$ 在平衡构型 R_0 附近作泰勒展开到二次项,通过对角化力常数矩阵,可以得到简振坐标 q_ξ,从而把 $U_m(R)$ 展开成

$$U_m(R) = E_m^{(0)} + \sum_\xi \frac{1}{2} \omega_{m,\xi}^2 (q_\xi - q_{m\xi}^{(0)})^2 \qquad (4.2.22)$$

其中,位点能 $E_m^{(0)} = U_m(R_0)$ 为势能函数 $U_m(R)$ 在平衡点 R_0 的能量值.

在谐振子近似下,式(4.2.15)中单体 $m(m = D, A)$ 的核哈密顿量 $\hat{H}_m^{(\text{nuc})}$ 为

$$\hat{H}_m^{(\text{nuc})} = E_m^{(0)} + \frac{1}{2} \sum_\xi \hat{p}_\xi^2 + \omega_{m,\xi}^2 (q_\xi - q_{m\xi}^{(0)})^2 \qquad (4.2.23)$$

这里,简振模 q_ξ 是通过对 DA 系统的基态 $U_g(R)$ 进行简振模分析得到的:

$$U_g(R) = \sum_\xi \frac{1}{2} \omega_{g,\xi}^2 q_\xi^2 \qquad (4.2.24)$$

式(4.2.23)假设 $U_D(R)$ 和 $U_A(R)$ 的简振模与 $U_g(R)$ 的简振模相同,但是平衡位置对基态都有一个位移,而且 $\omega_{m,\xi}$ 可以不同.

一般而言,式(4.2.15)中相互作用项 $V_{mn}(R)$ 也依赖于核坐标 R,对位点 m 和 n 之间的距离 x_{mn} 呈指数衰减依赖关系:

$$V_{mn}(R) = V_{mn}^{(0)} \exp(-\beta_{mn}(x_{mn} - x_{mn}^{(0)})) \qquad (4.2.25)$$

其中,$x_{mn}^{(0)}$ 是单体(位点)m 和 n 到达平衡时的距离. 当 x_{mn} 靠近 $x_{mn}^{(0)}$,耦合矩阵元 $V_{mn} = V_{mn}^{(0)}$ 为常数(Franck-Condon 近似). 也可以对 $V_{mn}(R)$ 作简振模展开到一次项:

$$V_{mn}(R) = V_{mn}^{(0)} + \sum_\xi \hbar g_{mn}(\xi) q_\xi \qquad (4.2.26)$$

其中,$g_{mn}(\xi) = \dfrac{1}{\hbar} \left(\dfrac{\partial V_{mn}(R(q))}{\partial q_\xi} \right)_{q_\xi = q_{m\xi}^{(0)}}$.

考虑谐振子近似下,式(4.2.16)单体 $m(m = D, A)$ 的谐振子哈密顿量 $\hat{H}_m^{(\text{nuc})} = E_m^{(0)} + \dfrac{1}{2} \sum_\xi \hat{p}_\xi^2 + \omega_{m,\xi}^2 (q_\xi - q_{m\xi}^{(0)})^2$ 的薛定谔方程

$$\hat{H}_m^{(\text{nuc})} | \mu_m \rangle = E_\mu | \mu_m \rangle \qquad (4.2.27)$$

这里,$| \mu_m \rangle$ 属于单体 $m(m = D, A)$ 的非绝热电子态 $|m\rangle$ 上的振动态,E_μ 为

量子生物学:生物系统物质和能量传递的量子理论

$$E_\mu = E_m^{(0)} + \frac{1}{2} \sum_\xi \hbar\omega_\xi \left(\mu_m + \frac{1}{2} \right) \tag{4.2.28}$$

其中,μ_m 是振动量子数,这样得到完备的电子-谐振子非绝热态表象基矢集,记为 $\{|\mu\rangle = |\mu_m\rangle|m\rangle\}$. 为了区分 $|D\rangle$ 和 $|A\rangle$ 上的振动态,我们分别用 $|\mu\rangle = |\mu_D\rangle|D\rangle$ 和 $|\nu\rangle = |\nu_A\rangle|A\rangle$ 来标记.这样,在电子-谐振子表象(注意与电子-振动表象的区别)下,式 (4.2.15) DA 系统哈密顿量可表示成

$$\hat{H}_{DA} = \sum_\mu E_\mu |\mu\rangle\langle\mu| + \sum_\nu E_\nu |\nu\rangle\langle\nu|$$
$$+ \sum_{\mu,\nu} \left(V_{\mu\nu} |\mu\rangle\langle\nu| + V_{\nu\mu} |\nu\rangle\langle\mu| \right) \tag{4.2.29}$$

4.2.1.4 转移电子-环境复合系统哈密顿量

在谐振子近似下,式 (4.2.15) 哈密顿量 $\hat{H}_{DA}$ 可以写成

$$\hat{H}_{DA} = \sum_{m=D,A} \left(E_m^{(0)} + \frac{1}{2} \sum_\xi \hat{p}_\xi^2 + \omega_{m,\xi}^2 (q_\xi - q_{m\xi}^{(0)})^2 \right) |m\rangle\langle m|$$
$$+ \sum_{m\neq n} \left(V_{mn}^{(0)} + \sum_\xi \hbar g_{mn}(\xi) q_\xi \right) |m\rangle\langle n| \tag{4.2.30}$$

把式 (4.2.30) 中的 $\hat{H}_m^{(\mathrm{nuc})} = E_m^{(0)} + \frac{1}{2} \sum_\xi \hat{p}_\xi^2 + \omega_{m,\xi}^2 (q_\xi - q_{m\xi}^{(0)})^2$ 重新写成

$$\hat{H}_m^{(\mathrm{nuc})} = E_m + \sum_\xi \hbar g_m(\xi) q_\xi + \frac{1}{2} \sum_\xi (\hat{p}_\xi^2 + \omega_{m,\xi}^2 q_\xi^2) \tag{4.2.31}$$

其中

$$\begin{cases} \hbar g_m(\xi) = -\sum_\xi \omega_{m,\xi}^2 q_{m\xi}^{(0)} \\ E_m = E_m^{(0)} + \frac{1}{2} \sum_\xi \omega_{m,\xi}^2 (q_{m\xi}^{(0)})^2 \end{cases} \tag{4.2.32}$$

这样,式 (4.2.30) 哈密顿量 $\hat{H}_{DA}$ 可以写成与第 3 章系统-环境复合系统哈密顿量 (3.1.1) 同样的形式:

$$\hat{H}_{DA} = H_S^{(DA)} + H_I^{(DA)} + H_E^{(DA)} \tag{4.2.33}$$

转移电子系统哈密顿量 $H_S^{(DA)}$ 为

$$H_S^{(DA)} = \sum_{m=D,A} E_m \mid m \rangle \langle m \mid + \sum_{m \neq n} V_{mn}^{(0)} \mid m \rangle \langle n \mid \qquad (4.2.34)$$

把谐振子看成环境,有

$$H_E^{(DA)} = \sum_{m,\xi} \frac{1}{2} \left(\hat{p}_\xi^2 + \omega_{m,\xi}^2 q_\xi^2 \right) \qquad (4.2.35)$$

系统-环境(电子-谐振子)相互作用哈密顿量 $H_I^{(DA)}$ 为

$$H_I^{(DA)} = \sum_{\xi, m \neq n} \hbar \tilde{g}_{mn}(\xi) q_\xi \mid m \rangle \langle n \mid \qquad (4.2.36)$$

其中

$$\tilde{g}_{mn}(\xi) = \hbar g_m(\xi) \delta_{mn} + \hbar g_{mn}(\xi)(1 - \delta_{mn}) \qquad (4.2.37)$$

在式(4.2.36)推导过程中,只保留了简振坐标 q_ξ 一阶项.

这样,我们可以用第 3 章介绍的开放系统约化密度矩阵方法来讨论转移电子系统的量子动力学.

4.2.2　电子转移的量子相干动力学

如果不考虑电子-谐振子(系统-环境)相互作用,式(4.2.12)中的转移电子系统哈密顿量 $\hat{H}_{el}^{(DA)}$ 成为 $H_S^{(DA)}$,对应的哈密顿矩阵为

$$H_S^{(DA)} = H_{el}^{(DA)} = \begin{bmatrix} E_D & V_{DA} \\ V_{AD} & E_A \end{bmatrix} \qquad (4.2.38)$$

由于式(4.2.38)不包含振动自由度,这时二态电子转移 DA 系统的量子动力学是完全相干的.设初始 $t=0$ 时刻,转移电子处于给体态,即 DA 电子转移系统处于 $\mid D \rangle$ 上.在 t 时刻,从给体态 $\mid D \rangle$(能量本征值为 E_D)跃迁到受体态 $\mid A \rangle$(能量本征值为 E_A)的概率 $P_{D \to A}(t)$,由式(3.3.88)给出:

$$P_{D \to A}(t) = \rho_{AA}(t) = \frac{4 \mid V_{DA} \mid^2}{(\hbar \omega)^2} \sin^2 \left(\frac{\omega}{2} t \right) \qquad (4.2.39)$$

其中, $\rho_{AA}(t)$ 是密度矩阵对角元, $\omega = \sqrt{(E_A - E_D)^2 + 4 \mid V_{DA} \mid^2}/\hbar$. $P_{D \to A}(t)$ 的跃迁概率幅 $A = \dfrac{4 \mid V_{DA} \mid^2}{(\hbar \omega)^2} = \left(\dfrac{2 \mid V_{DA} \mid}{\sqrt{(E_A - E_D)^2 + 4 \mid V_{DA} \mid^2}} \right)^2 \leqslant 1.$

量子生物学:生物系统物质和能量传递的量子理论

考虑简并态 $E_A = E_D$，$A = 1$，$P_{D \to A}(t)$ 为

$$P_{D \to A}(t) = \rho_{AA}(t) = \sin^2\left(\frac{\omega}{2}t\right) \tag{4.2.40}$$

而频率 ω 为

$$\omega = 2|V_{DA}|/\hbar \tag{4.2.41}$$

这时，转移电子在时刻 t 的生存概率为

$$P_{D \to D}(t) = \rho_{DD}(t) = \cos^2\left(\frac{\omega}{2}t\right) \tag{4.2.42}$$

由式(4.2.40)或式(4.2.41)可见，在没有与环境（振动自由度）耦合的情况下，电子转移动力学是量子相干的，而不是指数衰减的速率过程.

4.2.3　绝热和非绝热电子转移反应

考虑到原子核振动，DA 系统哈密顿量（式(4.2.15)）可写为

$$\hat{H}_{DA} = \hat{H}_D^{(\text{nuc})}|D\rangle\langle D| + \hat{H}_A^{(\text{nuc})}|A\rangle\langle A| + V_{DA}|D\rangle\langle A| + V_{AD}|A\rangle\langle D| \tag{4.2.43}$$

其中，$\hat{H}_m^{(\text{nuc})} = \hat{T}_{\text{nuc}} + U_m(R)(m = D, A)$ 分别是给体和受体原子核振动哈密顿量. 式(4.2.43)DA 系统电子哈密顿量是非绝热电子态表象下的表达式.

式(4.2.43)对应的哈密顿矩阵为

$$H_{DA} = \begin{bmatrix} \hat{H}_D^{(\text{nuc})} & V_{DA} \\ V_{AD} & \hat{H}_A^{(\text{nuc})} \end{bmatrix} = \begin{bmatrix} \hat{T}_{\text{nuc}} + U_D(R) & V_{DA} \\ V_{AD} & \hat{T}_{\text{nuc}} + U_A(R) \end{bmatrix} \tag{4.2.44}$$

在下面的讨论中，为了方便理解，我们用一维坐标 s 来替代 R. 这时 s 也可以看作一维反应坐标，经常称为溶剂坐标（solvent coordinate）. 一般地，s 是 R 的函数，$s = s(R)$.

对式(4.2.44)哈密顿矩阵进行对角化，得到对角化基矢集 $\{|+\rangle, |-\rangle\}$，这个基矢集也称为绝热电子态表象. 在这个表象下，DA 系统的哈密顿量 $\hat{H}_{DA}$ 为

$$\hat{H}_{DA} = \hat{H}_+^{(\text{nuc})}|+\rangle\langle +| + \hat{H}_-^{(\text{nuc})}|-\rangle\langle -| \tag{4.2.45}$$

其中

$$\hat{H}_{\pm}^{(\text{nuc})} = \hat{T}_{\text{nuc}} + U_{\pm}(s) \tag{4.2.46}$$

这里，$U_-(s)$ 和 $U_+(s)$ 分别为基态 $|-\rangle$ 和激发态 $|+\rangle$ 的绝热势函数（如图 4.4 所示）：

$$U_{\pm}(s) = \frac{1}{2}\left(U_D(s) + U_A(s) \pm \sqrt{(U_D(s) - U_A(s))^2 + 4|V_{DA}|^2}\right) \tag{4.2.47}$$

非绝热（nonadiabatic）势能函数 $U_D(s)$ 和 $U_A(s)$ 相交于 $s = s^*$，即 $U_D(s^*) = U_A(s^*)$．在相交处，有

$$\begin{cases} U_+(s^*) = U_D(s^*) + |V_{DA}| \\ U_-(s^*) = U_D(s^*) - |V_{DA}| \end{cases} \tag{4.2.48}$$

因此，有

$$U_+(s^*) - U_-(s^*) = 2|V_{DA}| \tag{4.2.49}$$

亦即，绝热势函数 $U_+(s^*)$ 和 $U_-(s^*)$ 在相交处发生了 $2V_{DA}$ 的能量劈裂（splitting）（如图 4.4 所示）．

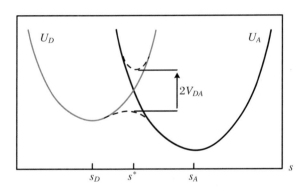

图 4.4　反应物和产物势函数以及在交叉点劈裂示意图

交叉点 s^* 也是绝热电子基态势函数的最高点，其相对于给体态在极小值点 s_D 处的能量值 $U_D(s_D)$ 为势垒

$$\triangle G^{\neq} = U_-(s^*) - U_D(s_D) \tag{4.2.50}$$

由图 4.4 可见，当 $s - s^* \ll 0$ 时，有 $U_D(s) \ll U_A(s)$ 以及 $U_A(s) - U_D(s) \gg |V_{DA}|$．由式（4.2.47），有

$$U_-(s) \cong U_D(s), \quad U_+(s) \cong U_A(s) \tag{4.2.51}$$

而当 $s - s^* \gg 0$ 并且 $U_A(s) \ll U_D(s)$ 时,与式(4.2.51)相反,有

$$U_+(s) \cong U_D(s), \quad U_-(s) \cong U_A(s) \tag{4.2.52}$$

绝热势函数 $U_\pm(s)$ 显然比非绝热势函数 $U_D(s)$ 和 $U_A(s)$ 复杂,由式(4.2.51)和式(4.2.52)可知,如果给体和受体距离较远,在交叉点 s^* 左侧的给体态(DS),基态势函数 $U_-(s)$ 主要由给体态的势函数 $U_D(s)$ 决定;在交叉点 s^* 右侧的受体态(AS),$U_-(s)$ 主要由受体态的势函数 $U_A(s)$ 决定.而中间的部分由图 4.4 中的虚线示意给出.

这样,对电子转移有绝热和非绝热两种不同的描述方式.下面我们讨论适合于这两种方式的电子转移反应的条件.为此,引入两种不同的特征时间尺度.一个是电子波包从给体态运动到受体态的时间

$$t_{\mathrm{ele}} = \frac{h}{|V_{DA}|} \tag{4.2.53}$$

由前面的讨论可知,对于简并的二态系统(比如,给体态 $|D\rangle$ 和受体态 $|A\rangle$),量子波包在二态之间进行周期运动,其频率 ω 正比于位点耦合矩阵元 $|V_{DA}|$,即 $\omega = \frac{2|V_{DA}|}{\hbar}$(式(4.2.41)).从给体态出发到受体态的时间是振动周期的一半,由此可得式(4.2.53).另一个是振动时间

$$t_{\mathrm{vib}} = \frac{2\pi}{\omega_{\mathrm{vib}}} \tag{4.2.54}$$

当 $t_{\mathrm{ele}} \ll t_{\mathrm{vib}}$ 时,位点耦合矩阵元 $|V_{DA}|$ 相对较大,电子运动远快于核运动.这意味着在原子核发生运动变化前,电子已经在给体和受体之间来回运动多次.因此,电子和核运动可以分离,这时绝热近似成立.电子转移反应由绝热双势阱函数调控,沿着核运动反应坐标从反应物态(给体态)最终转移到产物态.因此,绝热电子转移反应可以理解为振动自由度在电子转移过程中从反应物构象(对应于势函数上反应物极小值点)到产物构象(对应于势函数上产物极小值点)进行了重排.绝热反应涉及热力学活化和势垒跨越(barrier crossing)过程.半经典的电子转移反应速率 k_{ET} 可以表示为(Winkler et al.,1982)

$$k_{\mathrm{ET}} = \nu_R \kappa \varGamma_N \mathrm{e}^{-\beta \Delta G^{\neq}} \tag{4.2.55}$$

其中,$\beta = \dfrac{1}{k_B T}$,$\Delta G^{\neq}$ 是活化能,ν_R 是反应物的有效振动频率,κ 为电子传递系数(与电子从产物区折返到反应物区的概率有关),$\varGamma_N$ 为核隧穿概率.

而另一种极限情况是 $t_{\mathrm{ele}} \gg t_{\mathrm{vib}}$,亦即原子核振动远快于电子运动,对应于非绝热电子转移反应(nonadiabatic ET reaction).这时,位点耦合矩阵元 $|V_{DA}|$ 相对较小,在交叉点

给体态和受体态非绝热势函数劈裂程度较小,核反应坐标运动通过交叉点是如此之快,以至电子波包没有足够的时间从反应物态运动到产物态.

在很多情况下,电子转移反应的耦合矩阵元$|V_{DA}|$比较小($V_{DA} \sim 0.01$ eV),因而可以把没有相互作用的非绝热给体和受体态作为零级哈密顿量,而位点耦合项作为微扰项进行微扰展开.在最低阶微扰近似下(费米黄金规则),给体态和受体态的能级在交叉区域是简并时,电子转移反应发生,我们将在4.4节对非绝热电子转移反应进行讨论.与此相反,由于非绝热相互作用$|V_{DA}|$($V_{DA} \sim 0.5$ eV)比较大,氢转移反应往往是电子绝热的(electronically adiabatic).我们将在第5章对此进行讨论.

4.2.4 电子转移能量耗散和退相干量子动力学

在涉及大量振动自由度与电子态耦合的情况下,二态电子转移系统就成为一个开放的耗散系统.假设环境为谐振子组成的热库,DA电子转移系统哈密顿量可写为

$$\hat{H}_{DA} = \sum_{m=D,A}\left(E_m + \sum_{\xi}\hbar g_m(\xi)q_{\xi}\right)|m\rangle\langle m| + \sum_{m\neq n}V_{mn}^{(0)}|m\rangle\langle n|$$
$$+ \sum_{m,\xi}\frac{1}{2}(\hat{p}_{\xi}^2 + \omega_{m,\xi}^2 q_{\xi}^2) \tag{4.2.56}$$

式(4.2.56)忽略了非对角矩阵元(分子间)中的电子-谐振子耦合.$\hat{H}_{DA}$也可写成

$$\hat{H}_{DA} = \sum_{m=D,A}E_m|m\rangle\langle m| + \sum_{m\neq n}V_{mn}^{(0)}|m\rangle\langle n|$$
$$+ \sum_{\xi,m}\hbar g_m(\xi)q_{\xi}|m\rangle\langle m| + \sum_{m,\xi}\frac{1}{2}(\hat{p}_{\xi}^2 + \omega_{m,\xi}^2 q_{\xi}^2) \tag{4.2.57}$$

其中,电子-谐振子相互作用项

$$\hat{H}_I = \sum_m B_m \otimes \hat{S}_m = \sum_{m,\xi}\hbar g_m(\xi)\,\hat{q}_{\xi}\otimes\hat{S}_m \tag{4.2.58}$$

其中,$B_m = \sum_{\xi}\hbar g_m(\xi)\,\hat{q}_{\xi}$,$\hat{S}_m = |m\rangle\langle m|$.

应用第3章开放系统量子动力学理论,采用非绝热电子态表象,在马尔可夫和久期(或旋波)近似下,DA转移电子的密度矩阵对角元$\rho_{DD}^{(S)}(t)$和非对角元$\rho_{DA}^{(S)}(t)$的动力学方程为(参见3.3.4小节方程(3.3.101))

$$\dot{\rho}_{mn}^{(S)}(t) = \mathscr{C}\rho_{mn}^{(S)}(t) - \mathscr{D}\rho_{mn}^{(S)}(t)$$

$$= -\frac{\mathrm{i}}{\hbar}[H_{mn}^{(S)}, \rho_{mn}^{(S)}] - \mathscr{D}\rho_{mn}^{(S)}(t), \quad m, n = D, A \qquad (4.2.59)$$

式(4.2.59)右边第一项是相干项,对应于没有电子-谐振子(系统-环境)耦合时的密度矩阵动力学,已在 2.3.7 小节进行过讨论(式(2.3.149)和式(2.3.150)).具体说来,有

$$\begin{cases} \mathscr{C}\rho_{DD}^{(S)}(t) = \mathrm{i}\dfrac{V_{DA}}{\hbar}(\rho_{DA}^{(S)}(t) - \rho_{AD}^{(S)}(t)) \\[3mm] \mathscr{C}\rho_{DA}^{(S)}(t) = -\mathrm{i}\omega_{DA}\rho_{DA}^{(S)}(t) + \mathrm{i}\dfrac{V_{DA}}{\hbar}(\rho_{DD}^{(S)}(t) - \rho_{AA}^{(S)}(t)) \end{cases} \qquad (4.2.60)$$

式(4.2.60)中,$\rho_{DD}^{(S)}(t) = 1 - \rho_{AA}^{(S)}(t)$,$\rho_{DA}^{(S)}(t) = \rho_{AD}^{(S)*}(t)$,$\omega_{DA} = \dfrac{E_D - E_A}{\hbar}$.

式(4.2.59)右边第二项 $\mathscr{D}\rho_{mn}^{(S)}(t)$ 是耗散项,源于电子-谐振子相互作用,转移电子的耗散以及退相干量子动力学行为性质主要由该项决定:

$$\begin{cases} \mathscr{D}\rho_{DD}^{(S)}(t) = k_{D \to A}\rho_{DD}^{(S)}(t) - k_{A \to D}\rho_{AA}^{(S)}(t) \\[2mm] \mathscr{D}\rho_{DA}^{(S)}(t) = \rho_{DA}^{(S)}(t)/\tau_D \end{cases} \qquad (4.2.61)$$

这里,$k_{D \to A}$ 是传递电子从给体态到受体态的跃迁反应速率,而 $k_{A \to D}$ 为电子从受体态到给体态的跃迁反应速率,$1/\tau_D$ 是退相干速率(3.3.4.2 小节讨论).

上述讨论是在非绝热电子态 $\{|D\rangle, |A\rangle\}$ 表象中进行的.我们也可以在绝热电子态 $\{|+\rangle, |-\rangle\}$ 表象中进行上面的讨论.在 $\{|+\rangle, |-\rangle\}$ 表象下,转移电子系统哈密顿矩阵是对角化的,其哈密顿量可写成

$$\hat{H}_S^{(DA)} = E_+ |+\rangle\langle+| + E_- |-\rangle\langle-| \qquad (4.2.62)$$

这里

$$E_\pm = \frac{1}{2}\left(E_D + E_A \pm \sqrt{(E_D - E_A)^2 + 4|V_{DA}|^2}\right) \qquad (4.2.63)$$

系统-环境相互作用项

$$\hat{H}_I^{(DA)} = \sum_{ij,\xi} \hbar g_{ij}(\xi) q_\xi |i\rangle\langle j| \qquad (4.2.64)$$

其中,$g_{ab}(\xi) = \sum_m C_{im}^* g_m(\xi) C_{mj}$,$|i\rangle\langle j|$ 代表 $|+\rangle$ 或 $|-\rangle$,且有

$$|m\rangle = \sum_i C_{im} |i\rangle \qquad (4.2.65)$$

在绝热（或对角化）表象下，DA 系统电子约化密度矩阵对角元和非对角元发生分离，对角元 $\rho_{++}^{(S)}(t)$ 即为在态 $|+\rangle$ 上的占居概率 $P_+^{(S)}(t)$，其动力学方程为

$$\dot{P}_+^{(S)}(t) = -k_+ P_+^{(S)}(t) + k_- P_-^{(S)}(t) \tag{4.2.66}$$

其中 k_+ 是转移电子从 $|+\rangle$ 态到 $|-\rangle$ 态的跃迁反应速率，而 k_- 是转移电子从 $|-\rangle$ 态到 $|+\rangle$ 态的跃迁反应速率. $P_+^{(S)}(t)$ 和 $P_-^{(S)}(t)$ 满足

$$P_+^{(S)}(t) + P_-^{(S)}(t) = 1 \tag{4.2.67}$$

非对角元 $\rho_{+-}^{(S)}(t)$ 的动力学方程为

$$\dot{\rho}_{+-}^{(S)}(t) = -\mathrm{i}\omega\rho_{+-}^{(S)}(t) - \rho_{+-}^{(S)}(t)/\tau_D \tag{4.2.68}$$

由式(4.2.62)和式(4.2.63)，可得

$$P_+^{(S)}(t) = \frac{k_-}{K} + \left(P_+^{(S)}(0) - \frac{k_-}{K}\right)\mathrm{e}^{-Kt} \tag{4.2.69}$$

其中，$K = k_+ + k_-$. 而 $P_-^{(S)}(t)$ 为

$$P_-^{(S)}(t) = \frac{k_+}{K} + \left(P_-^{(S)}(0) - \frac{k_+}{K}\right)\mathrm{e}^{-Kt} \tag{4.2.70}$$

对方程(4.2.68)求解，有

$$\rho_{+-}^{(S)}(t) = \rho_{+-}^{(S)}(0)\mathrm{e}^{-\frac{t}{\tau_D}}\mathrm{e}^{-\mathrm{i}\omega t} \tag{4.2.71}$$

由式(4.2.69)和式(4.2.70)可知，只要在初始 $t=0$ 时刻，转移电子在 $|+\rangle$ 态上占居概率 $P_+^{(S)}(0) \neq \dfrac{k_-}{K}$，亦即，在 $|-\rangle$ 态上占居概率 $P_-^{(S)}(0) \neq \dfrac{k_+}{K}$，转移电子系统的本征态的占居概率会以指数衰减. 而相干项(式(4.2.68))以频率 $\omega = \dfrac{E_+ - E_-}{\hbar}$ 振荡，其振幅以指数衰减. 这样，起始的两个本征态之间任何相干最终都会消失.

得到绝热电子态表象下的密度矩阵元演化动力学表达式后，根据关系

$$\rho_{mn}^{(S)}(t) = \sum_{i,j}\rho_{ij}^{(S)}(t)C_{mj}^*C_{im} \tag{4.2.72}$$

可以得到非绝热表象下密度矩阵元的演化动力学.

下面讨论简并 $E_D = E_A = E$ 情形. 假设转移电子起始处于 $|D\rangle$ 电子态上，即 $P_D^{(S)}(0) = 1$，$P_A^{(S)}(0) = 0$，$\rho_{DA}^{(S)}(0) = \rho_{AD}^{(S)}(0) = 0$. 这样，转移电子系统哈密顿矩阵为

$$H_S^{(DA)} = \begin{bmatrix} E & V \\ V & E \end{bmatrix} \tag{4.2.73}$$

则求解久期方程

$$
\begin{vmatrix} E - \varepsilon & V \\ V & E - \varepsilon \end{vmatrix} = 0 \tag{4.2.74}
$$

得到本征能量为(设 $V < 0$)

$$
E_\pm = E \pm |V| \tag{4.2.75}
$$

对应的本征波函数为

$$
\begin{cases} |+\rangle = \dfrac{1}{\sqrt{2}}(|D\rangle - |A\rangle) \\[2mm] |-\rangle = \dfrac{1}{\sqrt{2}}(|D\rangle + |A\rangle) \end{cases} \tag{4.2.76}
$$

因此,有

$$
\begin{cases} P_+^{(S)}(0) = P_-^{(S)}(0) = \dfrac{1}{2} \\[2mm] \rho_{+-}^{(S)}(0) = \rho_{-+}^{(S)}(0) = \dfrac{1}{2} \end{cases} \tag{4.2.77}
$$

这样

$$
P_+^{(S)}(t) = \frac{k_-}{K} + \left(\frac{1}{2} - \frac{k_-}{K}\right)\mathrm{e}^{-Kt} \tag{4.2.78}
$$

由细致平衡原理

$$
\frac{k_+}{k_-} = \exp((E_+ - E_-)/(k_B T)) = \exp(2|V|/(k_B T)) > 1 \tag{4.2.79}
$$

可知,$\dfrac{k_-}{K} = \dfrac{k_-}{k_+ + k_-} < \dfrac{1}{2}$. 因此,$P_+^{(S)}(t)$ 是指数衰减下降的,最终达到 $P_+^{(S)}(\infty) = \dfrac{k_-}{K}$. 而 $P_-^{(S)}(t)$ 为

$$
P_-^{(S)}(t) = \frac{k_+}{K} + \left(\frac{1}{2} - \frac{k_+}{K}\right)\mathrm{e}^{-Kt} \tag{4.2.80}
$$

根据上面分析,$\dfrac{1}{2} - \dfrac{k_+}{K} < 0$,故而 $P_-^{(S)}(t)$ 随时间增大而增大,直至达到 $P_-^{(S)}(\infty) = \dfrac{k_+}{K}$.

转移电子 DA 系统的能量随时间的演化 $E_S(t)$ 为

$$E_S(t) = \text{tr}_S(\hat{H}_S \hat{\rho}_S(t)) = \sum_a E_a \rho_{aa}^{(S)}(t)$$

$$= E_+ P_+^{(S)}(t) + E_- P_-^{(S)}(t) \tag{4.2.81}$$

把式(4.2.79)和式(4.2.80)代入式(4.2.81),有

$$E_S(t) = E - \frac{(k_+ - k_-)|V|}{K}(1 - \mathrm{e}^{-Kt}) \tag{4.2.82}$$

因此,传递电子系统向振动态环境传能为

$$\Delta E(t) = \frac{(k_+ - k_-)|V|}{K}(1 - \mathrm{e}^{-Kt}) \tag{4.2.83}$$

由于 $k_+ > k_-$,故而 $\Delta E(t) > 0$. 由此,在电子传递过程中,DA 系统从起始给体态 $|D\rangle$ (能量为 E)上,持续向环境耗散能量,直至传递电子停留在终态 $|-\rangle$(能量为 $E - |V|$)上,总共传递能量为 $\Delta E(\infty) = \dfrac{k_+ - k_-}{K}|V| \leqslant |V|$. 生物系统能高效地利用这些电子传递的能量,实现其生命功能. 例如,线粒体和叶绿体中的电子链通过传递电子不仅用于细胞内新陈代谢和物质合成反应,也为蛋白酶分子机器比如质子泵提供能量,把质子泵出膜外,形成离子梯度,用以驱动 ATP 酶,实现能量转化.

由式(4.2.76)可得

$$\begin{cases} |D\rangle = \dfrac{1}{\sqrt{2}}(|-\rangle + |+\rangle) \\[2mm] |A\rangle = \dfrac{1}{\sqrt{2}}(|-\rangle - |+\rangle) \end{cases} \tag{4.2.84}$$

从而可得

$$\begin{cases} P_D^{(S)}(t) = \dfrac{1}{2}(1 + \rho_{+-}^{(S)}(t) + \rho_{-+}^{(S)}(t)) \\[2mm] \qquad\quad = \dfrac{1}{2}(1 + \mathrm{e}^{-\frac{t}{\tau_D}}\cos\omega t) \\[2mm] P_A^{(S)}(t) = \dfrac{1}{2}(1 - \rho_{+-}^{(S)}(t) - \rho_{-+}^{(S)}(t)) \\[2mm] \qquad\quad = \dfrac{1}{2}(1 - \mathrm{e}^{-\frac{t}{\tau_D}}\cos\omega t) \\[2mm] \rho_{DA}^{(S)}(t) = \dfrac{1}{2}(1 + \rho_{+-}^{(S)}(t) - \rho_{-+}^{(S)}(t)) \\[2mm] \qquad\quad = \dfrac{1}{2}(1 - \mathrm{i}\mathrm{e}^{-\frac{t}{\tau_D}}\sin\omega t) = \rho_{AD}^{(S)*}(t) \end{cases} \tag{4.2.85}$$

本小节上述内容把分子内的电子-振动耦合作用处理成微扰项,应用第 3 章开放系统的密度算符动力学方法进行讨论.在下面的章节中,我们把电子态之间相互作用$|V_{DA}|$按微扰处理来讨论非绝热电子转移反应.

4.3　非绝热电子转移反应的量子理论

4.3.1　速率常数表达式

生物转移电子系统的电子相互作用项一般较弱($|V_{DA}| \cong 0.001 \sim 0.01 \text{ eV}$),通常可以按微扰来处理.从式(4.2.15)哈密顿量$\hat{H}_{DA}$出发,我们来推导非绝热电子转移反应速率表达式.考虑$\hat{H}_{DA}$在电子-振动表象下的式(4.2.20),并写成零级哈密顿量$\hat{H}_0$和微扰项$\hat{V}$之和形式:

$$\hat{H}_{DA} = \hat{H}_0 + \hat{V} \tag{4.3.1}$$

其中

$$\begin{cases} \hat{H}_0 = \sum_{a=D,A} E_a \, |a\rangle\langle a| \\ \hat{V} = \sum_{a \neq b} V_{ab} \, |a\rangle\langle b| + V_{ba} \, |b\rangle\langle a| \end{cases} \tag{4.3.2}$$

与式(4.2.20)的记号稍有不同,式(4.3.2)把$|a\rangle$和$|b\rangle$分别归属于给体$|D\rangle$和$|A\rangle$上的电子-振动态(式(2.3.231)).在$|a\rangle$和$|b\rangle$的占居概率分别记为$P_a = \rho_{aa}$和$P_b = \rho_{bb}$.这里,ρ_{aa}和ρ_{bb}是密度矩阵对角元.而密度矩阵非对角元记为ρ_{ab},这些矩阵元的量子动力学满足冯·诺依曼方程(式(2.3.235)和式(2.3.236)).

在时刻t,$|D\rangle$和$|A\rangle$态上的占居概率为

$$P_D(t) = \sum_a P_a(t), \quad P_A(t) = \sum_b P_b(t) \tag{4.3.3}$$

且有 $P_D(t) + P_A(t) = 1$. 我们可以得到关于 $P_D(t)$ 的广义主方程

$$\dot{P}_D = -\int_0^t d\tau (K_{D\to A}(\tau) P_D(t-\tau) - K_{A\to D}(\tau) P_A(t-\tau)) \tag{4.3.4}$$

其中, $K_{D\to A}(\tau)$ 和 $K_{A\to D}(\tau)$ 为有记忆的核函数, 且满足

$$\begin{cases} K_{D\to A}(\tau) = \dfrac{2}{\hbar^2} \sum_{a,b} |V_{ab}|^2 f_a \cos(\omega_{ab}\tau) \\[4mm] K_{A\to D}(\tau) = \dfrac{2}{\hbar^2} \sum_{a,b} |V_{ab}|^2 f_b \cos(\omega_{ba}\tau) \end{cases} \tag{4.3.5}$$

这里, $\omega_{ab} = \dfrac{E_a - E_b}{\hbar}$, f_a 和 f_b 是玻尔兹曼分布, 由式 (2.3.234) 给出.

作马尔可夫近似, 并把积分上限 $t\to\infty$, 式 (4.3.4) 可写成

$$\dot{P}_D = -k_{D\to A} P_D(t) + k_{A\to D} P_A(t) \tag{4.3.6}$$

其中, 电子从 $|D\rangle$ 转移到 $|A\rangle$ 的跃迁反应速率常数 $k_{D\to A}$ 为

$$k_{D\to A} = \int_0^\infty d\tau K_{D\to A}(\tau) \tag{4.3.7}$$

同样地

$$k_{A\to D} = \int_0^\infty d\tau K_{A\to D}(\tau) \tag{4.3.8}$$

把式 (4.3.5) 代入式 (4.3.7), 可得

$$k_{D\to A} = \frac{2\pi}{\hbar} \sum_{a,b} |V_{ab}|^2 f_a \delta(E_a - E_b) \tag{4.3.9}$$

其中, $|V_{ab}| = \langle a|\hat{V}|b\rangle$. 式 (4.3.9) 即为非绝热电子转移反应速率常数公式, 与费米黄金规则形式的速率常数表达式一样.

$k_{D\to A}$ 也可以表示成 (式 (2.3.253))

$$k_{D\to A} = \frac{1}{\hbar^2} \int_{-\infty}^\infty dt\, C_{D\to A}(t) \tag{4.3.10}$$

其中, 关联函数

$$C_{D\to A}(t) = \mathrm{tr}(\hat{\rho}_D^{(eq)} \hat{V}(t) \hat{V}(0)) \tag{4.3.11}$$

这里, $\hat{\rho}_D^{(eq)}$ 为初始时刻相互作用 $\hat{V}$ 还未触发时, 体系处于给体电子-振动态 $|a\rangle$ 时热力学

平衡时的密度（玻尔兹曼）分布算符：

$$\hat{\rho}_D^{(\mathrm{eq})} = \exp(-\beta \hat{H}_D^{(\mathrm{nuc})})/\mathrm{tr}(\exp(-\beta \hat{H}_D^{(\mathrm{nuc})})) \tag{4.3.12}$$

其中，$\beta = 1/(k_B T)$，k_B 为玻尔兹曼常数，T 为绝对温度.式(4.3.11)中 $\hat{V}(t) = \mathrm{e}^{\frac{\mathrm{i}}{\hbar}\hat{H}_D^{(\mathrm{nuc})}t}\hat{V}\mathrm{e}^{-\frac{\mathrm{i}}{\hbar}\hat{H}_A^{(\mathrm{nuc})}t}$.这里，给体态的振动哈密顿量 $\hat{H}_D^{(\mathrm{nuc})}$ 由式(4.2.16)给出，对应的哈密顿量 $\hat{H}_{DA}$ 为(式(4.2.15))

$$\hat{H}_{DA} = \hat{H}_D^{(\mathrm{nuc})}|D\rangle\langle D| + \hat{H}_A^{(\mathrm{nuc})}|A\rangle\langle A| + V_{DA}|D\rangle\langle A| + V_{AD}|A\rangle\langle D| \tag{4.3.13}$$

在 Franck-Condon 近似下，电子相互作用项 $\hat{V}$ 不依赖于核坐标，这样式(4.3.10)的电子转移反应速率常数 $k_{D\to A}$ 可表示为

$$k_{D\to A} = \frac{|V_{DA}|^2}{\hbar^2}\int_{-\infty}^{\infty}\mathrm{d}t\,\widetilde{C}_{D\to A}(t) \tag{4.3.14}$$

这时关联函数 $\widetilde{C}_{D\to A}(t)$ 为

$$\widetilde{C}_{D\to A}(t) = \mathrm{tr}(\hat{\rho}_D^{(\mathrm{eq})}\mathrm{e}^{\frac{\mathrm{i}}{\hbar}\hat{H}_D^{(\mathrm{nuc})}t}\mathrm{e}^{-\frac{\mathrm{i}}{\hbar}\hat{H}_A^{(\mathrm{nuc})}t}) \tag{4.3.15}$$

除非振动是谐振子，一般而言，精确求出式(4.3.10)或式(4.3.14)的反应速率是一件很困难的事情.主要原因是，如式(4.3.10)和式(4.3.14)所显示，被积函数涉及长时间量子动力学，对其积分会遇到令人棘手的"符号问题"(sign problem).下面我们介绍一种解析延拓(analytical continuation)方法，即利用 Wick 转动，把实时变为虚时，并把反应速率用路径积分进行表示.利用这种方法，在高温近似下，可以得到 Marcus 电子转移速率公式(Liao，Voth，2002).

4.3.2　反应速率的路径积分表示

本小节的详细讨论可参见文献(Liao，Voth，2002).

4.3.2.1　虚时关联函数和自由能

假设式(4.3.13)中，振动哈密顿量 $\hat{H}_D^{(\mathrm{nuc})}$ 和 $\hat{H}_A^{(\mathrm{nuc})}$ 可写成

$$\begin{cases} \hat{H}_D^{(\mathrm{nuc})} = E_D^{(0)} + \hat{H}_D^{(N)} \\ \hat{H}_A^{(\mathrm{nuc})} = E_A^{(0)} + \hat{H}_A^{(D)} \end{cases} \tag{4.3.16}$$

其中，$E_D^{(0)}$ 和 $E_A^{(0)}$ 是势函数 $U_D(R)$ 和 $U_A(R)$ 在平衡构型 R_0 处的能量值. 这样, 式 (4.3.10) $k_{D\to A}$ 可写成

$$k_{D\to A} = k_{ET} = \frac{1}{\hbar^2}\int_{-\infty}^{\infty} dt\, e^{\frac{i}{\hbar}\Delta F^0 t}\, \mathrm{tr}(\hat{\rho}_{0D}^{(eq)} e^{\frac{i}{\hbar}\hat{H}_D^{(N)}t}\, \hat{V}_{DA}\, e^{-\frac{i}{\hbar}\hat{H}_A^{(N)}t}\, \hat{V}_{AD}) \tag{4.3.17}$$

其中, 电子转移反应的驱动力 ΔF^0 (如图 4.3(b) 所示) 和初始态分布函数 $\hat{\rho}_{0D}^{(eq)}$ 分别为

$$\begin{cases} \Delta F^0 = E_D^{(0)} - E_A^{(0)} \\ \hat{\rho}_{0D}^{(eq)} = \exp(-\beta\hat{H}_D^{(N)})/\mathrm{tr}(\exp(-\beta\hat{H}_D^{(N)})) \end{cases} \tag{4.3.18}$$

式 (4.3.10) 中的关联函数 $C_{D\to A}(t)$ 为

$$C_{D\to A}(t) = e^{\frac{i}{\hbar}\Delta F^0 t}\, \mathrm{tr}(\hat{\rho}_{0D}^{(eq)} e^{\frac{i}{\hbar}\hat{H}_D^{(N)}t}\, \hat{V}_{DA}\, e^{-\frac{i}{\hbar}\hat{H}_A^{(N)}t}\, \hat{V}_{AD}) \tag{4.3.19}$$

假设 $\hat{H}_D^{(N)}$ 和 $\hat{H}_A^{(N)}$ 可以分别分解成系统和环境的振动哈密顿量之和:

$$\begin{cases} \hat{H}_D^{(N)} = \hat{H}_N^{(D)}(q) + \hat{H}_B^{(D)} \\ \hat{H}_A^{(N)} = \hat{H}_N^{(A)}(q) + \hat{H}_B^{(A)} \end{cases} \tag{4.3.20}$$

其中, $\hat{H}_N^{(D)}(q)$ 和 $\hat{H}_N^{(A)}(q)$ 分别为沿反应坐标 q 在给体 (D) 和受体 (A) 电子态上的振动哈密顿量, 而 $\hat{H}_B^{(D)}$ 和 $\hat{H}_B^{(A)}$ 分别是给体和受体电子态上的环境(或热浴, bath)振动哈密顿量. $\hat{H}_N^{(D)}(q)$ 和 $\hat{H}_N^{(A)}(q)$ 可表示为

$$\begin{cases} \hat{H}_N^{(D)}(q) = \frac{1}{2}(\hat{p}^2 + U_D(q)) \\ \hat{H}_N^{(A)}(q) = \frac{1}{2}(\hat{p}^2 + U_A(q)) \end{cases} \tag{4.3.21}$$

这里, $U_D(q)$ 和 $U_A(q)$ 是势函数.

在谐振子近似下, 环境振动哈密顿量 $\hat{H}_B^{(D)}$ 和 $\hat{H}_B^{(A)}$ 可分别写成

$$\begin{cases} \hat{H}_B^{(D)} = \frac{1}{2}\sum_\xi \hat{p}_\xi^2 + \omega_\xi^2\left(q_\xi + \frac{g_\xi}{\omega_\xi^2}\right)^2 \\ \hat{H}_B^{(A)} = \frac{1}{2}\sum_\xi \hat{p}_\xi^2 + \omega_\xi^2\left(q_\xi - \frac{g_\xi}{\omega_\xi^2}\right)^2 \end{cases} \tag{4.3.22}$$

环境对转移电子的影响由其谱密度

$$J(\omega) = \frac{\pi}{2} \sum_{\xi} \frac{g_{\xi}^2}{\omega_{\xi}} (\delta(\omega - \omega_{\xi}) - \delta(\omega + \omega_{\xi})) \tag{4.3.23}$$

决定.

式(4.2.15)哈密顿量中,电子相互作用项一般是核坐标的函数.为方便讨论,这里假设 Franck-Condon 近似成立,即 $V_{DA}(R) = V_{DR}^{(0)}$ 与核坐标无关.

在此近似下,式(4.3.11)中关联函数 $C_{D \to A}(t)$ 成为

$$C_{D \to A}(t) = |V_{DR}^{(0)}|^2 e^{\frac{i}{\hbar} \Delta F^0 t} \mathrm{tr}(\hat{\rho}_D^{(\mathrm{eq})} e^{\frac{i}{\hbar} \hat{H}_D^{(N)} t} e^{-\frac{i}{\hbar} \hat{H}_A^{(N)} t}) \tag{4.3.24}$$

从而,式(4.3.14) $k_{D \to A}$ 可写为

$$k_{\mathrm{ET}} = \frac{|V_{DA}|^2}{\hbar^2} \int_{-\infty}^{\infty} \mathrm{d}t\, \widetilde{C}(t) \tag{4.3.25}$$

其中,关联函数 $\widetilde{C}(t)$ 为

$$\widetilde{C}(t) = e^{\frac{i}{\hbar} \Delta F^0 t} \mathrm{tr}(\hat{\rho}_D^{(\mathrm{eq})} e^{\frac{i}{\hbar} \hat{H}_D^{(N)} t} e^{-\frac{i}{\hbar} \hat{H}_A^{(N)} t}) \tag{4.3.26}$$

引入无量纲虚时 τ(Wick 转动):

$$\tau = i \frac{t}{\hbar \beta} \tag{4.3.27}$$

其中,$\beta = 1/(k_B T)$.

把式(4.3.27)代入式(4.3.26),实时关联函数 $\widetilde{C}(t)$ 变成虚时关联函数 $\widetilde{C}(\tau)$:

$$\widetilde{C}(\tau) = e^{\beta \Delta F^0 \tau} \mathrm{tr}(\hat{\rho}_{0D}^{(\mathrm{eq})} e^{\beta \hat{H}_D^{(N)} \tau} e^{-\beta \hat{H}_A^{(N)} \tau}) \tag{4.3.28}$$

把式(4.3.18)代入式(4.3.28),有

$$\widetilde{C}(\tau) = Q_D^{-1} e^{\beta \Delta F^0 \tau} \mathrm{tr}(e^{(\beta - 1)\hat{H}_D^{(N)} \tau} e^{-\beta \hat{H}_A^{(N)} \tau}) \tag{4.3.29}$$

这里,配分函数 Q_D 为

$$Q_D = \mathrm{tr}(\exp(-\beta \hat{H}_D^{(N)})) \tag{4.3.30}$$

$\widetilde{C}(\tau)$ 可以写成

$$\widetilde{C}(\tau) = e^{-\beta G(\tau)} \tag{4.3.31}$$

由此,可得自由能函数 $G(\tau)$ 为

$$G(\tau) = -\frac{1}{\beta} \ln(\widetilde{C}(\tau)) \tag{4.3.32}$$

利用坐标表象,把式(2.2.90)恒等算符 $\int_{-\infty}^{\infty}dq|q\rangle\langle q|=\hat{I}$ 插入式(4.3.29),采用路径积分表示,$\tilde{C}(\tau)$ 可以表示成

$$\tilde{C}(\tau) = Q_D^{-1}e^{\beta\Delta F^0\tau}\iint dqdq'f_D(q,q',\beta_D)f_A(q,q',\beta_A) \tag{4.3.33}$$

其中,$\beta_D=\beta(1-\tau)$,$\beta_A=\beta\tau$.式(4.3.33)中,函数 $f_D(q,q',\beta_D)$ 和 $f_A(q,q',\beta_A)$ 的路径积分表示分别为

$$f_m(q,q',\beta_m) = \langle q|e^{-\beta_m\hat{H}_m^{(N)}}|q'\rangle$$
$$= \int\mathcal{D}q(\tau)e^{-\frac{1}{\hbar}\int_0^\hbar\beta_m ds\hat{H}_m^{(N)}(s)}, \quad m=D,A \tag{4.3.34}$$

式(4.3.33)中,配分函数 Q_D 是 f_D 的对角矩阵元的积分:

$$Q_D = \int dqf_D(q,q',\beta_D) \tag{4.3.35}$$

式(4.3.34)和式(4.3.35)函数 $f_m(q,q',\beta_m)$ 和 Q_D 的表达式中哈密顿量 $\hat{H}_m^{(N)}$ 含有环境哈密顿量 $\hat{H}_B^{(m)}$.由于 $\hat{H}_B^{(m)}$ 和 $\hat{H}_N^{(m)}$ 是变量分离的,$\tilde{C}(\tau)$ 可以分解成环境部分 $\tilde{C}_B(\tau)$(对应反应坐标为 q_ξ)和电子转移反应系统部分 $\tilde{C}_q(\tau)$(对应反应坐标为 q)$\iint dq_\xi dq'_\xi\langle q_\xi|e^{-\beta_D\hat{H}_B^{(D)}}|q'_\xi\rangle\langle q'_\xi|e^{-\beta_A\hat{H}_B^{(A)}}|q_\xi\rangle$:

$$\tilde{C}(\tau) = e^{\beta\Delta F^0\tau}\tilde{C}_B(\tau)\tilde{C}_{DA}(\tau) \tag{4.3.36}$$

这样,由式(4.3.32),有

$$G(\tau) = -\Delta F^0\tau - \frac{1}{\beta}(\ln(\tilde{C}_B(\tau))+\ln(\tilde{C}_{DA}(\tau)))$$
$$= -\Delta F^0\tau + G_B(\tau) + G_{DA}(\tau) \tag{4.3.37}$$

其中

$$\tilde{C}_B(\tau) = \frac{\prod_\xi\iint dq_\xi dq'_\xi\langle q_\xi|e^{-\beta_D\hat{H}_B^{(D)}}|q'_\xi\rangle\langle q'_\xi|e^{-\beta_A\hat{H}_B^{(A)}}|q_\xi\rangle}{\prod_\xi\int dq_\xi\langle q_\xi|e^{-\beta\hat{H}_B^{(D)}}|q_\xi\rangle} = e^{-\frac{1}{\hbar}\Phi} \tag{4.3.38}$$

作谐振子近似,得

$$\begin{cases} \hat{H}_N^{(D)} = \dfrac{1}{2}(\hat{p}^2 + \omega_0^2(q + q_0)^2) \\ \\ \hat{H}_N^{(A)} = \dfrac{1}{2}(\hat{p}^2 + \omega_0^2(q - q_0)^2) \end{cases} \tag{4.3.39}$$

根据

$$\langle q | e^{-\beta \hat{H}_N^{(D)}} | q' \rangle \langle q' | e^{-\beta \hat{H}_N^{(A)}} | q \rangle$$

$$= \frac{\omega_0}{2\pi \hbar \sqrt{\sinh(u_0(1-\tau))\sinh(u_0\tau)}}$$

$$\cdot \exp(-a(q^2 + q'^2 - 2bqq' - 2dq_0(q + q') + 2dq_0^2)) \tag{4.3.40}$$

其中

$$u_0 = \hbar\beta\omega_0$$

$$a = \frac{\omega_0}{2\hbar} \frac{\sinh(u_0)}{\sinh(u_0(1-\tau))\sinh(u\tau)}$$

$$b = \frac{\cosh u_0\left(\dfrac{1}{2} - \tau\right)}{\cosh\left(\dfrac{u}{2}\right)}$$

$$d = \frac{\sinh(u_0(1-\tau))\cosh((u\tau) - 1)}{\sinh(u)} \tag{4.3.41}$$

以及式(4.3.22),有

$$\Phi = \frac{4}{\pi} \int d\omega \frac{J(\omega)}{\omega^2} \frac{\cosh\left(\dfrac{u}{2}\right) - \cosh\left(u\left(\dfrac{1}{2} - \tau\right)\right)}{\sinh(u/2)} \tag{4.3.42}$$

其中,$u = \hbar\beta\omega$. 从而,得到

$$G_B(\tau) = \frac{4}{\pi\beta\hbar} \int d\omega \frac{J(\omega)}{\omega^2} \frac{\cosh\left(\dfrac{u}{2}\right) - \cosh\left(u\left(\dfrac{1}{2} - \tau\right)\right)}{\sinh(u/2)} \tag{4.3.43}$$

式(4.3.38)中,$\widetilde{C}_q(\tau)$为

$$\widetilde{C}_q(\tau) = \prod \iint dq dq' \langle q | e^{-\beta_D \hat{H}_N^{(D)}} | q' \rangle \langle q' | e^{-\beta_A \hat{H}_N^{(A)}} | q \rangle \tag{4.3.44}$$

由式(4.3.39),可得

$$G_{DA}(\tau) = \frac{\lambda_{\text{in}}}{u_0} \frac{\cosh\left(\frac{u_0}{2}\right) - \cosh\left(u_0\left(\frac{1}{2} - \tau\right)\right)}{\sinh(u_0/2)} \tag{4.3.45}$$

这里，$u_0 = \hbar\beta\omega_0$，λ_{in} 为内壳层重组能：

$$\lambda_{\text{in}} = \frac{\omega_0^2}{2}(q_0^{(D)} - q_0^{(A)})^2 \tag{4.3.46}$$

这样

$$G(\tau) = -\Delta F^0 \tau + G_B(\tau) + G_{DA}(\tau)$$

$$= -\Delta F^0 \tau + \frac{4}{\pi\beta\hbar}\int d\omega \frac{J(\omega)}{\omega^2} \frac{\cosh\left(\frac{u}{2}\right) - \cosh\left(u\left(\frac{1}{2} - \tau\right)\right)}{\sinh(u/2)}$$

$$+ \frac{\lambda_{\text{in}}}{u_0} \frac{\cosh\left(\frac{u_0}{2}\right) - \cosh\left(u_0\left(\frac{1}{2} - \tau\right)\right)}{\sinh(u_0/2)} \tag{4.3.47}$$

4.3.2.2 Marcus 速率常数公式

在谐振子近似和 Franck-Condon 近似下，我们得到式(4.3.47)自由能 $G(\tau)$. 对 $G(\tau)$ 进行求导：

$$\frac{\mathrm{d}}{\mathrm{d}\tau}G(\tau)\bigg|_{\tau=\tau_s} = G'(\tau_s) = 0 \tag{4.3.48}$$

得到 $G(\tau)$ 平衡点 τ_s. 对 $G(\tau)$ 进行二阶求导，有

$$\frac{\mathrm{d}^2}{\mathrm{d}\tau^2}G(\tau)\bigg|_{\tau=\tau_s} = G''(\tau_s) < 0 \tag{4.3.49}$$

因此，$\tau = \tau_s$ 是 $G(\tau)$ 的一个鞍点. 在 τ_s 附近对 $G(\tau)$ 进行展开到二次项，有

$$G(\tau) = G(\tau_s) + \frac{1}{2}G''(\tau_s)(\tau - \tau_s)^2 \tag{4.3.50}$$

把虚时换回实时，$\tau = \mathrm{i}\dfrac{t}{\hbar\beta}$，并代入 $\widetilde{C}(\tau) = \mathrm{e}^{-\beta G(\tau)} = \mathrm{e}^{-\beta\left(G(\tau_s) + \frac{1}{2}G''(\tau_s)(\tau - \tau_s)^2\right)}$，则实时关联函数 $\widetilde{C}(t)$ 为

$$\widetilde{C}(t) = \mathrm{e}^{-\beta G(\tau_s) + \frac{1}{2\hbar^2\beta}G''(\tau_s)(t - t_s)^2} \tag{4.3.51}$$

把式(4.3.51)代入式(4.3.25)，有

量子生物学:生物系统物质和能量传递的量子理论

$$k_{ET} = \frac{|V_{DA}|^2}{\hbar} \sqrt{\frac{\pi\beta}{-\frac{1}{2}G''(\tau_s)}} e^{-\beta G(\tau_s)} \qquad (4.3.52)$$

由 $G'(\tau_s) = 0$，可得方程

$$-\Delta F^0 + \frac{4}{\pi}\int d\omega \frac{J(\omega)}{\omega}\frac{\sinh\left(u\left(\frac{1}{2}-\tau\right)\right)}{\sinh\left(\frac{u}{2}\right)} + \lambda_{in}\frac{\sinh\left(u_0\left(\frac{1}{2}-\tau\right)\right)}{\sinh\left(\frac{u_0}{2}\right)} = 0 \quad (4.3.53)$$

一般而言，求解方程(4.3.53)比较复杂，需要通过计算机求解. 然而，在一些特殊情况下，可以得到解析解. 比如，在高温近似下，有 $u \to 0$ 和 $u_0 \to 0$. 在此极限下，由式(4.3.47)，有

$$G(\tau) = -\lambda\tau^2 + (\lambda - \Delta F^0)\tau$$
$$= -\lambda\left(\tau - \frac{\lambda - \Delta F^0}{2\lambda}\right)^2 + \frac{(\lambda - \Delta F^0)^2}{4\lambda} \qquad (4.3.54)$$

其中，λ 为重组能，为内壳层重组能 λ_{in} 和外壳层重组能 λ_{out} 之和：

$$\lambda = \lambda_{in} + \lambda_{out} \qquad (4.3.55)$$

其中

$$\begin{cases} \lambda_{in} = \frac{\omega_0^2}{2}(q_D^{(0)} - q_A^{(0)})^2 \\ \lambda_{out} = \frac{4}{\pi}\int d\omega \frac{J(\omega)}{\omega} \end{cases} \qquad (4.3.56)$$

由式(4.3.54)，有

$$G'(\tau) = \lambda - \Delta F^0 - 2\lambda\tau = 0 \qquad (4.3.57)$$

这样，得到

$$\tau_s = \frac{\lambda - \Delta F^0}{2\lambda} \qquad (4.3.58)$$

因此，有

$$G(\tau_s) = \frac{(\lambda - \Delta F^0)^2}{4\lambda} \qquad (4.3.59)$$

由式(4.3.54)，容易得到

$$G''(\tau_s) = -2\lambda \tag{4.3.60}$$

从而,得到

$$k_{\text{ET}} = \sqrt{\frac{\pi\beta}{\hbar^2\lambda}} \mid V_{DA} \mid^2 e^{-\frac{\beta(\lambda - \Delta F^0)^2}{4\lambda}} \tag{4.3.61}$$

式(4.3.61)即为经典的 Marcus 电子转移反应速率常数公式.

式(4.3.61)的反应速率常也可以从经典的过渡态理论角度去理解.虚时 τ 可以理解成反应坐标,$\tau = \tau_s$ 为自由能面 $G(\tau)$ 的过渡态,$G(\tau_s) = \dfrac{(\lambda - \Delta F^0)^2}{4\lambda}$ 为其活化能.

应用路径积分方法不仅可以在高温近似以及 Franck-Condon 和谐振子近似下,得到电子转移反应的经典的 Marcus 速率公式,还可以把计算方法延展到非谐振、非 Condon 效应和更一般温度的情形中去.在这些情况下,很难得到速率公式的解析表达式,需要结合计算机进行数值计算.在本书中,我们不作具体详细的讨论,有兴趣的读者可参考文献 (Liao,Voth,2002).

Marcus 电子转移反应速率公式(4.3.61)的一个主要优点是仅用三个重要参数,即耦合矩阵元 V_{DA}(也称为量子隧穿矩阵元)、驱动力 ΔF^0 和重组能 λ 就可以描述复杂的振动耦合如何影响电子跃迁.特别是,引入重组能极大简化对自由度数目庞大的生物分子内和分子间(还包括溶剂)复杂相互作用的动力学行为的描述,并有效地归结为重组能一个参量.我们下面讨论在给定其他两个参数的情况下,电子传递速率 k_{DA} 与驱动力的变化关系,从而进一步对电子转移反应进行如图 4.5 所示分类.

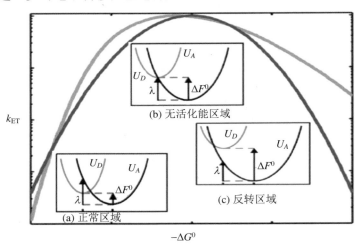

图 4.5 电子传递速率常数与反应自由能之间关系示意图

4.4 给体-桥体-受体系统的电子转移

4.4.1 DBA 系统哈密顿量以及电子传递机制

生物系统的电子传递往往是长程的,从给体到受体的距离可以超过 20 Å,在细胞外电子传递距离甚至可以达到微米量级.在这些情形下,电子从给体 D 传递到受体 A,需要经过中间体.如 4.1 节所介绍,这些中间体被称为桥体(bridge unit).生物给体 D、桥体 B 和受体 A 组成的电子转移系统,被简称作 DBA 系统或 DBA 复合物.设 DBA 系统有 N_B+2 个单体,并按次序记为 $m=0,1,2,\cdots,N_B,N_B+1$.其中,$m=0,N_B+1$ 分别用于描述给体 D 和受体 A,而 $m=1,2,\cdots,N_B$ 对应于 N_B 个桥体 B.如果 $N_B=0$,则电子转移系统只有给体和受体,即 DA 系统或 DA 复合物.

与 DA 系统相似,DBA 系统的电子哈密顿量 $\hat{H}_{\text{el}}^{(DBA)}$ 可以表示为

$$\hat{H}_{\text{el}}^{(DBA)} = \sum_{m=0}^{N} E_m |m\rangle\langle m| + \sum_{m\neq n} V_{mn} |m\rangle\langle n| \tag{4.4.1}$$

其中,$N=N_B+1$,$|m\rangle=|\varphi_m\rangle$ 和 E_m 分别是单体 m 的电子哈密顿量的本征波函数和本征能量,$|m\rangle$ 为非绝热电子态表象的基函数,E_m 也称为位点能.

DBA 系统总的哈密顿量用非绝热电子态表象可表示为

$$\hat{H}_{DBA} = \sum_{m=0}^{N} \hat{H}_m^{(\text{nuc})} |m\rangle\langle m| + \sum_{m\neq n} \hat{V}_{mn}(R) |m\rangle\langle n| \tag{4.4.2}$$

这里,单体 m 的核哈密顿量 $\hat{H}_m^{(\text{nuc})}=\hat{T}_{\text{nuc}}+U_m(R)$.在电子-振动态表象以及电子-谐振子表象下的 $\hat{H}_{DBA}$ 分别与 DA 系统对应的哈密顿量在形式上相同.

DBA 系统的电子转移主要有两种不同机制.一种是跳跃传递(hopping transfer)机制,也称为按序传递(sequential transfer)机制.在跳跃传递机制中,电子从一个桥体按次序跳跃到另一个桥体,从而实现从给体 D 到受体 A 的传递.桥体 B 的能量与给体 D 和受体 A 相近,因而属于共振但非相干的传递(有时需要振动帮助,如图 4.6 所示).

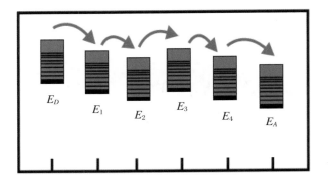

图 4.6　电子转移跳跃传递机制(也称为按序传递)示意图

　　而另一种机制是超交换传递(superexchange, SE). 在该传递机制中, 桥体的能量与给体 D 和受体 A 差距很大, 电子从给体 D 传递给桥体 B 需要通过电子波函数的非局域性, 隧穿通过桥体, 相干传递到受体 A (如图 4.7 所示, 见 4.4.3 小节讨论). 因此, 超级交换传递是量子相干但非共振的, 其转移反应速率 k_{ET} 随连接给体和受体的整个桥体长度 R 衰减:

$$k_{ET}^{SE} = k_0 \exp(-\alpha R) \qquad (4.4.3)$$

其中, k_0 是没有桥体时(即 DA 系统)的电子转移速率; α 是衰减常数, 与桥体的结构等性质密切相关. 比如, 通过真空传递, $\alpha \sim 2 \text{ Å}^{-1}$; 而对高度共轭的有机桥体, $\alpha \sim 0.2 \sim 0.6 \text{ Å}^{-1}$. 其他许多桥体, 像色素分子、蛋白质氨基酸、DNA 碱基等, 它们的 α 值往往在这两者之间.

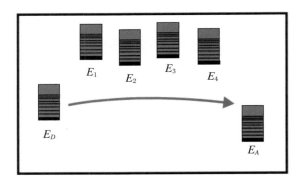

图 4.7　电子转移超级交换传递示意图

　　在电子转移过程中, 这两种机制并不是非此即彼的. 相反, 两者都会对同一个生物电子转移有贡献. 主要看桥体 B 与给体 D 和受体 A 的相对能量. 如果桥体 B 的能量远高于给体 D 和受体 A,则电子传递是相干的(超交换);否则,电子转移主要通过非相干跳跃. 下面我们对这两种机制分别进行讨论.

4.4.2 跳跃电子传递

考虑如下一个电荷分离的化学动力学模型:

$$DBA \rightarrow D^+ B^- A \rightarrow D^+ BA^- \qquad (4.4.4)$$

DBA 系统最初处于中性状态,随着电子从给体 D 转移到桥体 B,形成 $D^+ B^- A$ 中间体,也就是说,$D^+ B^- A$ 中间体是存在的. 最后,电子由中间体 B 转移至 A,达到电荷分离状态 $D^+ BA^-$. 如果存在多个桥体,转移电子一步一步地从一个桥体非相干跳跃到另一个桥体,最终转移到受体态上. 而对于超交换传递,由于是一步量子隧穿完成电子传递,因此,中间体 $D^+ B^- A$ 是不存在的(4.4.3 小节讨论).

跳跃电子跃迁速率对距离的依赖关系与超交换机制不同,以所有桥体都相同(单一桥体)的体系为例,设整个线性桥体位点所占据长度为 R,两个相邻桥体位点的距离都为 a,则 $N = R/a$ 代表相邻位点对的数目,电子转移速率与 N 之间有如下关系:

$$k_{ET}^{hop} \propto \left(\frac{R}{a} \right)^{\eta} = (N)^{\eta} \qquad (4.4.5)$$

其中,η 为常数,介于 1(对应于不可逆跳跃)和 2(对应于无偏跳跃)之间.

跳跃电子转移的每一步都可以看作双向基元反应(如图 4.6 所示),比如,电子在给体 $D(m=0)$ 和桥体 $B(m=1)$ 之间跳跃,从给体 D 跳跃到桥体 $B(m=1)$ 为正向反应,其反应速率为 $k_{0,1}$;而从桥体 $B(m=1)$ 跳跃到给体 D 为逆向反应,其速率为 $k_{1,0}$. 这样,可以建立动力学方程

$$\begin{cases} \dfrac{\mathrm{d}P_0}{\mathrm{d}t} = -k_{0,1}P_0 + k_{1,0}P_1 \\[2mm] \dfrac{\mathrm{d}P_m}{\mathrm{d}t} = -(k_{m,m+1} + k_{m,m-1})P_m + k_{m-1,m}P_{m-1} + k_{m+1,m}P_{m+1}, \quad m = 1, \cdots, N_B \\[2mm] \dfrac{\mathrm{d}P_{N_B+1}}{\mathrm{d}t} = -k_{N_B+1,N_B}P_{N_B+1} + k_{N_B,N_B+1}P_{N_B} \end{cases}$$

$$(4.4.6)$$

其中,速率常数可以按前面讨论的方法进行计算.比如,为了计算 $k_{m,m+1}$ 可以把单体 m 和单体 $m+1$ 看成给体 D 和受体 A,用前面讨论的 DA 系统电子转移速率理论方法进行计算.

假设给体 D 是恒定的电子源,即在转移电子过程中,给体态的占居概率 P_0 为常数 $P_0 = p_0$.而受体 A 被处理成反应槽(reaction sink),通过移去电子,使得 $P_{N_B+1} = P_A = 0$.再应用稳态近似,有

$$\begin{cases} (k_{1,0} + k_{1,2})P_1 - k_{2,1}P_2 - k_{0,1}P_0 = 0 \\ k_{m-1,m}P_{m-1} + k_{m+1,m}P_{m+1} - (k_{m,m+1} + k_{m,m-1})P_m = 0 \\ (k_{N_B,N_B+1} + k_{N_B,N_B-1})P_{N_B} - k_{N_B-1,N_B}P_{N_B-1} - k_{N_B+1,N_B}P_{N_B+1} = 0 \end{cases} \quad (4.4.7)$$

4.4.3 超交换电子传递

4.4.3.1 弱相互作用下的超交换电子传递

我们从简单的三位点 DB_1A 系统开始讨论,这里 B_1 代表只有一个桥体.由于 B_1 的能量 E_1 高于给体的能量 E_D,而且差距较大,不满足共振跃迁的费米黄金定则.相互作用矩阵元 V_{DB_1} 和 V_{B_1A} 把桥体与给体 D 和受体 A 耦合在一起,导致电子从给体 D 传递到受体 A.

考虑给体 D 和 B_1 组成的片段(fragment),给体 D 的波函数在 V_{DB_1} 的作用下发生了非局域扩展到 B_1 的区域.DB_1 片段的哈密顿量为

$$\hat{H}_{DB_1} = \hat{H}_0 + \hat{V} \quad (4.4.8)$$

其中,零级哈密顿量 $\hat{H}_0 = E_D|D\rangle\langle D| + E_1|B_1\rangle\langle B_1|$,相互作用项 $\hat{V} = V_{B_1D}|B_1\rangle\langle D| + V_{DB_1}|D\rangle\langle B_1|$.把 $\hat{V}$ 看作微扰,$\hat{H}_{DB_1}$ 的本征波函数 $|DB_1\rangle$ 是 $|D\rangle$ 和 $|B_1\rangle$ 的线性组合:

$$|DB_1\rangle = |D\rangle + c_1|B_1\rangle \quad (4.4.9)$$

把 $\hat{V}$ 看作微扰(亦即 $|V_{DB_1}|^2 \ll (E_1 - E_D)^2$),对 $\hat{H}_{DB_1}$ 对角化,可以计算得出微扰后的基态波函数为

$$|DB_1\rangle = |D\rangle + \frac{V_{DB_1}}{E_D - E_1}|B_1\rangle \quad (4.4.10)$$

其中，$V_{DB_1} = \langle D | \hat{V} | B_1 \rangle$，注意式(4.4.10)波函数 $|DB_1\rangle$ 还没有归一化.

DB_1A 系统哈密顿量 $\hat{H}_{DB_1A}$ 为

$$\hat{H}_{DB_1A} = E_D |D\rangle\langle D| + E_1 |B_1\rangle\langle B_1| + E_A |A\rangle\langle A| + V_{DB_1} |D\rangle\langle B_1|$$
$$+ V_{B_1D} |B_1\rangle\langle D| + V_{AB_1} |A\rangle\langle B_1| + V_{B_1A} |B_1\rangle\langle A| \tag{4.4.11}$$

可约化成新的给体 D_1 和受体 A 组成的两位点(态)系统,其有效哈密顿量 $\hat{H}_{DA}^{(1)}$ 满足

$$\hat{H}_{DB_1A} \cong \hat{H}_{DA}^{(1)} = \hat{H}_{D_1A}^0 + \hat{V}_{B_1A} + \hat{V}_{AB_1} \tag{4.4.12}$$

其中

$$\hat{H}_{D_1A}^0 = E_{D_1} |D_1\rangle\langle D_1| + E_A |A\rangle\langle A| \tag{4.4.13}$$

这里

$$|D_1\rangle = |DB_1\rangle, \quad E_{D_1} = E_D - \frac{|V_{DB_1}|^2}{(E_D - E_1)^2} \cong E_D \tag{4.4.14}$$

式(4.4.12)中

$$\hat{V}_{B_1A} = V_{B_1A} |B_1\rangle\langle A|, \quad \hat{V}_{AB_1} = V_{AB_1} |A\rangle\langle B_1| \tag{4.4.15}$$

这样,可得到新的有效 D_1A 系统的哈密顿量

$$\hat{H}_{DA}^{(1)} = E_D |D_1\rangle\langle D_1| + E_A |A\rangle\langle A| + V_{DA}^{(1)} |D_1\rangle\langle A| + V_{AD}^{(1)} |A\rangle\langle D_1| \tag{4.4.16}$$

D_1 和 A 之间有效作用势 $V_{DA}^{(1)}$ 为

$$V_{DA}^{(1)} = \langle D_1 | \hat{V}_{B_1A} | A \rangle = \left(\langle D| + \frac{V_{DB_1}}{E_D - E_1} \langle B_1| \right) \hat{V}_{B_1A} |A\rangle$$
$$= \frac{V_{DB_1} V_{B_1A}}{E_D - E_1} \tag{4.4.17}$$

考虑到核坐标,单个桥体 DB_1A 系统有效哈密顿量可写为

$$\hat{H}_{DA}^{(1)} = H_D^{(\mathrm{nuc})}(R) |D_1\rangle\langle D_1| + H_A^{(\mathrm{nuc})}(R) |A\rangle\langle A|$$
$$+ V_{DA}^{(1)}(R) |D_1\rangle\langle A| + V_{AD}^{(1)}(R) |A\rangle\langle D_1| \tag{4.4.18}$$

把 $H_D^{(\mathrm{nuc})}, H_A^{(\mathrm{nuc})}$ 以及相互作用项代入式(4.3.12)和式(4.3.13),就可以应用上面讨论的方法求出 DB_1A 系统超交换电子转移速率.在此,我们不作详细讨论.有意思的是,在单

体之间耦合比较小的超交换电子转移机制中,桥体主要影响给体和受体之间的耦合,而对其电子-振动能级结构没有影响,亦即对电子传递驱动力和重组化能没有影响. 这个结论对存在多个 DBA 系统也成立.

假设有两个桥体 DB_1B_2A,根据上述方法,"吸收" B_1 后成为 D_1B_2A 系统. 其哈密顿量可写成与式(4.4.11)相似的如下形式:

$$
\begin{aligned}
\hat{H}_{D_1B_2A} = & E_D|D_1\rangle\langle D_1| + E_2|B_2\rangle\langle B_2| + E_A|A\rangle\langle A| \\
& + V_{D_1,B_2}^{(1)}|D_1\rangle\langle B_2| + V_{B_2,D_1}^{(1)}|B_2\rangle\langle D_1| + V_{AB_2}|A\rangle\langle B_2| \\
& + V_{B_2A}|B_2\rangle\langle A|
\end{aligned}
\tag{4.4.19}
$$

然后, D_1B_2A 三体系统再约化成 D_2A 二体系统,从而得到形式上与式(4.4.15)相同的有效 D_2A 系统的哈密顿量

$$
\hat{H}_{DA}^{(2)} = E_D|D_2\rangle\langle D_2| + E_A|A\rangle\langle A| + V_{DA}^{(2)}|D_2\rangle\langle A| + V_{AD}^{(2)}|A\rangle\langle D_2|
\tag{4.4.20}
$$

其中,有效作用势

$$
V_{DA}^{(2)} = \frac{V_{DA}^{(1)}V_{B_1,B_2}}{E_D - E_2} = \frac{V_{D,B_1}}{E_D - E_1}\frac{V_{B_1,B_2}}{E_D - E_2}V_{B_2,A}
\tag{4.4.21}
$$

这样,重复同样的步骤,我们可以把桥体吸收进给体,比如吸收到第 N_B 个桥体后,有效二位点 $D_{NB}A$ 哈密顿量为

$$
\begin{aligned}
\hat{H}_{D_{NB},A} = \hat{H}_{DA}^{(\text{eff})} = & E_D|D_{NB}\rangle\langle D_{NB}| + E_A|A\rangle\langle A| \\
& + V_{DA}^{(\text{eff})}|D_{NB}\rangle\langle A| + V_{AD}^{(\text{eff})}|D_{NB}\rangle\langle A|
\end{aligned}
\tag{4.4.22}
$$

有效相互作用矩阵元

$$
V_{DA}^{(\text{eff})} = \frac{V_{D_{NB-1},B_{NB}}}{E_D - E_{NB}}V_{NB,A} = \frac{V_{D,B_1}}{E_D - E_1}\frac{V_{B_1,B_2}}{E_D - E_2}\cdots\frac{V_{NB-1,NB}}{E_D - E_{NB}}V_{NB,A}
\tag{4.4.23}
$$

假设所有的桥体及其相互作用矩阵元都是等同的,即 $\dfrac{V_{B_1,B_2}}{E_D - E_2} = \cdots = \dfrac{V_{NB-1,NB}}{E_D - E_{NB}} = \eta$,则

$$
V_{DA}^{(\text{eff})} = \frac{V_{D,B_1}}{E_D - E_1}\eta^{N_B}V_{NB,A}
\tag{4.4.24}
$$

设 DA 距离 $d = d_0 + na$, a 是单个桥体长度,则 $n = \dfrac{1}{a}(d - d_0)$,代入式(4.4.24),有

$$V_{DA}^{(\mathrm{eff})} \propto \exp\left(d\, \frac{\ln \eta}{a} \right) \tag{4.4.25}$$

由于 $0 < \eta < 1$，从式(4.4.25)可知，$V_{DA}^{(\mathrm{eff})}$ 随 DA 距离 d 指数衰减.

考虑核运动哈密顿量，我们有与式(4.4.18)相似的哈密顿量表达式.

4.4.3.2 强桥间相互作用下的超交换电子传递

我们仍然假设桥体($m = 1, \cdots, N_B$)的能级(E_m)比给体 D 以及受体 A 的能级 E_D 和 E_A 高出很多，桥体与给体和受体的相互作用 $|V_{Xm}|$($X = D, A$)很小.具体说来，$|V_{Xm}| \ll |E_D - E_B|$.然而，桥体之间的相互作用 V_{mn} 比较大，不能当作微扰项来处理.这时，我们需要用非局域(delocalized)的绝热(adiabatic)电子态来表示桥体的哈密顿量 $\hat{H}_{\mathrm{el}}^{(B)}$.而在非绝热(nonadiabatic)局域(localized)的电子态表象中(式(4.4.1))

$$\hat{H}_{\mathrm{ele}}^{(B)} = \sum_{m=1}^{N_B} E_m |m\rangle\langle m| + \sum_{m \neq n = 1}^{N_B} V_{mn} |m\rangle\langle n| \tag{4.4.26}$$

其中，$|m\rangle$ 和 E_m 分别是桥体或位点($m = 1, \cdots, N_B$)的电子哈密顿量的本征态和能量本征值，V_{mn} 是桥体 m 和 n 之间的相互作用项.

绝热电子态波函数是非绝热电子态波函数的线性组合：

$$|a\rangle = \sum_{m=1}^{N_B} c_a(m) |m\rangle \tag{4.4.27}$$

用基矢集 $\{|a\rangle\}$ 来对角化哈密顿量 $\hat{H}_{\mathrm{ele}}^{(B)}$，可以得到

$$\hat{H}_{\mathrm{ele}}^{(B)} = \sum_a E_a |a\rangle\langle a| \tag{4.4.28}$$

桥体和给体 D 以及受体 A 之间的相互作用为

$$V_{Xa} = \sum_m c_a(m) V_{Xm}, \quad X = D, A \tag{4.4.29}$$

从而，式(4.4.1)DBA 系统电子哈密顿量 $\hat{H}_{\mathrm{ele}}^{(DBA)}$ 可写成

$$\hat{H}_{\mathrm{ele}}^{(DBA)} = \sum_{X = D, A} \left(\hat{H}_X |X\rangle\langle X| + \sum_a (V_{Xa} |X\rangle\langle a| + V_{aX} |a\rangle\langle X|) \right) + \hat{H}_{\mathrm{ele}}^{(B)} \tag{4.4.30}$$

因此，我们得到强桥间耦合的超交换的电子传递物理图像(如图 4.8 所示).在这个图像中，整个桥体形成一组相互独立的绝热电子态，其能级由高往低朝下排列(其最低能级仍然高于给体和受体的能级).电子通过给体 D 分别与这些电子态的相互作用独立地传递

至受体 A. 这时,每个绝热桥体电子态 $|a\rangle$ 都可以独立于其他桥体电子态存在. 因此,DBA 系统电子哈密顿量 $\hat{H}_{\mathrm{ele}}^{(DBA)}$ 可以约化成 DA 二能级系统:

$$\hat{H}_{DA}^{(\mathrm{eff})} = E_D|D\rangle\langle D| + E_A|A\rangle\langle A| + V_{DA}^{(\mathrm{eff})}|D\rangle\langle A| + V_{AD}^{(\mathrm{eff})}|D\rangle\langle A| \quad (4.4.31)$$

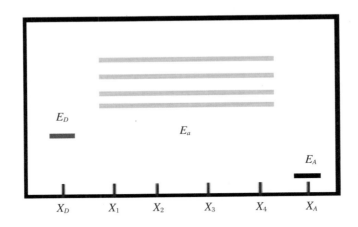

图 4.8 电子传递强桥间耦合超交换机制示意图

其有效耦合项为

$$V_{DA}^{(\mathrm{eff})} = \sum_a \frac{V_{Da}V_{aA}}{E_D - E_a} \quad (4.4.32)$$

考虑到桥体之间作用较强,能量最低的绝热电子态 E_1 与次低电子态 E_2 之间间隔会较大,E_1 态与给体 D 和受体 A 之间的相互作用对电子转移贡献最大. 忽略其他电子态的贡献,约化 DA 系统的有效耦合作用

$$V_{DA}^{(\mathrm{eff})} \cong \frac{V_{D1}V_{1A}}{E_D - E_1} \quad (4.4.33)$$

由上面的讨论可知,DBA 系统的电子转移一般可以约化成 DA 系统的电子转移基元反应步骤进行分析. 因此,DA 系统电子转移反应速率是生物电子转移反应的核心问题. 下面我们进一步讨论在电子-谐振子表象中的电子转移反应速率 k_{ET} 公式. 其优点在于能够给出包括高温和低温极限的全温度区间的 k_{ET} 的解析式.

4.5 电子转移反应速率与温度的依赖关系：从泊松分布到高斯分布

4.5.1 电子-谐振子表象的速率常数表示

生物系统中的电子非绝热转移反应可理解为给体(反应物)电子-振动(vibronic)态(简称为电振态)$|DM\rangle = |D\rangle|\chi_{DM}\rangle$和受体(产物)电子-振动态$|AN\rangle = |A\rangle|\chi_{AN}\rangle$之间的非辐射衰减. 这里, $|D\rangle = |\varphi_D\rangle$和$|A\rangle = |\varphi_A\rangle$分别为给体(反应物)电子态和受体(产物)电子态(式(4.2.19)), 而$|\chi_{DM}\rangle$和$|\chi_{AN}\rangle$是各自的振动波函数. 比如, 对电荷分离反应

$$DA \rightarrow D^+ A^- \tag{4.5.1}$$

$|DM\rangle$和$|AN\rangle$分别代表反应物DA和产物D^+A^-的电子-振动态.

在电子-振动表象中, 电子从给体(反应物)态到受体(产物)态的转移速率常数k_{ET}为

$$k_{ET} = \frac{2\pi}{\hbar} \sum_{M,N} |V_{DM,AN}|^2 f_{DM} \delta(E_{DM} - E_{AN}) \tag{4.5.2}$$

其中, $V_{DM,AN}$是给体(反应物)电子-振动态($|DM\rangle$)与受体(产物)电子-振动态($|AN\rangle$)的相互作用矩阵元, f_{DM}是初始状态(假设初始状态分布在给体态上)的热力学分布(玻尔兹曼分布)(如图4.9所示).

假设 Franck-Condon 近似成立, 式(4.5.2)中相互作用矩阵元 $V_{DM,AN}$ 不依赖于核坐标:

$$V_{DM,AN} = V_{DA}\langle \chi_{DM}|\chi_{AN}\rangle \tag{4.5.3}$$

从而k_{ET}可写为

$$k_{ET} = \frac{2\pi}{\hbar} |V_{DA}|^2 \sum_{M,N} f_{DM} |\langle \chi_{DM}|\chi_{AN}\rangle|^2 \delta(E_{DM} - E_{AN}) \tag{4.5.4}$$

在谐振子近似下, $|\chi_{DM}\rangle$和$|\chi_{AN}\rangle$是谐振子哈密顿量

$$\hat{H}_m^{(\text{nuc})} = E_m^{(0)} + \sum_{\xi} \left(\frac{\hat{p}_{\xi}^2}{2} + \frac{\omega_{\xi}^2}{2} (q_{\xi} - q_{m\xi}^{(0)})^2 \right) \qquad (4.5.5)$$

的本征函数. 它们是 $q_{\xi} - q_{m\xi}^{(0)}$ 的函数, 即 $|\chi_{DM}\rangle = |\chi_{DM}(q_{\xi} - q_{m\xi}^{(0)})\rangle$, $|\chi_{AN}\rangle =$ $|\chi_{AN}(q_{\xi} - q_{m\xi}^{(0)})\rangle$. 与式(3.2.71)中标准的谐振子哈密顿量(其本征函数分别为 $\chi_{DM}(q_{\xi})$ 和 $\chi_{AN}(q_{\xi})$)相比, 式(4.5.5)中的简谐势函数的简正坐标 q_{ξ} 有一个位移 $q_{m\xi}^{(0)}$. 为了下面讨论方便, 我们仍然记发生位移的谐振子波函数为 $|\chi_{DM}\rangle$ 和 $|\chi_{AN}\rangle$, 而标准谐振子的本征波函数分别记为 $\chi_{DM}(q_{\xi}) = |M_{\xi}\rangle$ 和 $|\chi_{AN}(q_{\xi})\rangle = |N_{\xi}\rangle$. 另外, 在式(4.5.5)中, 对于单分子电子转移反应, 假设 $\omega_{D,\xi} = \omega_{A,\xi} = \omega_{\xi}$.

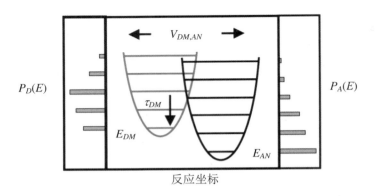

图4.9　给体-受体电子-振动态耦合作用示意图

为了计算式(4.5.4)中 Franck-Condon 因子 $\langle \chi_{DM} | \chi_{AN} \rangle$, 我们将引入位移算符 $\hat{D}^{\dagger}(b)$, 并把 $\hat{D}^{\dagger}(b)$ 作用到标准谐振子本征函数 $|M_{\xi}\rangle$, 使其简正坐标发生位移成为 $|\chi_{DM}\rangle = \chi_{DM}(q_{\xi} - q_{m\xi}^{(0)})$.

采用式(3.2.76)产生算符 $\hat{a}_{\xi}^{\dagger}$ 和湮灭算符 $\hat{a}_{\xi}$:

$$\hat{q}_{\xi} = \sqrt{\frac{\hbar}{2\omega_{\xi}}} (\hat{a}_{\xi} + \hat{a}_{\xi}^{\dagger}), \quad \hat{p}_{\xi} = -\mathrm{i} \sqrt{\frac{\hbar \omega_{\xi}}{2}} (\hat{a}_{\xi} - \hat{a}_{\xi}^{\dagger}) \qquad (4.5.6)$$

式(4.5.5)可以表示成

$$\hat{H}_m^{(\text{nuc})} = E_m^{(0)} + \sum_{\xi} \hbar \omega_{\xi} \left(\hat{a}_{\xi}^{\dagger} \hat{a}_{\xi} + \frac{1}{2} \right)$$
$$+ \sum_{\xi} \hbar \omega_{\xi} (g_m(\xi)(\hat{a}_{\xi}^{\dagger} + \hat{a}_{\xi}) + g_m^2(\xi)) \qquad (4.5.7)$$

其中

$$g_m(\xi) = -\sqrt{\frac{\omega_\xi}{2\hbar}} q_{m\xi}^{(0)} \tag{4.5.8}$$

由于

$$|\chi_{DM}\rangle = \sum_{n=0}^{\infty} \frac{(-q_{m\xi}^{(0)})^n}{n!} \frac{\mathrm{d}^n}{\mathrm{d}q_\xi^n} |M_\xi\rangle = \exp\left(-\frac{\mathrm{i}}{\hbar} q_{m\xi}^{(0)} \hat{p}_\xi\right)|M_\xi\rangle \tag{4.5.9}$$

这里,$\hat{p}_\xi = -\mathrm{i}\hbar\dfrac{\mathrm{d}}{\mathrm{d}q_\xi}$. 由 $\hat{p}_\xi = -\mathrm{i}\sqrt{\dfrac{\hbar\omega_\xi}{2}}(\hat{a}_\xi - \hat{a}_\xi^\dagger)$,式(4.5.9)的指数函数中

$$-\frac{\mathrm{i}}{\hbar} q_{m\xi}^{(0)} \hat{p}_\xi = g_m(\xi)(\hat{a}_\xi - \hat{a}_\xi^\dagger) \tag{4.5.10}$$

故有

$$|\chi_{DM}\rangle = \exp(g_m(\xi)(\hat{a}_\xi - \hat{a}_\xi^\dagger))|M_\xi\rangle \tag{4.5.11}$$

由式(4.5.11),定义位移算符 $\hat{D}^\dagger(g_m(\xi)) \equiv \hat{D}^\dagger(g_m)$:

$$\hat{D}^\dagger(g_m) = \exp(g_m(\hat{a}_\xi - \hat{a}_\xi^\dagger)) \tag{4.5.12}$$

式(4.5.11)可写成

$$\hat{D}^\dagger(g_m)|M_\xi\rangle = |\chi_{DM}\rangle \tag{4.5.13}$$

$\hat{D}^\dagger(g_m)$是幺正算符,亦即

$$(\hat{D}^\dagger(g_m))^{-1} = \hat{D}^\dagger(-g_m) = \hat{D}(g_m) \tag{4.5.14}$$

并有如下关系:

$$\begin{cases} \hat{D}^\dagger(g_m)\hat{a}_\xi^\dagger \hat{D}(g_m) = \hat{a}_\xi^\dagger + g_m \\ \hat{D}^\dagger(g_m)\hat{a}_\xi \hat{D}(g_m) = \hat{a}_\xi + g_m \end{cases} \tag{4.5.15}$$

这样,式(4.5.7)$\hat{H}_m^{(\mathrm{nuc})}$ 可以重新写成

$$\hat{H}_m^{(\mathrm{nuc})} = E_m^{(0)} + \sum_\xi \hbar\omega_\xi \left(\hat{D}^\dagger(g_m)\hat{a}_i^\dagger \hat{a}_i \hat{D}(g_m) + \frac{1}{2}\right) \tag{4.5.16}$$

式(4.5.4)中 Franck-Condon 因子可写为

$$\langle \chi_{DM} | \chi_{AN} \rangle = \prod_{\xi} \langle M_{\xi} | \hat{D}(g_D) \hat{D}^{\dagger}(g_A) | N_{\xi} \rangle \tag{4.5.17}$$

由定义

$$\hat{D}(g_D) \hat{D}^{\dagger}(g_A) = e^{-g_D(\hat{a}_{\xi} - \hat{a}_{\xi}^{\dagger})} e^{g_A(\hat{a}_{\xi} - \hat{a}_{\xi}^{\dagger})} = e^{-(g_D - g_A)(\hat{a}_{\xi} - \hat{a}_{\xi}^{\dagger})} \tag{4.5.18a}$$

令

$$\begin{cases} \hat{A} = \hat{a}_{\xi}^{\dagger}, \quad \hat{B} = \hat{a}_{\xi} \\ b = g_D(\xi) - g_A(\xi) \end{cases} \tag{4.5.18b}$$

由

$$e^{b(\hat{A} + \hat{B})} = e^{b\hat{A}} e^{b\hat{B}} e^{-\frac{b^2}{2}[\hat{A}, \hat{B}]} \tag{4.5.19}$$

可得

$$\hat{D}(g_D) \hat{D}^{\dagger}(g_A) = e^{b\hat{a}_{\xi}^{\dagger}} e^{-b\hat{a}_{\xi}} e^{-b^2/2} \tag{4.5.20}$$

把式(4.5.20)代入式(4.5.17),得

$$\langle \chi_{DM} | \chi_{AN} \rangle = \prod_{\xi} e^{-b^2/2} \langle M_{\xi} | e^{b\hat{a}_{\xi}^{\dagger}} e^{-b\hat{a}_{\xi}} | N_{\xi} \rangle \tag{4.5.21}$$

由

$$e^{-b\hat{a}_{\xi}} | N \rangle = \sum_{n=0}^{N} \frac{(-b)^n}{n!} \hat{a}_{\xi}^n | N_{\xi} \rangle = \sum_{n=0}^{N} \frac{(-b)^n}{n!} \sqrt{\frac{N_{\xi}!}{(N_{\xi} - 1)!}} | N_{\xi} - n \rangle \tag{4.5.22}$$

式(4.5.21)可写成

$$\langle \chi_{DM} | \chi_{AN} \rangle = \prod_{\xi} \langle M_{\xi} | \hat{D}(g_D) \hat{D}^{\dagger}(g_A) | N_{\xi} \rangle$$

$$= \prod_{\xi} e^{-b^2/2} \sum_{m=0}^{M} \sum_{n=0}^{N} \frac{(-1)^n (b)^{m+n}}{m! \, n!} \sqrt{\frac{M_{\xi}! \, N_{\xi}!}{(M_{\xi} - 1)! \, (N_{\xi} - 1)!}} \delta_{M_{\xi} - m, N_{\xi} - n} \tag{4.5.23a}$$

如果只考虑对角矩阵元,由 $\delta_{N_{\xi} - m, N_{\xi} - n} = \delta_{m, n}$,式(4.5.23a)可以进一步简化为

$$\langle \chi_{DM} | \chi_{AN} \rangle = \prod_{\xi} e^{-b^2/2} \sum_{n=0}^{N} \frac{(-1)^n (b)^{2n}}{(n!)^2} \frac{N_{\xi}!}{(N_{\xi} - n)!} \tag{4.5.23b}$$

如果忽略简正模指标 ξ,则式(4.5.23b)可表示成

$$\langle \chi_{DM} | \chi_{AN} \rangle = \mathrm{e}^{-\frac{b^2}{2}} \sum_{n=0}^{N} \frac{(-1)^n (b)^{2n}}{(n!)^2} \frac{N!}{(N-n)!} = \mathrm{e}^{-\frac{b^2}{2}} L_N(b^2) \quad (4.5.23c)$$

这里，$L_N(x)$ 是拉盖尔多项式（Laguerre polynomial），$b = g_D - g_A$（式(4.5.18b)）.

由

$$E_{DM} - E_{AN} = E_D^{(0)} - E_A^{(0)} + \sum_{\xi} \hbar\omega_{\xi}(M_{\xi} - N_{\xi}) = \Delta F^0 + \sum_{\xi} \hbar\omega_{\xi}(M_{\xi} - N_{\xi})$$

$$(4.5.24)$$

这里，$\Delta F^0 = E_D^{(0)} - E_A^{(0)}$ 是电子转移驱动力（式(4.3.18)），故而式(4.5.4)中的 k_{ET} 可写成

$$k_{\mathrm{ET}} = \frac{2\pi}{\hbar} |V_{DA}|^2 D(\omega) \quad (4.5.25)$$

其中，$\omega = \dfrac{\Delta F^0}{\hbar}$. 函数 $D(\omega)$（也称为光谱线性函数）为

$$D(\omega) = \sum_{M,N} f_{DM} |\langle \chi_{DM} | \chi_{AN} \rangle|^2 \delta(E_{DM} - E_{AN})$$

$$= \sum_{M,N} f_{DM} |\langle \chi_{DM} | \chi_{AN} \rangle|^2 \delta\left(\hbar\omega + \sum_{\xi} \hbar\omega_{\xi}(M_{\xi} - N_{\xi})\right) \quad (4.5.26)$$

把式(4.5.23)代入式(4.5.26)，并把 δ 函数写成积分形式，有（Jortner，1976）

$$D(\omega) = \frac{1}{2\pi\hbar} \mathrm{e}^{-G(0)} \int_{-\infty}^{\infty} \mathrm{d}t\, \mathrm{e}^{\mathrm{i}\omega t + G(t)} \quad (4.5.27)$$

其中

$$\begin{cases} G(t) = \sum_{\xi} ((g_D(\xi) - g_A(\xi)))^2 ((1 + n(\omega_{\xi})) \mathrm{e}^{-\mathrm{i}\omega_{\xi} t} + n(\omega_{\xi}) \mathrm{e}^{\mathrm{i}\omega_{\xi} t}) \\ G(0) = \sum_{\xi} ((g_D(\xi) - g_A(\xi)))^2 (1 + 2n(\omega_{\xi})) \end{cases}$$

$$(4.5.28)$$

所有环境（振动自由度）对电子转移的影响都包含在 $G(t)$ 中，电子转移影响了给体态和受体态的构型，使得每个简正模相对于平衡构型都有一个 $q_{m\xi}^{(0)}$ 的位移：

$$q_{m\xi}^{(0)} = -\sqrt{\frac{2\hbar}{\omega_{\xi}}} g_m(\xi), \quad m = D, A \quad (4.5.29)$$

而这两个偏离的差值 $g_D(\xi) - g_A(\xi) = -\sqrt{\dfrac{\omega_{\xi}}{2\hbar}}(q_{D\xi}^{(0)} - q_{A\xi}^{(0)})$ 是 $G(t)$ 的重要因子，与重组能 λ_{ξ} 有如下关系：

$$\lambda_\xi = \frac{\omega_\xi^2}{2} (q_{D\xi}^{(0)} - q_{A\xi}^{(0)})^2 \qquad (4.5.30)$$

式(4.5.28)中, $n(\omega_\xi)$ 是玻色-爱因斯坦分布:

$$n(\omega_\xi) = \frac{1}{\exp\left(\dfrac{\hbar\omega_\xi}{k_B T}\right) - 1} \qquad (4.5.31)$$

通过 $G(t)$ 函数中的 $n(\omega_\xi)$, 电子转移反应速率 k_{ET} 建立起与温度的依赖关系.

4.5.2 k_{ET} 与温度的依赖关系:从低温泊松分布到高温高斯分布

用式(4.5.26)计算线性函数 $D(\omega)$ 需要对初始态的振动能级作热力学平均,由第 3 章讨论的累积量展开方法可知,其结果相当于对指数项进行热力学平均. 这样,在式(4.5.28)的指数项对振动能级量子数 ξ 求和可以用相应的平均来取代. Jortner(1976)把谐振子分为高频和低频两类,高频振动来源于 DA 系统分子内的振动,对内壳层重组能有贡献;而低频对应于溶剂介质,其贡献为外壳层重组能. 这样,把式(4.5.25)看成是低频 F_s 和高频 F_m 两部分的卷积:

$$k_{ET} = \frac{2\pi}{\hbar} |V_{DA}|^2 \int d\varepsilon F_s(\Delta F^0 - \varepsilon) F_m(\varepsilon) \qquad (4.5.32)$$

这里

$$F_s(\Delta F^0 - \varepsilon) = \frac{1}{\hbar\langle\omega_s\rangle} \exp(-S_s(2\bar{n}_s + 1))$$

$$\cdot \sum_{m=0}^{\infty} \frac{(S_s\bar{n}_s)^m (S_s(1+\bar{n}_s))^{m+(\Delta F^0-\varepsilon)/\hbar\langle\omega_s\rangle}}{m!(m + (\Delta F^0 - \varepsilon)/\hbar\langle\omega_s\rangle)!} \qquad (4.5.33)$$

其中,下标 s 代表低频, $\langle\cdots\rangle$ 表示对初始态的热力学平均, S_s 和 $\bar{n}_s$ 分别为

$$\begin{cases} S_s = S_s(\langle\omega_s\rangle) = (g_D(\langle\omega_s\rangle) - g_A(\langle\omega_s\rangle))^2 \\ \bar{n}_s = n(\langle\omega_s\rangle) = \dfrac{1}{\exp\left(\dfrac{\hbar\langle\omega_s\rangle}{k_B T}\right) - 1} \end{cases} \qquad (4.5.34)$$

量子生物学:生物系统物质和能量传递的量子理论

而高频部分 $F_m(\varepsilon)$ 为

$$F_m(\varepsilon) = \exp(-S(2\bar{n}+1))$$

$$\cdot \sum_{N,M=0}^{\infty} \frac{(S(1+\bar{n}))^N (\bar{n}S)^M}{N!M!} \delta(\varepsilon + (M-N)\hbar\langle\omega\rangle) \quad (4.5.35)$$

这里

$$\begin{cases} S = S(\langle\omega\rangle) = (g_D(\langle\omega\rangle) - g_A(\langle\omega\rangle))^2 \\ \bar{n} = n(\langle\omega\rangle) \end{cases} \quad (4.5.36)$$

利用 Bessel 函数

$$I_n(z) = \left(\frac{z}{2}\right)^n \sum_{L=0}^{\infty} \frac{z^2}{4} \frac{L}{(L+n)!L!}$$

$$= \frac{1}{\pi} \int_0^{\pi} d\theta \exp(z\cos\theta)\cos n\theta = I_{|n|}(z) \quad (4.5.37)$$

我们可得到

$$k_{ET} = \frac{2\pi}{\hbar^2\langle\omega_s\rangle} |V_{DA}|^2 \exp(-S_s(2\bar{n}_s+1) - S(2\bar{n}+1))$$

$$\cdot \sum_{m=-\infty}^{\infty} \left(\frac{1+\bar{n}_s}{\bar{n}_s}\right)^{\frac{p(m)}{2}} I_{|p(m)|}\left(2S_s\sqrt{\bar{n}_s(\bar{n}_s+1)}\right) \left(\frac{1+\bar{n}}{\bar{n}}\right)^{\frac{m}{2}} I_{|m|}\left(2S\sqrt{\bar{n}(\bar{n}+1)}\right)$$

$$(4.5.38)$$

其中，$p(m) = \dfrac{\Delta F^0 - m\hbar\langle\omega_s\rangle}{\hbar\langle\omega_s\rangle}$ 取最靠近 $p(m)$ 的整数值.

式(4.5.38)的电子转移速率公式对所有温度区间都适用. 我们下面讨论几种极限情况.

(1) 低温极限($k_B T \ll \hbar\langle\omega_s\rangle \ll \hbar\langle\omega\rangle$). 在此情形下，有 $\bar{n}_s \to 0$ 和 $\bar{n} \to 0$；当 z 很小时，$I_n(z) \to \left(\dfrac{z}{2}\right)^n$，从而 k_{ET} 为电子量子隧穿概率：

$$k_{ET} = \frac{2\pi}{\hbar^2\langle\omega_s\rangle} |V_{DA}|^2 \exp(-(S_s+S)) \sum_{m=0}^{\infty} \frac{S_s^{p(m)} S^m}{p(m)!m!} \quad (4.5.39)$$

式(4.5.39)中包含泊松分布：

$$w_p^{(m)} = \frac{S^m}{m!}e^{-S}, \quad w_{ps}^{(m)} = \frac{S_s^{p(m)}}{m!}e^{-S_s} \quad (4.5.40)$$

式(4.5.39)中的 k_{ET} 与温度无关.这时,电子转移发生在给体态的振动零点能级与其能量相近的受体电子-状态之间的隧穿,也称为核隧穿(nuclear tunneling).

(2) $\hbar\langle\omega_s\rangle\ll k_B T\ll\hbar\langle\omega\rangle$.在此种情形下,溶剂(外壳层)的振动被热激发,而分子内振动还处于冻结状态.此时,$\bar{n}_s\gg0$ 但 $\bar{n}\to0$.此时有

$$k_{ET} = \frac{2\pi}{\hbar}\mid V_{DA}\mid^2 \exp(-S)(2\pi\hbar\langle\omega_s\rangle k_B T S_s)^{-\frac{1}{2}}$$

$$\cdot \sum_{m=0}^{\infty}\exp\left(-\frac{(\Delta F^0 - S_s\hbar\langle\omega_s\rangle - m\hbar\langle\omega\rangle)^2}{4S_s\hbar\langle\omega_s\rangle k_B T}\right)\frac{S^m}{m!} \tag{4.5.41}$$

电子从给体态到受体态的跃迁概率涉及一组高斯分布和泊松分布的乘积之和.

(3) 高温极限($\hbar\langle\omega\rangle\ll k_B T$).这时 Bessel 函数在 z 值很大时为高斯分布.在此情况下,得到具有高斯分布的 Marcus 速率公式:

$$k_{ET} = \frac{2\pi}{\hbar}\mid V_{DA}\mid^2 (2\pi(\hbar\langle\omega_s\rangle S_s + \hbar\langle\omega\rangle S)k_B T)^{-\frac{1}{2}}$$

$$\cdot \exp\left(-\frac{(\Delta F^0 - \hbar\langle\omega_s\rangle S_s - \hbar\langle\omega\rangle S)^2}{4(\hbar\langle\omega_s\rangle S_s + \hbar\langle\omega\rangle S)k_B T}\right) \tag{4.5.42}$$

重组能 λ 包括内壳重组能 λ_{in} 和外壳重组能 λ_{out} 两部分:

$$\lambda = \lambda_{in} + \lambda_{out} \tag{4.5.43}$$

其中

$$\lambda_{in} = \hbar\langle\omega\rangle S = \frac{\omega_q^2}{2}(q_D^{(0)} - q_A^{(0)})^2, \quad \lambda_{out} = \hbar\langle\omega_s\rangle S_s$$

这里,$\omega_q = \langle\omega\rangle$.

如果分子内高频振动对 k_{ET} 有决定性贡献,而低频振动可以忽略,这时,可把式(4.5.38)中 S_s 设为零.故而有

$$k_{ET} = A\exp(-S(2\bar{n}+1))\left(\frac{1+\bar{n}}{\bar{n}}\right)^{\frac{m}{2}}I_m\left(2S\sqrt{\bar{n}(\bar{n}+1)}\right) \tag{4.5.44}$$

其中,$m = \frac{\Delta F^0}{\hbar\langle\omega\rangle}$,$A = \frac{2\pi}{\hbar^2\langle\omega_s\rangle}\mid V_{DA}\mid^2$:

采用参数 $\hbar\langle\omega\rangle = 0.05$ eV(400 cm^{-1}),$S = 20$,$\frac{\Delta F^0}{\hbar\langle\omega\rangle} = 2$,即 $\Delta F^0 = 0.1$ eV,$A = 10^{-9}$ sec^{-1},得到 $k_{ET}\sim T$ 关系曲线,与 deVault 等实验结果(如图 4.10 中圆圈所示)在全

温度区间(1~1000 K)上吻合很好.

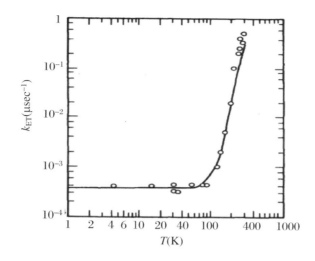

图 4.10　式(4.5.44)计算结果(实线)与实验结果比较

式(4.5.44)也可从低温极限的式(4.5.39)推导出来.为避免由于 $S_s = 0$ 而使得求和项 $S_s^{p(m)}$ 全为零,需要式(4.5.39)中的 $p(m)$ 满足

$$p(m) = \Delta F^0 - m\,\hbar\langle\omega_s\rangle = 0 \tag{4.5.45}$$

这样

$$m = \frac{\Delta F^0}{\hbar\langle\omega_s\rangle} \tag{4.5.46}$$

因此在低温极限下,有

$$k_{\mathrm{ET}} = \frac{2\pi}{\hbar^2\langle\omega_s\rangle}\,|V_{DA}|^2\,\frac{S^m}{m!}\exp(-S) \tag{4.5.47}$$

而到高温极限时,由式(4.5.42),有

$$k_{\mathrm{ET}} = \frac{2\pi}{\hbar}\,|V_{DA}|^2\,(2\pi\hbar\langle\omega\rangle Sk_{\mathrm{B}}T)^{-\frac{1}{2}}\exp\left(-\frac{(\Delta F^0 - \hbar\langle\omega\rangle S)^2}{4\hbar\langle\omega\rangle Sk_{\mathrm{B}}T}\right) \tag{4.5.48}$$

由式(4.5.47)和式(4.5.48)也可以看出,从低温到高温电子跃迁概率由泊松分布转变为高斯分布.

低频振动模不仅来源于溶剂媒质,基于结构生物学的现代分子动力学研究认为,蛋白质等生物大分子也存在低频振动,这些低频振动是简正模集体运动,往往对应于蛋白质等大分子的大尺度构象变化(Liao,Beratan,2004).许多生物大分子利用其大尺度构象运动实现其在细胞内的生命功能,这样的生物大分子也被称为分子机器(Wang,Liao,2015).

在4.1节和4.2节我们分别提及和讨论到,来自太阳光能转化或者食物碳基的高能电子,在叶绿体或线粒体传递过程中,会把部分能量"耗散"到电子传递链中的生物大分子机器(例如质子泵等)中去,而这些生物大分子机器(也是蛋白酶)能高效利用电子传递的能量实现质子的跨膜运输,形成跨膜离子梯度场,进而驱动 ATP 合成酶(另一类分子机器)合成 ATP.生物大分子的原子核运动如何影响电子传递一直是理论和计算生物学感兴趣且具有挑战性的问题.本书对生物电子的传递仅提供最基础的从量子理论角度的讨论.有兴趣的读者可以进一步参阅相关文献和书籍.

4.6 金属蛋白酶电子长距离转移反应:量子隧穿效应

生物电子通过光合电子链或线粒体呼吸链传递大多发生在处于相关蛋白质中的金属中心或氧化-还原辅助因子之间.这些辅助因子往往相隔 $10\sim20$ Å 的距离.相比于水溶液中相距很近的金属离子间的电子自交换转移反应,这类生物电子传递不仅距离长,而且反应速度也非常快.比如,电子在过氯酸水溶液中的 Fe^{2+}/Fe^{3+} 的自交换反应的半衰期为秒量级,而在蛋白质当中可以达到皮秒量级(Winkler,Gray,2014b).生物系统利用电子在生物大分子中的这些独特性质进行高效的物质和能量传递交换.其中,电子量子隧穿效应起着十分重要的作用.

电子在蛋白质中长距离传递是非绝热反应,其反应速率常数可以写成式(4.2.55)统一的表达形式:

$$k_{ET} = \nu_R \kappa \Gamma_N e^{-\beta \Delta G^{\neq}} \tag{4.6.1}$$

其中,传递系数

$$\kappa = \frac{2P_0}{1 + P_0} \tag{4.6.2}$$

$$P_0 = 1 - \exp(-2\pi\gamma) \tag{4.6.3}$$

这里,P_0 是初始态跃迁到终态的概率,γ 为

$$\gamma = \frac{|V_{DA}|^2 \pi^{1/2}}{2h\nu_R \sqrt{\lambda k_B T}} \tag{4.6.4}$$

对于非绝热电子传递反应,$0 < \gamma < 1$,$P_0 \cong 2\pi\gamma$,忽略核隧穿效应($\Gamma_N = 1$),有

$$k_{ET} = \sqrt{\frac{4\pi^3}{h^2 \lambda k_B T}} |V_{DA}|^2 e^{-\beta \Delta G^{\neq}} \tag{4.6.5}$$

其中,过渡态自由能 $\Delta G^{\neq}$ 为

$$\Delta G^{\neq} = \frac{(\Delta G^0 + \lambda)^2}{4\lambda k_B T} \tag{4.6.6}$$

即为 Marcus 速率常数公式(4.3.61).重组能 λ 来自反应物的内壳 λ_i 和溶剂外壳 λ_o.在连续介质模型,Marcus(1956)给出

$$\lambda_o = (\Delta e)^2 \left(\frac{1}{2a_1} + \frac{1}{2a_2} - \frac{1}{\sigma} \right) \left(\frac{1}{D_{op}} - \frac{1}{D_s} \right) \tag{4.6.7}$$

这里,Δe 是被转移的电荷数,a_1 和 a_2 是两个球状反应物的半径,σ 是反应物和产物的平均距离,D_{op} 和 D_s 分别是溶剂的光介电常数和静电介电常数.

根据 Marcus 理论分析,上述过氯酸水溶液中的 Fe^{2+}/Fe^{3+} 的电子自交换反应的重组能,可以得到估计值 $\lambda_i = 1.3\,eV$ 和 $\lambda_o = 0.9 \sim 1.2\,eV$(Marcus,1956).这样,水溶液中 Fe^{2+}/Fe^{3+} 的电子自交换反应总的重组能 $\lambda \geqslant 2.2\,eV$.而在蛋白质中,$\lambda$ 一般都小于 1 eV (Winkler,Gray,2014a;Winkler,Gray,2014b).蛋白酶不仅能够调节重组能 λ,而且还能够调节 λ 和驱动力 ΔG^0 的平衡关系,使得自由能能垒 $\Delta G^{\neq}$ 比较小.由于受到蛋白质的阻隔,金属辅助因子之间往往很难靠近,蛋白质中长程电子传递是非绝热反应,电子需要通过长程量子隧穿从一个辅助因子到另一个辅助因子.式(4.6.5)中的电子相互作用项 $|V_{DA}|^2$ 描述的就是电子隧穿效应.

在 Ru(NH$_3$)$_5$-Fe-cytc 的 Ru^{II}→Fe^{III} 电子传递反应中第一次发现电子量子隧穿效应后(Winkler et al.,1982),许多后续研究工作都集中在阐明 Ru-蛋白质的量子隧穿矩阵元 V_{DA} 与电子传递距离(R)的关系.以钌(Ru)-天青蛋白(azurin)中的 Cu(Ⅰ)→Ru(Ⅲ)电子转移反应($-\Delta G^0 = 0.7\,eV$)为例,天青蛋白的铜离子中心位于由八条反向平行链(strand)组成的 β-桶状折叠的一端.用基团Ru^{III}(NH$_3$)$_5$ 与一个组氨酸(His)残基配位,形成用 Ru 改造过的蛋白质,Ru(His)-Cu-azurin.调节重组能 λ 和驱动力 ΔG^0 可以使 $\Delta G^{\neq}$ 接近于零,从而使得电子转移反应在实验 $240 \sim 300$ K 区间内其速率常数 k_{ET} 不依赖于温度.

从上述天青蛋白中的 β-折叠中选取 5 个残基(K122,T124,T126,Q107 和 M109),分别把它们置换成组蛋白. 然后,对每一个突变体(K122H,T124H,T126H,Q107H,M109H)分别用上面讨论的方法并用 Ru 进行改造. 这 5 个用 Ru 改造的天青蛋白中的 Ru-Cu 距离在 16～26 Å 区间内. 随后分别测量电子转移量子隧穿时间,从而得到电子通过 β-折叠中转移时间与电子给体 D 和受体 A 之间的距离(R)的函数关系. 如图 4.11 所示的实验结果表明,电子转移反应速率常数 $k_{ET}(R)$ 与 R 之间表现出几乎完美的指数关系,可以表示成

$$k_{ET}(R) = \tau_{ET}^{-1} = k_{ET}^{(0)} e^{-a(R-R_0)} \tag{4.6.8}$$

其中,τ_{ET} 为电子量子隧穿时间(或电子转移反应时间),衰减系数 $a = 1.1 \, \text{Å}^{-1}$. 由于给出电子传递时间和距离的对应关系,图 4.11 也被称为电子隧穿时刻表(timetable)(Winkler,Gray,2014a). 式(4.6.8)中,R_0 表示 Ru 与 Cu 所能接触的最短距离. 由图 4.11 显示的实验数据,$R_0 = 3 \, \text{Å}$,这时,$k_{ET}^{(0)} = 10^{13} \, \text{s}^{-1}$(图 4.11 中直线与纵轴的交点).

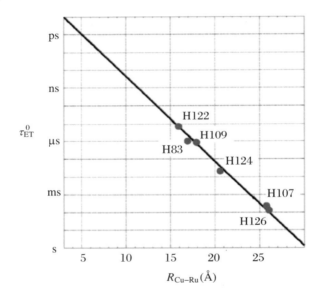

图 4.11　电子量子隧穿时间 $\tau_{ET} = 1/k_{ET}$ 与传递距离的指数关系(衰减系数 $a = 1.1 \, \text{Å}^{-1}$)(Winkler,Gray,2014a)

由于 $\lambda \cong -\Delta G^0 = 0.7 \, \text{eV}$,$\Delta G^{\neq} \cong 0$,实验温度 T 是位于 240～300 K 区间内的常数,根据式(4.6.5)可见,电子隧穿矩阵元 V_{DA} 与距离 R 之间也有如下关系:

$$V_{DA}(R) = V_{DA}^{(0)} e^{-a(R-R_0)/2} \tag{4.6.9}$$

与 Hopfield(1974)给出的指数关系形式上相同(由于没有考虑到核隧穿效应,Hopfield 指数关系在低温下不成立(Jortner,1976)).天青蛋白中电子转移表现出来的速率常数-距离的指数关系与饱和烷烃中电子超交换传递表现出来的距离指数关系很相似,意味着在蛋白质中的电子长程传递有相似的机制.在许多其他 Ru 改造的金属蛋白质电子转移反应中,也发现同样如图 4.11 所示的距离指数关系,表明了蛋白质长距离电子转移反应中的量子隧穿效应是普遍存在的不争事实(Winkler,Gray,2014b).

第 5 章

生物系统氢转移反应的量子理论

5.1 酶催化氢转移反应概述

氢是元素周期表中质量最轻的元素,也是自然界广泛存在的元素.在地球生命赖以生存的水中,按原子数计算,氢占有 2/3. 在太阳大气中,氢更是占据所有元素原子数的 81.75%. 氢原子只有一个电子,可以与除惰性气体外几乎所有的元素形成化合物. 氢原子失去一个电子成为带一个正电荷的质子(H^+),而得到一个电子成为负氢离子(H^-). 氢存在于几乎所有的有机物中,也是蛋白质、核酸(DNA 和 RNA)、糖类和脂质等生物分子中不可或缺的元素.

在生物大分子中氢不仅与碳、氮、氧、硫等原子形成化学键,也与氧、氮等形成氢键,氢原子这一独特的性质对生物大分子的结构和功能的形成具有非常重要的作用. 比如,氢键是 DNA 双螺旋以及蛋白质 α-螺旋稳定结构的形成最为重要的作用力.光合作用和氧化磷酸化反应是地球生命活动中最重要的两类过程.其中,除了电子转移外,氢转移反应也起着关键作用.例如,质子转移导致形成跨膜质子梯度,不仅对细胞内能量转换和储存至关重要,而且对物质跨膜转运十分关键,是细胞内最重要的物质转运过程之一.

氢转移反应本质上是量子过程.尽管氢原子的质量是电子的 1837 倍,但只有 1.67×10^{-27} 千克,其德布罗意波长约为 0.63 Å,与其粒子的尺寸相当,因而具有显著的量子波动性.1989 年,美国加州大学伯克利分校生物化学家朱迪思·克林曼(Judith Klinman)教授研究组首次报告了在实验上发现酶催化氢转移中的量子隧穿效应(Cha et al.,1989).该研究组在实验研究用酵母醇脱氢酶(YADH)催化苄醇氧化成苯甲醛时发现,用较重的同位素氘和氚替换底物中的特定氢原子时,反应迅速减慢,其反应速率的变化严重偏离了经典速率理论.Klinman 等用量子隧穿效应很好地解释了这一实验现象.在随后 30 多年的研究中,酶催化氢转移反应中的量子隧穿效应不断地在其他酶催化体系中发现.

氢转移反应是指氢从给体 D 转移到受体 A 的反应,一般包括质子(H^+)、负氢离子(H^-)以及质子耦合的电子转移反应(proton-coupled electron transfer reaction,PCET)(Layfield,Hammes-Schiffer,2014).其中,质子和负氢离子转移反应涉及正电荷和负电荷的转移,而质子耦合的电子转移反应传递相同数目的电子和质子(最简单的情况为一个电子和一个质子),因此总的传递的电荷是中性的.质子-电子耦合的转移反应主要有两种情形:① 如果质子和电子转移发生在同一个基元反应步骤,称质子-电子耦合的转移反应是协同的(concerted mechanism);② 如果质子和电子转移发生在不同的基元反应步骤,则称之为按序机理(sequential mechanism).在协同机制中,如果一个质子和一个电子从相同的给体转移到相同的受体,则相当于传递一个氢原子,因而称之为氢原子传递反应(hydrogen atom transfer,HAT);而质子和电子分别在不同的给体和受体之间传递,为了与前一种情况区别,称之为电子-质子转移(electron-proton transfer,EPT).

细胞中的氢转移反应大多是在酶(包括蛋白质和 RNA,本书谈及的酶主要是蛋白酶)催化作用下进行的.在酶的催化作用下,细胞中的生化反应速率可以提高到甚至超过 10^{26} 倍(Edwards et al.,2012).酶负责活体细胞中所有的生物合成和代谢以及其他包括 DNA 复制等动力学过程.其中,氢传递反应是细胞中最重要也是涉及最广的酶催化反应.因此,生物系统中的氢转移反应不仅涉及氢(电子)的给体(D)和受体(A)(称之为氢转移系统,简写为 DHA 系统),还涉及蛋白质以及溶剂等环境.

下面我们首先讨论质子和负氢离子转移反应,然后讨论质子耦合的电子转移.由于负氢离子转移反应的讨论在形式上与质子转移反应相似,下面我们只针对质子转移进行讨论,这些讨论可以直接应用到负氢离子相关的内容中去.

253

5.2 质子转移系统及其哈密顿量

5.2.1 电子绝热质子-环境复合系统哈密顿量

质子转移反应一般可以表示成

$$D—H\cdots A \rightarrow D\cdots H—A \tag{5.2.1}$$

上式中 H 代表质子 H^+,也可以代表负氢离子 H^-.符号—和$\cdots$分别表示化学键和氢键,给体 D 和受体 A 通过氢键进行相互作用(如图 5.1 所示).式(5.2.1)左边为反应物($D—H\cdots A$)而右边为产物($D\cdots H—A$).由氢给体 D 和受体 A 组成氢(质子 H^+ 或负氢离子 H^-)转移反应体系简称为 DHA 系统.

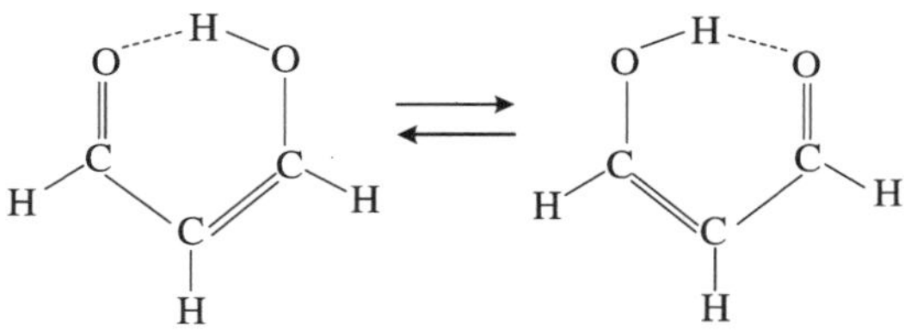

图 5.1　丙二醛分子内氢键以及氢转移反应

氢转移 DHA 系统是一个开放系统,与环境一起组成封闭复合系统.与第 4 章讨论的电子转移相似,DHA 复合系统的哈密顿量 $\hat{H}$ 包括电子哈密顿量 $\hat{H}_{ele}$ 和核哈密顿量 $\hat{H}_{nuc}$,由于电子比其他原子核质量小很多,电子和核运动可以分离(玻恩-奥本海默近似或称为绝热近似).由电子定态薛定谔方程,可以得到一组完备正交的绝热电子态波函数,哈密顿量 $\hat{H}$ 以及 $\hat{H}_{ele}$ 都可以在绝热电子表象中进行表达.同时,也可以用非绝热电子态表象,亦即用反应物(给体 $DH\cdots A$)和反应物(受体 $D\cdots HA$)的局域电子态也可以提供一组完备基矢集来表达哈密顿量.从数学上看,原则上这两者表达是等价的.在非绝热电子态表象(nonadiabatic electronic state representation)下,两个电子态(分别来自给体和受体)

之间有相互作用项.如果这个作用项很小,称之为电子态非绝热反应.反之,则称之为电子态绝热反应.对于质子转移反应,由于涉及化学键断裂,给体和受体电子态之间的相互作用往往较大($|V_{DA}|\sim0.5\ \text{eV}$,作为对比,电子转移反应中$|V_{DA}|\sim0.01\ \text{eV}$),两个最低绝热电子态的量子劈裂$2|\hat{V}_{DA}|$很大,以至于氢转移反应一般发生在电子基态上,其势函数一般具有双势阱特征(如图5.2(b)所示).

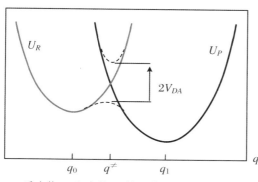 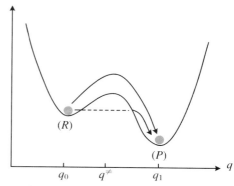

(a) 反应物(R)和产物(P)势函数交叉劈裂示意图　　(b) 电子绝热势函数(虚线表示质子量子隧穿传递途径;实线表示通过热力学活化翻越势垒途径)

图 5.2　反应物(R)和产物(P)势函数交叉劈裂以及电子绝热势函数示意图

　　如上所述,质子转移反应发生在绝热电子基态上,因而在讨论质子(或氢)转移反应时,我们假设已获得电子基态势能面 $U(R)$.原则上,$U(R)$ 是包括转移质子在内的 DHA 系统以及环境的核坐标 R 的函数.然而,对于生物系统,这样定义的势能面过于复杂,很难通过求解薛定谔方程(比如精确从头计算级别上的量子化学方法)得到.我们只能关注与质子转移相关的少数几个重要自由度进行高精度计算,而对其他自由度采用近似处理.为此,一般的方法是寻找合适的与质子转移反应直接相关的坐标 q,通过计算优化得到反应途径来对化学反应进行研究.这里,坐标 q 也称作质子转移(proton transfer,PT)坐标,其对应的系统称为质子转移系统(PT 系统).这时,PT 系统哈密顿量可写成

$$\hat{H}_q^{(0)} = \hat{T}_q + V(q) \tag{5.2.2}$$

$V(q)$ 一般是双势阱函数.如图 5.2(b)所示,有两个极小值点,左边对应于给体(反应物 R)态($DH\cdots A$),右边对应于受体(产物 P)态($D\cdots HA$).二态之间存在一个势垒,其高度为 $\Delta E^{\neq}$.

　　求解定态薛定谔方程

$$\hat{H}_s^{(0)}\chi(q) = \varepsilon\chi(q) \tag{5.2.3}$$

可以得到质子振动态本征波函数 $\chi_\mu(q)$ $(\mu=1,2,3,\cdots)$ 及其对应本征值 $\varepsilon_\mu(q)$.

以最为简单的质子沿直线转移的 DHA 系统为例(如图 5.3 所示),对这样的线性系统一个合理的做法是选择 DH 和 AH 的距离差 $q=d_{DH}-d_{AH}$ 为 PT 坐标,通过量子化学计算,可以得到相应的势函数 $V(q)$.

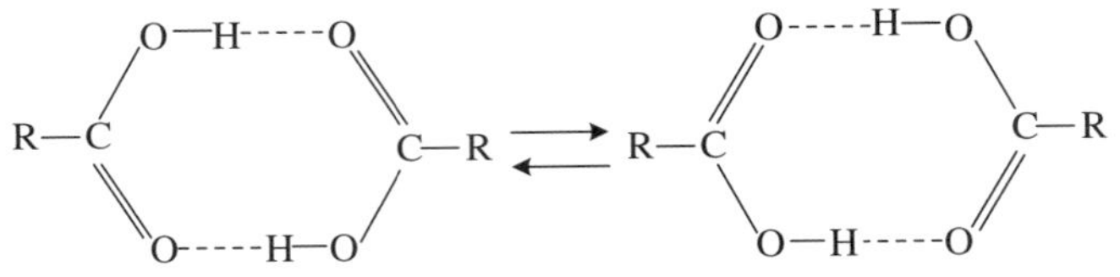

(a) 羧酸二聚体分子间氢键及氢转移反应

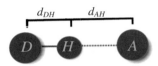

(b) 直线形氢转移反应及其反应坐标 $q=d_{DH}-d_{AH}$

图 5.3　羧酸二聚体分子间氢键及氢转移反应与直线形氢转移反应

除了用 q 来描述质子转移外,还存在其他振动模式对质子运动有很大直接的作用,我们把这些模式记为 $Q=\{Q_j,j=1,2,\cdots\}$,并称之为 Q-模.比如,如图 5.3 所示,定义 $Q=R-R_0$ 为 O-O 伸缩振动坐标,这里,R 和 R_0 分别为氢键给体原子 O 与受体原子 O 之间的距离和平衡构型时的距离.

给体 D 和受体 A 之间的距离 R 一般呈指数关系:

$$V_{DA}(R) = V_{DA}^{(0)}\exp(-a(R-R_0)) = V_{DA}^{(0)}\exp(-aQ), \quad a \geqslant 0 \tag{5.2.4}$$

其中,$Q=R-R_0$.由于质子的质量比电子大很多,式(5.2.4)中 $a\sim25\sim35\,\text{Å}^{-1}$(电子 $a\sim1.0\,\text{Å}^{-1}$).

由 4.2 节讨论以及图 5.2 可知,双势阱函数 $V(s)$ 的势垒 $\Delta E^{\neq}$ 随着给体-受体相互作用 $V_{DA}(R)$ 增大而降低:

$$\Delta E^{\neq} \cong U_D(q^{\neq}) - U_D(q_0) - |V_{DA}| \tag{5.2.5}$$

其中 $q^{\neq}$ 和 q_0 分别指两个非绝热(局域)势函数在交叉点和给体态 D 平衡构型时 q 的取值(如图 5.2 所示).

图 5.4 为随距离 R(或 Q)增加,绝热电子基态上的双势阱函数 $V(q)$ 的势垒的变化

示意图.在 R（或 Q）比较小时，$|V_{DA}|$ 大，$V(q)$ 势垒小.PT 系统两个能量最低的振动态 $v=0,1$，其能级 ε_0 和 ε_1 在能垒之上（图 5.4(a) 中平行的两条实线），而且能级间隔（分裂）较大，对应于绝热振动态（见下面讨论）.随着 R（或 Q）逐渐增大，$|V_{DA}|$ 变小（$R>$ 3 Å，为弱氢键相互作用），而 $V(q)$ 势垒逐渐增高，ε_0 和 ε_1 能级处在能垒之下，并且能级分裂逐渐变小，最终对应于非绝热振动情形.

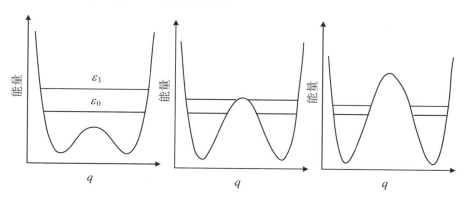

(a) R 最小，振动基态和第一激发态 ε_0 和 ε_1 都在能垒之上，表示振动绝热   (b) R 处中间，ε_0 和 ε_1 稍稍处在过渡态之下，其能级分裂大   (c) R 最大，ε_0 和 ε_1 所处位置比较深，振动相互作用小，分裂能小，为振动非绝热反应

图 5.4 沿着质子反应坐标 q 的势能函数

从左到右 D 与 A 的距离 R 从小到大，能垒高度和宽度分别逐渐变低与变窄.

如上所述，Q-模与质子坐标 q 存在较强的耦合作用，$V_{qQ}=V_{qQ}(q,Q)$，直接影响到 PT 系统的动力学行为.DHA 系统加上 Q-模的哈密顿量为

$$\hat{H}_{qQ} = \hat{H}_q^{(0)} + V_{qQ}(q,Q) + \hat{T}_Q + V_Q(Q) \tag{5.2.6}$$

其中，$\hat{H}_q^{(0)}$ 是式 (5.2.2) DHA 系统哈密顿量，$\hat{T}_Q$ 和 $V_Q(Q)$ 分别是 Q-模的动能和势能.假设 Q 模是简谐振动，$V_Q(Q)=\sum_j \dfrac{\omega_j^2}{2} Q_j^2$，有

$$\hat{H}_{qQ} = \hat{T}_q + V(q) + \sum_j \left(\hat{T}_j + V_{qQ}(q,Q_j) + \frac{\omega_j^2}{2} Q_j^2 \right) \tag{5.2.7}$$

其中，$\hat{T}_j = \dfrac{\hat{p}_j^2}{2}$ 为 Q 简振模式 j 的动能项.

质子-环境复合系统哈密顿量包括 PT 系统哈密顿量 $\hat{H}_q^{(0)}$、环境哈密顿量 $\hat{H}_E$，以及

PT 系统和环境相互作用哈密顿量 $\hat{H}_I$:

$$\hat{H} = \hat{H}_q^{(0)} + \hat{H}_I + \hat{H}_E = \hat{H}_q + \hat{H}_E^{(0)} \qquad (5.2.8)$$

在下面的讨论中,记所有环境坐标 $Y = (Q,Z) = \{y_j, j = 1,2,\cdots\}$,即 $Z = \{Z_j, j = 1,2,\cdots\}$ 为除 Q-模以外所有的环境包括蛋白质和水等的原子核运动自由度.式 (5.2.8) 中 PT 系统和环境相互作用哈密顿量 $\hat{H}_I = V_I(q,Y)$. 为下面讨论方便,我们把所有涉及 q 的势函数归并在一起作为 PT 系统的势函数:$V(q,Y) = V(q) + V_I(q,Y)$. 这样,$\hat{H}_q$ 为

$$\hat{H}_q = \hat{H}_q^{(0)} + \hat{H}_I = \hat{T}_q + V(q,Y) \qquad (5.2.9)$$

式(5.2.8)中环境哈密顿量为

$$\hat{H}_E^{(0)} = \hat{T}_E + V_E(Y) \qquad (5.2.10)$$

其中,$\hat{T}_E = \sum_j \dfrac{1}{2}\, \hat{p}_{yj}^2$ 是动能项,$V_E(Y)$ 是包括 Q 在内的所有环境坐标势函数(与质子坐标 q 无关).

对于质子转移反应,q 与耗散谐振子环境坐标 $Y = \{y_j, j = 1,2,\cdots\}$ 双线性耦合哈密顿量

$$\hat{H} = \frac{1}{2m_0}\, \hat{p}_q^2 + V_0(q) + \sum_j \left(\frac{1}{2m_j}\, \hat{p}_j^2 + \frac{1}{2}\, m_j \omega_j^2 \left(y_j - \frac{c_j q}{m_j \omega_j^2} \right)^2 \right) \qquad (5.2.11)$$

经常作为研究质子转移反应的一个标准模型(Wang,Hammes-Schiffer,2006;Xie et al.,2014).式(5.2.11)中,m_0 是质子质量,m_j,$\hat{p}_j$ 和 ω_j 分别是环境坐标 y_j 对应的质量、动量和频率.

通常也称由大量谐振子组成的环境为热浴(bath).式(5.2.11)哈密顿量在经典情形下可以推导出广义郎之万方程(5.5.2 小节讨论).组成热浴的谐振子频率各异,它们之间的非共振相干叠加形成具有白噪声性质的随机力,这种随机相互作用会活化粒子(质子),使之获取能量,从反应物势阱翻越势垒.另一方面,环境热浴对粒子也产生摩擦力,对粒子运动具有阻尼衰减作用.

5.2.2 振动绝热质子态表象和非绝热质子态表象

类似于电子和原子核,我们首先考虑质子和环境自由度哈密顿量可以分离(也称为

量子生物学:生物系统物质和能量传递的量子理论

玻恩-奥本海默分离). 质子系统的定态薛定谔方程为

$$\hat{H}_q \chi_\nu(q, Y) = E_\nu(Y) \chi_\nu(q, Y) \tag{5.2.12}$$

从而可得到一组完备正交的基矢集 $\{\chi_\nu(q, Y), \nu = 1, 2, \cdots\}$, $\chi_\nu(q, Y) \equiv |\chi_\nu\rangle$ 也被称为质子绝热波函数, 其对应的能量本征值 $E_\nu(Y)$ 是环境坐标 Z 的函数, ν 为振子态量子数. 基矢集 $\{\chi_\nu(q, Y), \nu = 1, 2, \cdots\}$ 被称为质子绝热表象.

假设 $\varphi(q, Y)$ 是质子绝热波函数的线性叠加:

$$\varphi(q, Y) = |\varphi\rangle = \sum_\nu \Theta_\nu(Y) \chi_\nu(q, Y) = \sum_\nu \Theta_\nu(Y) |\chi_\nu\rangle \tag{5.2.13}$$

满足 PT-环境复合系统定态薛定谔方程

$$\hat{H} |\varphi\rangle = E |\varphi\rangle \tag{5.2.14}$$

把式(5.2.13)分别代入式(5.2.14)左边和右边, 并利用式(5.2.8)、式(5.2.10)和式(5.2.12)有

$$\sum_\nu (E_\nu(Y) \Theta_\nu(Y) |\chi_\nu\rangle + \hat{T}_E \Theta_\nu(Y) |\chi_\nu\rangle + V_E \Theta_\nu(Y) |\chi_\nu\rangle)$$
$$= \sum_\nu E \Theta_\nu(Y) |\chi_\nu\rangle \tag{5.2.15}$$

式(5.2.15)两边左乘 $\langle \chi_\mu |$, 对 PT 系统变量 q 求平均, 有

$$E_\mu(Y) \Theta_\mu(Y) + \sum_\nu \langle \chi_\mu | \hat{T}_E \Theta_\nu(Y) | \chi_\nu\rangle + V_E \Theta_\mu(Y) = E \Theta_\mu(Y) \tag{5.2.16}$$

为简便计, 记 $\hat{T}_E = \sum_j \dfrac{\hat{p}_{yj}^2}{2M_j}$, $Y = (Q, Z)$ 包括对 Q 和所有 Z 坐标求导, 式(5.2.16)左边第二项为

$$\sum_\nu \langle \chi_\mu | \hat{T}_E (\Theta_\nu(Y) | \chi_\nu\rangle)$$

$$= \frac{1}{2} \sum_{\nu, j} \frac{1}{M_j} \langle \chi_\mu | \hat{p}_{yj}^2 | \Theta_\nu(Y) \chi_\nu\rangle$$

$$= \hat{T}_E \Theta_\mu(Y) + \sum_\nu \langle \chi_\mu | \hat{T}_E | \chi_\nu\rangle \Theta_\nu(Y) + \sum_{\nu, j} \frac{1}{M_j} \langle \chi_\mu | \hat{p}_{yj} | \chi_\nu\rangle \hat{p}_{yj} \Theta_\nu(Y)$$

$$\tag{5.2.17}$$

定义非绝热算符 $\hat{\mathcal{T}}_{\mu\nu}$:

$$\hat{\mathcal{T}}_{\mu\nu} \equiv \langle \chi_\mu | \hat{T}_E | \chi_\nu\rangle + \sum_j \frac{1}{M_j} \langle \chi_\mu | \hat{p}_{yj} | \chi_\nu\rangle \hat{p}_{yj} \tag{5.2.18}$$

把式(5.2.17)和式(5.2.18)代入式(5.2.16),有

$$(\hat{T}_E + V_E(Y) + E_\mu(Y) - E + \hat{\mathcal{T}}_{\mu\mu})\Theta_\mu(Y) = -\sum_{\nu \neq \mu} \hat{\mathcal{T}}_{\mu\nu}\Theta_\nu(Y) \quad (5.2.19)$$

这里,$\Theta_\mu(Y)$是环境慢变量运动的波函数.非绝热算符$\hat{\mathcal{T}}_{\mu\nu}$通过动能项把不同绝热振动态耦合起来,故而也称$\hat{\mathcal{T}}_{\mu\nu}$为动态(kinetic)耦合算符,以便与非绝热表象下的势能耦合作用相区别.这样,在质子绝热表象下,质子-环境复合系统哈密顿量可表示成

$$\hat{H} = \sum_{\mu=0} \hat{H}_\mu(Y)|\chi_\mu\rangle\langle\chi_\mu| + \sum_{\mu \neq \nu} \hat{\mathcal{T}}_{\mu\nu}(Y)|\chi_\mu\rangle\langle\chi_\nu| \quad (5.2.20)$$

其中,非绝热算符$\hat{\mathcal{T}}_{\mu\nu}(Y)$由式(5.2.18)给出,而对角元$\hat{H}_\mu(Y)$为在质子振动态$|\chi_\mu\rangle$上的环境哈密顿量:

$$\hat{H}_\mu(Y) = \langle\chi_\mu|\hat{H}|\chi_\mu\rangle = \hat{T}_E + U_\mu \quad (5.2.21)$$

其中,质子振动态的势能函数 $U_\mu = V_E + E_\mu(Y) + \hat{\mathcal{T}}_{\mu\mu}$.

在绝热近似下,非绝热作用算符$\hat{\mathcal{T}}_{\mu\nu}$(包括$\hat{\mathcal{T}}_{\mu\mu}$)的作用可以忽略,从而有

$$\hat{H} = \sum_{\mu=0} \hat{H}_\mu(Y)|\chi_\mu\rangle\langle\chi_\mu| \quad (5.2.22)$$

其中,环境哈密顿量$\hat{H}_\mu(Y)$为

$$\hat{H}_\mu(Y) = \hat{T}_E + U_\mu(Y) \quad (5.2.23a)$$

$U_\mu(Y)$环境坐标的势能面

$$U_\mu(Y) = E_\mu(Y) + V_E(Y) \quad (5.2.23b)$$

与第4章讨论的电子复合系统一样,也可建立质子非绝热表象.在实际研究中,我们往往有反应物和产物的构象,它们分别对应于电子基态势能面上的反应物和产物极小值点.利用这两个局部结构,我们可以构造反应物 R 和产物 P 两个哈密顿量(也称位点哈密顿量):

$$\hat{H}_m = \hat{T}_q + V_m(q, Y), \quad m = R, P \quad (5.2.24)$$

对应的定态薛定谔方程为

$$\hat{H}_m|\chi_{ma}\rangle = E_m(Y)|\chi_{ma}\rangle, \quad m = R, P \quad (5.2.25)$$

因而可得到非绝热(nonadiabatic)或局域(localized)质子振动态波函数$|\chi_{ma}\rangle$,这些波函

数组成一组完备正交的基矢集$\{|\chi_{ma}\rangle, a = 0, 1, \cdots\}$,并称之为非绝热或局域质子态表象.

质子-环境复合哈密顿量$\hat{H}$在非绝热表象下,可表示为

$$\hat{H} = \sum_{m=R,P} \hat{H}_m + \hat{V} \tag{5.2.26}$$

其中,$\hat{H}_m$和$\hat{V}$分别是位点$m(m=R,P)$的哈密顿算符和位点之间的相互作用算符

$$\hat{H}_m = \sum_a \langle \chi_{ma} | \hat{H} | \chi_{ma} \rangle | \chi_{ma} \rangle \langle \chi_{ma} | \tag{5.2.27a}$$

$$\hat{V} = \sum_{a,b;m \neq n = R,P} \langle \chi_{ma} | \hat{H} | \chi_{nb} \rangle | \chi_{ma} \rangle \langle \chi_{nb} |$$

$$= \sum_{a,b} V_{ma;nb} | \chi_{ma} \rangle \langle \chi_{nb} | \tag{5.2.27b}$$

式(5.2.27a)、式(5.2.27b)相互作用项中,$m,n = R,P$;$|\chi_{ma}\rangle = |m_a\rangle$和$|\chi_{nb}\rangle = |n_b\rangle$分别是$m$和$n$对应的量子数为$a$和$b$的振动态. 由于$|\chi_{ma}\rangle$和$|\chi_{nb}\rangle(m \neq n)$来自不同的哈密顿量所对应的定态薛定谔方程,一般地,两者之间不会对易. 但考虑到给体和受体被分隔得足够远,可以假定$\langle \chi_{ma} | \chi_{nb} \rangle = \delta_{mn} \delta_{ab}$. 这样,质子非绝热表象的振动波函数都是正交归一的.

式(5.2.26)的对角矩阵元

$$\hat{H}_{ma} = \langle \chi_{ma} | \hat{H} | \chi_{ma} \rangle = \hat{T}_E + U_{ma}(Y) \tag{5.2.28}$$

其中,环境坐标的动能算符$\hat{T}_E = \hat{T}_Y = \sum_{\xi} \frac{1}{2} \hat{p}_{y\xi}^2$,且

$$U_{ma}(Y) = E_{ma}(Y) + V_E(Y) \tag{5.2.29a}$$

非对角矩阵元为

$$V_{ma;nb} = \sum_{a,b;m \neq n} \langle \chi_{ma} | \hat{V}_m | \chi_{nb} \rangle \tag{5.2.29b}$$

这样,式(5.2.26)成为

$$\hat{H} = \sum_{a;m=R,P} \langle \chi_{ma} | \hat{H} | \chi_{ma} \rangle | m_a \rangle \langle m_a | + \sum_{a,b;m \neq n = R,P} V_{ma;nb} | \chi_{ma} \rangle \langle \chi_{nb} | \tag{5.2.30}$$

在非绝热质子态表象下,复合系统的波函数可表示为

$$\psi(q, Y) = |\psi\rangle = \sum_{m,a} \Theta_{m_a}(Y) \chi_{m_a}(q, Y)$$

$$= \sum_{m,a} \Theta_{m_a}(Y) | \chi_{m_a} \rangle \tag{5.2.31}$$

对于二态系统,反应物和产物各取一个能量最低态,分别记为 $|R\rangle = |\chi_{R0}\rangle$ 和 $|P\rangle = |\chi_{P0}\rangle$,则

$$\hat{H} = \hat{H}_R |R\rangle\langle R| + \hat{H}_P |P\rangle\langle P| + V_{RP} |R\rangle\langle P| + V_{PR} |P\rangle\langle R| \tag{5.2.32}$$

其中,$V_{RP} = V_{PR}^* = \Delta$ 为反应物(即质子给体 D)态 $|R\rangle$ 和产物(即受体 A)态 $|P\rangle$ 之间相互作用项,其主要来自氢键相互作用(式(5.2.1)).反应物哈密顿量 $\hat{H}_R$ 和产物哈密顿量 $\hat{H}_P$ 分别为

$$\begin{cases} \hat{H}_R = \langle R | \hat{H} | R \rangle = \hat{T}_E + U_R(Y) \\ \hat{H}_P = \langle P | \hat{H} | P \rangle = \hat{T}_E + U_P(Y) \end{cases} \tag{5.2.33}$$

其中

$$\begin{cases} U_R(Y) = E_R(Y) + V_E(Y) \\ U_P(Y) = E_P(Y) + V_E(Y) \end{cases} \tag{5.2.34}$$

这里,$E_R(Y)$ 和 $E_P(Y)$ 分别是 $\hat{H}_R$ 和 $\hat{H}_P$ 的本征能量.

哈密顿量(式(5.2.32))也可以用矩阵表示成

$$H_{RP} = \begin{bmatrix} \hat{H}_R & V_{RP} \\ V_{PR} & \hat{H}_P \end{bmatrix} \tag{5.2.35}$$

非绝热(局域)质子振动态表象和绝热(非局域)表象之间可以转化.把绝热表象振动波函数 $|0\rangle$ 和 $|1\rangle$ 写成非绝热表象的振动波函数 $|R\rangle$ 和 $|P\rangle$ 的线性组合:

$$\begin{cases} |0\rangle = c_{R0} |R\rangle + c_{P0} |P\rangle \\ |1\rangle = c_{R1} |R\rangle + c_{P1} |P\rangle \end{cases} \tag{5.2.36}$$

其中

$$c_{Pi}^2 = 1 - c_{Ri}^2, \quad i = 0, 1 \tag{5.2.37}$$

把式(5.2.35)对角化可得到

$$\begin{cases} c_{R0}^2 = \dfrac{4|\Delta|^2}{4|\Delta|^2 + (\Delta E + \sqrt{(\Delta E)^2 + 4|\Delta|^2})^2} \\[4mm] c_{R1}^2 = \dfrac{4|\Delta|^2}{4|\Delta|^2 + (-\Delta E + \sqrt{(\Delta E)^2 + 4|\Delta|^2})^2} \end{cases} \tag{5.2.38}$$

其中，$\Delta E = U_R(Y) - U_P(Y)$. 这样，可以把质子-环境哈密顿量的非绝热质子表象变换成绝热质子表象，得到绝热质子表象下的振动基态哈密顿量 $H_0(Y)$ 和第一激发态哈密顿量 $H_1(Y)$ (4.2.3 小节)：

$$H_0(Y) = \hat{T}_E + \frac{1}{2}\left(U_R(Y) + U_P(Y) - \sqrt{(\Delta E)^2 + 4|\Delta|^2}\right) \quad (5.2.39)$$

$$H_1(Y) = \hat{T}_E + \frac{1}{2}\left(U_R(Y) + U_P(Y) + \sqrt{(\Delta E)^2 + 4|\Delta|^2}\right) \quad (5.2.40)$$

由式(5.2.39)，耦合项 V_{RP} 也可以表示为

$$\Delta = V_{RP} = \frac{1}{2}\sqrt{(H_1(Y) - H_0(Y))^2 - (\Delta E)^2} \quad (5.2.41)$$

如上所述，反应物-产物氢键相互作用项 V_{RP} 与 Q 的关系由式(5.2.4)给出.

由式(5.2.39)和式(5.2.40)，我们得到两个绝热势函数 U_0 和 U_1（如图5.5所示）：

$$U_{0,1}(Y) = \frac{1}{2}\left(U_R(Y) + U_P(Y) \mp \sqrt{(\Delta E)^2 + 4|Y|^2}\right) \quad (5.2.42)$$

其中，$U_m(Y)(m = R, P)$ 由式(5.2.28)给出，而 ΔE 为

$$\Delta E = U_R(Y) - U_P(Y) \quad (5.2.43)$$

图5.5中两条黑色实线分别对应振动基态 U_0（式(5.2.42)中取减号）和最低激发态 U_1.

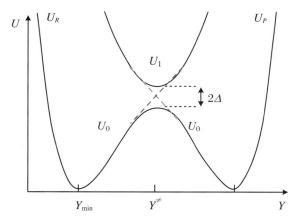

图5.5 沿溶剂坐标的绝热势能面 U_0 和 U_1
分裂能为 2Δ.

在交叉点 $Y = Y^{\neq}$，$\Delta E = 0$，基态绝热势能面的能垒 $\Delta E^{\neq}$ 为

$$\Delta E^{\neq} = U_0(Y^*) - U_R(Y_{\min}) = U_R(Y^*) - |\Delta| - U_R(Y_{\min}) \quad (5.2.44a)$$

一般而言，速率过程需要满足 $\Delta E^{\neq} \geqslant 0$，即

$$|\Delta| \leqslant U_R(Y^*) - U_R(Y_{\min}) \leqslant E_r \quad (5.2.44b)$$

其中，E_r 为重组能.

5.2.3　振动绝热和非绝热质子转移反应

与4.2.3小节讨论类似，对质子转移是否为振动绝热或非绝热反应的一个定性判据是对比质子从给体到受体相干运动的周期 $t_{\text{pro}} = \dfrac{\hbar}{|\Delta|}$（式(4.2.53)）和式(4.2.54)的环境振子的振动周期 $t_{\text{vib}} = \dfrac{2\pi}{\omega_{\text{vib}}}$. 如果 $t_{\text{pro}} \ll t_{\text{vib}}$，即质子运动远比环境（溶剂）自由度快，则绝热近似成立. 在绝热近似下，式(5.2.18)中的非绝热算符 $\hat{\mathcal{T}}_{\mu\nu}$ 很小，可以忽略，质子在转移过程中不会因 $\hat{\mathcal{T}}_{\mu\nu}$ 耦合跃迁到振动激发态上去，亦即质子转移系统都处于振动基态上，$|0\rangle = |\chi_0\rangle$，其特点为质子态波函数是非局域的，会延展到整个 DHA 复合体. 质子振动基态哈密顿量为（式(5.2.21)）

$$\hat{H}_0(Y) = \langle 0|\hat{H}|0\rangle = \langle 0|\hat{H}_s + \hat{H}_E^{(0)}|0\rangle$$
$$= \hat{T}_E + U_0(Y) = \hat{T}_E + E_0(Y) + V_E(Y) \quad (5.2.45)$$

另外，第一振动激发态哈密顿量为

$$\hat{H}_1(Y) = \langle \chi_1|\hat{H}|\chi_1\rangle = \hat{T}_E + E_1(Y) + V_E(Y) \quad (5.2.46)$$

分别对应于由非绝热表象表达式(5.2.39)和式(5.2.40).

在绝热极限下，由于氢键相互作用比较大，因而能级劈裂 $2|\Delta|$ 比较大，质子转移保持在振动基态 $|0\rangle$ 的双势阱绝热势能面上进行. 反之，如果氢键相互作用 $|\Delta|$ 比较弱，即 $t_{\text{vib}} \ll t_{\text{pro}}$，质子的运动比环境坐标运动（比如蛋白质的构象运动）慢，则质子转移是非绝热反应. 在此情形下，反应物和产物在空间上由高能垒隔开，因而质子波函数是局域的. 溶剂反应坐标快速通过能量交叉区域（过渡态区域），而质子波包只有部分到达了产物态. 在5.3节我们将分别进行讨论.

5.2.4　谐振子近似

在非绝热表象下,对势函数 $U_m(Y)$ ($m = R, P$; $Y = Q, Z$)作谐振子近似,在平衡点附近展开,$U_m(Y)$ 可以用简正模 y_j 表示成

$$U_m(Y_0) = E_m^{(0)} + \sum_j \frac{1}{2} \omega_j^2 (y_j + q_{mj}^{(0)})^2 \qquad (5.2.47)$$

其中,假设质子转移不改变环境简正振动的频率($\omega_{Rj} = \omega_{Pj} = \omega_j$),并假设简正模在反应物和产物态的平衡位置分别为(式(5.2.11))

$$q_{Rj}^{(0)} = \frac{c_j}{2\omega_j^2}, \quad q_{Pj}^{(0)} = -\frac{c_j}{2\omega_j^2} \qquad (5.2.48)$$

热浴谐振子的频率定义了谱密度

$$J(\omega) = \frac{\pi}{2} \sum_j \frac{c_j^2}{\omega_j} \delta(\omega - \omega_j) \qquad (5.2.49)$$

这样,在谐振子近似下式(5.2.35)哈密顿矩阵中的对角元 $\hat{H}_R$ 和 $\hat{H}_P$ 分别为

$$\begin{cases} \hat{H}_R = \sum_\xi \frac{1}{2} \hat{p}_j^2 + \frac{1}{2} \omega_j^2 \left(y_j + \frac{c_j}{2\omega_j^2} \right)^2 \\ \hat{H}_P = \sum_j \frac{1}{2} \hat{p}_j^2 + \frac{1}{2} \omega_j^2 \left(y_j - \frac{c_j}{2\omega_j^2} \right)^2 - \varepsilon \end{cases} \qquad (5.2.50)$$

其中,设 $E_R^{(0)} = 0$, $\varepsilon = E_R^{(0)} - E_P^{(0)}$.

如果把 Q-模与环境坐标 Z 分开,并假设 Q 与 Z 的耦合是双线性的,$\hat{H}_R$ 和 $\hat{H}_P$ 可写为

$$\hat{H}_R = \frac{1}{2} \hat{p}_Q^2 + \frac{1}{2} \omega_Q^2 (Q + Q_0)^2 + \sum_j \frac{1}{2} \hat{p}_j^2 + \frac{1}{2} \omega_j^2 \left(z_j + \frac{c_j Q}{2\omega_j^2} \right)^2 \qquad (5.2.51)$$

$$\hat{H}_P = \frac{1}{2} \hat{p}_Q^2 + \frac{1}{2} \omega_Q^2 (Q - Q_0)^2 + \sum_j \frac{1}{2} \hat{p}_j^2 + \frac{1}{2} \omega_j^2 \left(z_j - \frac{c_j Q}{2\omega_j^2} \right)^2 - \varepsilon \qquad (5.2.52)$$

其中,$Q = -Q_0$ 和 $Q = Q_0$ 分别是没有与溶剂耦合(真空)情形下反应物和产物所处位置.

在绝热表象下,振动基态哈密顿量由式(5.2.45)给出,为 $\hat{H}_0(Q, Z) = \hat{T}_E +$

$U_0(Q, Z)$. 对环境变量 Z 作谐振子近似,并假设 Q 与 Z 的耦合是双线性的,则 $\hat{H}_0(Q, Z)$ 可表示成

$$\hat{H}_0(Y) = \frac{1}{2m_0}\hat{p}_Q^2 + V_0(Q) + \sum_j \left(\frac{1}{2m_j}\hat{p}_j^2 + \frac{1}{2}m_j\omega_j^2 \left(z_j - \frac{c_j Q}{m_j \omega_j^2} \right)^2 \right) \quad (5.2.53)$$

其中,m_0 是给体原子和氢原子的约化质量,近似等于氢原子的质量. 5.5.2 小节中将讨论在经典动力学中,式(5.2.53)哈密顿量对应于广义郎之万方程.

5.3 振动绝热和非绝热质子转移反应的量子理论

5.3.1 振动绝热量子过渡态反应速率常数:平均力势方法

如上所述,振动绝热质子转移反应发生在振动基态势能面 $U_0(Y)$ 上(式(5.2.23b)).求解定态 PT 系统式(5.2.9)哈密顿量对应的薛定谔方程得到质子振动基态势函数 $E_0(Y)$,再加上环境势函数 $V_E(Y)$,从而得到 $U_0(Y) = E_0(Y) + V_E(Y)$(式(5.2.45)).$U_0(Y)$ 是高维势能面,一般有两个极小值点分别对应于反应物(氢键给体)和反应物(氢键受体).如仅从势能面上考虑,质子转移反应就是 DHA 系统从反应物对应的极小值点(图 5.6)沿着能量最小反应途径到达另一个产物对应的极小值点的过程.

然而,化学反应大多会受到热力学活化驱动,反应速率是温度的函数,因而我们往往需要从自由能面上的反应途径来阐述反应机理和计算反应速率.为此,我们可以定义反应坐标 X,它是环境坐标 Y 的函数,即 $X = \eta(Y)$.沿反应坐标 X 的反应力势(potential of mean force,PMF),W 定义为

$$W = -k_B T \ln P(X) \quad (5.3.1)$$

其中,$P(X)$ 是概率密度函数,即

$$P(X) = \langle \delta[X - \eta(Y)] \rangle \quad (5.3.2)$$

这里,$\langle \cdots \rangle$ 是玻尔兹曼热力学统计平均.式(5.2.51)和式(5.2.52)可以计算沿反应途径的自由能函数.

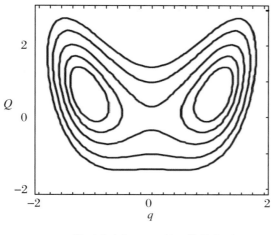

| (a) 沿反应坐标(Q, q)的二维势能面 | (b) 沿质子反应坐标q的一维势函数 |

图 5.6 质子转移反应

在非绝热表象下,质子振动基态哈密顿量 $H_0(Y)$ 由式(5.2.39)给出,其势函数为

$$U_0(Y) = \frac{1}{2}\left(U_R(Y) + U_P(Y) - \sqrt{(\Delta E)^2 + 4|\Delta|^2}\right) \tag{5.3.3}$$

在质子转移反应中,经常以反应物态和产物态势能差作为反应坐标:

$$X = \Delta E = U_R(Y) - U_P(Y) \tag{5.3.4}$$

这样 H_0 可重新写成

$$\begin{aligned}
H_0 &= \hat{T}_E + \frac{1}{2}\left(U_R(Y) + U_P(Y) - \sqrt{X^2 + 4|\Delta|^2}\right) \\
&= \hat{T}_E + U_R(Y) - \frac{1}{2}X - \frac{1}{2}\sqrt{X^2 + 4|\Delta|^2} \\
&= \hat{T}_E + U_P(Y) + \frac{1}{2}X - \frac{1}{2}\sqrt{X^2 + 4|\Delta|^2}
\end{aligned} \tag{5.3.5}$$

势能面 $U_R(Y)$ 和 $U_P(Y)$ 都是高维函数,而 X 则是一维的,具有高度约化特点. 当 $X \rightarrow -\infty$,由式(5.3.5),$H_0(X) \rightarrow \hat{H}_R$,系统处于反应物区域的概率 $c_{R0}^2 \rightarrow 1$. $X = 0$ 为反应物和产物势函数交叉点,在绝热势能面上对应于过渡态,此时 $H_0(X = 0) = \hat{H}_R - V_{RP}$,$c_{R0}^2 = \frac{1}{2}$. $X \rightarrow \infty$,$H_0(X) \rightarrow \hat{H}_R$ $c_{P0}^2 = 1$,$H_0(X) \rightarrow \hat{H}_P$,PT 系统处于产物区域.

设环境坐标 Y 有 N 个坐标分量,$Y = \{y_j, j = 1, 2, \cdots, N\}$. 振动基态哈密顿量可写为

$$\hat{H}_0 = \frac{1}{2} p^{\mathrm{T}} \frac{1}{M} p + U_0(Y) \tag{5.3.6}$$

其中,上标 T 表示转置,$p^{\mathrm{T}} = \{p_j, j = 1, 2, \cdots, N\}$,$M$ 是对角化质量矩阵(矩阵元为 M_j).

把 $Y = \{y_j, j = 1, 2, \cdots, N\}$ 坐标系统转化成 X 和 $x = \{x_k, k = 1, 2, \cdots, N-1\}$. 式(5.3.5)哈密顿量可写成(Schenter et al., 2003)

$$\hat{H}_0(Y) = \frac{1}{2m_0} \hat{p}_0^2 + \frac{1}{2} \hat{p}_x^{\mathrm{T}} \frac{1}{M_x} \hat{p}_x + U_0(X, x) \tag{5.3.7}$$

其中 $\hat{p}_0$ 是反应坐标 X 对应的动量,$\eta(Y)$ 由式(5.3.2)给出,M_0 是质量函数,满足

$$M_0^{-1} = \sum_{j=1}^{N} \frac{1}{M_j} \left(\frac{\partial \eta}{\partial y_j} \right)^2 \tag{5.3.8}$$

沿反应坐标 $X = \eta(Y)$ 的平均力势 $W(X)$ 的指数形式可写为

$$\mathrm{e}^{-\beta W(X)} = \langle \delta(X - \eta) \rangle = \frac{1}{Z_0} \int \frac{\mathrm{d}Y \mathrm{d}p}{h^{3N}} \mathrm{e}^{-\beta \hat{H}_0} \delta(X - \eta) \tag{5.3.9}$$

其中,配分函数 $Z_0 = \int \mathrm{d}p \mathrm{d}Y \mathrm{e}^{-\beta \hat{H}_0}$.

以谐振子近似下的哈密顿量为例,由式(5.2.50)哈密顿量,式(5.3.5)哈密顿量 $H_0(X)$ 可写为

$$\hat{H}_0(X) = \sum_j \frac{1}{2} p_j^2 + \frac{1}{2} \omega_j^2 y_j^2 - \sqrt{\frac{X^2}{4} + |\Delta|^2} + \frac{E_r}{4} - \frac{\varepsilon}{2} \tag{5.3.10}$$

其中,E_r 为环境重组能:

$$E_r = \frac{1}{2} \sum_j \frac{c_j^2}{\omega_j^2} \tag{5.3.11}$$

反应坐标 $X = \Delta E$ 为

$$X = \sum_j c_j y_j + \varepsilon \tag{5.3.12}$$

有效质量函数

$$m_0^{-1} = \sum_j \left(\frac{\partial X}{\partial y_j} \right)_{X = X^{\neq}}^2 = \sum_j c_j^2 \tag{5.3.13}$$

沿反应坐标 X 绝热平均力势（PMF）为

$$W_{ad}(X) = -k_B T\ln\left|\frac{\int\prod_j dp_j dy_j \exp\left(-\frac{\hat{H}_0(X)}{k_B T}\right)\delta\left(X - \sum_j c_j y_j - \varepsilon\right)}{\int\prod_{\xi} dp_j dy_j \exp\left(-\frac{\hat{H}_0(X)}{k_B T}\right)}\right|$$

$$= \frac{(X + E_r - \varepsilon)^2}{4E_r} - \frac{X}{2} - \sqrt{\frac{X^2}{4} + |\Delta|^2} \tag{5.3.14}$$

假设 $V_{RP} = 0$，有

$$W_{ad}(X) = \frac{(X + E_r - \varepsilon)^2}{4E_r} - \frac{1}{2}(X + |X|) \tag{5.3.15}$$

当 $X < 0$ 时

$$W_{ad}(X) = W_R(X) = \frac{(X + E_r - \varepsilon)^2}{4E_r} \tag{5.3.16}$$

为反应物的平均力势. 而当 $X > 0$ 时

$$W_{ad}(X) = W_P(X) = \frac{(X + E_r - \varepsilon)^2}{4E_r} - X \tag{5.3.17}$$

为产物的平均力势.

对于 $0 < \Delta < E_r$，绝热平均力势 $W_{ad}(X)$ 是双势阱函数，并在两个极小值（对应于反应物和产物）之间有一个极大值点（对应于过渡态）：

$$X^{\neq} = \frac{2\varepsilon V_{RP}}{\sqrt{E_r^2 - \varepsilon^2}} + o(\Delta^2), \quad W_{ad}(X^{\neq}) = \frac{(E_r - \varepsilon)^2}{4E_r} + o(\Delta) \tag{5.3.18a}$$

两个极小值点分别为

$$X_{min}^{(R)} = \varepsilon - E_r, \quad X_{min}^{(P)} = \varepsilon + E_r \tag{5.3.18b}$$

我们讨论绝热质子转移反应速率理论主要针对这种情形.

如果 $V_{RP} > E_r$，这时 $W_{ad}(X)$ 仅有一个极小值点 $X_{min} = 0$. 这时，质子转移并不是速率过程. 对质子转移需要用量子动力学方法来描述.

量子过渡态理论给出一般绝热反应速率常数的表达式：

$$k = \langle\hat{p}_0^{\perp} h(\hat{p}_0^{\perp})\delta(X - X^{\neq})\rangle_R \tag{5.3.19}$$

这里，$\langle \cdots \rangle_R = \dfrac{1}{Z_R} \mathrm{tr}(\mathrm{e}^{-\beta \hat{H}_0} \cdots)$，$\beta = \dfrac{1}{k_B T}$，反应物配分函数 $Z_R = \mathrm{tr}(\mathrm{e}^{-\beta \hat{H}_0} h(X^{\neq} - X))$，

$\hat{p}_{0\perp}$ 是反应坐标对应的速度在垂直分界面 $S = X - X^{\neq}$ 方向的分量. 当 $\hat{p}_{0\perp} > 0$ 时，对正向反应速率常数有贡献；而当 $\hat{p}_{0\perp} < 0$ 时，正向反应速率常数没有贡献. 这两种情形由阶梯函数 $h(x)$ 来描述：

$$h(x) = \begin{cases} 1, & x \geqslant 0 \\ 0, & x < 0 \end{cases} \tag{5.3.20}$$

对于式(5.3.10)哈密顿量 $\hat{H}_0(X)$，我们可以直接计算振动绝热质子转移反应速率. 在 $\Delta = V_{RP} \ll E_r$ 极限下，可以得到过渡态速率常数

$$k_{\mathrm{TST}}^{(p)} = \frac{\omega_{b0}}{2\pi} \mathrm{e}^{-\beta \Delta G^{\neq}} \tag{5.3.21}$$

其中

$$\begin{cases} \Delta G^{\neq} \cong W_{\mathrm{ad}}(X^{\neq}) \\ \omega_{b0}^2 = \dfrac{\sum\limits_j c_j^2}{\sum\limits_j c_j^2 / \omega_j^2} = \dfrac{1}{m_0 \displaystyle\int_0^{\infty} \mathrm{d}\omega \dfrac{J(\omega)}{\omega}} \end{cases} \tag{5.3.22}$$

而经典过渡态速率常数

$$k_{\mathrm{TST}}^{(0)} = \frac{1}{\beta h} \frac{Z^{\neq}}{Z_R} \mathrm{e}^{-\beta \Delta G^{\neq}} \cong \frac{\omega_0}{2\pi} \mathrm{e}^{-\beta \Delta G^{\neq}} \tag{5.3.23}$$

这里，$Z^{\neq}$ 和 Z_R 分别是过渡态和反应物的配分函数，ω_0 是反应物极小值处的频率，$\Delta G^{\neq}$ 是过渡态相对反应物的自由能差.

Schenter，Garrett 和 Truhlar(SGT)用平均力势来表示反应速率常数(Schenter et al.，2003). Wang 和 Hammes-Schiffer 把 SGT 方法应用于质子转移反应，得到反应速率常数表达式(Wang，Hammes-Schiffer，2006)：

$$k_{\mathrm{TST}}^{(\mathrm{SGT})} = \frac{1}{\sqrt{2\pi \beta m_0}} \mathrm{e}^{-\beta \Delta G^{\neq}} \tag{5.3.24}$$

式(5.3.24)和式(5.3.21)速率常数表达式的主要差别在于指数前的因子，其根源在于两者平均力势表达式的不同.

5.3.2　振动非绝热质子转移反应速率常数

对于非绝热质子转移反应,采用非绝热表象,式(5.2.32)哈密顿量也可写成

$$\hat{H} = \hat{H}_0 + \hat{V}' \tag{5.3.25}$$

其中

$$\begin{cases} \hat{H}_0 = \hat{H}_R \,|R\rangle\langle R| + \hat{H}_P \,|P\rangle\langle P| \\ \hat{V}' = \hat{V}_{RP} \,|R\rangle\langle P| + \hat{V}_{PR} \,|P\rangle\langle R| \end{cases} \tag{5.3.26}$$

式(5.3.25)哈密顿量与式(4.3.13)哈密顿量形式上一致.因而,速率常数的表达式在形式上也相似.对 $\hat{V}'$ 进行微扰处理,可得到非绝热质子转移反应的速率常数费米黄金定则表达式

$$k_{\mathrm{PT}} = \frac{1}{\hbar^2} \int_{-\infty}^{\infty} \mathrm{d}t \, \mathrm{tr}\big(\rho_R^{(\mathrm{eq})} \mathrm{e}^{\frac{\mathrm{i}}{\hbar}\hat{H}_R t} \hat{V}_{RP} \mathrm{e}^{-\frac{\mathrm{i}}{\hbar}\hat{H}_A t} \hat{V}_{PR}\big) \tag{5.3.27}$$

Voth 等应用量子过渡态理论针对式(5.3.25)哈密顿量也得到与式(5.2.27)相同的速率常数表达式(Voth et al.,1989a).

在谐振子近似下,反应物和产物哈密顿量 $\hat{H}_R$ 和 $\hat{H}_P$ 由式(5.2.50)确定,即

$$\begin{cases} \hat{H}_R = \sum_j \frac{1}{2} \, \hat{p}_j^2 + U_R(Y) \\ \hat{H}_P = \sum_j \frac{1}{2} \, \hat{p}_j^2 + U_P(Y) \end{cases} \tag{5.3.28}$$

其中

$$\begin{cases} U_R(Y) = \sum_j \frac{1}{2}\omega_j^2 \left(y_j + \dfrac{c_j}{2\omega_j^2} \right)^2 \\ U_P(Y) = \sum_j \frac{1}{2}\omega_j^2 \left(y_j - \dfrac{c_j}{2\omega_j^2} \right)^2 - \varepsilon \end{cases} \tag{5.3.29}$$

假设 $\hat{V}_{RP} = \hat{V}_{PR} = \Delta$ 不依赖核坐标(即 Franck-Condon 近似).在高温近似下,可以得到 Marcus 速率表达式(式(4.3.61)).

$$k_{\mathrm{PT}} = \sqrt{\frac{\pi\beta}{\hbar^2 E_r}} |\Delta|^2 e^{-\frac{\beta(E_r-\varepsilon)^2}{4E_r}} \tag{5.3.30}$$

其中,$\beta = \dfrac{1}{k_B T}$,$E_r = U_R(Y_{\mathrm{eq}}^R) - U_P(Y_{\mathrm{eq}}^P)$,$Y_{\mathrm{eq}}^R$ 和 Y_{eq}^P 分别为反应物和产物平衡构型时的环境坐标值,重组能为(式(5.3.11))

$$E_r = U_R(Y_{\mathrm{eq}}^R) - U_P(Y_{\mathrm{eq}}^R) = \frac{1}{2}\sum_j \frac{c_j^2}{\omega_j^2} \tag{5.3.31}$$

利用定义,非绝热平均力势为

$$W_i = -k_B T \ln P_i(X), \quad i = R, P \tag{5.3.32}$$

其中

$$P_i(X) = \frac{\int \mathrm{d}Y \mathrm{d}P_Y e^{-\beta\hat{H}_i} \delta\left(X - \sum_j c_j y_j - \varepsilon\right)}{\int \mathrm{d}Y \mathrm{d}P_Y e^{-\beta\hat{H}_i}} \tag{5.3.33}$$

这里,$\mathrm{d}Y \mathrm{d}P_Y = \displaystyle\prod_{j=1}^N \mathrm{d}y_j \mathrm{d}p_{y_j}$.把式(5.3.29)代入式(5.3.33),有

$$W_R(X) = \frac{(X + E_r - \varepsilon)^2}{4E_r}, \quad W_P(X) = \frac{(X - E_r - \varepsilon)^2}{4E_r} - \varepsilon \tag{5.3.34}$$

这两个平均力势函数都是抛物线形的,极小值点分别为 $X_{\min}^R = \varepsilon - E_r$ 和 $X_{\min}^P = \varepsilon + E_r$,交叉点(即过渡态)为 $X^{\neq} = 0$. 在此点

$$\Delta G^{\neq} = \frac{(E_r - \varepsilon)^2}{4E_r} \tag{5.3.35}$$

即为式(5.3.30)的活化自由能.

下面我们讨论精确的量子反应速率理论和量子过渡态理论,它们对振动绝热和非绝热的质子转移反应都适用.

5.4 精确量子反应速率理论

5.4.1 对称量子流算符表示

Miller,Schwartz 和 Tromp(MST)提出了基于对称化的热力学流算符 $\hat{F}(\beta, q_{ds})$ 的精确量子反应速率公式(Miller et al.,1983)

$$k_{QM} = Z_R^{-1} \mathrm{tr}(\hat{F}(\beta, q_{ds}) \hat{P}) \tag{5.4.1}$$

其中,Z_R 是反应物配分函数,$\hat{F}(\beta, q_{ds})$ 定义为

$$\hat{F}(\beta, q_{ds}) = \mathrm{e}^{-\beta \hat{H}/2} \hat{F}(q_{ds}) \mathrm{e}^{\beta \hat{H}/2} \tag{5.4.2}$$

这里,q_{ds}是任意的分界面位置,$\hat{H}$ 是复合系统的哈密顿量,流算符 $\hat{F}(q_{ds})$ 用来测量通过 q_{ds} 的分隔面(dividing surface)量子反应流:

$$\hat{F}(q_{ds}) = \frac{1}{2m}(\delta(q - q_{ds})\hat{p}_q + \hat{p}_q\delta(q - q_{ds})) \tag{5.4.3}$$

其中,q 和 $\hat{p}_q$ 分别是反应坐标及其对应的动量算符.

式(5.4.1)中的投影算符 $\hat{P}$ 是阶梯函数演化算符的长时极限:

$$\hat{P} = \lim_{t \to t_p} \mathrm{e}^{\frac{\mathrm{i}}{\hbar}\hat{H}t} \hat{h}(q - q_{ds}) \mathrm{e}^{-\frac{\mathrm{i}}{\hbar}\hat{H}t} \tag{5.4.4}$$

其中,t_p 是反应流函数达到平台的时间,亦即速率过程形成时间.

式(5.4.1)也可写成积分形式:

$$k_{QM} = \frac{1}{Z_R} \int_0^{t_p} C_f(t) \tag{5.4.5}$$

其中,t_p 是积分达到平台时间(亦即反应速率过程形成时间),$C_f(t)$ 是量子反应流算符关联函数:

$$C_f(t) = \text{tr}(\hat{F}(q_{ds}) e^{i\hat{H}_0 t_c/\hbar} \hat{F}(q_{ds}) e^{-i\hat{H}_0 t_c/\hbar})$$

$$= \text{tr}(\hat{F}(q_{ds}) \hat{F}(q_{ds}, t_c)) \tag{5.4.6}$$

其中,复时间 $t_c = t - i\hbar\beta/2$ 来源于演化算符 $e^{-i\hat{H}_0 t/\hbar}$ 和玻尔兹曼算符 $e^{-\beta\hat{H}_0}$ 的组合.

5.4.2 谐振子环境耦合的质子转移反应速率常数的计算

Topaler 和 Makri(1994)对与谐振子热浴线性耦合的质子传递系统,应用路径积分方法计算了精确量子速率常数(即式(5.4.1)).在绝热表象下,复合系统哈密顿量为(即式(5.2.11))

$$\hat{H} = \frac{1}{2m_0}\hat{p}_q^2 + V_0(q) + \sum_j \left(\frac{1}{2m_j}\hat{p}_j^2 + \frac{1}{2}m_j\omega_j^2 \left(y_j - \frac{c_j q}{m_j\omega_j^2} \right)^2 \right) \tag{5.4.7}$$

这里,m_0 是质子的质量,质子系统反应坐标用 q 来表示.其中,$V_0(q)$采用对称的双势阱函数:

$$V_0(q) = -a_1 q^2 + a_2 q^4 = -\frac{1}{2}m_0\omega_b^2 q^2 + \frac{1}{6}m_0(\omega_b^2 + \omega_0^2)q^4 \tag{5.4.8}$$

反应物、产物和鞍点位置分别为 $q_R = -\sqrt{\dfrac{3\omega_b^2}{2(\omega_b^2 + \omega_0^2)}}$, $q_P = \sqrt{\dfrac{a_1}{2a_2}} = q_0$ 和 $q_b = 0$,对应的势能值分别为 $V_0(q_R) = V_0(q_P) = -\dfrac{a_1^2}{4a_2}$.鞍点(过渡态)为 $q_b = 0$,在鞍点处的势能值为 $V_0(q_b) = 0$.因此,鞍点处的势垒高度为 $E_b = V_0(q_b) - V_0(q_R) = \dfrac{a_1^2}{4a_2}$.鞍点处的频率定义为 $\omega_b = \sqrt{\dfrac{-V_0''(q_b)}{m_0}} = \sqrt{\dfrac{2a_1}{m_0}}$,而在 $q_R = -\sqrt{\dfrac{a_1}{2a_2}}$ 处的频率 $\omega_0 = \sqrt{\dfrac{V_0''(q_R)}{m_0}}$

$= \sqrt{\dfrac{6a_2 - 2a_1}{m_0}}$.

热浴谐振子谱密度函数采用指数截断的欧姆形式:

$$J(\omega) = \gamma\omega e^{-\omega/\omega_c} \tag{5.4.9}$$

其中,γ 是系统-热浴耦合系数,当截断频率 $\omega_c \to \infty$ 时,γ 为经典力学中可测量的摩擦系数(5.5 节讨论).

在非绝热表象下,上述质子传递系统也可以表示成反应物(R)和产物(P)二态系统,其哈密顿量

$$\hat{H} = \hat{H}_R |R\rangle\langle R| + \hat{H}_P |P\rangle\langle P| + \Delta(|R\rangle\langle P| + |P\rangle\langle R|) \qquad (5.4.10)$$

其中,Δ 是耦合系数,且

$$\begin{cases} \hat{H}_R = \dfrac{1}{2m_0}\hat{p}_q^2 + \dfrac{1}{2}m_0\omega_0^2(q+q_0)^2 + \sum_j\left(\dfrac{1}{2m_j}\hat{p}_j^2 + \dfrac{1}{2}m_j\omega_j^2\left(y_j + \dfrac{c_jq}{m_j\omega_j^2}\right)^2\right) \\[4mm] \hat{H}_P = \dfrac{1}{2m_0}\hat{p}_q^2 + \dfrac{1}{2}m_0\omega_0^2(q-q_0)^2 + \sum_j\left(\dfrac{1}{2m_j}\hat{p}_j^2 + \dfrac{1}{2}m_j\omega_j^2\left(y_j - \dfrac{c_jq}{m_j\omega_j^2}\right)^2\right) \end{cases}$$

$$(5.4.11)$$

如果系统-环境没有耦合(即 $c_\xi = 0$),则 $\hat{H}$ 成为

$$\begin{aligned} \hat{H} = {} & \hat{H}_R(q)|R\rangle\langle R| + \hat{H}_P(q)|P\rangle\langle P| + \Delta(|R\rangle\langle P| + |P\rangle\langle R|) \\ & + \sum_j\left(\dfrac{1}{2m_j}\hat{p}_j^2 + \dfrac{1}{2}m_j\omega_j^2 y_j^2\right) \end{aligned} \qquad (5.4.12)$$

这时,$\hat{H}_R(q) = \dfrac{1}{2m_0}\hat{p}_q^2 + \dfrac{1}{2}m_0\omega_0^2(q+q_0)^2$,$\hat{H}_P(q) = \dfrac{1}{2m_0}\hat{p}_q^2 + \dfrac{1}{2}m_0\omega_0^2(q-q_0)^2$. 质子转移只与质子系统本身有关,而与环境无关. 这时质子转移量子动力学是相干振荡的,而不是速率过程.

Topaler 和 Makri 针对势垒相对较高和截断频率较大(DW1 模型)与势垒相对较低和截断频率较小(DW2 模型)进行了数值计算. 模型 DW1 和 DW2 的双势阱函数的参数分别为

DW1:$E_b = 2085 \text{ cm}^{-1}$,$\omega_b = 500 \text{ cm}^{-1}$,$\omega_0 = 707 \text{ cm}^{-1}$,$\omega_c = 500 \text{ cm}^{-1}$,$\Delta = V_{RP} = 0.00107 \text{ cm}^{-1}$;

DW2:$E_b = 1043 \text{ cm}^{-1}$,$\omega_b = 500 \text{ cm}^{-1}$,$\omega_0 = 707 \text{ cm}^{-1}$,$\omega_c = 100 \text{ cm}^{-1}$,$\Delta = V_{RP} = 1.81 \text{ cm}^{-1}$.

经典过渡态理论给出速率常数为

$$k_{\text{TST}} \cong \frac{\omega_0}{2\pi}\text{e}^{-\beta E_b} \qquad (5.4.13)$$

定义量子传递系数(transmission coefficient)为

$$\kappa_{\text{QM}} = k_{\text{QM}}/k_{\text{TST}} \qquad (5.4.14)$$

量子传递系数 κ_{QM} 是温度的函数. 在高温时,质子转移反应主要通过热力学活化翻越势

垒;而在低温时,质子由隧穿效应(tunneling)穿过势垒.半经典理论给出由热力学活化到量子隧穿机制的转变温度 T_c 为

$$T_c = \frac{\hbar \lambda_0}{2\pi k_B} \tag{5.4.15}$$

其中,λ_0 是过渡态不稳定的简正模(即 $V_0(q)$ 在鞍点的频率 ω_b),满足如下关系:

$$\lambda_0 = \frac{\omega_b^2}{\lambda_0 + \widetilde{\gamma}(\lambda_0)} \tag{5.4.16}$$

这里,$\widetilde{\gamma}(\lambda_0)$ 是时间依赖的摩擦系数

$$\gamma(t) = \frac{1}{m_0} \sum_j \frac{c_j^2}{m_j \omega_j^2} \cos(\omega_j t) \tag{5.4.17}$$

的拉普拉斯变换:

$$\widetilde{\gamma}(\lambda) = \int_0^\infty \mathrm{d}t \gamma(t) \mathrm{e}^{-\lambda t} \tag{5.4.18}$$

代入谱密度函数,有

$$\widetilde{\gamma}(\lambda) = \frac{2}{\pi} \int_0^\infty \mathrm{d}\omega \frac{J(\omega)}{m_0 \omega} \frac{\lambda}{(\omega^2 + \lambda^2)} \tag{5.4.19}$$

量子传递系数 κ_{QM} 也是无量纲耗散参数($\gamma/(m_0\omega_b)$)的函数,$\gamma/(m_0\omega_b)$ 表示质子系统与环境耦合强度,是系统动力学衰减的表征,也可以看作环境对粒子产生的摩擦系数.当 $\gamma/(m_0\omega_b)$ 比较小时,经典传递系数 κ_{cl} 是经典反应速率常数 k_{cl} 与 k_{TST} 的比值,$\kappa_{cl} = k_{cl}/k_{TST}$.在环境-系统耦合比较小时,$\kappa_{cl}$ 随 $\gamma/(m_0\omega_b)$ 增大而增大;但当 $\gamma/(m_0\omega_b)$ 到达某个值 $\gamma_c/(m_0\omega_b)$(称之为转变点(turnover point))时,κ_{cl} 却随 $\gamma/(m_0\omega_b)$ 增大而变小.

这种反应速率随环境作用发生函数性质转变的现象最早由荷兰物理学家 Hendrik Anthony Kramers(1894—1952)发现.1940 年,Kramers 发表了题为《力场中的布朗运动与化学反应的扩散模型》的研究文章(Kramers,1940).在这篇文章中,Kramers 通过一维模型分析了环境如何影响粒子的运动,进而影响反应速率.在他的理论模型中,环境通过摩擦力来对粒子运动施加影响:在摩擦力比较大时,摩擦力会阻碍粒子的运动,从而使反应速率变小.然而,如果环境-系统没有相互作用,粒子难以获得足够的能量(活化能)翻越能垒,反应难以进行.故此,在摩擦力比较小时,摩擦力增加会使得反应速率增大.这样,反应速率作为摩擦系数的函数随着摩擦系数的变大,最初增大(对应于能量-扩散区域),随后又变小(对应于空间扩散区域)的现象,称为"Kramers 转变".

Topaler 和 Makri 的精确量子反应速率计算结果表明,当温度高($T = 300$ K,高于转

变温度）、摩擦系数小（对应于 DW1 模型，图 5.7(a)）时，量子传递系数 $\kappa_{QM}(t)$ 随时间展现出分步结构：$\kappa_{QM}(t)$ 在第一步首先到达极大值，维持一段时间后，再下降最终到达平台区，即 $t > t_{tp}$ 形成反应速率过程，$\kappa_{QM}(t) = k_{QM}(t)/k_{TST}$ 中的 $k_{QM}(t)$ 称为速率常数．这种反应速率常数由大变小的现象主要是量子反应流通过分隔面后又会折返（recrossing）引起的．

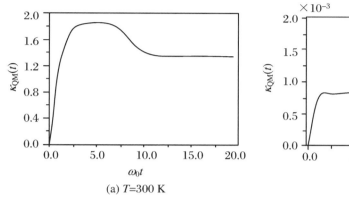 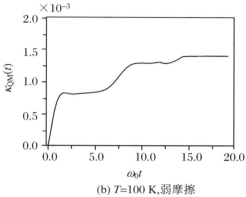

(a) $T = 300$ K (b) $T = 100$ K，弱摩擦

图 5.7 DW1 模型的量子传递系数

然而如图 5.7(b) 所示，当温度低（$T = 100$ K，低于转变温度）、摩擦系数小（DW1，能量-扩散区域）时，$\kappa_{QM}(t)$ 存在多个分步结构，每个分步存在一个暂态平台，而且随后出现的平台升高而不是像图 5.7(a) 显示的那样降低，直至最终达到稳定不变的平台（$t > t_{tp}$），展示了不同于高温下的动力学行为．中间每个平台的间隔时间，大抵与反应物简谐振动的周期 $t_{period} = \dfrac{2\pi}{\omega_0}$ 相当，显示 $\kappa_{QM}(t)$ 的这些动力学多步结构特征有可能来自振动的量子相干性，而中间平台随时间升高来源于在低温下质子核量子隧穿效应．

量子传递系数 κ_{QM} 随耗散参数（$\gamma/(m_0\omega_b)$）的典型变化（$T = 300$ K，DW1），如图 5.8 所示．精确量子速率理论计算结果（实心黑点）显示反应速率函数随摩擦系数变化而出现函数形式转变的现象，而且当 $T = 300$ K（高于转变温度）时，量子随 $\gamma/(m_0\omega_b)$ 的变化与经典的速率常数变化趋势基本一致．随着温度降低，转变点 $\gamma_c/(m_0\omega_b)$ 会向低摩擦系数方向移动．当温度降至 $T = 100$ K 时，由于热力学活化主要在高摩擦系数区域，而在低摩擦系数区域量子隧穿效应占优势．因而在计算中没有发现量子速率常数随 $\gamma/(m_0\omega_b)$ 变化的转变现象．

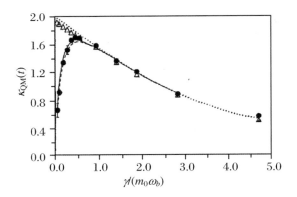

图 5.8　DW1 模型的量子传递系数随耗散参数($\gamma/(m_0\omega_b)$)的变化

图 5.9 给出了量子反应速率常数 k_{QM} 随温度倒数 $\beta \times 10^{-3}$ 的变化关系的计算结果. 其中,实线、长虚线和点虚线分别表示耗散参数 $\dfrac{\gamma}{m_0\omega_b} = 0.05, 0.1$ 和 0.5 时的 $\log k_{QM} \sim \beta \times 10^{-3}$ 的阿伦尼乌斯函数关系(DW1). 由图中显示的结果可见,随着耦合强度 $\dfrac{\gamma}{m_0\omega_b}$ 减小,从高温热力学活化到低温量子隧穿效应(即低温下反应速率常数对温度的依赖关系减弱)的转变明显.

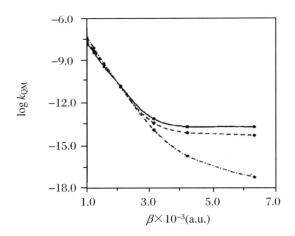

图 5.9　量子速率常数的以 10 为底的对数与 $\dfrac{1}{k_B T} \times 10^{-3}$ 的函数关系

实线:$\gamma/(m_0\omega_b) = 0.05$,虚线:$\gamma/(m_0\omega_b) = 0.1$;点划线:$\gamma/(m_0\omega_b) = 0.5$.

5.5 Wigner 表象的量子过渡态理论

基于路径积分的数值计算,精确量子反应速率理论对质子转移反应模型系统能给出各种情形下量子反应速率常数.然而,对于实际反应体系,尤其是生物复合系统,其自由度数目巨大,难以对所有自由度进行全量子力学处理.因此,一方面对精确的量子反应速率理论进行近似处理,发展出不同的量子过渡态理论,比如,Voth 及其合作者提出的基于路径积分的质心过渡态理论(Voth et al.,1989b;Cao,Voth,1994),Wang,Sun 和 Miller 发展了半经典初值表象(initial-value representation)方法对精确量子速率理论进行近似处理(Wang et al.,1998),Pollak 和 Liao 基于 Wigner 表象提出的量子过渡态理论(Pollak,Liao,1998).另一方面,在计算方法上发展起来对自由度众多的环境用经典动力学方法进行处理,而对反应系统中量子效应起着重要作用的自由度用量子理论进行处理,即所谓的混合量子-经典动力学方法(Liao,Pollak,2002).下面介绍我们发展起来的在 Wigner 表象中表达的量子过渡态理论(Pollak,Liao,1998).

5.5.1 Wigner 表象的量子过渡态反应速率常数表达式

式(5.4.1)量子反应速率常数可以写成如下反应流投影关联函数 $C_{\mathrm{fs}}(t)$ 形式:

$$k_{\mathrm{QM}} = Z_R^{-1} \lim_{t \to t_p} C_{\mathrm{fs}}(t) = Z_R^{-1} \lim_{t \to \infty} C_{\mathrm{fs}}(t) \tag{5.5.1}$$

式(5.5.1)表明在到达平台后($t > t_p$),k_{QM} 成为与时间无关的常数,即反应成为速率过程.其中

$$C_{\mathrm{fs}}(t) = \mathrm{tr}(\hat{F}(\beta, q_{\mathrm{ds}})\hat{P}(t)) = \mathrm{tr}(\hat{F}(\beta, q_{\mathrm{ds}}) e^{\frac{i}{\hbar}\hat{H}t} \hat{h}(q) e^{-\frac{i}{\hbar}\hat{H}t}) \tag{5.5.2}$$

假设 q 为反应坐标,体系哈密顿量 $\hat{H} = \hat{T} + V(q)$,势函数 $V(q)$ 存在鞍点(过渡态),$q = q_b$,在鞍点附近对 $V(q)$ 进行展开,具有倒抛物线形式(称为抛物线近似):

$$V(q) \cong V_{\mathrm{pb}}(q) = -\frac{1}{2} m_0 \omega_b^2 (q - q_b)^2 \tag{5.5.3}$$

其中，ω_b 是鞍点 q_b（过渡态）处的频率.

在海森伯表象下，倒抛物线势函数作用下的坐标算符 $\hat{q}(t)$ 随时间演化的轨线为

$$\hat{q}(t) - q_b = \hat{q}(0)\cosh(\omega_b t) + \frac{\hat{p}(0)}{m_0\omega_b}\sinh(\omega_b t)$$

$$= \hat{q}\cosh(\omega_b t) + \frac{\hat{p}}{m_0\omega_b}\sinh(\omega_b t) \tag{5.5.4}$$

投影算符 $\hat{P}(t)$ 可近似表达为

$$\hat{P}(t) \cong \hat{P}_{\mathrm{pb}}(t) = \mathrm{e}^{\frac{\mathrm{i}}{\hbar}\hat{H}_{\mathrm{pb}}t}\,\hat{h}(q)\,\mathrm{e}^{-\frac{\mathrm{i}}{\hbar}\hat{H}_{\mathrm{pb}}t} = \hat{h}(\hat{q}(t) - q_b) \tag{5.5.5}$$

其中，$\hat{H}_{\mathrm{pb}} = \hat{T}_q + \hat{V}_{\mathrm{pb}}(q) = \dfrac{\hat{p}^2}{2} - \dfrac{1}{2}m_0\omega_b^2 q^2$.

式(5.5.5)表明，一旦反应坐标轨线 $\hat{q}(t) > q_b$，也就是粒子流由反应物区域进入产物区域，$\hat{h}(\hat{q}(t) - q_b) = 1$，对反应有贡献；否则，$\hat{h}(\hat{q}(t) - q_b) = 0$，对反应没有贡献. 很显然，对于倒抛物线势函数（式(5.5.3)），这个假设是成立的，因为只要在某个时刻 $t = t_b$，$\hat{q}(t) \geqslant q_b$，则 $t \geqslant t_b$，轨线 $\hat{q}(t)$ 一定在产物区域，即 $\hat{q}(t) \geqslant q_b$. 当然，从全局来看，如果 $V(q)$ 描述的是在一定程度上稳定的二态（反应物态和产物态）系统，亦即 $V(q)$ 存在两个极小值点（分别对应反应物和产物）. 在此情形下，进入产物区的粒子流会受到势函数 $V(q)$ 引起的排斥力而折返回来进入反应物区，称之为折返（recrossing）现象，因而实际反应速率常数应为

$$K_{\mathrm{QM}} = \kappa_r k_{\mathrm{QM}} \tag{5.5.6}$$

式(5.5.6)对经典反应速率也成立. 在下面讨论中，我们不考虑因为轨线折返而引起速率常数的变化，即假设 $\kappa_r = 1$.

由式(5.5.4)和式(5.5.5)，在长时间极限下，$\displaystyle\lim_{t\to\infty}(\hat{q}(t) - q_b) = \frac{1}{2}\mathrm{e}^{\omega_b t}\left(\hat{q} + \frac{\hat{p}}{m_0\omega_b}\right)$，投影算符为

$$\lim_{t\to\infty}\hat{P}(t) \cong \hat{h}\left(\hat{q} + \frac{\hat{p}}{m_0\omega_b}\right) \tag{5.5.7}$$

从而，量子速率常数 k_{QM} 可表示成

$$k_{\mathrm{QM}} \cong k_{\mathrm{QTST}} = Z_R^{-1}\mathrm{tr}\left(\hat{F}(\beta, q_{\mathrm{ds}})\hat{h}\left(\hat{q} + \frac{\hat{p}}{m_0\omega_b}\right)\right) \tag{5.5.8}$$

式(5.5.8)中的速率常数 k_{QM} 不依赖时间,只与坐标和动量算符有关. 由此,我们不需要通过长时间量子动力学计算来得到反应速率常数.

不失一般性,任何一维系统的哈密顿量 $\hat{H}$ 可写成

$$\hat{H} = \hat{H}_{pb} + \hat{H}' \tag{5.5.9}$$

不难看出,式(5.5.8)投影算符 $\hat{P}(\infty) \cong \hat{h}\left(\hat{q} + \dfrac{\hat{p}}{m_0 \omega_b}\right)$ 是把 $\hat{H}'$ 当成微扰的零级近似. 因而,式(5.5.8)的量子速率常数 k_{QTST} 是精确量子速率常数 k_{QM} 的零级近似.

利用 Wigner 表象,两个量子算符乘积的迹可以写成

$$\text{tr}(\hat{A}\hat{B}) = 2\pi \hbar \iint_{-\infty}^{\infty} \mathrm{d}p\mathrm{d}q A_W B_W \tag{5.5.10}$$

其中,算符 $\hat{A}$ 在 Wigner 表象中的表示(也称 Wigner 分布)

$$A_W = \rho_W(A; p, q) = \frac{1}{2\pi \hbar} \int_{-\infty}^{\infty} \mathrm{d}\xi \mathrm{e}^{\frac{\mathrm{i}}{\hbar} p\xi} \left\langle q - \frac{1}{2}\xi \left| \hat{A} \right| q + \frac{1}{2}\xi \right\rangle \tag{5.5.11}$$

把阶梯函数 $h(x)$ 进行傅里叶展开,得

$$h(x) = \int_0^{\infty} \mathrm{d}y \delta(y - x) = \frac{1}{2\pi} \int_0^{\infty} \mathrm{d}y \int_{-\infty}^{\infty} \mathrm{d}k \, \mathrm{e}^{\mathrm{i}k(y-x)} \tag{5.5.12}$$

利用 $\mathrm{e}^{\hat{A}+\hat{B}} = \mathrm{e}^{\hat{A}}\mathrm{e}^{\hat{B}}\mathrm{e}^{-\frac{1}{2}[\hat{A},\hat{B}]}$,有

$$\mathrm{e}^{-\mathrm{i}k\left(\frac{\hat{p}}{m_0} + \omega_b \hat{q}\right)} = \mathrm{e}^{-\mathrm{i}k\omega_b \hat{q}/2} \mathrm{e}^{-\mathrm{i}k\frac{\hat{p}}{m_0}} \mathrm{e}^{-\mathrm{i}k\omega_b \hat{q}/2} \tag{5.5.13}$$

以及

$$\left\langle q \left| \mathrm{e}^{\mathrm{i}k\frac{\hat{p}}{m_0}} \right| q' \right\rangle = \delta\left(\frac{k}{m_0} + q - q'\right) \tag{5.5.14}$$

可以得到 Wigner 表象下的阶梯算符 $\hat{h}\left(\hat{q} + \dfrac{\hat{p}}{m_0 \omega_b}\right)$ 的表达式:

$$\hat{h}\left(\hat{q} + \frac{\hat{p}}{m_0 \omega_b}\right)_W = \frac{1}{2\pi \hbar} h\left(q + \frac{p}{m_0 \omega_b}\right) \tag{5.5.15}$$

而

$$\langle q'' \mid \hat{F}(\beta, q_{ds}) \mid q' \rangle = \frac{\mathrm{i}\hbar}{2m_0} \left(\langle q'' \mid \mathrm{e}^{-\beta\hat{H}/2} \mid \frac{\partial}{\partial q_{ds}} \rangle \langle q_{ds} \mid \mathrm{e}^{-\beta\hat{H}/2} \mid q' \rangle \right.$$

$$\left. - \langle q'' \mid \mathrm{e}^{-\beta\hat{H}/2} \mid q_{ds} \rangle \langle \frac{\partial}{\partial q_{ds}} \mid \mathrm{e}^{-\beta\hat{H}/2} \mid q' \rangle \right) \tag{5.5.16}$$

这里,记

$$\langle q'' \mid \mathrm{e}^{-\beta\hat{H}/2} \mid \frac{\partial}{\partial q_{ds}} \rangle = \left(\frac{\partial}{\partial q} \langle q'' \mid \mathrm{e}^{-\beta\hat{H}/2} \mid q \rangle \right)_{q = q_{ds}} \tag{5.5.17}$$

注意到矩阵元是虚数,表明 $\langle q - \frac{1}{2}\xi \mid \hat{F}(\beta, q_{ds}) \mid q + \frac{1}{2}\xi \rangle$ 是关于 ξ 反对称的. 这样,热力学流算符的 Wigner 分布函数为

$$\rho_{\mathrm{W}}(\hat{F}(\beta, q_{ds}); p, q)$$

$$= \frac{1}{2\pi\hbar} \int_{-\infty}^{\infty} \mathrm{d}\xi \mathrm{e}^{\frac{\mathrm{i}}{\hbar}p\xi} \langle q - \frac{1}{2}\xi \mid \hat{F}(\beta, q_{ds}) \mid q + \frac{1}{2}\xi \rangle$$

$$= \frac{1}{2m_0\pi} \int_{0}^{\infty} \mathrm{d}\xi \sin\left(\frac{p\xi}{\hbar}\right) \left(\langle q - \frac{1}{2}\xi \mid \mathrm{e}^{-\beta\hat{H}/2} \mid q_{ds} \rangle \langle \frac{\partial}{\partial q_{ds}} \mid \mathrm{e}^{-\beta\hat{H}/2} \mid q + \frac{1}{2}\xi \rangle \right.$$

$$\left. - \langle q - \frac{1}{2}\xi \mid \mathrm{e}^{-\beta\hat{H}/2} \mid \frac{\partial}{\partial q_{ds}} \rangle \langle q_{ds} \mid \mathrm{e}^{-\beta\hat{H}/2} \mid q + \frac{1}{2}\xi \rangle \right) \tag{5.5.18}$$

因而,我们得到量子反应速率常数 k_{QTST} 在 Wigner 表象中的表达式:

$$k_{\mathrm{QTST}} = Z_R^{-1} \int_{-\infty}^{\infty} \mathrm{d}p\mathrm{d}q\, h\left(q + \frac{p}{m_0\omega_b} \right) \rho_{\mathrm{W}}(\hat{F}(\beta, q_{ds}); p, q) \tag{5.5.19}$$

考虑到 $\rho_{\mathrm{W}}(\hat{F}(\beta, q_{ds}); p, q)$ 对动量是反对称的, $h\left(q + \frac{p}{m_0\omega_b} \right)$ 对 p 也必须是反对称的, 因此, k_{QTST} 也可写成

$$k_{\mathrm{QTST}} = Z_R^{-1} \int_{-\infty}^{\infty} \mathrm{d}p\mathrm{d}q\, h(p - m_0\omega_b \mid q \mid) \rho_{\mathrm{W}}(\hat{F}(\beta, q_{ds}); p, q) \tag{5.5.20}$$

如果把分界面 q_{ds} 放置在过渡态,则称 k_{QTST} 为量子过渡态反应速率常数表达式.

上面的讨论可以直接推广到 $N+1$ 自由度系统,假设其哈密顿量为

$$\hat{H} = \frac{1}{2}\hat{p}_q^2 + \sum_j \frac{1}{2}\hat{p}_j^2 + V(q, y) \tag{5.5.21}$$

式 (5.5.21) 中,我们采用质量权重坐标, $q \to \sqrt{m_0}\, q$, $y = \{ y_j, j = 1, 2, \cdots, N \}$, $y_j \to \sqrt{m_j}\, y_j$.

对于活化反应,势能面 $V(q,y)$ 存在一个鞍点(设为 $q=0,y_j=0$),不失一般性,$V(q,y)$ 在鞍点附近展开是对角化的(通过简正模分析,总可做到这一点):

$$V(q,y) = V_0 - \frac{1}{2}\omega_b^2 q^2 + \frac{1}{2}\sum_{j=1}^{N}\omega_j^2 y_j^2 + V'(q,y) \qquad (5.5.22)$$

同样地,我们选择线性分界面 $q=q_{ds}$,热对称流算符 $\hat{F}(q_{ds},y)$ 可表示为

$$\hat{F}(q_{ds},y) = \frac{1}{2}\delta(\hat{y}-y)(\hat{p}_q\delta(\hat{q}-q_{ds}) + \delta(\hat{q}-q_{ds})\hat{p}_q) \qquad (5.5.23)$$

这里,$\delta(\hat{y}-y)$ 表示分量 $\delta(\hat{y}_j-y_j)$ 的乘积.

热力学算符 $\hat{F}(\beta,q_{ds},y)$ 定义为

$$\hat{F}(\beta,q_{ds},y) = e^{-\beta\hat{H}/2}\hat{F}(q_{ds},y)e^{-\beta\hat{H}/2} \qquad (5.5.24)$$

多维量子反应流相关函数

$$C_{fs}(t) = \int_{-\infty}^{\infty}dy\,\mathrm{tr}(\hat{F}(\beta,q_{ds},y)e^{\frac{i}{\hbar}\hat{H}t}\hat{h}(q)e^{-\frac{i}{\hbar}\hat{H}t})$$

同样地,量子过渡态理论速率表达式为

$$k_{QTST}(T) = Z_R^{-1}\iiint_{-\infty}^{\infty}dp_q dq dy\,h(p_q+\omega_b q)\rho_W(\hat{F}(\beta,q_{ds},y);p_q,q) \qquad (5.5.25)$$

其中

$$\rho_W(\hat{F}(\beta,q_{ds},y);p_q,q) = \frac{1}{2\pi\hbar}\int_{-\infty}^{\infty}d\xi\,e^{\frac{i}{\hbar}p\xi}\left\langle q-\frac{1}{2}\xi,y\,\middle|\,\hat{F}(\beta,q_{ds})\,\middle|\,q+\frac{1}{2}\xi,y\right\rangle$$

$$(5.5.26)$$

5.5.2 混合量子-经典过渡态速率理论

随着分子动力学模拟方法在生物大分子系统中的快速发展和广泛应用,混合量子-经典动力学方法在计算酶催化的质子转移反应速率中也得到很多应用(Wang,Hammes-Schiffer,2006;Xie et al.,2014).我们下面仍以模型系统(式(5.4.7))为例,说明上述量子过渡态理论在计算质子转移反应速率常数方面的应用(Liao,Pollak,2002;Liao,Pollak,2001).

5.5.2.1 广义郎之万方程

对于描述质子转移反应的模型系统,把环境用经典力学来描述,即坐标 y_j 及其动量 p_j 满足

$$\dot{y}_j = \frac{\partial H}{\partial p_j} = \frac{p_j}{m_j} \tag{5.5.27}$$

$$\dot{p}_j = -\frac{\partial H}{\partial y_j} = -m_j \omega_j^2 \left(y_j - \frac{c_j q}{m_j \omega_j^2} \right) \tag{5.5.28}$$

由方程(5.5.27)、方程(5.5.28)可以得到环境谐振子的运动轨迹

$$y_j(t) = F_j^{(\text{ext})}(t) - \frac{c_\xi}{m_j \omega_j^2} q(t) + \int_{-\infty}^t \mathrm{d}t' \frac{c_j \cos(\omega_j(t-t'))}{m_j \omega_j^2} \dot{q}(t') \tag{5.5.29}$$

其中

$$F_j^{(\text{ext})}(t) = \left(y_\xi(0) - \frac{c_j}{m_j \omega_j^2} q(0) \right) \cos(\omega_j t) + \frac{p_j(0)}{m_j \omega_j} \sin(\omega_j t) \tag{5.5.30}$$

这里, $t = 0$ 表示起始时刻.

如果把质子也处理成经典粒子,则有

$$\dot{q}(t) = \frac{\partial H_0}{\partial p_Q} = \frac{p_q}{m_0} \tag{5.5.31}$$

$$\dot{p}_q(t) = -\frac{\partial H_0}{\partial Q} = -V_0'(Q) + \sum_j \left(y_j - \frac{c_j q(t)}{m_j \omega_j^2} \right) c_j \tag{5.5.32}$$

故

$$m_0 \ddot{q}(t) = -V_0'(Q) + \sum_j \left(y_j - \frac{c_j q(t)}{m_j \omega_j^2} \right) c_j \tag{5.5.33}$$

把式(5.5.29)代入式(5.5.33),有

$$m_0 \ddot{q}(t) + V_0'(Q) + \int_{-\infty}^t \mathrm{d}t' \sum_j \frac{c_j \cos(\omega_j(t-t'))}{m_j \omega_j^2} \dot{q}(t') = \sum_j c_j F_j^{(\text{ext})}(t) \tag{5.5.34}$$

令

$$\gamma(t) = \sum_j \frac{c_j^2}{m_j \omega_j^2} \cos(\omega_j t) \tag{5.5.35}$$

$$F_{\text{ext}}(t) = \sum_j c_j F_j^{(\text{ext})}(t) \tag{5.5.36}$$

方程(5.5.34)成为

$$m_0 \ddot{q}(t) + V_0'(Q) + \int_{-\infty}^t \mathrm{d}t' \sum_j \gamma(t - t') \dot{q}(t') = F_{\text{ext}}(t) \tag{5.5.37}$$

称式(5.5.37)为广义郎之万方程. 其中, $\gamma(t)$ 为摩擦系数函数, $F_{\text{ext}}(t)$ 为平均值等于零的高斯随机力, 由于哈密顿量中的热浴部分对坐标和动量都是二次的, 因而对随机力 $F_{\text{ext}}(t)$ 的热力学平均(即玻尔兹曼分布)为零, 而关联函数满足涨落-耗散关系

$$\langle F_{\text{ext}}(t) F_{\text{ext}}(t') \rangle = k_B T \gamma(t - t') \tag{5.5.38}$$

利用谱密度函数

$$J(\omega) = \frac{\pi}{2} \sum_j \frac{c_j^2}{m_j \omega_j} \delta(\omega - \omega_j) \tag{5.5.39}$$

可以得到连续极限下摩擦系数 $\gamma(t)$ 的表达式:

$$\gamma(t) = \frac{2}{\pi} \int_0^\infty \mathrm{d}\omega \, \frac{J(\omega)}{\omega} \cos(\omega t) \tag{5.5.40}$$

利用 $\gamma(t)$ 的拉普拉斯变换, 可得到

$$\tilde{\gamma}(s) = \int_0^\infty \mathrm{d}t \mathrm{e}^{-st} \gamma(t) = s \sum_{j=1}^N \frac{c_j^2}{\omega_j^2} \frac{1}{\omega_j^2 + s^2} \tag{5.5.41}$$

Kramers(1940)首先用郎之万方程来研究化学反应速率理论(在 Kramers 原始文章中用的是等价的 Fokker-Planck 方程). 1973 年, 美国马里兰大学的统计物理学家 Robert Zwanzig(1973)推导出, 具有式(5.4.7)形式的双线性耦合谐振子环境复合系统哈密顿运动等价于广义郎之万方程. 这样把反应系统的结构(哈密顿量)与经典运动方程(广义郎之万方程)直接联系起来.

广义郎之万方程(5.5.37)描述粒子(质子), 在双势阱函数 $V_0(Q)$ 中从反应物极小值点向产物极小值点运动, 大量环境振子非共振振荡运动一方面对粒子产生随机摩擦力, 对粒子运动起衰减作用, 另一方面对粒子随机碰撞, 从而活化粒子, 使粒子获得一定能量, 翻越势垒.

5.5.2.2 简正模变换

式(5.4.7)哈密顿量中 $V_0(q)$ 在鞍点处($q = q_b$)可以展开成

$$V_0(q) = V_0(q_b) - \frac{1}{2}\omega_b^2(q - q_b)^2 + V_1(q) \tag{5.5.42}$$

其中，$V_0(q_b)$ 是鞍点处（$q = q_b$）的能量值，也是局部能量最高值. $V_1(q)$ 是非线性高次项. 这样，式(5.4.7)哈密顿量可写成

$$\hat{H} = \frac{1}{2}\hat{p}_q^2 + V_0(q_b) - \frac{1}{2}\omega_b^2(q - q_b)^2 + V_1(q)$$

$$+ \sum_{j=1}^{N}\left(\frac{1}{2}\hat{p}_j^2 + \frac{1}{2}\omega_j^2\left(y_j - \frac{c_j q}{\omega_j^2}\right)^2\right) \tag{5.5.43}$$

这里，q 和 y_j 是质量权重坐标，$q \rightarrow \sqrt{m_0}\,q$，$y_j \rightarrow \sqrt{m_\xi}\,y_j$.

上面讨论的量子过渡态速率理论要求把分界面放置在过渡态并与不稳定的简谐振动坐标垂直的方向上. 然而，式(5.5.43)中反应坐标 q 与环境坐标 y_ξ 线性耦合，q 并不是简正模，需要把式(5.5.43)中势函数

$$V(q, Y) = -\frac{1}{2}\omega_b^2(q - q_b)^2 + \sum_{j=1}^{N}\left(\frac{1}{2}\omega_j^2\left(y_j - \frac{c_j q}{\omega_j^2}\right)^2\right) \tag{5.5.44}$$

坐标 (q, Y) 作简正模变换，得到 $N+1$ 个简正模 (ρ, X)，其中，$X = \{x_\xi, \xi = 1, 2, \cdots\}$. 亦即首先求得力常数矩阵 K，利用酉矩阵 U，对 K 进行对角化：

$$UKU^\dagger = L^2 \tag{5.5.45}$$

得到对角化矩阵 L^2，该矩阵包含 $N+1$ 个特征值，其中有一个为负值，设为 $-\lambda_b^2$，对应于简正模 ρ，剩下 N 个为正值，设为 λ_j^2，分别对应于简正模 x_j. 由变换矩阵 U 就可以得到原来坐标 (q, Y) 和简正坐标 (ρ, X) 之间的关系，比如反应坐标 q 可以表示为（Liao, Pollak, 2001）

$$q = u_{00}\rho + \sum_{j=1}^{N} u_{j0} x_j \tag{5.5.46}$$

其中，$\{u_{00}, u_{\xi 0}, \xi = 1, 2, \cdots, N\}$ 是 $N+1$ 维酉矩阵的第一列矩阵元. u_{00} 可以表达成

$$u_{00}^2 = \left(1 + \frac{1}{2}\left(\frac{\tilde{\gamma}(\lambda_b)}{\lambda_b} + \frac{\partial \tilde{\gamma}(s)}{\partial s}\bigg|_{s=\lambda_b}\right)\right)^{-1} \tag{5.5.47}$$

酉矩阵元有如下关系：

$$\sum_{j=1}^{N}\frac{u_{j0}^2}{\lambda_j^2 + s^2} = \frac{u_{00}^2}{\lambda_b^2 - s^2} + \frac{1}{-\lambda_b^2 + s^2 + s\tilde{\gamma}(s)} \tag{5.5.48}$$

设 $s = 0$，有

$$\sum_{j=1}^{N} \frac{u_{j0}^2}{\lambda_j^2} = \frac{u_{00}^2}{\lambda_b^2} - \frac{1}{\omega_b^2} \tag{5.5.49}$$

通过简正模分析,可以得到在简正模表示下的哈密顿量 $\hat{H}_{NM}$:

$$\hat{H}_{NM} = \hat{H} = \frac{1}{2}\left(\hat{p}_\rho^2 - \lambda_b^2\rho^2 + \sum_{j=1}^{N}\left(\frac{1}{2}\hat{p}_{x_j}^2 + \frac{1}{2}\omega_j^2 x_j^2\right)\right) \tag{5.5.50}$$

定义集体坐标

$$\sigma = \frac{1}{u_1}\sum_{j=1}^{N} u_{j0} x_j \tag{5.5.51}$$

其中,$u_1^2 = u_{00}^2$.

   式(5.5.43)哈密顿量 $\hat{H}$ 可以精确表示成

$$\hat{H} = \frac{1}{2}\left(\hat{p}_\rho^2 + \hat{p}_\sigma^2 - \lambda_b^2\rho^2 + \omega_\sigma^2\rho^2\right) + V_1(q(\rho,\sigma))$$

$$+ \sum_{j=1}^{N}\left[\frac{1}{2}\hat{p}_{r_j}^2 + \frac{1}{2}\widetilde{\omega}_j^2\left(r_j - \frac{d_j}{\widetilde{\omega}_j^2}\sigma\right)^2\right] \tag{5.5.52}$$

其中,r_j 为新的热浴坐标,ω_σ^2 为

$$\omega_\sigma^{-2} = \frac{1}{u_1^2}\sum_{j=1}^{N}\frac{u_{j0}^2}{\lambda_j^2} \tag{5.5.53}$$

为了确定新的热浴的连续谱性质,我们需要按上一小节那样推导新的广义郎之万方程. 由式(5.5.52)哈密顿量不难得到

$$\ddot{\rho}(t) - \lambda_b^2\rho^2 + \frac{\partial}{\partial\rho}V_1(\rho,\sigma) = 0 \tag{5.5.54}$$

$$\ddot{\sigma}(t) + \omega_\sigma^2\rho^2 + \frac{\partial}{\partial\sigma}V_1(\rho,\sigma) + \int_{-\infty}^{t}\mathrm{d}t'\,\gamma_\sigma(t-t')\dot{\sigma}(t') = F_\sigma(t) \tag{5.5.55}$$

其中

$$\gamma_\sigma(t) = \sum_j\frac{d_j^2}{\widetilde{\omega}_j^2}\cos(\widetilde{\omega}_j t) \tag{5.5.56}$$

$$F_\sigma(t) = \sum_j d_j F_j^{(\sigma)}(t) \tag{5.5.57}$$

利用谱密度函数

$$J_\sigma(\omega) = \frac{\pi}{2} \sum_j \frac{h_j^2}{\widetilde{\omega}_j} \delta(\omega - \widetilde{\omega}_j) \tag{5.5.58}$$

可以得到连续极限下摩擦系数 $\gamma(t)$ 的表达式:

$$\gamma_\sigma(t) = \frac{2}{\pi} \int_0^\infty \mathrm{d}\omega \, \frac{J(\omega)}{\omega} \cos(\omega t) \tag{5.5.59}$$

$\gamma_\sigma(t)$ 的拉普拉斯变换,可得到

$$\widetilde{\gamma}_\sigma(s) = \int_0^\infty \mathrm{d}t \mathrm{e}^{-st} \gamma_\sigma(t) = s \sum_{j=1}^N \frac{d_j^2}{\widetilde{\omega}_j^2} \frac{1}{\widetilde{\omega}_j^2 + s^2} \tag{5.5.60}$$

5.5.2.3 耗散系统的混合量子-经典速率理论:Kubo 流算符和路径积分表示

不失一般性,假设势能面鞍点在 $\rho = 0$,据此,分界面也在 $\rho_{\mathrm{ds}} = 0$,流算符

$$\hat{F}(\rho_{\mathrm{ds}}) = \frac{1}{2}(\delta(\hat{\rho})\hat{p}_\rho + \hat{p}_\rho\delta(\hat{\rho})) \tag{5.5.61}$$

热力学反应流算符采用如下 Kubo 形式:

$$\hat{F}_{\mathrm{K}}(\beta, \rho_{\mathrm{ds}}) = \frac{1}{\beta} \int_0^\beta \mathrm{d}\lambda \, \mathrm{e}^{-\lambda\hat{H}} \hat{F}(\rho_{\mathrm{ds}}) \mathrm{e}^{-(\beta-\lambda)\hat{H}} \tag{5.5.62}$$

与式(5.4.2)对称的量子流算符 $\hat{F}(\beta, q_{\mathrm{ds}})$ 相比,Kubo 流算符的构象矩阵元的形式更为简单:

$$\begin{aligned}
&\langle \rho, \sigma, r | \hat{F}_{\mathrm{K}}(\beta, \rho_{\mathrm{ds}}) | \rho', \sigma', r' \rangle \\
&= \frac{\mathrm{i}}{\hbar\beta}(h(\rho) - h(\rho'))\langle \rho, \sigma, r | \mathrm{e}^{-\beta\hat{H}} | \rho', \sigma', r' \rangle
\end{aligned} \tag{5.5.63}$$

尽管研究表明,这两种形式计算得到的速率常数几乎没有差别.

由此,可以得到混合量子-经典过渡态速率常数表达式

$$k_{\mathrm{MQCLT}} = Z_R^{-1} \int_{-\infty}^\infty \int_{-\infty}^\infty \int_{-\infty}^\infty \int_{-\infty}^\infty \mathrm{d}p_\rho \mathrm{d}q_\rho \mathrm{d}p_\sigma \mathrm{d}q_\sigma P_{\mathrm{W}}^{(\mathrm{cl})}(p_\rho, q_\rho, p_\sigma, q_\sigma) F_{\mathrm{W}}(p_\rho, q_\rho, p_\sigma, q_\sigma) \tag{5.5.64}$$

其中,投影算符的 Wigner 表示 $P_{\mathrm{W}}^{(\mathrm{cl})}(p_\rho, q_\rho, p_\sigma, q_\sigma)$ 是经典轨线起始于反应物区最终落在分界面的反应物区的概率,而二维的 Kubo 流算符的 Wigner 表示为

$$F_W(p_\rho, q_\rho, p_\sigma, q_\sigma)$$

$$= \left(\frac{1}{2\pi\hbar}\right)^2 \left(\frac{i}{\hbar\beta}\right) \int_{-\infty}^{\infty} d\xi_\rho \int_{-\infty}^{\infty} d\xi_\sigma e^{i(p_\rho\xi_\rho + p_\sigma\xi_\sigma)}$$

$$\cdot \left(h\left(\rho - \frac{\xi_\rho}{2}\right) - h\left(\rho + \frac{\xi_\rho}{2}\right) \right) \varphi\left(\rho - \frac{\xi_\rho}{2}, \sigma - \frac{\xi_\sigma}{2}; \rho + \frac{\xi_\rho}{2}, \sigma + \frac{\xi_\sigma}{2}\right) \quad (5.5.65)$$

而约化的密度矩阵元 $\varphi(\rho, \sigma; \rho', \sigma')$ 被定义为

$$\varphi(\rho, \sigma; \rho', \sigma') = \int_{-\infty}^{\infty} dr \left\langle \rho - \frac{\xi_\rho}{2}, \sigma - \frac{\xi_\sigma}{2}, r \left| e^{-\beta\hat{H}} \right| \rho + \frac{\xi_\rho}{2}, \sigma + \frac{\xi_\sigma}{2}, r \right\rangle \quad (5.5.66)$$

式(5.5.66)可以表示成路径积分形式.针对哈密顿量,欧氏作用量可以分成三个部分:

$$S_{\rho\sigma} = \int_0^{\hbar\beta} d\tau \left(\frac{1}{2}(\dot{\rho}^2 + \dot{\sigma}^2) - \frac{1}{2}\lambda_{b}^2 \rho^2 + \frac{1}{2}\omega_\sigma^2 \sigma^2 + V_1(q(\rho, \sigma)) \right) \quad (5.5.67)$$

$$S_r = \sum_j \int_0^{\hbar\beta} d\tau \left(\frac{1}{2}\dot{\rho}^2 + \frac{1}{2}\omega_j^2 r_j^2 \right) \quad (5.5.68)$$

$$S_{\sigma r} = \sum_j \Delta S_\sigma \quad (5.5.69)$$

积分路径 $\rho(\tau), \sigma(\tau)$ 和 $r(\tau)$ 在 $\tau = 0$ 时为 $\rho(0) = \rho', \sigma(0) = \sigma'$ 和 $r(0) = r'$. 而在 $\tau = \hbar\beta$ 时,$\rho(\hbar\beta) = \rho, \sigma(\hbar\beta) = \sigma$ 和 $r(\hbar\beta) = r$. $\varphi(\rho, \sigma; \rho', \sigma')$ 可以写成

$$\varphi(\rho, \sigma; \rho', \sigma') = \int D(\rho(\tau)) D(\sigma(\tau)) D(r(\tau)) e^{-\frac{1}{\hbar}(S_{\rho\sigma} + \Delta S_\sigma)} \quad (5.5.70)$$

其中,ΔS_σ 是非局域作用量:

$$\Delta S_\sigma = \int_0^{\hbar\beta} d\tau \int_0^{\hbar\beta} d\tau' \, K_\sigma(\tau - \tau') \sigma(\tau) \sigma(\tau') \quad (5.5.71)$$

非局域核函数

$$K_\sigma(\tau) = \frac{1}{\hbar\beta} \sum_{n=-\infty}^{\infty} |\nu_n| \tilde{\gamma}(\nu_n) e^{i\nu_n \tau} \quad (5.5.72)$$

其中,$\nu_n = 2\pi n/(\hbar\beta)$ 是 Matsubara 频率.

把混合量子-经典过渡态速率理论应用到 DW1 模型,得到结果如图 5.10 所示.更详细的讨论参见文献(Liao,Pollak,2002;Liao,Pollak,2001).

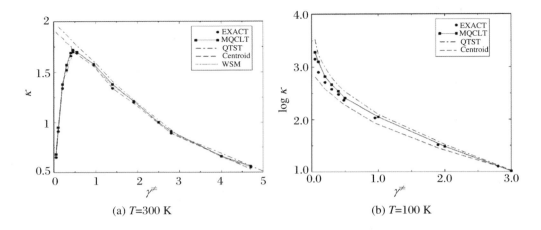

图 5.10 DW1 模型的量子传递系数与约化摩擦系数的变化关系

5.6 质子耦合的电子转移反应

5.6.1 质子耦合电子转移反应途径

如 5.1 节所讨论,质子耦合的电子转移(proton-coupled electron transfer, PCET)是指电子和质子从给体(D)传递给受体(A),涉及协同和按序两种反应机制. 用 D_e^- 和 D_p—H^+ 分别表示电子给体和质子给体,用 A_e^- 和 H^+—A_p 分别表示电子受体和质子受体,PCET 反应过程中有如下四种非绝热电子态:

$$\begin{cases} (1a)\, D_e^- \!-\! D_p \!-\! H^+ \cdots A_p \!-\! A_e \\ (1b)\, D_e^- \!-\! D_p \cdots H^+ \!-\! A_p \!-\! A_e \\ (2a)\, D_e \!-\! D_p \!-\! H^+ \cdots A_p \!-\! A_e^- \\ (2b)\, D_e \!-\! D_p \cdots H^+ \!-\! A_p \!-\! A_e^- \end{cases} \tag{5.6.1}$$

其中,1,2 代表电子分别处在给体(D_e^-)和受体(A_e^-)上,而 a 和 b 代表质子分别处在给体

$(D_p—H^+)$ 和受体（$H^+—A_p$）上. 式（5.6.1）中, 虚线…和实线—分别代表氢键和化学键.

　　假设在反应物态, 电子和质子都在给体（1a）上, 如图 5.11 所示（式（5.6.1）中,（1a）代表反应物, 电子（e）和质子（H^+）都在给体上）.（1b）表示电子仍然在给体上, 而质子已传递至受体, 是按序传递机制中的一个中间态.（2a）表示电子转移至受体, 而质子仍然在给体上, 是按序传递机制中的另一个中间态.（2b）代表反应物, 电子和质子都已传递到给体上.

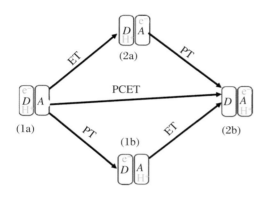

(a) PTET，ETPT和协同PCET示意图，其中，电子和质子的给体（D）和受体（A）没有分别表达，（1b）和（2a）分别代表PTET和ETPT中间态，PCET代表协同的PCET途径（中间）

(b) 三个反应途径的反应自由能面（或势能面）示意图

图 5.11　质子耦合电子转移（PCET）三个反应途径示意图

　　由图 5.11（a）和（b），PCET 有如下反应途径：

　　第一个反应途径（Ⅰ）涉及两个步骤：第一步, 从反应物（1a）到达中间态（1b）. 这一步质子从给体传递（PT）到受体（1b）；第二步, 电子从中间态（1b）电子传递（ET）至反应物（2b），这个反应途径是先质子传递（PT）而后电子传递（ET），故称之为 PTET 反应途径.

　　第二个反应途径（Ⅱ）则是先发生电子传递到中间态（2a）的受体, 然后质子由中间态（2a）的给体传递到产物（2b）的受体. 与第一个反应途径相反, 这个反应途径是先发生电子传递（ET）而后质子传递（PT），故称之为 ETPT 反应途径. 由于（Ⅰ）和（Ⅱ）反应途径都涉及中间状态, 因而它们都是按序机制, 可以分解成 ET 和 PT 两个基元步骤来描述. 对于 ET 和 PT 反应, 我们在本书前面章节中都有阐述, 因此在下面我们不再讨论.

　　第三个反应途径（Ⅲ）是由电子和质子只经过一个基元步骤从反应物（1a）传递到产物（2b），因而是协同（concerted）的质子耦合的电子转移（CPCET）反应. 我们下面主要就协同的 PCET 反应进行讨论. 为方便, 在下面的讨论中, 如不特别指出, PCET 就是指协同的质子耦合的电子转移反应. 如果电子和质子都从同一个给体转移到同一个受体, 则为氢原子转移(hydrogen atom transfer, HAT), 反应物(1a)和产物(2b)可分别记为(1a) $D_e^{H^+} A$ 和(2b) $DA_e^{H^+}$. 反之, 则称之为电子-质子转移(electron-proton transfer, EPT). 一般而言, 电子-质子转移(EPT)过程中, 质子的量子隧穿时间远比电子的长. 因此, EPT 是电子非绝热的. 相反, 氢原子转移(HAT)是电子绝热的(Layfield, Hammes-Schiffer, 2014).

5.6.2 协同质子耦合的电子转移反应哈密顿量

在前面章节的讨论中, 氢转移反应一般处理成电子绝热反应, 亦即质子运动是在电子基态势能面上进行的. 然而, 对于协同质子耦合的电子转移(PCET)反应中的电子-质子转移(EPT)为非电子绝热反应. 在非绝热表象下, 反应物和产物的相互作用 $\hat{V}'$ 比较小, 可以处理成微扰项. PCET-环境复合系统哈密顿量可以写成

$$\hat{H} = \hat{H}_0 + \hat{V}' \qquad (5.6.2a)$$

其中

$$\begin{cases} \hat{H}_0 = \hat{H}_R(q, Y) \mid R_{el} \rangle \langle R_{el} \mid + \hat{H}_P(q, Y) \mid P_{el} \rangle \langle P_{el} \mid = \sum_{m=R,P} \hat{H}_m \\ \hat{V}' = V_{RP}^{(e)} \mid R_{el} \rangle \langle P_{el} \mid + V_{PR}^{(e)} \mid P_{el} \rangle \langle R_{el} \mid \end{cases} \qquad (5.6.2b)$$

这里, q 和 Y 是质子和环境坐标, $\mid R_{el} \rangle$ 和 $\mid P_{el} \rangle$ 分别是反应物和产物的电子基态, 反应物和产物电子态耦合项 $V_{RP}^{(e)} = V_{RP}^{(e)*} = \Delta$ 相对较弱, 电子转移为非绝热过程.

式(5.6.2)与式(4.2.15)形式上相似. 其中, $\hat{H}_m(q, Y)(m = R, P)$ 分别是反应物和产物电子基态上的原子核(包括质子坐标 q 和环境坐标 Y)运动哈密顿量(式(4.2.16))

$$\hat{H}_m(q, Y) = \hat{T}_{nuc} + U_m(q, Y) \quad (m = R, P) \qquad (5.6.3)$$

其中, 核动能项 $\hat{T}_{nuc} = \hat{T}_q + \hat{T}_E$, 这里, $\hat{T}_q$ 和 $\hat{T}_E$ 分别是 q 和 Y 所对应的动能项. 式(5.6.3)中 $U_m(q, Y)$ 是势能项.

对于 EPT 电子转移反应, $U_m(q, Y)$ 对质子坐标 q 是非对称的双势阱函数. 从 q 方向看, 在反应物区域, 反应物构象位点对应于 $U_R(q, Y)$ 全局最小值点(图 5.12 蓝色标记

部分);而在产物区域,产物构象位点对应于 $U_P(q,Y)$ 的全局最小值点(图 5.12 红色标记部分).图 5.12 描述了沿质子反应坐标的自由能曲线,它们与反应物(Ⅰ,蓝线)和产物(Ⅱ,红线)非绝热电子基态有关.分别沿着反应物和产物自由能曲线(Ⅰ和Ⅱ),非对称的质子势函数曲线 $U_R(q,Y)$(蓝色)和 $U_P(q,Y)$(红色)也标识在图上.在Ⅰ和Ⅱ交叉点(鞍点),两个质子势函数也发生交叉.这样,在反应过程中,在反应物区域,质子像电子一样一直处于给体上;而一旦进入产物区,质子随即与电子一起传递到受体上,实现协同的 PCET 反应.

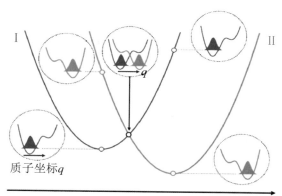

图 5.12　沿环境反应坐标的 EPT 反应自由能函数
　　　　蓝色和红色分别表示反应物和产物.在反应物、过渡态和产物态,沿质子坐标的自由能曲线也分别在图上进行了表示.

5.6.3　协同质子耦合的电子转移:从电子非绝热到绝热反应

5.6.3.1　电振非绝热反应速率常数

位点哈密顿量(式(5.6.3))中的 $\hat{H}_m (m=R,P)$ 的电子-振动本征波函数为

$$\begin{cases} \hat{H}_R(q,Y)|\mu\rangle = E_R(Y)|\mu\rangle \\ \hat{H}_P(q,Y)|\nu\rangle = E_P(Y)|\nu\rangle \end{cases} \tag{5.6.4}$$

其中,$|\mu\rangle$ 和 $|\nu\rangle$ 分别对应于反应物和产物的电子-振动态,$|\mu\rangle \equiv |\chi_{R\mu}\rangle |R_{el}\rangle$ 和 $|\nu\rangle \equiv$

$|\chi_{R\nu}\rangle|R_{el}\rangle$. 为了避免与电子-振动相互作用混淆,我们称电子态-振动态为电振(或电声)态,反应物和产物电子态-振动态之间的相互作用(耦合)称为电振(或电声)相互作用(耦合). 电振(电声)的这种简称也与英文 vibronic 相对应.

把 $\hat{H}_R(q,Y)$ 和 $\hat{H}_P(q,Y)$ 对质子坐标 q 分别在反应物和产物平衡点 $q_0^{(R)}$ 和 $q_0^{(P)}$ 附近作谐振子近似:

$$\begin{cases} \hat{H}_R(q,Y) = \hat{T}_q + \dfrac{m_0}{2}\omega_0^2(q-q_0^{(R)})^2 \\[2mm] \hat{H}_P(q,Y) = \hat{T}_q + \dfrac{m_0}{2}\omega_0^2(q-q_0^{(P)})^2 \end{cases} \tag{5.6.5}$$

分别求解定态薛定谔方程(5.6.4),得到平衡距离偏移的谐振子波函数 $|\mu\rangle$ 和 $|\nu\rangle$,它们分别是 $q-q_0^{(R)}$ 和 $q-q_0^{(P)}$ 的函数(4.5.1 小节的讨论).

在电振态表象下,式(5.6.2)哈密顿量可表示为

$$\hat{H} = \sum_{\mu}\hat{H}_{\mu}(Y)|\mu\rangle\langle\mu| + \sum_{\nu}\hat{H}_{\nu}(Y)|\nu\rangle\langle\nu| + \sum_{\mu,\nu}\hat{V}_{\mu\nu}|\mu\rangle\langle\nu| + \hat{V}_{\nu\mu}|\nu\rangle\langle\mu| \tag{5.6.6}$$

其中,$\hat{H}_{\mu}(Y)$ 和 $\hat{H}_{\nu}(Y)$ 分别是反应物和产物的环境(溶剂)哈密顿量,$\hat{V}_{\mu\nu}$ 是反应物和产物电振态 μ 和 ν 的耦合作用,一般说来也是 Y 的函数. 式(5.6.6)与式(2.3.231)哈密顿量相似.

对于电振非绝热反应,电振相互作用,$|V_{\mu\nu}| \ll k_B T$,可以处理成微扰,假设给体和受体的距离不变,可以得到 PCET 反应的费米黄金法则速率常数

$$k_{\mathrm{PCET}}^{(\mathrm{na})} = \frac{1}{\hbar^2}\sum_{\mu,\nu}\int_{-\infty}^{\infty}\mathrm{d}t\,\mathrm{tr}\big(\rho_{\mu}^{(\mathrm{eq})}\mathrm{e}^{\frac{\mathrm{i}}{\hbar}\hat{H}_{\mu}t}\hat{V}_{\mu\nu}\mathrm{e}^{-\frac{\mathrm{i}}{\hbar}\hat{H}_{\nu}t}\hat{V}_{\nu\mu}\big) = \sum_{\mu,\nu}P_{\mu}k_{\mu\nu} \tag{5.6.7}$$

其中,P_{μ} 是反应物电振态 μ 的玻尔兹曼分布. 在 Franck-Condon 近似(即质子的给体和受体距离不变)以及高温谐振子近似下

$$k_{\mu\nu} = \sqrt{\frac{\pi\beta}{\lambda_s}}\frac{|V_{\mu\nu}|^2}{\hbar}\mathrm{e}^{-\frac{\beta(\Delta G_{\mu\nu}^0 + \lambda_s)^2}{4\lambda_s}} \tag{5.6.8}$$

因此,电振非绝热的 PCET 速率常数为

$$k_{\mathrm{PCET}}^{(\mathrm{na})} = \sum_{\mu}P_{\mu}\sum_{\nu}\sqrt{\frac{\pi\beta}{\lambda_s}}\frac{|V_{\mu\nu}|^2}{\hbar}\mathrm{e}^{-\frac{\beta(\Delta G_{\mu\nu}^0 + \lambda_s)^2}{4\lambda_s}} \tag{5.6.9}$$

其中,λ_s 为在 μ 和 ν 态溶剂重组能,$\Delta G_{\mu\nu}^0$ 是反应物态 μ 和产物态 ν 的位点能之差(也称

为驱动力),反应物和产物电子-振动态相互作用 $V_{\mu\nu}$ 反映了量子效应,可以写成反应物和产物的电子态之间耦合 $V_{el}^{(0)}$ 与反应物和产物的振动波函数的重叠积分 $S_{\mu\nu}$ 的乘积:

$$V_{\mu\nu}(R) \cong V_{el}^{(0)} S_{\mu\nu} \tag{5.6.10}$$

其中,Franck-Condon 因子 $S_{\mu\nu} = \langle \chi_{R\mu} | \chi_{R\nu} \rangle$. 在谐振子(式(5.6.5))近似下,由式(4.5.23),可得

$$S_{\mu\nu} = \exp(-a\Delta q_0^2)(a\Delta q_0^2)^{|\mu-\nu|}\frac{\mu!}{\nu!}(L_\mu^{|\mu-\nu|}(a\Delta q_0^2)) \tag{5.6.11}$$

其中,$a = \frac{1}{2\hbar}m_0\omega_0$. 这里,$m_0$ 和 $\omega_0 = 2\pi\nu_0$ 分别是质子的质量(应该是折合质量 $\mu_{CH} = \frac{m_C m_0}{m_C + m_0} \cong m_0$)和 $D—H$ 键的伸缩振动频率,$\Delta q_0 = q_0^{(P)} - q_0^{(R)}$ 是式(5.6.5)产物和反应物势函数极小值点之间的距离,亦即产物和反应物平衡构象时的质子反应坐标的差值,$L_n^m(x)$ 是拉盖尔多项式. 比如

$$S_{00} = \exp(-a\Delta q^2) \tag{5.6.12a}$$

$$S_{0\nu} = \exp(-a\Delta q^2)(a\Delta q^2)^\nu/\nu! \tag{5.6.12b}$$

$$S_{\mu 0} = \exp(-a\Delta q^2)(a\Delta q^2)^\mu/\mu! \tag{5.6.12c}$$

在式(5.6.9)反应速率常数表达式中,只有 $S_{\mu\nu}$ 项与转移反应的质子的质量直接有关. 因此,一级氢动态同位素效应(primary kinetic isotope effect)由 $|S_{\mu\nu}|^2$ 项决定. 然而,由式(5.6.11),$S_{\mu\nu}$ 与温度无关,并不能很好地解释一些酶催化氢转移反应的同位素效应(5.7 节的讨论).

与电子不同,由于质子的质量远大于电子(质子的质量是电子的 1836 倍),因而质子的波函数远比电子的局域化(质子的德布罗意波长是电子的 1/43,见 5.7.2 小节的讨论),意味着质子的振动重叠积分 $|V_{\mu\nu}|^2$(即质子量子隧穿效应)对平衡构象时的 Δq 值的变化会非常敏感. 例如,$C—H$ 键的伸缩频率 $\nu_0 = 3000$ cm^{-1},式(5.6.11)中的 $a = \frac{1}{2\hbar}m_0\omega_0 \sim 35.7$ Å^{-2}.

由质子反应坐标 q 的定义,对线性质子转移(图5.3(b))

$$\Delta q_0 = (d_{D\cdots H}^{(0)} - d_{AH}^{(0)}) - (d_{DH}^{(0)} - d_{A\cdots H}^{(0)}) \tag{5.6.13}$$

其中,$d_{XH}^{(0)}$ 和 $d_{X\cdots H}^{(0)}$ 分别表示化学键 XH 和氢键 $X\cdots H$ 平衡时的键长. 而给体和受体原子之间的平衡距离 $R_0 = d_{D\cdots H}^{(0)} + d_{AH}^{(0)} = d_{DH}^{(0)} + d_{A\cdots H}^{(0)}$. 这样,$\Delta q_0$ 可表示为

$$\Delta q_0 = 2(R_0 - d_{DH}^{(0)} - d_{AH}^{(0)}) = 2r_H^{(0)} \tag{5.6.14}$$

这里，$r_H^{(0)}$ 是在平衡构象时质子从反应物到产物移动的实际距离（也可看成是质子量子隧穿距离）.

环境（蛋白质和溶剂）的热力学涨落等因素会导致给体-受体原子之间的距离 R 发生变化，Δq 以及质子的量子隧穿距离 r_H 也会发生变化. 假设质子转移仍然保持线性，这时

$$\Delta q = 2(R - d_{DH}^{(0)} - d_{AH}^{(0)}) = 2(R - R_0) - \Delta q_0 = 2r_H \tag{5.6.15}$$

其中，$Q = R - R_0$，即满足 Q-模的定义式(5.2.4).

对于一般的质子转移过程，Δq（或者 r_H）与 Q-模存在函数关系：

$$\Delta q = \Delta q(Q) \quad 或 \quad r_H = r_H(Q) \tag{5.6.16}$$

这样，式(5.6.9)的速率常数可以表示成

$$k_{\mathrm{PCET}}^{(\mathrm{na})}(T) = \int_0^\infty \mathrm{d}Q P(Q) k_{\mathrm{PCET}}^{(\mathrm{na})}(Q) \tag{5.6.17}$$

其中

$$k_{\mathrm{PCET}}^{(\mathrm{na})}(Q) = \sum_\mu P_\mu \sum_\nu \sqrt{\frac{\pi\beta}{\lambda_s}} \frac{|V_{\mathrm{el}}^{(0)}|^2}{\hbar} \mathrm{e}^{-\frac{\beta(\Delta G_{\mu\nu}^0 + \lambda_s)^2}{4\lambda_s}} |S_{\mu\nu}(Q)|^2 \tag{5.6.18}$$

式(5.6.17)中，$P(Q)$ 为 Q-模分布函数. 假设 Q-模是谐振子

$$U(Q) = m_Q \omega_Q^2 Q^2/2 \tag{5.6.19}$$

其中，m_Q 和 ω_Q 分别是 Q-模的质量和频率.

Q-模的量子力学分布函数为(Kuznetsov, Ulstrup, 1999)

$$P(Q) = \sqrt{\frac{a}{\pi}} \exp(-a Q^2) \tag{5.6.20}$$

其中

$$a = \frac{m_Q \omega_Q}{\hbar} \tanh\left(\frac{\hbar \omega_Q}{2 k_{\mathrm{B}} T}\right) \tag{5.6.21}$$

当 $k_{\mathrm{B}} T \gg \hbar \omega_Q$ 时，$P(Q)$ 为热力学玻尔兹曼分布：

$$P(Q) = \sqrt{\frac{m_Q \omega_Q^2}{2\pi k_{\mathrm{B}} T}} \exp\left(-\frac{m_Q \omega_Q^2}{2 k_{\mathrm{B}} T} Q^2\right) \tag{5.6.22}$$

而当 $k_{\mathrm{B}} T \ll \hbar \omega_Q$ 时，$P(Q)$ 与温度无关：

$$P(Q) = \sqrt{\frac{m_Q \omega_Q}{\pi \hbar}} \exp\left(-\frac{m_Q \omega_Q}{\hbar} Q^2\right) \tag{5.6.23}$$

式(5.6.17)速率常数也可写成

$$k_{PCET}^{(na)}(T) = \sum_\mu P_\mu \sum_\nu \sqrt{\frac{\pi\beta}{\lambda_s}} \frac{|V_{el}^{(0)}|^2}{\hbar} e^{-\frac{\beta(\Delta G_{\mu\nu}^0 + \lambda_s)^2}{4\lambda_s}} \int_0^\infty dQ P(Q) |S_{\mu\nu}(Q)|^2 \quad (5.6.24)$$

我们将在 5.7 节中利用式(5.6.24)的速率常数表达式来讨论酶催化氢转移反应中的量子隧穿和同位素效应.

5.6.3.2　电振耦合非绝热度

对于电振非绝热($V_{\mu\nu} \ll k_B T$)的协同 PCET 反应,其速率常数一般都满足式(5.6.24),在此情形下,电子-质子量子系统不能对环境变化产生及时响应.然而,也存在另一种极限情况,即 $V_{\mu\nu} \gg k_B T$,对应于电振绝热情形,电子-质子量子系统在反应过程中,一直处在电振基态上,并能及时对环境变化作出响应,其速率常数可以从量子过渡态理论得出,而且函数形式上不显式依赖于电振耦合矩阵元 $V_{\mu\nu}$,比如往往可以写成如下形式:

$$k_{PCET}^{(ad)} = \kappa \frac{1}{2\pi\hbar\beta} \exp(-\beta\Delta G^{\ne}) \quad (5.6.25)$$

其中,$\beta = \dfrac{1}{k_B T}$,$\Delta G^{\ne}$ 是经过量子修正的活化自由能,κ 为传递系数(5.7 节有相关讨论).

一般而言,反应物和产物的电振耦合可以是非绝热或者绝热的,也可以处于两者之间的某一状态.电振耦合矩阵元 $V_{\mu\nu}$ 可以根据 Georgievskii-Stuchebrukhov(GS)半经典近似公式求得(Georgievskii,Stuchebrukhov,2000):

$$V_{\mu\nu} \cong V_{\mu\nu}^{(sc)} = K V_{\mu\nu}^{(ad)} \quad (5.6.26)$$

其中,$V_{\mu\nu}^{(ad)}$ 是在电子绝热极限下的电振耦合矩阵元,因子 K 是用来度量 PCET 反应的电振非绝热程度的.$K = 1$ 是电振绝热的,而 $K \ll 1$ 对应于电振非绝热极限.

式(5.6.17)中,K 是参数

$$p = \frac{\tau_p}{\tau_e} \quad (5.6.27)$$

的函数

$$K = \sqrt{2\pi p} \, \frac{e^{p\ln p - p}}{\Gamma(p+1)} \quad (5.6.28)$$

这里,$\Gamma(x)$ 是伽马函数.

式(5.6.27)中,τ_p 和 τ_e 分别是从反应物到产物的质子量子隧穿时间和电子跃迁时间. 如果 $\tau_p \gg \tau_e (p \gg 1)$, 亦即电子运动快而质子运动慢,则称质子转移是电子绝热的. 相反,如果 $\tau_p \ll \tau_e (p \ll 1)$,则电子转移时间长于质子隧穿时间,也就是说,电子运动慢于质子,因而质子转移是电子非绝热的.

在第 4 章我们讨论到,电子的转移时间尺度可由 $\tau_e = \dfrac{\hbar}{|V_{DA}|}$ 决定,而质子在过渡态 (势函数交叉区)的隧穿时间可以由 Laudau-Zener 半经典理论得到.

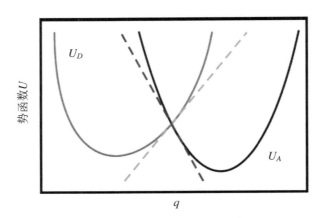

图 5.13　沿反应坐标的反应物和产物的势函数及其在交叉点的切线

把反应物和产物的势函数在交叉点 $q^{\neq}$(过渡态)附近展开到一次项:

$$U_m(q) = U_m(q^{\neq}) - F_m(q^{\neq})\Delta q \tag{5.6.29}$$

其中,F_m 为

$$F_m = -\left.\frac{\partial U_m(q)}{\partial q}\right|_{q=q^{\neq}} \tag{5.6.30}$$

由于两个能量最低电子态在过渡态处,为避免交叉而发生能量分裂,其分裂能为 $|\Delta E_{\pm}| = 2|V_{DA}|$. 由式(5.6.29),得

$$2|V_{DA}| = |U_D(q) - U_A(q)| \cong |F_D(q^{\neq}) - F_A(q^{\neq})|\Delta q \tag{5.6.31}$$

由于在一个周期内,质子运动的长度 Δq 是量子隧穿长度 r 的两倍,因此,质子隧穿时间为

$$\tau_p = \frac{|V_{DA}|}{|F_D(q^{\neq}) - F_A(q^{\neq})|v_p} \tag{5.6.32}$$

其中,v_p 是质子的隧穿速度:

$$v_p = \sqrt{\frac{2(V_c - E)}{m_0}} \tag{5.6.33}$$

这里，V_c 是质子发生量子隧穿的势能，E 是质子的总能量（$E \leqslant V_c$）.

这样，我们得到

$$p = \frac{|V_{DA}|^2}{\hbar |F_D(q^{\neq}) - F_A(q^{\neq})| v_p} \tag{5.6.34}$$

由式(5.6.28)，如果 $p \gg 1$，$K = 1$，对应于电子和电振强耦合（绝热）情形. 而如果 $p \ll 1$，$K = \sqrt{2\pi p} \ll 1$，则电子和电振都是非绝热极限. 由于式(5.6.34)给出了这两个极限之间的连续变化，因此，式(5.6.26)给出了协同 PCET 反应包括从绝热极限到非绝热极限所有的情形.

5.7　酶催化氢转移量子隧穿反应：同位素效应

5.7.1　概述

反应动力学同位素效应（kinetic isotope effect，KIE）定义为质量较小的同位素参加反应的速率常数 k_{Lg} 与质量较大的同位素参加反应的速率常数 k_{Hv} 的比值：

$$KIE = \frac{k_{Lg}}{k_{Hv}} \tag{5.7.1}$$

比如，氕和氘的反应动力学同位素效应定义为

$$KIE = \frac{k_H}{k_D} \tag{5.7.2}$$

其中，k_H 是氕参与的反应速率常数，而 k_D 是同一反应中氕被氘取代后的反应速率常数.

如果同位素直接参与反应速率决定步骤的化学键形成或断裂，由此产生的同位素效应被称为一级同位素效应（primary isotope effect）. 如果在反应中，同位素并没有直接参

与化学键的形成或断裂,但仍会对反应速率决定步骤起重要影响,称这种同位素效应为二级同位素效应(secondary KIE).

对于式(5.2.1)表示的氢转移反应

$$X—H\cdots A \rightarrow X\cdots H—A \tag{5.7.3}$$

为避免与氘混淆,式(5.7.3)中给体用 X 表示.由于氢原子直接参与了化学键 $X—H$ 的断裂和化学键 $A—H$ 的形成.因此,式(5.7.3)的氢转移反应同位素效应是一级同位素效应.

在实验上,化学反应速率常数 $k_{exp}(T)$ 往往用阿伦尼乌斯经验公式 $k_i(T)$ 来表示:

$$k_{exp}(T) = k_i(T) = A_i \exp\left(-\frac{E_a(i)}{RT}\right) \tag{5.7.4}$$

其中,$A_i = k_i(\infty)$ 是温度 T 为无穷大时的速率常数值,这里 i 表示同位素 H,D 等.式(5.7.4)中,R 为气体常数,$R = k_B N_A$,其中 k_B 和 N_A 分别是玻尔兹曼常数和阿伏伽德罗常数,E_a 称为活化能.

对 $k_i(T)$ 取对数,$\ln(k_i(T))$ 与 $\frac{1}{T}$ 形成如下关系:

$$\ln(k_i(T)) = \ln A_i - \frac{E_a}{RT} \tag{5.7.5}$$

一般而言,指前因子 A_i 也与温度相关,$\ln(k_i(T)) \sim \frac{1}{T}$ 并不一定是直线关系.当实验温度区间变化范围不是很大时,像下面讨论的酶催化氢转移反应,式(5.7.5)往往显示出线性关系.

把式(5.7.4)代入式(5.7.2),H/D 反应动力学同位素效应为

$$KIE = k_H^D = \frac{k_H}{k_D} = \frac{A_H}{A_D}\exp\left(\frac{\Delta E_a}{RT}\right) \tag{5.7.6}$$

其中,活化能差 $\Delta E_a = E_a(D) - E_a(H)$.因此,指前因子比 $\dfrac{A_H}{A_D}$ 和活化能差 ΔE_a 是两个描述 KIE 的重要参数.

5.7.1.1 半经典同位素效应:量子零点能校正

假设给体原子 X 的质量为 m_X,$X—H$ 的折合质量为 $\mu_H = \dfrac{m_X m_H}{m_X + m_H}$.我们用势能函数 $V(q)$ 来描述 $X—H$ 的伸缩振动.反应物在 $V(q)$ 上对应一个极小值点 $q = q_0$,在 q_0

附近作谐振子近似展开为

$$V(q) \cong \frac{1}{2}f(q-q_0)^2 = \frac{1}{2}\mu_H\omega_H^2(q-q_0)^2 \tag{5.7.7}$$

其中,对同一元素的不同同位素(比如 H, D, T),力常数 f 都相同,频率 ω_H 为

$$\omega_H = \sqrt{\frac{f}{\mu_H}} \tag{5.7.8}$$

则第 n 能级的谐振子能量为

$$E_n = \hbar\omega_H\left(n+\frac{1}{2}\right), \quad n = 0,1,2,\cdots \tag{5.7.9}$$

在过渡态 $q = q^{\neq}$,H—X 键断裂,对应于 $V(q)$ 上的鞍点 $q^{\neq}$. 此时,力常数 $f^{\neq}$ 为负数(对应于虚频率,H—X 的振动能转化成平动能).

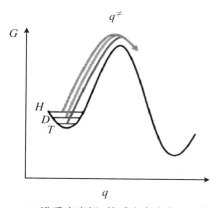

(a) 沿反应坐标q的反应自由能G,氢同位素H, D, T在反应物振动态的量子零点能及其热力学活化过程示意图(没有量子隧穿效应)

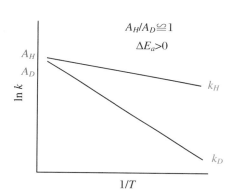

(b) 阿伦尼乌斯对数图$\ln k_i \sim 1/T(i=H, D)$

图 5.14　半经典化学反应动力学同位素效应

假设反应物处于 $n=0$ 的振动基态上,$E_0 = \frac{1}{2}\hbar\omega_H$. 相比于完全经典化学反应的活化能 E_a,通过量子零能级校正的活化能为

$$E_a(H) = E_a - \frac{N_A}{2}\hbar\omega_H \tag{5.7.10}$$

由式(5.7.4),量子零能级校正下的氢转移反应速率常数的阿伦尼乌斯表达式 k_H 为

$$k_H = A_H \exp\left(-\frac{E_a(H)}{RT}\right) = A_H \exp\left(-\frac{E_a - N_A \hbar \omega_H/2}{RT}\right) = k_H^{(\mathrm{sc})} \quad (5.7.11)$$

式(5.7.11)也被称为氢转移半经典反应速率表达式,记为 $k_H^{(\mathrm{sc})}$.

同样地,如果把式(5.7.11)中质子转移反应的氢换成氘核,量子零能级近似下的活化能为 $E_a(D) = E_a - \dfrac{N_A}{2}\hbar\omega_D$,以及反应速率常数 $k_D^{(\mathrm{sc})}$ 为

$$k_D = k_D^{(\mathrm{sc})} = A_D \exp\left(-\frac{E_a(D)}{RT}\right) = A_D \exp\left(-\frac{E_a - N_A \hbar \omega_D/2}{RT}\right) \quad (5.7.12)$$

量子零点能校正不改变指前因子,亦即 $\dfrac{A_H}{A_D} = 1$. 由式(5.7.6),反应动力学同位素效应只决定于活化能差值 ΔE_a. 这时,氢转移和氘转移反应速率常数的阿伦尼乌斯对数 $\ln k_i \sim \dfrac{1}{T}(i = H, D)$呈线性关系(如图 5.14 所示)

$$\ln(k_i(T)) = \ln A_i - \frac{E_a - N_A \hbar \omega_i/2}{RT}, \quad i = H, D \quad (5.7.13)$$

由于 $A_H = A_D$,这两条直线在 $\dfrac{1}{T} \to 0$ 时相交. 由于 $\mu_D > 2\mu_H$,$\omega_D < \omega_H$,两条直线的斜率分别为 $-\dfrac{E_a - N_A \hbar \omega_D/2}{R} < -\dfrac{E_a - N_A \hbar \omega_H/2}{R} < 0$.

在量子零能级校正下,氢转移反应速率常数 $k_H^{(\mathrm{sc})}$ 与氘转移反应速率常数 $k_D^{(\mathrm{sc})}$ 的比值为

$$\frac{k_H^{(\mathrm{sc})}}{k_D^{(\mathrm{sc})}} = \exp\left(\frac{\Delta E_a}{RT}\right) = \exp\left(\frac{h}{2k_B T}(\nu_H - \nu_D)\right) \quad (5.7.14)$$

其中,$\nu_i = \omega_i/(2\pi)(i = H, D)$. 式(5.7.14)即为量子零点能校正引起氢转移反应的一级反应动力学氢/氘同位素效应(primary H/D kinetic isotope effect). 比如,对于 $C—H$ 键,伸缩频率 $\nu_H = 3000 \ \mathrm{cm}^{-1}$ 和 $\nu_D = 2200 \ \mathrm{cm}^{-1}$,在室温 $T = 298 \ \mathrm{K}$ 时,一级 KIE 值约为 7.

量子零点能校正的 H/D KIE 也经常被称为半经典(semiclassical)同位素效应. 室温下一级 H/D KIE 不超过 7(在高温极限时,$KIE \cong 1$). 然而,自从 1989 年 Klinman 研究小组发现酶催化氢转移反应"反常"同位素效应以来,已有大量实验发现,常温下一级 H/D 同位素效应远超过这个上限值,KIE 从十几可以到达 700. 比如,在脂氧化酶

量子生物学:生物系统物质和能量传递的量子理论

(lipoxygenase)家族,常温下催化 $C—H$ 脱氢反应中的一级 H/D 同位素效应 KIE 值一般都可以在 40~100 区间内.在 L546A/L754A 双变异脂氧化酶其 KIE 值甚至可以达到 660.研究表明,这些反常的同位素效应来源于氢转移反应中的 H/D 量子隧穿效应.

5.7.1.2　Bell 量子隧穿校正

原子核量子隧穿现象来源于物质的波粒二象性.由德布罗意关系式(1.1.1),对于给定质量 m 和 $E = \frac{1}{2}mv^2$(v 为粒子的速度)的自由粒子,其德布罗意波长为

$$\lambda = \frac{h}{mv} = h/\sqrt{2mE} \tag{5.7.15}$$

如果是自由粒子理想气体,则称为热德布罗意波长($\lambda_T = h/\sqrt{2\pi mk_B T}$).

氢有氕、氘和氚三种同位素.氕(protium,H)的质量 $m_H = 1.67 \times 10^{-27}$ kg,氘(deuterium,D)和氚(tritium,T)的质量分别为 $m_D = 2m_0$ 和 $m_T = 3m_0$.给定能量 $E = 20$ kJ/mol,可以估算电子和氢同位素氕(H)、氘(D)、氚(T)的德布罗意波长 λ 分别为 27 Å,0.63 Å,0.45 Å 和 0.36 Å.其中,电子的质量最小,其德布罗意波长最长,电子在空间位置具有高度不确定性和很大的隧穿效应.氕次之,德布罗意波长 $\lambda = 0.63$ Å,与在氢转移反应中所移动的距离相当,具有很强的量子波动性和量子隧穿效应.氘和氚的质量分别是氕的 2 倍和 3 倍,其德布罗意波长是氕的 $\frac{1}{\sqrt{2}}$ 和 $\frac{1}{\sqrt{3}}$,因而量子隧穿概率也随之减少.

Bell 量子隧穿校正是早期用来解释氢隧穿引起的 H/D 同位素效应的常用方法.在常温下粒子利用量子隧穿通过在过渡态附近的能垒,对比于量子零能级校正,量子隧穿效应从效果上也相当于进一步减少了活化能 $E_a(i)(i = H, D, T)$(如图 5.15 所示).由于氕的质量比氘和氚小,其隧穿能垒的距离(红色虚线)比氘和氚长.因此,氕的隧穿效应对反应速率常数的增加比氘和氚都大,$\Delta E_a = E_a(i) - E_a(H) > 0(i = D, T)$.

以一维抛物线势函数

$$V(q) = -\frac{1}{2}f(q - q^{\neq})^2, \quad f > 0 \tag{5.7.16}$$

的量子隧穿模型为例,Bell 对过渡态速率常数的指前因子进行校正.该方法是基于双分子反应的半经典反应速率常数 $k_i^{(sc)}$ 作量子隧穿校正:

$$k_i = z_i k_i^{(sc)}, \quad i = H, D, T \tag{5.7.17}$$

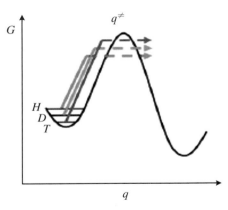 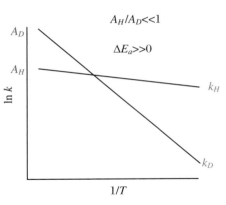

(a) 沿反应坐标q的反应自由能G, 氢同位素
H, D, T在反应物振动态的量子零点能及
其热力学活化和量子隧穿过程示意图

(b) 阿伦尼乌斯对数图 $\ln k_i \sim 1/T (i=H, D)$

图 5.15　Bell 量子隧穿校正

其中

$$k_i^{(\mathrm{sc})} = \kappa \frac{k_B T}{h} \frac{Z^{\neq}}{Z_{XH} Z_A} \exp\left(-\frac{E_a(i)}{k_B T}\right), \quad i = H, D, T \tag{5.7.18}$$

这里，$\kappa(\kappa < 1)$为经典的折返系数，Z_{XH}和Z_A是式(5.7.3)的反应物配分函数，$Z^{\neq}$是过渡态系统的配分函数，$E_a(i) = E_a - \frac{1}{2}\hbar\omega_i(i = H, D, T)$是半经典活化能(如图 5.14 所示).

式(5.7.16)抛物线势函数的量子隧穿校正因子 z_i 为

$$z_i = \frac{u_i^{\neq}/2}{\sin(u_i^{\neq}/2)} \tag{5.7.19}$$

这里，z_i 是温度 T 的函数，$u_i^{\neq} = \hbar\beta\omega_i^{\neq}\left(\beta = \dfrac{1}{k_B T}\right)$，$\omega^{\neq}$是过渡态频率，$\omega_i^{\neq} = \sqrt{f/\mu_i}$. 量子隧穿本身是与温度无关的，但由于粒子隧穿概率(传递系数)与能量相关，必须受到热力学统计规律约束(即符合玻尔兹曼分布)，因而对速率常数的校正 z_i 与温度相关. 然而，如在第 4 章关于电子隧穿效应中所讨论的，在低温下，化学反应主要决定于量子隧穿效应而非热力学活化作用. 这时，氕转移和氚转移反应的速率常数都与温度无关，$\Delta E_a \sim 0$，$\dfrac{A_H}{A_D} > 1$.

由式(5.7.19)，在高温极限下$\left(\frac{1}{T}\rightarrow 0\right)$，$u^{\neq}\rightarrow 0$，$z_i\rightarrow 1$.因而，用抛物线近似作量子隧穿校正，对一级 $H/D\ KIE$ 在高温极限时与半经典近似是相似的，即$\frac{A_H}{A_D}\cong 1$，但活化能变化 $\Delta E_a=E_D-E_H$，比半经典近似时大.一般情况下，Bell 量子隧穿校正会引起 $A_H < A_D$（如图 5.14 所示）.由于 Bell 模型的量子隧穿效应发生在过渡态附近（系统能量低于在过渡态处的能量值），因量子隧穿带来的速率常数的校正和同位素效应的校正都比较小（$H/D\ KIE$ 值为 10～12）.

5.7.1.3　深度量子隧穿效应

对于许多小分子反应以及早期一些实验发现的酶催化氢转移反应，半经典方法以及 Bell 量子隧穿校正能较好地解释其氢同位素效应.然而，这些方法最大的问题是只考虑沿着一维质子转移反应坐标 q 的能量变化和波函数的量子隧穿，而没有考虑到其他像 Q-模等坐标的动力学和热力学统计性质.研究表明，这些性质对氢转移反应有重要影响，并会带来较大的量子隧穿概率以及很高的 H/D 同位素效应.这些氢转移反应具有温度弱依赖（$\Delta E_a\sim 0$），以及指前因子比$\frac{A_H}{A_D}>1$ 的特征，如图 5.16 所示，称之为深度量子隧穿效应.

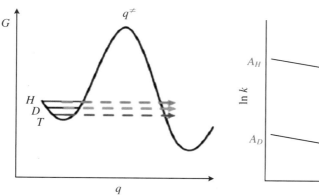
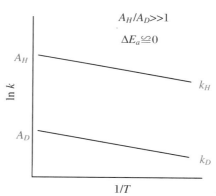

(a) 沿反应坐标q的反应自由能G, 氢同位素H, D, T在反应物振动态的量子零点能及氢量子隧穿过程示意图

(b) 阿伦尼乌斯对数图 $\ln k_i \sim 1/T (i=H, D)$

图 5.16　深度量子隧穿效应

需要特别指出的是，上面对量子隧穿相关的同位素效应的分类讨论是在全温度区间

305

$(0 < T < \infty)$进行的.阿伦尼乌斯对数图是对速率常数实验值的拟合,这些实验经常是在一个比较狭窄的温度区间(比如,$0 \sim 100\ ℃$)内完成的.这样得到的$\ln k \sim \dfrac{1}{T}$往往可能是直线,其斜率正比于活化能E_a,把这些直线延展到高温极限$\left(温度为无穷大,\dfrac{1}{T} \to 0\right)$可以得到$\dfrac{A_H}{A_D}$.然而,在本书下面对氢转移反应相关的讨论中,我们更关心在某个温度下氢转移反应的量子隧穿效应.一般而言,在全温度区间范围内,阿伦尼乌斯对数图$\left(\ln k \sim \dfrac{1}{T}\right)$往往可能不是线性的(如图5.17所示),比如,在低温极限$(T \to 0)$或高频近似$\left(\dfrac{\hbar \omega}{k_B T} \gg 1\right)$下,热力学活化对反应速率常数几乎没有贡献$(E_a \sim 0, \Delta E_a \sim 0)$,而是量子隧穿效应起主导作用,这时反应速率常数以及同位素效应不依赖于温度(如图5.17所示).因此,仅仅利用线性拟合得到的$\dfrac{A_H}{A_D}$和ΔE_a来判断反应的量子隧穿性质可能得不到正确结论.这时,更需要考虑KIE值的大小.也就是说,对于半经典$\left(\dfrac{A_H}{A_D} \sim 1, \Delta E_a > 0,类型A\right)$、Bell校正$\left(\dfrac{A_H}{A_D} \ll 1, \Delta E_a \gg 0,类型B\right)$和深度量子隧穿$\left(\dfrac{A_H}{A_D} \gg 1, \Delta E_a \sim 0,类型C\right)$的分类除了参数$\dfrac{A_H}{A_D}$和$\Delta E_a$之外,更重要的是$KIE$值的本身.仅就酶催化的氢转移反应而言,对于类型A,由于只有量子零点能的校正而没有隧穿效应,一级$H/D\ KIE$值一般不会超过7.而对于类型B,H/D的一级同位素效应一般在$10 \sim 12$之间.

5.7.2　酶催化 C—H 断裂的量子隧穿和反应动力学同位素效应

5.7.2.1　速率常数表达式

在酶催化氢转移反应体系中,脂肪氧合酶(lipoxygenase)是被广泛深入研究的一个蛋白质家族.脂肪氧合酶的主要功能是催化具有区域和立体性选择性的、把氧原子插入不饱和脂肪酸的化学反应.其反应产物在传导细胞中结构变化和生理代谢信号,在细胞生命活动中起着十分重要的作用.比如,人类有6种脂肪氧合酶亚型,涉及维护正常的生理稳态以及对肿瘤的压制和炎症反应. 在植物中, 脂肪氧合酶在种子发芽、生长和发育中发挥非常重要的作用. 脂肪氧合酶家族成员大豆脂肪氧合酶-1(soybean lipoxygenase, SLO-1)已成为研究酶催化氢转移反应中量子隧穿效应的一个范例.

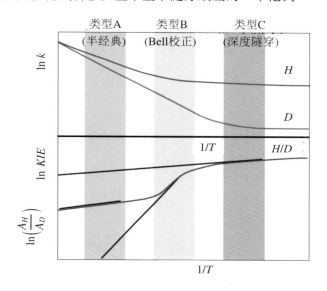

图 5.17 $\ln k \sim \frac{1}{T}$, $\ln KIE \sim \frac{1}{T}$ 和 $\ln \frac{A_H}{A_D} \sim \frac{1}{T}$ 示意图

类型 A, B 和 C 分别表示半经典没有量子隧穿、中等量子隧穿和深度量子隧穿效应. 衡量 A, B 和 C 量子隧穿效应类型更重要的是无量纲化参数 $u = \frac{\hbar\omega}{k_B T}$, $u \ll 1$ 对应于高温或者高频极限(类型 A), 而 $u \gg 1$ 对应于低温或者低频极限(类型 C).

脂肪氧合酶家族有共同的催化氧化脂肪酸反应机制. 以 SLO-1 为例(如图 5.18 所示), 其作用对象(底物)是亚油酸(linoleic acid, LA). 亚油酸结合到 SLO-1 狭长的疏水通道, 并把碳原子(C11)放置在单核非血红素的氢氧化铁(Fe^{3+}-OH)辅因子附近. Fe^{3+}-OH 辅因子接收亚油酸 C11 上的氢原子(pro-S), 生成 Fe^{2+}-OH_2 和在底物 LA 上的一个非局域的自由基. 然后, 分子氧快速捕获这个自由基, 最终形成产物分子, 13-(S)-过氧氢-9, 11-(Z, E)-十八碳二烯酸(13-(S)-hydroperoxy-9, 11-(Z, E)-octadecadienoic acid(13-(S)-HPOD)).

在上述反应过程中, 氢原子从 C11 原子转移到氢氧化铁辅因子的过程是速率决定步骤. 这个步骤包括质子从给体原子 C11 转移到氢氧化铁的受体原子 O, 以及电子从底物亚油酸的 π 键转移到辅因子的铁离子, 使得铁由 $Fe^{3+} \rightarrow Fe^{2+}$(如图 5.19 所示). 因此, 该反应是质子耦合的电子转移过程(CEPT).

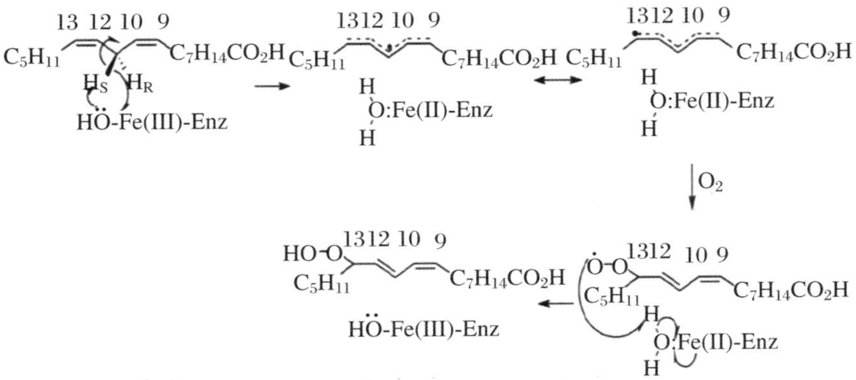

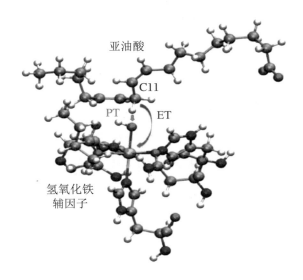

图 5.18　大豆脂肪氧合酶-1(SLO-1)反应机制

图 5.19　大豆脂肪氧合酶-1(SLO-1)中氢氧化铁辅助因子与亚油酸氢转移反应结构示意图

　　由于给体碳原子不能形成标准的氢键,给体-受体之间的相互作用与正常的氢键相比很弱,$C—H$ 断裂的氢转移是非绝热 PCET 反应.其反应速率常数 $k(T)$ 由式(5.6.7)给出:

$$k(T) = \sum_{\mu,\nu} P_\mu k_{\mu\nu} \qquad (5.7.20)$$

其中

$$k_{\mu\nu} = P_\mu \sqrt{\frac{\pi\beta}{\lambda_s}} \frac{|V_{el}^{(0)}|^2}{\hbar} e^{-\frac{\beta(\Delta G^0 + \lambda_s)^2}{4\lambda_s}} (FC)_{\mu\nu} \tag{5.7.21}$$

这里,$(FC)_{\mu\nu}$ 是 Franck-Condon 项:

$$(FC)_{\mu\nu} = \int_0^\infty \mathrm{d}Q P(Q) |S_{\mu\nu}(Q)|^2 \tag{5.7.22}$$

其中,$S_{\mu\nu}(Q)$ 是反应物和产物的质子振动波函数的重叠积分,$|S_{\mu\nu}(Q)|^2$ 决定质子的量子隧穿概率. 在谐振子近似下,$S_{\mu\nu}(Q)$ 的解析形式由式(5.6.11)给出. $P(Q)$ 是 Q-模的热力学分布函数. 式(5.7.21)中的反应自由能 ΔG^0 可以估计为产物 $D\cdots H-A$ 中 $A-H$ 键能和反应物中 $D-H\cdots A$ 的 $D-H$ 键能之差值(这里假设 $D\cdots H$ 和 $H\cdots A$ 氢键能近似相等).

式(5.7.20)速率常数也可以表示成

$$k(T) = \int_0^\infty \mathrm{d}Q P(Q) k(Q, T) \tag{5.7.23}$$

而

$$k(Q, T) = \sum_{\mu, \nu} P_\mu \sqrt{\frac{\pi\beta}{\lambda_s}} \frac{|V_{el}^{(0)}|^2}{\hbar} e^{-\frac{\beta(\Delta G^0 + \lambda_s)^2}{4\lambda_s}} |S_{\mu\nu}(Q)|^2 \tag{5.7.24}$$

环境(包括蛋白质)的热力学涨落会引起给体-受体之间距离(Q-模)变化,假设 Q-模的势函数为 $V(Q)$,则玻尔兹曼分布函数为

$$P(Q) = Z_Q^{-1} \exp(-\beta V(Q)) \tag{5.7.25}$$

其中,$\beta = \dfrac{1}{k_B T}$,$Z_Q = \int \mathrm{d}Q \exp(-\beta V(Q))$ 为其配分函数. 在谐振子近似下

$$V(Q) = \frac{m_Q}{2} \omega_Q^2 (R - R_0)^2 = \frac{m_Q}{2} \omega_Q^2 Q^2 \tag{5.7.26}$$

对式(5.7.22)积分,$P(Q) = P(R - R_0)$ 起着筛选作用. 其指数项因子 $a = \dfrac{1}{2} \beta m_Q \omega_Q^2$ 的值越大,则对 $Q = R - R_0$ 的区间范围(筛选窗口)就越小,反之亦然. 比如,在低温(或高频)极限下,$P(Q) \sim \delta(R - R_0)$,$H/D$ 同位素效应与温度无关.

当温度在 270~320 K 范围内时,式(5.7.21)中基态(0→0)跃迁对氢转移反应速率贡献为 95%,把 $\Delta q = 2Q - \Delta q_0$ 代入式(5.6.12a) $S_{00} = \exp(-a\Delta q^2)$,再代入式(5.7.22),有

$$（FC）_{00} = \sqrt{\frac{a}{\pi}} \int_0^\infty \mathrm{d}Q \mathrm{e}^{-aQ^2} \mathrm{e}^{-b(2Q-\Delta q_0)^2}$$

$$= \sqrt{\frac{a}{\pi}} \int_0^\infty \mathrm{d}Q \mathrm{e}^{-(a+4b)\left(Q-\left(\frac{2b\Delta q_0}{a+4b}\right)\right)^2} \mathrm{e}^{-\frac{ab\Delta q_0^2}{a+4b}}$$

$$= \sqrt{\frac{a}{a+4b}} \mathrm{e}^{-\frac{ab}{a+4b}\Delta q_0^2} \tag{5.7.27}$$

其中

$$a = \sqrt{\frac{\beta m_Q \omega_Q^2}{2}} = \sqrt{\frac{u_Q m_Q \omega_Q}{2\hbar}}, \quad b = \sqrt{\frac{m_0 \omega_0}{2\hbar}} \tag{5.7.28}$$

这里，a 与温度相关，$u_Q = \hbar\beta\omega_Q$ 是无量纲的约化温度，而 b 与氢及其同位素的质量相关.

当 $u_Q = \hbar\beta\omega_Q \gg 1$（低温或高频极限）时，$a \gg b$，且

$$（FC）_{00} \cong \mathrm{e}^{-b\Delta q_0^2} \tag{5.7.29}$$

因此，在此情形下，$（FC）_{00}$（量子隧穿）所引起的一级同位素效应与温度的依赖关系很弱. 而当 $u_Q = \hbar\beta\omega_Q \ll 1$（高温或低频极限）时，还必须考虑激发态的贡献. 总之，通过求出对速率常数有贡献的所有 $（FC）_{\mu\nu}$ 项，代入式(5.7.21)可以求得 $k_{\mu\nu}$，从而可求得速率常数，并可以求得 $H/D~KIE$.

由于 Q 坐标与质子隧穿是耦合的，Q 的变化势必影响到式(5.7.22)Franck-Condon (FC)项. Kuznetsov 和 Ulstrup(1999)称蛋白质通过调控 $D—A$ 之间的距离变化（Q-模）来控制质子量子隧穿效应为门控"gating". 如果从热力学分布函数 $P(Q)$ 角度看，蛋白质的 Q-模频率（Q-模的软硬）、质量以及温度$\left(\text{见指数项因子 } a = \frac{1}{2}\beta m_Q \omega_Q^2\right)$的变化可以调节筛选窗口的大小，从而调控量子隧穿概率和反应速率.

下面将讨论到，蛋白质在底物结合部位的关键残基进行置换，将会改变蛋白质的 $D—A$ 之间的平衡距离 R_0 以及 $\Delta q_0 = 2(R_0 - d_{DH}^{(0)} - d_{AH}^{(0)})$ 和 Q-模的振动频率，从而改变 FC 项对速率常数的贡献. 具体说来，如果氢给体和受体之间距离增大，量子隧穿效应（FC 项的重叠积分）的贡献会以 Δq_0^2 指数衰减变小，为了弥补由此带来的损失，$P(Q)$ 的筛选窗口会增大，KIE 对温度的依赖一般会提高.

5.7.2.2 酶催化氢转移反应范例：大豆脂肪氧合酶催化氢转移反应

图 5.20 显示野生型（wild-type，WT）大豆脂肪氧合酶（SLO-1）及其 I553A，L546A 和 L754A 变异体催化 H/D 亚油酸反应速率常数实验值的阿伦尼乌斯图（实验温度在

$5\sim50$ ℃ 之间). 在 $5\sim50$ ℃ 有限的温度区间内, $\ln k_{cat}\sim\dfrac{1}{T}$ 有比较好的线性关系. 由这些实验结果可以得到相应的 E_a, A_i, ΔE_a, $\dfrac{A_H}{A_D}$, $KIE=k_H^D$ 等化学反应动力学参数值(如表 5.1 所示)(Knapp et al., 2002).

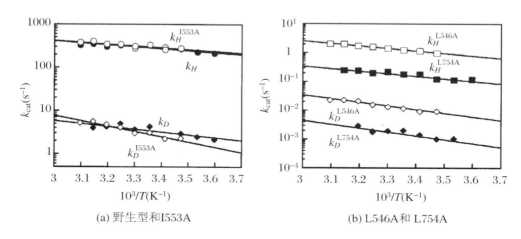

(a) 野生型和 I553A   (b) L546A 和 L754A

图 5.20   催化亚油酸氘转移和氕转移反应的阿伦尼乌斯对数图 $\ln k_{cat}\sim 1/T$

从图 5.20(a)和表 5.1 知, 野生型 SLO-1 催化亚油酸 C11 位的氢转移反应的 H/D 同位素效应很大($k_H^D = KIE = 81$), ΔE_a 比较小(对温度依赖比较小), 而 $A_H/A_D \gg 1$, 属于深度量子隧穿(类型 C). 这时, 振动基态之间的耦合对式(5.7.21)中的 FC 项贡献最大. 由式(5.7.27)也可看出, H/D 的同位素效应对温度的依赖很弱.

突变 I553A SLO-1 对催化氢转移反应速率常数和活化能 $E_a(H)$ 以及指前因子与野生型的都很相似, 也就是说, 把处于 553 位置的异亮氨酸换成侧链比较小的丙氨酸对 SLO-1 催化亚油酸 C11 位的氢转移反应影响比较小, 表明突变 I553A 是比较微小的扰动. 这个突变对 H/D 同位素效应值影响也比较小, 但氘转移反应的活化能 $E_a(D) = E_a(H) + \Delta E_a(H/D) = 5.9$ cal/mol 以及指前因子值 $A_D = 5.9\times 10^4$ s^{-1} 都显著增大, 其 KIE 对温度依赖性($\Delta E_a = 4.0$ kcal/mol)与野生型相比明显增大. 变异 I553A SLO-1 催化亚油酸 H/D-转移反应应该属于深度量子隧穿效应(即类型 C), 即使 $\Delta E_a \gg 0$, $A_H/A_D \ll 1$ 看起来似乎是类型 B(但类型 B 的 KIE 只在 $10\sim12$ 范围内)(如图 5.15 所示).

表 5.1 野生型 SLO-1 和变异的实验结果值(T = 303 K)

酶 （SLO-1）	k_H （s^{-1}）	k_H^D （KIE）	$E_a(H)$ （kcal/mol）	$\Delta E_a(H/D)$ （kcal/mol）	A_H （$10^3\ s^{-1}$）	A_H/A_D
WT	297(12)	81(5)	2.1(0.2)	0.9(0.2)	9(2)	18(5)
I553A	280(10)	93(4)	1.9(0.2)	4.0(0.3)	7(2)	0.12(0.06)
L546A	4.8(0.6)	93(9)	4.1(0.4)	1.9(0.6)	40(30)	4(4)
L754A	0.31(0.02)	112(3)	4.1(0.3)	2.0(0.5)	0.2(0.1)	3(3)

与野生型相比,L546A 和 L754A 变异 SLO-1 催化氢转移反应活化能都增加到 2 倍,其反应速率常数也分别降低到原来的 1/60 和 1/950,表明 L546 和 L754 这两个残基对野生型 SLO-1 的催化性能起着十分重要的作用.L546A 和 L754A 分别发生变异后,$\Delta E_a >$ 1 也有所变大,显示与温度的依赖关系增强,指前因子比下降趋近 1,仍然满足 $\dfrac{A_H}{A_D} > 1$,但 KIE 值与野生型差别不大,其隧穿效应仍然属于类型 C.总之,同位素效应对温度的依赖关系是野生型的最小,L546A 和 L754A 的次之,而 I553A 的最大.

应用速率常数表达式(5.7.20),Knapp,Rickert 和 Klinman(2002)解释了上述实验现象.对于野生型 SLO-1,SLO-1 的活性中心与底物亚油酸(绿色)的结构如图 5.21 所示.L546,I553 和 L754 三个氨基酸残基(蓝绿色)的位置也标记出来,位于反应碳 C11 的两边,距离氢氧化铁辅因子约 6 Å.它们的侧链像三明治一样夹住亚油酸以便反应发生.而 I553 离氢氧化铁较远,但与底物在范德瓦尔斯相互作用范围内.

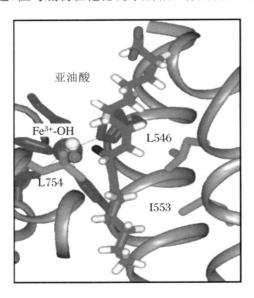

图 5.21 SLO-1 与底物结合的活性部位结构图

下面我们通过改变 Q-模频率 ω_Q 来考察其门控作用是如何影响 H/D-转移反应速率常数以及同位素效应的. 为方便计算, 假设 Q-模是谐振子, 其质量 $m_Q = 110 \text{ g/mol}$ (相当于氨基酸残基侧链的质量), $P(Q)$ 为式(5.7.25)玻尔兹曼分布, 重组化能 $\lambda_s = 18.0 \text{ kcal/mol}$, $\Delta G_0 = -6 \text{ kcal/mol}$, $V_{\text{el}}^{(0)} = 0.14 \text{ kcal/mol}$, $\frac{\Delta q_0}{2} = 1.0 \text{ Å}$. 定义无量纲约化参量

$$u_Q = \hbar \beta \omega_Q = \frac{\hbar \omega_Q}{k_{\text{B}} T} \tag{5.7.30}$$

其中, $\hbar \omega_Q$ 和 $k_{\text{B}} T$ 分别代表门控振动能和环境热能. 利用式(5.7.20), 可以计算速率常数 $k_i (i = H, D)$ 和 H/D 同位素效应 $k_H^D = \dfrac{k_H}{k_D}$ 随 u_Q 变化的函数关系. 为此设 $T = 303 \text{ K}$ (即 $30\,℃$)保持不变, 改变 ω_Q 得到结果如图 5.22 所示. 计算结果显示, 当 $u_Q = \dfrac{\hbar \omega_Q}{k_{\text{B}} T} \gg 1$ (高频或者相当于低温极限)时, H/D 一级动态同位素效应对温度依赖小. 相反, 当 $u_Q = \dfrac{\hbar \omega_Q}{k_{\text{B}} T} < 1$ (低频或相当于高温)时, H/D KIE 对温度依赖强.

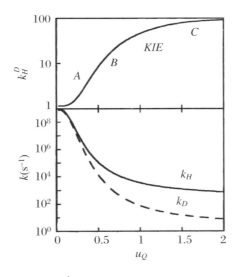

图 5.22 根据式(5.7.20)计算的随 $u_Q = \dfrac{\hbar \omega_Q}{k_{\text{B}} T}$ ($T = 303 \text{ K}$)变化的速率常数 k_H 和 k_D, 以及 H/D 同位素效应 k_H^D

Knapp 等(2002)用速率常数表达式(5.7.20)计算了野生型以及变异 L546A, L754A 和 I553A 相对应的反应速率常数, KIE 以及活化能 E_a, 活化能差值 ΔE_a 以及指前因子

比 $\dfrac{A_H}{A_D}$ 等,结果如表 5.2 所示.

表 5.2　野生型 SLO-1 及其变异的 *KIE* 等化学反应动态学参数以及计算结果值

变异	$\dfrac{\Delta q_0}{2}$ (Å)	ω_Q (cm^{-1})	E_a (kcal/mol)	ΔE_a (kcal/mol)	$\dfrac{A_H}{A_D}$	*KIE*
WT-SLO-1	0.6	400	2.8	1.2	12.4	93
L546A	0.7	165	4.0	1.9	4.1	91
L754A	0.7	165	4.0	1.9	4.1	91
I553A	1.17	42	1.9	4.0	0.11	93

在表 5.2 中,$T = 303$ K,$\Delta G^0 = -6$ kcal/mol,$\lambda = 19.5$ kcal/mol,Δq_0 和 ω_Q 为预设参数值.而 E_a,ΔE_a,$\dfrac{A_H}{A_D}$,*KIE* 为计算结果.

表 5.2 中,野生型的 *Q*-模频率 $\omega_Q = 400$ cm^{-1},在 $T = 303$ K 时,$u_Q = \dfrac{\hbar \omega_Q}{k_B T} \cong 2$,对应于深度量子隧穿效应区域(如图 5.22 所示).这种情形下,*Q*-模频率相对比较高(结构比较刚性),对温度依赖小,*KIE* 比较大.与野生型相比,单突变 L546A,L754A 和 I553A 的 *Q*-模频率都变小(更软),给体-受体距离变长.

对这些单点突变的研究表明,野生型 SLO-1 在活性位点已有优化的平衡结构,以利于催化质子量子隧穿.而 L546A 和 L754A 以及 I533A 打破原先的平衡结构,需要进行热动力学(thermodynamic)预重组(preorganization)和重组(reorganization),这会导致两个结果:① 氢给体和受体距离增加,从而使得质子的量子隧穿距离增加,隧穿概率减少;由于氕的质量比氘的小,氕的振动波函数比氘的宽,这种距离的增加对氘的 *FC* 重叠积分影响更大,从而产生同位素效应.② 这些变异没有改变 SLO-1 的主干(backbone)结构,但活性位点的底物结合口袋(pocket)体积增大,使得 *Q*-模振动频率 ω_Q 降低,故而增加了分布函数 $P(R)$ 的筛选窗口:

$$P(R) = Z_Q^{-1} \exp \left(- \beta \frac{m_Q \omega_Q^2}{2} (R - R_0)^2 \right)$$

由式(5.7.22),与野生型相比,这些变异的 SLO-1 的同位素效应对温度的依赖性增加.

Klinman 和 Kohen(2013)提出用多维度非绝热质子耦合的电子转移(PCET)图像统一解释了野生型和变异蛋白酶的实验数据(图 5.23).这个模型是基于 Marcus 理论用环境重组能(λ)和反应自由能(ΔG^0)来描述反应势垒的(图 5.23(a)),这一部分与同位素效应无关;沿着环境(包括蛋白质和溶剂)反应坐标,环境进行预重组化(图 5.23(a),紫色球),使体系处于隧穿就绪状态(tunneling-ready-state,TRS).在这种暂态(图 5.23(ⅱ))上:① 反应物和产物态在能量上是简并的,并且在质子坐标方向上势函数是对称的;② 反应物和产物的振动态波函数重叠积分(即 FC 项,或量子隧穿矩阵元)决定质子的隧穿概率,与转移粒子(气或氘)的质量相关(式(5.7.27));③ 在 Q-模方向(图 5.23(ⅳ)),量子隧穿矩阵元受到蛋白酶对给体(D)和受体(A)之间距离筛选调控,这种调控受到变异微扰的影响,而这种影响对质量差异明显的 H 和 D 不一样,因而呈现出不同的同位素效应类型 $\left(\dfrac{A_H}{A_D}, \Delta E_a\right)$ 的变化.经过暂态后,环境进一步重组,这种短暂简并状态被打破,进而 $H(D)$ 被束缚在产物势阱里,最终导致产物生成(图 5.23(ⅳ)).

　　双变异(double mutant)实验发现,与天然未变异的蛋白酶相比,I553A/L546A 使得反应速率常数 $k_H = 2.21\ \text{s}^{-1}$ 变小为原来的 1/130.有意思的是,根据在温度 15~50 ℃ 区间得到的实验数据,$\Delta E_a(H) = 2.8\ \text{kcal/mol}$,$A_H/A_D \approx 1.05$,对比前面讨论的分类,I553A/L546A 似乎应该是类型 A(即没有量子隧穿效应).然而,对于半经典情形,H/D 的一级同位素效应值不超过 7,而这里 $KIE = 128$,具有显著的量子隧穿效应,应属于深度量子隧穿情形.

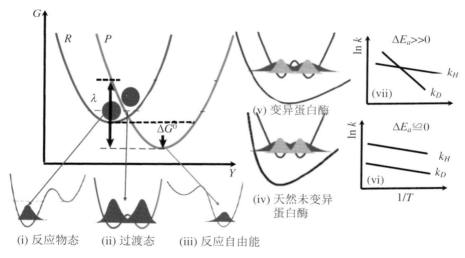

图 5.23　酶催化氢转移量子隧穿反应示意图

　　特别引起兴趣的是,实验测得双突变 L546A/L754A-SLO-1 催化氢转移反应速率常

数为 $k_{cat} = 0.021\ \mathrm{s}^{-1}$,是野生型的 $1/10^4$,活化能 $E_a(H) = 9.9\ \mathrm{kcal/mol}$,约为野生型的 5 倍,在室温下的 $H/D\ KIE = 692$,远超过野生型及其已知的变异体.该双突变体的 H/D KIE 的活化能差值为 $\Delta E_a = 0.3$,指前因子比为 $\dfrac{A_H}{A_D} \ll 1$,显示出很弱的温度依赖关系,属于深度量子隧穿情形(Hu et al.,2017).通过分析速率常数表达式可以发现,与野生型相比,L546A/L754A 双变异使得给体-受体的平衡距离变长(变长 ~0.2 Å),但是 Q-模的频率相对于野生型保持不变甚至更高,也就是说,双突变 L546A/L754A 会使 SLO-1 更加刚性.这是与目前所知的其他变异体都不同的一个特例.结构分析表明,L546A/L754A 相对于天然 SLO-1 的主干结构没有变化,只是 L546A/L754A SLO-1 中 A546 和 A754 两个残基的侧链变小,导致底物结合口袋产生了更大的空间.结合口袋空间变大使得亚油酸可以采用不同构象与蛋白质结合,这也是给体-受体距离变长的主要原因.我们在 P450 催化 C—H 断裂氢转移反应中也发现(Ma et al.,2023),在蛋白酶活性位点置换关键氨基酸残基会使得底物构象发生变化,导致底物不同位置的 C—H 被活化.然而,对双突变 L546A/L754A 如何使得 Q-模变得更加有刚性的详细机制,目前还不完全清楚.

自 20 世纪 80 年代末以来,在大量酶催化氢转移反应体系中发现氢深度量子隧穿现象,表明了非平庸的量子效应在生命活动中毋庸置疑的存在性和不可或缺的重要性.不仅如此,深度量子隧穿效应的发现也会拓宽对蛋白酶的催化机理的认识.比如,传统上认为,蛋白酶催化作用是"酶与催化复合物之间的吸引相互作用使得反应活化能垒的高度降低,从而增加了化学反应的速率"(Pauling,1948).然而,对酶催化氢转移反应的深入研究表明,酶催化作用不仅降低了反应势垒的高度,也缩小了势垒的宽度,从而有利于量子隧穿效应的产生.

第 6 章

生物系统激发能传递的量子理论

6.1 生物激发能传递

6.1.1 概述

生物分子集聚体激发能传递(excitation energy transfer,EET)基元过程发生在能量给体(D)分子和能量受体(A)分子之间,一般可以表示成

$$D^* + A \rightarrow D + A^*$$ (6.1.1)

也称式(6.1.1)为基元反应式.其中,D^*表示给体分子D已被激发处于激发态(用 $*$ 表

示)上,而受体分子 A 处于基态上.分子之间的相互作用,使得给体分子去激发回到基态 D,并把能量传递至受体分子,使之处于激发态 A^* 上,从而完成一个激发能传递的基元步骤.假设给体和受体分子都是两个电子的二能级系统,受激能量转移反应机制可以表示成图 6.1(机制 1).

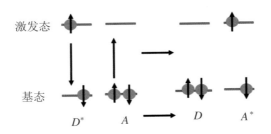

图 6.1　激发能在能量给体 D 和受体 A 之间的传递示意图

起始反应物($D^* + A$)给体处于激发态 D^*,受体在基态 A;而在产物终态($D + A^*$),D 处于基态,而受体处于激发态 A^*.由库仑相互作用引起给受体之间能量交换.

由图 6.1 可见,式(6.1.1)中反应物($D^* + A$)给体处于激发态 D^*,表示为一个电子(带箭头的灰色圆点,箭头朝上表示电子自旋量子数为 1/2,箭头朝下表示电子自旋量子数为 $-1/2$)被激发(比如,受激光脉冲激发)到较高能级(也称为最低未占据分子轨道,the lowest unoccupied molecular orbital,LUMO),而另外一个电子仍占据在较低能级(也称为最高占据分子轨道,the highest occupied molecular orbital,HOMO).受体 A 处于基态,即两个电子都处于最高占据分子轨道(HOMO)上(由泡利不相容原理,电子自旋一个朝上,另一个朝下).图 6.1 中长实线箭头朝下表示给体 D^* 去激发,电子从给体 D 的最低未占据分子轨道(LUMO)自发跃迁到最高占据分子轨道(HOMO)上;而长实线箭头朝上表示受体 A 的一个电子从最高占据分子轨道(HOMO)被激发到最低未占据分子轨道(LUMO)上,从而得到产物($D + A^*$).由于给体分子去激发过程类似于自发荧光发射,因此受激能量转移也常常称为荧光共振能量传递(fluorescence resonance energy transfer,FRET).

受激能量转移反应也可以通过电子交换机制发生(机制 2),如图 6.2 所示.在反应物状态,电子从给体 D 的最低未占据分子轨道(LUMO)转移到受体 A 的最低未占据分子轨道,而受体 A 的一个电子从最高占据分子轨道(HOMO)转移到给体 D 的最高占据分子轨道,从而实现受激能量转移.在机制 2 中,由于交换配对的电子都不处于同一个轨道上,因而不受泡利不相容原理制约,故有两种不同的交换方式,反应物和产物都处于总自旋单重态,称为单重态到单重态跃迁(图6.2(a));反应物和产物都处于总自旋三重态,称为三重态到三重态跃迁(图6.2(b)).

一般而言,如果给体 D 和受体 A 相距较远,两者波函数不能在空间重叠,激发能以机制1来传递;如果给体 D 和受体 A 相距较近,两者波函数在空间可以重叠,能量传递则以电子交换的方式发生.

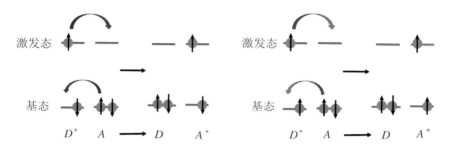

(a) 单重态到单重态的跃迁:反应物/产物的给体/受体两个电子处于自旋相反的状态

(b) 三重态之间的跃迁:反应物/产物的给体/受体两个电子处于自旋相同的状态

图6.2　激发能在能量给体 D 和受体 A 之间传递的电子交换机制示意图

如果 D 和 A 相互作用很强,则反应态和产物态(分别用 $|D^*A\rangle$ 和 $|DA^*\rangle$ 表示)可以形成相干叠加态

$$c_1|D^*A\rangle + c_2|DA^*\rangle \qquad (6.1.2)$$

称式(6.1.2)的叠加态为弗伦克尔(Frenkel)激子.激子是固体物理中的概念.它指的是在半导体(或绝缘体)中,电子从一个满的价带(相当于图6.1或图6.2中的HOMO)激发到空的导带(相当于LUMO)上去,则在价带内产生一个空穴,而在导带里有一个电子,电子和空穴之间由于存在库仑相互作用形成的电子-空穴复合体(束缚态).电子-空穴作用比较强的激子被称为 Frenkel 激子,由苏联物理学家雅科夫·伊里奇·弗伦克尔(1894—1952)在1930—1931年间提出.

当电子和空穴分开比较远(其距离远大于相邻分子之间的间隔)时,电子-空穴库仑相互作用比较弱,这时形成的电子-空穴对被称为 Wannier 激子.这类激子主要存在于半导体中.而 Frenkel 激子主要存在于绝缘体中.在生物分子聚集体的激发能传递往往涉及的是 Frenkel 激子.下面我们以光合作用为主要对象进行讨论.

6.1.2　光合作用

光合作用是绿色植物(包括藻类)和光合细菌,在可见光的照射下,把二氧化碳(或硫化氢)和水转化为富能有机物,并释放出氧气(细菌释放氢气)的生化过程.同时,光合作用也把光能转化成化学能储存于合成的有机物中.光合作用是英国牧师、化学家普里斯特利(J. Joseph Priestley 1733—1804)于1771年观察植物在密闭钟罩内生长时发现的.另外,普里斯特利也是氧气等气体的发现者.光合作用包括光反应、暗反应两个阶段,涉及光吸收、电子传递、光合磷酸化、碳同化等重要反应步骤,对实现自然界的能量转换、维持大气的碳-氧平衡具有重要意义.

光合作用是地球上最重要的化学反应.首先,光合作用把无机物变成有机物,据估计地球上的自养植物一年中通过光合作用同化 2×10^{11} 吨碳元素.其中,60%是由陆生植物同化的,余下40%是由浮游植物同化的.其次,光合作用把光能转变成化学能.绿色植物每年同化碳所储存的总能量约为全球能源消耗总量的10倍.人类几乎所有能利用的有机能源都是直接或间接通过光合作用形成的.而且,光合作用不仅为生物圈中的生命活动提供赖以生存的物质和能量,同时还维持着地球上的大气环境和碳-氧平衡.对光合作用机理的研究不仅具有重要的理论价值,而且具有重要的实际意义.

绿色植物的光合作用发生在其细胞的叶绿体中(图6.3).叶绿体是绿色植物细胞特有的一种与碳水化合物合成和储存相关的细胞器,由双层膜、类囊体(thylakoid)和基质(stroma)三部分组成.叶绿体由双层膜包裹,与胞质隔开.其内充满流动状的基质,基质中主要含有碳同化反应所需的酶类以及叶绿体DNA、核糖体和脂类等.此外,基质中有许多片层结构,每个片层由闭合的两层膜组成,呈扁囊状,称之为类囊体,光合色素包括叶绿素,就存在于类囊体膜上.一些类囊体叠堆在一起形成基粒(grana).叶绿体类囊体膜上镶嵌有与光合作用相关的蛋白质分子,这些蛋白质组成电子传播链,把太阳光能转化为细胞内ATP储存的化学能(图4.1).

6.1.2.1　光合色素

光合色素(pigment)是在光合作用中参与吸收、传递光能或引起原初光化学反应的色素,包括叶绿素、类胡萝卜素和藻胆素(图6.4).类胡萝卜素(包括胡萝卜素和叶黄素)和藻胆素等是对叶绿素捕获光能的补充,称为辅助色素.这些光合色素的一个共同的特点就是存在较长的共轭体系(有些是环形封闭的,有些是线性的),因此可以参与能量传递.

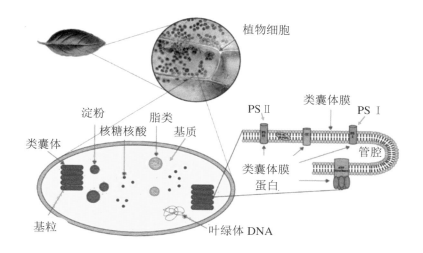

图 6.3　叶绿体结构示意图

叶绿素(chlorophyll)是高等植物和其他所有能进行光合作用的生物体(比如,藻类和细菌)含有的一类绿色色素,能吸收大部分红光和紫光,反射绿光.因此,叶绿素呈绿色.叶绿素分子由卟啉环(porphyrin ring)和一个很长的脂肪烃侧链(称为叶绿醇,phytol)两部分组成.卟啉环部分的功能是光吸收;叶绿素利用叶绿醇一端插入类囊体膜.与含铁的血红素基团不同的是,叶绿素卟啉环中含有一个镁原子.

叶绿素包括叶绿素 a,b,c,d 以及细菌叶绿素等.叶绿素 a 和 b 都存在于高等植物和某些藻类中,可作食品添加剂.它们在结构上仅有细微的差别,叶绿素 b 比叶绿素 a 多一个羰基(图 6.4).不同类型的叶绿素对光的吸收也是不同的,如叶绿素 a 最大的吸收光波长为 420～663 nm;而叶绿素 b 为 460～645 nm.

类胡萝卜素(carotenoid)是一类由 8 个异戊二烯单位组成的,含有 40 个碳原子的化合物,不溶于水而溶于有机溶剂.叶绿体中的类胡萝卜素含有两种色素,即胡萝卜素(carotene)和叶黄素(xanthophyll),前者呈橙黄色,后者呈黄色.一般情况下,叶片中叶绿素与类胡萝卜素的比值约为 3∶1,所以正常的叶子呈现绿色.而在叶子衰老过程中,叶绿素较易降解,而类胡萝卜素比较稳定,所以叶片呈现黄色.

藻胆素(phycobilin)是藻类主要的光合色素,仅存在于红藻和蓝藻中,常与蛋白质结合为藻胆蛋白.藻胆素的 4 个吡咯环形成直链共轭体系,不含镁和叶绿醇链,具有收集和传递光能的作用.

光合色素按功能可以分为捕光色素(light-harvesting pigment)和反应中心色素(reaction center pigment).捕光色素又称天线色素(antenna pigment),是只吸收和传递光能的色素分子,包括大多数的叶绿素 a、全部叶绿素 b 和类胡萝卜素.捕光色素吸收光能后,色素分子变成激发态,由于类囊体片层的色素分子排列得很紧密(10～50 nm),光激发能在色素分子之间以非辐射共振方式向反应中心传递.激发能可以在相同色素分子之间传递,也可以在不同色素分子之间传递,其传递效率很高.比如,类胡萝卜素所吸收的光能传给叶绿素 a 的效率高达 90%,叶绿素 b 所吸收的光能传给叶绿素 a 的效率接近100%,等等.

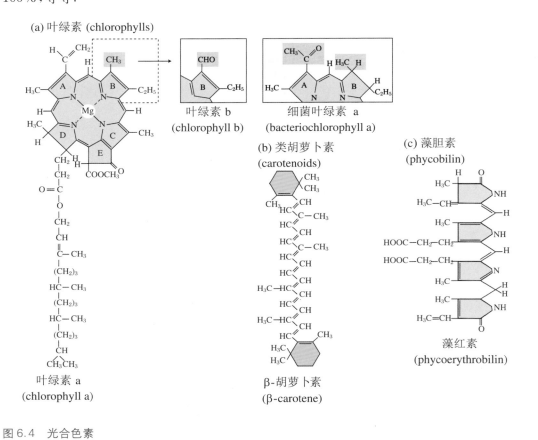

图 6.4　光合色素

　　反应中心色素的作用是以光能来引起电荷分离及光化学反应.它的主要成分是特殊的叶绿素 a,其存在状态和光谱性质不同于一般的叶绿素 a.光合色素之所以能表现出特殊功能,是由于它在光合细胞器中以特定的形式和蛋白质、脂质等结合.结合态的光合色素的性质如吸收光谱、氧化还原电位等,和非结合态的光合色素的性质有明显差别.例如,在丙酮溶液内浸泡的植物叶绿体中的叶绿素 a 的红光波段吸收峰向长波方向偏数十纳米.

6.1.2.2　光合系统

如图 6.3 所示,在类囊体膜上存在两种光合色素-蛋白质复合体,分别称为光系统 I(photosystem I,简称 PS I)和光系统 II(简称 PS II).光系统由捕光复合体(light-harvesting complex)和光合反应中心复合体组成,含有 $250\sim400$ 个叶绿素分子和其他色素分子.

1957 年罗伯特·艾默生(Robert Emerson,1903—1959)发现,植物在红光(波长 660 nm)和红外光(波长>680 nm)照射下,分别有不同的光合成率.然而在这两种光同时照射下,其光合成率远大于这两种光单独照射时的光合成率的总和.这种现象被称为双光增益效应,也叫艾默生增益效应.后来实验证实,光合作用中确实有两个光化学反应进行协同作用,它们分别由光系统 I 和光系统 II 完成.

光系统 I 颗粒相对较小,直径 11 nm,由捕光复合体(light-harvesting complex I,LHC I)和光合反应中心复合体(PSI-RC)组成,主要驱动 $NADP^+$ 还原反应.PS I 有一个特殊叶绿素 a 分子对,其吸收波长为 700 nm,因此称之为 P700.其周围有 LHC I.P700 吸收光激发的原初受体是叶绿体 a 分子 A0,次级受体 A1 为两个叶醌分子,再将电子传递给一个含 4Fe—4S 中心的铁硫蛋白,电子供给含 2Fe—2S 中心的铁氧还蛋白,最后在铁氧还蛋白－NADP 还原酶的催化下,将 $NADP^+$ 还原为 NADPH.

光系统 II 颗粒较大,直径 17.5 nm,包括两个捕光复合体(LHC II)和一个光反应中心色素-蛋白复合体(PS II-RC).PS II 也有一个特殊叶绿体 a 分子对,吸收波长为 680 nm,故称之为 P680(紫细菌外周捕光天线 LH2 中有两层环状排列的细菌叶绿素分子,根据吸收峰位置分别被称为 B800 和 B850).P680 在光催化的原初光化学反应中起着电子给体的作用,而原初电子受体为脱镁叶绿素(Pheo).PS II 将 LHC II 吸收的光能传递给 PS II 反应中心,使中心色素产生一个高能电子,并传递给原初电子受体.这一过程产生了带正电荷的供体($P680^+$)和一个带负电荷的原初电子受体($Pheo^-$).其中,$P680^+$ 可以作为氧化剂,接受电子,引发水的光解,导致水氧化释放的电子向 PS II 传递.而 $Pheo^-$ 可以作为还原剂,丢失一个电子,引起电子向质体醌传递.因此,PS II 的功能是利用从光中吸收的能量将水裂解,并将其释放的电子传递给质体醌,同时通过对水的氧化和质体醌的还原在类囊体膜两侧建立质子梯度.

6.1.2.3　光合作用过程

光合作用过程分光化学反应(光反应)和不需光的暗反应两个阶段.20 世纪初,英国的 Blackman 和德国的 O. Warburg 等用藻类进行闪光试验证明,光合作用可以分为需要光参加的光反应(light reaction)和不需光的暗反应(dark reaction)两个阶段.光反应发生在类囊体膜(光合膜)上,而暗反应是叶绿体基质中进行的酶促化学反应.近年来的研究进一步表明,光反应的过程并不都需要光,而暗反应过程中的一些关键酶活性也受光的调节.

光反应是指在光照下,由光引起的反应.光反应从光合色素吸收光能激发开始,经过水的光解,电子传递,最后将光能转化成化学能,以 ATP 和 NADPH 的形式储存.光反应有三个步骤:① 原初反应(primary reaction);② 电子传递和光合磷酸化;③ 碳同化过程.其中,原初反应是光合作用中从叶绿素分子受光激发,到引起第一个光反应为止的过程.它是光合作用的第一步,包括色素分子对光能的吸收、传递和转换的过程(图 6.5).两个光系统(PSⅠ和 PSⅡ)均参与原初反应.

当波长范围为 400～700 nm 的可见光照射到绿色植物时,捕光色素系统中的色素分子吸收光量子后,变成激发态,形成激子(exciton).由于类囊体片层上的色素分子排列得很紧密(10～50 nm),激子在色素分子之间以诱导共振方式进行快速传递.此外,能量既可以在相同色素分子之间传递,也可以在不同色素分子之间传递,因此能量传递效率很高.这样,聚光色素就像透镜把光束集中到焦点一样把大量的光能吸收、聚集,并迅速传递到反应中心色素分子.

原初反应传能过程有如下特点:① 速度快(10^{-12}～10^{-9}秒内完成);② 与温度无关(可在液氮－196 ℃或液氦－271 ℃下进行);③ 传递效率高,几乎接近 100%.

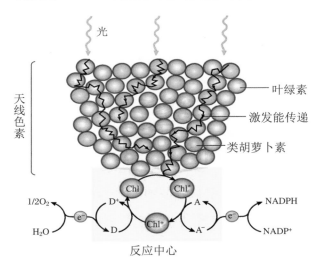

图 6.5　光合作用原初反应中光合色素分子聚集体吸收和传播光能示意图

光化学反应(photochemical reaction),是光合作用的核心环节,能将光能直接转变为化学能.当特殊叶绿素 a 对(Chl)被光激发后成为激发态Chl*,放出电子给原初电子受体(A). 叶绿素 a 被氧化成带正电荷(Chl^+)的氧化态,而受体被还原成带负电荷的还原态(A^-). 氧化态的叶绿素(Chl^+)在失去电子后又可从次级电子供体(D)得到电子而恢复电子的还原态. 这样不断地氧化还原,原初电子受体将高能电子释放进入电子传递链,直至传递到最终电子受体. 同样,氧化态的电子供体(D^+)也需要从前面的供体夺取电子,直到最终的电子供体(水).

本章主要讨论色素分子接受光子被激发后,激发能在色素分子聚集体中传递的过程. 因此,只涉及光合作用过程中的原初反应.

6.2 生物大分子聚集体的哈密顿量

考虑聚集体由 N 个分子组成,其哈密顿量 $\hat{H}$ 可写为

$$\hat{H} = \sum_{m=1}^{N} \hat{H}_m + \frac{1}{2} \sum_{m \neq n}^{N} \hat{V}_{mn} \tag{6.2.1}$$

其中,$\hat{V}_{mn}$ 是分子 m 和 n 之间的相互作用项. 为了不重复计算分子 m 和 n 之间的相互作用,式(6.2.1)右边第二项有个因子 1/2,该项也可以写成 $\sum_{m>n}^{N} \hat{V}_{mn}$. 式(6.2.1)中,$\hat{H}_m$ 是分子 m 的哈密顿量,包含原子核的动能项 $\hat{T}_m$ 和电子哈密顿量 $\hat{H}_m^e$:

$$\hat{H}_m = \hat{T}_m + \hat{H}_m^e \tag{6.2.2}$$

$\hat{H}_m^e$ 对应的定态薛定谔方程为

$$\hat{H}_m^e \varphi_{ma}(r_m, R_m) = U_{ma}(R_m) \varphi_{ma}(r_m, R_m) \tag{6.2.3}$$

这里,r_m,R_m 分别是电子和原子核的坐标,$\varphi_{ma}(r_m, R_m)$ 是分子 m 的电子本征态波函数(用 a 标记),$U_{ma}(R_m)$ 是其势能函数(也称为势能面).

在 Born-Oppenheimer 近似(也称绝热近似)下,$\varphi_{ma}(r_m, R_m)$ 也可看成是分子 m 哈密顿量 $\hat{H}_m$ 的本征波函数,亦即

$$\langle \varphi_{ma_m} | \hat{H}_m | \varphi_{ma_m} \rangle = \hat{T}_m + U_{ma}(R_m) \tag{6.2.4}$$

所有分子的 $\varphi_{ma_m}(r_m, R_m)(m = 1, 2, \cdots, N)$ 的乘积(也称之为 Hartree 乘积)

$$\Phi_A(r, R) = \prod_m^N \varphi_{ma_m}(r_m, R_m) \tag{6.2.5}$$

是在没有相互作用($\hat{V}_{mn} = 0$)时聚集体的哈密顿量 $\hat{H}_0 = \sum_{m=1}^N \hat{H}_m$ 的本征波函数,其中 r 和 R 分别表示电子和原子核的坐标.为方便标记,式(6.2.3)中的 $\varphi_{ma}(r_m, R_m)$ 在这里表示成 $\varphi_{ma_m}(r_m, R_m)$,a_m 表示分子 m 的电子态 a,下标 A 代表所有分子的电子态 a_m($m = 1, 2, \cdots, N$).用英文字母 b, c 等代替式(6.2.5)中的 a 就可得到其他的乘积波函数 $\Phi_B(r, R), \Phi_C(r, R), \cdots$,所有这些波函数组成完备基函数集.需要指出的是,严格说来,式(6.2.5)中的电子波函数需要用具有交换反对称性的多项式(Slater 行列式)来表示.然而,由于对本书讨论的问题没有本质影响,在下面相关的章节讨论中,我们仍然用用比较简单的 Hartree 乘积(式(6.2.5))来进行讨论(May,Kühn,2011).利用基函数集 $\{\Phi_A(r, R), \Phi_B(r, R), \Phi_C(r, R), \cdots\}$,分子集聚体的哈密顿量 $\hat{H}$ 可展开成

$$\hat{H} = \sum_{A, B} \langle \Phi_A | \hat{H} | \Phi_B \rangle \times | \Phi_A \rangle \langle \Phi_B | \tag{6.2.6}$$

其中

$$\begin{aligned}
\langle \Phi_A | \hat{H} | \Phi_B \rangle &= \sum_m \langle \Phi_A | \hat{H}_m | \Phi_B \rangle + \frac{1}{2} \sum_{m, n} \langle \Phi_A | \hat{V}_{mn} | \Phi_B \rangle \\
&= \sum_m \langle \varphi_{ma_m} | \hat{H}_m | \varphi_{ma_m} \rangle \prod_{k \neq m}^N \delta_{a_k, b_k} \\
&\quad + \frac{1}{2} \sum_{m \neq n} \langle \varphi_{ma_m} \varphi_{na_n} | \hat{V}_{mn} | \varphi_{nb_n} \varphi_{mb_m} \rangle \prod_{k \neq m, n}^N \delta_{a_k, b_k}
\end{aligned} \tag{6.2.7}$$

记

$$J_{mn}(ab; cd) = \langle \varphi_{ma_m} \varphi_{na_n} | \hat{V}_{mn} | \varphi_{nb_n} \varphi_{mb_m} \rangle = \langle \varphi_{ma} \varphi_{nb} | \hat{V}_{mn} | \varphi_{nc} \varphi_{md} \rangle \tag{6.2.8}$$

式(6.2.8)可写成

$$\langle \Phi_A | \hat{H} | \Phi_B \rangle = \sum_m H_{ma} \prod_k^N \delta_{a_k, b_k} + \frac{1}{2} \sum_{m, n} J_{mn}(ab; cd) \prod_{k \neq m, n}^N \delta_{a_k, b_k} \tag{6.2.9}$$

其中

$$H_{ma} = \langle \varphi_{ma_m} | \hat{H}_m | \varphi_{ma_m} \rangle = \hat{T}_m + U_{ma}(R_m) \tag{6.2.10}$$

由式(6.2.6)~式(6.2.9)哈密顿量 $\hat{H}$ 可表示成

$$\hat{H} = \sum_{m,a} H_{ma} |ma\rangle\langle ma| + \frac{1}{2} \sum_{m \neq n} J_{mn}(ab;cd) |ma,nb\rangle\langle nc,md| \qquad (6.2.11)$$

式(6.2.11)中

$$|ma\rangle = |\varphi_{ma}\rangle \prod_{k \neq m}^{N} |\varphi_{ka_k}\rangle, \quad |ma,nb\rangle = |\varphi_{ma}\varphi_{nb}\rangle \prod_{k \neq m,n}^{N} |\varphi_{ka_k}\rangle \qquad (6.2.12)$$

6.2.1 分子间的相互作用

式(6.2.11)中,$J_{mn}(ab;cd)$可表示成

$$J_{mn}(ab;cd) = \langle \varphi_{ma}\varphi_{nb} | \hat{V}_{mn}^{ee} | \varphi_{nc}\varphi_{md} \rangle + \langle \varphi_{ma} | \hat{V}_{mn}^{en} | \varphi_{md} \rangle \delta_{b,c}$$
$$+ \langle \varphi_{nb} | \hat{V}_{mn}^{ne} | \varphi_{nc} \rangle \delta_{a,d} + \delta_{a,d}\delta_{b,c} \hat{V}_{mn}^{nn} \qquad (6.2.13)$$

其中,$\hat{V}_{mn}^{ee}$,$\hat{V}_{mn}^{en}$,$\hat{V}_{mn}^{ne}$ 和 $\hat{V}_{mn}^{nn}$分别表示分子 m 和 n 之间的电子-电子、电子-核、核-电子以及核-核的相互作用.比如,$\hat{V}_{mn}^{ee}$是 r_m 和 r_n 的函数,可以写成

$$\hat{V}_{mn}^{ee}(r_m,r_n) = \sum_{i \in m, j \in n} \frac{e^2}{|r_{mi} - r_{nj}|} \qquad (6.2.14)$$

对应地,式(6.2.13)右边第一项可表示成

$$\langle \varphi_{ma}\varphi_{nb} | \hat{V}_{mn}^{ee} | \varphi_{nc}\varphi_{md} \rangle$$
$$= \sum_{i \in m, j \in n} \iint dr_m dr_n \frac{e^2}{|r_{mi} - r_{nj}|} \varphi_{ma}^*(r_m,R_m)\varphi_{md}(r_m,R_m)\varphi_{nb}^*(r_n,R_n)\varphi_{nc}(r_n,R_n)$$

$$(6.2.15)$$

其中,$dr_m = dr_{m1}\cdots dr_{mN'}$,$|r_{mi} - r_{nj}|$ 表示分子 m 的第 i 个电子与分子 n 的第 j 个电子之间的距离.在单电子近似下,$\varphi_{ma}(r_{m1},\cdots,r_{mN})$可以表示成单电子波函数 $\varphi_{ma_i}(r_i)$($i = 1,\cdots,N'$)乘积多项式形式.这样,式(6.2.15)中相互作用实际上只涉及对 r_{mi} 和 r_{nj} 的积分,剩余其他电子项对该积分没有影响.因此,可以用 r_{m1} 和 r_{n1} 分别代替 r_{mi} 和 r_{nj},式(6.2.15)可写为

$$\langle \varphi_{ma}\varphi_{nb} | \hat{V}_{mn}^{\mathrm{ee}} | \varphi_{nc}\varphi_{md} \rangle$$

$$= N_m N_n \iint \mathrm{d}r_m \mathrm{d}r_n \frac{e^2}{|r_{m1}-r_{n1}|} \varphi_{ma}^*(r_m)\varphi_{md}(r_m)\varphi_{nb}^*(r_n)\varphi_{nc}(r_n) \quad (6.2.16)$$

考虑 $a=d$，$b=c$，用单电子波函数表示式(6.2.15)，有

$$\langle \varphi_{ma}\varphi_{nb} | \hat{V}_{mn}^{\mathrm{ee}} | \varphi_{nb}\varphi_{ma} \rangle$$

$$= \sum_{i\in m, j\in n} \iint \mathrm{d}r_{mi}\mathrm{d}r_{nj} \frac{|\varphi_{ma_i}(r_{mi})|^2 |\varphi_{nb_j}(r_{mj})|^2 e^2}{|r_{mi}-r_{nj}|} \quad (6.2.17)$$

其中，$|\varphi_{ma_i}(r_{mi})|^2 e$ 可以理解成在空间 r_{mi} 处的电子电荷数分布. 这样，式(6.2.17)可以看成分子 m 和 n 之间电子库仑相互作用.

定义

$$\rho_{ab}^{(m)}(x) = N_m e \int \mathrm{d}r_m \delta(x-r_{m1})\varphi_{ma}^*(r_m)\varphi_{mb}(r_m) \quad (6.2.18)$$

如果 $a=b$，则 $\rho_{aa}^{(m)}(x)$ 给出在分子 m 的电子态 φ_{ma} 上的电子电荷密度；如果 $a\neq b$，则 $\rho_{ab}^{(m)}(x)$ 被称为在 φ_{ma} 和 φ_{mb} 之间的跃迁电荷密度. 这样，式(6.2.15)可写成

$$\langle \varphi_{ma}\varphi_{nb} | \hat{V}_{mn}^{\mathrm{ee}} | \varphi_{nc}\varphi_{md} \rangle = \iint \mathrm{d}x\mathrm{d}x' \frac{\rho_{ad}^{(m)}(x)\rho_{bc}^{(n)}(x')}{|x-x'|} \quad (6.2.19)$$

其中

$$\rho_{bc}^{(n)}(x') = N_n e \int \mathrm{d}r_n \delta(x'-r_{n1})\varphi_{nb}^*(r_n)\varphi_{nc}(r_n) \quad (6.2.20)$$

式(6.2.13)右边的第二项中 $\hat{V}_{mn}^{\mathrm{en}}$ 只与分子 m 的电子坐标有关：

$$\langle \varphi_{ma}\varphi_{nb} | \hat{V}_{mn}^{\mathrm{en}} | \varphi_{nc}\varphi_{md} \rangle = \langle \varphi_{ma} | \hat{V}_{mn}^{\mathrm{en}} | \varphi_{md} \rangle \delta_{b,c} \quad (6.2.21)$$

其中

$$\langle \varphi_{ma} | \hat{V}_{mn}^{\mathrm{en}} | \varphi_{md} \rangle = -\int \mathrm{d}x \sum_{\upsilon\in n} \frac{\rho_{ad}^{(m)}(x)Z_\upsilon e}{|x-R_{n\upsilon}|} \quad (6.2.22)$$

这里，Z_υ 和 $R_{n\upsilon}$ 是分子 n 中第 υ 个原子核电荷和其位置向量. 如果 $a=d$，则式(6.2.22)描述的分子 m 的电子和分子 n 的原子核之间库仑相互作用与经典相似.

同样地

$$\langle \varphi_{nb} | \hat{V}_{mn}^{\mathrm{ne}} | \varphi_{nc} \rangle = -\int \mathrm{d}x' \sum_{\mu\in m} \frac{\rho_{bc}^{(n)}(x')Z_\mu e}{|x'-R_{m\mu}|} \quad (6.2.23)$$

因此,式(6.2.13)可表示成

$$J_{mn}(ab;cd) = \iint dx dx' \frac{\rho_{ad}^{(m)}(x)\rho_{bc}^{(n)}(x')}{|x-x'|} - \delta_{b,c} \int dx \sum_{\nu \in n} \frac{\rho_{ad}^{(m)}(x)Z_{\nu}e}{|x-R_{n\nu}|}$$
$$- \delta_{a,d} \int dx' \sum_{\mu \in m} \frac{\rho_{bc}^{(n)}(x')Z_{\mu}e}{|x'-R_{m\mu}|} + \delta_{a,d}\delta_{b,c}\hat{V}_{mn}^{nn} \quad (6.2.24)$$

定义

$$n_{ab}^{(m)}(x) = \rho_{ab}^{(m)}(x) - \delta_{a,b} \sum_{\mu \in m} Z_{\mu}e\delta(x-R_{\mu}) \quad (6.2.25)$$

为分子 m 的电荷密度,则式(6.2.24)可写成

$$J_{mn}(ab;cd) = \iint dx dx' \frac{n_{ad}^{(m)}(x)n_{bc}^{(n)}(x')}{|x-x'|} \quad (6.2.26)$$

对 $n_{ab}^{(m)}(x)$ 求积:

$$\int dx n_{ab}^{(m)}(x) = \int dx \rho_{ab}^{(m)}(x) - \delta_{a,b} \int dx \sum_{\mu \in m} Z_{\mu}e\delta(x-R_{\mu}) \quad (6.2.27)$$

将式(6.2.27)代入式(6.2.18),有

$$\int dx n_{ab}^{(m)}(x) = \left(N_m e - \sum_{\mu \in m} Z_{\mu}e\right)\delta_{a,b} \quad (6.2.28)$$

因此,当分子 m 被激发($a \neq b$)时,$\int dx n_{ab}^{(m)}(x) = 0$,即在能量转移过程中电荷没有发生转移.在同一电子态($a = b$),$\int dx n_{aa}^{(m)}(x) = N_m e - \sum_{\mu \in m} Z_{\mu}e$.如果分子是中性的,则 $\int dx n_{aa}^{(m)}(x) = 0$.

6.2.2 二能级近似

假设能量传递过程只涉及分子的基态(g)和第一激发态(e).在这个近似下,所有分子的电子态只取基态($a = g$)或激发态($a = e$),式(6.2.11)为

$$\hat{H} = \sum_{m,a=e,g} H_{ma} |ma\rangle\langle ma| + \frac{1}{2} \sum_{m,n} J_{mn}(ab;cd) |ma,nb\rangle\langle nc,md| \quad (6.2.29)$$

其中,相互作用 $J_{mn}(ab;cd)$ 涉及的电子态总共有 16 种不同形式,可以把它们进行如下分类:① 分子 m 和 n 各自处在相同的电子态上,共有 $J_{mn}(gg;gg)$,$J_{mn}(ee;ee)$,

$J_{mn}(ge;eg)$，$J_{mn}(eg;ge)$四种相互作用形式；② 有一个分子处在相同电子态上，而另一个分子处在不同电子态上，共有 $J_{mn}(gg;eg)$，$J_{mn}(ge;gg)$，$J_{mn}(eg;ee)$，$J_{mn}(ee;ge)$，$J_{mn}(gg;ge)$，$J_{mn}(eg;gg)$，$J_{mn}(ge;ee)$，$J_{mn}(ee;eg)$八种形式；③ 两个分子各自处在不同的电子态上，共有 $J_{mn}(gg;ee)$，$J_{mn}(ge;ge)$，$J_{mn}(eg;eg)$，$J_{mn}(ee;gg)$四种形式. 在能量转移过程中，①和②对应于有一个分子处于同一个电子态. 对于电中性分子，其带正电的原子核和带负电的电子对另一个分子相互作用可以近似为零（即 $n_{aa}^{(m)}(x) \approx 0$ 或 $n_{bb}^{(n)}(x) \approx 0$）. 因此，这些相互作用项的贡献很小，可近似为零.

第三类相互作用涉及两个分子同时在不同电子态之间的跃迁. 比如，$J_{mn}(eg;eg)$ 和 $J_{mn}(ge;ge)$ 都对应于一个分子（m 或 n）从基态跃迁到激发态，同时另一个分子（n 或 m）从激发态回到基态的过程；而 $J_{mn}(ee;gg)$ 和 $J_{mn}(gg;ee)$ 涉及两个分子同时被激发或者退激化过程. 根据式(6.2.25)，这类相互作用矩阵元变成（以 $J_{mn}(eg;eg)$ 为例）

$$J_{mn}(eg;eg) = \iint dx \, dx' \, \frac{\rho_{eg}^{(m)}(x)\rho_{ge}^{(n)}(x')}{|x-x'|} \tag{6.2.30}$$

也称 $J_{mn}(eg;eg)$ 为子耦合系数.

考虑聚集体吸收一个光子引起一个分子（m）激发，从而使得该分子从基态跃迁到激发态而其他分子处于基态. 在光合作用中，单光子激发已得到实验证实（Engel et al.，2007）.

由式(6.2.12)，体系波函数可写成

$$|me\rangle \equiv |m\rangle = |\varphi_{me}\rangle \prod_{k \neq m}^{N} |\varphi_{kg}\rangle \tag{6.2.31}$$

其中，$|me\rangle$ 为分子 m 的激发态，记为 $|m\rangle$. 另外，用 $|0\rangle$ 表示所有分子都处于基态：

$$|0\rangle = \prod_{m}^{N} |\varphi_{mg}\rangle = \prod_{m}^{N} |mg\rangle \tag{6.2.32}$$

需要注意式(6.2.31)中 $|m\rangle$ 和式(6.2.32)基态的标记 $|0\rangle$ 的区别：$|m\rangle$ 表示分子 m 处于激发态 $|m\rangle$ 上，而 $|0\rangle$ 表示所有分子处于基态上.

对于多分子激发，比如，分子 m 和 n 被激发，此时波函数可记为

$$|mn\rangle = |\varphi_{me}\varphi_{ne}\rangle \prod_{k \neq m,n}^{N} |\varphi_{kg}\rangle \tag{6.2.33}$$

在二能级近似以及单分子激发近似（即忽略两个和两个以上分子同时被激发）下，聚集体哈密顿量 $\hat{H}$ 在态 $\{|m\rangle, m=1,2,\cdots\}$ 和式(6.2.32)$|0\rangle$ 表象下可写为

$$\hat{H} = \hat{H}_{00} |0\rangle\langle 0| + \sum_m H_{mm} |m\rangle\langle m| + \sum_{m \neq n} H_{mn} |m\rangle\langle n| \tag{6.2.34}$$

其中,$\hat{H} = \sum_{m=1}^{N} \hat{H}_m + \dfrac{1}{2} \sum_{m \neq n}^{N} \hat{V}_{mn}$(式(6.2.1)).式(6.2.34)右边第一项表示聚集体所有分子都处于基态,其哈密顿量(记作 $\hat{H}_{\mathrm{agg}}^{(0)}$)为

$$\hat{H}_{\mathrm{agg}}^{(0)} = \hat{H}_{00} |0\rangle\langle 0| \tag{6.2.35}$$

其中,$\hat{H}_{00}$ 是聚集体电子基态上原子核运动的哈密顿量.

而式(6.2.34)中右边第二项和第三项为单激发哈密顿量(记作 $\hat{H}_{\mathrm{agg}}^{(1)}$),为

$$\hat{H}_{\mathrm{agg}}^{(1)} = \sum_m H_{mm} |m\rangle\langle m| + \sum_{m \neq n} H_{mn} |m\rangle\langle n| \tag{6.2.36}$$

基态哈密顿量 $\hat{H}_{\mathrm{agg}}^{(0)}$(式(6.2.35))中,聚集体在电子基态上的原子核哈密顿量 $\hat{H}_{00}$ 可写为

$$\begin{aligned}
\hat{H}_{00} &= \langle 0| \hat{H} |0\rangle = \sum_{m=1}^{N} \langle 0| \hat{H}_m |0\rangle + \dfrac{1}{2} \sum_{m \neq n} \langle 0| \hat{V}_{mn} |0\rangle \\
&= \sum_{m=1}^{N} \langle mg| \hat{H}_m |mg\rangle + \dfrac{1}{2} \sum_{m \neq n} \langle mg, ng| \hat{V}_{mn} |ng, mg\rangle
\end{aligned} \tag{6.2.37}$$

由式(6.2.4)和式(6.2.8),有

$$\langle mg| \hat{H}_m |mg\rangle = \hat{H}_{mg} = \hat{T}_m + U_{mg}(R_m) \tag{6.2.38}$$

$$J_{mn}(gg; gg) = \langle mg, ng| \hat{V}_{mn} |ng, mg\rangle \tag{6.2.39}$$

式(6.2.38)中,$\hat{T}_m$ 和 $U_{mg}(R_m)$ 分别是分子 m 的原子核动能项和基态势函数,$\hat{H}_{mg}$ 只与核坐标有关,而与电子态无关.这样,式(6.2.35)中的 $\hat{H}_{00}$ 可写成

$$\hat{H}_{00} = \hat{H}_0^{(\mathrm{nuc})} + \dfrac{1}{2} \sum_{m \neq n} J_{mn}(gg; gg) \tag{6.2.40a}$$

其中,$\hat{H}_0^{(\mathrm{nuc})}$ 包括动能算符 $\hat{T}_{\mathrm{nuc}} = \sum_{m=1}^{N} \hat{T}_m$ 以及基态势函数 $\hat{U}_0(R) = \sum_{m=1}^{N} U_{mg}(R_m)$:

$$\hat{H}_0^{(\mathrm{nuc})} = \hat{T}_{\mathrm{nuc}} + \hat{U}_0(R) \tag{6.2.40b}$$

式(6.2.40a)中,$\dfrac{1}{2} \sum_{m \neq n} J_{mn}(gg; gg)$ 来源于分子间的静电相互作用,该项贡献与 $\hat{U}_0(R)$ 往往比较小,可以忽略不计,从而有

$$\hat{H}_{00} \cong \sum_{m=1}^{N} (\hat{T}_m + U_{mg}(R_m)) = \sum_{m=1}^{N} \hat{H}_{m0}^{(\text{nuc})}$$

$$= \hat{T}_{\text{nuc}} + \hat{U}_0(R) = \hat{H}_0^{(\text{nuc})} \tag{6.2.40c}$$

式(6.2.36)单激发哈密顿量 $\hat{H}_{\text{agg}}^{(1)}$ 中对角项 $H_{mm} = \langle m|\hat{H}|m\rangle$ 和非对角项 $H_{m\neq n} = \langle m|\hat{H}|n\rangle$. 设 $m = k > 0$,由式(6.2.31),激发态 $|k\rangle$ 可写成

$$|k\rangle \equiv |ke\rangle = |\varphi_{ke}\rangle \prod_{m\neq k}^{N} |\varphi_{mg}\rangle \tag{6.2.41}$$

其中,$|k\rangle$ 表示分子 k 处于激发态,而其他分子处于基态.

对角项矩阵元 $H_{kk} = \langle k|\hat{H}|k\rangle$ 可写成

$$\langle k|\hat{H}|k\rangle = \sum_{m=1}^{N} \langle k|\hat{H}_m|k\rangle + \frac{1}{2}\sum_{m\neq n} \langle k|\hat{V}_{mn}|k\rangle \tag{6.2.42}$$

其中,右边第一项

$$\sum_{m=1}^{N} \langle k|\hat{H}_m|k\rangle = \langle k|\hat{H}_k|k\rangle + \sum_{m\neq k} \langle k|\hat{H}_m|k\rangle$$

$$= \hat{H}_{ke} + \sum_{m\neq k} \langle mg|\hat{H}_m|mg\rangle \langle k|k\rangle$$

$$= \hat{H}_{ke} + \sum_{m\neq k} \hat{H}_{mg} \equiv \hat{H}_k^{(\text{nuc})} \tag{6.2.43}$$

其中,$\hat{H}_{ke} = \hat{T}_k + U_{ke}(R_k)$ 是分子 k 在激发态 $|ke\rangle = |k\rangle$ 上原子核运动哈密顿量,$\hat{H}_{mg}$ 是分子 m 在基态上原子核哈密顿量,由式(6.2.38)给出. $\hat{H}_k^{(\text{nuc})}$ 为分子 k 在电子激发态 $|k\rangle$ 上的原子核运动哈密顿量(来自分子内的贡献),也可写成

$$\hat{H}_k^{(\text{nuc})} = (\hat{H}_{ke} - \hat{H}_{kg}) + \sum_m \hat{H}_{mg} = U_{keg}(R_k) + \hat{H}_0^{(\text{nuc})} \tag{6.2.44}$$

其中,激发态势函数 $U_{ke}(R_k)$ 和基态势函数 $U_{kg}(R_k)$(它们来自分子内的贡献)之差 $U_{keg}(R_k)$ 为

$$U_{keg}(R_k) \equiv \hat{H}_{ke} - \hat{H}_{kg} = U_{ke}(R_k) - U_{kg}(R_k) \tag{6.2.45}$$

而式(6.2.42)右边第二项来自分子间静电相互作用对势能的贡献,可写为

$$\sum_{m \neq n} \langle k | \hat{V}_{mn} | k \rangle = \sum_{n \neq m = k} \langle k | \hat{V}_{kn} | k \rangle + \sum_{m \neq n = k} \langle k | \hat{V}_{mk} | k \rangle + \sum_{m, n \neq k} \langle k | \hat{V}_{mn} | k \rangle$$

$$= \sum_{n} \langle ke, ng | \hat{V}_{kn} | ng, ke \rangle + \sum_{m} (\langle mg, ke | \hat{V}_{mk} | ke, mg \rangle)$$

$$+ \sum_{m \neq n} \langle mg, ng | \hat{V}_{mn} | ng, mg \rangle$$

$$= \sum_{n} J_{kn}(eg; ge) + \sum_{m} J_{mk}(ge; eg) + \sum_{m \neq n} J_{mn}(gg; gg) \qquad (6.2.46)$$

根据式(6.2.26)定义

$$\sum_{n} J_{kn}(eg; ge) = \sum_{m} J_{km}(eg; ge) = \sum_{m} \iint \mathrm{d}x \mathrm{d}x' \frac{n_{ee}^{(k)}(x) n_{gg}^{(m)}(x')}{|x - x'|}$$

$$= \sum_{m} \iint \mathrm{d}x \mathrm{d}x' \frac{n_{gg}^{(m)}(x') n_{ee}^{(k)}(x)}{|x - x'|} = \sum_{m} J_{mk}(ge; eg)$$

因此,式(6.2.46)可写成

$$\sum_{m \neq n} \langle k | \hat{V}_{mn} | k \rangle = 2 \sum_{m} J_{mk}(ge; eg) + \sum_{m \neq n} J_{mn}(gg; gg) \qquad (6.2.47)$$

这样,对角矩阵元$\langle k | \hat{H} | k \rangle$为

$$\langle k | \hat{H} | k \rangle = \hat{H}_{k}^{(\mathrm{nuc})} + \sum_{m} J_{km}(eg; ge) + \frac{1}{2} \sum_{m \neq n} J_{mn}(gg; gg) \qquad (6.2.48)$$

当分子之间间距较大,相互作用较小时,式(6.2.48)中分子间静电相互作用可以忽略.这样,式(6.2.48)可写成

$$\langle k | \hat{H} | k \rangle \cong \hat{H}_{k}^{(\mathrm{nuc})} \qquad (6.2.49)$$

而非对角项$\langle k | \hat{H} | l \rangle (k \neq l)$为

$$\langle k | \hat{H} | l \rangle = H_{kl} = \sum_{m} \langle k | \hat{H}_{m} | l \rangle + \frac{1}{2} \sum_{m \neq n} \langle k | \hat{V}_{mn} | l \rangle$$

$$= \frac{1}{2} \sum_{m \neq n} \langle k | \hat{V}_{mn} | l \rangle \qquad (6.2.50)$$

其中,与式(6.2.41)一样,激发态$| l \rangle$可表示为

$$| l \rangle \equiv | le \rangle = | \varphi_{le} \rangle \prod_{m \neq l}^{N} | \varphi_{mg} \rangle$$

代入式(6.2.50),有

$$\langle k \,|\, \hat{H} \,|\, l \rangle = \frac{1}{2} \Big(\sum_{m=k, n=l} \langle k \,|\, \hat{V}_{mn} \,|\, l \rangle + \sum_{m=l, n=k} \langle k \,|\, \hat{V}_{mn} \,|\, l \rangle \Big)$$

$$= \frac{1}{2} (\langle k \,|\, \hat{V}_{kl} \,|\, l \rangle + \langle k \,|\, \hat{V}_{lk} \,|\, l \rangle)$$

$$= \frac{1}{2} (\langle ke, lg \,|\, \hat{V}_{kl} \,|\, lg, ke \rangle + \langle le, kg \,|\, \hat{V}_{lk} \,|\, kg, le \rangle)$$

$$= \frac{1}{2} (J_{kl}(eg; ge) + J_{lk}(ge; eg)) = J_{kl}(eg; ge) \tag{6.2.51}$$

这样,式(6.2.36)单激发哈密顿量可写成

$$\hat{H}_{\text{agg}}^{(1)} = \sum_{m=1} \hat{H}_{mm} \,|\, m \rangle \langle m \,| + \sum_{m \neq n} H_{mn} \,|\, m \rangle \langle n \,|$$

$$= \sum_{m=1} \Big(\hat{H}_m^{(\text{nuc})} + \sum_{n \neq m} J_{mn}(eg; ge) + \frac{1}{2} J_{mn}(gg; gg) \Big) \,|\, m \rangle \langle m \,| + \sum_{m \neq n} J_{mn}(eg, ge) \,|\, m \rangle \langle n \,|$$

$$\tag{6.2.52}$$

其中,激发态 $|\, m \rangle$ 上的原子核运动哈密顿量 $\hat{H}_m^{(\text{nuc})}$(来自分子内贡献)由式(6.2.43)给出.

这样,分子聚集体哈密顿量 $\hat{H}$ 可写成

$$\hat{H} = \hat{H}_{\text{agg}}^{(0)} + \hat{H}_{\text{agg}}^{(1)} = \hat{H}_{00} \,|\, 0 \rangle \langle 0 \,|$$

$$+ \sum_{m=1} \Big(\hat{H}_m^{(\text{nuc})} + \sum_{n \neq m} J_{mn}(eg; ge) + \frac{1}{2} J_{mn}(gg; gg) \Big) \,|\, m \rangle \langle m \,|$$

$$+ \sum_{m \neq n} J_{mn}(eg, eg) \,|\, m \rangle \langle n \,|$$

$$= \hat{H}_0 + \hat{V} \tag{6.2.53}$$

其中

$$\begin{cases} \hat{H}_0 = H_{00} \,|\, 0 \rangle \langle 0 \,| + \sum_{m=1} \Big(\hat{H}_m^{(\text{nuc})} + \sum_{n \neq m} J_{mn}(eg; ge) + \frac{1}{2} J_{mn}(gg; gg) \Big) \,|\, m \rangle \langle m \,| \\ \hat{V} = \sum_{m \neq n} J_{mn}(eg, eg) \,|\, m \rangle \langle n \,| \end{cases} \tag{6.2.54}$$

式(6.2.53)中原子核运动哈密顿量 $\hat{H}_m^{(\text{nuc})}$(式(6.2.44))可写为

$$\hat{H}_m^{(\text{nuc})} = \hat{H}_{me} + \sum_{n \neq m} \hat{H}_{ng} = \hat{H}_{me} - \hat{H}_{mg} + \sum_n \hat{H}_{ng} = U_{meg}(R(q)) + \hat{H}_0^{(\text{nuc})}$$

$$\tag{6.2.55}$$

其中,$U_{meg}(R_m)$ 由式(6.2.45)确定.

忽略对角项中分子间的静电相互作用,式(6.2.53)哈密顿量可写成

$$\hat{H} = \hat{H}_0^{(nuc)} |0\rangle\langle 0| + \sum_{m=1} \hat{H}_m^{(nuc)} |m\rangle\langle m| + \sum_{m \neq n} J_{mn}(eg, eg) |m\rangle\langle n| \quad (6.2.56)$$

把式(6.2.55)代入式(6.2.56),并应用恒等式 $|0\rangle\langle 0| + \sum_{m=1}^{N} |m\rangle\langle m| = \hat{I}$,有

$$\hat{H} = \sum_{m=1} U_{meg}(R(q)) |m\rangle\langle m| + \sum_{m \neq n} J_{mn}(eg, eg) |m\rangle\langle n| + \hat{H}_0^{(nuc)} \quad (6.2.57)$$

如果对角项需要考虑分子间静电相互作用,则式(6.2.57)中,$U_{meg}(R(q))$ 需要用

$U_{meg}(R(q)) + \sum_{n \neq m} J_{mn}(eg; ge) + \dfrac{1}{2} J_{mn}(gg; gg)$ 来替代.

6.2.3　Frenkel 激子态

分子聚集体的基态存在原子核平衡构型 $R_0 = \{R_m^{(0)}, m = 1, 2, \cdots\}$.在该平衡点,分子 m 的电子基态势能为 $U_{mg}(R_m^{(0)}) = E_{mg}$.假定在激发能量转移过程中,聚集体的核构型固定在 R_0 上,则哈密顿量(式(6.2.55))只与电子态有关,而与核坐标 $\{R_m, m = 1, 2, \cdots\}$ 无关.相关能量项,比如,式(6.2.57)中分子聚集体的基态总势能为

$$E_0 = \sum_m E_{mg} \quad (6.2.58)$$

而式(6.2.57)中的 $U_{meg}(R_m)$ 成为

$$U_{meg}(R_m^{(0)}) \equiv E_m = U_{me}(R_m^{(0)}) - U_{mg}(R_m^{(0)}) \quad (6.2.59)$$

这时,聚集体的基态不与单激发态耦合,亦即哈密顿量 $\hat{H}$(式(6.2.55))中的 $\hat{H}_0^{(nuc)}$ 可以单独分离出去.这时,只考虑 $\hat{H}$ 中的激发电子态部分

$$\hat{H}_{exc} = \sum_m E_m |m\rangle\langle m| + \sum_{m \neq n} J_{mn} |m\rangle\langle n| \quad (6.2.60)$$

其中,J_{mn} 是处于激发态分子 m 和 n 之间的相互作用,E_m 由式(6.2.59)决定.

求解 $\hat{H}_{exc}$ 对应的定态薛定谔方程,得到本征态 $|a\rangle$:

$$\hat{H}_{exc} |a\rangle = E_a |a\rangle \quad (6.2.61)$$

称 $|a\rangle$ 为弗伦克尔(Frenkel)激子态,E_a 为激子能.可以用 $|m\rangle$ 的线性组合来表达 $|a\rangle$:

$$|a\rangle = \sum_m c_a(m)|m\rangle \tag{6.2.62}$$

其中,$c_a(m) = \langle m|a\rangle$.我们也称$|m\rangle$为局域电子激发态(分子 m 被激发),而$|a\rangle$为离域态(在空间上遍及整个聚集体).

把式(6.2.62)代入式(6.2.61)并左乘$\langle n|$,有

$$E_a c_a(n) = \sum_m c_a(m)\langle n|\hat{H}_{\mathrm{exc}}|m\rangle \tag{6.2.63}$$

把$\hat{H}_{\mathrm{exc}} = \sum_i E_i|i\rangle\langle i| + \sum_{k\neq i}J_{ki}|k\rangle\langle i|$(式(6.2.60))代入式(6.2.63),有

$$E_a c_a(n) = E_n c_a(n) + \sum_m c_a(m)J_{mn} \tag{6.2.64}$$

在激子能量表象下,哈密顿量$\hat{H}_{\mathrm{exc}}$可以展开成

$$\hat{H}_{\mathrm{exc}} = \sum_a E_a|a\rangle\langle a| \tag{6.2.65}$$

下面分别以线性和环状生物大分子为例,求其弗伦克尔激子态以及特征能谱.假设线性和环状生物大分子有 N 个相同的模块分子,这些分子间只具有最近邻相互作用 J.在单分子激发($S_0 \rightarrow S_1$)近似下,其激发态能量为 E_{exc}.由2.3.8小节所讨论可知,对线性分子,有

$$E_a = E_{\mathrm{exc}} + 2J\cos a \tag{6.2.66}$$

其中,$a = \dfrac{k\pi}{N+1}(k=1,2,\cdots,N)$.其本征态是单模块分子激发态$|m\rangle$的线性组合:

$$|a\rangle = \sum_m c_a(m)|m\rangle \tag{6.2.67}$$

其中,$c_a(m) = \sqrt{\dfrac{2}{N+1}}\sin(am)$.

对于环状分子,式(6.2.62)弗伦克尔激子态波函数$|a\rangle$中

$$c_a(m) = \frac{1}{\sqrt{N}}\exp(iam) \tag{6.2.68}$$

其中,$a = \dfrac{2\pi k}{N}(k=1,2,\cdots,N)$.由式(2.3.203),有

$$E_a = \varepsilon_0 + 2V\cos a = \varepsilon_0 + 2V\cos\frac{2\pi k}{N}, \quad k=1,2,\cdots,N \tag{6.2.69}$$

6.2.4 激子-谐振子相互作用

下面讨论从哈密顿量(式(6.2.57))出发

$$\hat{H} = \sum_{m=1}^{N} U_{meg}(R_m) |m\rangle\langle m| + \sum_{m \neq n} J_{mn}(eg, eg) |m\rangle\langle n| + \hat{H}_0^{(nuc)}$$

假设在被激发前分子聚集体在其平衡构型(R_0)附近作微小振动,接收光子激发后聚集体的结构仅作很小的变化.因此,可以作简谐近似.式(6.2.40b)中的基态势函数 $U_0(R)$ 可以在平衡构型 R_0 附近展开到二次项:

$$U_0(R(q)) \cong U_0(R_0) + \sum_{\lambda} \frac{1}{2} \omega_{\lambda}^2 q_{\lambda}^2 \tag{6.2.70}$$

其中,$q = \{q_{\lambda}, \lambda = 1, 2, \cdots\}$ 是聚集体的简振模坐标,$U_0(R_0)$ 是集聚体在基态平衡构型($Q_{\lambda} = 0$)时的势能,ω_{λ} 是简谐振动频率.若 $U_0(R_0) = 0$,则聚集体在基态上原子核运动哈密顿量 $\hat{H}_0^{(nuc)}$ 为

$$\hat{H}_0^{(nuc)} \cong \sum_{\lambda} \frac{1}{2} \hat{p}_{\lambda}^2 + \frac{1}{2} \omega_{\lambda}^2 q_{\lambda}^2 \tag{6.2.71}$$

其中,$\hat{p}_{\lambda}$ 是简正模 λ 对应的动量算符.从式(6.2.71)可见,在简谐近似下,$\hat{H}_0^{(nuc)}$ 是所有谐振子哈密顿量之和.令

$$q_{\lambda} = \sqrt{\frac{\hbar}{2\omega_{\lambda}}} Q_{\lambda}, \quad \hat{p}_{\lambda} = \sqrt{\frac{\hbar \omega_{\lambda}}{2}} \hat{P}_{\lambda} \tag{6.2.72}$$

Q_{λ} 和 $\hat{P}_{\lambda}$ 分别是简谐振子 λ 无量纲化坐标和动量.

式(6.2.71)可表示为

$$\hat{H}_0^{(nuc)} = \sum_{\lambda} \frac{\hbar \omega_{\lambda}}{4} (\hat{P}_{\lambda}^2 + Q_{\lambda}^2) \tag{6.2.73}$$

对式(6.2.45)或式(6.2.55)中的 U_{meg} 展开到一阶项,可得

$$U_{meg}(R(q)) \cong U_{meg}(R_0) + \sum_{\lambda} \left(\frac{\partial U_{meg}(R(q))}{\partial q_{\lambda}} \right)_{q_{\lambda}=0} q_{\lambda}$$

$$= E_m + \sum_{\lambda} \hbar \omega_{\lambda} \kappa_m(\lambda) Q_{\lambda} \tag{6.2.74}$$

与基态平衡构型(R_0)相比,集聚体激发态的核平衡构型往往有变化.因而,式(6.2.74)中 $U_{meg}(R(q))$ 对 q_λ 的一阶偏导一般不为零.否则,式(6.2.74)需要展开到更高阶项.在式(6.2.74)中,E_m 称为位点能(也称为 Franck-Condon 跃迁能),是分子 m 处于基态平衡构型 R_0 时,电子激发态和基态势能之差:

$$E_m \equiv U_{meg}(R_0) = U_{me}(R_0) - U_{mg}(R_0) \tag{6.2.75}$$

而 $\kappa_m(\lambda)$ 是激子-振动耦合系数:

$$\kappa_m(\lambda) = \frac{1}{\sqrt{2\hbar\omega_\lambda^3}}\left(\frac{\partial U_{meg}(R(q))}{\partial q_\lambda}\right)_{q_\lambda=0} \tag{6.2.76}$$

一般地,式(6.2.57)中激子耦合系数是核坐标的函数,$J_{mn}(eg,eg) = J_{mn}(R_m, R_n)$,也可展开成

$$J_{mn}(R_m, R_n) \cong J_{mn}(0) + \sum_\lambda \left(\frac{\partial J_{mn}(R(q))}{\partial q_\lambda}\right)_{q_\lambda=0} q_\lambda$$

$$= J_{mn} + \sum_\lambda \hbar\omega_\lambda K_{mn}(\lambda) Q_\lambda \tag{6.2.77}$$

其中,激子-谐振子耦合矩阵元

$$K_{mn}(\lambda) = \frac{1}{\sqrt{2\hbar\omega_\lambda^3}}\left(\frac{\partial J_{mn}(R(q))}{\partial q_\lambda}\right)_{q_\lambda=0} \tag{6.2.78}$$

激子耦合系数 J_{mn} 通过 $K_{mn}(\lambda)$ 受振动调节.不过,$K_{mn}(\lambda)$ 的值一般比较小.

综上所述,在简谐振动近似下,式(6.2.56)哈密顿量可写成

$$\hat{H} = \hat{H}_0^{(\text{nuc})} |0\rangle\langle 0| + \sum_{m=1} \hat{H}_m^{(\text{nuc})} |m\rangle\langle m|$$

$$+ \sum_{m\neq n} (J_{mn} + \hbar\omega_\lambda K_{mn}(\lambda) Q_\lambda) |m\rangle\langle n| \tag{6.2.79}$$

其中,$\hat{H}_0^{(\text{nuc})} = \sum_\lambda \frac{\hbar\omega_\lambda}{4}(\hat{P}_\lambda^2 + Q_\lambda^2)$,激发态 $|m\rangle$ 上的振动哈密顿量 $\hat{H}_m^{(\text{nuc})}$ 由式(6.2.55)给出:

$$\hat{H}_m^{(\text{nuc})} = U_{meg}(R(q)) + \hat{H}_0^{(\text{nuc})}$$

$$\cong E_m + \sum_\lambda \hbar\omega_\lambda \kappa_m(\lambda) Q_\lambda + \hat{H}_0^{(\text{nuc})} \tag{6.2.80a}$$

$$= E_m - E_{RE}^{(m)} + \sum_\lambda \frac{\hbar\omega_\lambda}{4}(\hat{P}_\lambda^2 + (Q_\lambda + 2\kappa_m(\lambda))^2) \tag{6.2.80b}$$

其中，$E_{RE}^{(m)} = \sum\limits_{\lambda} \hbar\omega_\lambda \kappa_m^2(\lambda)$ 被称作重组能. 与基态相比，分子 m 的激发态势能平衡构型平移了 $-2\kappa_m(\lambda)$，而位点能 E_m 偏移了 $-\sum\limits_{\lambda} \hbar\omega_\lambda \kappa_m^2(\kappa) = -E_{RE}^{(m)}$.

对应于式(6.2.57)，哈密顿量 $\hat{H}$ 在简谐振动近似下也可写成

$$\hat{H} = \sum_m \left(E_m + \sum_\lambda \hbar\omega_\lambda \kappa_m(\lambda) Q_\lambda \right) |m\rangle\langle m| + \sum_{m \neq n} \left(J_{mn} + \hbar\omega_\lambda K_{mn}(\lambda) Q_\lambda \right) |m\rangle\langle n|$$
$$+ \sum_\lambda \frac{\hbar\omega_\lambda}{4} \left(\hat{P}_\lambda^2 + Q_\lambda^2 \right) \tag{6.2.81}$$

式(6.2.81)也可重新排列成

$$\hat{H} = \hat{H}_{\text{exc}} + \hat{H}_I + \hat{H}_0^{(\text{nuc})} \tag{6.2.82}$$

其中，激子和谐振子的哈密顿量 $\hat{H}_{\text{exc}}$ 和 $\hat{H}_0^{(\text{nuc})}$ 分别是

$$\hat{H}_{\text{exc}} = \sum_m E_m |m\rangle\langle m| + \sum_{m \neq n} J_{mn} |m\rangle\langle n| \tag{6.2.83}$$

$$\hat{H}_0^{(\text{nuc})} = \sum_\lambda \frac{\hbar\omega_\lambda}{4} \left(\hat{P}_\lambda^2 + Q_\lambda^2 \right) \tag{6.2.84}$$

聚集体在电子基态振动哈密顿量 $\hat{H}_0^{(\text{nuc})}$ 也常常被当成环境哈密顿量 $\hat{H}_E$(式(4.1.1)).

式(6.2.82)中激子和谐振子之间的相互作用 $\hat{H}_I$ 有分子内和分子之间两种相互作用形式：

$$\hat{H}_I = \hat{H}_{\text{exc-vib}}^{\text{intra}} + \hat{H}_{\text{exc-vib}}^{\text{inter}} \tag{6.2.85a}$$

其中，$\hat{H}_{\text{exc-vib}}^{\text{intra}}$ 和 $\hat{H}_{\text{exc-vib}}^{\text{inter}}$ 分别表示分子内和分子之间的激子-振子相互作用：

$$\begin{cases} \hat{H}_{\text{exc-vib}}^{\text{intra}} = \sum\limits_{m,\lambda} \hbar\omega_\lambda \kappa_m(\lambda) Q_\lambda |m\rangle\langle m| \\ \hat{H}_{\text{exc-vib}}^{\text{inter}} = \sum\limits_{m \neq n,\lambda} \hbar\omega_\lambda K_{mn}(\lambda) Q_\lambda |m\rangle\langle n| \end{cases} \tag{6.2.85b}$$

令

$$\widetilde{K}_{mn}(\lambda) = \kappa_m(\lambda)\delta_{mn} + K_{mn}(\lambda)(1 - \delta_{mn}) \tag{6.2.86}$$

则式(6.2.85a)中相互作用哈密顿量 $\hat{H}_I$ 可统一写成

$$\hat{H}_I = \sum_{m,n,\lambda} \hbar\omega_\lambda \widetilde{K}_{mn}(\lambda) Q_\lambda |m\rangle\langle n| \tag{6.2.87}$$

采用湮灭算符和生成算符,由式(3.2.77),有

$$\hat{Q}_\lambda = \hat{a}_\lambda + \hat{a}_\lambda^\dagger \tag{6.2.88}$$

$$\hat{P}_\lambda = -\mathrm{i}(\hat{a}_\lambda - \hat{a}_\lambda^\dagger) \tag{6.2.89}$$

式(6.2.79)中的哈密顿量 $\hat{H}$ 可以用湮灭算符和生成算符来表示. 其中,$\hat{H}_m^{(\mathrm{nuc})}$ 可写成

$$\hat{H}_m^{(\mathrm{nuc})} = \hbar\omega_m + \hat{h}_m^{(\mathrm{vib})} \tag{6.2.90}$$

其中

$$\begin{cases} \hbar\omega_m = E_m - \sum_\lambda \hbar\omega_\lambda \kappa_m^2(\kappa) \\ \hat{h}_m^{(\mathrm{vib})} = \sum_\lambda \hbar\omega_\lambda (\hat{a}_\lambda^\dagger + \kappa_m(\lambda))(\hat{a}_\lambda + \kappa_m(\lambda)) \end{cases} \tag{6.2.91}$$

式(6.2.81)中的哈密顿量 $\hat{H}$ 也可以表示成

$$\begin{aligned} \hat{H} = &\sum_m \left(E_m + \sum_\lambda \hbar\omega_\lambda \kappa_m(\lambda)(\hat{a}_\lambda + \hat{a}_\lambda^\dagger) \right) |m\rangle\langle m| \\ &+ \sum_{m\neq n} \left(J_{mn} + \hbar\omega_\lambda K_{mn}(\lambda)(\hat{a}_\lambda + \hat{a}_\lambda^\dagger) \right) |m\rangle\langle n| \\ &+ \sum_\lambda \hbar\omega_\lambda (\hat{a}_\lambda^\dagger \hat{a}_\lambda + 1/2) \end{aligned} \tag{6.2.92}$$

其中,常数项 $\sum_\lambda \hbar\omega_\lambda/2$ 可以忽略不计.

如果分子间的电子态耦合在激发能传递中起主要作用,这时哈密顿量(式(6.2.82))可以在非局域化的激子态 $|\alpha\rangle$ 表象中表示成(按对角和非对角项归类)

$$\hat{H} = \sum_\alpha \hat{H}_\alpha |\alpha\rangle\langle\alpha| + \sum_{\alpha\neq\beta} \hat{H}_{\alpha\beta}^{(I)} |\alpha\rangle\langle\beta| + \hat{H}_0^{(\mathrm{nuc})} \tag{6.2.93}$$

其中,$\hat{H}_0^{(\mathrm{nuc})} = \sum_\lambda \dfrac{\hbar\omega_\lambda}{4}(\hat{P}_\lambda^2 + Q_\lambda^2)$. 与式(6.2.80)比较,$\hat{H}_\alpha$ 为

$$\begin{aligned} \hat{H}_\alpha &= \langle\alpha|\hat{H}_{\mathrm{exc}} + \hat{H}_I|\alpha\rangle = E_\alpha + \langle\alpha|\hat{H}_I|\alpha\rangle \\ &= E_\alpha + \hat{H}_{\alpha\alpha}^{(I)} = E_\alpha + \sum_\lambda \hbar\omega_\lambda \widetilde{K}_{\alpha\alpha}(\lambda) Q_\lambda \end{aligned} \tag{6.2.94}$$

这里

$$\begin{cases} E_\alpha = \sum_m E_m |c_\alpha(m)|^2 + \sum_{m\neq n} c_\alpha^*(m) J_{mn} c_\alpha(n) \\ \widetilde{K}_{\alpha\alpha}(\lambda) = \sum_{m,n} c_\alpha^*(m) \widetilde{K}_{mn}(\lambda) c_\alpha(n) \end{cases} \tag{6.2.95}$$

式(6.2.93)中非对角项矩阵元

$$\hat{H}^{(I)}_{\alpha\beta} = \langle \alpha | \hat{H}_I | \beta \rangle = \sum_\lambda \hbar\omega_\lambda \widetilde{K}_{\alpha\beta}(\lambda) Q_\lambda \qquad (6.2.96)$$

其中

$$\widetilde{K}_{\alpha\beta}(\lambda) = \sum_{m,n} c_\alpha^*(m) \widetilde{K}_{mn}(\lambda) c_\beta(n) \qquad (6.2.97)$$

在推导式(6.2.94)～式(6.2.97)的过程中,用到式(6.2.62) $|\alpha\rangle = \sum_m c_\alpha(m)|m\rangle$. 这样,我们得到激子表象下的哈密顿量表达式

$$\hat{H} = \sum_\alpha \left(E_\alpha + \sum_\lambda \hbar\omega_\lambda \widetilde{K}_{\alpha\alpha}(\lambda) Q_\lambda \right) |\alpha\rangle\langle\alpha|$$

$$+ \sum_{\alpha\neq\beta} \sum_\lambda \hbar\omega_\lambda \widetilde{K}_{\alpha\beta}(\lambda) Q_\lambda |\alpha\rangle\langle\beta| + \hat{H}_0^{(\mathrm{nuc})} \qquad (6.2.98)$$

式(6.2.93)或式(6.2.98)是按激子能量表象中的对角项和非对角项进行归类的. 如果把激子-谐振子相互作用,亦即式(6.2.82)中的 $\hat{H}_I = \hat{V}$ 当成微扰项时,哈密顿量 $\hat{H}$ 可以写成零级哈密顿量 $\hat{H}_0$ 与微扰项之和的形式:

$$\hat{H} = \hat{H}_0 + \hat{H}_I \qquad (6.2.99)$$

其中

$$\hat{H}_0 = \sum_\alpha E_\alpha |\alpha\rangle\langle\alpha| + \hat{H}_0^{(\mathrm{nuc})} \qquad (6.2.100)$$

$$\hat{H}_I = \hat{V} = \sum_{\alpha,\beta} \sum_\lambda \hbar\omega_\lambda \widetilde{K}_{\alpha\beta}(\lambda) Q_\lambda |\alpha\rangle\langle\beta| \qquad (6.2.101)$$

式(6.2.101)中 $\hat{H}_I$ 包括对角($\alpha = \beta$)和非对角($\alpha\neq\beta$)矩阵元. 这时,激子$|\alpha\rangle$态上振动哈密顿量为

$$\hat{H}_{\mathrm{vib}}^{(\alpha)} = \langle \alpha | \hat{H}_0 | \alpha \rangle = E_\alpha + \hat{H}_0^{(\mathrm{nuc})} \qquad (6.2.102)$$

$$= E_\alpha + \hat{h}_{\mathrm{vib}}^{(\alpha)} \qquad (6.2.103)$$

这里,$\hat{h}_{\mathrm{vib}}^{(\alpha)} = \hat{H}_0^{(\mathrm{nuc})} = \sum_\lambda \dfrac{\hbar\omega_\lambda}{4}(\hat{P}_\lambda^2 + Q_\lambda^2)$.

如果只有非对角项的电子-振动耦合是微扰项,而对角项激子-谐振子相互作用相对

较强,需要归并到零级哈密顿量 $\hat{H}_0$ 中,因而

$$\hat{H}_0 = \sum_\alpha \left(E_\alpha + \sum_\lambda \hbar\omega_\lambda \widetilde{K}_{\alpha\alpha}(\lambda) Q_\lambda \right) |\alpha\rangle\langle\alpha| + \hat{H}_0^{(\mathrm{nuc})} \tag{6.2.104}$$

$$\hat{V} = \sum_{\alpha\neq\beta} \sum_\lambda \hbar\omega_\lambda \widetilde{K}_{\alpha\beta}(\lambda) Q_\lambda |\alpha\rangle\langle\beta| \tag{6.2.105}$$

考虑恒等关系 $|0\rangle\langle0| + \sum_\alpha |\alpha\rangle\langle\alpha| = \hat{I}$,有

$$\hat{H}_0 = \sum_\alpha \left(E_\alpha + \sum_\lambda \hbar\omega_\lambda \widetilde{K}_{\alpha\alpha}(\lambda) Q_\lambda + \sum_\lambda \frac{\hbar\omega_\lambda}{4}(\hat{P}_\lambda^2 + Q_\lambda^2) \right) |\alpha\rangle\langle\alpha| + \hat{H}_0^{(\mathrm{nuc})} |0\rangle\langle0|$$

$$= \sum_\alpha \left(E_\alpha - E_{ro}^{(\alpha)} + \sum_\lambda \frac{\hbar\omega_\lambda}{4}(\hat{P}_\lambda^2 + (Q_\lambda + 2\widetilde{K}_{\alpha\alpha})^2) \right) |\alpha\rangle\langle\alpha| + \hat{H}_0^{(\mathrm{nuc})} |0\rangle\langle0| \tag{6.2.106}$$

其中,$E_{ro}^{(\alpha)} = \sum_\lambda \hbar\omega_\lambda \widetilde{K}_{\alpha\alpha}^2(\kappa)$ 为重组能. 激子态 $|\alpha\rangle$ 上的振动哈密顿量 $\hat{H}_\alpha^{(\mathrm{vib})}$ 为

$$\hat{H}_\alpha^{(\mathrm{vib})} = \langle\alpha|\hat{H}_0|\alpha\rangle = E_\alpha - E_{ro}^{(\alpha)} + \sum_\lambda \frac{\hbar\omega_\lambda}{4}(\hat{P}_\lambda^2 + (Q_\lambda + 2\widetilde{K}_{\alpha\alpha})^2)$$

$$= E_\alpha' + \hat{h}_\alpha^{(\mathrm{vib})} \tag{6.2.107}$$

其中

$$E_\alpha' = E_\alpha - E_{ro}^{(\alpha)} \tag{6.2.108}$$

$$\hat{h}_\alpha^{(\mathrm{vib})} = \sum_\lambda \frac{\hbar\omega_\lambda}{4}(\hat{P}_\lambda^2 + (Q_\lambda + 2\widetilde{K}_{\alpha\alpha})^2) \tag{6.2.109}$$

这里,与式(6.2.80b)相似,振动哈密顿量 $\hat{h}_\alpha^{(\mathrm{vib})}$ 的平衡位置有一个位移 $-2\widetilde{K}_{\alpha\alpha}$. 而非对角元的激子-振子相互作用(式(6.2.105))

$$\hat{V} = \sum_{\alpha\neq\beta} \sum_\lambda \hbar\omega_\lambda \widetilde{K}_{\alpha\beta}(\lambda) Q_\lambda |\alpha\rangle\langle\beta| \tag{6.2.110}$$

这样,由式(6.2.106)和式(6.2.110)组成激子表象的哈密顿量 $\hat{H} = \hat{H}_0 + \hat{V}$.

这时,可以应用3.4.3小节讨论的方法进行处理.

6.3　生物激发能传递的量子理论

6.3.1　相干和非相干激发能传递

从式(6.2.79)哈密顿量可见,激发能传递系统存在相互竞争的分子内和分子间的相互作用.它们分别对应着分子内振动弛豫时间 τ_{rel} 和分子间激子传递的特征时间 τ_{trans} 两种不同的时间尺度.分子内振动弛豫时间 τ_{rel} 指的是聚集体分子被激发后,分子振动回到平衡状态所需要的平均时间;而 τ_{trans} 是激子(或激发能)在两个分子之间传递的平均时间.它们与对应过程的速率大小成反比.

当 $\tau_{rel} \gg \tau_{trans}$ 时,激子的分子间相互作用相对较大,激发能在分子间的传递速度远快于分子内的振动弛豫速度.这时激子通过激发态波包(可以分布在不同的分子上)在分子间传递,因而激发能的传递过程是相干的.而当 $\tau_{trans} \gg \tau_{rel}$ 时,分子内振动弛豫很快,并引起激子快速退相干,这时激发能(激子)的传递是跳跃(hopping)扩散式的.因此,激发能的传递是非相干的.相干和非相干区域列于图 6.6 中的 Ⅰ 和 Ⅱ 区域内.

在图 6.6 中还存在第Ⅲ类区域,在该区域类 $\tau_{rel} \sim \tau_{trans}$,意味着激子的传递是部分相干的,激子在分子间的传递是类型 Ⅰ 和 Ⅱ 的混合.比如,在聚集体中如果一些相距比较近的分子组成一组,组与组之间距离相对较远,这样,组内的分子间的激子传递可以是相干的,而组与组之间则是非相干的.

6.3.2　激发能非相干传递的量子理论

本小节中,我们考虑图 6.6 中Ⅱ区域的非相干传递.在该区域中,激子的波函数是局域分布的,其机理如图 6.1 所示,激发能的分子间传递是经过给体的去激活化同时受体的被激活过程.非相干传递的动力学可以用局域态表象下的泡利主方程描述:

$$\frac{\partial}{\partial t}P_m(t) = -\sum_n k_{m \to n}P_m(t) + \sum_n k_{n \to m}P_n(t) \tag{6.3.1}$$

其中, $P_m(t)=\langle m|\hat{\rho}(t)|m\rangle$ 为分子 m 在激发态上的占居概率, $k_{a\to b}$ 表示从分子 a 的激发态向分子 b 的激发态的跃迁速率.

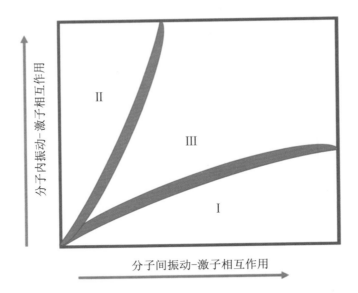

图 6.6 激发能传递的三种不同特征区域示意图

区域Ⅰ:分子间相互作用大,分子内相互作用相对较小.该区域内激发能发生相干传递.区域Ⅱ:分子内相互作用大,而分子间相互作用相对较小,属于激发能非相干传递区域.区域Ⅲ:介于相干-非相干之间区域.

6.3.2.1 跃迁速率的费米黄金法则

下面应用费米黄金法则来计算跃迁速率.假设反应物的状态波函数为

$$\Psi_{maM}(r_m, R_m) = \varphi_{ma}(r_m, R_m)\chi_{maM}(R_m) \tag{6.3.2}$$

其中, r_m, R_m 分别为分子 m 的电子坐标和原子核坐标, a 代表基态 $g(S_0)$ 或激发态 $e(S_1)$, φ_{ma} 和 χ_{maM} 分别是电子态和振动态波函数.

由费米黄金法则,在分子 D 和 A 之间的激发能传递速率可以写成

$$k_{DA} = \frac{2\pi}{\hbar}\sum_{M_D, N_D; M_A, N_A} f_{DeM_D} f_{AgN_A} \; |\langle \Psi_{DeM_D}\Psi_{AgN_A} | V_{DA} | \Psi_{AeM_A}\Psi_{DgN_D}\rangle|^2$$
$$\cdot \delta(E_{DeM_D} + E_{AgN_A} - E_{AeM_A} - E_{DgN_D}) \tag{6.3.3}$$

其中, f_{DeM_D} 和 f_{AgN_A} 分别是初始时给体和受体的振动态平衡分布. V_{DA} 是聚集体给体(D)和受体分子(A)静电相互作用.由于给体和受体分子之间相距较大(>10 Å),分子间的

量子生物学:生物系统物质和能量传递的量子理论

假设 V_{DA} 与核坐标无关（Condon 近似），则有

$$\langle \Psi_{DeM_D} \Psi_{AgN_A} | V_{DA} | \Psi_{AeM_A} \Psi_{DgN_D} \rangle = J_{DA} \langle \chi_{DeM_D} | \chi_{DgN_D} \rangle \langle \chi_{AgN_A} | \chi_{AeM_A} \rangle \quad (6.3.4)$$

其中

$$J_{DA} = \langle \varphi_{De} \varphi_{Ag} | V_{DA} | \varphi_{Ae} \varphi_{Dg} \rangle \quad (6.3.5)$$

而 $\langle \chi_{DeM_D} | \chi_{DgN_D} \rangle$ 和 $\langle \chi_{AgN_A} | \chi_{AeM_A} \rangle$ 分别为 Franck-Condon 系数.

把式(6.3.4)代入式(6.3.3)，有

$$k_{DA} = \frac{2\pi}{\hbar} | J_{DA} |^2 D_{EET} \quad (6.3.6)$$

其中，联合态密度 D_{EET} 为

$$D_{EET} = \sum_{M_D, N_D, M_A, N_A} f_{DeM_D} f_{AgN_A} | \langle \chi_{DeM_D} | \chi_{DgN_D} \rangle \langle \chi_{AgN_A} | \chi_{AeM_A} \rangle |^2$$
$$\cdot \delta(E_{DeM_D} + E_{AgN_A} - E_{AeM_A} - E_{DgN_D}) \quad (6.3.7)$$

应用 $\delta(x+y) = \int dz \delta(x-z) \delta(y+z)$，式(6.3.7)中的 δ 函数可表示成

$$\delta(E_{DeM_D} + E_{AgN_A} - E_{AeM_A} - E_{DgN_D})$$
$$= \int d\hbar\omega \delta(E_{DeM_D} - E_{DgN_D} - \hbar\omega) \delta(\hbar\omega + E_{AgN_A} - E_{AeM_A}) \quad (6.3.8)$$

其中，等式右边第一项为给体发射光谱（荧光光谱）部分，而第二项为受体吸收光谱部分.
这样式(6.3.7)可写成

$$D_{EET} = \hbar \int d\omega D_D^{(em)}(\omega) D_A^{(abs)}(\omega) \quad (6.3.9)$$

这里

$$D_D^{(em)}(\omega) = \sum_{M_D, N_D} f_{DeM_D} | \langle \chi_{DeM_D} | \chi_{DgN_D} \rangle |^2 \delta(E_{DeM_D} - E_{DgN_D} - \hbar\omega) \quad (6.3.10)$$

$$D_A^{(abs)}(\omega) = \sum_{M_A, N_A} f_{AgN_A} | \langle \chi_{AgN_A} | \chi_{AeM_A} \rangle |^2 \delta(\hbar\omega + E_{AgN_A} - E_{AeM_A}) \quad (6.3.11)$$

其中，$D_D^{(em)}(\omega)$ 和 $D_A^{(abs)}(\omega)$ 分别为给体荧光光谱和受体接收光谱的线形函数（lineshape function），也称为给体荧光光谱系数和受体接收光谱系数. $D_D^{(em)}(\omega)$ 和 $D_A^{(abs)}(\omega)$ 可以理解为态密度（density of states，DOS），但与基态和激发态两个电子态关联. 因此，它们也称为 Franck-Condon 加权的热力学平均的联合态密度.

6.3.2.2 Förster 速率理论

由图 6.1,激发能非相干传递可以看成同时发生的在给体上的光复合和受体上的光吸收两个过程.Förster 激发能传递速率理论就建立在此类比基础上,其速率可以用给体发射(荧光)光谱 $E_D(\omega)$ 和受体吸收光谱 $I_A(\omega)$ 来表示.

在偶极-偶极相互作用近似下,式(6.3.6)中的 J_{DA} 可以表示为

$$J_{DA} = \varepsilon_{DA} \frac{|d_D||d_A|}{|X_{DA}|^3} \tag{6.3.12}$$

其中,d_D 和 d_A 分别是给体分子和受体分子的偶极矩矢量,$\varepsilon_{DA} = n_D n_A - 3(e_{DA}n_D)(e_{DA}n_A)$,$n_D$,$n_A$ 以及 e_{DA} 分别是 d_D,d_A 和 e_{DA} 方向上的单位矢量.$|X_{DA}|$ 是给体分子和受体分子的质心之间的距离.而给体荧光光谱 $E_D(\omega)$ 和受体吸收光谱 $I_A(\omega)$ 可分别写成

$$\begin{cases} E_D(\omega) = \frac{4\hbar\omega^3}{3c^3}|d_D|^2 D_D^{(em)}(\omega) \\ I_A(\omega) = \frac{4\pi^2\omega n_{agg}}{3c}|d_A|^2 D_D^{(em)}(\omega) \end{cases} \tag{6.3.13}$$

这里,c 为光速,$n_{agg} = \dfrac{N_{agg}}{V}$ 是体积密度(N_{agg} 是聚集体所有的分子数,V 为聚集体的体积).

由式(6.3.6)～式(6.3.12),可以得到 Förster 激发能传递速率为

$$k_{DA} = \frac{9c^4\kappa_{DA}^2}{8\pi n_{agg}|X_{DA}|^6}\int\frac{d\omega}{\omega^4}E_D(\omega)I_A(\omega) \tag{6.3.14}$$

其中,激发能传递速率 k_{DA} 与分子 D 和 A 之间距离的六次方成反比.k_{DA} 也可以写成

$$k_{DA} = \frac{1}{\tau_F}\left(\frac{R_F}{|X_{DA}|}\right)^6 \tag{6.3.15}$$

其中,$\dfrac{1}{\tau_F}$ 被称为给体分子辐射衰减速率:

$$\frac{1}{\tau_F} = \int_0^{+\infty}d\omega E_D(\omega) \tag{6.3.16}$$

式(6.3.15)中 R_F 为 Förster 半径.在生物 DA 聚集体,像叶绿素 a-叶绿素 a,叶绿素 a-叶绿素 b 以及 β-胡萝卜素复合物中 R_F 分别是 8～9 nm,10 nm 和 5 nm.

上述 Förster 速率理论把激发能传递类比于给体荧光和受体的吸收光谱过程

（图 6.1）. 然而, 由式（6.2.13）给出的 $J_{mn}(ab;cd)$ 描述的是聚集体分子之间的静电相互作用, 因而 Förster 能量传递还不能一般地看成光子-介导（phonon-mediated）的激发能传递过程. 只有当给体-受体耦合作用包括外辐射场的延迟贡献时, 非相干激发能传递才可说是光子-介导的.

另外, 根据 Förster 理论可以通过测量给体 D 的荧光光谱和受体 A 的吸收光谱得到激发能传递速率. 然而, Förster 速率（式（6.3.14））只严格适合于均匀加宽光谱. 如果聚集体偶极-偶极耦合大于均匀线宽或者两者量级差不多, 上述基于泡利主方程方法的 Förster 速率理论不再适用. 我们需要应用第 3 章讨论的约化密度动力学理论方法.

6.3.2.3 约化密度算符动力学方法

对于非相干激发能传递, 分子内电子-振动耦合相对较强不能作微扰处理, 而分子间的相互作用由于相对较弱可以当作微扰项进行展开. 在 3.4.3 小节中我们用投影算符方法构建广义量子主方程, 并对跃迁速率进行了详细讨论. 忽略分子间振动耦合, 聚集体哈密顿量（式（6.2.56））可写成

$$\hat{H} = \hat{H}_0 + \hat{V} = \hat{H}_0 + \sum_{m \neq n} J_{mn}|m\rangle\langle n| \tag{6.3.17}$$

其中, 零级哈密顿量 $\hat{H}_0$ 为

$$\hat{H}_0 = \hat{H}_0^{(\mathrm{nuc})}|0\rangle\langle 0| + \sum_{m=1} \hat{H}_m^{(\mathrm{nuc})}|m\rangle\langle m| \tag{6.3.18a}$$

这里, $\hat{H}_m^{(\mathrm{nuc})}$ 由式（6.2.55）给出:

$$\hat{H}_m^{(\mathrm{nuc})} = \langle m|\hat{H}_0|m\rangle = \hat{H}_{me} + \sum_{k \neq m}\hat{H}_{kg} = U_{meg}(R) + U_0(R) \tag{6.3.18b}$$

其中, $U_0(R)$ 是聚集体总的基态势函数（式（6.2.40b））.

考虑二阶跃迁速率, 由定义式（3.4.144）, 有

$$k_{m \to n} = \int_{-\infty}^{\infty} \mathrm{d}t\, C_{nm}(t) = \int_{-\infty}^{\infty} \mathrm{d}t\, \mathrm{e}^{\mathrm{i}\omega_{mn}t} C_{m \to n}(t) \tag{6.3.19}$$

其中 $C_{nm}(t)$ 由式（3.4.143）决定:

$$C_{nm}(t) = \frac{1}{\hbar^2}|J_{mn}|^2 \mathrm{e}^{\mathrm{i}\omega_{mn}t}\, \mathrm{tr}_E\left(\hat{\rho}_m^{(\mathrm{eq})}\mathrm{e}^{\frac{\mathrm{i}}{\hbar}\hat{h}_m t}\mathrm{e}^{-\frac{\mathrm{i}}{\hbar}\hat{h}_n t}\right) = \mathrm{e}^{\mathrm{i}\omega_{mn}t} C_{m \to n}(t) \tag{6.3.20}$$

这里, $\omega_{mn} = (E_m - E_n)/\hbar$. 由式（3.4.145）, $\hat{h}_m = \langle m|\hat{H}_0|m\rangle - E_m$ 和 $\hat{h}_n = \langle n|\hat{H}_0|n\rangle - E_n$. 式（6.3.20）中

$$C_{m \to n}(t) = \frac{1}{\hbar^2} |J_{mn}|^2 \operatorname{tr}_E(\hat{\rho}_m^{(eq)} e^{\frac{i}{\hbar}\hat{h}_m t} e^{-\frac{i}{\hbar}\hat{h}_n t}) \qquad (6.3.21)$$

式(6.3.20)中 $C_{nm}(t)$ 也可写成

$$C_{nm}(t) = \frac{1}{\hbar^2} |J_{mn}|^2 \operatorname{tr}_{vib}(\hat{\rho}_m^{(eq)} e^{\frac{i}{\hbar}\hat{H}_m^{(nuc)} t} e^{-\frac{i}{\hbar}\hat{H}_n^{(nuc)} t}) \qquad (6.3.22)$$

其中,在 $|a\rangle (a = m, n)$ 态上,原子核哈密顿量(式(6.2.43))

$$\hat{H}_a^{(nuc)} = \langle a | \hat{H}_0 | a \rangle = \hat{H}_{ae} + \sum_{k \neq m} \hat{H}_{kg} \qquad (6.3.23)$$

$\operatorname{tr}_E(\cdots) = \operatorname{tr}_{vib}(\cdots)$,亦即,把电子态(激子)看成系统,而振动自由度被当成环境.

式(6.3.19)二阶速率可表示成

$$k_{m \to n} = \frac{2\pi}{\hbar} |J_{mn}|^2 D_{mn} \qquad (6.3.24a)$$

$$D_{mn} = \frac{1}{2\pi\hbar} \int_{-\infty}^{\infty} dt \, \operatorname{tr}_{vib}(\hat{\rho}_m^{(eq)} e^{\frac{i}{\hbar}\hat{H}_m^{(nuc)} t} e^{-\frac{i}{\hbar}\hat{H}_n^{(nuc)} t}) \qquad (6.3.24b)$$

把式(6.3.23) $\hat{H}_a^{(nuc)} = \hat{H}_{ae} + \sum_{k \neq a} \hat{H}_{ag} (a = m, n)$ 代入

$$\hat{\rho}_m^{(eq)} = \frac{1}{\operatorname{tr}_{vib}(\exp(-\hat{H}_m^{(nuc)}/(k_B T)))} \exp(-\hat{H}_m^{(nuc)}/(k_B T))$$

有

$$\hat{\rho}_m^{(eq)} = \hat{\rho}_{me}^{(eq)} \hat{\rho}_{ng}^{(eq)} \prod_{k \neq m, n} \hat{\rho}_{ng}^{(eq)} \qquad (6.3.25)$$

式(6.3.19)中 $C_{nm}(t)$ 为

$$C_{nm}(t) = \frac{1}{\hbar^2} |J_{mn}|^2 \operatorname{tr}_m(\hat{\rho}_{me}^{(eq)} e^{\frac{i}{\hbar}\hat{H}_{me}^{(nuc)} t} e^{-\frac{i}{\hbar}\hat{H}_{mg}^{(nuc)} t}) \operatorname{tr}_n(\hat{\rho}_{ng}^{(eq)} e^{\frac{i}{\hbar}\hat{H}_{ng}^{(nuc)} t} e^{-\frac{i}{\hbar}\hat{H}_{ne}^{(nuc)} t})$$

$$\cdot \prod_{k \neq m, n} \operatorname{tr}_k(\hat{\rho}_{kg}^{(eq)} e^{\frac{i}{\hbar}\hat{H}_{kg}^{(nuc)} t} e^{-\frac{i}{\hbar}\hat{H}_{kg}^{(nuc)} t}) \qquad (6.3.26)$$

由于 $\operatorname{tr}_k(\hat{\rho}_{kg}^{(eq)} e^{\frac{i}{\hbar}\hat{H}_{kg}^{(nuc)} t} e^{-\frac{i}{\hbar}\hat{H}_{kg}^{(nuc)} t}) = 1$,式(6.3.26)可写为

$$C_{nm}(t) = \frac{1}{\hbar^2} |J_{mn}|^2 C_{me \to g}(t) C_{ng \to e}(t) \qquad (6.3.27)$$

其中

$$\begin{cases} C_{me \to g}(t) = \mathrm{tr}_m\left(\hat{\rho}_{me}^{(\mathrm{eq})} \mathrm{e}^{\frac{\mathrm{i}}{\hbar}\hat{H}_{me}^{(\mathrm{nuc})}t} \mathrm{e}^{-\frac{\mathrm{i}}{\hbar}\hat{H}_{mg}^{(\mathrm{nuc})}t}\right) \\ C_{ng \to e}(t) = \mathrm{tr}_n\left(\hat{\rho}_{ng}^{(\mathrm{eq})} \mathrm{e}^{\frac{\mathrm{i}}{\hbar}\hat{H}_{ng}^{(\mathrm{nuc})}t} \mathrm{e}^{-\frac{\mathrm{i}}{\hbar}\hat{H}_{ne}^{(\mathrm{nuc})}t}\right) \end{cases} \tag{6.3.28}$$

因此,式(6.3.24b)化为

$$D_{mn} = \frac{1}{2\pi\hbar}\int_{-\infty}^{\infty} \mathrm{d}t\, C_{me \to g}(t)\, C_{ng \to e}(t) \tag{6.3.29}$$

由式(6.2.90),有 $\hat{H}_j^{(\mathrm{nuc})} = \hbar\omega_j + \hat{h}_j^{(\mathrm{vib})}(j = m, n)$. 由式(6.3.20),$C_{nm}(t)$ 为

$$C_{nm}(t) = \mathrm{e}^{\mathrm{i}\omega_{mn}t} C_{m \to n}(t) \tag{6.3.30a}$$

这里,与上面式(6.3.20)定义稍有不同(式(6.2.87))

$$\hbar\omega_{mn} = (E_m - E_n) - \sum_{\lambda} \hbar\omega_{\lambda}(\kappa_m^2(\lambda) - \kappa_n^2(\lambda)) \tag{6.3.30b}$$

而

$$C_{m \to n}(t) = \frac{1}{\hbar^2} |J_{mn}|^2 \mathrm{tr}_{\mathrm{vib}}\left(\hat{\rho}_m^{(\mathrm{eq})} \mathrm{e}^{\frac{\mathrm{i}}{\hbar}\hat{h}_m^{(\mathrm{vib})}t} \mathrm{e}^{-\frac{\mathrm{i}}{\hbar}\hat{h}_n^{(\mathrm{vib})}t}\right) \tag{6.3.31}$$

其中

$$\hat{h}_a^{(\mathrm{vib})} = \sum_{\lambda} \frac{\hbar\omega_{\lambda}}{4}(\hat{P}_{\lambda}^2 + (Q_{\lambda} + 2\kappa_a(\lambda))^2), \quad a = m, n \tag{6.3.32a}$$

或由式(6.2.91)给出

$$\hat{h}_a^{(\mathrm{vib})} = \sum_{\lambda} \hbar\omega_{\lambda}(\hat{a}_{\lambda}^{\dagger} + \kappa_a(\lambda))(\hat{a}_{\lambda} + \kappa_a(\lambda)), \quad j = m, n \tag{6.3.32b}$$

这样,线性函数 D_{mn} 可表示成

$$D_{mn} = \frac{1}{2\pi\hbar}\int_{-\infty}^{\infty} \mathrm{d}t\, \mathrm{e}^{\omega_{mn}t} \mathrm{tr}_{\mathrm{vib}}\left(\hat{\rho}_m^{(\mathrm{eq})} \mathrm{e}^{\frac{\mathrm{i}}{\hbar}\hat{h}_m^{(\mathrm{vib})}t} \mathrm{e}^{-\frac{\mathrm{i}}{\hbar}\hat{h}_n^{(\mathrm{vib})}t}\right) \tag{6.3.33}$$

对于式(6.2.87)谐振子哈密顿量,式(6.3.33)可得到解析解(Ishizaki,Fleming,2021)

$$C_{m \to n}(t) = \frac{1}{\hbar^2} |J_{mn}|^2 \mathrm{e}^{\omega_{mn}t + G_{mn}(t) - G_{mn}(0)} \tag{6.3.34}$$

其中

$$G_{mn}(t) = \int_{-\infty}^{\infty} \mathrm{d}\omega \mathrm{e}^{-\omega t}(1 + n(\omega))(j_{mn}(\omega) - j_{mn}(-\omega)) \tag{6.3.35}$$

这里,$n(\omega)$ 是玻色-爱因斯坦分布函数,$n(\omega) = (\exp(\hbar\omega/(k_{\mathrm{B}}T)) - 1)^{-1}$,谱函数

$j_{mn}(\omega)$ 为

$$j_{mn}(\omega) = \sum_\lambda (\kappa_m(\lambda) - \kappa_n(\lambda))^2 \delta(\omega - \omega_\lambda) \tag{6.3.36}$$

从而,激发能传递速率 $k_{m \to n}$ 可写成

$$k_{m \to n} = \frac{2\pi}{\hbar} \mid J_{mn} \mid^2 e^{-G_{mn}(0)} \int d\tau e^{\omega_{mn} t + G_{mn}(t)} \tag{6.3.37}$$

在上面的讨论中,分子间的激发能传递主要受分子内部振动制约,而分子间的相互作用比较弱.这种量子理论处理对分子间间距比较大的生物体系是合适的.然而,如果与分子内电子-振动作用相比,分子之间的激子耦合作用很强,这时,激发能传递过程就是相干的.下面我们对此进行讨论.

6.3.3　激发能相干传递的量子理论

6.3.3.1　激子传递动力学速率方程

对于分子内电子-振动相互作用较弱而分子间耦合起主导作用体系,式(6.3.17)中的 $\hat{V} = \sum\limits_{m \neq n} J_{mn} \mid m \rangle \langle n \mid$ 不能当作微扰处理.这时需要把分子间电子态(激子)相互作用归到零级哈密顿量 $\hat{H}_0$ 中,而把激子-振子相互作用当作微扰处理.这时,我们应用式(6.2.99)哈密顿量,零级哈密顿量 $\hat{H}_0$ 和相互作用项 $\hat{V}$ 分别为

$$\begin{cases} \hat{H}_0 = \sum\limits_\alpha E_\alpha \mid \alpha \rangle \langle \alpha \mid + \hat{H}_0^{(\mathrm{nuc})} \\ \hat{V} = \sum\limits_{\alpha,\beta} \sum\limits_\lambda \hbar \omega_\lambda \widetilde{K}_{\alpha\beta}(\lambda) Q_\lambda \mid \alpha \rangle \langle \beta \mid \end{cases} \tag{6.3.38}$$

激子 $\mid \alpha \rangle$ 态上振动哈密顿量为(式(6.2.102))

$$\hat{H}_{\mathrm{vib}}^{(\alpha)} = \langle \alpha \mid \hat{H}_0 \mid \alpha \rangle = E_\alpha + \hat{H}_0^{(\mathrm{nuc})} = E_\alpha + \hat{h}_{\mathrm{vib}}^{(\alpha)} \tag{6.3.39}$$

其中

$$\hat{h}_{\mathrm{vib}}^{(\alpha)} = \hat{H}_0^{(\mathrm{nuc})} = \sum\limits_\lambda \frac{\hbar \omega_\lambda}{4} (\hat{P}_\lambda^2 + Q_\lambda^2) = \hat{h}_{\mathrm{vib}}^{(\alpha)} = \hat{h}_{\mathrm{vib}}$$

激发能相干传递的量子主方程为

量子生物学:生物系统物质和能量传递的量子理论

$$\frac{\partial}{\partial t} P_\alpha(t) = -\sum_\beta k_{\alpha \to \beta} P_\alpha(t) - k_{\beta \to \alpha} P_\beta(t) \tag{6.3.40}$$

与式(6.3.19)相似,二阶速率为

$$k_{\alpha \to \beta} = \int_{-\infty}^{\infty} d\tau e^{i\Lambda_{\alpha\beta}t} C_{\alpha \to \beta}(t) \tag{6.3.41}$$

其中,跃迁频率定义为 $\Lambda_{\alpha\beta} = (E_\alpha - E_\beta)/\hbar$,关联函数 $C_{\alpha \to \beta}(t)$ 可表达为

$$C_{\alpha \to \beta}(t) = \frac{1}{\hbar^2} \mathrm{tr}_{\mathrm{vib}}(\hat{\rho}_\alpha^{(\mathrm{eq})} e^{\frac{i}{\hbar}\hat{h}_{\mathrm{vib}}^{(\alpha)} t} \hat{V}_{\alpha\beta} e^{-\frac{i}{\hbar}\hat{h}_{\mathrm{vib}}^{(\beta)} t} \hat{V}_{\beta\alpha}) \tag{6.3.42}$$

由于 $\hat{h}_{\mathrm{vib}}^{(\alpha)} = \hat{h}_{\mathrm{vib}}^{(\beta)} = \hat{h}_{\mathrm{vib}} = \sum_\lambda \frac{\hbar\omega_\lambda}{4}(\hat{P}_\lambda^2 + Q_\lambda^2)$,式(6.3.42)可写成

$$C_{\alpha \to \beta}(t) = \frac{1}{\hbar^2} \mathrm{tr}_{\mathrm{vib}}(\hat{\rho}_{\mathrm{vib}}^{(\mathrm{eq})} e^{\frac{i}{\hbar}\hat{h}_{\mathrm{vib}} t} \hat{V}_{\alpha\beta} e^{-\frac{i}{\hbar}\hat{h}_{\mathrm{vib}} t} \hat{V}_{\beta\alpha}) \tag{6.3.43}$$

把 $\hat{h}_{\mathrm{vib}} = \sum_\lambda \frac{\hbar\omega_\lambda}{4}(\hat{P}_\lambda^2 + \hat{Q}_\lambda^2)$, $\hat{V}_{\alpha\beta} = \sum_\lambda \hbar\omega_\lambda \widetilde{K}_{\alpha\beta}(\lambda) \hat{Q}_\lambda$ 代入式(6.3.42),有

$$C_{\alpha \to \beta}(t) = \sum_\lambda |\omega_\lambda \widetilde{K}_{\alpha\beta}(\lambda)|^2 \mathrm{tr}_{\mathrm{vib}}(\hat{\rho}_{\mathrm{vib}}^{(\mathrm{eq})} \hat{Q}_\lambda(t) \hat{Q}_\lambda) \tag{6.3.44}$$

这里,$\hat{\rho}_{\mathrm{vib}}^{(\mathrm{eq})} = Z\exp(-\hat{h}_{\mathrm{vib}}/(k_\mathrm{B}T))$,$\hat{Q}_\lambda(t) = e^{\frac{i}{\hbar}\hat{h}_{\mathrm{vib}} t} \hat{Q}_\lambda e^{-\frac{i}{\hbar}\hat{h}_{\mathrm{vib}} t}$.

由式(3.2.94),$C_{\alpha \to \beta}(t)$ 可写为

$$C_{\alpha \to \beta}(t) = \sum_\lambda |\omega_\lambda \widetilde{K}_{\alpha\beta}(\lambda)|^2 ((n(\omega_\lambda) + 1) e^{-i\omega_\lambda t} + n(\omega_\lambda) e^{i\omega_\lambda t}) \tag{6.3.45}$$

其中,$n(\omega_\lambda) = (\exp(\hbar\omega_\lambda/(k_\mathrm{B}T)) - 1)^{-1}$ 是玻色-爱因斯坦分布函数.式(6.3.45)中 $C_{\alpha \to \beta}(t)$ 的傅里叶变换形式为

$$C_{\alpha \to \beta}(\omega) = \int_{-\infty}^{\infty} d\omega e^{i\omega t} C_{\alpha \to \beta}(t)$$

$$= 2\pi \sum_\lambda |\omega_\lambda \widetilde{K}_{\alpha\beta}(\lambda)|^2 ((n(\omega_\lambda) + 1)\delta(\omega - \omega_\lambda) + n(\omega_\lambda)\delta(\omega + \omega_\lambda))$$

$$\tag{6.3.46}$$

引入谱函数

$$j_{\alpha\beta, \beta\alpha}(\omega) = \sum_\lambda \widetilde{K}_{\alpha\beta}(\lambda) \widetilde{K}_{\beta\alpha}(\lambda)\delta(\omega - \omega_\lambda) \tag{6.3.47}$$

式(6.3.46)可表示成

$$C_{\alpha \to \beta}(\omega) = 2\pi\omega^2((1 + n(\omega))j_{\alpha\beta,\beta\alpha}(\omega) + n(-\omega)j_{\alpha\beta,\beta\alpha}(-\omega))$$

$$= 2\pi\omega^2(1 + n(\omega))(j_{\alpha\beta,\beta\alpha}(\omega) - j_{\alpha\beta,\beta\alpha}(-\omega)) \tag{6.3.48}$$

由式(6.3.41)可得到

$$k_{\alpha \to \beta} = C_{\alpha \to \beta}(\Lambda_{\alpha\beta})$$

$$= 2\pi\Lambda_{\alpha\beta}^2((n(\Lambda_{\alpha\beta}) + 1)j_{\alpha\beta,\beta\alpha}(\Lambda_{\alpha\beta}) + n(\Lambda_{\beta\alpha})j_{\alpha\beta,\beta\alpha}(\Lambda_{\beta\alpha})) \tag{6.3.49}$$

6.3.3.2 激子传递动力学的密度矩阵方法

1. 激子态表象

在上小节有关激发能相干传递的讨论中只涉及激子布居随时间的演化,亦即我们只讨论了密度矩阵对角元 $\hat{\rho}_{\alpha\alpha}(t)$ 的动力学变化而忽略非对角元 $\hat{\rho}_{\alpha\beta}(t)$ 的相干演化,这只对退相干时间比较短因而在动力学上不重要的情况有效.为了克服这个缺陷,本小节将应用第4章讨论的约化密度矩阵方法讨论激子相干传递的量子动力学行为.为此,我们把哈密顿量(式(6.2.82))写成式(3.1.1)形式:

$$\hat{H} = \hat{H}_S + \hat{H}_I + \hat{H}_E \tag{6.3.50}$$

其中,把激子看成系统,$\hat{H}_S$ 是式(6.2.82)的激子哈密顿量 $\hat{H}_S = \hat{H}_{exc}$,而环境哈密顿量 $\hat{H}_E$ 是振动哈密顿量:

$$\hat{H}_E = \hat{H}_0^{(nuc)} = \sum_\lambda \frac{\hbar\omega_\lambda}{4}(\hat{P}_\lambda^2 + Q_\lambda^2) \tag{6.3.51}$$

在激子态表象中,$\hat{H}_S$ 由式(6.2.65)给出:

$$\hat{H}_S = \hat{H}_{exc} = \sum_\alpha E_\alpha |\alpha\rangle\langle\alpha| \tag{6.3.52}$$

而系统-环境相互作用哈密顿量 $\hat{H}_I$(式(6.2.87)),在激子态表象下可表示为

$$\hat{H}_I = \sum_{\alpha,\beta,\lambda} \hbar\omega_\lambda \widetilde{K}_{\alpha\beta}(\lambda) Q_\lambda |\alpha\rangle\langle\beta| \tag{6.3.53}$$

这里,包括 $\alpha = \beta$ 对角项.把式(6.3.53)写成式(3.1.3) $\hat{H}_I = \sum_{\alpha,\beta} \hat{S}_{\alpha\beta} \otimes \hat{B}_{\alpha\beta}$,有

$$\hat{S}_{\alpha\beta} = |\alpha\rangle\langle\beta| \tag{6.3.54a}$$

$$\hat{B}_{\alpha\beta} = \sum_\lambda \hbar\omega_\lambda \widetilde{K}_{\alpha\beta}(\lambda) Q_\lambda \tag{6.3.54b}$$

这里，$\widetilde{K}_{\alpha\beta}(\lambda) = \sum\limits_{m,n} c_\alpha^*(m)\widetilde{K}_{mn}(\lambda)c_\beta(n)$ 由式（6.2.97）给出，但包括对角项矩阵元 $(\alpha = \beta)$.

用湮灭算符 $\hat{a}_\lambda$ 和生成算符 $\hat{a}_\lambda^\dagger$，式（6.3.54b）可以表示成

$$\hat{B}_{\alpha\beta} = \sum_\lambda \hbar\omega_\lambda \widetilde{K}_{\alpha\beta}(\lambda)(\hat{a}_\lambda + \hat{a}_\lambda^\dagger) \tag{6.3.55}$$

这样，我们可以得到环境关联函数（式（3.2.81））

$$C_{\alpha\beta,\mu\nu}(t) = \frac{1}{\hbar^2}\langle \hat{\widetilde{B}}_{\alpha\beta}^\dagger(t)\,\hat{\widetilde{B}}_{\mu\nu}(0)\rangle_{\mathrm{eq}}$$

$$= \sum_{\lambda,\lambda'} \omega_\lambda \omega_{\lambda'} \widetilde{K}_{\alpha\beta}(\lambda)\widetilde{K}_{\mu\nu}(\lambda')\mathrm{tr}_E(\rho_E^{(\mathrm{eq})}Q_\lambda(t)Q_{\lambda'}) \tag{6.3.56}$$

其中求迹部分 $\mathrm{tr}_E(\rho_E^{(\mathrm{eq})}Q_\lambda(t)Q_{\lambda'})$ 与式（3.2.89）相同，可求得式（6.3.56）为

$$C_{\alpha\beta,\mu\nu}(t) = \sum_\lambda \omega_\lambda^2 \widetilde{K}_{\alpha\beta}(\lambda)\widetilde{K}_{\mu\nu}(\lambda)((n(\omega_\lambda)+1)\mathrm{e}^{-\mathrm{i}\omega_\lambda t} + n(\omega_\lambda)\mathrm{e}^{\mathrm{i}\omega_\lambda t}) \tag{6.3.57}$$

这样，应用第 3 章讨论的约化密度矩阵方法可以得到，比如多能级 Redfield 方程式（3.3.34）.在久期近似（旋波近似）下，得到量子主方程（3.3.55）.对于对角项演化动力学，有

$$\frac{\partial}{\partial t}\rho_{\alpha\alpha}^{(S)}(t) = -\sum_\beta (k_{\alpha\to\beta}\rho_{\alpha\alpha}^{(S)}(t) - k_{\beta\to\alpha}\rho_{\beta\beta}^{(S)}(t)) \tag{6.3.58}$$

而非对角项（$\alpha \neq \beta$）演化，有（式（3.3.65））

$$\frac{\partial}{\partial t}\rho_{\alpha\beta}^{(S)}(t) = \mathrm{i}\Lambda_{\alpha\beta}\rho_{\alpha\beta}^{(S)}(t) - \kappa_{\alpha\beta}\rho_{\alpha\beta}^{(S)}(t) \tag{6.3.59}$$

其中

$$\kappa_{\alpha\beta} = -\frac{1}{2}\sum_\mu (k_{\alpha\to\mu} + k_{\beta\to\mu}) \tag{6.3.60}$$

这里，$k_{\alpha\to\beta}$ 由式（6.3.49）给出.与式（3.3.66）相比，式（6.3.60）没有纯退相干速率 $\kappa_{\alpha\beta}^{\text{唯}} = \gamma_{\alpha\alpha,\beta\beta}(0) + \gamma_{\beta\beta,\alpha\alpha}(0)$，即

$$\gamma_{\alpha\alpha,\beta\beta}(\Lambda_{\alpha\beta} = 0) = \gamma_{\beta\beta,\alpha\alpha}(\Lambda_{\alpha\beta} = 0) = \sum_{\mu,\nu} S_{\alpha\alpha}^{(\mu)+}S_{\beta\beta}^{(\nu)}C_{\mu\nu}(0) \tag{6.3.61}$$

求解激子表象中的约化密度矩阵动力学方程（6.3.58）和式（6.3.59）得到 $\rho_{\alpha\beta}^{(S)}(t)$ 后，仍然需要转换到局域态表象中的约化密度矩阵元 $\rho_{mn}^{(S)}(t)$. 利用式（6.2.62）$|\alpha\rangle = \sum\limits_k c_\alpha(k)|k\rangle$，有

$$\rho_{mn}^{(S)}(t) = \langle m | \hat{\rho}_S | n \rangle = \sum_{\alpha, \beta} \rho_{\alpha\beta}^{(S)}(t) \langle m | \alpha \rangle \langle \beta | n \rangle$$

$$= \sum_{\alpha, \beta} \rho_{\alpha\beta}^{(S)}(t) c_\alpha(m) c_\beta^*(n) \tag{6.3.62}$$

2. 分子局域态表象

下面讨论的分子局域态表象所用的基矢集 $\{|0\rangle, |m\rangle, m = 1, 2, \cdots\}$ 是单激发近似下,分子间没有相互作用的零级哈密顿量 $\hat{H}_0 = \sum_{m=1}^{N} \hat{H}_m$ 的本征波函数. $|0\rangle$ 表示所有的分子都处于电子基态,而 $|m\rangle$ 表示分子 m 处于激发态而所有其他分子处于基态(式(6.2.31)和式(6.2.32)).局域态表象中的基函数是用来描述单个分子的电子空间状态的,因而,局域态表象也称为位点(site)表象.局域态表象与激子态表象等价.

用分子局域态表象,复合系统哈密顿量(式(6.2.82))可写成式(6.3.50)形式:

$$\begin{cases} \hat{H}_S = \hat{H}_{\text{exc}} = \sum_m E_m |m\rangle\langle m| + \sum_{m \neq n} J_{mn} |m\rangle\langle n| \\ \hat{H}_E = \hat{H}_0^{(\text{nuc})} = \sum_\lambda \frac{\hbar\omega_\lambda}{4} (\hat{P}_\lambda^2 + \hat{Q}_\lambda^2) \end{cases} \tag{6.3.63}$$

电子-振动相互作用项 $\hat{H}_I$ 由式(6.2.87)确定,表示成 $\hat{H}_I = \sum_{m,n} \hat{S}_{mn} \otimes \hat{B}_{mn}$,其中

$$\hat{S}_{mn} = |m\rangle\langle n| \tag{6.3.64}$$

$$\hat{B}_{mn} = \sum_\lambda \hbar\omega_\lambda \hat{Q}_\lambda \widetilde{K}_{mn}(\lambda) \tag{6.3.65}$$

与式(6.3.58)和式(6.3.59)相对应,得到约化密度矩阵对角项动力学方程

$$\frac{\partial}{\partial t} \rho_{mm}^{(S)}(t) = -\frac{i}{\hbar} \sum_{j \neq m} (H_{mj}^{(S)} \rho_{jm}^{(S)}(t) - \rho_{mj}^{(S)}(t) H_{jm}^{(S)})$$

$$- \sum_j (k_{m \to j} \rho_{mm}^{(S)}(t) - k_{j \to m} \rho_{jj}^{(S)}(t)) \tag{6.3.66}$$

其中,$H_{mj}^{(S)} = \langle m | \hat{H}_S | j \rangle$.

而非对角项($m \neq n$)为

$$\frac{\partial}{\partial t} \rho_{mn}^{(S)}(t) = -\frac{i}{\hbar} \omega_{mn} \rho_{mn}^{(S)}(t) - \frac{i}{\hbar} \sum_{j \neq n, m} (H_{mj}^{(S)} \rho_{jn}^{(S)}(t) - \rho_{mj}^{(S)}(t) H_{jn}^{(S)})$$

$$- \kappa_{mn} \rho_{mn}^{(S)}(t) \tag{6.3.67}$$

其中,退相干速率 $\kappa_{mn} = -\frac{1}{2} \sum_j (k_{m \to j} + k_{n \to j})$.

式(6.3.66)右边第一项和式(6.3.67)右边第一、二项来自激子哈密顿量$(\hat{H}_S = \hat{H}_{\text{exc}})$的耦合相干项贡献(式(2.3.123)).这些项描述在单激发过程中,通过激子间耦合作用,激子在分子间作相干传递,这个过程是可逆的.而式(6.3.66)右边第二项和式(6.3.67)右边第三项分别表示对能量耗散和退相干的贡献.

在本节的讨论中,只考虑电子激发态之间的能量跃迁,并没有涉及基态与激发态耦合相互作用.而基态-激发态跃迁需要通过与外场(光场)相互作用来实现.下面对此进行讨论,对应的密度矩阵方法见6.4.4小节.

6.4　集聚体分子吸收光谱

6.4.1　光场作用下的跃迁速率

考虑单个分子,在二态(基态$|g\rangle$和激发态$|e\rangle$)近似下,没有外场的哈密顿量可写成

$$\hat{H} = \hat{H}_g|g\rangle\langle g| + \hat{H}_e|e\rangle\langle e| \tag{6.4.1}$$

其中,$\hat{H}_a = \langle a|\hat{H}|a\rangle = \hat{T}_{\text{nuc}} + \hat{U}_a\,(a = g, e)$是电子态$|a\rangle$原子核运动哈密顿量,$\hat{T}_{\text{nuc}}$和$\hat{U}_a$分别是核动能和势能.

在偶极近似下,分子-光场相互作用项为

$$\hat{H}'(t) = -(d_{eg}E(t)|e\rangle\langle g| + d_{ge}^* E^*(t)|g\rangle\langle e|) \tag{6.4.2}$$

其中,d_{eg}是分子的跃迁偶极矩,且

$$E(t) = eA_0(t)e^{-i\omega t} = eA(t) \tag{6.4.3}$$

这里,e是辐射场极化单位矢量,$A_0(t)$是辐射场的幅度.$A_0(t)$或$A(t)$可以采用如下几种形式:

$$\begin{cases} A_0(t) = A_0, \quad A(t) = \delta(t) \\ A_0(t) = \dfrac{A_0}{\sqrt{2\pi}\tau_E}\exp(-t^2/(2\tau_E^2)) \end{cases} \tag{6.4.4}$$

相互作用哈密顿量(式(6.4.2))也可写成

$$\hat{H}'(t) = -(A(t)d_{eg}|e\rangle\langle g| + d^\dagger_{ge}A^*(t)|g\rangle\langle e|)$$

$$= -(e^{i\omega t}A_0 \hat{d}_{eg} + e^{-i\omega t}A_0^* \hat{d}^\dagger_{ge}) \tag{6.4.5}$$

其中,d_{eg}是跃迁偶极矩d_{eg}在辐射场$E(t)$方向e上的分量,$\hat{d}_{eg} = d_{eg}|e\rangle\langle g|$.

这样,包括分子-光场的相互作用,总哈密顿量$\hat{H}_T$可写成

$$\hat{H}_T = \hat{H} + \hat{H}'(t) = \hat{H}_g|g\rangle\langle g| + \hat{H}_e|e\rangle\langle e| + (e^{i\omega t}\hat{V} + e^{-i\omega t}\hat{V}^\dagger) \tag{6.4.6}$$

这里

$$\begin{cases} \hat{V} = -A_0 \hat{d}_{eg} = -A_0 d_{eg}|e\rangle\langle g| \\ \hat{V}^\dagger = -A_0^* \hat{d}^\dagger_{ge}|g\rangle\langle e| \end{cases} \tag{6.4.7}$$

式(6.4.6)中的哈密顿量与式(2.3.255)相似.考虑到式(6.4.6)中原子核运动哈密顿量 $\hat{H}_g$和$\hat{H}_e$可以进一步给出各自的振动态结构:

$$\begin{cases} \hat{H}_g|\mu_g\rangle = E_\mu|\mu_g\rangle \\ \hat{H}_e|\nu_e\rangle = E_\nu|\nu_e\rangle \end{cases} \tag{6.4.8}$$

因此,这里的哈密顿量$\hat{H}$与式(2.3.231)更相似.

对于形如式(6.4.6)的分子-光场相互作用$\hat{H}'(t) = e^{i\omega t}\hat{V} + e^{-i\omega t}\hat{V}^\dagger$,我们在2.3.9小节讨论中已指出,对于光吸收可以看成处于基态$|g\rangle$吸收一个光子($\hbar\omega$),使基态势能 U_g 抬升至$U_g + \hbar\omega$,并通过共振跃迁到激发态$|e\rangle$上(图6.7).

因此,从基态$|g\rangle$到激发态$|e\rangle$跃迁速率$k_{g\to e}$可写为(式(2.3.248))

$$k_{g\to e} = \frac{2\pi}{\hbar}\sum_{\mu_g,\nu_e} f_{\mu_g} |V_{\mu_g\nu_e}|^2 \delta(\hbar\omega + E_{\mu_g} - E_{\nu_e}) \tag{6.4.9}$$

其中,$V_{\mu_g\nu_e} = A_0^2\langle\mu_g|\hat{d}_{ge}|\nu_e\rangle$,$\delta(\hbar\omega + E_{\mu_g} - E_{\nu_e})$代替了式(2.3.248)中的 $\delta(E_\mu - E_\nu)$.

由2.3.9小节所讨论,$k_{g\to e}$也可表示成

$$k_{g\to e} = \int_{-\infty}^{\infty} d\tau C_{g\to e}(\tau) \tag{6.4.10}$$

其中,关联函数$C_{g\to e}(\tau)$与式(2.3.254)相似:

$$C_{g \to e}(\tau) = \frac{1}{\hbar^2} \mathrm{tr}_{\mathrm{vib}}(\hat{W}_0^{(\mathrm{eq})} \mathrm{e}^{\frac{\mathrm{i}}{\hbar}\hat{H}_0 t} \hat{V}^\dagger \mathrm{e}^{-\frac{\mathrm{i}}{\hbar}\hat{H}_0 t} \hat{V}) \tag{6.4.11}$$

这里

$$\begin{cases} \hat{W}_0^{(\mathrm{eq})} = \hat{\rho}_0^{(\mathrm{eq})} |g\rangle\langle g| \\ \hat{\rho}_0^{(\mathrm{eq})} = \exp\left(-\frac{\hat{H}_{\mu_g}}{k_\mathrm{B}T}\right) \Big/ \sum_{\mu_g'} \exp\left(-\frac{E_{\mu_g'}}{k_\mathrm{B}T}\right) \end{cases} \tag{6.4.12}$$

式(6.4.11)中,$\mathrm{tr}_{\mathrm{vib}}(\cdots)$表示对$|g\rangle$上的振动态进行求迹.这样,$C_{g \to e}(\tau)$可以用偶极矩关联函数$C_{d\text{-}d}(\tau)$来表示:

$$C_{g \to e}(\tau) = |A_0|^2 C_{d\text{-}d}(\tau) \tag{6.4.13}$$

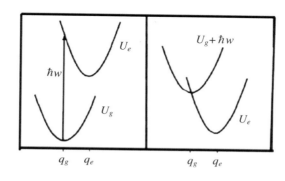

图 6.7　基态$|g\rangle$吸收一个光子($\hbar\omega$),相当于把基态势能U_g抬升至$U_g + \hbar\omega$

其中

$$C_{d\text{-}d}(\tau) = \frac{1}{\hbar^2} \mathrm{tr}_{\mathrm{vib}}(\hat{W}_0^{(\mathrm{eq})} \mathrm{e}^{\frac{\mathrm{i}}{\hbar}\hat{H}_0 t} \hat{d}_{ge}^\dagger \mathrm{e}^{-\frac{\mathrm{i}}{\hbar}\hat{H}_0 t} \hat{d}_{eg}) \tag{6.4.14}$$

6.4.2　光吸收系数

考虑一个体积为V的样品池内有N_{mol}个没有相互作用的分子,这些分子能吸收频率为ω的光.假设与光穿行方向垂直的横截面面积为A,在距离$\mathrm{d}z$辐射场能量的改变为

$$\mathrm{d}E = -\hbar\omega N_{\mathrm{mol}} \frac{A\mathrm{d}z}{V} k_{g \to e} \mathrm{d}t \tag{6.4.15}$$

其中，$N = N_{mol}\dfrac{A\,\mathrm{d}z}{V}$ 是样品池中受到光辐射的分子数目，$k_{g\to e}\,\mathrm{d}t$ 是吸收光能跃迁到激发态的分子与 N 的比例.

引入 $n_{mol} = \dfrac{N_{mol}}{V}$ 和辐射能变化密度 $\mathrm{d}u = -\mathrm{d}E/A\,\mathrm{d}z$，由式(6.4.15)，有

$$\frac{\mathrm{d}u}{\mathrm{d}t} = -\hbar\omega n_{mol}k_{g\to e} \tag{6.4.16}$$

根据光强 I 定义，$\mathrm{d}I = \mathrm{d}E/A\,\mathrm{d}t$，故而有

$$\frac{\mathrm{d}u}{\mathrm{d}t} = \frac{\mathrm{d}I}{\mathrm{d}z} \tag{6.4.17}$$

对于单色光场 $E(t) = A_0\mathrm{e}^{\mathrm{i}\omega t} + A_0^{\dagger}\mathrm{e}^{-\mathrm{i}\omega t}$，光强 $I = \dfrac{cA_0^2}{2\pi}$，有

$$\frac{\mathrm{d}I}{\mathrm{d}z} = -\frac{2\pi n_{mol}}{cA_0^2}\hbar\omega k_{g\to e}I \tag{6.4.18}$$

这里，c 是在媒介中的光速.根据比尔定律

$$I = I_0\mathrm{e}^{-\alpha z} \tag{6.4.19}$$

其中，I_0 是入射光强度，I 是透射光强度，α 是光吸收系数：

$$\alpha(\omega) = -\frac{\mathrm{d}I}{I\mathrm{d}z} = \frac{2\pi n_{mol}}{cA_0^2}\hbar\omega k_{g\to e} \tag{6.4.20}$$

这里，跃迁速率 $k_{g\to e}$ 由式(2.3.279)给出：

$$k_{g\to e} = \int_{-\infty}^{\infty}\mathrm{d}\tau\mathrm{e}^{\mathrm{i}\omega t}C_{g\to e}(\tau) = |A_0|^2\int_{-\infty}^{\infty}\mathrm{d}\tau\mathrm{e}^{\mathrm{i}\omega t}C_{d\text{-}d}(\tau) \tag{6.4.21}$$

其中，关联函数 $C_{g\to e}(\tau) = |A_0|^2C_{d\text{-}d}(\tau)$（式(6.4.13)），偶极-偶极关联函数 $C_{d\text{-}d}(\tau)$ 由式(6.4.14)给出.

这样，光吸收系数

$$\alpha(\omega) = \frac{2\pi n_{mol}}{c}\hbar\omega\int_{-\infty}^{\infty}\mathrm{d}\tau\mathrm{e}^{\mathrm{i}\omega t}C_{d\text{-}d}(\tau) \tag{6.4.22}$$

由式(6.4.14)，有

$$\alpha(\omega) = \frac{2\pi\omega n_{\mathrm{mol}}}{c\ \hbar} \int_{-\infty}^{\infty} \mathrm{d}\tau\, \mathrm{e}^{\mathrm{i}\omega t}\, \mathrm{tr}_{\mathrm{vib}}(\hat{\rho}_0^{(\mathrm{eq})}\, \mathrm{e}^{\frac{\mathrm{i}}{\hbar}\hat{H}_0\tau}\, \hat{d}_{ge}^{*}\, \mathrm{e}^{-\frac{\mathrm{i}}{\hbar}\hat{H}_0\tau}\, \hat{d}_{eg}) \tag{6.4.23}$$

$$= \frac{2\pi\omega n_{\mathrm{mol}}}{c\ \hbar} \sum_{\mu_g,\nu_e} f_{\mu_g}\, |\langle \mu_g|\hat{d}_{ge}|\nu_e\rangle|^2 \int_{-\infty}^{\infty} \mathrm{d}\tau\, \mathrm{e}^{\frac{\mathrm{i}}{\hbar}(\hbar\omega + + E_{\mu_g} - E_{\nu_e})\tau} \tag{6.4.24}$$

从而得到费米黄金法则表达式

$$\alpha = \frac{2\pi n_{\mathrm{mol}}}{cA_0^2}\, \hbar\, \omega k_{g\to e}$$

$$= \frac{4\pi^2 \omega n_{\mathrm{mol}}}{c} \sum_{\mu_g,\nu_e} f_{\mu_g}\, |\langle \mu_g|\hat{d}_{ge}|\nu_e\rangle|^2 \delta(\hbar\omega + E_{\mu_g} - E_{\nu_e}) \tag{6.4.25}$$

在 Franck-Condon 近似下,有

$$\alpha = \frac{4\pi^2 \omega n_{\mathrm{mol}}}{c}\, |d_{ge}|^2 \sum_{\mu_g,\nu_e} f_{\mu_g}\, |\langle \mu_g|\nu_e\rangle|^2 \delta(\hbar\omega + E_{\mu_g} - E_{\nu_e}) \tag{6.4.26}$$

其中,$\langle \mu_g|\nu_e\rangle$ 是 Franck-Condon 因子.

6.4.3　偶极矩关联函数

本小节下面讨论涉及的是生物聚集体.式(6.4.22)的光吸收系数以及式(6.4.14)偶极矩关联函数 $C_{d\text{-}d}(\tau)$ 中与分子有关的量都要更换成聚集体相关的量.因此,生物聚集体光吸收系数 $\alpha(\omega)$ 为

$$\alpha(\omega) = \frac{2\pi n_{\mathrm{agg}}}{3c}\, \hbar\omega \int_{-\infty}^{\infty} \mathrm{d}\tau\, \mathrm{e}^{\mathrm{i}\omega t} C_{d\text{-}d}(\tau) \tag{6.4.27}$$

这里,系数项中 1/3 因子来源于偶极矩的取向平均,聚集体体积密度 $n_{\mathrm{agg}} = N_{\mathrm{agg}}/V$. $C_{d\text{-}d}(\tau)$ 成为

$$C_{d\text{-}d}(t) = \frac{1}{\hbar^2}\, \mathrm{tr}_{\mathrm{vib}}(\hat{W}_0^{(\mathrm{eq})}\, \mathrm{e}^{\frac{\mathrm{i}}{\hbar}\hat{H}t}\, \hat{d}\, \mathrm{e}^{-\frac{\mathrm{i}}{\hbar}\hat{H}t}\hat{d}) \tag{6.4.28}$$

其中,$\hat{H}$ 为式(6.2.56)中的聚集体哈密顿量:

$$\hat{H} = \hat{H}_0^{(\mathrm{nuc})}|0\rangle\langle 0| + \hat{H}_{\mathrm{agg}}^{(1)} \tag{6.4.29}$$

而

$$\hat{H}_{\text{agg}}^{(1)} = \sum_{m=1} \hat{H}_m^{(\text{nuc})} |m\rangle\langle m| + \sum_{m\neq n} J_{mn} |m\rangle\langle n| \tag{6.4.30}$$

式(6.4.28)中

$$\begin{cases} \hat{W}_0^{(\text{eq})} = \hat{\rho}_0^{(\text{eq})} |0\rangle\langle 0| \\[2mm] \hat{\rho}_0^{(\text{eq})} = \exp\left(-\dfrac{\hat{H}_{mg}^{(\text{nuc})}}{k_{\text{B}}T}\right) \Big/ \sum_m \exp\left(-\dfrac{\hat{H}_{mg}^{(\text{nuc})}}{k_{\text{B}}T}\right) \\[3mm] \qquad = \exp\left(-\dfrac{\hat{H}_{mg}^{(\text{nuc})}}{k_{\text{B}}T}\right) \Big/ \exp\left(-\dfrac{\hat{H}_0^{(\text{nuc})}}{k_{\text{B}}T}\right) \end{cases} \tag{6.4.31}$$

其中,$\hat{H}_{mg}^{(\text{nuc})}$是聚集体处于基态$|0\rangle$时,分子 m 的振动哈密顿量(式(6.2.40c)),$\hat{H}_0^{(\text{nuc})} = \sum_{m=1}^{N} \hat{H}_{mg}^{(\text{nuc})}$.

式(6.4.28)中的偶极矩$\hat{d}$是聚集体涉及激发能传递的所有分子的偶极矩之和:

$$\hat{d} = \sum_m \hat{d}_m = \sum_m d_{m0} |m\rangle\langle 0| + h.c. \tag{6.4.32}$$

这里,$|m\rangle$是聚集体分子 m 处于激发态而所有其他分子处于基态的状态,而$|0\rangle$是聚集体中所有分子都处于基态的状态.式(6.4.32)中 $h.c.$表示厄米共轭(即对应于$\sum_m d_{0m}^* |0\rangle\langle m|$).把式(6.4.32)代入式(6.4.28),有

$$C_{d\text{-}d}(t) = \frac{1}{\hbar^2} \sum_{m,n} \text{tr}_{\text{vib}}\left(\hat{\rho}_0^{(\text{eq})} \text{e}^{\frac{\text{i}}{\hbar}\hat{H}_0^{(\text{nuc})} t} d_{0m}^* \langle m| \text{e}^{-\frac{\text{i}}{\hbar}\hat{H}_{\text{agg}}^{(1)} t} |n\rangle d_{n0}\right) \tag{6.4.33}$$

其中,$\text{e}^{\frac{\text{i}}{\hbar}\hat{H}_0^{(\text{nuc})} t} = \prod_m \langle mg| \text{e}^{\frac{\text{i}}{\hbar}\hat{H}_{mg}^{(\text{nuc})} t} |mg\rangle = \langle 0| \text{e}^{\frac{\text{i}}{\hbar}\hat{H}_{\text{agg}}^{(0)} t} |0\rangle$,$d_{n0} = \langle n| \hat{d} |0\rangle$.$\hat{H}_{\text{agg}}^{(1)}$为

$$\hat{H}_{\text{agg}}^{(1)} = \sum_{m=1} \hat{H}_m^{(\text{nuc})} |m\rangle\langle m| + \sum_{m\neq n} J_{mn} |m\rangle\langle n| \tag{6.4.34}$$

这里,$\hat{H}_m^{(\text{nuc})} = U_{\text{meg}}(R(q)) + \hat{H}_0^{(\text{nuc})}$.

在激子表象下,式(6.4.29)激子哈密顿量$\hat{H}$ 为

$$\hat{H} = \hat{H}_{\text{exc}} + \hat{H}_{\text{exc-vib}} + \hat{H}_{\text{vib}} \tag{6.4.35}$$

其中,$\hat{H}_{\text{exc}} = \sum_\alpha E_\alpha |\alpha\rangle\langle\alpha|$,$\hat{H}_{\text{exc-vib}} = \sum_{\alpha,\beta} H_{\alpha\beta} |\alpha\rangle\langle\beta| = \sum_\lambda \hbar\omega_\lambda \widetilde{K}_{\alpha\beta}(\lambda) Q_\lambda |\alpha\rangle\langle\beta|$ 以及 $\hat{H}_{\text{vib}} = \hat{H}_0^{(\text{nuc})} = \sum_\lambda \frac{\hbar\omega_\lambda}{4}(\hat{P}_\lambda^2 + \hat{Q}_\lambda^2) = \sum_\lambda \hbar\omega_\lambda(\hat{a}_\lambda^\dagger \hat{a}_\lambda + 1/2)$(式(6.3.50)).

包括聚集体-光场相互作用$\hat{H}_{\text{exc-rad}}$在内的总哈密顿量$\hat{H}_T$为

$$\hat{H}_T = \hat{H} + \hat{H}_{\text{exc-rad}} \tag{6.4.36}$$

这里

$$\hat{H}_{\text{exc-rad}} = \sum_\alpha F_{\alpha\beta}(t) \mid \alpha \rangle \langle \beta \mid \tag{6.4.37}$$

其中

$$\begin{cases} F_{\alpha 0}(t) = - e^{i\omega t} V_{\alpha 0} = - e^{i\omega t} A_0 d_{\alpha 0} \\ F_{0\alpha}(t) = - e^{-i\omega t} V_{0\alpha}^\dagger = - e^{i\omega t} A_0 d_{\alpha 0}^\dagger \end{cases} \tag{6.4.38}$$

描述聚集体吸收光从基态 $\mid 0 \rangle$ 到激发态 $\mid \alpha \rangle$ 的耦合作用.

偶极矩关联函数 $C_{d\text{-}d}(t)$ 为

$$C_{d\text{-}d}(t) = \frac{1}{\hbar^2} \sum_{\alpha, \beta} \text{tr}_{\text{vib}} (\hat{W}_0^{(\text{eq})} e^{\frac{i}{\hbar} \hat{H}_0^{(\text{nuc})} t} d_{0\alpha}^* \langle \alpha \mid e^{-\frac{i}{\hbar} \hat{H}_{\text{agg}}^{(1)} t} \mid \beta \rangle d_{\beta 0}) \tag{6.4.39}$$

考虑到 Franck-Condon 近似,可以得到

$$\begin{aligned} C_{d\text{-}d}(t) &= \frac{1}{\hbar^2} \text{tr}_{\text{vib}} (\hat{W}_0^{(\text{eq})} e^{\frac{i}{\hbar} \hat{H} t} \hat{d} e^{-\frac{i}{\hbar} \hat{H} t} \hat{d}) \\ &= \frac{1}{\hbar^2} \sum_{\alpha, \beta} d_{0\alpha}^* d_{\beta 0} \ \text{tr}_{\text{vib}} (\hat{\rho}_0^{(\text{eq})} e^{\frac{i}{\hbar} \hat{H}_0^{(\text{nuc})} t} \langle \alpha \mid e^{-\frac{i}{\hbar} \hat{H}_{\text{agg}}^{(1)} t} \mid \beta \rangle) \end{aligned} \tag{6.4.40}$$

其中

$$\hat{d} = \sum_\alpha d_{\alpha 0} \mid \alpha \rangle \langle 0 \mid + h.c. \tag{6.4.41a}$$

而偶极矩矩阵元 $d_{\alpha 0}$ 为

$$d_{\alpha 0} = \langle \alpha \mid \sum_m \hat{d}_m \mid 0 \rangle = \sum_m d_{m0} \langle \alpha \mid m \rangle \langle 0 \mid 0 \rangle = \sum_m c_\alpha^*(m) d_{m0} \tag{6.4.41b}$$

6.4.4 密度算符动力学方法

根据第 3 章讨论的密度算符动力学方法,可以写出有光场相互作用的约化密度算符 $\hat{\rho}_S(t)$ 动力学方程

$$\frac{\partial}{\partial t} \hat{\rho}_S(t) = - \frac{i}{\hbar} (\mathscr{L}_{\text{exc}} + \mathscr{L}_{\text{exc-rad}}) \hat{\rho}_S(t) - \mathscr{D} \hat{\rho}_S(t) \tag{6.4.42}$$

其中,约化密度算符

$$\hat{\rho}_S(t) = \mathrm{tr}_{\mathrm{vib}}(\hat{\rho}(t)) \tag{6.4.43}$$

这里,$\hat{\rho}(t)$ 是整个系统的密度算符,$\mathrm{tr}_{\mathrm{vib}}(\cdots)$ 是对式(5.4.36)哈密顿中振动自由度求迹.

刘维尔超算符

$$\mathscr{L}_{\mathrm{exc}} = \frac{1}{\hbar}\left[\hat{H}_{\mathrm{exc}},\right], \quad \mathscr{L}_{\mathrm{exc\text{-}rad}} = \frac{1}{\hbar}\left[\hat{H}_{\mathrm{exc\text{-}rad}},\right] \tag{6.4.44}$$

由部分时序法以及二阶累积展开得到耗散项(式(3.4.52))

$$\mathscr{D}\hat{\rho}_S(t) = -\frac{1}{\hbar^2}\int_0^t \mathrm{d}\tau \langle \mathscr{L}_I(t)\mathrm{e}^{-\frac{\mathrm{i}}{\hbar}\mathscr{L}_{\mathrm{exc}}\tau}\mathscr{L}_I(t-\tau)\mathrm{e}^{\frac{\mathrm{i}}{\hbar}\mathscr{L}_{\mathrm{exc}}\tau}\rangle \hat{\rho}_S(t) \tag{6.4.45}$$

其中 $\mathscr{L}_I = [\hat{\tilde{H}}_I,]$,在相互作用图景中,激子–相互作用哈密顿量

$$\hat{\tilde{H}}_I = \mathrm{e}^{\frac{\mathrm{i}}{\hbar}\hat{H}_{\mathrm{vib}}\tau}\hat{H}_I\mathrm{e}^{-\frac{\mathrm{i}}{\hbar}\hat{H}_{\mathrm{vib}}\tau} \tag{6.4.46}$$

其中,$\hat{H}_I = \sum_\lambda \hbar\omega_\lambda \widetilde{K}_{\alpha\beta}(\lambda)(\hat{a}_\lambda + \hat{a}_\lambda^\dagger)|\alpha\rangle\langle\beta|$(式(6.3.53)).

在激子表象下,约化密度矩阵元的动力学方程为

$$\dot{\rho}_{\alpha\beta}^{(S)}(t) = -\mathrm{i}\omega_{\alpha\beta}(t)\rho_{\alpha\beta}(t) - \frac{\mathrm{i}}{\hbar}(F_{\alpha0}(t)\rho_{0\beta}(t) - F_{0\beta}^\dagger(t)\rho_{\alpha0}(t)) - \mathscr{D}\rho_{\alpha\beta}^{(S)}(t) \tag{6.4.47}$$

其中,$F_{\alpha0}(t)$ 和 $F_{0\beta}^\dagger(t)$ 由式(6.4.38)给出.式(6.4.47)中,$\omega_{\alpha\beta} = E_\alpha - E_\beta$,而耗散部分

$$\mathscr{D}\rho_{\alpha\beta}^{(S)}(t) = -\sum_{\kappa,\eta}(K_{\alpha\kappa\kappa\eta}(t)\rho_{\eta\beta}(t) + K_{\beta\kappa\kappa\eta}^*(t)\rho_{\alpha\eta}(t)) \\ - (K_{\eta\beta\kappa\alpha}(t) + K_{\kappa\alpha\beta\eta}^*(t))\rho_{\kappa\eta}(t)) \tag{6.4.48}$$

这里,$K_{\alpha\beta\mu\nu}(t)$ 是含时耗散函数:

$$K_{\alpha\beta\mu\nu}(t) = \int_0^t \mathrm{d}\tau \mathrm{e}^{-\mathrm{i}\omega_{\mu\nu}\tau}C_{\alpha\beta,\mu\nu}(\tau) \tag{6.4.49a}$$

其中,关联函数

$$C_{\alpha\beta,\mu\nu}(\tau) = \langle \hat{B}_{\alpha\beta}(\tau)\hat{B}_{\mu\nu}(0)\rangle \tag{6.4.49b}$$

这里,$\hat{B}_{\alpha\beta} = \langle\alpha|\hat{H}_I|\beta\rangle$ 由式(6.3.54)给出.由式(6.3.53),$\hat{H}_I$ 描述的是激子态(电子激发态)之间的耦合,而激子与基态 $|0\rangle$ 的耦合为零.对于谐振子热库,由式(6.3.56)

$$C_{\alpha\beta,\mu\nu}(\tau) = \frac{1}{\hbar^2} \operatorname{tr}_{\mathrm{vib}}\left(\hat{\rho}_E^{(\mathrm{eq})} \mathrm{e}^{\frac{\mathrm{i}}{\hbar}\hat{H}_{\mathrm{vib}}\tau} \hat{H}_I \mathrm{e}^{-\frac{\mathrm{i}}{\hbar}\hat{H}_{\mathrm{vib}}\tau} \hat{H}_t\right)$$

$$= \sum_{\lambda} \omega_\lambda^2 \widetilde{K}_{\alpha\beta}(\lambda) \widetilde{K}_{\mu\nu}(\lambda)\left((n(\omega_\lambda)+1)\mathrm{e}^{-\mathrm{i}\omega_\lambda t} + n(\omega_\lambda)\mathrm{e}^{\mathrm{i}\omega_\lambda t}\right) \quad (6.4.50)$$

其中，$n(\omega_\lambda) = \operatorname{tr}_{\mathrm{vib}}(\hat{\rho}_0^{(\mathrm{eq})} \hat{a}_\lambda^\dagger \hat{a}_\lambda) = 1/(\exp(\hbar\omega_\lambda/(k_\mathrm{B}T))-1)$. 式(6.4.50)的傅里叶变换为

$$C_{\alpha\beta,\mu\nu}(\omega) = \int_{-\infty}^{\infty} \mathrm{d}\tau\, \mathrm{e}^{\mathrm{i}\omega\tau} C_{\alpha\beta,\mu\nu}(\tau) = \sum_{\lambda} \omega_\lambda^2 \widetilde{K}_{\alpha\beta}(\lambda) \widetilde{K}_{\mu\nu}(\lambda)$$

$$\bullet\, ((n(\omega_\lambda)+1)\delta(\omega-\omega_\lambda) + n(\omega_\lambda)\delta(\omega+\omega_\lambda)) \quad (6.4.51)$$

设激子态表象下的谱密度函数

$$J_{\alpha\beta,\mu\nu}(\omega) = \sum_{\lambda} \widetilde{K}_{\alpha\beta}(\lambda) \widetilde{K}_{\mu\nu}(\lambda)\delta(\omega-\omega_\lambda) \quad (6.4.52)$$

则式(6.4.52)可写成

$$C_{\alpha\beta,\mu\nu}(\omega) = 2\pi\omega^2((1+n(\omega))J_{\alpha\beta,\mu\nu}(\omega) + n(-\omega)J_{\alpha\beta,\mu\nu}(\omega)) \quad (6.4.53)$$

$J_{\alpha\beta,\mu\nu}(\omega)$可以用局域表象下的光谱密度函数 $J_{mn,kl}(\omega)$ 来描述，并假设 $J_{mn,kl}(\omega) = J(\omega)$ 与分子(位点)无关

$$J_{\alpha\beta,\mu\nu}(\omega) = \sum_{m,n,k,l} c_\alpha^*(m) c_\beta(n) c_\mu^*(k) c_\nu(l) J(\omega) = \gamma_{\alpha\beta\mu\nu} J(\omega) \quad (6.4.54)$$

其中，$c_\alpha(m)$是局域态 $|m\rangle$ 在激子态 $|\alpha\rangle$ 中的系数(式(6.2.62))

$$J(\omega) = J_{mn,kl}(\omega) = \sum_{\lambda} \widetilde{K}_{mn}(\lambda) \widetilde{K}_{kl}(\lambda)\delta(\omega-\omega_\lambda) \quad (6.4.55)$$

$$\gamma_{\alpha\beta\mu\nu} = \sum_{m,n,k,l} c_\alpha^*(m) c_\beta(n) c_\mu^*(k) c_\nu(l) \quad (6.4.56)$$

这里 $\widetilde{K}_{mn}(\lambda)$ 由式(6.2.86)给出.

由式(6.4.53)和式(6.4.54)可得

$$C_{\alpha\beta,\mu\nu}(\omega) = \gamma_{\alpha\beta\mu\nu} C(\omega) \quad (6.4.57)$$

关联函数

$$C(\omega) = 2\pi\omega^2((1+n(\omega))J(\omega) + n(-\omega)J(\omega)) \quad (6.4.58)$$

引入旋波近似,式(6.4.48)中的对角元和非对角元耗散部分分别为

$$\begin{cases} \mathscr{D}\rho_{\alpha\alpha}^{(S)}(t) = -2\sum_{\mu \neq \alpha}(\mathrm{Re}(K_{\alpha\mu\mu\alpha}(t))\rho_{\alpha\alpha}(t) - \mathrm{Re}(K_{\mu\alpha\alpha\mu}(t))\rho_{\mu\mu}(t)) \\ \mathscr{D}\rho_{\alpha\beta}^{(S)}(t) = -\sum_{\mu \neq \alpha}(K_{\alpha\mu\mu\alpha}(t) + K_{\beta\mu\mu\beta}^{*}(t) - 2\mathrm{Re}(K_{\alpha\alpha\beta\beta}(t)))\rho_{\alpha\beta}(t) \end{cases} \tag{6.4.59}$$

其中,Re 表示实部.这样,可得到约化密度矩阵元动力学方程.对角项

$$\dot{\rho}_{\alpha\alpha}^{(S)}(t) = -\sum_{\mu \neq \alpha}(k_{\alpha \to \mu}\rho_{\alpha\alpha}(t) - k_{\mu \to \alpha}\rho_{\mu\mu}(t)) \tag{6.4.60}$$

与式(6.3.58)相同.而非对角项为

$$\dot{\rho}_{\alpha\beta}^{(S)}(t) = -(\mathrm{i}\omega_{\alpha\beta} + F_{\alpha\beta}(t))\rho_{\alpha\beta}(t) \tag{6.4.61}$$

其中

$$\begin{aligned} F_{\alpha\beta}(t) = \sum_{\mu}\int_{0}^{t}\mathrm{d}\tau(\mathrm{e}^{\mathrm{i}\omega_{\alpha\mu}\tau}C_{\alpha\mu\mu\alpha}(\tau) + \mathrm{e}^{\mathrm{i}\omega_{\mu\beta}\tau}C_{\beta\mu\mu\beta}^{*}(\tau)) \\ - 2\mathrm{Re}\int_{0}^{t}\mathrm{d}\tau C_{\alpha\alpha\beta\beta}(\tau) \end{aligned} \tag{6.4.62}$$

这里

$$\begin{aligned} C_{\alpha\beta,\mu\nu}(t) &= \frac{1}{2\pi}\int_{-\infty}^{\infty}\mathrm{d}\omega\,\mathrm{e}^{-\mathrm{i}\omega t}C_{\alpha\beta,\mu\nu}(\omega) \\ &= \frac{\gamma_{\alpha\beta\mu\nu}}{2\pi}\int_{-\infty}^{\infty}\mathrm{d}\omega\,\mathrm{e}^{-\mathrm{i}\omega\tau}C(\omega) = \gamma_{\alpha\beta\mu\nu}C(t) \end{aligned} \tag{6.4.63}$$

关联函数 $C(t)$ 为

$$\begin{aligned} C(t) &= \frac{1}{2\pi}\int_{-\infty}^{\infty}\mathrm{d}\omega\,\mathrm{e}^{-\mathrm{i}\omega\tau}C(\omega) \\ &= \int_{-\infty}^{\infty}\mathrm{d}\omega\,\mathrm{e}^{-\mathrm{i}\omega\tau}\omega^2((1 + n(\omega))J(\omega) + n(-\omega)J(-\omega)) \\ &= \sum_{\lambda}\omega_{\lambda}^2\widetilde{K}_{mn}(\lambda)\widetilde{K}_{kl}(\lambda)((n(\omega_{\lambda}) + 1)\mathrm{e}^{-\mathrm{i}\omega_{\lambda}t} + n(\omega_{\lambda})\mathrm{e}^{\mathrm{i}\omega_{\lambda}t}) \end{aligned} \tag{6.4.64}$$

因而

$$\begin{aligned} F_{\alpha\beta}(t) = \sum_{\mu}\int_{0}^{t}\mathrm{d}\tau(\gamma_{\alpha\mu}\mathrm{e}^{\mathrm{i}\omega_{\alpha\mu}\tau}C(\tau) + \gamma_{\beta\mu}\mathrm{e}^{\mathrm{i}\omega_{\mu\beta}\tau}C^{*}(\tau)) \\ - 2\gamma_{\alpha\alpha\beta\beta}\mathrm{Re}\int_{0}^{t}\mathrm{d}\tau C(\tau) \end{aligned} \tag{6.4.65}$$

其中,$\gamma_{\alpha\mu} = \gamma_{\alpha\mu\mu\alpha}$,$\gamma_{\beta\mu} = \gamma_{\beta\mu\mu\beta}$.

由式(6.4.61)可得到 $\rho_{\alpha 0}(t)$ 的动力学方程

$$\dot{\rho}_{a0}^{(S)}(t) = - (\mathrm{i}\omega_{a0} + F_{a0}(t))\rho_{a0}(t) \tag{6.4.66}$$

这里，$F_{a0}(t) = \sum_\mu \int_0^t \mathrm{d}\tau\, \gamma_{a\mu} \mathrm{e}^{\mathrm{i}\omega_{a\mu}\tau} C(\tau)$.

方程(6.4.66)的解为

$$\rho_{a0}^{(S)}(t) = \rho_{a0}^{(S)}(0)\exp\left(- \mathrm{i}\omega_{a0} t - \sum_\mu \gamma_{a\mu} \int_0^t \mathrm{d}\tau(t - \tau)C(\tau)\mathrm{e}^{\mathrm{i}\omega_{a\mu}\tau}\right) \tag{6.4.67}$$

由式(2.3.287)以及式(6.4.13)，偶极矩关联函数 $C_{d\text{-}d}(\tau)$ 可以用密度矩阵元 $\rho_{a0}(t)$ 表示：

$$C_{d\text{-}d}(\tau) = \sum_a |d_{a0}|^2 \rho_{a0}(t) \tag{6.4.68}$$

从而由上述密度矩阵方法求得 $\rho_{a0}(t)$ 后，即可得到偶极矩关联函数.

6.4.5　光吸收谱线及其加宽

首先讨论激子-振子没有耦合的情形.在此情形下，振动对式(6.4.37)的 $C_{d\text{-}d}(t)$ 没有贡献.这时，$\hat{H}_{\mathrm{agg}}^{(1)} = \hat{H}_{\mathrm{exc}} = \sum_a E_a |\alpha\rangle\langle\alpha|$（式(6.2.65)）.这样，式(6.4.68)中的 $C_{d\text{-}d}(t)$ 为

$$C_{d\text{-}d}(t) = \frac{1}{\hbar^2}\sum_a |d_{a0}|^2 \mathrm{e}^{-\frac{\mathrm{i}}{\hbar}E_a t} \tag{6.4.69}$$

代入式(6.4.27)，有

$$\begin{aligned}
\alpha(\omega) &= \frac{2\pi n_{\mathrm{agg}}}{3c}\hbar\omega \int_{-\infty}^\infty \mathrm{d}\tau \mathrm{e}^{\mathrm{i}\omega t} C_{d\text{-}d}(\tau) \\
&= \frac{2\pi\omega n_{\mathrm{agg}}}{3\hbar c}\sum_a |d_{a0}|^2 \int_{-\infty}^\infty \mathrm{d}\tau \mathrm{e}^{\frac{\mathrm{i}}{\hbar}(\hbar\omega - E_a)\tau} \\
&= \frac{4\pi^2 \omega n_{\mathrm{agg}}}{3c}\sum_a |d_{a0}|^2 \delta(\hbar\omega - E_a)
\end{aligned} \tag{6.4.70}$$

由此可以得到一系列不连续的位于 $\omega = E_a/\hbar$ 的吸收谱线.生物聚集体分子的无序性以及电子-振动的耦合作用都会使得吸收谱线加宽.

生物聚集体的无序性包括能量和结构两个方面.一般而言，生物活细胞（样品）中有大量的生物聚集体.这些聚集体在样品环境中具有结构和能量上的不均匀性，会导致吸收谱线增宽.这类随机不均匀性导致加宽，其光谱系数记为 $\alpha_{\mathrm{inh}}(\omega)$.下面以激子能量无

序为例进行讨论.

考虑能级涨落 $E = E_\alpha - \bar{E}_\alpha$ 的分布 F_α 为高斯型:

$$F_\alpha(E) = \frac{1}{\sqrt{2\pi}\sigma_\alpha}\exp\left(-\frac{E^2}{2\sigma_\alpha^2}\right) \tag{6.4.71}$$

其中, $\bar{E}_\alpha$ 为 E_α 的平均值. 而整个聚集体的能量无序分布为

$$F(\{E_\alpha\}) = n_{\mathrm{agg}}\prod_\alpha F_\alpha(E_\alpha - \bar{E}_\alpha) \tag{6.4.72}$$

则

$$\alpha_{\mathrm{inh}}(\omega) = \int \mathrm{d}E F(\{E\})\bar{\alpha}(\omega, E) \tag{6.4.73}$$

这里, $\bar{\alpha}(\omega, E) = \alpha(\omega)/n_{\mathrm{agg}}$.

把式(6.4.70)代入式(6.4.73), 有

$$\alpha_{\mathrm{inh}}(\omega) = \frac{4\pi^2 \omega n_{\mathrm{agg}}}{3c}\sum_\alpha |d_{a0}|^2 F_\alpha(\hbar\omega - \bar{E}_\alpha) \tag{6.4.74}$$

由上面简单的例子可见, 吸收光谱谱线形由聚集体能级随机不均匀分布决定, 并因此而加宽. 类似的方法可以推广到更一般的能量和结构的无序性对吸收光谱加宽影响的讨论中去.

下面针对生物聚集体中常见的对角元激子-振子耦合比非对角元强的情况进行讨论. 在此情形下, 对角元的激子-谐振子耦合不能用微扰处理(3.4 节). 我们可以从方程(6.4.67)求解 $\rho_{a0}^{(S)}(t)$ 开始讨论.

在式(6.4.67)中, $\mu \neq \alpha$ 对应于非对角矩阵元, 其激子-谐振子耦合来源于 $\tilde{K}_{\alpha\mu}(\lambda)$, 而对角矩阵元($\mu = \alpha$)的耦合系数为 $\tilde{K}_{\alpha\alpha}(\lambda)$. 在 $\tilde{K}_{\alpha\alpha}(\lambda)$ 远大于 $\tilde{K}_{\alpha\mu}(\lambda)$($\mu \neq \alpha$)的情况下, 对非对角元作马尔可夫近似, 并把 $t \to \infty$, 式(6.4.67)中非对角指数项成为

$$\sum_{\mu \neq \alpha}\gamma_{\alpha\mu}t\int_0^\infty \mathrm{d}\tau C(\tau)\mathrm{e}^{\mathrm{i}\omega_{\alpha\mu}\tau} = \sum_{\mu \neq \alpha}\gamma_{\mu\alpha}C(\omega_{\alpha\mu})t \tag{6.4.75a}$$

其中, $C(\omega_{\alpha\mu})$ 可分解成实部和虚部两部分:

$$C(\omega_{\alpha\mu}) = C^{\mathrm{Re}}(\omega_{\alpha\mu}) + \mathrm{i}C^{\mathrm{Im}}(\omega_{\alpha\mu}) \tag{6.4.75b}$$

其中

$$C^{\mathrm{Im}}(\omega_{\alpha\mu}) = \frac{1}{\pi}P\int_{-\infty}^{\infty}\mathrm{d}\omega\,\frac{C^{\mathrm{Re}}(\omega_{\alpha\mu})}{\omega_{\alpha\mu}-\omega} \tag{6.4.75c}$$

这样，式(6.4.67)成为

$$\rho_{\alpha0}^{(S)}(t) = \rho_{\alpha0}^{(S)}(0)\exp\Big(-\mathrm{i}\omega_{\alpha0}t - \sum_{\mu\neq\alpha}\gamma_{\mu\alpha}C(\omega_{\alpha\mu})t - \gamma_{\alpha\alpha}\int_0^t\mathrm{d}\tau(t-\tau)C(\tau)\Big) \tag{6.4.76}$$

其中

$$\gamma_{\alpha\alpha}\int_0^t\mathrm{d}\tau(t-\tau)C(\tau) = -\gamma_{\alpha\alpha}\Big(G(t)-G(0)+\mathrm{i}\frac{E_\lambda}{\hbar}t\Big) \tag{6.4.77}$$

这里

$$G(t) = \int_0^\infty\mathrm{d}\tau J(\omega)((1+n(\omega))\mathrm{e}^{-\mathrm{i}\omega t}+n(\omega)\mathrm{e}^{\mathrm{i}\omega t}) \tag{6.4.78}$$

$$E_\lambda = \int_0^\infty\mathrm{d}\omega\,\hbar\omega J(\omega) \tag{6.4.79}$$

光吸收谱系数可写成

$$\alpha(\omega) = \frac{2\pi n_{\mathrm{agg}}}{3c}\hbar\omega\sum_\alpha|d_{\alpha0}|^2\int_{-\infty}^\infty\mathrm{d}\tau\mathrm{e}^{\mathrm{i}\omega t}\rho_{\alpha0}(t) \tag{6.4.80}$$

用光谱线性函数 $D_A^{(\mathrm{abs})}(\omega) = \int_{-\infty}^\infty\mathrm{d}\tau\mathrm{e}^{\mathrm{i}\omega t}\rho_{\alpha0}(t)$ 表示，则有

$$\alpha(\omega) = \frac{2\pi n_{\mathrm{agg}}}{3c}\hbar\omega\sum_\alpha|d_{\alpha0}|^2 D_A^{(\mathrm{abs})}(\omega) \tag{6.4.81}$$

吸收谱线性函数

$$\begin{aligned}
D_A^{(\mathrm{abs})}(\omega) &= \frac{1}{2\pi}\int_{-\infty}^\infty\mathrm{d}\tau\mathrm{e}^{\mathrm{i}\omega t}\rho_{\alpha0}(t)\\
&= \frac{1}{2\pi}\int_{-\infty}^\infty\mathrm{d}\tau\mathrm{e}^{\mathrm{i}(\omega-\widetilde{\omega}_{M0})t}\mathrm{e}^{\gamma_{\alpha\alpha}(G(t)-G(0))}\mathrm{e}^{-|t|/\tau_M}
\end{aligned} \tag{6.4.82}$$

其中，$\widetilde{\omega}_{M0} = \omega_{\alpha0} - \gamma_{\alpha\alpha}\dfrac{E_\lambda}{\hbar} + \sum_{\mu\neq\alpha}\gamma_{\mu\alpha}C^{\mathrm{Im}}(\omega_{\alpha\mu})$，以及

$$\tau_M^{-1} = \frac{1}{2}\sum_\mu k_{\alpha\to\mu} \tag{6.4.83}$$

这里，Redfield 弛豫速率 $k_{\alpha\to\mu} = \gamma_{\mu\alpha}C(\omega_{\alpha\mu})$.

6.5 光合作用的激发能传递

6.5.1 绿硫细菌的光激发能传递概述

在光合作用原初反应中,光激发能通过捕光天线色素分子聚集体(即捕光复合体,light-harvesting complex,LHC)传递到反应中心.这一激发能传递过程具有快速(皮秒时间尺度)和高效(量子效率接近于1)的特点.因此,光合作用激发能传递多年来一直是理论和实验研究的一个焦点问题.

2007年,美国加州大学伯克利分校 Fleming 教授研究小组对绿色硫细菌(green sulfur bacteria(GSB))的 Fenna-Matthews-Olson(FMO)叶绿素-蛋白质复合体进行了二维电子光谱(2DES)实验研究,发现了一种长时间(660 fs)相干振荡现象(Engel et al.,2007).类似的振荡现象后来在高等植物和海洋藻类的捕光复合物中也被观察到.起初,这类节拍振荡现象被解释为激子态的量子相干叠加(称之为"量子节拍"(quantum beats)),并认为对光合作用原初反应中的高效激发能传递具有重要贡献,因而引起广泛的研究兴趣.但是后来的研究表明,这些振荡运动的退相干时间远长于激子态的相干寿命,特别是在低温时.目前一般认为(Cao et al.,2020),对于中等寿命的频谱节拍是由电子态-振动态的耦合产生的振荡,其退相干寿命可达皮秒量级.而更长的振荡节拍来自基态的振动波包的运动.

因此,二维电子光谱实验中发现的长寿命振荡节拍并不是由于激子的量子相干叠加产生的"量子节拍",而源于电子基态上的振动相干,并没有涉及激发能的传递.然而,光合作用是如何取得如此高的能量转化效率的途径和机制目前并不完全清楚,仍然是科学研究最为关注的一个前沿焦点问题.绿色硫细菌的 FMO 复合体也几乎是作为这方面研究的一个标准模型.

绿色硫细菌是可以在黑海海面100米以下或者海洋2000米深的黑烟囱区域生存的利用硫化氢、氢分子等作为电子给体进行厌氧光合作用的光合细菌.在这种光线极其微弱的环境中,绿色硫细菌依靠光合作用生存必须有很大的捕光天线系统以及具备高效的能量转换机制.绿色硫细菌的叶绿体含有200000～250000个细菌叶绿素 c(叶绿素 e)的色素分子.在所有叶绿素中,大约 1% 是细菌叶绿素 a,分布在叶绿体边缘被称为基底(baseplate)的区域,与处于光合膜上的反应中心靠近.由于细菌叶绿素 a 的位点能比叶绿素 c 和 e 的低,从而形成了一个激发能传递的自由能漏斗结构,有利于激发能向反应中心复合体(reaction center complex,RCC)传递.

水溶性的 FMO 复合体是一个三聚体,每个单聚体含有 8 个细菌叶绿素 a 分子.这样 FMO 在叶绿体/基底与反应复合体之间形成了一个激发能传递网络.2020 年绿硫细菌 FMO-RCC 超复合体的高分辨冷冻电镜结构由浙江大学张兴与中国科学院植物研究所匡廷云/沈建仁课题组合作在《Science》杂志上第一次发表(Chen et al.,2020).该超复合体结构包括 1 个三聚体的 FMO 和 1 个 RCC 复合体.后者包括 2 个捕光复合物(RCC-Ant1 和 RCC-Ant2)和 1 个反应中心.每个 LHC 中有 12 个细菌叶绿素 a,而每个 RC 中有 2 个细菌叶绿素 a 和 4 个叶绿素分子,如图 6.8 所示.从这个超复合体的结构中发现,FMO 和 RCC 最近的距离是 FMO 中的 BCla3 和 BCla4 分别与 RCC-Ant1 中的 BCla807,BCla808 和 BCla810 分子之间的距离,范围为 30~34 Å.

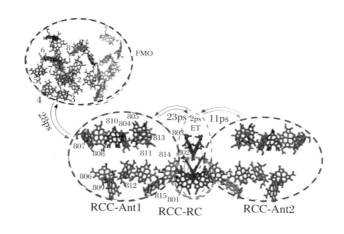

图 6.8　绿硫细菌 FMO-RCC 超复合体示意图

尽管对绿硫光合细菌的光合作用已有大量的实验研究,然而对其高效转化光能的机制并不十分清楚.实验报道的从 FMO-RCC 超复合体到全细胞相应的光激发能转化效率测量值为 20%~75%,低于绿硫光合细菌在极低光强条件下依靠光合作用高效生存的转化效率值.从结构上看,一个猜测原因是绿硫光合细菌的 FMO 和 RCC 之间的最短距离过大.为此,基于已有的高分辨冷冻电镜结构,应用上面讨论的激发能传递量子理论结合模拟计算有可能为理解绿硫光合细菌的光合作用机制及其光能转化效率提供帮助.

6.5.2　FMO-RCC 超复合体哈密顿量

设式(6.2.81)中 $K_{mn}(\lambda) = 0$，即不考虑振动对局域电子态之间耦合作用的影响(该项贡献估计比位点能小两个数量级以上(Cao et al.,2020))，绿硫细菌的 FMO-RCC 超复合体的哈密顿量可写成

$$
\hat{H} = \sum_m \left(E_m + \sum_\lambda \hbar\omega_\lambda \kappa_m(\lambda) Q_\lambda \right) |m\rangle\langle m| + \sum_{m \neq n} V_{mn} |m\rangle\langle n|
$$
$$
+ \sum_\lambda \frac{\hbar\omega_\lambda}{4} (\hat{P}_\lambda^2 + Q_\lambda^2) \tag{6.5.1a}
$$

其中，$|m\rangle$ 是复合体中色素分子 m 处于电子激发态而其他分子处于基态，E_m 是式(6.2.75)表示的色素分子 m 处于电子基态上核平衡构型时的电子跃迁能，即位点能.耦合参数 $\kappa_m(\lambda)$ 描述谐振子坐标 Q_λ 从平衡位置偏移时，色素分子 m 的位点能是如何波动的.V_{mn} 表示分子 m 和 n 的局域电子激发态之间的耦合，而式(6.5.1a)最后一项是核振动哈密顿量：$\hat{H}_0^{(\mathrm{nuc})} = \sum_\lambda \frac{\hbar\omega_\lambda}{4} (\hat{P}_\lambda^2 + Q_\lambda^2)$，$\hat{P}_\lambda$，$Q_\lambda$ 和 ω_λ 分别是谐振子 λ 的动量、位置和频率.

电子激发态的非局域性质与激子的耦合强度和动力学以及静态无序有关.一个衡量动力学无序的指标是局域重组能(式(6.2.80))

$$
E_{RE}^{(m)} = \sum_\lambda \hbar\omega_\lambda \kappa_m^2(\lambda) \tag{6.5.1b}
$$

色素分子 m 受到光激发后，其核会弛豫到局域激发态，该激发态的核平衡构型会发生一个 $-2\kappa_m$ 的位移，其位点能量也会降低 $E_{RE}^{(m)}$.然而，如果激发态是非局域的，则其降低的能量与最近邻相互作用能 $|V_{mn}|$ 大小相当.因此，当激子-振子强耦合(κ_m 比较大)时，$E_{RE}^{(m)} \gg |V_{mn}|$，需要对电子-振动耦合采用非微扰处理，计算起来极其费时.为此，在下面的 FMO-RCC 超复合体激子态表象哈密顿中，把色素分子按结构域(domains)划分：在结构域 a 内部，激发电子态是非局域的，相邻色素分子间的耦合 $|V_{mn}|$ 大于局域重组能.而在不同的结构域之间的电子态耦合比较弱，结构域之间的激子跃迁是非相干的.

在结构域 a 的激子态 $|M_a\rangle$ 是该结构域的局域态 $|m_a\rangle$ 的线性组合：

$$
|M_a\rangle = \sum_{m_a} c_{M_a}(m_a) |m_a\rangle \tag{6.5.2}
$$

在结构域激子态表象下，哈密顿量 $\hat{H}$ 可以表示为(Klinger et al.,2023)

$$\hat{H} = \sum_{a,M_a} E_{M_a} |M_a\rangle\langle M_a| + \sum_{a \neq b, M_a, N_b} V_{M_a N_b} |M_a\rangle\langle N_b|$$

$$+ \sum_{a, M_a, N_a, \lambda} \hbar\omega_\lambda \widetilde{K}_{aa}(M_a, N_a) Q_\lambda |M_a\rangle\langle N_a| + \hat{H}_0^{(\mathrm{nuc})} \qquad (6.5.3)$$

其中

$$\widetilde{K}_{aa}(\lambda) = \sum_{m_a} c_{M_a}^*(m_a) \kappa_{m_a}(\lambda) c_{N_a}(m_a) \qquad (6.5.4)$$

$$V_{M_a N_b} = \sum_{m_a, n_b} c_{M_a}^*(m_a) V_{m_a n_b} c_{N_b}(n_b) \qquad (6.5.5)$$

6.5.3 光合作用激发能传递的量子理论

6.5.3.1 量子激发能传递速率表达式

与 6.3 节讨论相似,对角矩阵元 $\widetilde{K}_{aa}(M_a, M_a)$ 远大于非对角元 $\widetilde{K}_{aa}(M_a, N_b)$,从而对对角元采用精确处理而对非对角元进行马尔可夫近似和久期近似.这样可以分别得到激子态 $|N_b\rangle$ 的吸收光谱线性函数 $D_{N_b}(\omega)$ 和荧光光谱线性函数 $D'_{M_a}(\omega)$ 分别为

$$\begin{cases} D_{N_b}(\omega) = \dfrac{1}{2\pi} \displaystyle\int_{-\infty}^{\infty} \mathrm{d}t\, \mathrm{e}^{-\mathrm{i}(\omega-\widetilde{\omega}_{N_b})t} \mathrm{e}^{G_{N_b}(t)-G_{N_b}(0)} \mathrm{e}^{-|t|/\tau_{N_b}} \\[2mm] D'_{M_a}(\omega) = \dfrac{1}{2\pi} \displaystyle\int_{-\infty}^{\infty} \mathrm{d}t\, \mathrm{e}^{-\mathrm{i}(\omega-\widetilde{\omega}_{M_a})t} \mathrm{e}^{G_{M_a}(t)-G_{M_a}(0)} \mathrm{e}^{-|t|/\tau_{M_a}} \end{cases} \qquad (6.5.6)$$

其中,如果 $a = b$,则 $D_{N_a}(\omega)$ 和 $D'_{M_a}(\omega)$ 分别属于同一结构域内的吸收光谱线性函数和荧光光谱线性函数.式(6.5.6)中,$G_{M_a}(t)$ 由式(6.4.78)给出.考虑结构域内从激子态 $|M_a\rangle$ 跃迁到激子态 $|N_a\rangle$(属于相干跃迁),其跃迁速率常数可表示为(Klinger et al., 2020)

$$k_{M_a \to N_a} = 2\pi\omega_{M_a N_a}^2 \sum_{m_a, n_a} c_{M_a}(m_a) c_{M_a}(n_a) c_{N_a}(m_a) c_{N_a}(n_a)$$

$$\cdot (J(\omega_{M_a N_a})(1 + n(\omega_{M_a N_a})) + J(\omega_{N_a M_a}) n(\omega_{N_a M_a})) \qquad (6.5.7)$$

其中,$\omega_{M_a N_a} = (E_{M_a} - E_{N_a})/\hbar$,光谱密度函数为 $J(\omega) = \sum_\lambda \kappa_m^2(\lambda)\delta(\omega - \omega_\lambda)$.

假设结构域内快速弛豫会导致在域间跃迁发生前激发能在域内达到热力学平衡分

布.这样,总的在结构域 a 和 b 之间的激发能传递速率常数可以写成

$$k_{a \to b} = \sum_{M_a, N_b} f_{M_a} k_{M_a \to N_b} \tag{6.5.8}$$

其中,f_{M_a} 是玻尔兹曼分布函数:

$$f_{M_a} = \frac{\exp(-\hbar \omega_{M_a}/(k_B T))}{\sum_{N_a} \exp(-\hbar \omega_{N_a}/(k_B T))} \tag{6.5.9}$$

式(6.5.8)中 $k_{M_a \to N_b}$ 是结构域之间从激子态 $|M_a\rangle$ 到激子态 $|N_b\rangle$ 的跃迁速率.

结构域 a 和 b 之间激发能跃迁属于非相干跃迁,其激子态相互作用 $V_{M_a N_b}$ 可以处理成微扰.用二阶微扰方法,由广义 Förster 速率理论可以写出激发能传递速率(或激子弛豫速率)常数表达式(Klinger et al.,2020)

$$k^{\text{GF}}_{M_a \to N_b} = \frac{1}{\hbar^2} |V_{M_a N_b}|^2 \int_{-\infty}^{\infty} \mathrm{d}t \, e^{i\widetilde{\omega}_{M_a N_b} t} e^{F_{M_a N_b}(t) - F_{M_a N_b}(0)} e^{-|t|\left(\frac{1}{\tau_{M_a}} + \frac{1}{\tau_{N_b}}\right)} \tag{6.5.10}$$

其中

$$F_{M_a N_b}(t) = G_{M_a}(t) + G_{N_b}(t) - 2G_{M_a N_b}(t) \tag{6.5.11}$$

这里

$$G_{M_a}(t) = \int_{-\infty}^{\infty} \mathrm{d}\omega \, ((1 + n(\omega)) e^{-i\omega t} + n(\omega) e^{i\omega t})$$
$$\cdot \sum_{m_a, n_a} |c_{m_a}^{M_a}|^2 |c_{n_a}^{M_a}|^2 J_{m_a n_a}(\omega) \tag{6.5.12}$$

$$G_{M_a N_b}(t) = \int_{-\infty}^{\infty} \mathrm{d}\omega \, ((1 + n(\omega)) e^{-i\omega t} + n(\omega) e^{i\omega t})$$
$$\cdot \sum_{m_a, n_b} |c_{m_a}^{M_a}|^2 |c_{n_b}^{N_b}|^2 J_{m_a n_b}(\omega) \tag{6.5.13}$$

激子弛豫引起的退相干时间的倒数 $\tau_{M_a}^{-1}$ 为

$$\tau_{M_a}^{-1} = \frac{1}{2} \sum_{N_a \neq M_a} k_{M_a \to N_a} \tag{6.5.14}$$

式(6.5.10)中,$\widetilde{\omega}_{M_a N_b}$ 为

$$\widetilde{\omega}_{M_a N_b} = \widetilde{\omega}_{M_a} - \widetilde{\omega}_{N_b} \tag{6.5.15}$$

其中

$$\widetilde{\omega}_{M_a} = \omega_{M_a} - E_{RE}^{(M_a)}/\hbar + \Delta\omega_c \tag{6.5.16}$$

ω_{M_a} 是激子态 $|M_a\rangle$ 垂直激发频率，$E_{RE}^{(M_a)}$ 为重组能：

$$E_{RE}^{(M_a)} = \sum_{m_a, n_a} |c_{m_a}^{M_a}|^2 |c_{n_a}^{M_a}|^2 \int_0^\infty \mathrm{d}\omega\, \hbar\omega J_{m_a n_a}(\omega) \tag{6.5.17}$$

式(6.5.16)中 $\Delta\omega_c$ 是激子-振动非对角耦合引起的小的附加项.

假设不同结构域的位点能不相关，即式(6.5.11)中 $G_{M_a N_b}(t) = 0$，则速率常数式 (6.5.10)成为

$$k_{M_a \to N_b}^{\mathrm{GF}} = \frac{2\pi}{\hbar^2} |V_{M_a N_b}|^2 \int_{-\infty}^\infty \mathrm{d}\omega D_{N_b}(\omega) D'_{M_a}(\omega) \tag{6.5.18}$$

6.5.3.2 核运动经典极限近似：Marcus 速率表达式

下面对核运动用经典极限近似进行描述. 在高温极限下，玻色-爱因斯坦分布函数 $n(\omega)$ 成为

$$n(\omega) = \frac{1}{\exp(\hbar\omega/(k_B T)) - 1} \cong k_B T/(\hbar\omega) \tag{6.5.19}$$

忽略激子弛豫引起的退相干，$\tau_{M_a}^{-1} = \tau_{N_b}^{-1} = 0$，并作短时近似，$\sin(\omega t) \cong \omega t$，$\cos(\omega t) \cong 1 - \frac{\omega^2 t^2}{2}$，有

$$F_{M_a N_b}(t) - F_{M_a N_b}(0) \cong \frac{k_B T E_{RE}^{(M_a N_b)}}{\hbar^2} t^2 - \mathrm{i}\frac{E_{RE}^{(M_a N_b)}}{\hbar} t \tag{6.5.20}$$

其中，重组能

$$E_{RE}^{(M_a N_b)} = \int_0^\infty \mathrm{d}\omega\, \hbar\omega J_{M_a N_b}(\omega) \tag{6.5.21}$$

把式(6.5.19)～式(6.5.21)代入式(6.5.10)，有

$$k_{M_a \to N_b}^{\mathrm{GF}} = \frac{|V_{M_a N_b}|^2}{\hbar} \sqrt{\frac{\pi}{k_B T E_{RE}^{(M_a N_b)}}} \exp\left(-\frac{(\hbar\widetilde{\omega}_{M_a N_b} - E_{RE}^{(M_a N_b)})^2}{4 k_B T E_{RE}^{(M_a N_b)}}\right) \tag{6.5.22}$$

这样我们得到了激发能传递的类似于 Marcus 非绝热电子转移反应速率常数表达式. 其中，位点能涨落关联包含在谱密度函数 $J_{M_a N_b}(\omega)$ 中，而谱密度函数 $J_{m_a n_b}(\omega)$ 和 $J_{m_a n_a}(\omega)$ 分别描述了结构域间和结构域内的关联.

6.5.3.3 激发能传递的主方程方法以及计算结果和结论

我们下面用主方程方法描述 FMO-RCC 超复合体激子布居动力学. 结构域 a 激子态

$$\dot{P}_{M_a}(t) = -\sum_{N_a=1}^{N_{\text{pig}}^{(a)}} (k_{M_a \to N_a} P_{M_a}(t) - k_{N_a \to M_a} P_{N_a}(t))$$

$$-\sum_{b \neq a}^{N_{\text{dom}}} \sum_{N_b=1}^{N_{\text{pig}}^{(b)}} (k_{M_a \to N_b}^{\text{GF}} P_{M_a}(t) - k_{N_b \to M_a}^{\text{GF}} P_{N_b}(t))$$

$$-(k_{M_a \to ET} + k_{M_a \to FL} + k_{M_a \to Q}) P_{M_a}(t) \qquad (6.5.23)$$

其中,$P_{M_a}(t)$和$P_{N_b}(t)$分别是结构域 a 和 b 上激子态$|M_a\rangle$和$|N_b\rangle$的布居数,$N_{\text{pig}}^{(a)}$ 和 $N_{\text{pig}}^{(b)}$分别是结构域 a 和 b 的色素分子数目.$k_{M_a \to N_a}$ 和 $k_{M_a \to N_b}$分别是从结构域 a 的激子态$|M_a\rangle$向同域内的另一激子态$|N_a\rangle$和向结构域 b 的激子态$|N_b\rangle$跃迁的速率常数.$k_{M_a \to ET}$是激发态电子在 RC 内转移速率常数,$k_{M_a \to FL}$是荧光发射速率常数.为了防止在有氧存在的情况下激发能过高伤害反应中心,需要对 FMO 内的细菌叶绿素(BCl2 和 BCl3)的激发能进行淬灭.$k_{M_a \to Q}$即是描述这一过程的速率常数.

应用上面讨论的理论方法,Klinger 等对绿硫细菌的 FMO-RCC 超复合体的捕光效率进行了模拟计算(Klinger et al.,2023).初始态激发态布居是激发能从基底(baseplate)到 FMO 跃迁.然后,从 FMO 经过 RCC-Ant1 激发能传递到 RC.在这里激发能被初级电子转移反应捕获,生成被氧化的 P$^+$ 离子对.在计算中初级电荷分离速率常数设为 2 ps^{-1},对 FMO 中的叶绿素分子 BCl2 和 BCl3 的激发能氧化淬灭时间常数为 $\tau_Q = 23$ ps,荧光总的时间寿命为 60 ps,对细菌叶绿素 BChla 荧光寿命假设为 2 ps,利用这些参数,Klinger 等计算了包括 FMO,RCC-Ant1,RCC-RC,RCC-Ant2 和 P$^+$ 五个"隔间"(compartments)在室温下 $T = 300$ K 激子布居动力学.在计算中,他们假设结构域内弛豫很快而且达到热力学平衡分布后,结构域之间的跃迁才开始.

计算结果显示,FMO-RCC 超复合体的捕光过程的瓶颈在于从 FMO 传递到 RC-Ant1 以及从 RC-Ant1 到 RC-Ant2,所需时间分别为 39 ps 和 23 ps.有意思的是,它们的逆过程所需要的时间却是 28 ps 和 11 ps,比对应正向传递所花的时间短.5-隔间模型在有氧(在 MFO 中施加氧化淬灭)和厌氧(无淬灭)条件下的结果如图 6.9 所示.从图 6.9 可见,在厌氧条件下,光能转化效率值可达到 95%(红实线),而在有氧淬灭条件下,效率值降至 47%.计算结果显示,绿硫细菌的捕光效率值在厌氧条件下可以非常高(95%),而在有氧淬灭条件下,下降至 47%;建模和计算发现,FMO 和 RCC 保持接触对提高传能的效率非常重要.对 FMO 的有氧淬灭也会在很大程度上降低其捕光效率.实验中出现的低效率值可能与实验中出现的这些因素有关.

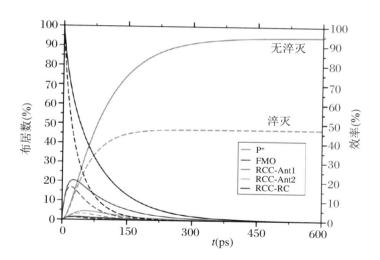

图 6.9　在厌氧和有氧条件下的捕光计算结果图

实线对应于厌氧条件下,而虚线表示有氧且淬灭(在 FMO)情形.

第 7 章

酶催化量子隧穿反应

7.1 反应速率过程与量子相干动力学、量子纠缠和退相干

　　本书所讨论的生物系统中物质和能量的传递一般是速率过程. 在此过程中, 给体(反应物)态的布居(概率)随时间变化具有指数衰减特征, 从而使得电子、氢或生物激发能等能有效地从给体传递到受体上. 与此不同, 量子相干动力学具有振荡行为特征, 反而不利于物质和能量最终有效传递到受体上. 我们在前面的有关章节中详细讨论了二态系统从量子相干动力学到耗散动力学的特征变化(3.3.4 小节). 封闭二态量子系统具有周期振荡的动力学行为, 与环境纠缠耦合成为开放量子系统. 假设在没有与环境相互作用前, 系统与环境处于可分离状态. 由于环境自由度众多, 物质或能量传递系统与环境耦合往往

是不可逆过程,也就是说,复合系统处于不可分离的纠缠态(式(3.6.9)).如3.3节和3.6节中所讨论,环境对系统的纠缠相互作用会导致系统发生量子退相干和能量耗散.在发生纯退相干时,由于环境与系统发生类似弹性碰撞相互作用,系统和环境没有能量的交换,系统状态布居也不随时间变化,因此不能产生速率过程.而在发生能量耗散的情形下,物质和能量传递生物系统初始态布居可以随时间指数衰减,展现出速率过程特点.

7.2 酶催化生化反应机理:降低反应活化能垒

生物系统的物质和能量传递反应往往需要环境的帮助,生命体中最常见的这种环境就是由生物酶提供的.生物酶(大部分是蛋白质,少量为 RNA)是催化生物体内几乎所有生化反应的生物大分子.蛋白酶最重要的功能是在正常的生理条件下,能极大地增加生命活动过程中生物化学反应速率(Edwards et al.,2012).比如,室温下核酸合成最为关键的生成嘧啶步骤中,如果没有酶催化作用,需要大约 7.8×10^7 年.而在乳清酸核苷-5′-磷酸脱羧酶的催化作用以及室温下只需要 0.025 秒,反应速率增加了 10^{17} 倍.相当于一个没有酶催化、需要宇宙年龄时长(最新预测宇宙年龄为 138 亿年)才能完成的化学反应,经过该酶的催化作用在生理条件下用 1 秒的时间就能轻而易举地完成.表 7.1 列出一些天然蛋白酶催化相应生化反应的速率以及催化提高反应速率的倍数(k_{cat}/k_{non}).这里,k_{cat} 和 k_{non} 分别为酶催化和没有酶作用的同一反应的速率常数.

表 7.1　天然蛋白酶及其催化反应能力(Edwards et al.,2012;Radzicka,Wolfenden,1995)

蛋　白　酶	催化反应速率常数 $k_{cat}(s^{-1})$	k_{cat}/k_{non}
硫酸酯酶(S—O sulfatase)	7	10^{26}
磷酸水解酶(phosphohydrolase)	20～40	10^{21}
乳清酸核苷-5′-磷酸脱羧酶 (orotidine 5′-phosphate decarboxylase)	39	10^{17}
葡萄球菌核酸酶(staphylococcal nuclease)	95	10^{14}
羧肽酶(carboxypeptidase)	578	10^{13}
腺苷脱氨酶(adenosine deaminase)	370	10^{12}

蛋　　白　　酶	催化反应速率常数 $k_{cat}(s^{-1})$	k_{cat}/k_{non}
胞苷脱氨酶(cytidine deaminase)	299	10^{12}
类固醇异构酶(ketosteroid isomerase)	66000	10^{11}
碳酸酐酶(carbonic anhydrase)	10^6	10^6

蛋白酶是如何取得这种超强的催化能力的? 美国量子化学和结构生物学家莱纳斯·鲍林于 1948 年发表在《自然》杂志上的一篇文章中认为:"……酶在结构上与其所催化的、处在反应物和产物之间的活化复合物互补,酶与催化复合物之间的吸引相互作用使得活化能降低,从而增加了化学反应的速率."(Pauling,1948)这里,活化复合物指的就是过渡态结构.鲍林的这段话包含两层含义:一是在过渡态,蛋白酶和底物(substrate)的结构存在一种像锁(lock)和钥匙(key)一样的关系,表明底物(钥匙)结合到蛋白酶的活性结构域(锁)在结构上两者不仅存在互补性,而且具有专一性;二是酶与底物相互作用使得反应活化能垒(过渡态与反应物自由能差值)降低(比如,在上面讨论的例子中,假设反应温度为 $T=300$ K,提高 10 倍反应速率需要减少大约 1.42 kcal/mol 的活化能.因而,反应速率增加 10^{17} 倍,意味着活化能垒需要降低 24.14 kcal/mol).

在鲍林猜想的基础之上,后来的化学家们提出了许多的酶催化机理,像共价键催化、基态失稳、去溶剂化效应、靠近/定向催化以及熵减机制等,本书限于篇幅,这里不一一详细讨论.量子力学-分子力学(quantum-mechanical(QM)-molecular-mechanical(MM))理论计算研究也表明,酶与底物(反应物)在过渡态的静电相互作用,对稳定过渡态结构和降低化学反应活化能起着非常重要的作用(Huang,Liao,2016).下面以酶催化三磷腺苷(adenosine-5′-triphosphate,ATP)水解反应为例进行说明.

7.3　研究实例:ATP 结合盒式蛋白酶催化 ATP 水解反应

三磷腺苷是广泛存在于生命体内的储能小分子,比如光能通过光合作用或者食物在体内分解产生的能量最终都转变为化学能储存在 ATP 分子中.ATP(往往需要有二价镁离子,如图 7.1 所示)通过水解,生成二磷酸腺苷(ADP)并为生命活动提供能量(在室温以及 1 个标准大气压条件下,每摩尔 ATP 水解能产生 7.3 kcal 能量).在外界环境传入能量时,这些 ADP 分子通过与磷酸根离子结合又可生成 ATP,并把能量储存在高能磷氧键(图 7.1 中的 P_γ—O_s 键)中.在植物叶绿体中的光合作用,或者在线粒体中通过氧化磷酸化合成 ATP 是两个最为典型的例子.因此,ATP 分子又被称为"能量货币",在能量交换过程中起着像货币那样的重要作用.据统计,每人每天要不断循环使用相当于人体自身重量的 ATP 分子(Törnroth-Horsefield,Neutze,2008).生命体内 ATP 合成和水解都需要有酶催化参与,相应的蛋白酶分别称为 ATP 合成酶(ATP synthase)和 ATP 水解酶(ATPase).下面以麦芽糖输运蛋白酶催化 ATP 水解反应为例,扼要阐述酶催化 ATP 水解反应的机理.

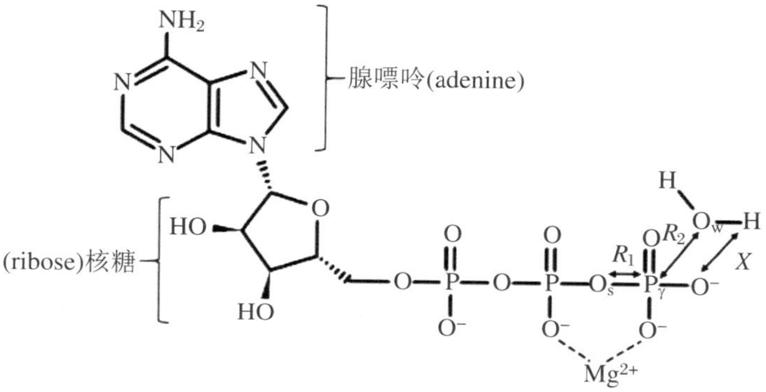

图 7.1 MgATP^{2-} 结构示意图

R_1 表示磷原子 P_γ 和氧原子 O_s 的距离,R_2 和 X 分别表示 P_γ 和 O_w(水分子中的氧原子)以及 ATP 末端的 O 和水中的 H 的距离.

麦芽糖输运蛋白(maltose transporter)是 ATP 结合盒式(ATP-binding cassette,ABC)输运蛋白质家族中的一个成员.ABC 输运蛋白质家族有超过 2000 个成员,起着把许多不同的物质分子或离子跨膜输进或输出细胞的重要作用.因此根据其功能,ABC 家族成员可分成输入(importer)和输出(exporter)蛋白两大类(图 7.2),它们都有核苷酸结合结构域(nucleotide binding domain,NBD)和跨膜结构域(transmembrane domain,TMD).尽管在整体结构外形上两者差别很大,但它们的 NBD 结构域在氨基酸序列和结构上都非常相近.在活性状态,每个 NBD 结构域结合一个 ATP 分子,两个 NBD 结构域闭合,TMD 结构域处于向外打开(outward-facing,OF)的活性状态(图 7.3(a)).而 ATP 水解后,两个 NBD 结构域分离,TMD 处于向内打开(inward-facing,IF)的失活状态(图 7.3(b)).这种面向细胞内(IF)的构象状态有利于 ABC 结合待输运的底物.然后,ABC 通过构象选择(conformational selection)机制结合 ATP,使两个 NBD 闭合并关闭面向细胞内的门,同时打开外向的门,ABC 分子处于活性状态.在此 OF 构象下,底物被释放到细胞外面(图 7.3)(Wang,Liao,2015).

当处于活性状态时,在 NBD 结构域的活性中心,ABC 蛋白酶催化 ATP 水解反应,使得 P_γ—O_s 键(图 7.1)断裂,P_γ—O_s 键储存的化学能转变成机械能,从而驱动两个 NBD 结构域分离,并打开面向胞内的门,同时关闭面向胞外的门,使得 ABC 从 OF 构象转变到 IF 构象,并处于失活状态,从而完成一个催化输运周期(Wang,Liao,2015).

由上面分析可见,ABC 输出蛋白质是一个典型的生物大分子机器,NBD 结构域结合和水解 ATP 分子,可以循环往复地催化磷氧键断裂提供化学能,并转变成 TMD 结构域运动的机械能,进行构象态转换,以实现其跨膜转运底物的生物学功能.下面我们来讨论麦芽糖 ABC 输入酶催化 ATP 水解反应机制(Huang,Liao,2016).由于 NBD 结构域在氨基酸序列和结构上以及 ABC 输运蛋白质家族中具有高度保守性,对麦芽糖输入酶催化 ATP 水解反应机制 QM/MM 研究可以推广到该家族其他成员上.

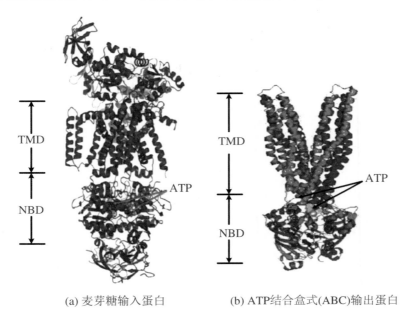

(a) 麦芽糖输入蛋白　　　　　(b) ATP结合盒式(ABC)输出蛋白

图 7.2　麦芽糖输入蛋白与 ATP 结合盒式(ABC)输出蛋白结构示意图

　　　　NBD 表示核苷酸结合结构域(nucleotide binding domain),TMD 表示跨膜结构域(transmembrane domain).两个 ATP 分子分别结合在两个 NBD 的活性区域.在 TMD 上端为细胞膜外,而在 TMD 下端为细胞膜内,即细胞质中.

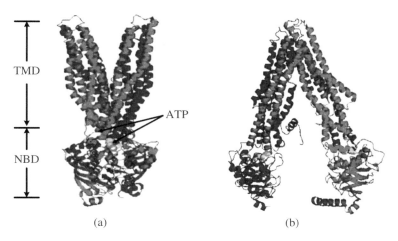

图 7.3　ABC 输出蛋白工作原理示意图

（a）ABC 输出蛋白结合两个 ATP 分子，两个 NBD 结构域闭合，而 TMD 结构域处于向外打开（outward-facing，OF）的活性状态.（b）ATP 已水解，两个 NBD 结构域分离，TMD 处于向内打开（inward-facing，IF）的失活状态.ABC 输出蛋白通过结合和水解 ATP，使之在 OF 和 IF 两个状态之间变换，从而把底物（substrate）输出细胞外，并完成一个输运周期.

　　像许多其他 ATP 酶（ATPase）比如蛋白激酶（Liao，2007）一样，麦芽糖 ABC 输运蛋白酶的 ATP 结合域（或结合口袋）包含 Walker A 和 B 模体（motif）、Q-loop、特征模体（signature motif）、转换区（switch region）和 D-loop（图 7.4）.其中，Walker A 包含保守的氨基酸序列 GXXGXGKST（这里，X 代表在不同 ATP 酶中不同的氨基酸），特征模体包含氨基酸序列 LSGGQ，故而也称 LSGGQ-loop，转换区包含保守的组氨酸残基（histidine，H），也称为 H-loop.

　　为了探究麦芽糖输入酶催化 ATP 水解机理，我们用分子动力学方法对麦芽糖输入蛋白反应物态和产物态的结构（用 ATP 取代 AMP-PNP）进行优化，应用 QM/MM 方法计算了沿反应途径的自由能变化（也称平均力势，potential of mean force，PMF），得到 PMF，如图 7.5 所示.在此我们不对详细计算过程进行赘述，感兴趣的读者可参看相关文献（Huang，Liao，2016）.作为对比，我们也用相同的 QM/MM 方法计算了 ATP 在水中水解的自由能以及反应体系的结构沿反应途径的变化（Wang et al.，2015）.

　　从图 7.5 的结果可见，麦芽糖 ABC 输入酶催化 ATP 水解反应的过渡态（Ⅱ）相对于反应物态（Ⅰ）的自由能垒高度为 19.2 kcal/mol，而 ATP 在水环境中水解的自由能垒高度为 32.5 kcal/mol（略高于实验值 28.2 kcal/mol，在温度为 60 ℃时的实验速率常数为 2.2×10^{-7} s^{-1}）.这样，与实验值相比，麦芽糖 ABC 输入酶催化作用使得活化能垒降低了 9 kcal/mol，反应时间由数月降至秒量级.

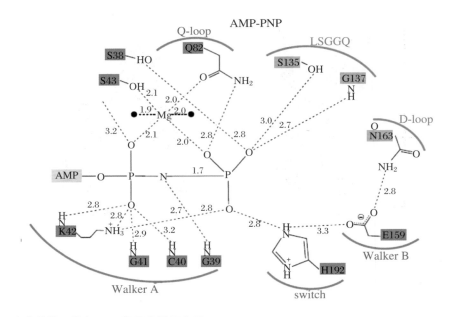

图 7.4 麦芽糖输入酶与 ATP 相互作用示意图

ATP 被 AMP-PNP 取代，原子之间的距离（单位为 Å）也列于图中（Oldham，Chen，2011）.

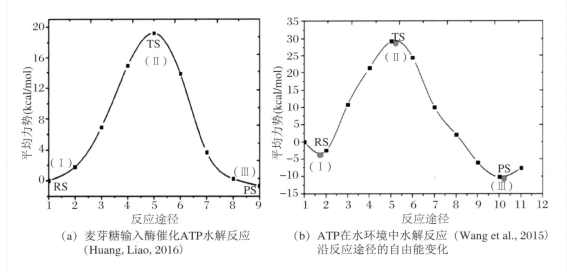

（a）麦芽糖输入酶催化ATP水解反应
（Huang, Liao, 2016）

（b）ATP在水环境中水解反应 （Wang et al., 2015）
沿反应途径的自由能变化

图 7.5 麦芽糖输入酶催化 ATP 水解反应和 ATP 在水环境中水解反应沿反应途径的自由能变化

  计算发现，当过渡态 P_γ—O_s 键已断裂而产物中的 P_γ—O_w 键还未生成时，$P_\gamma O_3$ 呈平面等边三角形，与氧原子 O_s 和 O_w 形成三角双锥形结构. 因此，ATP 水解具有离解型反应机理特征. 从计算得到的结构来看（图 7.6），在反应物态（reactant state，RS）和过渡态

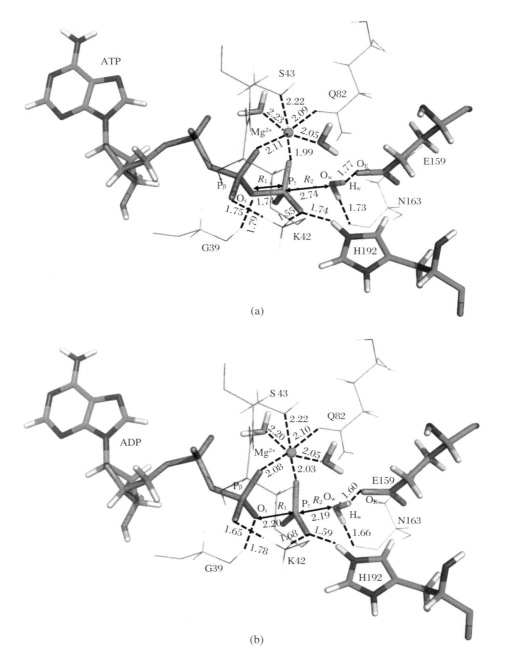

图 7.6　麦芽糖输入酶与 ATP 水解反应体系在反应物态和过渡态的结构（Huang，Liao，2016）

（transition state，TS）具有催化作用的残基 E159 和 H192 分别与裂解水中的 H 原子以及与 P_γ 键联的氧原子形成氢键 $O_E \cdots H—O_w$ 和 $N_H—H \cdots O$，这里，$\cdots$ 表示氢键，O_E 和 N_H 分别表示 E159 和 H192 中氧原子和氮原子.然而，相比于反应物过渡态的氢键 $O_E \cdots H—O_w$ 的键长从 1.77 Å 缩短到 1.67 Å，而 $N_H—H \cdots O$ 的氢键键长也减少了 0.15 Å.另外，N163 残基与反应水分子的另一个 H 原子形成的氢键也从 1.73 Å 缩短到 1.66 Å.这些变化都增加了过渡态的稳定性，但我们的计算表明，两个主要残基 E159 和 H192 所起的催化作用是不相同的.H192 主要与 γ-磷氧根中非断裂氧原子作用，而 E159 则是与反应水分子中断裂的氢原子作用.这种作用的差别可以用 H/D 动态同位素效应实验加以区分.我们的计算结果与生化 H/D 动态同位素实验的结果是一致的（Herdendorf，Nelson，2014）.QM/MM 的计算表明，处于麦芽糖 ABC 输入酶活性中心的残基 E159 和 H192 与反应物分子的静电相互作用对稳定过渡态结构、降低活化自由能垒起着十分重要的作用.

不仅如此，从我们的计算模拟结果中也可以看出，ATP 蛋白酶对 ATP 水解反应提供的环境，与水提供的极性和易于流动的环境不同，处于 ATP 蛋白酶深处的活性中心是一种封闭局域且相对疏水环境.这种环境的不同对 ATP 水解反应的影响也可从各种原子间的距离变化得到体现（图 7.7）.为此，我们定义反应坐标 $q = R_1 - R_2$（这里 R_1 是磷原子 P_γ 和氧原子 O_s 之间的距离，而 R_2 是 P_γ 和 O_w 之间的距离），考察反应坐标 q 在这两种不同环境中反应系统状态的变化来说明之.在麦芽糖 ABC 蛋白酶环境中，反应体系从反应物态（RS）的位置 $q_R = -1.00$ Å（$R_1 = 1.74$ Å，$R_2 = 2.74$ Å）出发，到过渡态（TS）$q_{TS} = 0.01$ Å（$R_1 = 2.20$ Å，$R_2 = 2.19$ Å），最终到达产物态（PS）$q_P = 1.06$ Å（$R_1 = 2.73$ Å，$R_2 = 1.67$ Å）.我们定义产物态和反应物态位置的差值 $\Delta q_{PR} = q_P - q_R$ 为反应自由能面的宽度 Δq_w，则有 $\Delta q_w = 2.06$ Å.而在水环境中，在反应物态（RS）、过渡态（TS）和产物态（PS）分别有 $q_R = -2.06$ Å（$R_1 = 1.74$ Å，$R_2 = 3.80$ Å），$q_{TS} = 0.4$ Å（$R_1 = 3.20$ Å，$R_2 = 2.80$ Å）和 $q_P = 3.57$ Å（$R_1 = 5.21$ Å，$R_2 = 1.64$ Å）.故而 $\Delta q_w = 5.63$ Å.从上面的分析可见，生物大分子蛋白酶把直接参加反应的原子（即系统）局限在更小的空间范围内，酶催化作用不仅降低了自由能垒的高度，也减少了自由能垒的宽度（图 7.8）.对于经典的酶催化理论，自由能垒的宽度似乎与催化反应机理并不相关.然而，如在第 5 章结尾以及下面的章节所讨论，如果化学反应中有量子隧穿效应，自由能垒宽度的减少对反应速率有重大影响.

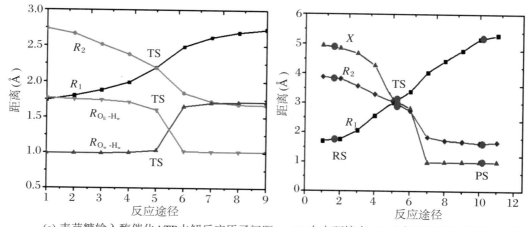

(a) 麦芽糖输入酶催化ATP水解反应原子间距离变化（Huang, Liao, 2016）

(b) 在水环境中ATP水解反应原子间距离变化（Wang et al., 2015）

图 7.7　麦芽糖输入酶催化 ATP 水解反应原子间距离变化

　　　R_1，R_2 和 X 的定义见图 7.1.

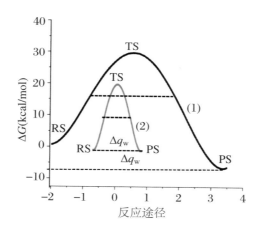

图 7.8　ATP 水解反应的自由能随反应坐标变化关系

　　　黑实线代表在水环境中 ATP 水解反应，而红实线代表麦芽糖输入酶催化 ATP 水解反应.

385

7.4 酶催化量子隧穿反应新机制

如第 5 章所讨论,自 20 世纪 80 年代末以来,在不同酶催化 C—H 键断裂反应体系中发现氢量子隧穿效应,对量子生物学的发展起着非常重要的推动作用. C—H 键的活化(断裂)是生物系统中最为基本和普遍的酶催化反应,在这类反应中,蛋白酶首先从底物的 C—H 键通过均裂得到一个氢原子或者通过异裂得到一个氢离子,使得底物形成瞬态自由基或碳离子中间体,与 O,N,S 或 C 原子结合生成相应的产物(图 7.9).

C—H 裂解反应包括过氧化作用(peroxidation)、羟基化作用(hydroxylation)、甲基化作用(methylation)、差向异构化作用(epimerization)、脱羧作用(decarboxylation),以及 C—X(X = O,S,C)键形成等. 其中,氢转移是整个反应的反应速率决定步骤,而氢量子隧穿可能起着关键作用. 由于量子隧穿效应的出现,氢转移反应速率不仅与反应自由能能垒高度有关,而且与给体和受体的距离,即反应自由能能垒宽度有关.

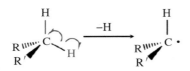

(a) 通过均裂活化C—H进行原子H的
转移反应生成自由基中间体

(b) 通过异裂活化C—H进行质子转移反应生成碳负离子中间体

图 7.9　通过均裂活化 C—H 进行原子 H 的转移反应生成自由基中间体以及通过异裂活化 C—H 进行质子转移反应生成碳负离子中间体

C—H 键活化断裂涉及氢原子或离子的转移,可以利用动力学同位素效应(kinetic isotope effect,KIE)在实验上对氢转移反应进行研究和分类. 如 5.7 节所讨论,室温下半经典的量子零点能校正的一级 H/D 同位素效应的 KIE 值不超过 7(KIE 值在 7 以内称为正常的动力学同位素效应),Bell 量子隧穿校正给出的一级 H/D KIE 值一般为 10～12,而深度量子隧穿效应带来的 KIE 的实验值可以达到 700. 表 7.2 列出一些酶催化 C—H 活化氢转移反应的一级 H/D 同位素效应的 KIE 实验值以及反映温度依赖特征的 ΔE_a 值.

表 7.2　酶催化氢转移一级 H/D 同位素效应的 KIE 值以及 ΔE_a 值(Whittington et al.，2020)

蛋　白　酶	KIE	ΔE_a(kcal/mol)
脂氧合酶(lipoxygenases)(H·)	40~100	0~0.9
大豆脂肪氧合酶(H·) (soybean lipoxygenase，L546A/L754A)(H·)	~660	0.3(0.7)
甲烷单氧合酶(methane monooxygenase)(H·)	100	—
TauD 单氧合酶(TauD monooxygenase)(H·)	37	—
脂肪酸 α-氧合酶(fatty acid α-oxygenase)(H·)	30~120	1.1(0.3)
甲基丙二酰辅酶 a 变位酶 (methyl malonyl CoA mutase)(H·)	36	—
环氧合酶-2(cyclooxygenase-2)(H·)	~20~30	0.1(0.7)
半乳糖氧化酶(galactose oxidase)(H·)	16~32	—
酰基辅酶 a 去饱和酶(acyl CoA desaturase)(H·)	23	≤1
甲胺脱氢酶(methylamine dehydrogenase)(H·)	13~17	~0
肽基甘氨酸 α-酰胺化单氧合酶(H·) (peptidyl-glycine α-amidating monooxygenase)	11	0.4
嗜热乙醇脱氢酶(H⁻) (thermophilic alcohol dehydrogenase)	1.5($T>$30 ℃) 2~7($T<$30 ℃)	~0 ($T>$30 ℃) ≫0 ($T<$30 ℃)

表 7.2 中列举的实验结果显示所有均裂 C—H 活化反应(表 7.2 中用 H·表示)的一级 H/D KIE 值都是反常的.然而,并不是所有的 C—H 裂解氢传递反应一定有量子隧穿效应,非均裂的 C—H 活化反应(表 7.2 中用 H⁻ 表示)的一级 H/D KIE 值处于正常区间,显示其量子隧穿效应并不重要.

在 5.7 节我们对氢转移反应中的量子隧穿效应机理进行了讨论(图 5.23),基于非绝热质子耦合电子传递(PCET)速率理论,其速率常数取决于热力学活化能垒以及反应物和产物电振态的耦合(即 Franck-Condon 因子)(式(5.6.24)).前者与量子隧穿效应以及 H/D 同位素效应无关,而后者涉及在隧穿就绪态(也称为隧穿就绪构象,tunneling-ready-configuration,TRC)上,反应物和产物电振态波函数的耦合(图 5.23(b)).这种耦合矩阵元不仅与氢的隧穿距离有关(该部分对 KIE 的贡献与温度无关),而且与反应物态和产物态的距离(Q-模)的热力学分布有关(该部分对 KIE 的贡献与温度有关).这种关于氢的量子隧穿传递反应机制的图像不仅适用于蛋白酶催化 C—H 活化,也适用于没有酶催化的情形(比如没有酶参与的丙二醛分子内氢原子转移反应(图 5.1)).

根据 7.3 节讨论,我们可以定义产物和反应物在平衡态时的距离为能垒宽度 Δq_w

（实际上是最大宽度），对于线性的氢转移反应（图 7.10）

$$\Delta q_{\mathrm{w}} = q_0^{(\mathrm{P})} - q_0^{(\mathrm{R})} = (d_{\mathrm{D}\cdots\mathrm{H}} - d_{\mathrm{A-H}}) - (d_{\mathrm{D-H}} - d_{\mathrm{A}\cdots\mathrm{H}}) \tag{7.4.1}$$

其中，$q_0^{(\mathrm{P})}$ 和 $q_0^{(\mathrm{R})}$ 分别是产物和反应物平衡点反应坐标值（式(5.6.5)），$d_{\mathrm{D}\cdots\mathrm{H}}$（$d_{\mathrm{A}\cdots\mathrm{H}}$）和 $d_{\mathrm{D-H}}$（$d_{\mathrm{A-H}}$）分别是平衡时给体（受体）原子与氢原子的氢键键长和化学键键长．考虑到给受体之间的平衡距离 $d_{\mathrm{DA}} = d_{\mathrm{D}\cdots\mathrm{H}} + d_{\mathrm{A-H}} = d_{\mathrm{D-H}} + d_{\mathrm{A}\cdots\mathrm{H}}$，代入式(7.4.1)，有

$$\Delta q_{\mathrm{w}} = \Delta q_0 = 2(d_{\mathrm{DA}} - d_{\mathrm{D-H}} - d_{\mathrm{A-H}}) = 2r_{\mathrm{H}} \tag{7.4.2}$$

这里，Δq_0 由式(5.6.14)给出，r_{H} 是氢原子从给体转移到受体的距离．这些参数之间的具体关系如图 7.10 所示．下面我们就以 C—H 均裂中线性氢原子转移反应为例对其作说明．

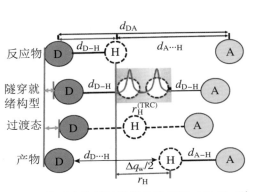

(a) 从反应物经过隧穿就绪型（TRC）到产物各种距离的变化

(b) 反应自由能作为反应坐标的函数变化

图 7.10　从反应物经过隧穿就绪构型(TRC)到产物各种距离的变化以及反应自由能作为反应坐标的函数变化

在 TRC，反应物和产物态振动态简并，波函数发生叠加，产生量子隧穿效应．Δq_{w} 为自由能垒宽度．在 TRC 能垒的宽度为 $\Delta q_{\mathrm{w}}^{(\mathrm{TRC})}$，也可看成为 H 的隧穿距离．(1)和(2)分别为无蛋白酶和蛋白酶催化的自由能面．酶催化作用不仅降低了能垒高度，也减少了能垒的宽度，有利于隧穿效应和反应速率常数的增加．

设受体为氧原子，由于 O 不能与 C—H 形成氢键，我们假设在反应物态 C 原子和 O 原子以范德瓦尔斯势进行紧密相互作用．这时，C 与 O 平衡距离是它们各自的范德瓦尔斯半径之和，为 3.20 Å（C 和 O 的范德瓦尔斯半径分别是 1.70 Å 和 1.50 Å）（图 7.11(a)）．如下估算可以得出，在隧穿就绪构型（TRC）处 C 和 O 原子之间的距离在 2.68 Å 左右（图 7.11(b)）．这时，氢转移反应系统的反应物态和产物态的振动波函数是

简并的,并发生重叠,产生量子隧穿效应.考虑到氢原子的德布罗意波长为 0.63 Å(表 7.3),与在 TRC 处 H 原子转移距离 $r_H^{(TRC)}$ 相当(即图 7.10(a)或 7.11(b)所示的氢原子之间距离). 由 C—H 的键长 $d_{C-H}=1.09$ Å 和 O—H 的键长 $d_{O-H}=0.96$ Å 可以推知,在隧穿就绪构型时,给体 C 和受体 O 之间的距离约为这三者之和,即 $d_{C-H}+d_{O-H}+r_H^{(TRC)}$ $=2.68$ Å. 而在反应自由能面上(图 7.10(b)),反应物边和产物边 TRC 所处位置 $q_{TRC}^{(R)}$ 和 $q_{TRC}^{(P)}$ 分别由它们各自的反应坐标确定. 比如,$q_{TRC}^{(R)}=d_{C-H}-(d_{O-H}+r_H^{(TRC)})=-0.50$ Å. 同样,可得 $q_{TRC}^{(P)}=0.76$ Å.因此,在 TRC 处能垒的宽度为 $\Delta q_w^{(TRC)}=1.26$ Å.这时,氢转移距离为 $r_H^{(TRC)}=\dfrac{q_w^{(TRC)}}{2}=0.63$ Å,等于氢原子的德布罗意波长.

表 7.3 电子和一些原子的德布罗意波长

粒 子	电子	氢(^{1}H)	氘(^{2}H)	氚(^{3}H)	^{12}C	^{14}N	^{16}O
质量(原子单位)	1/1750	1	2	3	12	14	16
德布罗意波长(Å)	27	0.63	0.45	0.36	0.18	0.17	0.16

我们在 7.3 节讨论了 ATP 水解酶不仅降低了自由能垒的高度,也减少了能垒的宽度,自由能垒宽度的减少是酶催化化学反应中常见的现象,但同时能垒宽度在酶的作用下也变小,如图 7.10(b)自由能面(2)所示.我们在 5.7.2 小节已讨论过,在谐振子近似以及室温条件下,反应物和产物振动基态之间的跃迁对速率常数的贡献为 95%.这时,H 原子转移速率常数 $k(T)$ 与能垒宽度 Δq_w 呈高斯衰减关系:$k(T)\propto\exp(-\alpha\Delta q_w^2)$.其中,$\alpha\cong\dfrac{m_H\omega_0}{2\hbar}$,这里,$m_H$ 是氢原子质量,$\omega_0=2\pi\nu$,ν 是 C—H 伸缩振动频率.假设 $\nu=3000$ cm^{-1},$\alpha\sim35.7$ Å^{-2}.因此,H 原子转移速率常数对能垒宽度的变化极其敏感.因此,酶催化作用减少能垒宽度 Δq_w 势必会增加速率常数.以 7.3 节的 ATP 水解反应为例(尽管这个反应没有发现明显的量子隧穿效应),麦芽糖转运酶催化使其能垒宽度减少 3.57 Å.如果在酶催化 H-传递反应中能垒宽度同样减少,反应速率常数将提高 10^{198} 倍!氢转移反应大多发生在相对比较狭小的空间范围内,如果酶催化使能垒宽度减少 1 Å,反应速率常数仍然会提高 10^{15} 倍,这也是一个不小的数字(表 7.1).即使能垒宽度只减少 0.5 Å,反应速率常数也可以增加近 1 万倍.而能垒宽度只减少 0.25 Å,反应速率常数也会增加约 10 倍.

近几年来,对化学反应中出现碳、氮和氧等比氢更重原子的量子隧穿效应也引起了重视并取得很大进展.有兴趣的读者可以进一步阅读文献(Heller,Richardson,2021;Heller,Richardson,2022;Zhou et al.,2023;Fang et al.,2023;Ansari et al.,2024).

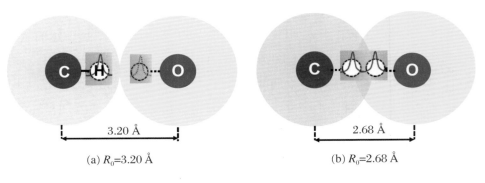

(a) $R_0 = 3.20$ Å   (b) $R_0 = 2.68$ Å

图 7.11 反应系统在基态以及隧穿就绪构型给体 C 和受体 O 之间的距离

需要指出的是,许多科普作品经常把化学反应中出现的量子隧穿效应比喻成神奇的人体"穿墙术",即在三维空间中人穿过没有任何缝隙的墙壁.如图 7.12 所示,由人拉物体(反应物)翻过一定高度的山坡是经典翻越,而物体从一边(反应物 R)穿过山坡到达另一边(产物 P)为量子隧穿.这样,量子隧穿反应的完成意味着在三维空间中反应系统从反应物 R 处隧穿到产物 P 处(这里为方便显示成二维,其中纵坐标是高度;如果用 N 个粒子中每个粒子的 3 个独立坐标作为变量,则为 $3N$ 维坐标空间).由于含有转移氢原子的反应物(比如,图 5.19 中的亚油酸,其分子式为 $C_{18}H_{32}O_2$,分子量为 280)的质量往往远大于氢原子,其德布罗意波长比氢原子小很多(亚油酸的德布罗意波长为 0.04 Å),也远小于反应物自身的尺寸,更多地展现出宏观经典粒子的特征,因而人们往往会质疑在反应中出现量子隧穿效应的可能性.

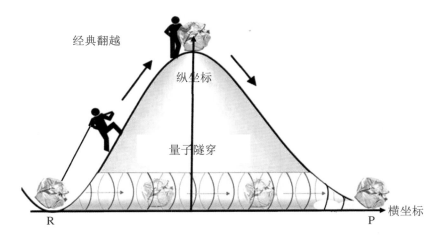

图 7.12 量子隧穿效应和经典翻越示意图

然而,上述在三维空间中描述化学反应的量子隧穿效应其实是错误的.实际上,我们在讨论量子隧穿效应时,图 7.12 中的纵坐标表示的是能量(自由能或势能)而不是三维空间中的高度,横坐标是空间坐标(反应坐标).因而我们在能量-空间坐标系中描述量子隧穿效应.在这个坐标空间中,从 R 处移动到 P 处并不表示整个反应物(比如图 5.19 中的亚油酸)在三维空间中移动的距离.下面我们用 5.7.2 小节中已经讨论过的大豆脂肪氧合酶-1(SLO-1)催化亚油酸 H-转移反应为例进行说明.为方便讨论,假设 H-转移反应

$$D—H\cdots A \rightarrow D\cdots H—A \tag{7.4.3}$$

为直线型(图 5.3(b)).其中 D 表示油酸分子中除与 C11 连接的要被转移的 H 原子外的所有部分(包括给体原子 C11 和其他部分),A 包括受体原子 O(连接在 Fe 原子上)和氢氧化铁辅助因子(图 5.19).这里,D 和 A 都是质量相对比较大的分子或分子片段(fragment),可以分别粗粒化成一个给体和一个受体粒子.在反应物态(R)上,D—H 的距离可近似看成 C—H 键长(C11 与 H 的键长,1.09 Å),而在产物态(P),H—A 的距离也可近似看成 O—H 键长(0.96 Å).假设在反应物态和产物态,D 和 A 最近的距离由各自的范德华半径之和决定,作为长度的下限,我们用 C 和 O 原子的范德华半径来替代.这样,可用图 7.13 表示在反应物态 R 和产物态 P 各原子间距离,从而计算出系统处于 R 和 P 时的反应坐标的位置分别为 $q_R = -1.02$ Å 和 $q_P = 1.28$ Å.故而,在能量-空间坐标系(图 7.10(b))中,反应物态 R 和产物态 P 之间的距离(即能垒宽度)为 $\Delta q_w = 2.30$ Å.根据图 7.10(a),可以把这些数据转换为反应系统各部分在三维空间中的位置关系.尽管在反应过程中,给体 D 和受体 A 的位置都有微小的变化,但反应物态和产物态在三维空间中的位置几乎不变,DA 之间的距离维持不变(3.20 Å),而 H 原子从原来反应物态与 D 键联的位置转移到产物态与 A 键联的位置,总的移动距离为 1.15 Å.由于这个距离大于 H 原子的德布罗意波长,因此在产物平衡态初始构型(R)并不能产生量子隧穿效应.需要热力学活化到隧穿就绪构型(TRC,见图 7.10)时,H 原子才可以通过量子隧穿到产物区域.在蛋白酶环境,如何通过振动耦合活化氢原子转移反应是目前该领域一个关注的前沿研究问题.

　　对于式(7.4.3)所描述的氢转移隧穿反应,尽管反应物 DH 如油酸分子以及其他大量的更复杂的质量更大的分子,其宏观度(图 1.1)可以很高,但是如果研究的对象是 D—H 断裂和氢原子的转移,DH 分子的整体(或 D-分子片段)宏观度并不能直接决定 H-转移的量子隧穿效应,这是因为 D—H 键的断裂涉及 D—H 键的伸缩振动,可以把包括给体原子(比如油酸分子中的 C11 原子)在内的反应物分子的其他部分(分子片段)视作一个大的"原子"(也以 D 标记),这样我们可以把反应物分子 D—H 键断裂简化成双原子(DH)的振动问题.众所周知,双原子分子的运动可以严格分解成分子质心的平动和一个

折合质量为 m_0 的振子的运动

$$m_0 = \frac{m_H m_D}{m_H + m_D} = \left(1 - \frac{m_H}{m_H + m_D}\right) m_H \cong m_H, \quad m_D \gg m_H \qquad (7.4.4)$$

这里 m_D 和 m_H 分别是给体片段 D 和氢原子的质量.因此,对 D—H 键断裂与氢原子转移的研究可以大概理解为对一维振子(当然需要与环境自由度耦合)的研究.更严格地说,这类氢原子转移反应是质子耦合的电子反应.这正是 5.6 节详细讨论的内容.在这里,我们需要着重强调的是,尽管氢转移反应系统(反应物分子)质量可以很大,宏观度很高,但直接涉及氢转移反应的约化系统的质量反而小于 H 原子(在 $m_D \gg m_H$ 时,与 H 原子相当).因此,出现隧穿效应这样的非平庸量子现象是根本不奇怪的.

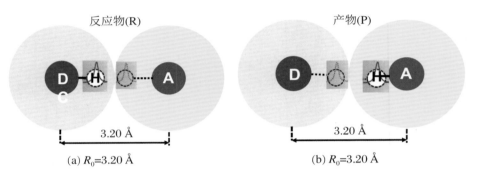

图 7.13　反应物和产物分别处于平衡态时给体 D 和受体 A 之间的距离

结语

2020 年在《Science Advances》杂志上发表了题为《Quantum Biology Revisited》的综述文章(Cao et al.,2020).该文提出了一个很重要的问题,即在原子尺度上世界由物质的量子性质(波粒二象性)所支配,但在宏观经典的生命系统中,我们能否发现非平庸的量子效应?本书讨论了生物系统中广泛存在的 C—H 键断裂引起氢原子转移反应,这类反应对生命活动起着至关重要的作用.大量的实验和理论研究表明,在这些氢转移反应中存在量子隧穿效应,这种非平庸的量子效应发生在埃米-亚埃米($\leqslant 1$ Å)尺度上,是这些反应在生命系统宏观尺度上发生的必要条件.鉴于这些反应的重要性,我们也可以说,量子隧穿效应是在宏观尺度上生命活动出现的必要条件之一.

诚如该文章所指出"大自然并没有赋予环境使(生物系统)避免发生退相干进而引导

生命过程的能力;即使有,这种能力也往往会因为退相干而靠不住".生命系统无时无刻不与环境进行相互作用.量子生物系统(注释:本书中量子生物系统在大多数情况下是指与微观粒子或能量传递直接相关的一个或少数几个自由度)不可避免地与环境进行纠缠相互作用,发生退相干现象.实际上,生物体系中微观粒子或能量的传递往往是随时间指数衰减的速率过程,提高其反应速率常数(即衰减常数)会使物质或能量的传递更高效(比如酶催化作用).然而,动力学相干在本质上未必有利于生化反应速率过程的高效发生.因而,对于生命体系中微观粒子和能量传递反应而言,环境的纠缠和退相干能力反而是量子系统从相干动力学行为转变成速率过程的驱动力(driving force).在这种情形下,对于在蛋白酶环境中诸如氢转移之类的反应,不仅热力学活化是驱动反应进程的动力,在能垒经典禁区反应物和产物(静态)波函数的叠加,也在宏观上对实现物质和能量传递起着非常重要的作用.

　　本书主要讨论了生物体系在微观层次上物质和能量的传递,而没有涉及在生命活动中无处不在的信息传递、处理和交换的讨论.大量研究表明,与物质和能量传递相比,生命系统中的信息在表现形式和运动规律上既有共性又有显著差异.随着现代量子测量技术的发展,量子相干叠加、量子纠缠和量子隧穿等非平庸的量子效应将会在生命系统信息运动中被发现和确证,量子生物学未来可期.

参考文献

Ansari I M，Heller E R，Trenins G，et al.，2024. Heavy-atom tunneling in singlet oxygen deactivation predicted by instanton theory with branch-point singularities[J]. Nat Commun，15(1)：4335.

Bassetto M，Reichl T，Kobylkov D，et al.，2023. No evidence for magnetic field effects on the behaviour of drosophila[J]. Nature，620：595-599.

Cao J，Cogdell R J，Coker D F，et al.，2020. Quantum biology revisited[J]. Science Advances，6 (14)：eaaz4888.

Cao J，Voth G A，1994. The formulation of quantum statistical mechanics based on the Feynman path centroid density Ⅲ. Phase space formalism and analysis of centroid molecular dynamics[J]. Journal of Chemical Physics，101：6157-6167.

Cha Y，Murray C J，Klinman J K，1989. Hydrogen tunneling in enzyme reactions[J]. Science，243：1325-1330.

Chance B，Williams G R，1956. The respiratory chain and oxidative phosphorylation[J]. Advances in Enzymology，17：65-134.

Chen J H，Xu H，Xu C，et al.，2020. Architecture of the photosynthetic complex from a green sulfur bacterium[J]. Science，370(6519)：6350.

deVault D，Chance B，1966. Studies of photosynthesis using a pulsed laser I. Temperature dependence of cytochrome oxidation rate in chromatium. Evidence for tunneling[J]. Biophysical Journal, 6: 825.

Edwards D R, Lohman D C, Wolfenden R, 2012. Catalytic proficiency: the extreme case of S-O cleaving sulfatases[J]. Journal of the American Chemical Society, 134: 525-531.

Ehrenfest P, 1927. Bemerkung uber die angenaherte gultigkeit der klassischen mechanik innerhalb der quanten-mechanik[J]. Zeitschrift für Physikalische Chemie, 45: 455-457.

Eigen M, 1995. What will endure of 20th century biology? [M]//Murphy M P, O'Neill L A J. What is life? The next fifty years. Cambridge: Cambridge University Press: 7.

Ellis E, Delbruck M, 1939. The growth of bacteriophage[J]. Journal of General Physiology, 22: 365.

Engel G S, Calhoun T R, Read E L, et al., 2007. Evidence for wavelike energy transfer through quantum coherence in photosynthetic systems[J]. Nature, 446(7137): 782-786.

Esaki L, 1958. New phenomenon in narrow germanium p-n functions[J]. Physical Review, 109: 603-604.

Fang W, Heller E R, Richardson J O, 2023. Competing quantum effects in heavy-atom tunneling through conical intersections[J]. Chemical Science, 14(39): 10777-10785.

Fein Y Y, Geyer P, Zwick P, et al., 2019. Quantum superposition of molecules beyond 25 kDa[J]. Nature Physics, 15: 1242-1245.

Feynman R P, Vernon Jr. F L, 1963. The theory of a general quantum system interacting with a linear dissipative system[J]. Annals of Physics, 24: 118.

Fowler R H, Nordheim L, 1928. Electron emission in intense electric fields[J]. Proceedings of the Royal Society of London, 119: 173-181.

Frankling R, Gosling R, 1953. Molecular configuration in sodium thymonucleate[J]. Nature, 171: 740-741.

Gamow G, 1928. Zur Quantentheorie des Atomkernes[J]. Zeitschrift für Physik, 51: 204-212.

Georgievskii Y, Stuchebrukhov A A, 2000. Concerted electron and proton transfer: transition from nonadiabatic to adiabatic proton tunneling[J]. Journal of Chemical Physics, 113: 10438-10450.

Gray H B, Winkler J R, 2003. Electron tunneling through proteins[J]. Quarterly Reviews of Biophysics, 36(3): 341-372.

Gurney R W, Condon E U, 1928. Wave mechanics and radioactive disintegration[J]. Nature, 122: 439.

Heitler W, London F, 1927. Wechselwirkung neutraler atome und homöopolare bindung nach der quantenmechanik[J]. Zeitschrift für Physikalische Chemie, 44: 455-472.

Heller E R, Richardson J O, 2021. Spin crossover of thiophosgene via multidimensional heavy-atom quantum tunneling[J]. Journal of the American Chemical Society, 143: 20952-20961.

Heller E R, Richardson J O, 2022. Heavy-atom quantum tunneling in spin crossovers of nitrenes[J].

Angewandte Chemic International Edition，61：e202206314.

Herdendorf T J，Nelson S W，2014. Catalytic mechanism of bacteriophage T4 Rad50 ATP hydrolysis
[J]. Biochemistry，53：5647-5660.

Hopfield J J，1974. Electron transfer between biological molecules by thermally activated tunneling
[J]. Proceedings of the National Academy of Sciences，71：3640-3644.

Hu S，Soudackov A V，Hammes-Schiffer S，2017. Enhanced rigidification within a double mutant of
soybean lipoxygenase provides experimental support for vibronically nonadiabatic protoncoupled
electron transfer models[J]. Acs Catalysis，7：3569-3574.

Huang W，Liao J L，2016. Catalytic mechanism of the maltose transporter hydrolyzing ATP[J]. Bio-
chemistry，55：224-231.

Ishizaki A，Fleming G R，2021. Insights into photosynthetic energy transfer gained from free energy
structure：coherent transport，incoherent hopping，and vibrational assistance revisited[J]. Jour-
nal of Physical Chemistry：B，125(13)：3286-3295.

Jordan P，1941. Diephysik und das geheimnis des organischen lebens[M]. Braunschweig：Friedrich
Vieweg & Sohn.

Jortner J，1976. Temperature dependent activation energy for electron transfer between biological
molecules[J]. Journal of Chemical Physics，64：4860-4867.

Kim Y，Bertagna F，D'Souza E M，et al.，2021. Quantum biology：an update and perspective[J].
Quantum Reports，3：1-48.

Klinger A，Lindorfer D，Müh F，et al.，2020. Normal mode analysis of spectral density of FMO tri-
mers：intra and intermonomer energy transfer [J]. Journal of Chemical Physics，153
(21)：215103.

Klinger A，Lindorfer D，Müh F，et al.，2023. Living on the edge：light-harvesting efficiency and
photoprotection in the core of green sulfur bacteria[J]. Physical Chemistry Chemical Physics，5：
18698.

Klinman J P，2019. Moving through barriers in science and life[J]. Annual Review of Biochemistry，
88：1-24.

Klinman J P，Kohen A，2013. Hydrogen tunneling links protein dynamics to enzyme catalysis[J]. An-
nual Review of Biochemistry，82：471-496.

Knapp M J，Rickert K，Klinman J P，2002. Temperature-dependent isotope effects in soybean lipoxy-
genase-1：correlating hydrogen tunneling with protein dynamics[J]. Journal of the American
Chemical Society，124：3865-3874.

Kosloff R，2019. Quantum thermodynamics and opensystems modeling[J]. Journal of Chemical Phys-
ics，150：204105.

Kramers H A，1940. Brownian motion in a field of force and the diffusion model of chemical reactions

［J］. Physica，7：284-304.

Kuznetsov A M，Ulstrup J，1999. Proton and hydrogen atom tunneling in hydrolytic and redox enzyme catalysis［J］. Canadian Journal of Chemistry，77：1085-1096.

Layfield J P，Hammes-Schiffer S，2014. Hydrogen tunneling in enzymes and biomimetic models［J］. Chemical Reviews，114(7)：3466-3494.

Levine I N，2014. Quantum chemistry［M］. 7th edition. New York：Pearson Education.

Li Q，Orcutt K，Cook R L，et al.，2023. Single-photon absorption and emission from a natural photosynthetic complex［J］. Nature，619：300-304.

Liao J L，2007. Molecular recognition of protein kinase binding pockets for design of potent and selective kinase inhibitors［J］. Journal of Medicinal Chemistry，50(3)：409-424.

Liao J L，Beratan D N，2004. How does protein architecture facilitate the transduction of ATP chemical-bond energy into mechanical work? The cases of nitrogenase and ATP binding-cassette proteins［J］. Biophysical Journal，87：1369-1377.

Liao J L，Pollak E，2001. Quantum transition theory for dissipative systems［J］. Chemical Physics，268：295.

Liao J L，Pollak E，2002. Mixed quantum classical rate theory for dissipative systems［J］. Journal of Chemical Physics，116：2718.

Liao J L，Voth G，2002. Numerical approaches for computing nonadiabatic electron transfer rate constants［J］. Journal of Chemical Physics，116：9174-9187.

Löwdin P O，1963. Proton tunneling in DNA and its biological implications［J］. Reviews of Modern Physics，35：724-732.

Luo L，2016. Principles of neurobiology［M］. New York：Talor & Francis Group.

Ma Q，Shan W，Chu X，et al.，2023. Biocatalytic enantioselective γ-C-H lactonization of aliphatic carboxylic acids［J］. Nature Synthesis. https：//doi. org/10.1038/s44160-023-00427-y.

Manzano D，2020. A short introduction to the Lindblad master equation［J］. AIP Advances，10：025106.

Marais A，Adams B，Ringsmuth A K，et al.，2018. The future of quantum biology［J］. Journal of the Royal Society Interface，15：20180640.

Marcus R A，1956. On the theory of oxidation-reduction reactions involving electron transfer［J］. Journal of Chemical Physics，24(5)：966-978.

May V，Kühn O，2011. Chargeenergy transfer dynamics in molecular systems［M］. Weinheim：Wiley-VCH.

Michael A，2000. Quantum computation and quantum information［M］. Cambridge：Cambridge University Press.

Miller W H，1974. Quantum mechanical transition state theory and a new semiclassical model for reaction rate constants[J]. Journal of Chemical Physics, 61: 1823-1834.

Miller W H, Schwartz S D, Tromp J W, 1983. Quantum mechanical rate constants for bimolecular reactions[J]. Journal of Chemical Physics, 79: 4889-4898.

Mitchell P, 1961. Coupling of phosphorylation to electron and hydrogen transfer by a chemiosmotic type of mechanism[J]. Nature, 191: 144-148.

Mukamel S, Oppenheim I, Ross J, 1978. Statistical reduction for strongly driven simple quantum system[J]. Physical Review: A, 7: 1988-1998.

Nimmrichter S, Hornberger K, 2013. Macroscopicity of mechanical quantum superposition states[J]. Physical Review Letters, 110: 160403.

Oldham M L, Chen J, 2011. Snapshots of the maltose transporter during ATP hydrolysis[J]. Proceeding of the National Academy of Sciences, 108: 15152-15156.

Oppenheimer J R, 1928. Three notes on the quantum theory of aperiodic effects[J]. Physical Review, 31: 66.

Pauling L, 1948. Nature of forces between large molecules of biological interest[J]. Nature, 161: 707-709.

Pollak E, Liao J L, 1998. A new quantum transition state theory[J]. Journal of Chemical Physics, 108: 2733.

Radzicka A, Wolfenden R, 1995. A proficient enzyme[J]. Science, 267: 90-93.

Ritz T, Adem S, Schulten K, 2000. A model for photoreceptor-based magnetoreception in birds[J]. Biophysical Journal, 78: 707-718.

Schenter G K, Garrett B C, Truhlar D G, 2003. Generalized transition state theory in terms of the potential of mean force[J]. Journal of Chemical Physics, 119: 5828-5833.

Schulten K, Staerk H, Weller A, et al., 1976. Magnetic field dependence of the geminate recombination of radical ion pairs in polar solvents[J]. Zeitschrift für Physikalische Chemie, 101: 371-390.

Symonds N, Delbruck M, 1988. Schrödinger and Delbrück: their status in biology[J]. Trends in Biochemical Sciences, 13: 232-241.

Szent-Györgyi A, 1941. Towards a new biochemistry[J]. Science, 93: 609-611.

Szent-Györgyi A, 1960. Introduction to submolecular biology[M]. New York: Academic Press.

Tanimura Y, 1990. Nonperturbative expansion method for a quantum system coupled to a harmonic-oscillator bath[J]. Physical Review: A, 41: 6676.

Topaler M, Makri N, 1994. Quantum rates for a double well coupled to a dissipative bath: accurate path integral results and comparison with approximate theories[J]. Journal of Chemical Physics, 101: 7500-7519.

Törnroth-Horsefield S, Neutze R, 2008. Opening and closing the metabolite gate[J]. Proceeding of the National Academy of Sciences, 105: 19565-19566.

Trefil J, Morowitz H J E, Smith E, 2009. The origin of life: a case is made for the descent of electrons[J]. American Scientist, 97(3): 206-213.

Tyburski R, Liu T, Glover S D, et al., 2021. Proton-coupled electron transfer guidelines, fair and square[J]. Journal of the American Chemical Society, 143: 560-576.

Voth G A, Chandler D, Miller W H, 1989a. Time correlation function and path integral analysis of quantum rate constant[J]. Journal of Physical Chemistry Letters, 93: 7009-7015.

Voth G A, Chandler D, Miller W H, 1989b. Rigorous formulation of quantum transition state theory and its dynamical corrections[J]. Journal of Chemical Physics, 91: 7749-7760.

Wang C, 1928. The problem of the normal hydrogen molecule in the new quantum mechanics[J]. Physical Review, 31: 579.

Wang C, Huang W, Liao J L, 2015. QM/MM investigation of ATP hydrolysis in aqueous solution[J]. Journal of Physical Chemisty: B, 119(9): 3720-3726.

Wang H, Sun X, Miller W H, 1998. Semiclassical approximations for the calculation of thermal rate constants for chemical reactions in complex molecular systems[J]. Journal of Chemical Physics, 108: 9726-9736.

Wang Q, Hammes-Schiffer S, 2006. Hybrid quantum/classical path integral approach for simulation of hydrogen transfer reactions in enzymes[J]. Journal of Computer Science and Technology, 125: 184102.

Wang Z, Liao J L, 2015. Probing structural determinants of ATP-binding cassette exporter conformational transition using coarse-grained molecular dynamics[J]. Journal of Physical Chemistry: B, 119(4): 1295-1301.

Watson J, Crick F, 1953. Molecular structure of nucleic acids: a structure for deoxyribose nucleic acid [J]. Nature, 171: 737-738.

Whittington C, Latham J, Offenbacher A R, 2020. Tunneling through the barriers: resolving the origins of the activation of C—H bonds catalyzed by enzymes[J]. Mechanistic Enzymology: Bridging Structure and Function, ACS Symposium Series, 1357: 139-160.

Wilkins M, Stokes A, Wilson H, 1953. Molecular structure of deoxypentose nucleic acids[J]. Nature, 171: 738-740.

Wiltschko W, Wiltschko R, 1972. The magnetic compass of european robins[J]. Science, 176: 62-64.

Winkler J R, Gray H B, 2014a. Electron flow through metalloproteins[J]. Chemical Reviews, 114: 3369-3380.

Winkler J R, Gray H B, 2014b. Long-range electron tunneling[J]. Journal of the American Chemical Society, 136: 2930-2939.

Winkler J R, Nocera D G, Yocom K M, et al., 1982. Electron-transfer kinetics of penta-ammine ruthenium (Ⅲ)(histidine-33)-ferricytochrome[J]. Journal of the American Chemical Society, 104:

5798-5800.

Xie W, Xu Y, Zhu L, et al., 2014. Mixed quantum classical calculation of proton transfer reaction rates: from deep tunneling to over the barrier regimes[J]. Journal of Chemical Physics, 140: 174105.

Xu R X, Cui P, Li X Q, et al., 2005. Exact quantum master equation via the calculus on path integrals[J]. Journal of Chemical Physics, 122: 041103.

Yan Y A, Yang F, Liu Y, 2004. Hierarchical approach based on stochastic decoupling to dissipative systems[J]. Chemical Physics Letters, 395: 216-221.

Zener C, 1934. Theory of the electrical break-down of solid dielectrics[J]. Proceedings of the Royal Society of London, 145: 523-529.

Zhou Y Y, Fang W, Wang L N, et al., 2023. Quantum tunneling in peroxide O-O bond-breaking reaction[J]. Journal of the American Chemical Society, 145: 8817-8821.

Zurek W H, 1982. Environment-induced superselection rules[J]. Physical Review: D, 26: 1862-1880.

Zwanzig R, 1973. Nonlinear generalized Langevin equations[J]. Journal of Statistical Physics, 9: 215-220.

张永德,2017.量子力学[M]. 4 版.北京:科学出版社.